Chancen und Risiken der Stammzellforschung

Janet Opper, Vasilija Rolfes, Phillip H. Roth (Hrsg.)

Chancen und Risiken der Stammzellforschung

Berliner Wissenschafts-Verlag

GEFÖRDERT VOM

Bundesministerium
für Bildung
und Forschung

Bibliografische Information der Deutschen Nationalbibliothek:
Die Deutsche Nationalbibliothek verzeichnet diese Publikation in der Deutschen
Nationalbibliografie; detaillierte bibliografische Daten sind im Internet über
http://dnb.d-nb.de abrufbar.

Dieses Werk einschließlich aller seiner Teile ist urheberrechtlich geschützt.
Jede Verwertung außerhalb der engen Grenzen des Urheberrechtes ist unzulässig
und strafbar.

© 2020 BWV | BERLINER WISSENSCHAFTS-VERLAG GmbH,
Behaimstraße 25, 10585 Berlin,
E-Mail: bwv@bwv-verlag.de, Internet: http://www.bwv-verlag.de

Druck: docupoint, Magdeburg
Gedruckt auf holzfreiem, chlor- und säurefreiem, alterungsbeständigem Papier.
Printed in Germany.

ISBN Print   978-3-8305-3992-6
ISBN E-Book   978-3-8305-4186-8

Inhaltsverzeichnis

I. Einleitung: Chancen und Risiken der Stammzellforschung aus einer interdisziplinären Perspektive   7
Heiner Fangerau, Ulrich M. Gassner, Renate Martinsen

II. Derzeitiger Stand der iPS-Zellen-Forschung   15
Jürgen Hescheler

Ethische Analysen

III. Ein Trend zur Zweckrationalität? Ethische Bewertungen der Stammzellforschung im 21. Jahrhundert   31
Vasilija Rolfes, Uta Bittner, Heiner Fangerau

IV. Auswirkungen der jüngsten Ergebnisse aus der Forschung mit induzierten pluripotenten Stammzellen auf Elternschaft und Reproduktion: Ein Überblick   66
Vasilija Rolfes, Uta Bittner, Ulrich M. Gassner, Janet Opper, Heiner Fangerau

V. Die ethische Beurteilung der iPS-Zellen: grundlegende und anwendungsorientierte Überlegungen zur Einordnung eines neuen Therapieansatzes   86
Christian Lenk

VI. Erhöhtes Risiko – erhöhte Sicherheit?   100
Forschungsethische Herausforderungen der klinischen Anwendung humaner pluripotenter Stammzellen
Clemens Heyder

Politikwissenschaftliche Analysen

VII. Paradoxe Zukünfte   121
Eine narratologisch-empirische Analyse des Diskurswandels von Moral zu Risiko in der Stammzellforschung und ihren Anwendungen in Deutschland
Renate Martinsen, Helene Gerhards, Florian Hoffmann, Phillip H. Roth

Inhaltsverzeichnis

VIII.	Stammzellforschung und ihre Anwendungen am Menschen in den Medien Zur Performanz eines wissenschaftspolitischen Diskurses *Helene Gerhards*	172
IX.	Adulte Stammzellen im blinden Fleck des Diskurses Anwendungsperspektiven eines konstruktivistischen Forschungsprogramms für die Technikfolgenabschätzung *Florian Hoffmann*	200
X.	Unverfügbarkeit als Problem politischer Regulierung *Silke Gülker*	232

Rechtswissenschaftliche Analysen

XI.	Zur Zulässigkeit therapeutischen Klonens mittels Zellkerntransfer *Ulrich M. Gassner, Janet Opper*	255
XII.	„Theorie" und Praxis des Risikorechts *Stephan Meyer*	279
XIII.	Der Rechtsrahmen der artifiziellen Gewinnung und Erzeugung von Stammzellen sowie deren Nutzung Neue Aspekte für alte Rechtsfragen der Embryonen- und Stammzellenforschung *Timo Faltus*	293

Handlungsempfehlungen

XIV.	Politikempfehlungen zur Stammzellforschung auf Basis einer interdisziplinären Chancen- und Risikoanalyse *Heiner Fangerau, Ulrich M. Gassner, Renate Martinsen, Uta Bittner, Helene Gerhards, Florian Hoffmann, Janet Opper, Vasilija Rolfes, Phillip H. Roth*	337
	Kurzbiographien der Autorinnen und Autoren	353

I. Einleitung: Chancen und Risiken der Stammzellforschung aus einer interdisziplinären Perspektive

Heiner Fangerau, Ulrich M. Gassner, Renate Martinsen

Von der Moral zum Risiko?

Spätestens seit der Jahrtausendwende bewegt die Stammzellforschung weltweit die Wissenschaft, die Medien, die Politik und das Recht. Auf der einen Seite hat insbesondere die Möglichkeit, sogenannte humane embryonale Stammzellen zu gewinnen und zu kultivieren, eine kontroverse Debatte sowohl in wissenschaftlichen Kreisen als auch auf politischer, rechtlicher und religiöser Ebene ausgelöst. Auf der anderen Seite sind durch neue Methoden, Stammzellen aus adulten Zellen zu induzieren und zu differenzieren, mit der Zeit immer mehr potenzielle therapeutische Anwendungsmöglichkeiten in den Vordergrund getreten.[1]

In einem Überblick über die ethischen Fragen der Stammzellforschung und -anwendung aus dem Jahr 2014 äußerten die Autoren entsprechend die Hoffnung, dass Wissenschaftler ihre „Diskussion als Ausgangspunkt für eine eingehendere Identifikation und Analyse von spezifischen Problemen" nutzen würden, die „mit spezifischen translationalen Forschungsprojekten" verbunden seien (King und Perrin 2014).[2] Unter Translation verstehen die Autoren allgemein den Schritt der Forschung vom Labor in die klinische Anwendung (auch genannt „from bench to bedside"). Ihre Betonung der Notwendigkeit einer Auseinandersetzung mit spezifischen translationalen Problemen implizierte dabei zweierlei: Zum einen, dass die Stammzellforschung auf dem Sprung in die Klinik sei und zum anderen, dass der Übergang neue, spezifische ethische Problemfelder mit sich bringe. So stellen sie fest, dass die Debatten um die Stammzellforschung einen Grad der Normalität erreicht hätten, der dem Diskurs über neuartige therapeutische Ansätze in der medizinischen Forschung entspräche. Zwar seien Kontroversen hinsichtlich der Generierung und (verbrauchenden) Forschung mit menschlichen Embryonen, Chimären und Klonen immer noch Bestandteil des Diskurses, doch seien diese „herausragenden Kontroversen insgesamt weniger bedeutend gewesen als Überlegungen zu Gerechtigkeit [...] und Zustimmungs-, Herkunfts- und Regelungsfragen" (ebd.). In Übereinstimmung mit etlichen anderen Autoren rechtfertigen sie diese Hinwendung zu einem praxisnahen Ansatz medizinischer Forschungsfragen mit dem raschen Fortschritt und der Vielzahl existierender Stammzelltypen, die einer dif-

---

1 BMBF Call „Richtlinien zur Förderung von Forschungsvorhaben zu den ethischen, rechtlichen und/oder sozialen Aspekten der Stammzellforschung bzw. der Anwendung von Stammzellen" vom 15.12.2014. https://www.gesundheitsforschung-bmbf.de/de/5487.php (letzter Zugriff 26.09.2019).
2 Deutsche Übersetzung hier und im Folgenden durch Fangerau/Gassner/Martinsen.

ferenzierten Evaluation zugeführt werden müssten. Darüber seien, so andere Autorinnen und Autoren, die alten, grundlegenden ethischen Probleme, die zur Forschung mit humanen embryonalen Stammzellen (hES) gehörten, technisch durch die induzierte pluripotente Stammzellforschung (iPS) gelöst bzw. überwunden worden (Lo und Parham 2009).

Die Verschiebung des Diskurses von der Frage der grundsätzlichen normativen Akzeptanz hin zur ethisch geleiteten Risikoabschätzung stellt kein Alleinstellungsmerkmal der Stammzellforschung dar. Die Geschichte der Medizin kennt zahlreiche Beispiele, in denen der Diskurs über die ethischen Grenzen einer Technik sich allmählich wandelte, wenn diese allgemein verfügbar wurde.[3] Üblicherweise führt die Akzeptanz einer Technologie, wenn sie in der klinischen Praxis erfolgreich angewendet werden kann, zu einer Veränderung der begleitenden ethischen Debatten: Argumente, die auf die Grenzen von Eingriffen in die menschliche Natur zielten, wurden verdrängt von Diskussionen über praktische Risiken des Einsatzes oder den Missbrauch der jeweiligen Technik. Diesen Risiken wurden die sich durch die Technik eröffnenden Chancen gegenübergestellt. Eine solche anwendungsorientierte Risiko-Nutzenabwägung hat durchaus einen normativen Gehalt. Der ethische Diskurs hat sich jedoch vom normativen Grundsatz- zum Anwendungsdiskurs gewandelt. An einem gewissen Punkt allerdings scheint das Aufkommen einer neuen Technik oder die Kombination bestehender Techniken den Kreislauf des Wandels von grundsätzlichen ethischen Bedenken hin zur ethisch fundierten Risikoabschätzung wieder in Gang zu setzen: Ein Beispiel stellt hier die Kombination der Stammzellforschung mit einfachen Methoden der Genveränderung durch die CRISPR/Cas-Technologie dar. Diese zog wiederum grundsätzliche ethische Bedenken in Bezug auf die Erzeugung menschlich-tierischer Chimären (Feng et al. 2015; Shaw et al. 2015) oder die Grenzen des Bioengineering (insbesondere der Keimbahninterventionen) nach sich (Cyranoski 2015). Auch andere therapeutisch vielversprechende Kombinationen von Techniken zum „cell engineering" wie der Zellkerntranfer (SNCT)[4] haben neue ethische Bedenken hervorgerufen.[5]

Die Verheißung des therapeutischen Einsatzes von Stammzellen hat weder das Nachdenken über grundsätzliche Fragen (wie die nach dem moralischen Status des menschlichen Embryos) noch den Ruf nach einer Regulierung der zukünftigen Forschung zum Stillstand gebracht. Dennoch hat sich der Stammzelldiskurs – wie Auseinandersetzun-

---

3   Ein Beispiel stellt die Geschichte der In-vitro-Fertilisation (IVF) dar. Eine generelle Ablehnung der Technologie verschob sich nach der Geburt des ersten mittels IVF erzeugten Kindes hin zu Diskussionen über die rechtlichen, sozialen und ethischen Risiken der Spermaspende, Eizellspende, Leihmutterschaft etc. (vgl. Kyle 2000).
4   Die Möglichkeiten und Hoffnungen finden sich zum Beispiel abgebildet bei Huang et al. (2014).
5   Ein Beispiel hierfür waren die ad-hoc Empfehlungen zur Stammzellforschung des Deutschen Ethikrats (Deutscher Ethikrat 2014, S. 6).

gen über andere Biotechnologien auch – in den vergangenen 20 Jahren von Grundsatzfragen hin zu mehr praxisorientierten Fragen der klinischen Anwendung bewegt. Es scheint, als ob – analog zu früheren Debatten über Gentechnologien (Deutscher Bundestag 1987) – der ethische Topos zwischen „Hype and Hope" von der Risikoperspektive abgelöst bzw. in den Hintergrund gedrängt worden wäre (Bertolini et al. 2015).

Unsere Hypothese ist, dass im Diskurs die moralische und technische Unsicherheit in Bezug auf Stammzellen sich vereinen und dabei im Sinne eines Hybrides zu einer unbestimmten Unsicherheit zusammengeführt worden sind, die nun in Richtung einer Risikoabschätzung thematisiert wird, weil die Risikokonzeption im öffentlichen und wissenschaftlichen Diskurs eventuell besser geeignet scheint, die Komplexität dieses Gebietes der Biomedizin zu beschreiben.

Konzept des Bandes und Risikobegriffe

Im vorliegenden Band wollen wir in einem interdisziplinären Ansatz dieser Hypothese aus verschiedenen Perspektiven auf den Grund gehen.

Dabei werden wir in den folgenden Beiträgen Regulierungsfragen und den Rechtsstatus analysieren (Kapitel XI, XII, XIII), die ethische Debatte rekonstruieren und diskutieren (Kapitel III, IV, V, VI) sowie in einem politikwissenschaftlichen Zugang den derzeitigen öffentlichen Diskurs erfassen, aufschlüsseln und einordnen (Kapitel VII, VIII, IX, X). Die öffentlichen Debatten über Stammzellforschung haben zu unterschiedlichen rechtlichen Regulierungen in verschiedenen Ländern geführt (Holm 2004). Eine Reihe von Juristen, Sozialwissenschaftlern und Medizinethikern stimmen darin überein, dass die deutschen Regulierungen im Vergleich zu anderen Ländern eher restriktiv sind (Fink 2007). Möglicherweise liegen die Gründe dafür in den Pfadabhängigkeiten der historischen Entwicklung des deutschen Rechtssystems und in dem kollektiven Bewusstsein des Missbrauchs medizinischer und sozialer Techniken während des Nationalsozialismus. Außerdem bewirkte die Professionalisierung der Bioethik und die Politisierung der biomedizinischen Debatte eine Fokussierung des Diskurses auf die normativen Konflikte im Zusammenhang mit dem moralischen Status des menschlichen Embryos und der Identität des Menschen (Schneider 2014; Martinsen 2004). Mittlerweile sind weitere relevante Aspekte wie neue Anwendungsgebiete, neue Modelle von Elternschaft, Genderfragen, Kommerzialisierungs- und Patentierungsbestrebungen etc. in den Vordergrund getreten (Chu 2003; Caulfield 2010; Faden et al. 2003; Quigley/Chan 2012; Ishii et al. 2013). Insbesondere die Aussicht auf die zukünftig, bevorstehende klinische Erprobung stammzellbasierter Therapien brachte, wie oben dargestellt, eine Verlagerung des ethischen Fokus und der damit zusammenhängenden Richtlinien auf die praktischen ethischen Herausforderungen klinischer Forschung im Allgemeinen mit sich (Habets et al. 2014; Hyun 2010; Hyun et al. 2008; Illes et al 2011; Kato 2012;

Lo und Perham 2010; Niemansburg et al. 2014). Die „alte" deutsche Debatte wird als „historisch" und „abgeschlossen" wahrgenommen (Schwarzkopf 2014).

Die Risiko-Semantik spielt eine prominente Rolle bei der Frage der Gestaltung von (insbesondere kontrovers diskutierter) Technik, wie sie auch die Stammzellforschung und die bereits etablierten Stammzelltherapien darstellen. Denn im liberalen Rechtsstaat kann der Gesetzgeber neben der Förderung bestimmter Techniken und Technologien eine restriktive Technologiepolitik verfolgen, muss Eingriffe in die private Innovationsfreiheit sowie die Forschungsfreiheit jedoch legitimieren, indem er das Erfordernis von Gefahrenabwehr und Risikovorsorge plausibilisiert. Eine Möglichkeit, Restriktionen zu legitimieren, besteht darin, Risiken, die an eine Technologie geknüpft sind, hervorzuheben. Verständlicherweise spielen Risiko-Semantiken eine bedeutsame Rolle bei der Konfiguration von Technologien, insbesondere auch von Biotechnologien wie der Stammzellforschung und ihren Anwendungen. Risikobewertungen und Evaluationen sind wichtige Elemente für die Gestaltung der politischen Rahmenbedingungen von Technologien.

Der Risikobegriff selbst wird im Kontext gesellschaftlicher Debatten um Für und Wider einer Technik unterschiedlich konzeptualisiert – insbesondere zwei grundlegende Risikoverständnisse sind bedeutsam (Luhmann 1991, 1993; Kälbe 2007):

1. Ein informationsbasiertes Konzept (z. B. „Rational Choice"-Theorien), das auf der Leitdifferenz von „Risiko" versus „Sicherheit" aufbaut. Sicherheit wird dabei als mathematisch zu ermittelnde Frage betrachtet: Mit Methoden der quantitativen Sozialforschung soll die Zukunft so exakt wie möglich ermittelt und die Wahrscheinlichkeit des Eintretens zukünftiger Ereignisse errechnet werden. In Form von Prognosen kommt dieser Risikoforschung Bedeutsamkeit im Rahmen der Politikberatung zu, da sie eine Rationalisierung der Entscheidungsfindung in Aussicht stellt. Dieser auf linearen Entwicklungsmodellen basierende Risikobegriff stößt in der (Wissens)-Soziologie auf starke Skepsis: Sicherheit kann zwar angestrebt werden, ist aber letztlich in der Realität nicht zu erreichen und ist demnach als Reflexionsterminus zu begreifen. Sowohl Sicherheit als auch Unsicherheit sind konstitutiv „unsicher" – die Zukunft ist und bleibt unbekannt.

2. Ein entscheidungszentriertes Konzept (z. B. Systemtheorie), bei dem im Anschluss an Niklas Luhmann auf die Leitdifferenz „Risiko" und „Gefahr" fokussiert wird. Sowohl Risiken als auch Gefahren teilen in diesem Konzept die Unsicherheit eines zukünftigen Schadens. Relevant ist nun die Zurechnung auf Entscheidungen, d. h.: beim Risiko wird die künftige Schädigung zurückgeführt auf eine eigene Entscheidung (Selbstreferentialität), während bei Gefahren eine Schädigung von außen (Fremdreferentialität) angenommen wird. Wie sozialpsychologische empirische Studien zeigen, sind Entscheider grundsätzlich risikofreudiger als Betrof-

fene, was Partizipation zielführend erscheinen lässt: Werden die Betroffenen „ins Boot geholt" und bekommen das Gefühl, an der Entscheidung teilzuhaben, dann sind sie eher geneigt, Risikobedenken ad acta zu legen.

Im Band wird eine entscheidungstheoretische Sichtweise präferiert, da sie eine komplexere Fassung des Risikobegriffs ermöglicht: (a) Risiken haben eine sachliche, zeitliche und soziale Dimension, wobei insbesondere die beiden zuletzt genannten in ein Spannungsverhältnis treten können; (b) sodann kann die Umgangsweise mit Risiken in unterschiedlichen gesellschaftlichen Teilbereichen beobachtet werden. Differenzierungstheoretisch betrachtet operieren diese in der funktional ausdifferenzierten Moderne nach je spezifischen Relevanzkriterien, die sich an ihren jeweiligen binären Leitdifferenzen ausrichten: der Ethik geht es um Gut/Schlecht, dem Rechtssystem um Recht/Unrecht, der Politik um Macht-Haben/Macht-Nichthaben, der Wissenschaft um Wahrheit/Nicht-Wahrheit etc., was in Bezug auf die Risikoproblematik selektive Zugriffsweisen (inklusive „blinder Flecken") impliziert.

In diesem Band wird zum einen diese Risikoperspektive in ihrer Anwendung auf die Stammzellforschung untersucht und zum anderen verschiedene disziplinäre Zugriffe auf die Thematik abgebildet.

In einem *ersten Themenblock* werden die naturwissenschaftlichen Grundlagen vorgestellt (Hescheler). Darauffolgend sollen die ethischen, politikwissenschaftlichen und rechtlichen Implikationen der Stammzellforschung und ihrer Anwendungen in mehreren Beiträgen einer Analyse unterzogen werden. Dabei wird die Kommunikation von Risiko und Nutzen in unterschiedlichen Diskursfeldern mit jeweiligem Fokus untersucht – immer vor dem Hintergrund von Unsicherheit und Kontingenz. So werden zunächst im *Themenblock zwei* die derzeitigen „Ethische(n) Bewertungen der Stammzellforschung" (Rolfes, Bittner, Fangerau) mit Blick auf ihren Gehalt an Zweckrationalität hin diskutiert und kommentiert. Es folgt eine Studie zu den ethischen und rechtlichen Auswirkungen der jüngeren Forschungen mit induzierten pluripotenten Stammzellen auf Elternschaft und Reproduktion (Rolfes, Bittner, Gassner, Opper, Fangerau), bevor im Anschluss die (forschungs-)ethischen Herausforderungen an die klinische Anwendung von iPS-Zellen (Lenk) und hPS-Zellen (Heyder) analysiert werden.

In einem *dritten Themenblock* werden aus politikwissenschaftlicher Sicht der „Diskurswandel von Moral zu Risiko in der Stammzellforschung und ihren Anwendungen" (Martinsen, Gerhards, Hoffmann, Roth) dargestellt und sodann die mediale Debatte in ihrer Wirkung auf den wissenschaftspolitischen Diskurs untersucht (Gerhards). Ein besonderes Augenmerk wird hier auch auf die adulten Stammzellen gelegt, die im Diskurs kaum sichtbar erscheinen, was Rückschlüsse auf „Anwendungsperspektiven eines konstruktivistischen Forschungsprogramms für die Technikfolgenabschätzung" erlaubt

(Hoffmann). Schließlich erfolgt eine Thematisierung der „Unverfügbarkeit als Problem politischer Regulierung" (Gülker), welche bereits zum nächsten Abschnitt überleitet.

Im *vierten Themenblock*, der sich den Regulierungsproblemen widmet, stehen die „Zulässigkeit therapeutischen Klonens mittels Zellkerntransfer" (Gassner, Opper) und die „artifizielle Gewinnung und Erzeugung von Stammzellen sowie deren Nutzung" (Faltus) auf dem Prüfstand, bevor die Theorie und die Praxis des Risikorechts grundsätzlich diskutiert werden (Meyer).

Zusammenfassend haben wir in diesem Band unterschiedlichste Expertisen zusammengeführt, um auf dieser Grundlage die der Stammzellforschung innewohnenden moralischen Elemente vorzustellen sowie die Rechtslage und die politische Risikoargumentation zu rekonstruieren. Auf diesem Weg soll ein neuer Blick auf die sozialen Akzeptanzstrukturen von stammzellbasierten Ansätzen innerhalb der Medizin eröffnet werden. Dies bildet die Basis für Empfehlungen hinsichtlich des zukünftigen Umgangs mit Risiko-Evaluationen im Kontext der deutschen Rechtsprechung zur Stammzellforschung und ihren Anwendungen.

Entscheidungen über die Zukunft der Stammzellforschung stellen gewichtige Herausforderungen dar, die eines umfassenden interdisziplinären Ansatzes bedürfen. Ein Beispiel für einen solchen disziplinenübergreifenden Umgang mit der Evaluation von totipotenten Stammzellen aus ethischer und rechtlicher Perspektive zeigt das große hermeneutische und praktische Potential, das derartige Ansätze auszeichnet (Heinemann et al. 2015). Die Fokussierung auf den Risiko-Begriff bietet eine Möglichkeit, Kontingenz zu reduzieren und die Wahrnehmungen und Bedenken der verschiedenen Akteure und Betroffenen an das Verständnis der jeweils anderen gruppenanschlussfähig zu machen (Bora 2012; Nida-Rümelin und Schulenberg 2013; Opitz 2011).

Es wird aufgezeigt, wie Chancen und Risiken aus verschiedenen Perspektiven diskutiert werden können – vorausgesetzt, es besteht ein basales gemeinsames Verständnis der jeweils angelegten Kriterien und der betrachteten Entitäten. Unsicherheit ist eine der größten Herausforderungen in Entscheidungsfindungsprozessen angesichts unabwägbarer Folgen. So bleiben auch für die Stammzellforschung das Risikomanagement und der Umgang mit Kontingenz die Hauptaufgaben für die Zukunft. Dieser Band soll der Entwicklung möglicher Umgangsweisen mit diesen Herausforderungen aus einer ethischen, sozialen, politischen und rechtlichen Perspektive dienen.

Literaturverzeichnis

Bertolini, F., J. Y. Petit, und M. G. Kolonin. 2015. Stem Cells from Adipose Tissue and Breast Cancer: Hype, Risks and Hope. *British Journal of Cancer* 112 (3): 419–23.

Bora, A. 2012. Technologische Risiken. In *Handbuch Soziale Probleme, Bd. 2,* Hrsg. Günter Albrecht and Axel Groenemeyer, 1174–97. Wiesbaden: Springer VS.

Caulfield, T. 2010. Stem Cell Research and Economic Promises. *Journal of Law and Medical Ethics* 38: 303–13.

Chu, G. 2003. Embryonic Stem-Cell Research and the Moral Status of Embryos. *Internal Medicine Journal* 33: 530–31.

Cyranoski, D. 2015. Ethics of Embryo Editing Divides Scientists. *Nature* 519 (7543): 272.

Deutscher Bundestag, Enquetekommission (Hrsg.). 1987. Chancen und Risiken der Gentechnologie (1984–87). München.

Deutscher Ethikrat. 2014. Stammzellforschung – Neue Herausforderungen für das Klonverbot und den Umgang mit artifiziell erzeugten Keimzellen?, Ad-hoc-Empfehlung. Berlin.

Faden, R. R., L. Dawson, A. S. Bateman-House, D. M. Agnew, H. Bok, D. W. Brock, A. Chakravarti, et al. 2003. Public Stem Cell Banks: Considerations of Justice in Stem Cell Research and Therapy. *Hastings Center Reports* 33: 13–27.

Feng, W., Y. Dai, L. Mou, D. K. Cooper, D.Shi, und Z. Cai. 2015. The Potential of the Combination of Crispr/Cas9 and Pluripotent Stem Cells to Provide Human Organs from Chimaeric Pigs. *International Jorunal of Molecular Science* 16 (3): 6545–56.

Fink, S. 2007. Ein Deutscher Sonderweg? Die Deutsche Embryonenforschungspolitik Im Licht Internationaler Vergleichender Daten. *Leviathan* 35: 107–27.

Habets, M. G., J. J. van Delden, und A. L. Bredenoord. 2014. The Inherent Ethical Challenge of First-in-Human Pluripotent Stem Cell Trials. *Regenerative Medicine* 9: 1–3.

Heinemann, Thomas, H.-G. Dederer, und T. Cantz. 2015. *Entwicklungsbiologische Totipotenz in Ethik Und Recht. Zur Normativen Bewertung Von Totipotenten Menschlichen Zellen.* Göttingen: V & R Unipress.

Holm, S. 2004. Stem Cell Transplantation and Ethics: A European Overview. *Fetal Diagnosis and Therapy* 19 (2): 113–8.

Huang, J., X. Lin, Y.Shi, und W. Liu. 2014. Tissue Engineering and Regenerative Medicine in Basic Research: A Year in Review of 2014. *Tissue Engineering, Part B* 21 (2): 167–76.

Hyun, I. 2010. Allowing Innovative Stem Cell Based Therapies Outside of Clinical Trials: Ethical and Policy Challenges. *Jorunal of Law and Medical Ethics* 38: 277–85.

Hyun, I, O. Lindvall, L. Ahrlund-Richter, E. Cattaneo, M. Cavazzana-Calvo, G. Cossu, M. De Luca, et al. 2008. New Isscr Guidelines Underscore Major Principles for Responsible Translational Stem Cell Research. *Cell Stem Cell* 3: 607–09.

Illes, J, C. Reimer, und B. K. Kwon. 2011. Stem Cell Clinical Trials for Spinal Cord Injury: Readiness, Reluctance, Redefinition. *Stem Cell Reviews* 7: 997–1005.

Ishii, T, R. A. Pera, und H. T. Greely. 2013. Ethical and Legal Issues Arising in Research on Inducing Human Germ Cells from Pluripotent Stem Cells. *Cell Stem Cell* 13: 145–48.

Kälbe, Karl. 2007. Zum Begriff Des Risikos. Die Versicherungsmathematische, die Soziologische und die (in Public Health und Genetik dominante) epidemiologische Sichtweise. In *Genetik in Public Health (Teil 1)*, Hrsg. A. Brand, P. Schröder, A. Bora, P. Dabrock, P. Kälble, N. Ott, Ch. Wewetzer und H. Brand. Bielefeld: lögd.

Kato, K, J. Kimmelman, J. Robert, D. Sipp, und J. Sugarman. 2012. Ethical and Policy Issues in the Clinical Translation of Stem Cells: Report of a Focus Session at the Isscr Annual Meeting. *Cell Stem Cell* 11: 765–67.

King, N., and J. Perrin. 2014. Ethical Issues in Stem Cell Research and Therapy. *Stem Cell Res Ther* 5 (4): 85.

Kyle, B. L. 2000. In Vitro Fertilization: A Right or a Privilege? *Jouranl of the Lousiana State Medical Society* 152 (12): 625–9.

Lo, B., und L. Parham. 2010. Resolving Ethical Issues in Stem Cell Clinical Trials: The Example of Parkinson Disease. *Journal of Law and Medical Ethics* 38: 257–66.

Lo, B., and L. Parham. 2009. Ethical Issues in Stem Cell Research. *Endocrnological Review* 30 (3): 204–13.

Luhmann, N. 1993. Risiko und Gefahr. In *Soziologische Aufklärung*, Bd. 5, Hrsg. Niklas Luhmann, 131–69. Opladen: Westdeutscher Verlag.

Luhmann, N. 1991. *Soziologie des Risikos*. Berlin [u. a.]: de Gruyter.

Martinsen, R. 2004. *Staat Und Gewissen Im Technischen Zeitalter. Prolegomena Einer Politologischen Aufklärung*. Weilerswist: Velbrück Wissenschaft.

Nida-Rümelin, J., und J. Schulenberg. 2013. Risiko. In *Handbuch Der Technikethik*, Hrsg. Armin Grunwald, 18–22. Stuttgart, Weimar: J. B. Metzler.

Niemansburg, S. L., M. Teraa, H. Hesam, J. J. van Delden, M. C. Verhaar, und A. L. Bredenoord. 2014. Stem Cell Trials for Cardiovascular Medicine: Ethical Rationale. *Tissiue Engineering Part A* 20 (19–20): 2567–74.

Opitz, S. 2011. Widerstreitende Temporalitäten: Recht in Zeiten Des Risikos. *Behemoth* 4 (2): 59–82.

Quigley, M., and S. Chan. 2012. *Stem Cells. New Frontiers in Science and Ethics*. Singapore: World Scientific.

Schneider, I. 2014. Technikfolgenabschätzung und Politikberatung am Beispiel biomedizinischer Felder. *Aus Politik und Zeitgeschichte* 64 (6–7): 31–39.

Schwarzkopf, A. 2014. *Die Deutsche Stammzelldebatte. Eine Exemplarische Untersuchung Bioethischer Normenkonflikte in Der Politischen Kommunikation Der Gegenwart*. Göttingen: V & R Unipress.

Shaw, D., W. Dondorp, N. Geijsen, und G. de Wert. 2015. Creating Human Organs in Chimaera Pigs: An Ethical Source of Immunocompatible Organs? *Journal of Medical Ethics* 41 (12): 970–74.

II. Derzeitiger Stand der iPS-Zellen-Forschung
Jürgen Hescheler

Abstract

Die Forschung an Stammzellen ist einer der vielversprechendsten neuen Wege in der Medizin des 21. Jahrhunderts. Die potentielle Entwicklung regenerativer Gewebe zum Zell- und Organersatz könnte für Millionen schwerkranker Menschen zu einer echten Heilungschance werden. In Verbindung mit der Präzisionsmedizin bildet die Stammzelltherapie die Basis für eine Medizin 4.0. Es ist abzusehen, dass die derzeit noch laufenden Vorversuche und präklinischen Studien bald zu neuen Therapieverfahren führen werden, die die Medizin signifikant bereichern werden. Hierbei liefern insbesondere humane induziert pluripotente Stammzellen das Ausgangsmaterial, um personalisiertes patientenidentisches Ersatzgewebe zu generieren.

Stammzellen – die Hoffnungsträger der regenerativen Medizin

Zur Einführung möchte ich einige Zahlen nennen, die die Notwendigkeit der Erforschung und Schaffung neuer Behandlungsmöglichkeiten in der Medizin und damit die Relevanz der Stammzellforschung aufzeigen. In Deutschland versterben pro Jahr allein an Herzinfarkt und Folgekrankheiten ca. 300.000 Menschen. Es gibt über vier Millionen Diabetiker in Deutschland. Und etwa 160.000 Schlaganfälle pro Jahr, die die Patienten schlagartig zu Invaliden machen. Die Liste könnte noch lange weitergeführt werden. All diesen Krankheiten, man spricht in der Medizin von degenerativen Krankheiten, ist gemeinsam, dass partiell Zellen aus unserem Körper absterben oder nicht mehr richtig funktionieren, aufgrund einer schlechten Blutversorgung oder anderen degenerativen Faktoren. Während man die Blutversorgung meist wieder in den Griff bekommt, bleibt aber die Tatsache bestehen, dass einmal abgestorbene Zellen für immer verloren sind und durch kein Medikament wiederhergestellt werden können. Das körpereigene regenerative System ist nicht in der Lage, derartig große Defekte wieder auszugleichen.

Die Forschung an embryonalen und adulten Stammzellen sowie neuerdings an induziert pluripotenten Stammzellen ist einer der vielversprechendsten Wege in der Medizin des 21. Jahrhunderts und wird als wichtiges Element der Medizin 4.0[1] angesehen.

---

1 Medizin 4.0 drückt aus, dass ein vierter Entwicklungsschritt innerhalb der Medizin ansteht. Durch die enge Verzahnung zwischen Medizin und Informationstechnologie wird die Medizin sowohl in Diagnostik als auch in Therapie präziser und personalisiert. Die Stammzelltechnologie spielt hierbei eine wichtige Rolle, da die Induktion pluripotenter Stammzellen die Züchtung einer Patienten-identischen Organzelle erlaubt. Diese kann sowohl zur präzisen Diagnostik als auch zur personalisierten Therapie eingesetzt werden.

Jürgen Hescheler

Die mögliche Entwicklung regenerativer Gewebe zum Zell- und Organersatz könnte für Millionen schwerkranker Menschen zu einer echten Heilungschance werden. Die bisherigen Erkenntnisse sind faszinierend und vielversprechend. Aber um es gleich am Anfang deutlich zu machen: Es ist noch zu früh, um konkrete Aussagen zur klinischen Anwendung und über Therapien zu machen.

Was verbirgt sich hinter diesem Forschungsgebiet – Erklärungen und Grundwissen:

- Unser Körper besteht aus ca. zehn Billionen Zellen, dabei hat jede Zelle ihre eigene Funktion. Damit alles geordnet funktioniert, sind diese Zellen organtypisch entwickelt. Wir kennen ca. 200 verschiedene gewebespezifischen Zellarten. Alle diese Zellen sind aus **pluripotenten embryonalen Stammzellen** („Alleskönnerzellen") während der Embryonalentwicklung während eines komplexen Differenzierungsprozesses entstanden. Im adulten Organismus sind diese pluripotenten Stammzellen verschwunden. Neben den hoch differenzierten Organzellen existieren aber auch **multipotente adulte Stammzellen** – diese Stammzellen können sich noch in einige Organzellen entwickeln, haben aber nicht mehr das Potential der pluripotenten Stammzellen. Die adulten Stammzellen dienen der körpereigenen Regeneration. Diese wird mit zunehmendem Alter aber immer geringer. Auch sind adulte Stammzellen nicht in der Lage größere Organdefekte bei degenerativen Erkrankungen wieder zu reparieren.

- Der pathologische Mechanismus der degenerativen Erkrankungen soll für die Herz-, Kreislauf-Erkrankungen exemplarisch erläutert werden: Die primäre Ursache stellt die koronare Herzerkrankung dar. Bei fortschreitender Arteriosklerose kann es letztendlich zum kompletten Verschluss eines Zweiges der Herzkranzgefäße kommen. Die dadurch ausgelöste Minderversorgung des entsprechenden Herzgewebes führt innerhalb kurzer Zeit zum nekrotischen Zelltod der Herzventrikelzellen – dem akuten Herzinfarkt. Das Herz ist durch einen nur geringen gewebespezifischen Reparationsmechanismus gekennzeichnet. Einmal zugrunde gegangenes Herzmuskelgewebe ist unwiderruflich verloren. Es entsteht stattdessen funktionsloses, derbes Narbengewebe, welches sich nicht wie Herzgewebe zusammenziehen kann und auch keinen Strom leitet, weshalb es häufig zu Herzrhythmusstörungen bis hin zum gefürchteten Kammerflimmern (Sekundenherztod) kommen kann. Der Ausfall an Pumpkraft im Herzen muss durch entsprechende Umbauvorgänge in den Herzkammern ausgeglichen werden. Meist bleibt jedoch eine dauerhafte Funktionsstörung des Organs zurück (Herzmuskelschwäche).

- Dem gegenüber ist der zugrundeliegende Verschluss einer Herzkranzarterie heute mit modernen medikamentösen („Lyse"), interventionellen („Herzkatheter") mit dem Einbringen von Stents erfolgreich behandelbar. Daher ist der Wiederaufbau des zugrunde gegangenen Herzgewebes mit dem Anschluss an das wieder eröffnete Herzkranzgefäß eine reelle Option zur rationalen Therapie des Herzinfarktes.

Ideen der Zellersatztherapie – regenerative Medizin

Bisher basiert die Behandlung der Folgen eines stattgefundenen Infarktes oder einer degenerativen Erkrankung auf einer medikamentösen Therapie. Diese zielt darauf ab, noch funktionierende Zellen zu erhalten sowie deren „angeschlagene" Funktion zu verbessern. Sie kann jedoch keine bereits zugrunde gegangenen Zellen wieder ersetzen! Die Möglichkeit eines „reparierenden" Zellersatzes am Herzmuskel könnte die bereits etablierten, primär auf die Wiederherstellung der Durchblutung basierenden Verfahren in idealer Weise ergänzen. Die Isolierung einer in der Petrischale weitgehend unbegrenzt vermehrbaren humanen pluripotenten Stammzelllinie mit der Fähigkeit zur Entwicklungen verschiedenster Gewebetypen eröffnete den Horizont für die Gewinnung menschlicher Zellen für einen reparativen Gewebsersatz. Mit zunehmender grundlagenwissenschaftlicher Erkenntnis auf dem Gebiet der Stammzellforschung ist letztlich der Therapieansatz einer zellulären „Kardiomyoplastie", d. h. einer reparierenden Stammzelltransplantation am Herzen in den Bereich des Realisierbaren gerückt.

Embryologische Grundlagen und Definitionen

Wir müssen zunächst auf die ersten Schritte der Entstehung des Lebens direkt nach Befruchtung der Eizelle eingehen. Die gesamte Entwicklung des Vorimplantationsembryos, also von der befruchteten Eizelle bis hin zur Blastozyste findet im Eileiter statt. Diese frühen Vorimplantationsstadien führen nur dann zum „richtigen", d. h. morphologisch differenzierten Embryo, wenn ein zweiter Prozess, nämlich die Einnistung der Blastozyste in die Gebärmutter stattfindet. Neuere Befunde zeigen, dass gerade dieser Aspekt wichtig ist für die ethische Bewertung: Zur Menschwerdung gehört eben nicht nur die genetische Determination (Verschmelzung der beiden Vorkerne der Ei- und Samenzelle), sondern auch das, was wir im allgemeinsten Sinne als die „Umwelt" bezeichnen können, der erste Kontakt der Blastozyste mit der Schleimhaut der Gebärmutter. Durch diesen Kontakt kommt es zur epigenetischen Prägung der inneren Zellmasse der Blastozyte, die dann im weiteren Verlauf zur individualisierten Differenzierung des frühen Embryos führt. Interessanterweise wird auch im § 218 argumentiert, dass „Handlungen, deren Wirkung vor Abschluss der Einnistung des befruchteten Eies in der Gebärmutter eintritt, [...] nicht als Schwangerschaftsabbruch im Sinne dieses Gesetzes" gelten. Das kann so interpretiert werden, dass die Entstehung einer Menschwerdung, die Umwelt voraussetzt, welche erst durch die Einnistung der Blastozyste gegeben ist (Leist et al. 2008). Durch die Verwendung von Verhütungsmitteln "sterben" allein in Deutschland mehrere Millionen Blastozysten, die sich nicht in die Gebärmutter einnisten. Diese Verhütungsmittel, die auch als Nidationshemmer (Spirale, „Pille danach") bezeichnet werden, verhindern, dass sich die Blastozyste in die Schleimhaut der Gebärmutter einnistet – und damit geht diese Blastozyste verloren. Ebenfalls ist erwähnenswert, dass nur etwa jede zehnte Blastozyste von Natur aus angenommen wird, d. h. neun von zehn natürlich befruchteten Eizellen, denen man bei uns „Schutzwürde" zuspricht, werden von Natur aus gar nicht erst eingenistet und sind zum Absterben verdammt.

Totipotenz ist die Fähigkeit, einen gesamten Organismus zu bilden, **Pluripotenz** die Fähigkeit, einzelne Organe, jedoch nicht einen Organismus. Es ist allgemein anerkannt, dass die Totipotenz etwa bis zum Achtzellstadium besteht. Pluripotent sind die innere Zellmasse der Blastozyste, die frühen Keimbahnzellen, die embryonalen Stammzellen und Zelllinien aus bestimmten embryonalen Tumoren, den sog. Teratokarzinomen. Interessant für die Wissenschaft und die eventuelle spätere klinische Anwendung (Zellersatztherapie) ist das pluripotente Stadium, da pluripotente Stammzellen in jede beliebige Körperzelle differenziert werden können, die dann zur Transplantation genutzt werden können. Durch das hohe und nicht begrenzte Proliferationsverhalten der pluripotenten Stammzellen, das Self-renewal, können praktisch unbegrenzte Zellmengen in der Zellkultur hergestellt werden.

Embryonale und adulte Stammzellen

Im Folgenden sei der Unterschied zwischen adulten und embryonalen Stammzellen aufgezeigt und der Punkt herausgearbeitet, dass es sich hier keineswegs um Zellen mit ähnlichen Eigenschaften handelt. Nach der Nidation der Blastozyste in den Uterus entwickeln sich ausgehend von den Zellen der inneren Zellmasse (pluripotente Zellen) zunächst die drei sogenannten Keimblattzellen, Endoderm, Ektoderm und Mesoderm. Bereits hier sind die ersten Differenzierungssignale notwendig. Und dies ist ganz entscheidend: externe Signale, Faktoren, Stoffe, elektrische Impulse usw., die bewirken, dass die Zelle die Information bekommt, in welche Richtung sie sich weiterentwickelt. Nach den Keimblattzellen folgen sodann die sog. „kommitteten Zellen" (genetisch determinierte Zellen), das sind Zellen, bei denen genetisch bereits festgelegt ist, welche Gene für die entsprechenden Zellfunktionen wichtig sind. Es ist in diesem Zusammenhang wichtig, dass es ca. 30.000 Gene (im „Human Genome Project" analysiert) gibt, die in jedem Zelltyp unterschiedlich abgelesen werden. Damit die Herzzelle sich also zur Herzzelle entwickelt, müssen andere Gene abgelesen werden als etwa bei einer Nervenzelle. Es ist also keineswegs unerheblich, wie diese ersten Entwicklungsstufen gesteuert werden. Die Untersuchung dieser Fragestellungen ist Gegenstand der sog. „Signaltransduktionsforschung" und der „funktionellen Genomik". Gerade die Aufklärung dieser Signalwege ist Gegenstand der heutigen Stammzellforschung. Erforscht wird die physiologische Programmierung, das heißt, die Signale, die einer naturgegebenen und von selbst stattfindenden Abfolge entsprechen, also einem Grundprogramm, welches in den Zellen bereits vorgegeben ist. Anders sieht es bei den adulten multipotenten Stammzellen aus. Aus allen bisherigen Untersuchungen wird deutlich, dass es sich bei den adulten Stammzellen nicht um pluripotente Zellen handelt, sondern um Zellen aus dem Pool der „kommitteten Zellen", die offensichtlich während der Embryonalentwicklung bestehen bleiben und dem erwachsenen Körper als Ersatzpool für einige bestimmte Zelltypen dienen, als Beispiel seien die hämatopoietischen Stammzellen genannt, die sich in die verschiedenen Blutzellen, entwickeln können. Es gibt aber klare Ergebnisse, dass es z. B. für das Herz keine adulten Stammzellen gibt, die in der Lage wären, einen Defekt im Herzmuskel wieder auszugleichen.

Induziert pluripotente Stammzellen

Damit die aus den embryonalen Stammzellen entwickelten organtypischen Zellen nach einer Transplantation nicht vom Empfänger abgestoßen werden und sich optimal in dessen Körper integrieren können, verfolgte man den Ansatz, embryonale Stammzellen mit derselben Genetik wie die des Patienten zu erzeugen. Diese Technik ist als therapeutisches Klonen bekannt. Hierbei wird in eine entkernte Oozyte der Zellkern einer somatischen Zelle eingeimpft. Offensichtlich besitzt die Oozyte zytoplasmatische Faktoren, die bewirken, dass der Zellkern wieder reprogrammiert wird, also seine epigenetische Prägung verliert und so die Epigenetik wieder in den Zustand zurückversetzt, so wie er auch in der pluripotenten Zelle vorliegt. Nach Reprogrammierung macht die Eizelle dasselbe wie die befruchtete Eizelle, sie entwickelt sich weiter bis zur Blastozyste. Dass dieser Prozess den physiologischen Vorgängen entspricht, hat unter anderem das Schaf Dolly eindrucksvoll bewiesen.

Ausgehend von diesen Befunden wurde nun genauer untersucht, welche Prozesse zur Reprogrammierung beitragen. Nach anfänglichen Fusionsuntersuchungen, welche eine embryonale Stammzelle mit einer somatischen Zelle fusionierten, war klar, dass die pluripotenten Stammzellen offensichtlich ebenfalls zelluläre Mechanismen besitzen, die zu einer Reduktion der Epigenetik führen, also zur Reprogrammierung. Die Reprogrammierung ermöglicht es, jede beliebige somatische Zelle des Körpers zu einer pluripotenten Stammzelle zurückzuverwandeln. Durch diese Vorversuche war die Grundlage gelegt, genauer zu untersuchen, wie der Prozess der Reprogrammierung zu vereinfachen sei. Im Jahre 2006 machte Professor Shin'ya Yamanaka aus Japan die bemerkenswerte Entdeckung, dass eine neue Art von Stammzelle im Labor hergestellt werden konnte, die induzierte pluripotente Stammzelle (iPS-Zelle). Embryonale Stammzellen, welche beim Menschen aus einem vier bis fünf Tage alten Embryo gewonnen werden, sind die einzigen natürlichen pluripotenten Zellen. Yamanakas Entdeckung bedeutet, dass nun jede beliebige Körperzelle, bis auf Samen- und Eizelle, zu einer pluripotenten Stammzelle gemacht werden kann.

Es galt noch vor 10 Jahren als feste biologische Regel, dass alle Zellen in unserm Körper permanent altern und dass dies durch die Länge der Telomere determiniert ist. Zellen von einem differenzierten Zustand zurück in einen undifferenzierten jungen Zustand zu bringen, galt als unmöglich. Die einzige Quelle für pluripotente Stammzellen, die in der Lage sind jedes Körpergewebe wieder zu regenerieren bzw. in diese Zellen zu differenzieren, konnten vor zehn Jahren nur aus der Blastozyste gewonnen werden, d. h. aus dem frühen embryonalen Zustand des Präembryos. Dieses Grundpostulat wurde durch die Arbeiten von Professor Shin'ya Yamanaka aus Kyoto komplett gekippt. Für seine Entdeckung der Reprogrammierung erhielt Yamanaka im Jahre 2012 den Nobelpreis für Medizin und Physiologie.

Was passiert bei der Reprogrammierung?

Die Arbeiten zum Schaf Dolly von Professor Ian Wilmuth zeigten bereits, dass beim Klonieren, d. h. das Einbringen von der Erbinformation aus einer somatischen Zelle in eine entkernte Eizelle, der Zellkern dieser somatischen Zelle reprogrammiert wird, d. h. wieder in den ursprünglichen Zustand zurückgesetzt wurde. Wilmuth injizierte den Zellkern eine Hautzelle eines Schafs in eine Eizelle, die von ihrem eigenen Zellkern befreit wurde. Durch die zytoplasmatische Umgebung in der Eizelle kam es zu einer Umentwicklung des Zellkerns und die so neugewonnene Eizelle mit reprogrammiertem Zellkern entwickelte sich zur Blastozyste und weiter zum funktionsfähigen Organismus, in diesem Fall zum Schaf Dolly. Die Prozesse der Reprogrammierung wurden vom Prof. Yamanaka analysiert und er stellte fest, dass man die Umgebung der Eizelle nicht unbedingt benötigt, um eine somatische Zelle wieder in ihren ursprünglichen Zustand der pluripotenten Zelle zurückzuführen, sondern, dass dies bereits durch einige Faktoren möglich ist. Insgesamt konnte er den Prozess so vereinfachen, dass nur vier Transkriptionsfaktoren, oct-4, c-myc, klf-4 und sox2 in einer somatischen Zelle exprimiert werden müssen und es dadurch zu einer Reprogrammierung der somatischen Zelle in den ursprünglichen pluripotenten Zustand kommt (Okita et al. 2007). Diese neuen Zellen wurden als induziert pluripotente (iPS) Zellen bezeichnet. Somit ist es durch die iPS-Zellen zum ersten Mal möglich eine ganz frühe neue Stammzelle, die der embryonalen Stammzelle des jeweiligen Patienten entspricht zu generieren durch den Prozess der Reprogrammierung. Viele Untersuchungen zeigten, dass die iPS-Zellen von embryonalen Stammzellen praktisch nicht unterscheidbar sind. Es wurde auch insbesondere untersucht, wie sich die Telomerlänge einer iPS-Zelle verhält und interessanterweise wurde gefunden, dass sich die Telomere wieder aufbauen, also in den frühen unentwickelten Zustand einer Zelle zurückkehren.

Die genauen Prozesse, die zur Reprogrammierung führen sind heute immer noch nicht komplett entschlüsselt. Die Wissenschaftler gehen aber davon aus, dass es sich bei dieser Reprogrammierung um eine Veränderung der epigenetischen Determinierung der

Zelle handelt. Epigenetik ist der Befund, dass die Erbinformation, die DNA, durch Methylierungsprozesse, also CH3 Bindung an bestimmte DNA Abschnitte bzw. an die Histone inaktiviert und dadurch geprägt wird. Durch diese Prägung und Organisation der Erbinformation kommt es bei Differenzierungsprozessen, aber auch wahrscheinlich bei Alterungsprozessen, zu einer immer stärkeren Einschränkung der Erbinformation, die für die Zelle zugängig ist. Von der pluripotenten Zelle war bereits bekannt, dass eine sehr geringe epigenetische Determinierung vorliegt, d. h. die pluripotente Zelle kann sich daher in jede Körperzelle entwickeln. Dies vermag eine adulte multipotente Stammzelle nicht mehr. Veränderung der Epigenetik erklärt somit einerseits die Differenzierung, andererseits die Reprogrammierung. Während zunehmende Epigenetik die Zelle in einen differenzierten Zustand versetzt, bewirkt eine Aufhebung der Epigenetik eine Zurückentwicklung in den undifferenzierten iPS-Zellen-Zustand.

Stand der Forschung an induziert pluripotenten Stammzellen

Heute, über zehn Jahre nach der Entdeckung der iPS-Zellen sind sie ein wichtiger Baustein in der Stammzellenforschung, insbesondere bei der Entwicklung zellulärer Krankheitsmodelle aus Patientenbiopsien mit genetischen Erkrankungen oder als Testsysteme für die Entwicklung neuer Medikamente. Zudem spielen iPS-Zellen eine entscheidende Rolle bei der Entwicklung neuer Therapien für zell- und gewebsdegenerative Erkrankungen, da sie autolog, also Patient-identisch hergestellt werden können. Bei den aus autologen iPS-Zellen abgeleiteten Zellen erwartet man eine bessere immunologische Verträglichkeit des Transplantates. Vermeiden oder verringern ließen sich daher die Folgekosten, die typischerweise mit der allogenen Gewebetransplantation einhergehen.

Die rechtliche und medizinethische Diskussion bezüglich iPS-Zellen bezog sich bislang vor allem auf den Bereich der Grundlagenforschung. Die regulatorischen und medizinethischen Rahmenbedingungen für die Anwendung iPS-basierter Therapeutika wurde dagegen noch nicht detailliert behandelt: Lediglich in den USA wurde 2014, eine Studie zur Behandlung der altersbedingten Makuladegeneration (AMD) durchgeführt (Schwartz et al. 2015). Einer Frau wurde ein Zellverband aus Zellen des Retinapigmentepithels, die aus ES-Zellen differenziert wurden, transplantiert – es traten keine nennenswerten Komplikationen auf. In Japan ist zudem eine weitere klinische Studie auf Grundlage von iPS-Zellen zur Erforschung und Behandlung für Morbus Parkinson vorgesehen.

Jürgen Hescheler

EBiSC – die Europäische Bank von induziert pluripotenten Stammzellen[2]

Die Europäische Bank für induzierte pluripotente Stammzellen (EBiSC) (www.ebisc.org), hat seinen Online-Katalog von iPS-Zellen in Betrieb genommen (www.cells.ebisc.org, De Sousa et al. 2017). Damit steht den Wissenschaftlern in der Akademie und Pharmaindustrie eine breite Auswahl verschiedener iPS-Zelllinien zur Erforschung von verschiedenen Erkrankungen zur Verfügung. Im Rahmen des EBiSC Projekts wurde eine Vielzahl von iPS-Zelllinien aus Haut- oder Blutproben von gesunden Probanden und von Patienten mit bestimmten genetisch bedingten Erkrankungen erzeugt. Diese iPS-Zelllinien können dann im Labor als Modell-Systeme der Krankheiten, von denen die Spender betroffen sind, genutzt werden. Die Stammzellbank EBiSC ist eine Sammlung dieser krankheitsspezifischen iPS-Zelllinien, die über einen Online-Katalog verfügbar sind. Ermöglicht wurde der Aufbau dieser Stammzellbank durch ein europäisches Konsortium, das aus 27 Partnern besteht und durch die europäische Initiative für Innovative Medizin (*Innovative Medicines Initiative*, IMI, www.imi.europa.eu) gefördert wird. Die Partner des EBiSC Konsortiums sind pharmazeutische Unternehmen (Mitglieder der *European Federation of Pharmaceutical Industries and Associations*, EFPIA), kleine und mittelständische Unternehmen (KMU) und akademische Einrichtungen.

Erst seit 2006 ist die Erzeugung von iPS-Zellen, also das Umwandeln von Körperzellen in einen pluripotenten Stammzell-Zustand, möglich. Diese Technologie macht es möglich, eine Krankheit unter Laborbedingungen zu untersuchen. Wenn Patienten, die zum Beispiel an einer neurodegenerativen Krankheit wie Parkinson-Krankheit oder an bestimmten Herzerkrankungen leiden, einer Haut- oder Blutprobe zustimmen, können nach Behandlung der Blut- oder Hautzellen mit bestimmten Stammzell-Faktoren iPS-Zellen generiert werden. Aus iPS Zellen können dann gewebespezifische Zellen, wie z. B. Herzmuskelzellen oder Nervenzellen gewonnen werden, die Krankheitsmerkmale tragen. Dieses Konzept der Erforschung einer „Krankheit in der Petri-Schale" erlaubt sehr weitgehende Untersuchungen an den von der Krankheit betroffenen Zellen und vermeidet möglicherweise belastenden Untersuchungen am Patienten sowie ethisch bedenkliche Tierversuche, deren Ergebnisse sich oft als nicht auf den Menschen übertragbar herausstellen. Dies ist auch insbesondere für die personalisierte Medizin wichtig.

Zahlreiche Forschungsprogramme mit unterschiedlichen Forschungszielen werden derzeit in Europa durchgeführt und Hunderte von iPS-Zelllinien von verschiedenen Spendern hergestellt. Forscher sind aber selten in der Lage die iPS-Zellen langfristig zu lagern und andere Forscher mit ihren Zellen zu versorgen. Das führt zur Duplikation der Arbeit, verlängert Forschungsprojekte und trägt zu fehlerhaften Forschungsergeb-

---

2   Text wurde der Pressemitteilung des EBiSC Konsortiums entnommen

II. Derzeitiger Stand der iPS-Zellen-Forschung

nissen bei. Das EBiSC Projekt stellt dabei das Fundament und die Grundstruktur einer standardisierten Entwicklungs- und Verwertungskette dar, die sich am Bedarf von Forschern unter Berücksichtigung international akzeptierter Qualitätsmerkmale für die Herstellung, Lagerung und Verfügbarmachung der Zellen orientiert.

Die Zelllinien im aktuellen EBiSC Katalog wurden von den EBiSC Partnerlabors und einer Reihe von externen Organisationen hinterlegt. Der Katalog umfasst Herzerkrankungen (insbesondere angeborene Herzrhythmus-Störungen), neurodegenerative Erkrankungen (z. B. Amyotrophe Lateralsklerose und Chorea Huntington), Erkrankungen des Auges und Linien von gesunden Kontrollspendern. In den nächsten Monaten werden neue iPS-Zelllinien, etwa zu Diabetes, Muskeldystrophie, Kardiomyopathie, Schmerzerkrankungen, Parkinson- und Alzheimer-Krankheit, in den Katalog eingehen. In vielen Fällen werden die iPS-Zelllinien durch „isogene" Zelllinien ergänzt, in denen die krankmachende Mutation durch moderne Methoden des Gen-Editierens korrigiert wird. Diese Kontroll-iPS-Zelllinien ermöglichen es den Forschern zu verstehen wie eine bestimmte Mutation eine Krankheit verursacht, was wiederum die Entwicklung neuer Therapien für bislang ungenügend oder nicht behandelbare Krankheiten ermöglicht.

Aidan Courtney, CEO der Firma *Roslin Cell Sciences* aus Edinburgh und einer der Koordinatoren des Projekts, erklärt:

> „Die Einführung des Online-Katalogs ermöglicht EBiSC Stammzellforscher in Europa und anderswo zu unterstützen. Die Organisationen, aus denen das EBiSC Konsortium besteht sind jeweils führend in ihrem Fachgebiet. Wir haben das Glück, durch die Förderung von IMI das Wissen und die Fähigkeiten europaweit zu kombinieren, um eine wichtige, neue Ressource für die Forschung zu schaffen."
> (https://www.ebisc.org/files/press-releases/EBiSC_Launch-of-new-European-Stem-Cell-Bank)

Die Arbeitsgruppe von Dr. T. Saric im Institut für Neurophysiologie ist Teil des EBiSC Konsortiums und als eine von acht europäischen Institutionen direkt an der standardisierten Erzeugung von neuen iPS-Zelllinien beteiligt. Dies geschieht in enger Kooperation mit klinischen Partner an der Uniklinik Köln (Klinik für Kardiologie), externen klinischen Partnern (Institut für Genetik von Herzerkrankungen der Uniklinik Münster; Herz- und Diabeteszentrum NRW in Bad Oeynhausen) und Unternehmen der pharmazeutischen Industrie (Bayer Pharma AG, Astra Zeneca). Ein zentraler Aspekt der Beteiligung der Arbeitsgruppe an diesem Projekt ist die Generierung neuer iPS-Zelllinien von gesunden Probanden und Patienten mit angeborenen Herzerkrankungen unter Anwendung optimierter Protokolle und stringenter Methoden zur Qualitätssicherung. Diese Studie ist beim Deutschen Register Klinischer Studien unter der Nummer DRKS00009433 registriert (http://apps.who.int/trialsearch/).

Jürgen Hescheler

Physiologische Grundlagen der zellulären Kardiomyoplastie

Der Erfolg einer zellulären Kardiomyoplastie setzt die grundlagenwissenschaftliche, experimentelle Absicherung zahlreicher Grundbedingungen voraus. Die wichtigsten sind:

- das Vorhandensein geeigneter Herzvorläuferzellen in ausreichender Anzahl und Reinheit,
- das Überleben und Anwachsen der transplantierten Zellen im Empfängerherz,
- die Möglichkeit der kontrollierten Vermehrung auf eine zur effektiven Kraftsteigerung ausreichenden Zellzahl,
- die Ausdifferenzierung der transplantierten Vorläuferzellen in funktionsfähige, adulte Herzkammerzellen mit entsprechender Ausstattung an Ionenkanälen und kontraktilen Proteinen,
- die elektrische Anbindung der transplantierten Zellen an das Empfängerherz,
- die Produktion eigener Kraft,
- die adäquate Reaktion auf körpereigene Reize und Signale von Hormonen und Nerven sowie letztlich das Fehlen von Herzrhythmusstörungen.

Die entsprechenden Nachweise sind an Einzelzellen, im Organverbund und am lebenden Versuchstier zu erbringen. Zusätzlich erfordert der möglichst umfassende Ausschluss eines Krebs-risikos die Aufklärung der bei Zellwachstum und -entwicklung beteiligten Signalwege und -molekülen.

Wie sieht die klinische Anwendung von Stammzellen in der Zukunft aus?

Zellen einer Hautbiopsie werden zunächst durch Zugabe der vier Reprogrammierungsfaktoren oct-4, c-myc, klf-4 und sox2 in Kolonien von iPS Zellen überführt, welche in einer permanenten Zellkultur weitergeführt werden können. Permanent heißt, wir können mit einer einzigen Zelllinie für viele, viele Jahre „tonnenweise" Herzzellen oder auch Nervenzellen herstellen. Wir nutzen nun diese pluripotenten Stammzellen zur Differenzierung von verschiedenen Geweben. Dazu wird ein spezielles Kulturverfahren genutzt, das sogenannte „Zell-Aggregations-Verfahren". Dazu werden die Zellen in eine natürliche Umgebung gebracht, die wir „embryoid body" (Wobus et al. 1991) nennen. Die embryonalen Stammzellen werden zusammengeklumpt (aggregiert) und in dieser Ansammlung laufen selbständig die natürlichen physiologischen Signalprozesse ab, die auch in einem Embryo ablaufen würden. Die Zellen organisieren sich also von selbst, natürlich nicht in genau derselben Reihenfolge und Anordnung wie im wirklichen

Embryo, aber es entstehen auch im „embryoid body" alle notwendigen Zelltypen – so zunächst die frühen Keimblattzellen, aus denen dann wiederum die organotypischen Zellen hervorgehen, u. a. auch Herzmuskelzellen, die wir für unsere Experimente zur Behandlung des Herzinfarktes anwenden. Neben den Herzmuskelzellen findet man in den „embryoid bodies" auch eine Reihe von weiteren Zellen, Nervenzellen, glatte Muskelzellen, Zellen der Innenwand von Gefäßen, Blutzellen, Knorpelzellen und Knochenzellen. Die pluripotenten Stammzellen haben also den großen Vorteil, dass sie ein sehr breites Spektrum von Zellen darstellen können, wenn sie entsprechend differenziert werden. Diese klassischen Differenzierungsverfahren im „Organoid" werden heutzutage immer mehr ergänzt bzw. ersetzt durch die sogenannte „directed differentiation", also der Differenzierung der Stammzellen durch einen Cocktail von Differenzierungsfaktoren, die in einer genau festgelegten zeitlichen Abfolge auf die Kultur von pluripotenten Zellen gegeben werden müssen. Durch die Faktoren werden die Zellen ähnlich wie in der Embryonalentwicklung auf einen immer höheren Entwicklungsstand gebracht. Diese Verfahren der „directed differentiation" können auch auf einen Bioreaktor übertragen werden, womit eine größere Zellausbeute möglich wird.

Transplantation

Unter *in vivo* Bedingungen gibt es zwei wichtige Anforderungen an die zu transplantierenden Zellen, die aus pluripotenten Stammzellen gewonnen werden: (i) sie müssen nach der Transplantation wiedererkennbar sein und (ii) sie müssen soweit ausdifferenziert sein, dass sie sich nicht mehr unbegrenzt vermehren und somit einen Tumor bilden könnten. Zur Vorbereitung auf den Einsatz der Zellen für eine Transplantation nutzen wir daher einen genetischen „Trick" eine molekularbiologische Manipulation. Zur Erfüllung des Kriteriums (i) bauen wir in die Zellen, die zu Herzmuskelzellen werden sollen, einen grün leuchtenden Farbstoff (grün fluoreszierendes Protein, GFP) ein, welches dazu führt, dass nur die sich aus den pluripotenten Stammzellen entwickelnden Herzmuskelzellen unter einem Spezialmikroskop grün leuchten. Wir haben ebenfalls ein Verfahren entwickelt, um praktisch nur Herzzellen aus den embryonalen Stammzellen zu differenzieren, und keine anderen Zelltypen entsprechend dem Kriterium (ii). Wir sprechen hier von der „lineage-selection". Sie betrifft eine der wichtigsten Fragestellungen, die die embryonalen Stammzellforscher derzeit bearbeiten, um reine Kulturen für Transplantationszwecke zu erhalten. Die von uns gewonnenen „cardioballs", die zu 99 % aus Herzzellen bestehen, zeigen alle funktionellen Eigenschaften der Herzmuskelzelle (z. B. Kontraktion) und sind somit ideal geeignet, transplantiert zu werden. Wir konnten bei den aus embryonalen Stammzellen entwickelten Herzmuskelzellen bereits 1991 zeigen, dass sie alle Charakteristika von normalen Herzzellen haben. Die elektrischen Signale von normalen Herzzellen und aus embryonalen Stammzellen gezüchteten Herzzellen sind ganz genau gleich. Dies ist entscheidend für den Einsatz als

Zelltherapeutikum. Nach Einbringung ins pathologisch veränderte Herzgewebe z. B. nach Herzinfarkt, muss die Funktion des Herzgewebes durch die Zelltherapeutika wiederhergestellt werden.

Experimentelle Ergebnisse: In einer größeren Studie mit Tierversuchen an der Maus testeten wir die Verwendung von embryonalen Stammzellen und daraus gewonnenen Herzzellen für Transplantationszwecke (Lepperhof et al. 2014). Durch eine Kältebehandlung (Kryoverfahren) erzeugten wir in den Mäusen einen künstlichen Herzinfarkt und spritzen in das Infarktgebiet ca. 100.000 bis 1 Mio. Herzmuskelzellen, die wir zuvor aus pluripotenten Stammzellen gezüchtet hatten. Das Ergebnis war verblüffend. Die injizierten grün leuchtenden (GFP) Herzmuskelzellen hatten sich in die durch den Infarkt verletzte Herzkammerwand eingebaut und ersetzten funktionsloses Narbengewebe durch neues, perfekt funktionierendes Herzmuskelgewebe.

Die frühen Herzzellen sind also tatsächlich in der Lage, eine Neubildung des Herzmuskelgewebes nach dem Infarkt zu erzeugen. Durch Messungen der Kontraktionskraft und des ausgeworfenen Blutvolumens konnten wir dies auch direkt zeigen. Ebenfalls zeigt sich eine deutliche Verbesserung der Überlebensrate.

Wo stehen wir heute? Was sind die notwendigen Schritte bis zur Einführung der Stammzelltherapie für klinische Zwecke? Drei Fragestellungen müssen getestet werden:

- Die Effizienz muss gezeigt werden, das heißt, man muss eindeutig demonstrieren, dass sich diese Zellen richtig und dauerhaft in das krankhafte Gewebe einlagern und dort ihre physiologische Funktion aufnehmen.
- Die Sicherheit muss gewährleistet sein, dass diese Zellen keine Tumoren bilden, dass sie sicher in den Körper gelangen und keine Viren in den Körper einschleusen.
- Die Abstoßungsreaktion muss verhindert werden. Hier sind die induziert pluripotenten Stammzellen die geeigneten Stammzellen, da sie autolog gewonnen werden können und damit keine Abstoßungsreaktion verursachen.

Wichtig für eine spätere klinische Anwendung ist insbesondere aber auch der weitere Aufbau der europäischen „Stammzellenbank" (EBISC, European Bank of induced Pluripotent Stem Cells), einer Art „Zellenbibliothek", in der sich gewebeverträgliche Stammzelllinien für fast alle Menschen befänden. Aufgrund der verschiedenen Gewebeoberflächenantigenen, die immunologisch relevant sind (HLA System), schätzen wir die Anzahl der benötigten Stammzelllinien auf etwa 200.

Unsere Visionen

- Forschung an pluripotenten Stammzellen sind für die Grundlagenforschung sehr wichtig ist, um die Signalwege zu verstehen, die zur Funktions- und Strukturentwicklung von Körpergeweben führen. Viele Untersuchungen sind mit induziert pluripotenten Stammzellen möglich, die embryonalen Stammzellen bleiben jedoch immer noch der Goldstandard.

- Für die Pharmaforschung sind die embryonalen Stammzellen, vor allem die humanen embryonalen Stammzellen, von großem Interesse, da hier neue und bessere Untersuchungsmodelle („Screening-Modelle") dargestellt werden können, um Medikamente an humanem Gewebe auf ihre Wirksamkeit zu testen. Dies gilt sowohl für die positiven Wirkungen als auch für die unerwünschten Wirkungen, also toxikologische Fragestellungen. Darüber hinaus können mit humanen induziert pluripotenten Stammzellen neuartige und aussagekräftige Krankheitsmodelle realisiert werden.

- Aus pluripotenten Stammzellen abgeleitete organtypische Zellen eignen sich ideal für Zellersatztherapie und können nach Transplantation das defekte Organ wieder kompensieren. Dargestellt wurde die mögliche Behandlung eines Herzinfarktes, denkbar ist aber auch der Einsatz von pluripotenten Stammzellen zur Behandlung der Zuckerkrankheit (Diabetes), von Gelenk- und Knochenschäden, Hauterkrankungen, Nervenerkrankungen wie Morbus Parkinson, Multiple Sklerose, Alzheimer und viele mehr.

- Stammzellforschung braucht Zeit. Wir dürfen hier als Wissenschaftler, aber auch als verantwortliche Politiker und Journalisten keineswegs der Versuchung verfallen, vorzeitige Heilungsversprechungen zu machen. Meine Einschätzung ist es, dass es noch mindestens zehn Jahre dauert, bis unsere Forschungsergebnisse einmal in die klinische Anwendung kommen. Voraussetzung ist eine ausreichende Forschungsfinanzierung.

Fazit

Die humanen induziert pluripotenten Stammzellen (hiPS) haben sich als guter Ersatz für embryonale Stammzellen erwiesen und werden für Transplantation in defektes Gewebe heutzutage sogar favorisiert, das sie autolog und Patienten-personalisiert gewonnen werden können. Viele detaillierte physiologische, molekulargenetische und immunhistologische Untersuchungen haben klar demonstriert, dass hiPS abgeleitete organtypische Zellen identisch mit ihren Counterparts aus dem Embryo entsprechen. Daher sind hiPS Zellen auch ideal geeignet als screening Modelle für pharmakologische und toxikologische Untersuchungen. Wir sehen in der Stammzellforschung viele Anwendungsaspekte, nicht nur für die Transplantation in der Klinik, sondern auch für die Grundlagenforschung und die pharmazeutische Industrie.

Literaturverzeichnis

De Sousa P. A., R. Steeg, E. Wachter, K. Bruce, J. King, M. Hoeve, S. Khadun, G. McConnachie, J. Holder, A. Kurtz, S. Seltmann, J. Dewender, S. Reimann, G. Stacey, O. O'Shea, C. Chapman, L. Healy, H. Zimmermann, B. Bolton, T. Rawat, I. Atkin, A. Veiga, B. Kuebler, B. M. Serano, T. Saric, J. Hescheler, O. Brüstle, M. Peitz, C. Thiele, N. Geijsen, B. Holst, C. Clausen, M. Lako, L. Armstrong, S. K. Gupta, A. J. Kvist, R. Hicks, A. Jonebring, G. Brolén, A. Ebneth, A. Cabrera-Socorro, P. Foerch, M. Geraerts, T. C. Stummann, S. Harmon, C. George, I. Streeter, L. Clarke, H. Parkinson, P. W. Harrison, A. Faulconbridge, L. Cherubin, T. Burdett, C. Trigueros, M. J. Patel, C. Lucas, B. Hardy, R. Predan, J. Dokler, M. Brajnik, O. Keminer, O. Pless, P. Gribbon, C. Claussen, A. Ringwald, B. Kreisel, A. Courtney und T. E. Allsopp. 2017. Rapid establishment of the European Bank for induced Pluripotent Stem Cells (EBiSC) – the Hot Start experience. Stem Cell Research 20: 105–114.

Leist M., S. Bremer, P. Brundin, J. Hescheler, A. Kirkeby, K. H. Krause, P. Poerzgen, M. Puceat, M. Schmidt, A. Schratt enholz, N. B. Zak und H. Hentze. 2018. The biological and ethical basis of the use of human embryonic stem cells for in vitro test systems or cell therapy. ALTEX 25 (3): 163–190.

Lepperhof V., Polchynski O., Krutt wig K., Brüggemann C., Neef K., Drey F., Zheng Y., Ackermann J. P., Choi Y. H., Wunderlich TF., Hoehn M., Hescheler J. und Sarić T. 2014. Bioluminescent imaging of genetically selected induced pluripotent stem cell-derived cardiomyocytes after transplantation into infarcted heart of syngeneic recipients. PLoS One 9 (9): e107363. doi: 10.1371/journal.pone.0107363.

Okita, K., T. Ichisaka und S. Yamanaka. 2007. Generation of germline-competent induced pluripotent stem cells. Nature 448 (7151): 313–317.

Schwartz S. D., C. D. Regillo, B. L. Lam, D. Eliott, P. J. Rosenfeld, N. Z. Gregori, J. P. Hubschman, J. L. Davis, G. Heilwell, M. Spirn, J. Maguire, R. Gay, J. Bateman, R. M. Ostrick, D. Morris, M. Vincent, E. Anglade, L. V. Del Priore and R. Lanza. 2015. Human embryonic stem cell-derived retinal pigment epithelium in patients with agerelated macular degeneration and Stargardt's macular dystrophy: follow-up of two open-label phase 1/2 studies. Lancet 385 (9967): 509–516.

Wobus, A. M., G. Wallukat und J. Hescheler. 1991. Pluripotent mouse embryonic stem cells are able to differentiate into cardiomyocytes expressing chronotropic responses to adrenergic and cholinergic agents and Ca2+ channel blockers. Differentiation 48 (3): 173–82

Ethische Analysen

III. Ein Trend zur Zweckrationalität? Ethische Bewertungen der Stammzellforschung im 21. Jahrhundert

Vasilija Rolfes, Uta Bittner, Heiner Fangerau

Abstract

Mit der Gewinnung und Generierung unterschiedlicher Stammzelltypen gehen verschiedene ethische Überlegungen einher. Am stärksten umstritten ist die moralische Legitimität der Gewinnung und Erforschung von humanen embryonalen Stammzellen (hES-Zellen). Gleichzeitig gilt die Stammzellforschung als Hoffnungsträger für (potentielle) klinische, therapeutische Anwendungen. Vor dem Hintergrund dieser Spannung gehen wir in Anlehnung an Max Webers Rationalisierungsthese davon aus, dass mit zunehmender Möglichkeit einer klinischen Anwendung der Stammzellforschung eher Risiko-Nutzen-Abwägungen als fundamentalethische Fragestellungen und Wertekonflikte die Debatte dominieren. Zur Prüfung dieser Annahme wurden nationale und internationale Stellungnahmen sowie Positionspapiere der vergangenen 20 Jahre exemplarisch auf ihre moralische Argumentation hin untersucht. Zusammenfassend geht aus den gesichteten Stellungnahmen und Positionspapieren eine Tendenz zu Nutzen-Risiko-Abwägungen hervor – insbesondere seit humane induzierte Stammzellen das Spektrum der Stammzellforschung erweitert haben. Allerdings stehen diese eher nutzenorientierten Perspektivierungen immer wieder auch in einem Spannungsverhältnis zu fundamentalethischen Fragestellungen. Daher kann eine rein und alleinig durch Rationalisierung durchdrungene Stammzelldebatte nicht konstatiert werden.[1]

Einleitung

Stammzellen gelten im öffentlichen Diskurs wenn nicht als „Alleskönner" („Totipotenz"), so doch als „Vieleskönner" („Pluripotenz") und zwar in dem Sinne, dass nahezu jede Art menschlichen Gewebes aus ihnen hergestellt werden kann (Rolfes et al. 2017, S. 65–86). Entsprechend werden sie u. a. auch als ein unerschöpfliches Reservoir für die Regeneration alternder oder geschädigter Körpergewebe betrachtet. Um dieses Potential begreif- und auch vermarktbar zu machen, nutzten die Vertreter einer „Regenerativen Medizin" Anfang der 2000er Jahre zwei inzwischen zu Kollektivsymbolen avancierte Bilder. Zum einen bemühten sie regelhaft das Bild des von Zeus gestraften Prometheus aus der klassischen Mythologie, dessen Leber immer wieder nachwuchs, nachdem ein Adler sie dem an einen Felsen Geketteten jeden Tag ausgerissen hatte. Zum anderen zogen sie immer wieder die Abbildung des Jungbrunnens von Lucas Cranach d. Ä. aus dem Jahr 1546 heran: Das Bild zeigt ein Becken, in das alte Frauen mit Hilfe von ande-

---

[1] Der vorliegende Beitrag ist Teil des vom Bundesministerium für Bildung und Forschung (BMBF) geförderten Forschungsprojekts „Multiple Risks: Coping with Contingency in Stem Cell Research and Its Applications".

ren hineinsteigen. Nach einem Bad kommen sie verjüngt aus dem Becken heraus und werden festlich gekleidet, um sich einem Mahl und dem Tanz zu widmen.

Mit beiden Bildern schloss sich die „Regenerative Medizin" in Deutschland an gesamtgesellschaftliche Debatten an. Die mit Prometheus transportierte Hoffnung auf nachwachsende Organe antwortete auf die Wahrnehmung eines Organmangels in der Transplantationsmedizin. Der Jungbrunnen reagierte auf das Narrativ des demographischen Wandels mit der ihn begleitenden Zunahme von altersassoziierten, degenerativen Erkrankungen. Für beide gesellschaftliche Herausforderungen wollte die Regenerationsforschung nun mittels Stammzellen eine logische Antwort bieten (Fangerau 2010, S. 222). Hierbei handelte es sich aber nicht allein um ein deutsches, sondern um ein internationales Phänomen: In Japan beispielsweise wird flächendeckend versucht, ein Stammzellreservoir für die im weiteren Sinne zukünftige Regeneration der japanischen Bevölkerung anzulegen. Unter der Leitung des Nobelpreisträgers Shinya Yamanaka werden am *Center for iPS-Cell Research and Application* japanische Stammzelllinien von sogenannten induzierten pluripotenten Stammzellen (hiPS-Zellen) hergestellt und aufbewahrt. Das Ziel ist es, in naher Zukunft für die gesamte Bevölkerung Japans Stammzelllinien zu generieren und im Bedarfsfall für Therapien nutzen zu können (s. hierzu die Website: http://www.cira.kyoto-u.ac.jp/e/research/stock.html, CiRA 2019).

Yamanaka gilt in Japan als nationale Heldenpersönlichkeit. Er und sein Team haben 2006 und 2007 jeweils zum ersten Mal gezeigt, dass adulte Zellen einer Maus und humane adulte Zellen in hiPS-Zellen umgewandelt werden können, indem vier Gene in Hautzellen eingeführt werden, um in ihnen eine Neuprogrammierung zu initiieren (Takahashi und Yamanaka, 2006; Takahashi et al. 2007). Diese Forschung wurde nicht nur in der Fachwelt äußerst positiv aufgenommen. Es wurde von einem Durchbruch in der Stammzellforschung gesprochen (Rao et al. 2013, S. 3385). Neben der technischen Weiterentwicklung schien Yamanakas Ansatz allem voran auch die ethisch problematische „embryonenverbrauchende" Stammzellforschung überflüssig zu machen.

Bis zu Yamanakas Publikation stellte die Instrumentalisierung von menschlichen Embryonen zu Forschungszwecken die größte moralische Hürde für die Stammzellforschung dar: Die erfolgreiche Gewinnung und Kultivierung von embryonalen Stammzellen hatte in den späten 1990er und frühen 2000er Jahre international eine kontroverse ethische Debatte in Gang gebracht, an der sich neben wissenschaftlichen Kreisen auch politische, religiöse und verschiedene andere gesellschaftliche Gruppen beteiligten. Vornehmlich ging es um die Legitimität der eingesetzten Mittel, hier Embryonen, mit denen die Gewinnung und Kultivierung von Stammzellen und die damit einhergehenden Ziele erreicht werden sollten. Potentielle zukünftige Therapien wurden gegen die im Embryo verankerte Potentialität menschlichen Lebens abgewogen. Der Wert der Forschungsfreiheit und der potentielle klinische Nutzen standen also im

Konflikt mit dem angenommenen Lebensschutz des Embryos. Die Argumentation für den Lebensschutz beruft sich hier auf den besonderen Status des Embryos, wonach dieser nicht in seiner natürlichen Entwicklung gestört werden solle und nicht durch seine Nutzung der Möglichkeit beraubt werden dürfte, sich zu einer Person zu entwickeln. Kritiker dieser Position bezweifelten die Idee der Potentialität des Embryos und argumentierten, dass aus der möglichen Entwicklungsfähigkeit eines Embryos zu einer Person nicht logisch folge, dass der Embryo die gleichen Schutzrechte wie eine Person habe. Ferner verweisen die Annahmen eines solchen Potentials auf kulturell und religiös höchst unterschiedliche Wertsetzungen, die wiederum an verschiedene embryonale Entwicklungsstadien gekoppelt seien (Denker 2006; Stier und Schöne-Seifert 2013; The President's Council on Bioethics 2005).

Dieser Wertekonflikt scheint bis heute nicht aufgelöst worden zu sein. Dennoch ist es spätestens seit den Publikationen Yamanakas still(er) um die Debatte geworden. Im Jahre 2008 hat Hviid Nielsen in seinem Artikel rückblickend festgehalten, dass die Debatte um die Stammzellen bis dahin fünf Stadien durchlaufen habe, die entweder aufeinander folgten oder sich teilweise überlappten, wobei die jeweiligen Kontroversen nie beendet wurden (Nielsen 2008, S. 852–857). Die fünf Phasen beschrieb er als:

> „1) progress in basic science, new insight into the cells at the root of life, and as 2) medical hope, the promise of a regenerative medicine. [...] 3) (bio)ethical concerns related to the status of the embryos used to establish cell lines [...] voiced by powerful leaders from the Vatican to the White House and backed by influential social groups [...] 4) new solutions to the ethical concerns: first adult stem cells were presented as nature's own solution, and then therapeutic cloning, as mankind's techno-fix solution. [...] 5) institutional limitations and obstacles to and within the university-industrial complex – especially those related to patentability, its consequences and questions of misconduct or fraud in the science reported [...]." (Nielsen 2008, S. 852)

Nielsens Darstellung der fünf Stadien, die sich über die Jahre von 1995 bis 2007 erstreckten, illustrieren drei wesentliche Merkmale der Diskussion: Zum einen wird „das Neue" in der Stammzellforschung mit einer technischen Entwicklung verbunden und nicht mit der Entdeckung eines vorher nicht bekannten Zelltyps. Ein Beispiel stellt die 1998 publizierte Technik dar, aus Blastocysten embryonale Stammzellen gewinnen zu können. Ferner werden alle Stadien der Diskussion immer auch mit der Hoffnung auf therapeutische Anwendungen der Stammzellen für viele Erkrankungen begleitet. Zuletzt lösen die technischen Errungenschaften jeweils spezifische ethische Debatten aus, die entweder pragmatisch-praktische („wie darf man das?") oder fundamentalethische Fragestellungen („darf man das überhaupt?") aufwerfen.

Die fortgesetzte Erforschung von embryonalen Stammzellen eröffnete dabei auch technische Umgehungs-Optionen für moralische Wertekonflikte. Die Möglichkeit hiPS-Zellen herzustellen etwa drängte grundlegende Fragestellung nach einer ethischen Legitimierbarkeit der Instrumentalisierung menschlicher Embryonen zu Forschungszwecken in den Hintergrund und brachte eine auf die Potentiale, Chancen und (medizinisch-technischen) Anwendungsrisiken der hiPS-Zellen fokussierte Debatte hervor. Exemplarisch bietet hier die Betonung eines medizinischen Vorteils, den hiPS-Zellen gegenüber den embryonalen Stammzellen aufwiesen: Von hiPS-Zellen wird erwartet, dass sie eine spendereigene Transplantation von Zellen ermöglichen, wodurch wiederum eine Immunabwehr, die bei der Fremdspende embryonaler Stammzellen drohe, vermieden werden könnte (Lin et al. 2011, S. 736). Diesem Vorteil gegenüber stünde wiederum das Risiko, dass eine Reprogrammierung mit einer Tumorbildung einhergehen könne (Li et al. 2010).

Eine offene Frage ist allerdings, wieviel embryonenverbrauchende Forschung notwendig war und immer noch erforderlich ist, um überhaupt eine erfolgreiche hiPS-Forschung zu ermöglichen; dieser Zusammenhang zwischen „alter" und „neuer" Stammzellforschung wird mit dem Ausdruck „Komplizenschaft" in der Literatur thematisiert. Auch ist offen, ob hiPS-Zellen überhaupt eine moralisch einwandfreie Lösung des Problems der embryonenverbrauchenden Forschung bieten, wenn aus ihnen selbst Keimzellen und damit eben wieder Embryonen hergestellt werden können oder wenn indirekt die Nutzer der hiPS-Technik als Profiteure der ursprünglichen Embryonenforschung angesehen werden können (Brown 2013, S. 12–19) oder wenn für bestimmte Fragestellungen die weitere Forschung an embryonalen Stammzellen unabdingbar ist, weil die hiPS-Zellforschung nicht in der Lage ist, diese vollständig zu ersetzen (Ilic und Ogilvie 2017, S. 23).

Nichtsdestotrotz hat die hiPS-Forschung die Kontroverse um den Status humaner Embryonen zumindest für eine Zeit aus der Diskussion um Stammzellenforschung herausgelöst. Die ethische Debatte wurde aber nicht mittels ethischer Argumentationen befriedet, sondern durch neue technische Möglichkeiten umgangen. Dies zeigte sich auch in der Etablierung einer „neuen" Debatte, die verstärkt um das Risiko/Nutzen-Potential geführt wurde (s. hierzu ein historisches Modell in Fangerau 2010, S. 216–226; Rolfes et al. 2018, S. 153–178; Rolfes et al. 2017, S. 65–86).

Ausgangspunkt und Rahmensetzungen

Während die ethische Debatte um embryonale Stammzellen und hiPS-Zellen also nie ganz verschwunden ist, sondern sich eher verlagert hat bzw. „überlagert" worden zu sein scheint, hat es eine vergleichbare Debatte um die etwas ältere Forschung mit Blutstammzellen nie gegeben. Von Anfang an wurden hier allein die Risiken und der Nutzen für die Patient/-innen in der klinischen Anwendung gegeneinander abgewogen, ohne dass grundlegende moralische Wertekonflikte thematisiert worden wären (Little und Storb 2002, S. 231–338). Zwar werden auch im Umfeld der Blutstammzellnutzung ethische Themen diskutiert: Beispielsweise wird die Anwendung von Wachstumsfaktoren bei gesunden Spender/-innen vor der Entnahme von peripheren Blutstammzellen kritisch betrachtet. Im Zentrum stehen dabei die mit der Wachstumsfaktorgabe verbundenen Nebenwirkungen, denen der/die Spender/-in ausgesetzt wird, ohne selbst einen eigenen klinischen Nutzen zu haben (Moalic-Allain 2018, S. 137).

Die Rolle der Blutstammzellen rückte allerdings nie in dem Maß in den Mittelpunkt einer ethischen Auseinandersetzung wie die Nutzung embryonaler Stammzellen, unter anderem weil sich ihre Funktion in einem menschlichen Organismus nicht verändert und weil sie daher eben nicht über das Potential verfügen, zu einer Person heranzuwachsen. Zudem erschließt sich bei ihnen aus ihrer erfolgreichen Anwendung zum Beispiel in der Hämato-Onkologie heraus ihr unmittelbarer Wert als Heilmittel, was ihre Anwendung sogar eher geboten erscheinen lässt, als dass sie ethische Bedenken hervorrufen würde. Wenn Medizin eine moralische Verpflichtung zur Heilung und Vermeidung von Krankheiten beinhaltet (Heinemann und Kersten 2007), dann sind auch ihre Mittel und jeweiligen technischen Innovationen immer vor diesem Hintergrund moralisch abzuwägen.

Mit Blick auf diese Unterschiede in der ethischen Bewertung des Umgangs mit verschiedenen Stammzelltypen liegt auf der Hand, dass vor allem der jeweilige Typ der als Stammzellen bezeichneten Zellen und die an den Typ geknüpften Anwendungsbereiche bestimmen, wie die moralische Evaluation ausfällt. Dabei geht es aber nicht allein darum, dass Blutstammzellen oder hiPS-Zellen eben keine humanen embryonalen Stammzellen sind und ein anderes Potentialitätsprofil aufweisen. So gibt es grundsätzliche Intuitionen oder Anschauungen, die sich gegen jede Stammzellmanipulation aussprechen, egal welche Art von Zellen sie betrifft. Beispielsweise gibt es eine (oft kritisierte) Haltung, die Natürlichkeit als Wert an sich ansieht. Aus einer solchen Position heraus werden alle Eingriffe oder Manipulationen humaner Stammzellen als „künstlich" und somit als nicht der natürlichen Bestimmung unterworfen betrachtet. Keine Stammzellanwendung gilt nach dieser Ansicht als legitim, egal welche Zwecke sie verfolgt (Patel 2006, S 236; s. hierzu auch Habermas 2014, S. 46–55).

Unter dem Eindruck der Entwicklung der oben skizzierten Debatte und der unterschiedlichen Bewertung von hämatopoetischen Stammzellen, embryonalen Stammzellen und hiPS-Zellen möchten wir in diesem Beitrag in Anlehnung an Max Webers (1864–1920) Rationalisierungsthese der Frage nachgehen, ob sich der Fokus der bioethischen Debatte in den vergangenen 18 Jahren von eher grundlegenden ethischen Fragestellungen um die Vorrangigkeit von Werten hin zu eher risiko- und nutzenorientierten Betrachtungen verschoben hat. Der Wunsch nach Berechenbarkeit und Vorhersehbarkeit bildet dabei die Triebfeder der Rationalisierung. Entsprechend lautet unsere Hypothese, dass aufgrund der schnellen Entwicklungen der Stammzellforschung in Richtung klinischer Anwendungen und den damit verbundenen Hoffnungen des Heilens anwendungsorientierte Risiko-Nutzen-Abwägungen fundamentalethische Fragestellungen und Wertekonflikte in den Hintergrund gedrängt haben (Hewa und Hetherington 1995, S. 130–132). Unter Rückgriff auf nationale und internationale Stellungnahmen und Positionspapiere wollen wir versuchen, diesen Wandel exemplarisch nachzuvollziehen. Zudem zeichnen wir anhand einzelner ausgewählter Stellungnahmen und Positionspapiere nach, ob und inwiefern in den betrachteten Stellungnahmen und Positionspapieren wiederum implizite moralische Normen und Werte enthalten sind. Dabei versuchen wir, die Stammzelldebatte in größere Zusammenhänge der Technikanwendung in der Medizin als konstitutives Moment der u. a. von Karl Eduard Rothschuh (1978) als „Iatrotechnik" bezeichneten modernen Medizin einzuordnen.

„Entzauberung der Welt" – Einführende Überlegungen zu Rationalisierungsphänomenen

Nach Max Weber wird zweckrationales Handeln durch die Erwartung bestimmt, dass bestimmte Mittel eingesetzt werden können, um einen Zweck zu realisieren. Dieser Handlungstyp wird von Weber abgegrenzt von einem – wie er es nennt – wertrationalen, affektuellen und traditionellen Handeln. Das wertrationale Handeln richtet sich nach vorgegebenen Normen ungeachtet der Konsequenzen der Handlungen, affektuelles Handeln wird von Emotionen ausgelöst, und traditionelles Handeln entspricht den jeweiligen Gewohnheiten oder Regeln einer Gesellschaft, ohne dass diese auf ihre Sinnhaftigkeit geprüft würden. Das zweckrationale Handeln orientiert sich an Zweck, Mittel und Folge der Handlung. Rational werden sowohl die Mittel gegen die Zwecke als auch die Zwecke gegen die Mittel und die Handlungsfolgen abgewogen. Daraus entsteht eine rational begründete Handlung (Weber 1973, S. 565–567).

In seiner Theorie geht Weber von einem historisch beschreibbaren, im Spätmittelalter einsetzenden Rationalisierungsprozess in Mitteleuropa aus. Dieser wird durch die Ablösung von traditionsgebundenen Orientierungen durch säkulare und rationale Handlungen gekennzeichnet. In seiner Schrift „Die protestantische Ethik und der Geist des Kapitalismus" argumentierte Weber, dass sich die Interpretation der Welt durch den Einzelnen in der Zeit der Reformation grundlegend verändert habe. Unter dem Einfluss der großen Philosophen und Denker des 15. und 16. Jahrhunderts hätten die Menschen begonnen, die Welt anders zu interpretieren als von der römisch-katholischen Kirche überliefert und ihre Beziehung zu Gott neu geordnet. Die Akzeptanz metaphysischer und religiöser Paradigmen sei gesunken. Reformatoren wie Martin Luther und Johannes Calvin hätten durch ihre Interpretation der Beziehung zwischen dem Einzelnen und Gott diese Entwicklung verstärkt. Die neuen Denkweisen wiederum hätten in den westlichen (kapitalistischen) Gesellschaften nun grundlegende soziale, politische und wirtschaftliche Veränderungen hervorgerufen. Der neue Rationalismus habe erstens für ein rationales und naturwissenschaftliches Weltverständnis („Entzauberung der Welt") und zweitens für einen durch die Zweckrationalität geprägten Lebensstil gesorgt (Hewa 1994, S. 173–176). Wörtlich heißt es bei Weber:

> „Die zunehmende Intellektualisierung und Rationalisierung bedeutet also *nicht* eine zunehmende allgemeine Kenntnis der Lebensbedingungen, unter denen man steht. Sondern sie bedeutet etwas anderes: das Wissen davon oder den Glauben daran: daß man, wenn man *nur wollte*, es jederzeit erfahren *könnte*, daß es also prinzipiell keine geheimnisvollen unberechenbaren Mächte gebe, die da hineinspielen, daß man vielmehr alle Dinge – im Prinzip – *durch Berechnen beherrschen könne*. Das aber bedeutet: die Entzauberung der Welt. Nicht mehr, wie der Wilde, für den es solche Mächte gab, muss man zu magischen Mitteln greifen, um die Geister zu beherrschen oder zu erbitten. Sondern technische Mittel und Berechnung leisten das. Dies vor allem bedeutet die Intellektualisierung als solche." (Weber (1919) 2018, S. 58–59)

Werden diese konzeptionellen Überlegungen auf die medizinische Forschung und die klinische Praxis übertragen, so lässt sich ableiten, dass die Gewinnung neuen Wissens über die Funktion und die Morphologie des menschlichen Körpers mit Hilfe von Experimenten ebenfalls eine Rationalisierung des Menschseins mit sich brachte. Die Grundeinstellung, wonach alles Unbekannte prinzipiell zu entdecken und (experimentell-naturwissenschaftlich) zu verstehen sei, resultierte im medizinischen Bereich in der Annahme, dass sich das Wissen darüber, wie Körper funktionieren, Leben entsteht, Krankheiten beherrschbar und heilbar sind, beliebig ausweiten ließe. Der menschliche Körper wurde berechenbar und beherrschbar.

Diese Idee der Kontrollierbarkeit und Berechenbarkeit körperlicher Phänomene findet sich bereits seit dem 16. Jahrhundert. Seitdem hatten vor allem mechanistische Modelle der menschlichen Körperfunktionen Konjunktur (Rothschuh 1978; Hewa, 1995, S. 133). René Descartes (1596–1650) etwa beschrieb den Köper analog zu einer Maschine und hob die Bedeutung der Kenntnis der mechanischen Abläufe im Körper hervor, damit:

> „[…] wir uns durch das genaue Wissen darüber, was bei jeder unserer Tätigkeiten nur vom Körper und was von der Seele abhängt, besser seiner als auch ihrer bedienen und ihre Krankheiten heilen oder ihnen vorbeugen können." (Descartes [1648] 1969, S. 142)

Diese mechanistische, kausalanalytische Betrachtungsweise des menschlichen Körpers wird in der Historiographie als Beginn einer medizinischen Moderne gedeutet, deren Auswirkungen die heutige (westliche) Medizin bestimmen. Der aktuelle Endpunkt der

Entwicklung wird dabei im aktuellen Bild der Medizin unter dem Begriff der „biomedizinischen Forschung" oder dem „biomedizinischen Modell" zusammengefasst.

Kurzgefasst geht dieses Modell von den Axiomen aus, dass es keine Vitalkräfte im Körper gebe, sondern alle physiologischen und pathologischen Vorgänge physikalisch und chemisch erklärt werden könnten. Ferner wird es bestimmt durch den Gedanken, dass in allen Lebewesen die gleichen physiologischen und pathologischen Mechanismen wirken und die Erforschung eines Prozesses in einer Lebensform dazu diene, den gleichen Prozess in allen anderen Lebensformen zu verstehen („Universalismus"). Hier anschließend geht das Modell von einem radikalen Reduktionismus aus: Zum Verständnis der Lebensvorgänge lassen sich diese nach dem Modell ausnahmslos in kleinste chemisch und physikalisch wirkende Einheiten zerlegen und damit zum Beispiel auf Molekülebene begreifbar machen. Zuletzt nutzt das biomedizinische Konzept experimentelle Modellierungen an „Modellorganismen" wie Mäusen, Ratten oder Zebrafischen und zieht hieraus Schlussfolgerungen für andere Lebewesen (Strasser 2014, S 19–21). Treten auf einer dieser Ebenen Dissonanzen auf, wenn z. B. ein Modellorganismus anders reagiert als erwartet, gilt die Annahme, dass die kleinsten möglichen Einheiten des Lebendigen noch nicht ausreichend verstanden worden seien (Fangerau 2016, S. 196–203).

Das Ideal der medizinischen Forschung und Praxis ist es nun, auf dieser Basis technisch in Lebensvorgänge eingreifen zu können, um sie zu bestimmen. Ähnlich der synthetischen Chemie herrscht die Idee vor, dass erst die Konstruktion eines Prozesses oder einer (sub-)zellulären Struktur deren vollständiges Verständnis bedeute. Das iatrotechnische Ideal zielt also auf die Technik nicht nur als Mittel der Beeinflussung von Lebensvorgängen, sondern auch auf die Technik als Mittel der Beeinflussung und letztendlich Synthese von Lebensformen (Fangerau 2012).

Bedingungen der Selbstverortung des Menschen innerhalb bestehender Technisierungsvorgänge

Die vorangegangenen Überlegungen deuten an, dass jeder Zuwachs an Wissen und Technik neue Kontexte kreiert, innerhalb derer sich der Mensch zu verhalten und zu verorten hat. Normative Wertungen und Handlungsanleitungen basieren unter anderem auch auf Selbstverständigungsprozessen, innerhalb derer sich der Mensch zu sich selbst, zu seiner Umwelt und die ihn umgebenden technischen Errungenschaften positioniert und verhält (Müller 2014). Gerade die in der Moderne dominierende „Iatrotechnik" und ihre Moral bewegen sich in diesem durch „Selbst, Welt und Technik" gerahmten Feld. Oliver Müller hat sich in einer Studie mit eben diesem Titel der Frage nach dem menschlichen Selbstverständnis zugewandt, das durch Technik und Technisierungsprozesse beeinflusst und geprägt wird. Er expliziert, dass Technik immer auch zugleich bestehende Entscheidungsräume konturiert, sie folglich nie als ‚neutral' beschrieben werden könne. So vergrößert Technik den Verfügungsrahmen innerhalb dessen neue Prämissen formuliert werden und der als neuer Standard wirkt (Müller 2014, S. 14 ff.). Doch auch wenn Technisierungsphänomene auf den Menschen und seinen Weltzugang sowie sein Selbstverständnis zurückwirken, liest Müller daraus keine vollkommene Determiniertheit ab. Innerhalb bestehender und zukünftiger Strukturen technisch geprägter Handlungsräume gibt es immer auch entsprechende Räume der menschlichen Selbstdeutung und Selbstverortung. Weder dürfe man einem „isolationistischen Fehlschluss" (i. S. v. Technik sei neutral) noch einem „fatalistischen Fehlschluss" erliegen (i. S. v. Technik determiniere unser Handeln ohne Möglichkeit der Intervention) (Müller 2014). Vielmehr

> „[...] können wir uns auch in einer technischen Zivilisation in einem gehaltvollen Sinne über unsere Handlungsgründe und den Charakter der instrumentellen Vernunft verständigen, was ebenfalls ein Charakteristikum menschlicher Freiheit ist." (Müller 2014, S. 17).

Müller benennt in seiner Untersuchung vier „ambivalente Strukturmomente von Technisierung":

„Erstens: Die Technik konstituiert Objektivität, da durch sie Kausalzusammenhänge erkannt und verbundene kausale Einwirkungsmöglichkeiten manifest werden. Mit der Technik ist infolgedessen ein entsprechender Wahrheitsbegriff verbunden, denn mittels Technik zeigt sich die Wirklichkeit in einer bestimmten Perspektive." (Müller 2014, S. 224) Die Ambivalenz dieses Strukturmomentes verortet Müller in der Möglichkeit, dass die an die Technik gebundene Objektivität zu einer Haltung führt, die zu dominant werden könne: „Die Technik konstituiert zwar auf der einen Seite Objektivität, auf der anderen Seite kann sie aber auch zu einer umfassenden Norm werden, die droht, zum alleinigen Maßstab von Entscheidungen zu werden." (Müller 2014, S. 224). Diese Sichtweise lässt sich eng an Max Webers Perspektivierung des zweckrationalen Handelns anlehnen. Technik, die als Mittel eingesetzt wird, prägt in ihrer Verwendung immer auch zugleich ein Mittel-Zweck-orientiertes Denkmuster.

Hier lässt sich an das von Müller skizzierte zweite Strukturmoment von Technisierungsprozessen anknüpfen, wonach eine Ambivalenz von Effizienzsteigerung und gleichzeitig potentiell erdrückender Effizienzdominanz in jeder Technisierung enthalten sei (Müller 2014, S. 224) und dies zu „Akzelerationserscheinungen" (Müller 2014, S. 225) führen könne. Wenn folglich eine primär auf Effizienzsteigerung ausgerichtete Handlungsweise andere Formen des Weltzugangs überlagert, werden diese möglicherweise bis zur Gänze ausgeblendet (Müller 2014, S. 224). Im Kontext des Diskurses über Stammzellforschung könnte sich hier die Frage ergeben, ob eine Optimierung der technischen Möglichkeiten im Umgang mit Stammzellen und ihrer Anwendungen dazu führt, dass grundlegende Werte aus dem Blick geraten. Gerade die Etablierung der hiPS-Zellforschung und ihrer diskursiven Verhandlung scheint eine solche Entwicklung anzudeuten, wenn etwa die ungeklärte Debatte um den moralischen Status des Embryos durch die hiPS-Zellforschung ausgeblendet wird.

Gleichfalls jeder technischen Entwicklung inhärent erachtet Müller die von ihm als drittes Strukturmoment identifizierte „Ausweitung des menschlichen Verfügbarkeitsrahmens", was einerseits zu steigender Kontrolle und Machbarkeit führen, andererseits die Gefahr mit sich bringen kann, dass diese Rationalitätsform alle anderen Bereiche dominiert (Müller 2014. S. 225). Jede technische Errungenschaft kreiert neue Handlungsoptionen, wodurch sie das bestehende Möglichkeitsspektrum erweitert und zugleich neue Entscheidungsbedarfe schafft. Dieses Strukturmoment ist direkt anknüpfbar an das Grundmuster der bereits oben beschriebenen prinzipiellen Verfügbarmachung der Welt, die mit der gleichzeitigen Loslösung von religiösen Paradigmen einherging.

An die Ausweitung des Verfügbarkeitsrahmens ist auch das vierte von Müller skizzierte Strukturmoment geknüpft – die jeder Technik inhärente Bedürfnisdynamik: „Mit der Einführung von neuen Techniken werden immer auch neue Bedürfnisse mitproduziert, Bedürfnisse, die die Technik dann selbst erfüllt oder zu erfüllen vorgibt. Technisierungsprozesse sind ohne diese Bedürfnisdynamik nicht zu beschreiben." (Müller 2014, S. 225). Demnach verlange „eine Technologie [...] die nächste, induziert also Bedürfnisse nach noch mehr neuer Technologie und besserer Technik." (Müller 2014, S. 225). Gerade im Kontext der hiPS-Zellforschung ist dieses Phänomen wie im Zeitraffer nachvollziehbar: Durch die Generierung von induzierten pluripotenten Stammzellen aus adulten Zellen eröffneten sich neue Anwendungsbereiche, die sich auf ganz konkrete Bedürfnisse beziehen. Exemplarisch wäre hier die Möglichkeit zu nennen, aus hiPS-Zellen Keimzellen zu generieren, die als Grundlage für die Bildung (neuer) Elternschaften dienen könnten (Rolfes et al. 2019 und die dort zitierte Literatur).

Aus dieser Übersicht lassen sich verschiedene Fragen in Bezug auf die Stammzellforschung ableiten, nämlich, ob und inwiefern diese Möglichkeit der Verständigung über Freiheitsräume menschlichen Handelns tatsächlich in den Debatten über Stammzellforschung und ihre Anwendung(en) in den vergangenen 18 Jahren fortlaufend erfolgt(e), welche Bedürfnisdynamiken an die Entwicklungen und Resultate der Stammzellforschung und ihrer Anwendungen gekoppelt sind (etwa im Kontext der Forderungen nach einer Lockerung der Stichtagsregelung), oder ob und inwiefern sich im Diskurs über Stammzellforschung die Dominanz von zweckrationalem Handeln feststellen lässt.

Zweckrationalisierung und Stammzellforschung

Wenn unsere Hypothese zutrifft, dass die ethische Debatte um die Erforschung der Stammzellen durch die technische Entwicklung eine höhere zweckrationale Gewichtung erfahren hat, dann sollte sich dieser Trend in nationalen und internationalen Stellungnahmen, Positionspapieren, Leitlinien und Empfehlungen zur Stammzellforschung widerspiegeln.

In Tabelle 1 findet sich eine zusammenfassende Übersicht von in stellvertretend ausgewählten Stellungnahmen und Positionspapieren enthaltenen Einstellungen und Evaluationen zu verschiedenen Stammzelltypen, die wir exemplarisch auf ihren wert- und zweckrationalen Gehalt hin untersucht haben. In unserer Auswahl haben wir versucht, die bundesdeutsche und zur Einbettung die auf Europa und die USA gerichtete anglo-amerikanische Debatte über ca. 20 Jahre abzubilden. Dabei haben wir uns auf Stellungnahmen konzentriert, die entweder auf Grund ihrer Autor/-innen oder auf Grund ihrer institutionellen Anbindung die Chance hatten, eine gesellschaftliche und politische Bedeutung zu erlangen. Unser Fokus lag auf Passagen, in denen ethisch relevante Aspekte behandelt wurden.

Tabelle 1: Übersicht ausgewählter Stellungnahmen und Positionspapiere

Institution + Stellungnahme	Jahr	Einstellung zu adulten Stamm- und Blutstammzellen	Einstellung zu hES-Zellen	Einstellung zu hiPS-Zellen
European Group on Ethics in Science and New Technologies: Ethical aspects of human stem cell research and use. Official statement	2001	Gewinnung von blutbildenden Stammzellen ist ein Standard-verfahren in der klinischen Anwendung	Keine fundamental-ethischen Bedenken; Ethisch-pragmatische Herausforderungen sollen gelöst werden	*[Gab es noch nicht]*
Zweiter Zwischenbericht der Enquete-Kommission: Recht und Ethik der modernen Medizin	2001	Gewinnung von blutbildenden Stammzellen ist ein Standardverfahren in der klinischen Anwendung, das mit bestimmten medizinischen Risiken verbunden ist	Für ein Verbot des Imports der hES-Zellen stimmten 26 Mitglieder der Kommission, für den Import unter strengen Bedingungen plädierten 12 Mitglieder	*[Gab es noch nicht]*

Institution + Stellungnahme	Jahr	Einstellung zu adulten Stamm- und Blutstammzellen	Einstellung zu hES-Zellen	Einstellung zu hiPS-Zellen
Nationaler Ethikrat: Zum Import menschlicher embryonaler Stammzellen. Stellungnahme	2001	Keine Stellungnahme	Heterogene Bewertung: Mehrheit für einen Import von hES-Zellen (15 Stimmen), 10 Stimmen für ein Moratorium und vier Stimmen gegen den Import	*[Gab es noch nicht]*
Deutsche Forschungsgemeinschaft: Empfehlungen der Deutschen Forschungsgemeinschaft zur Forschung mit menschlichen Stammzellen	2001	Keine Stellungnahme	Für den Import von hES-Zellen; Begründung: für potenzielle therapeutische Zwecke	*[Gab es noch nicht]*
American Society for Blood and Marrow Transplantation: Documenting the case for stem cell transplantation: The role of evidence-based reviews and implications for future research – Statement of the steering committee for evidence-based reviews of the American Society for Blood and Marrow Transplantation	2001	Verfahrensbedingte Nutzen und Risiken für den/die Spender/-in und Empfänger /-in in der klinischen Anwendung	Keine Stellungnahme	*[Gab es noch nicht]*
Zentrale Ethikkommission: Stellungnahme der Zentralen Ethikkommission zur Stammzellforschung.	2002	Keine Stellungnahme	Fokus Klonen: für therapeutisches Klonen und gegen reproduktives Klonen	*[Gab es noch nicht]*

Institution + Stellungnahme	Jahr	Einstellung zu adulten Stamm- und Blutstammzellen	Einstellung zu hES-Zellen	Einstellung zu hiPS-Zellen
American Academy of Neurology und American Neurological Association: Position statement regarding the use of embryonic and adult human stem cells in biomedical research	2005	Keine Stellungnahme	Trotz der Kenntnis über divergierende ethische Meinungen über den Status des Embryos für Forschung unter staatlicher Aufsicht	[Gab es noch nicht]
The President's Council on Bioethics: Alternative sources of human pluripotent stem cells. A White Paper	2005	Keine ethischen Bedenken in der Forschung um adulte Stammzellen	Gegen die Ableitung von hES-Zellen aus toten und lebendigen Embryonen	[Gab es noch nicht]
Deutsche Forschungsgemeinschaft: Stammzellforschung in Deutschland – Möglichkeiten und Perspektiven. Stellungnahme der Deutschen Forschungsgemeinschaft Oktober 2006.	2006	Keine Stellungnahme	Für die Abschaffung der Stichtagregelung in Deutschland, um qualitativ bessere Zelllinien aus dem Ausland importieren zu können	Keine Stellungnahme
Nationaler Ethikrat: Zur Frage einer Änderung des Stammzellgesetzes	2007	Keine Stellungnahme	Mehrheit gegen eine Stichtagverschiebung, Aushöhlung des Embryonenschutzes, therapeutischer Nutzen nicht ersichtlich	Keine Stellungnahme

Institution + Stellungnahme	Jahr	Einstellung zu adulten Stamm- und Blutstammzellen	Einstellung zu hES-Zellen	Einstellung zu hiPS-Zellen
Hans Langendörfer SJ: Statement des Sekretärs der Deutschen Bischofskonferenz, P. Dr. Hans Langendörfer SJ zur Stellungnahme des Nationalen Ethikrates „Zur Frage einer Änderung des Stammzellgesetzes" vom 16. Juli 2007	2007	Keine Stellungnahme	Gegen die Verschiebung der Stichtagregelung wegen der Gefahr der Verzweckung menschlicher Embryonen	Keine Stellungnahme
The Hinxton Group, An International Consortium on Stem Cells, Ethics & Law: Consensus statement: Science, ethics and policy challenges of pluripotent stem cell-derived gametes	2008	Keine Stellungnahme	Praxisorientierte Empfehlungen für die Generierung von Gameten und deren klinischer Anwendung aus pluripotenten Stammzellen, die aus Embryonen gewonnen werden. Gesundheit der Studienteilnehmenden, Schwangeren und der mit Hilfe der Verfahrenen so geborenen Kinder steht im Vordergrund	Keine Stellungnahme
International myeloma working group: International myeloma working group (IMWG) consensus statement and guidelines regarding the current status of stem cell collection and high-dose therapy for multiple myeloma and the role of plerixafor	2009	Verfahrensbedingte Nutzen und Risiken für den/die Spender/-in und Empfänger/-in in der klinischen Anwendung	Keine Stellungnahme	Keine Stellungnahme

III. Ein Trend zur Zweckrationalität?

Institution + Stellungnahme	Jahr	Einstellung zu adulten Stamm- und Blutstammzellen	Einstellung zu hES-Zellen	Einstellung zu hiPS-Zellen
American Academy of Pediatrics: Policy Statement – Children as Hematopoietic Stem Cell Donors	2010	Verfahrensbedingte Risiken für den/die Spender/-in und Empfänger/-in bei Minderjährigen bedürfen besonderer Berücksichtigung		
Berlin-Brandenburgische Akademie der Wissenschaften: Neue Wege der Stammzellforschung: Reprogrammierung von differenzierten Körperzellen	2010	Keine Stellungnahme	Keine Stellungnahme	Ethisch unbedenklich, Forschung ist unter Qualitätsstandards und im Hinblick auf therapeutischen Nutzen zu betreiben
Ethics Working Party des International Stem Cell Forum: Disclosure and management of research findings in stem cell research and banking: policy statement	2012	Keine Stellungnahme	Keine Stellungnahme	Fordert die Offenlegung von gesundheitsrelevanten Daten, die aus Zufallsfunden hervorgehen
Deutscher Ethikrat: Stammzellforschung – Neue Herausforderungen für das Klonverbot und den Umgang mit artifiziell erzeugten Keimzellen? Ad-Hoc-Empfehlung	2014	Keine Stellungnahme	Keine Stellungnahme	Fokus reproduktives Klonen und Generierung von Gameten aus iPS-Zellen: Klärung der Sicherheit für potenzielle Anwendung und der Auswirkungen auf die Nachkommen bezüglich der Natürlichkeit und Künstlichkeit der Fortpflanzung
StemBANCC: Governing Access to Material and Data in a Large Research Consortium	2015	Keine Stellungnahme	Keine Stellungnahme	Interne Richtlinien für Zugang und Austausch von Daten und Materialien

Institution + Stellungnahme	Jahr	Einstellung zu adulten Stamm- und Blutstammzellen	Einstellung zu hES-Zellen	Einstellung zu hiPS-Zellen
International Society for Stem Cell Research: Guidelines For Stem Cell Research And Clinical Translation	2016	Keine Stellungnahme	Keine Stellungnahme	Informierte Zustimmung: Detaillierte Aufklärung von Zellspendern wird gefordert
Interdisziplinäre Arbeitsgruppe Gentechnologiebericht der Berlin-Brandenburgischen Akademie der Wissenschaften: Kernaussagen und Handlungsempfehlungen zur Stammzellforschung	2018	Gewinnung von blutbildenden Stammzellen ist ein Standardverfahren in der klinischen Anwendung	Für den zukünftigen Einsatz von hES-Zellen als Therapieoption in Deutschland	hiPS-Zellen können nicht in absehbarer Zeit die hES-Zellen in der Forschung ersetzen

Haltung zur Stammzellforschung zu Beginn der 2000er Jahre

The European Group on Ethics in Science and New Technologies hat im Jahre 2001 eine Stellungnahme zu den ethischen Aspekten der Anwendung von humanen Stammzellen verfasst. Zum einen ist auffällig, dass die Verwendung von Blutstammzellen zwar als ein Standardverfahren in der klinischen Praxis genannt wird, jedoch ethisch relevante Aspekte keinerlei Erwähnung finden. Zum anderen liegt der Fokus der genannten ethischen Implikationen auf den humanen embryonalen Stammzellen in der Forschung und der experimentellen klinischen Anwendung bei beispielsweise an Morbus Parkinson erkrankten Patienten. Ethische Fragen im Anwendungskontext erfahren eine höhere Gewichtung als fundamentalethische Fragestellungen. So verweist die Gruppe in ihrem Statement etwa darauf, dass die ethische Debatte um den humanen Embryo schon bereits im Kontext von In-vitro-Fertilisation extensiv geführt worden sei (European Group on Ethics in Science 2001, S. 13):

> "The Group notes that in some countries embryo research is forbidden. But when this research is allowed, with the purpose of improving treatment for infertility, **it is hard to see any specific argument which would prohibit extending the scope of such research** in order to develop new treatments to cure severe diseases or injuries" (European Group on Ethics in Science 2001, S. 16).

Als Grundprinzipien, die in der weiteren Forschung Berücksichtigung finden sollten, nennt die Gruppe:

- Achtung der Menschenwürde
- Achtung der Autonomie (einschließlich des Einholens der Informierten Zustimmung und Wahrung der Privatsphäre sowie des vertraulichen Umgangs mit personenbezogenen Daten)
- Gerechtigkeit und Wohltätigkeit (insbesondere im Hinblick auf die Verbesserung und den Schutz der Gesundheit)
- Wahrung der Forschungsfreiheit (die gegen andere Prinzipien abzuwägen ist)
- Verhältnismäßigkeit (einschließlich der Voraussetzung, dass weitere Forschung für die verfolgten Ziele notwendig ist und dass es keine alternativen und/oder akzeptablere Methoden gibt) (European Group on Ethics in Science 2001, S. 14–15).

Die Risiko-Nutzen-Bewertung erachtet die Gruppe für die Stammzellforschung, wie auch für jede andere Forschung, als entscheidend. Zum damaligen Zeitpunkt hielt sie die Unsicherheiten im Einsatz der geplanten Therapien angesichts der Wissenslücken für beträchtlich; entsprechend sollten Versuche, Risiken zu minimieren und den medizinischen Nutzen zu erhöhen, auch Strategien zur Optimierung der Sicherheit beinhalten. So forderte die Gruppe, dass auch das Risiko bewertet werden müsse, dass transplantierte Stammzellen Anomalien verursachen oder Tumoren auslösten. Zudem sei laut Gruppenplädoyer wichtig, dass der potenzielle Nutzen für die Patienten berücksichtigt werde ohne aber den Patienten übertriebene Hoffnungen zu evozieren (European Group on Ethics in Science 2001, S. 18).

Diese Stellungnahme kann sowohl in der Weberschen Rationalisierungsthese verortet als auch an die von Müller dargestellte Effizienzdominanz der Technisierungsprozesse angeknüpft werden. In der Stellungnahme wird die ethische Debatte um den moralischen Status des Embryos übersprungen, und der Fokus wird auf das Nutzen-Risiko-Kalkül gelegt. Die Stammzellforschung soll die pragmatischen Risiken, die durch eine Forschung oder eine potenzielle klinische Anwendung entstehen, minimieren. Hier wird ein Handeln gefördert, dass die Effizienz im Umgang mit den Stammzellen und ihren (potentiellen) Anwendungen erhöhen soll. Ähnliche Argumentationsmuster finden sich auch in der Stellungnahme der *American Academy of Neurology* und der *American Neurological Association* zu humanen embryonalen Stammzellen aus dem Jahre 2005. Die Autor/-innen konstatierten unterschiedliche Meinungen zum moralischen Status von Embryonen und stellten fest, dass diese divergierenden Positionen nicht allein durch die medizinische Wissenschaft zur Zufriedenheit aller gelöst werden könnten. Beide Institutionen empfahlen daher, die Forschung unter staatlicher Aufsicht durchzuführen. Dadurch sollte sichergestellt werden, dass die qualitativ hochwertigste Forschung unter größter Beachtung ethischer Standards durchgeführt werde. Zudem weisen sie in ihrer Stellungnahme darauf hin, dass die Befürchtungen, Zellkerntransfer könne nicht nur auf die Zellpopulationen beschränkt werden, sondern werde zu Zwecken der Reproduktion – also zum Klonen von Menschen – führen, nicht realistisch sei. Zum einen seien die Forschung und die technischen Möglichkeiten weit von einer solchen Anwendung entfernt, zum anderen sei hinlänglich bekannt, dass Klonen bei Tieren mit schwerwiegenden Erkrankungen einhergehe (American Academy of Neurology und American Neurological Association 2005, S. 1680). Für die Forschung mit humanen embryonalen Stammzellen formulieren die *American Academy of Neurology* und *American Neurological Association* ähnliche Prinzipien wie die *European Group on Ethics in Science and New Technologies*.

In seiner Analyse ethischer Aspekte im Kontext der Stammzellen kommt das *President's Council on Bioethics* – ein beratendes Gremium des US-Präsidenten – zu einem ganz anderen Ergebnis. Ebenfalls im Jahre 2005 hat sich das Council mit alternativen Quellen humaner pluripotenter Stammzellen beschäftigt und ein White Paper (eine Informationsbroschüre) verfasst. Aus diesem geht hervor, dass die Mitglieder des Council die Gewinnung pluripotenter Zellen aus adulten Zellen als ethisch unbedenklich einstufen. Im Gegensatz dazu hält das Council es für moralisch bedenklich, aus toten Embryonen Stammzellen abzuleiten. Zum einen gibt das Council zu bedenken, dass dadurch die Gefahr entstehe, dass Embryonen absichtlich vernachlässigt würden, damit sie sterben oder dass sie aktiv getötet würden. Zum anderen gibt es zu bedenken, dass die Entnahme von Blastomeren aus einem lebenden Embryo nicht zum Wohle des Embryos erfolge. Des Weiteren ist für das Council zudem die Frage nicht geklärt, ob sich aus den abgeleiteten Blastomeren aus einem frühen Embryo wegen einer vermuteten Totipotenz nicht wieder ein ganzer Embryo entwickeln könnte (The President's Council on Bioethics 2005).

Einstellungen zum Import von im Ausland gewonnenen embryonalen Stammzelllinien nach Deutschland und zum Klonen

In Deutschland beschäftigte sich zu ungefähr diesem Zeitpunkt die vom Bundestag im Jahre 2000 eingesetzte Enquete-Kommission „Recht und Ethik der modernen Medizin" mit der Einfuhr von humanen embryonalen Stammzellen aus dem Ausland zu Forschungszwecken. Dabei legte die Enquete-Kommission im Jahr 2001 einen Teilbericht vor, in dem der wissenschaftliche Sachstand, die sowohl nationalen als auch internationalen rechtlichen Regelungen sowie die ethischen Aspekte um die humanen embryonalen Stammzellen dargestellt wurden. Für die Enquete-Kommission existierten zwei unterschiedliche Auffassungen zum moralischen Status des Embryos, die zu unterschiedlichen Konsequenzen für die Beurteilung des Imports von hES-Zellen aus dem Ausland führten. Wenn von einer gradualistischen Position ausgegangen werde, also von einem Konzept der abgestuften Schutzwürdigkeit des menschlichen Embryos, wäre der Import von hES-Zellen zu hochrangigen Forschungszwecken legitim. Wenn

III. Ein Trend zur Zweckrationalität?

hingegen davon ausgegangen werde, dass dem menschlichen Embryo von Anfang an Menschenwürde zukomme und der Embryo daher über eine uneingeschränkte Schutzwürdigkeit verfüge, wäre der Import als illegitim zu beurteilen (Enquete-Kommission 2001, S. 57). Die Kommission war sich darüber einig, dass das „hohe Schutzniveau des Embryonenschutzgesetzes" (Enquete-Kommission 2001, S. 57, s. hierzu auch die Ausführungen von Schneider 2017, S. 155–159) beibehalten werden sollte. Bezüglich des Imports von hES-Zellen kristallisierten sich jedoch zwei Handlungsoptionen heraus: Einerseits die Position, die sich gegen den Import von hES-Zellen aussprach, da humane Embryonen nicht für Zwecke der Forschung verwendet werden sollen und die Grundlagenforschung mithilfe von embryonalen Stammzellen von Primaten, Nabelschnurblut-Stammzellen oder adulten Stammzellen betrieben werden könne – und andererseits die Option, die sich gegen das vollständige Verbot des Imports der hES-Zellen aus dem Ausland aussprach, insbesondere bezogen auf bereits vorhandene und aus überzähligen Embryonen gewonnene embryonale Stammzelllinien, da der Import dieser nicht mit der Tötung weiterer Embryonen einhergehe (Enquete-Kommission 2001, S. 57–58). Für die erste Option sprachen sich 26, für die zweite 12 Mitglieder der Kommission aus (Enquete-Kommission 2001, S. 58).

Ebenfalls im Jahr 2001 stellte auch der vom damaligen Kanzler als zusätzliches Beratungsgremium eingesetzte Nationale Ethikrat (heute: Deutscher Ethikrat) in seiner Stellungnahme zum Import von embryonalen Stammzellen aus dem Ausland Pro- und Kontraargumente für die Gewinnung von embryonalen Stammzellen zusammen. Gegen die Gewinnung von embryonalen Stammzellen spräche, dass die Wahrnehmung verschiedener Entwicklungsstadien eines Embryos nach der Verschmelzung von Ei- und Samenzelle nicht dazu berechtige, aus ihnen eine qualitative Phase der Menschwerdung herauszuleiten; vielmehr sei der Embryo von der Befruchtung an als ein menschliches Leben zu betrachten, das die Möglichkeit habe, sich dazu zu entwickeln (Nationaler Ethikrat 2001, S. 28–29). Für die Gewinnung von embryonalen Stammzellen spräche wiederum, die Spekulativität der Annahme, dass eine Zulassung der verbrauchenden Embryonenforschung zu einer Zunahme der Instrumentalisierung menschlichen Lebens führen würde (also zu einer Relativierung von absoluten Recht- und Schutzansprüchen). Ferner würde eine solche Argumentation vorrausetzen, dass der Fetus einen gleichen moralischen Status habe wie eine bereits geborene Person, was erst zu beweisen wäre (Nationaler Ethikrat 2001, S. 23).

Bezüglich des Importes von embryonalen Stammzellen haben die Mitglieder des Nationalen Ethikrats am Ende uneinheitlich votiert. Eine Mehrheit von 15 Mitgliedern sprach sich für einen befristeten und an Bedingungen gebundenen Import aus, zehn Mitglieder setzten sich für ein Moratorium ein, das andauern sollte, bis der Gesetzgeber genaue Vorgaben mache, und vier Mitglieder lehnten den Import ab, da sie die Forschung an humanen embryonalen Stammzellen für ethisch unzulässig hielten (Nationaler Ethikrat 2001, S. 49–58). Der vorherrschende Wertekonflikt zwischen Lebensschutz des Embryos einerseits und Forschungsfreiheit andererseits trat hier also deutlich zutage.

Im selben Jahr (2001), in dem die *European Group on Ethics in Science and New Technologies*, die *Enquete-Kommission* sowie der *Nationale Ethikrat* ihre Stellungnahmen veröffentlichten, löste eine Empfehlung der *Deutschen Forschungsgemeinschaft* (DFG), die sich für die Zulassung der Forschung an importierten humanen embryonalen Stammzellen aussprach, eine breite Diskussion aus (DFG 2001, S. 1–7). Vor dem Hintergrund der Erfolge in der Forschung und den antizipierten Potentialen des Stammzelleinsatzes insbesondere für therapeutische Zwecke, empfahl die DFG den Import von Stammzelllinien, die aus überzähligen Embryonen stammten. Darüber hinaus plädierte die DFG auch für eine aktive Teilnahme an der Herstellung von humanen embryonalen Stammzellen.

Auf diesen Vorstoß antwortete letztlich das Stammzellgesetz (StZG). Mit dem Gesetz wollte der Gesetzgeber die Einfuhr von schon vorhandenen Zellen erlauben, aber gleichzeitig keine Anreize setzen, im Ausland embryonale Zellen für den deutschen Markt zu erzeugen. Das StZG verbot entsprechend sowohl die Einfuhr als auch die Verwendung von humanen embryonalen Stammzellen. Nur unter bestimmten Bedingungen ließ das StZ-Gesetz eine Einfuhr zu, nämlich erstens, wenn die humanen embryonalen Zellen in Übereinstimmung mit den rechtlichen Bestimmungen im Herkunftsland vor dem 1. Januar 2002 gewonnen worden seien (Stichtagregelung). Zweitens sollten die Embryonen aus überzähligen humanen Embryonen der assistierten Reproduktion stammen und drittens hochrangigen Forschungsvorhaben dienen, deren Erkenntnisgewinn sich voraussichtlich nur mit embryonalen Stammzellen erreichen ließe.

In den Jahren 2006 und 2007 entbrannte in Deutschland die Debatte über den Umgang mit humanen embryonalen Stammzellen erneut. Den Anstoß gaben aktualisierte Stellungnahmen der DFG und des Nationalen Ethikrates (DFG 2006; Nationaler Ethikrat 2007) zu den Regelungen des StZG. Beide Stellungnahmen befassten sich mit der Forderung nach einer Verschiebung des im Stammzellgesetz benannten Stichtages für die Einfuhr humaner embryonaler Stammzellen. Die Verfasser/-innen der Stellungnahme des Nationalen Ethikrats boten ein heterogenes Bild: Zum einen wurden mögliche Gründe für eine Verschiebung des Stichtages gegeben, wie z. B. die Benachteiligung der deutschen Wissenschaftler/-innen zum anderen wurden aber auch fundamentalethische Argumente formuliert. So hieß es in einem Zusatzvotum von zwei Mitgliedern des Nationalen Ethikrats, die sich gegen die Verschiebung des Stichtages wandten, dass:

> „[…] eine Verschiebung des Stichtages – sei es als einmalige Neufestlegung oder als rollierendes Datum – eine nochmalige Verschlechterung des Lebensschutzes in Deutschland zur Folge hätte. Bereits das Stammzellgesetz stellt einen pragmatischen

Kompromiss zugunsten einer deutschen Beteiligung an der Stammzellforschung dar, der von vielen als mit dem Grundgedanken eines umfassenden und verlässlichen Lebensschutzes unvereinbar angesehen wurde" (Nationaler Ethikrat 2007, S. 61).

Der Nationale Ethikrat gab am Ende zwei verschiedene Voten ab. Im ersten Votum sprachen sich neun Mitglieder gegen eine Verschiebung des Stichtages aus. Als Begründung wurde die Gefahr einer Aushöhlung der normativen Grundlagen des Embryonenschutzes hervorgehoben. Die Verschiebung des Stichtags stehe im ethischen Widerspruch zum Embryonenschutz und im rechtlichen Widerspruch zum Embryonenschutzgesetz. Gleichzeitig sei eine Nutzungsmöglichkeit für Therapien nicht ersichtlich (Nationaler Ethikrat 2007, S. 54–57). Nur ein Mitglied des Nationalen Ethikrats sprach sich für die Verschiebung des Stichtags aus und zwar vor dem Hintergrund der weltweit boomenden embryonalen Stammzellforschung. Das Stammzellgesetz sei, so hieß es, sowieso ein Kompromiss zwischen dem Embryonenschutz und der Forschungsfreiheit – und die Regulierung in Deutschland habe keinen entscheidenden Einfluss auf die weltweite Stammzellforschung (Nationaler Ethikrat 2007, S. 66).

In diesem Minderheitsvotum für die Stichtagregelung lassen sich wieder einige der von Müller benannten Strukturmomente von Technisierungsprozessen aufspüren: Die beschriebene Hinnahme der internationalen Forschungslage lässt sich in dem Sinne lesen, dass Technik Objektivität konstituiert. Zugleich scheint die Dominanz der weltweit erfolgenden Stammzellforschung eine umfassende Norm zu etablieren, wonach das Vorhandensein von Stammzellforschung als handlungsleitende Norm weitere Entscheidungen und Haltungen durchwirkt. In diesem Votum wird folglich deutlich, dass das Vorhandensein der Möglichkeit, Stammzellforschung an embryonalen Stammzellen zu betreiben, auch die Entscheidung für diese Forschung zu bestimmen scheint – ohne gegebenenfalls andere Bewertungsrahmen hinzuziehen.

Auch die DFG war der Meinung, dass die Stichtagsregelung abgeschafft werden sollte. Vor dem Hintergrund, dass im Ausland neue und qualitativ bessere Zelllinien generiert worden seien, die nicht durch tierische Zellprodukte oder Viren kontaminiert und unter standardisierten Bedingungen isoliert und kultiviert worden wären, argumentierte sie, dass die Abschaffung kein Risiko beinhalte, dass mehr humane Embryonen zu Forschungszwecken verbraucht würden:

> „Die jetzt gültige Stichtagsregelung hat zum Ziel, zu verhindern, dass von Deutschland aus eine Produktion von HES-Linien im Ausland veranlasst wird. Insgesamt hält die DFG die Möglichkeit für extrem unwahrscheinlich, dass exklusiv für deutsche Wissenschaftler im Ausland Stammzelllinien angelegt werden, um Projekte in Deutschland zu initiieren oder fortzusetzen. Deshalb sollte nach Auffassung der DFG die Stichtagsregelung abgeschafft werden. Dies würde den Import von im Ausland nach dem 1. Januar 2002 hergestellten Stammzelllinien erlauben, wenn

diese von „überzähligen" Embryonen abgeleitet wurden. Durch die Abschaffung der Stichtagsregelung würde die Wettbewerbsfähigkeit deutscher Wissenschaftler auf dem Gebiet der Stammzellforschung nachhaltig verbessert werden" (Deutsche Forschungsgemeinschaft 2006, S. 5).

Die Stellungnahme expliziert eine Güterabwägung und Risikobewertung. Die Deutsche Forschungsgemeinschaft erachtete den Grundkonflikt als technisch und faktisch gelöst („überzählige Embryonen") und plädiert in ihrer Abwägung für eine stärkere Gewichtung der Forschungsfreiheit, da das Risiko von Fehlentwicklungen gering sei.

Der Sekretär der Deutschen Bischofskonferenz Hans Langendörfer hingegen warnte im Namen der Bischöfe in seiner Positionierung eindringlich vor einer Aufweichung des Embryonenschutzes:

„Wir erinnern an das Ziel, das der Gesetzgeber verfolgt: den Schutz menschlicher Embryonen vor Zerstörung und vor Nutzung zu Forschungszwecken. Dieses Ziel darf nicht aus dem Blick geraten. Dem Embryo sind Lebensrecht und uneingeschränkter Lebensschutz vom Zeitpunkt der Befruchtung an geschuldet. Jede andere Prämisse, die etwa den Lebensbeginn zu einem späteren Zeitpunkt ansetzt oder dem frühen Embryo den Lebensschutz nur in abgestufter Weise zugesteht, stößt auf grundlegende ethische Bedenken. Zur Gewinnung menschlicher embryonaler Stammzellen müssen Embryonen getötet werden. Die Förderung selbst hochrangiger Forschungsinteressen darf unter keinen Umständen dazu führen, dass embryonale Menschen verzweckt werden. Man darf nicht den Lebensschutz der Forschungsfreiheit unterordnen" (Langendörfer 2007).

Diese Position verlässt nicht die Perspektivierung auf basale Werte, sondern versucht, eine Rückbesinnung auf die Ausgangsbetrachtungen zu erreichen und den Fokus auf eine werteorientierte Betrachtung zu lenken. Langendörfer versucht darauf aufmerksam zu machen, dass die alleinige Machbarkeit durch Technik nicht zwingend mit der Erweiterung der Handlungsoptionen einhergeht und zwar aus moralischen Gründen.

Die Interdisziplinäre Arbeitsgruppe Gentechnologiebericht der Berlin-Brandenburgischen Akademie der Wissenschaften (IAG-BBAW) zuletzt zeigte in ihren Handlungsempfehlungen aus dem Jahre 2018 eine fast ausschließlich pragmatische Ausrichtung im Hinblick auf die Stammzellforschung. Der Fokus liegt auf der Forschungsfreiheit und den potenziellen Therapieoptionen, die mit der Stammzellforschung verbunden werden. So fordert die Gruppe beispielsweise die Aufhebung des durch das StZG festgelegten Stichtags oder eine Einführung eines gleitenden Stichtags (Zenke et al. 2018, S. 33). Das Besondere an den Handlungsempfehlungen ist, dass im Kontext der Stammzellforschung bereits das Verfahren der Genom-Editierung berücksichtigt wird. Das Verfahren wird für die Stammzellforschung als relevant erachtet, insofern die modifizierten DNA-Abschnitte bei der Vermehrung der Stammzellen an die Tochterzel-

III. Ein Trend zur Zweckrationalität?

len weitergegeben werden. So können solche genom-editierten Stammzellen für die Herstellung von Krankheitsmodellen, für die Medikamentenentwicklung und für die somatische Gentherapie genutzt werden. Vor diesem Hintergrund fordert die Gruppe die konsequente und langfristige Erforschung der Techniken der Genom-Editierung (Zenke et al. 2018, S. 30).

Diese Stellungnahme lässt sich nahezu idealtypisch in Webers Rationalisierungsgedanken einordnen. So orientiert sich diese Stellungnahme nicht an basalen Intuitionen oder persönlichen religiösen Überzeugungen, sondern will aus rationaler Reflexion herausgeleitete Gründe vorbringen. Gute Gründe gemäß der Stellungnahme sind dabei immer solche, die auf gesundheitliche Chancen und Risiken rekurrieren, die in der Forschung oder klinischen Anwendung entstehen. Hier erfolgt eine deutliche Eingrenzung der im Diskurs überhaupt als erlaubt erachteten Begründungsmuster und Argumente. Dies könnte gleichfalls als Verarmung möglicher Perspektivierungen gedeutet werden bei gleichzeitiger Stärkung einer eher auf medizinische Nutzen-Risiko-Abwägungen orientierten Sichtweise.

Vor allem im Zusammenhang mit dem Klonen scheint allerdings immer noch eine Wertorientierung die Oberhand zu behalten. Schon in ihrer Stellungnahme von 2001 sprach sich die DFG explizit gegen das Klonen, aber auch gegen Keimbahninterventionen und die Bildung von Chimären oder Hybriden aus. Diese Haltung wurde auch 2006 beibehalten. In den Empfehlungen von 2001 hieß es:

„Die DFG ist der Ansicht, daß sowohl das reproduktive als auch das therapeutische Klonen über Kerntransplantation in entkernte menschliche Eizellen weder naturwissenschaftlich zu begründen noch ethisch zu verantworten sind und daher nicht statthaft sein können. [...] Die DFG ist überdies der Ansicht, daß es beim Menschen keine irgendwie geartete Rechtfertigung für Keimbahninterventionen sowie für die Herstellung von Chimären oder Hybriden geben kann. Das Verfolgen derartiger Forschungsziele muß weiterhin durch den Gesetzgeber ausgeschlossen bleiben" (DFG 2001).

Auch die Zentrale Ethikkommission der Bundesärztekammer wandte sich 2002 in ihrer Stellungnahme gegen das reproduktive Klonen. Zum einen, weil sie die Meinung vertrat, dass in diesem Zusammenhang die Rückkehr einer staatlichen Eugenik drohen würde (ZEKO 2002, S. 18). Zum anderen hieß es, dass – auch wenn die ethischen Argumentationen außer Acht gelassen werden würden – Tierexperimente gezeigt hätten, dass mit reproduktivem Klonen schwere Schäden einhergehen würden (ZEKO 2002, S. 15). Im Gegensatz zu dem reproduktiven Klonen sprach sich die Kommission indes mehrheitlich für das therapeutische Klonen aus, wenn ein medizinisch sicherer Nutzen ersichtlich sei und der Übergang zum reproduktiven Klonen verhindert würde (ZEKO 2002, S. 2–3).

Im Jahre 2014 hat sich der Deutsche Ethikrat erneut in einer Ad-Hoc Empfehlung zu den jüngsten Entwicklungen in der Stammzellforschung geäußert. Auch in dieser Stellungnahme ging es vornehmlich um die Möglichkeit des Klonens von Menschen. Denn zum einen ist es 2013 einem Forscherteam gelungen, durch Zellkerntransfer menschliche Embryonen zu entwickeln, so dass aus diesen Stammzellen abgeleitet werden konnten (Tachibana et al. 2013). Zum anderen wurde im Jahre 2009 im Tierversuch mittels der Methode der tetraploiden Komplementierung gezeigt, dass aus iPS Zellen ein entwicklungsfähiger Embryo heranreifen konnte. Beide Entwicklungen tragen im Prinzip die Möglichkeit des reproduktiven Klonens beim Menschen in sich (Zhao et al. 2009; Kang et al. 2009). Zudem konnten bereits aus iPS-Zellen artifizielle Keimzellen im Tierversuch erzeugt werden und ebenfalls lebensfähige Nachkommen aus diesen (Hayashi et al. 2012). Diese Entwicklung eröffnet die Möglichkeit, dass gleichgeschlechtliche Paare oder auch einzelne Personen genetisch verwandte Kinder zeugen könnten (Deutscher Ethikrat 2014, S. 3). Vor dem Hintergrund dieser neuen Techniken, die aus den Fortschritten der Stammzellforschung resultierten, sah der Deutsche Ethikrat jedoch einige rechtliche, aber auch ethische Fragen, die einer Klärung bedürften. Aus der ethischen Perspektive forderte der Ethikrat die Klärung der Sicherheit der potenziellen Anwendung sowie der Auswirkungen der Verfahren und ihrer Anwendung auf potentielle Nachkommen. Gleichermaßen identifizierte der Deutsche Ethikrat Klärungsbedarf in der Frage, welche Bedeutung es habe, wenn sowohl die Verschiedengeschlechtlichkeit als auch die Abstammung von zwei Personen nicht mehr Bedingung für die Fortpflanzung sei (Deutscher Ethikrat 2014, S. 5).

Schon im Jahr 2008 hatte *The Hinxton Group* ein Consensus Statement zur Generierung von Gameten aus humanen pluripotenten Stammzellen veröffentlicht. Sie schlug einen etwas anderen, eher pragmatisch-ethisch orientierten Ton an, der ähnlich der Stellungnahme der IAG-BBAW von 2018 die grundsätzliche Anwendung der Technik nicht in Frage stellen wollte. Die Gruppe stellt nicht in Frage, dass die Forschung an aus humanen pluripotenten Stammzellen hergestellten Gameten einen erheblichen wissenschaftlichen Wert habe, weil sie über das Potential verfüge, zum Verständnis grundlegender biologischer Mechanismen beizutragen und auch klinische Probleme zu überwinden. Daher gehen ihre Empfehlungen auf praxisorientierte Herausforderungen ein. Besondere Aufmerksamkeit sollte dem Schutz der Rechte der Spender/-innen der Zellen gewidmet werden, aus denen Gameten gewonnen werden; es sei eine spezifische Zustimmung einzuholen, bevor aus pluripotenten Stammzellen abgeleitete Gameten für die Reproduktion verwendet würden. Im Hinblick auf zukünftige potenzielle Anwendungen sollten darüber hinaus die Gesundheit und das Wohlbefinden der Teilnehmer/-innen der Studien, der sich aus den humanen pluripotenten Zellen entwickelnden Föten und die Schwangerschaftsergebnisse sorgfältig überwacht werden. Die Gesundheit und das Wohlergehen von Kindern, die geboren werden, sollten auch in Langzeit-Follow-up-Studien überwacht werden. Zudem gaben sie die Empfehlung, dass politische Entscheidungsträger sich nicht in die Forschung einmischen sollten, wenn die Begründungen auf eigenen moralischen Überzeugungen beruhen. Sie sollten nur dann aktiv werden, wenn berechtigte Bedenken hinsichtlich nachweisbarer Risiken für Personen, für gesellschaftliche Einrichtungen oder für die Gesellschaft insgesamt abgeleitet werden könnten (Donovan 2008, S. 173–178).

Stammzellspenden von Minderjährigen und deren moralische Bewertung

Eine solche eher an Nutzen und Risiken orientierte Sichtweise lässt sich beispielsweise sonst in Stellungnahmen zur autologen und allogenen Stammzelltransplantation nachweisen: Auch dort wurden vorwiegend verfahrensbedingte Nutzen und Risiken für Patienten und Spender diskutiert (Jones et al. 2001, S. 306–307; Giralt et al. 2009, S. 1904–1912). Allein wenn es um Kinder geht, die als Spender fungieren sollen, wurden ausdifferenzierte ethische Aspekte betrachtet und diskutiert. Die *American Academy of Pediatrics* legte in ihrem Positionspapier den Fokus auf die ethischen Überlegungen zu Minderjährigen, die als Blutstammzellspender für ihre Geschwister fungieren sollen. Dabei wurden sowohl der mögliche Nutzen als auch Belastungen für Spender/-innen und Empfänger/-innen berücksichtigt. Nach Ansicht der Academy können Minderjährige, die medizinisch geeignete potenzielle Spender sind, genau dann als geeignet für die hämatopoetische Stammzellspende angesehen werden, wenn folgende fünf Kriterien erfüllt seien:

1. es gibt keinen medizinisch gleichwertigen, histokompatiblen erwachsenen Verwandten, der bereit und in der Lage ist zu spenden;
2. es besteht eine starke persönliche und emotional positive Beziehung zwischen dem/der Spender/-in und Empfänger/-in;
3. es besteht eine hinreichende Wahrscheinlichkeit, dass der/die Empfänger/-in von der profitieren wird;
4. die klinischen, emotionalen und psychosozialen Risiken für Spender/-innen werden minimiert und sind in Bezug auf die erwarteten Vorteile für den/die Spender/-in und Empfänger/-in angemessen;
5. die elterliche Zustimmung und gegebenenfalls die Zustimmung des Kindes werden eingeholt (Diekema et al. 2010, S. 396–39).

Eine kategorische Ablehnung einer Instrumentalisierung von Minderjährigen erfolgt demnach nicht – eine Abwägung von Nutzen und Risiken zusammen mit der Annahme einer familiären Verantwortung dominieren die Empfehlung.

Vasilija Rolfes, Uta Bittner, Heiner Fangerau

Haltung zum Umgang mit hiPS-Zellen

Diese in der Debatte um hämatopoetische Stammzellen ins Auge springende Fokussierung der ethischen Debatte auf sich aus der Anwendung ergebende Probleme, die dabei die Anwendung selbst als gegeben ansieht, wurde durch die hiPS-Forschung auch in Diskursen um toti- oder pluripotente Stammzellen zur Normalität. Dies zeigt sich in jüngeren oder aktualisierten Stellungnahmen.

In einer Stellungnahme zu den humanen induzierten pluripotenten Stammzellen beispielsweise der *Berlin-Brandenburgischen Akademie der Wissenschaften*, der *Deutschen Akademie der Naturforscher Leopoldina* und der *Nationalen Akademie der Wissenschaft* wird deutlich, dass diese Akademien einen Unterschied machen zwischen einerseits der Beurteilung der ethischen Legitimität der hiPS-Zellforschung überhaupt und den Herstellungs- und Verwendungsrisiken im Umgang mit hiPS-Zellen andererseits. Hier heißt es:

> „Die Herstellung von iPS-Zellen zur Gewinnung therapeutisch einsetzbarer somatischer Spenderzellen in der Zelltherapie und ihr Einsatz in der Grundlagen- und angewandten Forschung sind als solche aus ethischer Sicht nach derzeitigem Kenntnisstand unbedenklich" (Beier et al. 2010, S. 69).

Wenn aber die Generierung von iPS-Zellen im Hinblick auf potentielle Therapien nicht prima facie falsch ist, sich aber Risiken für die Gesundheit von potenziellen Patienten bei der Herstellung ergeben, müssen diese minimiert werden.

Die grundsätzliche moralische Unbedenklichkeit der Forschung mit hiPS-Zellen wird vor allem gemessen an den moralischen Bedenken, die der humanen embryonalen Stammzellforschung gegenüber bestehen. Bei hES-Zellen entsteht das ethische Risiko bereits bei der Gewinnung der Zellen aus menschlichen Embryonen. Dabei gilt die Grundüberzeugung, dass Embryonen ein moralischer Status zukommt, der ihre Instrumentalisierung verbietet. Embryonen wiederum werden im Rahmen der Forschung mit hiPS-Zellen umgangen (siehe Einleitung).

Für die Herstellung und Verwendung humaner iPS-Zellen wurden dabei sechs Empfehlungen ausgesprochen, die technische und (sozial-)ethische Risiken minimieren sollen, deren Auftretenswahrscheinlichkeit wegen der Neuartigkeit des Verfahren noch nicht beziffert werden kann: Erstens werden legitime Ziele der Forschung definiert, die von der Grundlagenforschung bis hin zur Forschung im Kontext der regenerativen Medizin reichen. Zweitens wird darauf hingewiesen, dass die Eignung der hiPS-Zellen für die klinische Anwendung eingehend in der präklinischen und klinischen Testung geprüft werden müsste. Hier wiederum werden hohe ethische Standards an die klinische Erprobung experimenteller Stammzelltherapien angelegt (Scolding 2017, S. 2791). Drittens dürfe die medizinische Anwendung am Menschen nur unter Wahrung höchster Qualitätskriterien durchgeführt werden und die Ergebnisse sollten allgemein und für alle Menschen zugänglich gemacht werden. Die Anwendungen sollten zudem durch zentrale Kommissionen reguliert werden. Viertens sollten, wenn aus humanen iPS-Zellen Gameten generiert würden, diese nur zu Zwecken der Aufklärung von Störungen der weiteren Entwicklung der Gameten genutzt werden, aber nicht zu reproduktiven Zwecken. Fünftens sollte der Erforschung der iPS-Zellen an Tiermodellen höchste Priorität eingeräumt werden, wobei die Forschung an hES-Zellen aber weiterhin unerlässlich sei. Sechstens sollte die Förderung der Stammzellforschung insgesamt verstärkt werden, da die Stammzellforschung ein Forschungsfeld darstelle, das große Möglichkeiten für die Vorsorge, Erkennung und Therapie von Krankheiten biete (Beier et al. 2010, S. 69).

Die *International Society for Stem Cell Research – ISSCR* wird in ihren im Jahr 2016 aktualisierten Richtlinien noch anwendungsorientierter und in diesem Sinne konkreter. Neben vielen allgemeinen Empfehlungen werden explizit Empfehlungen zum Umgang mit hiPS-Zellen in der Forschung formuliert. Im Anhang zu den Empfehlungen findet sich eine detaillierte Liste von Punkten zur informierten Zustimmung der Spender adulter Zellen, die zu humanen induzierten pluripotenten Stammzellen umgewandelt werden. Diese Liste ist durchaus hybrid. Während die hiPS-Forschung selbst eben nicht in Frage steht, sollen trotzdem grundsätzliche moralische Überlegungen in der Aufklärung adressiert werden. In dieser Liste sind u. a. folgende Themen aufgenommen:

- dass pluri- oder totipotente Zellen hergestellt werden,
- dass gespendete Zellen ggf. genetisch manipuliert werden oder
- dass möglicherweise Tier-Mensch-Chimären gebildet werden.
- dass die Spender/-innen aufgeklärt werden, für welche Forschung die Zellen verwendet werden und
- falls es dazu kommen würde – die abgeleiteten Zellen transplantiert werden würden (ISSCR 2016).

Ein letzter Aspekt, der in jüngerer Zeit verstärkt in den Fokus gerückt ist und dabei die Abwendung von Fragen der grundsätzlichen Machbarkeit in anwendungsrelevante ethische Fragestellungen illustriert, betrifft die konkrete Frage der Weitergabe von Informationen über erzielte Forschungsergebnisse und die Verwendung der biologischen Proben. Die *Ethics Working Party* des *International Stem Cell Forum* fordert im Kontext der Stammzellforschung folglich auch eine Diskussion der wissenschaftlichen, ethischen und rechtlichen Auswirkungen der Offenlegung von Forschungsergebnissen für die Forschungsteilnehmer/-innen. Im Mittelpunkt steht dabei das Problem von Zufallsbefunde mit möglicher klinischer Bedeutung im Kontext der Forschungsarbeit. Dabei heben die Autor/-innen hervor, dass mit Rückgriff auf dieselben medizinethischen

Prinzipien (Autonomie, Nicht-Schädigung, Wohltun) durchaus in zwei konträre Richtungen argumentiert werden konnte, d. h. eine Abwägung der Prinzipien konnte je nach Gewichtung entweder zu einer befürwortenden oder zu einer ablehnenden Haltung zur Handhabung von Zufallsbefunden[2] führen (Isasi et al. 2012, S. 440).

Ähnlich zu diesen beiden Empfehlungen haben inzwischen auch einige hiPS-Zellbanken auf ihren Websites interne Richtlinien zum Umgang mit Zellen und Zelllinien formuliert und veröffentlicht. Das Forschungskonsortium des *Stem cells for Biological Assays of Novel drugs and prediCtive toxiCology* (StemBANCC) Projektes hat beispielsweise eine interne Richtlinie für den Zugang und den Austausch von Daten und Materialien herausgegeben (StemBANCC) (Morrison et al. 2015, S. 681–687).

Diskussion

Seit Beginn der 2000er Jahre verdrängen in deutschen und englischen Stellungnahmen, Positionspapieren, Leitlinien und Empfehlungen Risiko-Nutzen-Abwägungen ethische Grundsatzdebatten um die Legitimität von Stammzellforschung. Wie von Nielsen beschrieben, hängt an den technischen Entwicklungen in der Forschung immer auch die Hoffnung auf therapeutische Anwendungen. Erst (neue) Techniken geben so einen Rahmen vor, innerhalb dessen sich potentielle Heilungsmöglichkeiten eröffnen. Nicht die Existenz der Stammzellen entscheidet über ihre moralische Bewertung, sondern das Maß ihrer (potentiellen) klinischen Anwendbarkeit – wie der unterschiedliche Umgang mit den verschiedenen hier betrachteten Stammzelltypen illustriert.

Vor allem das Aufkommen von hiPS-Zellen hat die diskursive Landschaft der Stammzellforschung nachhaltig beeinflusst. Die Forschung an und mit humanen iPS-Zellen wird als ethisch kaum umstritten bewertet. Nur selten wurden in der Fachliteratur im Zusammenhang mit der Gewinnung und Forschung der hiPS-Zellen ethische Themenfelder wie Potentialität der hiPS-Zellen, Menschenwürde, die Gefahr der Klonierung, Chimärenbildung oder die Gefahr der Komplizenschaft behandelt. Vielmehr dominiert die Risikoperspektive, wobei Risiken eher zurückgestellt als betont werden. Das Risiko der Teratombildung wird beispielsweise in der Fachliteratur als nicht so gravierend beschrieben, dass es die Einstellung weiterer Forschung an hiPS-Zellen zum Zwecke eines späteren therapeutischen Einsatzes rechtfertigen würde (Rolfes et al. 2018, S. 153–178). Vornehmlich werden pragmatische Fragestellungen erörtert, die sich im Zuge der

---

2 In der Literatur und in allgemeinen Diskussionen werden Zufallsbefunde auch Überschuss- oder Nebenbefunde (im Englischem incidental findings oder unsolicited findings) genannt. Diese Begriffe bezeichnen im Wesentlichen Befunde, die im Zuge von Diagnostik oder Forschung ermittelt wurden, aber nicht ursprünglich intendiert waren. Solche Befunde, die gesundheitsrelevant sein können, sind bei u. a. einer Gesamtgenomsequenzierung möglich (s. hierzu http://www.drze.de/im-blickpunkt/praediktive-genetische-testverfahren/module/zusatzbefunde)

neuen technischen Errungenschaften ergeben haben. Dabei geht es um die Sicherstellung von Sicherheits- und Qualitätsstandards in Forschung und klinischer Umsetzung. Anwendungsaspekte rund um bioethische Prinzipien wie Autonomie, Wohltun oder Nicht-Schaden werden ins Zentrum von Abwägungsprozessen gerückt. Zweck, Mittel und Folge der klinischen Stammzellnutzung werden in die Überlegungen einbezogen. Dabei ist der Zweck eine potenzielle Therapiemöglichkeit mittels Stammzellen, die Mittel dazu sind die Einsatzmöglichkeiten verschiedener Stammzelltypen. Die Folgen werden nach Nutzen und Risiken einer (potenziellen) Stammzelltherapie für die (potenziellen) Patienten bestimmt.

Anhand der Stammzellforschung lassen sich die oben beschriebenen Strukturmomente der technisch dominierten Biomedizin nachzeichnen. Der exemplarische Blick in verschiedene Stellungnahmen und Positionspapiere aus dem Zeitraum 2000 bis 2018 macht deutlich, dass es starke Momente der zweck- und nutzenorientierten ethischen Bewertung von einzelnen Stammzellforschungsverfahren oder -vorhaben gibt. Allein die Tatsache, dass verschiedene Institutionen und Gremien zu einzelnen, ganz konkreten Themen der Stammzellforschung Stellungnahmen oder Positionspapiere veröffentlichen, zeigt, dass sich der Blick auf die Evaluation der Stammzellforschung *als solche* sukzessive verändert hat. Statt einer Debatte über die grundsätzliche Option der Erforschung von (embryonalen) Stammzellen zu führen, wird die Erforschung von embryonalen Stammzellen als ‚gesetzt' antizipiert und es werden tendenziell eher einzelne Auslegungs- und Handhabungsfragen aufgegriffen und erörtert. Hier, so scheint es, lässt sich in gewisser Weise das erkennen, was Oliver Müller als Standardisierungsprozess der Technisierung bezeichnet hat: jede technische Entwicklung wird irgendwann als gegeben und demnach als Standard übernommen, auf dessen Basis die weiteren Entwicklungen erfolgen (Müller 2014).

Mit neuen technischen Entwicklungen auf dem Gebiet der Stammzellforschung werden auch neue Möglichkeiten des Einsatzes und damit eine Erweiterung des Handlungsspektrums eröffnet. Dies zeigt sich etwa in der Forderung nach einer Änderung der Stichtagsregelung, in der neue technische Möglichkeiten im Sinne von Müllers „Bedürfnisdynamik" neue Bedürfnisse kreiert haben. Das in Aussicht gestellte Vorhandensein technisch verbesserter Forschung führt zu der logischen Ableitung, wonach diese verbesserte Handlungsoption dann auch entsprechend zu nutzen und anzuwenden sei. Ein Ausbrechen aus dieser Logik erscheint schwierig, da die in der Technik manifestierte Fokussierung auf Effizienz und ihre stetige Optimierung ein Abweichen oder gar ein Zurück als geradezu unlogisch erscheinen lassen muss. Die Frage, welche neuen Folgen aus einer neuerlichen Effizienzsteigerung entstehen mögen, kann in einer solchen eingeschränkten Perspektive womöglich aus dem Blick geraten. Müller macht deutlich, dass vor allem in einer Effizienzsteigerung, die unter hohem Tempo erfolgt, gerade aufgrund der Akzeleration ein Innehalten und Nachdenken unmöglich oder zumindest schwerfallen könnte, weil unterschiedliche Geschwindigkeiten vorlägen – eine höhere Geschwindigkeit der technischen Entwicklung überholt sozusagen die Geschwindigkeit der Prozesse der Selbstverortung und ethischen Handlungsorientierung (Müller 2014). Oder in Webers Worten ausgedrückt überholt die Zweckrationalität die Wertrationalität. Auch Handlungen, die durch wertrationale Argumente legitimiert wurden, werden in der Debatte zuletzt zweckrational besetzt. Die Stammzellforschung hat das Ziel, Heilungen für Krankheiten zu entwickeln, die Mittel dieses Ziel zu erreichen, werden anhand ihrer Zweckmäßigkeit bewertet und bemessen. Die Stellungnahmen, Positionspapiere oder Richtlinien zeigen hier die Tendenz, den Fokus auf Fragen wie die Qualität der Stammzellen und Nebenfolgen, wie z. B. Risiken, die eine potentielle Stammzelltherapie für den Patienten bringen könnte, zu legen.

Allerdings folgt die sich hier abbildende Ausweitung einer Zweckrationalität keinem unweigerlichen Determinismus. Seit 2016 erhielt die Debatte eine neue Richtung, in der erneut wertrationale Positionen bemüht werden. Neuerdings wird nicht nur das regenerative Potenzial der hiPS-Zellen hervorgehoben, sondern gleichfalls auch das Potential der hiPS-Zellen für Reproduktionszwecke. Im Jahre 2016 ist es einem japanischen Forscherteam gelungen, aus induzierten pluripotenten Mäusestammzellen in vitro Keimzellen zu generieren, aus denen erfolgreich lebensfähiger Nachwuchs entwickelt werden konnte (Hikabe et al. 2016, S. 299–303). Übertragen auf die humane Reproduktion könnte dieses Verfahren potentiell für biologisch infertile Personen, homosexuelle Paare, Gruppen oder einzelne Personen zur Zeugung von Kindern genutzt werden (Suter 2015). Damit kommen wieder wertrationale (sozial-)ethische Positionen ins Spiel, die sich vor allem den Fragen zuwenden, ob hiPS-Zellen für die menschliche Reproduktion verwendet werden dürfen, welches Konzept der reproduktiven Autonomie im Kontext dieser Reproduktionstechnik zum Tragen kommen sollte oder ob es eine Begrenzung der Elternteile geben sollte, die mit dem zukünftigen Kind genetisch verwandt sein dürfen (Rolfes et al. 2019). Auch war die Wertrationalität nie ganz verschwunden. In einigen der aktuelleren Positionspapiere etwa wird immer wieder thematisiert, dass dem menschlichen Embryo eine gesonderte Rolle in der Forschung zukomme und daher Forschung strikter ethischer Standards bedürfe, um legitim zu sein. Beispielsweise wird gefordert, dass ausschließlich hochrangige Grundlagenforschung bzw. Forschung, die einen klaren medizinischen Nutzen habe, zu betreiben sei.

Das technische Verfahren der Gewinnung von humanen iPS-Zellen führte also in seiner konsequenten Weiterentwicklung zur Gestaltung wiederum neuer technischer Verfahren – eben des Verfahrens zur Gewinnung von Keimzellen aus iPS-Zellen, wodurch neue Bedürfnisse, Handlungsräume und gleichzeitig damit einhergehende neue Entscheidungssituationen entstanden, denen nun zu begegnen war (Rolfes et al. 2019). In der Stammzellforschung wurden also zunächst wertrational dominierte Debatten durch zweckrational geführte Argumentationen abgelöst, bis diese am Ende durch wieder neue Techniken eine neue wertrationale Positionierung erforderten. Der Mensch hat sich, wie Müller allgemein in Bezug auf Technisierungsprozesse ausführt, in solchen Entwicklungslinien zu orientieren, zu verorten und zu verhalten sowie auch sein Handeln zu reflektieren und zu rechtfertigen (Müller 2014). Es scheint folgerichtig, dass hier Reflektion und Rechtfertigung pfadabhängig auf bestehende ethische Debatten über die Forschung an embryonalen Stammzellen aufsetzen.

Schlussbemerkung

Max Weber hat prophezeit, dass die westlichen Gesellschaften weniger durch Werte als durch das technische und wissenschaftliche Wissen dominiert werden würden (Hewa 1994, S. 179). Zwar zeigt sich in den von uns gesichteten Stellungnahmen zu Stammzellen und Stammzellforschung eine Tendenz zu Nutzen-Risiko-Abwägungen, diese stehen jedoch auch immer wieder in einem Spannungsfeld zu fundamentalethischen Fragestellungen, wie etwa der Frage nach dem moralischen Status des Embryos. Eine in Gänze durch Rationalisierung durchdrungene Stammzellanwendung und -forschung kann so nicht konstatiert werden. Einige Tabus in der Forschung, denen eine wertrationale Begründung unterstellt werden kann, haben über die gesamte Debatte hinweg bis heute Bestand: Das Klonen insbesondere zu reproduktiven Zwecken soll weiterhin verboten bleiben, ebenso wie die Keimbahnmodifikationen oder die Chimärenbildung. Dabei gehen die Autoren/-innen nicht näher darauf ein, warum das so sein soll, sondern betrachten diese Position als gesetzt. Wir unterstellen hier aber eine wertrationale Positionierung. Gleichzeitig scheint hier auch ein sehr klares Selbstverständnis des Menschen auf, wonach dieser seinem Handeln gewisse Grenzen zu setzen habe – eine solche als nicht hintergehbar konstatierte Grenzziehung wird im Kontext des Klonens gesehen. Interessant wäre hier eine anschlussfähige Untersuchung, wie eine solche Grenzziehung begründet wird und welche Prämissen als gesetzt und nicht-verhandelbar angesehen werden. Hier schließt sich die Frage an, ob es nicht auch in dieser Frage irgendwann zu einer Neu-Bewertung der Situation kommt.

Literaturverzeichnis

American Academy of Neurology und American Neurological Association. 2005. Position statement regarding the use of embryonic and adult human stem cells in biomedical research. *Neurology* 64: 1679–1680.
Beier H. M., B. Fehse, B. Friedrich, M. Götz, I. Hansmann, F. Hucho, K. Köchy, B. Müller-Röber, H.-J. Rheinberger, J. Reich, H.-H. Ropers, H. R. Schöler, B. Schöne-Seifert, K. Sperling, K. Tanner, J. Taupitz, und A. M. Wobus. 2010. Neue Wege der Stammzellforschung: Reprogrammierung von differenzierten Körperzellen. *Journal für Reproduktionsmedizin und Endokrinologie* 7: 68–77.
Brown, M. 2013. No Ethical Bypass Of Moral Status In Stem Cell Research. *Bioethics* 27: 12–19.
Center for iPS Cell Research and Application, Kyoto University (CiRA). 2019. iPS Cell Stock for Regenerative Medicine. http://www.cira.kyoto-u.ac.jp/e/research/stock.html. Zugegriffen: 29. April 2019.

Denker, H.-W. 2006. Potentiality of embryonic stem cells: An ethical problem even with alternative stem cell sources. *Journal of Medical Ethics* 32: 665–671.

Descartes, René. 1969. Über den Menschen (1632) sowie Beschreibungen des menschlichen Körpers (1648), (Nach d. 1. franz. Ausg. von 1664 uebers. u. mit e. histor. Einl. u. Anm. von Karl E. Rothschuh.). Heidelberg: Schneider.

Deutscher Bundestag. 2001. Drucksache 14/7546, Zweiter Zwischenbericht der Enquete-Kommission Recht und Ethik der modernen Medizin. Teilbericht Stammzellforschung. http://dip21.bundestag.de/dip21/btd/14/075/1407546.pdf. Zugegriffen: 28. Februar 2019.

Deutscher Ethikrat. 2014. Stammzellforschung – Neue Herausforderungen für das Klonverbot und den Umgang mit artifiziell erzeugten Keimzellen? Ad-Hoc-Empfehlung. https://www.ethikrat.org/fileadmin/Publikationen/Ad-hoc-Empfehlungen/deutsch/empfehlung-stammzellforschung.pdf. Zugegriffen: 1. Februar 2019.

Deutsche Forschungsgemeinschaft. 2001. Empfehlungen der Deutschen Forschungsgemeinschaft zur Forschung mit menschlichen Stammzellen. 3. Mai 2001. http://www.dfg.de/download/pdf/dfg_im_profil/reden_stellungnahmen/download/empfehlungen_stammzellen_03_05_01.pdf. Zugegriffen: 15. Januar 2019.

Deutsche Forschungsgemeinschaft. 2006. Stammzellforschung in Deutschland – Möglichkeiten und Perspektiven. Stellungnahme der Deutschen Forschungsgemeinschaft Oktober 2006. https://www.dfg.de/download/pdf/dfg_im_profil/reden_stellungnahmen/2006/stammzellforschung_deutschland_lang_0610.pdf. Zugegriffen: 16. Januar 2019.

Deutsches Referenzzentrum für Ethik in den Biowissenschaften: http://www.drze.de/im-blickpunkt/praediktive-genetische-testverfahren/module/zusatzbefunde. Zugegriffen: 1. Februar 2019.

Diekema, D. S., M. Fallat, A. H. M. Antommaria, I. R. Holzman, A. L. Katz, SR Leuthner, L. F., Ross, S. A. Webb, und Committee on Bioethics. 2010. Policy Statement-Children as Hematopoietic Stem Cell Donors. *Pediatrics* 125: 392–394.

Donovan, P., J. R. Faden, J. Harris, R. Lovell-Badge, D. J. Mathews, J. Savulescu, und H. Grp. 2008. Consensus statement: Science, ethics and policy challenges of pluripotent stem cell-derived gametes – April 11, 2008. *Biology of Reproduction* 79: 173–178.

Enquete-Kommission. 2001. Zweiter Zwischenbericht der Enquete-Kommision. Recht und Ethik der modernen Medizin. https://www.google.com/url?sa=t&rct=j&q=&esrc=s&source=web&cd=2&ved=2ahUKEwj05bOfi_XhAhUF2aQKHZjbA5cQFjABegQIARAC&url=http%3A%2F%2Fdip21.bundestag.de%2Fdip21%2Fbtd%2F14%2F075%2F1407546.pdf&usg=AOvVaw3QUMfk0J2Kht5sXzrjyaBf. Zugegriffen: 29. April 2019.

European Group on Ethics in Science New Technologies. 2001. Ethical aspects of human stem cell research and use. Official statement. *Bulletin of medical ethics* 165: 20–22.

Fangerau, Heiner. 2010. *Spinning the Scientific Web: Jacques Loeb (1859–1924) und sein Programm einer internationalen biomedizinischen Grundlagenforschung*. Berlin: Akademie Verlag.

Fangerau, Heiner. 2012. Zur Geschichte der Synthetischen Biologie. In *Synthetische Biologie. Entwicklung einer neuen Ingenieurbiologie? Themenband der interdisziplinären Arbeitsgruppe Gentechnologiebericht". Forschungsberichte der Interdisziplinären Arbeitsgruppen der Berlin-Brandenburgischen Akademie der Wissenschaften, Bd. 30*, Hrsg. K. Köchy und A. Hümpel, 61–84. Dornburg: Forum W-Wissenschaftlicher Verlag.

Fangerau, Heiner. 2016. Tierforschung unter mechanistischen Vorzeichen. Jacques Loeb, Tropismen und das Vordenken des Behaviorismus. In *Philosophie der Tierforschung Band 1: Methoden und Programme*, Hrsg. M. Böhnert, K. Köchy und M. Wunsch, 183–207. München: Karl Alber Verlag.

Giralt, S., E. A. Stadtmauer, J. L. Harousseau, A. Palumbo, W. Bensinger, und R. L. Comenzo. 2009. International myeloma working group (IMWG) consensus statement and guidelines regarding the current status of stem cell collection and high-dose therapy for multiple myeloma and the role of plerixafor (AMD 3100). *Leukemia* 23: 1904–1912.

Gesetz zur Sicherstellung des Embryonenschutzes im Zusammenhang mit Einfuhr und Verwendung menschlicher embryonaler Stammzellen (Stammzellgesetz – StZG). 2002. https://www.gesetze-im-internet.de/stzg/StZG.pdf. Zugegriffen: 23. Januar 2019.

Habermas, Jürgen. 2014. *Die Zukunft der menschlichen Natur. Auf dem Weg zu einer liberalen Eugenik?* Frankfurt am Main: Suhrkamp.

Hayashi, K., S. Ogushi, K. Kurimoto, S. Shimamoto, H. Ohta, und M. Saitou. 2012. Offspring from oocytes derived from in vitro primordial germ cell-like cells in mice. *Science* 338: 971–975.

Heinemann, Thomas und J. Kersten. 2007. *Stammzellforschung. Naturwissenschaftliche, rechtliche und ethische Aspekte.* Freiburg i.Br./München: Verlag Karl Alber.

Hewa, S. 1994. Medical Technology: A Pandora's Box? *The Journal of Medical Humanities* 15: 171–181.

Hewa, S., und R. W. Hetherington. 1995. Specialists without spirit: limitations of the mechanistic biomedical model. *Theoretical medicine* 16: 129–139.

Hikabe, O., N. Hamazaki, G. Nagamatsu, Y. Obata, Y. Hirao, N. Hamada, S. Shimamoto, T. Imamura, K. Nakashima, M. Saitou, und K. Hayashi. 2016. Reconstitution in vitro of the entire cycle of the mouse female germ line. *Nature* 539: 299–303.

Ilic, D., und C. Ogilvie. 2017. Concise Review: Human Embryonic Stem Cells-What Have We Done? What Are We Doing? Where Are We Going? *Stem Cells* 35:17–25.

Isasi, R., B. M. Knoppers, P. W. Andrews, A. Bredenoord, A. Colman, L. E. Hin, S. Hull, O. J. Kim, G. Lomax, C. Morris, D. Sipp, G. Stacey, J. Wahlstrom, und F. Y. Zeng. 2012. Disclosure and management of research findings in stem cell research and banking: policy statement. *Regenerative Medicine* 7: 439–48.

International Society for Stem Cell Research (ISSCR). 2016. Guidelines for stem cell research and clinical translation. http://www.isscr.org/docs/default-source/all-isscr-guidelines/guidelines-2016/isscr-guidelines-for-stem-cell-research-and-clinical-translationd67119731dff6ddbb37cff0000940c19.pdf?sfvrsn=4. Zugegriffen: 16. Januar 2019.

Jones, R., M. Horowitz, D. Wall, J. R. Wingard, und S. Wolff. 2001. Documenting the case for stem cell transplantation: The role of evidence-based reviews and implications for future research – Statement of the steering committee for evidence-based reviews of the American Society for Blood and Marrow Transplantation (ASBMT). *Biology of Blood and Marrow Transplantation* 7: 306–307.

Kang L., J. Wang, Y. Zhang, Z. Kou, und S. Gao. 2009. iPS cells can support full-term development of tetraploid blastocyst-complemented embryos. *Cell Stem Cell* 5: 135–138.

Langendörfer, Hans S. J. 2007. Statement des Sekretärs der Deutschen Bischofskonferenz, P. Dr. Hans Langendörfer SJ zur Stellungnahme des Nationalen Ethikrates „Zur Frage einer Änderung des Stammzellgesetzes" vom 16. Juli 2007. https://www.dbk.de/presse/aktuelles/meldung/statement-des-sekretaers-der-deutschen-bischofskonferenz-p-dr-hans-langendoerfer-sj/detail/. Zugegriffen: 24. Januar 2019.

Li, M., M. Chen, W. Han, und X. Fu. 2010: How far are induced pluripotent stem cells from the clinic? *Ageing Research Reviews* 9: 257–264.

Lin, J., I. Fernandez, und K. Roy. 2011. Development of Feeder-Free Culture Systems for Generation of ckit+sca1+Progenitors from Mouse iPS Cells. *Stem Cell Reviews and Reports* 7: 736–747.

Little, M. T., und R. Storb. 2002. History of haematopoietic stem-cell transplantation. *Nature reviews Cancer* 2: 231–8.

Morrison, M., C. Klein, N. Clemann, D. A. Collier, J. Hardy, B. Heisserer, M. Z. Cader, M. Graf, und J. Kaye. 2015. StemBANCC: Governing Access to Material and Data in a Large Research Consortium. *Stem Cell Reviews and Reports* 11: 681–687.

Müller, Oliver. 2014. *Selbst, Welt und Technik: Eine anthropologische, geistesgeschichtliche und ethische Untersuchung*. Berlin/Boston: De Gruyter.

Moalic-Allain, V. 2018. Medical and ethical considerations on hematopoietic stem cells mobilization for healthy donors. *Transfusion clinique et biologique: journal de la Societe francaise de transfusion sanguine* 25: 136–143.

Nationaler Ethikrat. 2001. Zum Import menschlicher embryonaler Stammzellen. Stellungnahme. https://www.ethikrat.org/fileadmin/Publikationen/Stellungnahmen/Archiv/Stellungnahme_Stammzellimport.pdf. Zugegriffen: 16. Januar 2019.

Nationaler Ethikrat. 2007. Zur Frage einer Änderung des Stammzellgesetztes. https://www.ethikrat.org/fileadmin/Publikationen/Stellungnahmen/Archiv/Stn_Stammzellgesetz.pdf. Zugegriffen: 16. Januar 2019.

Nielsen, H. T. 2008. What happened to the stem cells? *Journal of Medical Ethics* 34: 852–857.

Patel, P. 2006. A natural stem cell therapy? How novel findings and biotechnology clarify the ethics of stem cell research. *Journal of Medical Ethics* 32: 235–239.

Rao, M. S., M. Sasikala, und D. N. Reddy. 2013. Thinking outside the liver: Induced pluripotent stem cells for hepatic applications. *World Journal of Gastroenterology* 19: 3385–3396.

Rolfes, V., H. Gerhards, J. Opper, U. Bittner, Ph. Roth, H. Fangerau, U. Gassner, und R. Martinsen. 2017. Diskurse über induzierte pluripotente Stammzellforschung und ihre Auswirkungen auf die Gestaltung sozialkompatibler Lösungen – eine interdisziplinäre Bestandsaufnahme. In *Jahrbuch für Wissenschaft und Ethik 22*, Hrsg. D. Sturma, B. Heinrichs und L. Honnefelder, 65–86. Berlin/Boston: de Gruyter.

Rolfes, V., U. Bittner, und H. Fangerau. 2018. Die bioethische Debatte um die Stammzellforschung: induzierte pluripotente Stammzellen zwischen Lösung und Problem? In *Stammzellforschung: Aktuelle wissenschaftliche und gesellschaftliche Entwicklungen*, Hrsg. M. Zenke, L. Marx-Stölting und H. Schickl, 153–178. Baden-Baden: Nomos.

Rolfes, V., U. Bittner, und H. Fangerau. 2019. Die Bedeutung der In vitro Gametogenese für die ärztliche Praxis: eine ethische Perspektive. *Der Gynäkologe*. doi.org/10.1007/s00129-018-4385-3. Zugegriffen am 29. April 2019.

Rothschuh, Karl Eduard. 1978. *Konzepte der Medizin in Vergangenheit und Gegenwart*. Stuttgart: Hippokrates Verlag.

Schneider, I. 2017. Zum Verhältnis von Wissenschaft und Politikberatung: Das Modell nationaler Ethikgremien in Deutschland. In *Gute Wissenschaft*. Hrsg. M. Spieker und A. Manzschke, 155–159. Baden-Baden: Nomos.

Scolding, N. J., M. Pasquini, S. C. Reingold, und J. A. Cohen. 2017. Cell-based therapeutic strategies for multiple sclerosis. *Brain* 140: 2776–2796.

Strasser, B. J. 2014. Biomedicine: Meanings, assumptions, and possible futures. *Report to the Swiss Science and Innovation Council (SSIC) 1/2014* (Bern: Swiss Science and Innovation Council).

Stem cells for Biological Assays of Novel drugs and predictive toxicology (StemBANCC). 2012. http://stembancc.org. Zugegriffen: 30. Januar 2019.

Stier, M., und B. Schöne-Seifert. 2013. The argument from potentiality in the embryo protection debate: finally "depotentialized"? *American Journal of Bioethics* 13: 19–27.

Suter, S. M. 2015. In vitro gametogenesis: Just another way to have a baby? *Journal of Law and the Biosciences* 3: 87–119

Tachibana, M., P. Amato, M. Sparman, N. M. Gutierrez, R. Tippner-Hedges, H. Ma, E. Kang, A. Fulati, H. S. Lee, H. Sritanaudomchai, K. Masterson, J. Larson, D. Eaton, K. Sadler-Fredd, D. Battaglia, D. Lee, D. Wu, J. Jensen, P. Patton, S. Gokhale, R. L. Stouffer, D. Wol, und S. Mitalipov. 2013. Human embryonic stem cells derived by somatic cell nuclear transfer. *Cell* 153: 1228–1238.

Takahashi, K., und S. Yamanaka. 2006. Induction of pluripotent stem cells from mouse embryonic and adult fibroblast cultures by defined factors. *Cell*. doi: 10.0.3.248/j.cell.2006.07.024.

Takahashi, K., K. Tanabe, M. Ohnuki, M. Narita, T. Ichisaka, K. Tomoda, und S. Yamanaka. 2007. Induction of pluripotent stem cells from adult human fibroblasts by defined factors. *Cell*. doi: 10.1016/j.cell.2007.11.019.

The President's Council on Bioethics. 2005. Alternative sources of human pluripotent stem cells. A White Paper. Washington, DC: The President's Council on Bioethics. https://bioethicsarchive.georgetown.edu/pcbe/reports/white_paper/text.html. Zugegriffen: 30. Januar 2019.

Weber, Max. 1973. *Gesammelte Aufsätze zur Wissenschaftslehre*. Tübingen: Mohr.

Weber, Max. 2018. *Wissenschaft als Beruf. Mit zeitgenössischen Resonanzen und einem Gespräch mit Dieter Henrich* Berlin: Matthes & Seitz.

Zenke, M., H. Fangerau, B. Fehse, J. Hampel, F. Hucho, M. Korte, K. Köchy, B. Müller-Röber, J. Reich, J. Taupitz, und J. Walter. 2018. Kernaussagen und Handlungsempfehlungen zur Stammzellforschung. In *Stammzellforschung: Aktuelle wissenschaftliche und gesellschaftliche Entwicklungen*, Hrsg. M. Zenke, L. Marx-Stölting und H. Schickl, 29–34. Baden-Baden: Nomos.

Zentrale Ethikkommission (ZEKO). 2002. Stellungnahme der Zentralen Ethikkommission zur Stammzellforschung. https://www.zentrale-ethikkommission.de/fileadmin/user_upload/downloads/pdf-Ordner/Zeko/Stammzell.pdf. Zugegriffen: 30. Januar 2019.

Zhao, X.-Y., W. Li, Z. Lv, L. Liu, M. Tong, T. Hai, J. Hao, C. L. Guo, Q. W. Ma, L. Wang, F. Zeng, und Q. Zhou. 2009. iPS cells produce viable mice through tetraploid complementation. *Nature* 461: 86–90.

IV. Auswirkungen der jüngsten Ergebnisse aus der Forschung mit induzierten pluripotenten Stammzellen auf Elternschaft und Reproduktion: Ein Überblick

Vasilija Rolfes, Uta Bittner, Ulrich M. Gassner, Janet Opper, Heiner Fangerau

Abstract

Das neue Verfahren der In-vitro-Gametogenese (IVG) ermöglicht es, aus somatischen Zellen Keimzellen zu gewinnen und den Fortpflanzungsprozess ex vivo bis zum Embryonalstadium nachzubilden. Diese neue reproduktionsmedizinische Technik könnte homosexuellen Paaren, postmenopausalen Frauen, Einzelpersonen sowie Gruppen ermöglichen, gemeinsam genetisch verwandte Kinder zu zeugen. Neue Elternschaftskonzepte und Abstammungskonstellationen wären die Folge. Wir zeigen verschiedene ethische Aspekte dieses neuen Phänomens auf, u. a. mit Blick auf ein Konzept der relationalen Autonomie. Ebenso werden zentrale Diskussionspunkte aus der rechtswissenschaftlichen Perspektive vorgestellt: Denn inzwischen reift die Erkenntnis, dass die tragenden gesetzgeberischen Erwägungen des Embryonenschutzgesetzes (ESchG) möglicherweise nicht mehr die gesellschaftlichen Realitäten der heutigen Zeit abbilden. Der Ruf nach einem modernen Fortpflanzungsmedizingesetz wird lauter. Ein ganzheitlicher Ansatz zum Umgang mit IVG ist notwendig, um alle beteiligten Positionen und Interessen bei der Gestaltung zu berücksichtigen und im Ziel eine konsensuale Handhabung zu etablieren.[1]

Einleitung

Die Stammzellforschung dient sowohl der Grundlagenforschung zur Zelldifferenzierung oder Gewebeausbildung als auch der klinischen Forschung zur Entwicklung von Zell- und Gewebeersatztherapien (Heinemann und Kersten 2007). An die Forschung mit Stammzellen sind folglich viele Hoffnungen gebunden, die von der Erwartung auf neues Wissen bis hin zur Zuversicht reichen, Therapien zur Behandlung von bisher nicht oder kaum heilbaren Erkrankungen zu entwickeln. Unter dem Titel der „Regenerativen Medizin" wurden diese Hoffnungen nach dem Jahrtausendwechsel pointiert zusammengefasst und popularisiert (Petit-Zeman 2001). Die Gewinnung von humanen embryonalen Stammzellen zu therapeutischen und Forschungszwecken hat allerdings seit den 1980er Jahren international eine breite ethische Debatte über den Einsatz dieser ausgelöst, insbesondere, da sie (je nach diskursiver Schwerpunktsetzung) mit dem Verbrauch von Embryonen einhergeht (Fangerau und Paul 2014). Mit der Tech-

---

[1] Der vorliegende Beitrag ist Teil des vom Bundesministerium für Bildung und Forschung (BMBF) geförderten Forschungsprojekts „Multiple Risks: Coping with Contingency in Stem Cell Research and Its Applications".

nik zur Erzeugung der sogenannten humanen induzierten pluripotenten Stammzellen (hiPS-Zellen) schien die ethische Hürde des Embryonenverbrauchs für die Forschung vermeidbar geworden zu sein: Diese nobelpreisgewürdigte Entwicklung aus dem Jahre 2006 stellt ein Verfahren dar, das durch Reprogrammierung adulter somatischer Zellen pluripotente Stammzellen erzeugt (Takahashi und Yamanaka 2006). Dadurch lassen sich ohne Verwendung embryonaler Stammzellen pluripotente Stammzellen gewinnen, die nicht nur für therapeutische Zwecke genutzt werden könnten, sondern auch für die Modellierung von Krankheiten sowie für pharmakologische Zwecke (Rolfes et al. 2018).

Dieser scheinbar ideale technische Ausweg (Rolfes et al 2018; Rolfes et al 2017) aus einer ethischen Dilemmasituation erfährt jedoch seit kurzem eine neue Herausforderung: Mit Schlagzeilen wie „Wir pellen Eizellen aus der Haut" (Müller-Jung 2018) oder „Babys aus Hautzellen" (Stallmach 2018) berichteten in- und ausländische Zeitungen über die Publikation eines japanischen Forscherteams um Katsuhiko Hayashi, dem es im Oktober 2016 gelungen war, aus Hautzellen von Mäusen Keimzellen (befruchtungsfähige Eizellen) zu entwickeln (Hikabe et al. 2016; Zhou et al. 2016). Neu an diesem Verfahren ist, dass die aus somatischen Zellen gewonnenen Keimzellen (In-vitro-Gametogenese, IVG) vollständig im Labor reifen und sich so der Fortpflanzungsprozess ex vivo bis zum Embryonalstadium nachbilden lässt (Hikabe et al. 2016). Dies hat weitreichende Konsequenzen für die Reproduktion: Homosexuelle Paare, Frauen jenseits der Menopause, Einzelpersonen oder auch Gruppen mehrerer Personen könnten so die Möglichkeit bekommen, durch dieses Verfahren genetisch verwandte Kinder in die Welt zu setzen. Neue Varianten der Eltern-Kind-Verwandtschaftsbeziehungen eröffnen sich, etwa wenn ein Kind von nur einer einzigen Person genetisch abstammt oder – als Gegenentwurf – von vier, acht oder womöglich 32 Elternteilen die gleichen genetischen Anteile in sich trägt (Palacios-Gonzáles et al. 2014). Neue Begrifflichkeiten für diese „multiplen Elternschaften" (Gross und Honer 1990) werden entwickelt werden müssen, um diese neuen Phänomene adäquat beschreiben zu können (Suter 2016).

Besonders eindrücklich spiegelt sich die gesellschaftliche Wahrnehmung der möglichen Veränderung von Elternschaftskonzepten in Aussagen aus der Tagespresse. Die mediale Berichterstattung zur Studie von Hayashi und seinem Team zeigt, dass diese Art der Nutzung induzierter pluripotenter Stammzellen eng verwoben wird mit ethischen Rückfragen zum Verständnis von Elternschaft, von tradierten Familienmodellen oder zur Natürlichkeit der Reproduktion (vgl. hierzu auch Rolfes et al. 2019). So heißt es unter dem Titel „Männer können Mütter werden" in der TAZ: „seit Jahren schon versuchen Stammzellforscher das Babymachen soweit wie möglich ins Labor zu verlagern" (Löhr 2018). Mit dieser Arbeit möchten wir unter Bezug auf derartige Meldungen und Kommentare einen gestrafften Überblick über die Auswirkungen der jüngsten Ergebnisse aus der Forschung mit induzierten pluripotenten Stammzellen auf die mit

Elternschaft und Reproduktion zusammenhängenden ethischen wie rechtlichen Fragen bieten.

Schaffung von Keimzellen aus Hautzellen zu Reproduktionszwecken: Nur eine zusätzliche reproduktionstechnische Option oder ein ganz neues Fortpflanzungsphänomen?

Eine sehr aufschlussreiche Auseinandersetzung mit potentiellen Auswirkungen auf die menschliche Fortpflanzung findet sich in Sonia M. Suters Artikel „*In vitro* gametogenesis: just another way to have a baby?" (Suter 2016). Dort diskutiert sie, inwieweit die Möglichkeit, aus Hautzellen beliebig viele sowohl männliche als auch weibliche Keimzellen generieren und daraus Schwangerschaften und Kinder erzeugen zu können (Suter 2016), innerhalb eines ethischen Konzepts der relationalen Autonomie zu befürworten oder abzulehnen ist. Mit relationaler Autonomie meint sie, dass die Autonomie eines Individuums im Kontext seiner Beziehungen zu anderen Individuen zu fassen ist, wobei die moralische Identität eines Individuums aus der Zugehörigkeit zu einer bestimmten Gruppe, Familie, Gemeinschaft, Gesellschaft usw. resultiert und nicht unabhängig von externen Einflüssen und Kontextbedingungen gedacht werden kann (Suter 2016).

Sie beschreibt zunächst die neu entstehenden Phänomene, indem sie danach fragt, was die zugrundeliegenden Motive zur Nutzung von In-vitro-Gametogenese sein könnten (Suter 2016; zu Aspekten wunscherfüllender Medizin in der Reproduktionsmedizin siehe etwa auch: Eichinger 2013; Eichinger und Bittner 2010). Dabei unterscheidet sie zwischen zwei Hauptmotivlagen, die darin bestehen können, IVG als Therapie von Infertilität einzusetzen oder IVG zur Perfektionierung der Reproduktion anzuwenden. So nähert sie sich über die klassische Distinktion von Therapie und Enhancement, die oft im Kontext der Erörterung reproduktionsmedizinischer Maßnahmen herangezogen wird (Smith et al. 2012). Mit der Perfektionierung der Reproduktion meint Suter allerdings die Selektion von Keimzellen, um schwere oder minder schwere Krankheiten zu vermeiden (Suter 2016). Ferner trennt sie in gängiger Form die physische Infertilität von der sozialen Infertilität (Suter 2016). Unter Formen der physischen Infertilität fasst sie Krankheiten des Reproduktionssystems, wie zum Beispiel jegliche Schädigungen der Keimdrüsen, Schädigungen des Reproduktionssystems durch Operationen oder erfolgte Krebsbehandlungen sowie physische Infertilität infolge eines vorzeitigen Eintritts in die Menopause oder infolge ungewollter Sterilisationen (Suter 2016). Zu den weiteren Formen der Unfruchtbarkeit aufgrund physischer Einschränkungen, die aber nicht auf angeborene oder im Laufe des Lebens erworbene Erkrankungen des Reproduktionssystems zurückzuführen sind, gehört nach Suter etwa bei Mädchen das Stadium der Prämenarche oder bei Frauen die reguläre Menopause (Suter 2016). Unter

IV. Auswirkungen der jüngsten Ergebnisse aus der Forschung

Formen der sozialen Infertilität fasst sie Lebensstile, die eine zweigeschlechtliche Fortpflanzung nicht vorsehen.

Besonders im Kontext der sozialen Infertilität sieht Suter erhebliche Potentiale der IVG, wobei sie drei große Einsatzfelder unterscheidet (Suter 2016):

1. Einen Einsatzbereich der IVG stellen „Paare, die biologisch keine Kinder haben können"[2] („Couples Who Cannot Biologically Reproduce Together") (Suter 2016) dar, wie dies etwa bei homosexuellen Paaren der Fall ist. In den Medien werden diese Zukunftsoptionen bereits verhandelt. So heißt es z.B. konkret in der NZZ: „Falls dies auch beim Menschen gelingen sollte, könnten zwei Männer eigene genetische Kinder bekommen." (Stallmach 2016). Die Option, beiden Partnern eines homosexuellen Paares zu ermöglichen, genetisch Elternteil eines gemeinsamen Kindes werden zu können, wird daher nicht nur die Grenzen der menschlichen Fortpflanzung verändern, sondern auch bedeutsame Auswirkungen auf bisherige genetische Elternschaftsstrukturen haben. Dass sich durch diese technischen Entwicklungen neue Möglichkeiten für die Gestaltbarkeit des (menschlichen) Fortpflanzungsprozesses ergeben, liegt auf der Hand. So skizziert die NZZ weiter:

   „Falls es aber tatsächlich gelingen sollte, würden wir damit die komplette Kontrolle über unsere Fortpflanzung erhalten. Eizellen stünden endlos zur Verfügung. Die körperlich belastende Hormonbehandlung würde wegfallen, wenn Frauen ihre Eizellen für eine künstliche Befruchtung einsetzen. Weder Unfruchtbarkeit noch fortgeschrittenes Alter oder männliches Geschlecht könnten Menschen davon abhalten, Eizellen aus ihrem eigenen Körper zu gewinnen. Ob all dies wirklich erstrebenswert wäre, ist eine andere Frage." (Stallmach 2016)

2. Eine zweite Nutzungsmöglichkeit der IVG ergibt sich potentiell für Einzelpersonen; Suter bezeichnet dieses Phänomen als „Solo IVG" (Suter 2016). Eine einzelne Person könnte sich reproduzieren – ohne auf einen Partner bzw. eine Keimzellspende des anderen Geschlechtes angewiesen zu sein, insbesondere, wenn sie die Reproduktion mit einem Partner als nicht wünschenswert betrachtet.

3. Die dritte Nutzungsmöglichkeit von IVG wäre das „‚multiplex parenting'" (Suter 2016): Hier wird mittels IVG das genetische Material von mehr als zwei Personen verwendet, um ein Kind zu zeugen. Dadurch wird das traditionelle Modell von zwei genetischen Elternteilen theoretisch um beliebig viele weitere Genträger erweitert.

---

2   Übersetzung durch die Autoren/-innen.

Suter unternimmt den Versuch, diese drei verschiedenen Möglichkeiten der Nutzung von IVG aus der Perspektive ihres Konzepts der relationalen Autonomie zu evaluieren, und gelangt zu dem Fazit, dass der Einsatz von IVG bei gleichgeschlechtlichen Paaren als positiv zu bewerten sei. Die Anwendung des IVG-Verfahrens hingegen bei Einzelpersonen betrachtet sie kritischer. Zum einen sieht sie, dass die Risiken für genetische Erkrankungen – bedingt durch rezessive Gene – bei einer Solo IVG als höher erachtet werden können, zum anderen folgert sie, dass sich durch die Solo IVG eine genetische Konstellation bei dem Kind ergeben würde, welche uns bis dato nicht bekannt ist. Mehr noch würde die Solo IVG die genetische Elternschaft insgesamt in Frage stellen (Suter 2016). An dieser Stelle sei ergänzend hinzugefügt, dass die Solo IVG nicht zwingend auch mit einer Solo-Elternschaft verbunden werden muss. Entsprechend sehen andere Autoren/-innen die Anwendung des Verfahrens als eine Chance für Paare, die eine gemeinsame Elternschaft leben wollen, bei denen aber einer der Partner/-innen entweder unfruchtbar ist oder sich keine genetische Verwandtschaft mit einem Kind wünscht oder eine schwere genetisch vererbbare Erkrankung hat (Cutas und Smajdor 2017).

Ebenfalls als problematisch erachtet Suter die Reproduktion mittels IVG beim *„multiplex parenting"*. Denn bei Konstellationen mit mehr als drei oder vier genetischen Elternteilen drohten, so Suter, neue Eltern-Kind-Beziehungen zu entstehen, da die genetischen Verwandtschaftsverhältnisse eines aus *multiplex parenting* entstandenen Kindes neu gefasst werden müssten. Beim *multiplex parenting* stellen sich nach Suter explizit die Fragen, inwiefern die neuen Elternteile als Eltern zu bezeichnen sind, in welcher Verwandtschaftsbeziehung sie zum Kind stehen und welche Motivlage Menschen dazu bewegt, den Wunsch zu hegen, in einer Konstellation mit mehr als einer/m genetischen Partner/-in ein genetisch verwandtes Kind zu zeugen (Suter 2016). Beispielsweise zeigt Suter auf, wie problematisch es unter gewissen Umständen sein könnte, wenn etwa mit dem Ziel der Clan-Bildung IVG angewendet werden würde. Sie weist darauf hin, dass in dem Streben, mit mehreren Personen per Blutslinie verwandt zu sein, auch die Tendenz zur Separation und Abgrenzung gegenüber anderen Populationen einhergehen könnte – womit Formen der Intoleranz um sich greifen könnten. Schließlich fragt sie im Kontext des *multiplex parenting*, welche Art von enger Beziehung zwischen dem Kind und den möglicherweise 8, 16 oder 32 Elternteilen überhaupt bestehen könnte. Dabei mahnt sie, dass eine fehlende enge Bindung des Kindes zu einigen wenigen Vertrauenspersonen dessen Entwicklung negativ beeinträchtigen könnte (Suter 2016).

Die Anwendung der IVG bei bestimmten Formen physischer Infertilität, etwa bei Mädchen im Stadium der Prämenarche oder bei Frauen, die sich bereits in der regulären Menopause befinden, könnte nach Suters Ansicht ebenfalls größere Bedenken auslösen. In beiden Fällen fragt Suter nach dem adäquaten Alter für Schwangerschaften. Während bei Minderjährigen die Frage der autonomen Entscheidung im Vordergrund stünde, wäre beispielsweise bei postmenopausalen hochaltrigen Frauen zu hinterfragen, ob die

Zeit, die die Frau noch zu leben hat, ausreichend ist, das Kind großzuziehen und zu versorgen, oder ob ein solches Kind nicht unnötigen Schaden gerade dadurch erleiden würde, dass es vorzeitig zum Waisen wird oder bereits in frühen Jahren die Belastung zu tragen hätte, die eigene betagte Mutter pflegen zu müssen (Suter 2016).

Insgesamt fällt nicht nur Suter, sondern auch anderen Autoren/-innen auf (Murphy 2014; Smajdor und Cutas 2014; Mertes 2014), dass gerade durch die Möglichkeit der IVG der genetischen Abstammung und genetischen Verwandtschaft ein großes Gewicht zugeschrieben wird. Zwar wird die genetische Verwandtschaft mit dem Kind nicht zwingend als eine notwendige oder hinreichende Bedingung für „gute" Elternschaft betrachtet, dennoch sei sie von hoher Bedeutung. Vor diesem Hintergrund erscheint der Wunsch nach genetisch eigenen Kindern bei physisch und sozial infertilen Personen, Paaren oder Personengruppen prima facie als ein plausibler Wunsch, und die Anwendung der IVG wird dadurch als legitimiert gewertet (Segers et al. 2017). Doch lässt sich dieser Wunsch gleichermaßen auch kritisch hinterfragen: Warum ist die eigene genetische Abstammung der Kinder, die man als Elternteil großziehen möchte, so wichtig? Es stellt sich die Frage, ob nicht durch die so erfolgende starke Aufwertung der genetischen Verwandtschaft soziale Elternschaften wie etwa bei Pflegeeltern, Adoptiveltern oder Patchwork-Familien eine mehr oder weniger unterschwellige Abwertung und Diskriminierung in der Gesellschaft erfahren würden (Smajdor et al. 2018). Andersherum lässt sich die Frage stellen, ob nicht gerade die Fragmentierung der Elternschaft im gesellschaftlichen Zusammenleben der juristischen und sozialen Elternschaft wieder ein größeres Gewicht verschaffen könnte (Fangerau 2016).

Kontrolle und Gestaltbarkeit des Fortpflanzungsprozesses durch assistierte reproduktionsmedizinische Techniken (ART)

Die differenzierten, kontextabhängig verorteten Ausführungen von Suter u. a. zeigen, dass die Evaluation von ART – und insbesondere von IVG – sich mit jeder neuen Technik immer komplexer und herausfordernder gestaltet (Suter 2016).

Dass dies nicht nur für das Verfahren der IVG, sondern auch für andere Formen der technisch assistierten Fortpflanzung gilt, zeigt exemplarisch ein Blick auf die einzelnen Prozessschritte innerhalb des Reproduktionsprozesses, die bereits (medizin-)technisch modifizierbar sind (Tabelle 1):

Tabelle 1: Überblick der (medizin-)technischen Möglichkeiten in der Reproduktion
Kolodziej et al. 2011; Thomas 2017; Rubeis und Steger 2016; Woopen 2002; Rolfes 2018; Lim et al. 2013; Herbert 2018; Ishii 2017; Maio et al. 2013; Partridge et al. 2017; Husslein 2002; Schliesser 2016; Haker 2016)

Prozessschritt	Technische Beeinflussbarkeit
1. Entstehung/Generierung von Keimzellen	In-vitro-Gametogenesis (IVG), noch im experimentellen Stadium
2. Heranreifen von Keimzellen	In-vitro-Maturation (IVM), noch im experimentellen Stadium
3. Lagerung von Keimzellen über einen bestimmten Zeitraum	Kryokonservierung u. a. Technik des „social egg freezing"
4. Verschmelzen von Ei- und Samenzelle	Intrauterine Insemination Intratubare Insemination In vitro Fertilisation (IVF) Intrazytoplasmatische Spermieninjektion (ICSI)
5. Modifikation der genetischen Konstitution des Embryos in-vitro	Mitochondrial Replacement Therapy (MRT), z. B. als Therapieoption in Großbritannien zulässig Klonierung, im experimentellen Stadium Keimbahnmodifikationen der Keimzellen oder eines frühen Embryos durch Crispr-Cas, TALEN oder Zinkfinger, im experimentellen Stadium
6. Untersuchung/Diagnostik von Keimzellen/Embryonen	Polkörperdiagnostik Präimplantationsdiagnostik Chorionzottenbiopsie Amniozentese NIPT und andere nicht-invasive Screening Tests Ultraschall
7. Entwicklung / Wachstum eines Embryos	Künstliche Gebärmutter (in Entwicklung)
8. Einfrieren von Embryonen und späteres Auftauen	Kryokonservierung
9. Auslagerung des Austragens der Schwangerschaft	Leihmutterschaft
10. Zeitpunkt der Schwangerschaft	Verhütungsmittel Verlagerung: Postmenopausale Schwangerschaften (mittels Eizellspende oder social egg freezing)
11. Frei wählbarer Geburtszeitpunkt/-ort; Art der Entbindung	Wunsch-Sectio (Kaiserschnitt)

Die künstliche Fortpflanzung mittels In-Vitro-Fertilisation (IVF) gilt inzwischen als etabliertes Verfahren. Dabei wird im Labor die Verschmelzung von entnommenen Samen- und Eizellen durchgeführt; der so entstandene Embryo wird anschließend in den Uterus der Frau implantiert. Diese Methode existiert in der realen Umsetzung seit nun

IV. Auswirkungen der jüngsten Ergebnisse aus der Forschung

fast vier Dekaden, seitdem das erste Kind mit Hilfe der IVF zur Welt kam (Steptoe und Edwards 1978).

Es ist hervorzuheben, dass die derzeitige gesellschaftliche Akzeptanz und Anwendung des IVF-Verfahrens ein erst über die Zeit entstandenes Resultat darstellt. Gerade zu Beginn der Erforschung und des Einsatzes der IVF-Methode wurden moralische Grundsatzfragen kontrovers diskutiert. Zahlreiche Publikationen in verschiedenen Disziplinen und nicht zuletzt in der Bioethik weisen darauf hin, dass die Debatte bis heute immer noch nicht abgeebbt ist (s. hierzu beispielsweise Maio et al. 2013). Nach der Geburt des ersten IVF-Babys namens Louise Brown variierten die Reaktionen zwischen befürwortender Begeisterung und absoluter Ablehnung des IVF-Verfahrens (Jannasch 2017; Lüdemann und Stockrahm 2010). Die katholische Kirche etwa legte ausführlich in der Kongregation aus dem Jahre 1987 dar, warum die künstliche Befruchtung und die künstliche Erzeugung von Embryonen aus Glaubensgründen abzulehnen sei, bzw. die Unfruchtbarkeit als solche von Ehepaaren als gegeben zu akzeptieren sei (Kongregation für die Glaubenslehre 1987).

Trotz auch dieser ablehnenden Positionen haben sich in der Folge viele Reproduktionstechniken in der gängigen lebensweltlichen Praxis etabliert (Kolodziej et al. 2011). Doch jedes Aufkommen neuer reproduktionstechnischer Verfahrenstechniken stößt neue – oft in den Medien ausgetragene – gesellschaftliche Diskussionen an. Postmenopausale Schwangerschaften etwa, insbesondere bei Frauen jenseits der Altersgrenze von 60 Jahren, wurden und werden gleichfalls hinsichtlich ihrer moralischen Legitimität diskutiert. Nicht selten wird dann auf die medizinischen Risiken einer Schwangerschaft und Geburt in hohem Alter hingewiesen (Berres und Le Ker 2015). Auch der Vorwurf, die Frauen agierten egoistisch und dächten nicht an das Wohl und Interesse ihres Kindes bzw. ihrer Kinder (bei Mehrlingsschwangerschaften), wird im Kontext postmenopausaler Schwangerschaften bei fortgeschrittenem Alter der werdenden Mütter vorgebracht (T-Online 2010). Sie seien in einem Alter, in dem die Wahrscheinlichkeit groß sei, dass die Kinder vorzeitig Waisen/Halbwaisen würden oder eine kranke Mutter pflegen müssten – was zu einer psychologischen Überforderung der Kinder führen würde (siehe auch die oben zusammengefassten Ausführungen Suters). Dagegen wird mit Bezug auf die reproduktive Freiheit bzw. Autonomie erwidert, dass Männer biologisch in der Lage wären, Kinder auch im betagten Alter noch zu zeugen und es auch bei ihnen nicht gewährleistet sei, dass ein so gezeugtes Kind nicht bald nach Geburt zum Halbwaisen würde oder den Vater als Pflegefall unterstützen müsse. Die Nutzung von technischen Reproduktionsverfahren würde, so der Gedanke, vielmehr dazu beitragen, dass die Gleichstellung von Männern und Frauen vorangetrieben würde und beide die gleichen reproduktiven Rechte ausüben könnten (Bernsteun und Wiesemann 2014; Bittner und Müller 2009; Spiewak 2013).

Postmenopausale Schwangerschaften sind heutzutage nur mittels Eizellspende (und meist auch mittels Samenspende) möglich. Dieses Verfahren ruft genau die von Suter angesprochenen Bedenken hervor, wonach die Kinder mit Formen diversifizierter Elternschaft konfrontiert würden: Sie hätten eine genetische und eine biologische Mutter sowie einen genetischen und womöglich einen sozialen Vater. Dieses Konstrukt sei nicht dem Kindeswohl förderlich, so einige Argumentationen (Maio 2010). Doch durch das Bilden von Eizellreserven – indem junge Frauen sich Eizellen entnehmen und diese kryokonservieren lassen, um sie dann in späteren Jahren auftauen, befruchten und sich in den Uterus implantieren zu lassen (das sogenannte „social egg freezing") –, wird die Dissoziation der Mutterschaft in eine genetische und eine biologische umgangen (Bittner 2011; Eichinger und Bittner 2010). Die biologische Mutter, die die Schwangerschaft in späteren Jahren austrägt, ist gleichfalls auch die genetische Mutter des Kindes. Eine Eizellspende wird dann nicht mehr benötigt. Ein neues reproduktionstechnisches Verfahren beseitigt somit die negativen Aspekte bereits bestehender assistierender Reproduktionsverfahren. Dies scheint eine typische Struktur technischer Weiterentwicklung zu sein (Kupferschmidt 2010), die sich den kulturellen und sozialen Wertevorstellungen und Entwicklungen einer Gesellschaft oder Gesellschaften annähert. In einem Spiegelinterview sieht z. B. die Medizinethikerin Claudia Wiesemann die parallele Entwicklung der „social egg freezing"-Technologie und der gesellschaftlichen Entwicklung darin begründet:

> „[…] dass Frauen ihre Ausbildung, ihre Berufstätigkeit ernst nehmen und sich damit tatsächlich ein Stück Unabhängigkeit verschafft haben. Damit reagieren sie auf den Umstand, dass sich Karriereaufbau und Mutterschaft oft nicht gleichzeitig verfolgen lassen. Also verwirklichen sie ihre Bedürfnisse nacheinander." (Spiegel Online 2014).

Auch die IVG würde zukünftig einen Weg – ähnlich dem des *social egg freezing* – darstellen, den Rückgriff auf fremde Eizellspenden und/oder Samenspenden obsolet zu machen. Gleichzeitig entstünden aber auch neue und damit moralisch neu zu verortende Phänomene und Möglichkeiten der Lebensführung und Elternschaft.

Es zeigt sich anhand dieser exemplarischen Betrachtungen, dass die moralische Verortung von Verfahren der Reproduktionsmedizin meist vor dem Hintergrund der jeweiligen Motivlagen, der Berücksichtigung der Interessen der (ungeborenen) Kinder, der vorherrschenden medizinischen Risiken sowie des Grades der technischen Sicherheit erfolgte. Gleichermaßen wurden und werden im Kontext technischer Neuerungen ökonomische und gerechtigkeitstheoretische Aspekte vor dem Hintergrund begrenzter Ressourcen diskutiert (Rauprich et al. 2011).

Juristische Aspekte der IVG

Die modernen Methoden der Reproduktionsmedizin und damit zusammenhängende Verfahren kollidieren mit den teils restriktiven, teils prohibitiven Bestimmungen des Embryonenschutzgesetzes (ESchG) und anderer Gesetze. Hieran hat sich in der Rechtswissenschaft eine lebhafte Debatte entzündet. Inzwischen reift die Erkenntnis, dass die tragenden gesetzgeberischen Erwägungen des ESchG möglicherweise nicht mehr die sozialen und gesellschaftlichen Realitäten der heutigen Zeit abbilden. Der Ruf nach einem modernen Fortpflanzungsmedizingesetz wird lauter. Vor diesem Hintergrund werden im Folgenden einige zentrale Fragestellungen beleuchtet.

a) Anwendbarkeit und Reichweite des Embryonenschutzgesetzes

Das Embryonenschutzgesetz statuiert in § 1 Abs. 1 Nr. 1 ESchG ein generelles Verbot der Eizellspende. Dies verwundert auf den ersten Blick, bietet die Eizellspende doch für eine Vielzahl denkbarer medizinischer Indikationen an sich unfruchtbaren Frauen die Möglichkeit, ihren Kinderwunsch zu realisieren. Hinzu kommt, dass sich außerhalb der Bundesgrenzen die Eizellspende als reproduktionsmedizinisches Verfahren etabliert hat und darüber hinaus die Samenspende auch in Deutschland nicht verboten ist (Taupitz in: Günther/Taupitz/Kaiser 2014, C. II. § 1 Abs. 1 Nr. 1 Rn. 12). Getragen wird dieses Verbot letztlich von der Sorge um eine Gefährdung des Kindeswohls infolge befürchteter seelischer Konflikte und Identitätsfindungsprobleme des späteren Kindes im Falle einer gespaltenen Mutterschaft Taupitz in: Günther/Taupitz/Kaiser 2014, C. II. § 1 Abs. 1 Nr. 1 Rn. 5 f.). Dabei scheint dieser Gedanke der Notwendigkeit eines Verbots der Eizellspende auch außerhalb der Gesetzesbegründung des ESchG durchaus präsent. So stellte etwa die TAZ mit Blick auf die sich aus der Reprogrammierung von hiPS-Zellen ergebenden Möglichkeiten pointiert fest:

> „So könnte damit das im deutschen Embryonenschutzgesetz festgelegte Verbot der Eizellspende umgangen werden. Würden Stammzellen einer Frau genutzt, um Eizellen herzustellen, diese befruchtet ihr dann als Embryo eingepflanzt, wäre es keine Eizellspende mehr." (Löhr 2016)

Die Rechtslage stellt sich freilich komplexer dar. Namentlich könnte das Verbot der Eizellspende nur dann umgangen werden, wenn es tatsächlich die IVG erfassen würde. Dies hängt zunächst davon ab, ob das ESchG hier überhaupt anwendbar ist. Damit ist eine Frage aufgeworfen, die schon länger Gegenstand eines rechtswissenschaftlichen Diskurses ist, der sich in Bezug auf Keimzellen, die aus hiPS-Zellen gewonnen wurden, entwickelt hat. Im Fokus steht die Frage, ob das ESchG lediglich auf Keimzellen bzw. Ei- und Samenzellen Anwendung findet, die auf einem natürlichen Weg entstanden sind, oder aber auch künstlich geschaffene Keimzellen umfasst. Hierfür entscheidend ist die Auslegung von § 8 Abs. 3 ESchG.

So spielt etwa Taupitz zufolge die Unterscheidung zwischen natürlicher und künstlicher Entstehung für die Anwendbarkeit des ESchG keine Rolle. Bereits nach dem Telos und dem Wortlaut des § 8 Abs. 3 ESchG sei eine solche Differenzierung nicht entscheidend (Taupitz in: Günther/Taupitz/Kaiser 2014, C. II. § 8 Rn. 35). Von Bedeutung sei vielmehr, ob die auf künstlichem Weg erzeugten Eizellen als funktionales Äquivalent zu ihrem natürlichen Pendant gelten können (Deutscher Ethikrat 2014). Dies sei anhand des Entwicklungspotentials zu bewerten (Taupitz in: Günther/Taupitz/Kaiser 2014, C. II. § 8 Rn. 55).

Dieser Ansicht wird indes von anderer Seite im Wege einer am strafrechtlichen Bestimmtheitsgebot des Art. 103 Abs. 2 GG orientierten Auslegung des Wortlauts des § 8 Abs. 3 ESchG entgegengetreten. So hält es Faltus für unzutreffend, dass das ESchG der Differenzierung zwischen natürlicher *und* künstlicher Entstehung keine Bedeutung beimisst. Vielmehr knüpfe gerade die Legaldefinition der Keimbahnzelle in § 8 Abs. 3 ESchG erkennbar an einen konkret beschriebenen Entwicklungsprozess an, indem die Entwicklung der Ei- bzw. Samenzelle in einer Zelllinie aus der befruchteten Eizelle heraus als maßgebliches Kriterium definiert werde (Faltus 2016). Eine im Wege der Reprogrammierung aus Körperzellen bzw. hiPS-Zellen gewonnene Keimzelle sei indes nicht aus einer Zelllinie hervorgegangen, auch wenn sie die gleichen zellulären Eigenschaften aufweise wie eine natürlich entstandene Keimzelle. Künstlich entwickelte Keimzellen werden Faltus zufolge also nicht vom ESchG erfasst (Faltus 2016).

In der Tat erscheint es vorzugswürdig, die Anwendbarkeit des ESchG auf rein natürlich entstandene Keimzellen zu beschränken. Eine solche restriktive Auslegung schafft keine Schutzlücken. Vielmehr lässt sich nur so dem Umstand Rechnung tragen, dass es sich bei den Regelungen des ESchG um Strafnormen handelt, die hinsichtlich der Bestimmtheit ihres Tatbestandes – und damit auch mit Blick auf die Reichweite und zulässigen Grenzen der Wortlautauslegung – einem von Art. 103 Abs. 2 GG abgesteckten engen Korsett unterliegen. Der von § 8 Abs. 3 ESchG geforderte Zusammenhang zwischen Keimzelleigenschaft und Entwicklung aus einer Zelllinie schließt es also auch aus, das Verbot der Eizellspende auf durch Verwendung von hiPS-Zellen erzeugte Keimzellen zu erstrecken.

Dies bedeutet nicht, dass die IVG gänzlich unreguliert ist. Vielmehr fällt sie unter das Regime des Arzneimittelrechts. Zwar sind gem. § 4 Abs. 30 S. 2 Arzneimittelgesetz (AMG) Ei- und Samenzellen keine Arzneimittel. Doch ist jedenfalls für die Erzeugung der Vorstadien einer solchen künstlichen Keimzelle eine Herstellungserlaubnis gem. § 13 Abs. 1 AMG (Faltus 2016) bzw. eine Erlaubnis gem. § 20c AMG (Kügel 2016) erforderlich. Ob die hierdurch erforderliche Herstellererlaubnis zur Erzeugung von Keimzellen im Wege der Zellreprogrammierung ohne weiteres zu erlangen ist, darf bezweifelt werden, da dies jedenfalls faktisch auf eine behördliche Genehmigung der Umgehung des Verbots der Eizellspende hinauslaufen würde.

b) Erforderlichkeit der Reform des Abstammungsrechts?

Die Möglichkeiten der IVG könnten zukünftig nicht nur im Falle der Unfruchtbarkeit den jeweiligen Eltern zu ihrem Wunschkind verhelfen. Sie erlauben auch zum Beispiel gleichgeschlechtlichen Paaren den Wunsch nach genetisch eigenem Nachwuchs zu verwirklichen. Die IVG könnte unter Verwendung künstlich erzeugter menschlicher Gameten auch eine „genetische Allein-Elternschaft" herbeiführen, wenn sowohl Samen, als auch Eizelle aus somatischen Zellen derselben Person reprogrammiert werden. Aber nicht nur der medizinische Fortschritt, sondern auch der gesellschaftliche Wandel weicht das klassische Verständnis einer Eltern-Kind-Beziehung zunehmend auf.

Die tradierte Eltern-Kind-Zuordnung ist freilich kein rein gesellschaftlicher oder sozialer Akt. Vielmehr zeitigt der Status als „Vater", „Mutter", „Eltern", „Kind" oder „Verwandte" unmittelbare Rechtsfolgen. Beispielhaft sei hier etwa auf das Sorge- und Umgangsrecht (§ 1626 BGB), das Unterhaltsrecht (§§ 1601, 1589 BGB, § 1615 Abs. 1 BGB), das Erbrecht (§ 1924 BGB) oder auch das prozessuale Zeugnisverweigerungsrecht (§ 308 ZPO, § 52 StPO) hingewiesen. Deshalb ist es erforderlich, die rechtliche Zuordnung als „Vater", „Mutter" oder „Kind" eindeutig und zweifelsfrei zu treffen.

Vordergründig böte es sich möglicherweise an, diese Zuordnung anhand der genetischen Abstammung vorzunehmen. Diesen Weg hat der Gesetzgeber indes auch bei den abstammungsrechtlichen Bestimmungen der §§ 1591 ff. BGB nicht beschritten, sodass in vielen Konstellationen die rechtliche und die genetisch-biologische Elternschaft auseinanderfallen. Mit Blick auf den rechtlichen Status „Mutter" geschieht dies sogar in einer nicht umkehrbaren Art und Weise. Die Vorschrift des § 1951 BGB stellt unwiderlegbar und unanfechtbar fest: „Mutter eines Kindes ist die Frau, die es geboren hat." Mit Blick etwa auf die Eizellspende bedeutet dies, dass die Spenderin als genetische Mutter unter keinen denkbaren Gesichtspunkt in die Stellung der rechtlichen Mutter einrücken kann. Ein ähnliches Bild ergibt sich auch mit Blick auf die Vaterschaft. So gilt grundsätzlich gem. § 1592 Nr. 1 BGB der Mann als Vater des Kindes, mit dem die Mutter im Zeitpunkt der Geburt verheiratet war. Auch hier kommt es auf die tatsächliche genetische Abstammung des Kindes nicht an, auch wenn hier – anders als für Mütter – die über § 1600b BGB gegebene Möglichkeit der Anfechtung besteht. Lassen Vater, Mutter oder Kind als Anfechtungsberechtigte die insoweit geltende Anfechtungsfrist von zwei Jahren indes verstreichen, kann es auch hier zu einem dauerhaften Auseinanderfallen von rechtlicher und genetischer Vaterschaft kommen (Ernst 2018).

Das geltende Abstammungsrecht legt auf diese Weise zwar eine klare rechtliche Zuordnung eines Elternteils als „Mutter" und des anderen Elternteils als „Vater", fest, geht damit aber vom Zwei-Eltern-Prinzip aus. Nicht berücksichtigt wird hierbei, dass die IVG, wie am Beispiel der genetischen Allein-Elternschaft erkennbar, das klassische Familienbild von Mann-Frau-Kind noch stärker unterminieren wird (Kreß 2013; Löhnig 2015; Löhnig 2015a; Löhnig 2017; Löhnig 2017a; Löhnig 2017b; Bongartz 2016; Wellenhofer 2016; Dutta 2016; Campbell 2016; Campbell 2016a; Campbell 2016b; Plettenberg 2017).

Den insoweit bestehenden Reformbedarf hat die Bundesregierung in ihrem Koalitionsvertrag vom 12.03.2018 dem Grunde nach erkannt:

> „Im Hinblick auf die zunehmenden Möglichkeiten der Reproduktionsmedizin und Veränderungen in der Gesellschaft werden wir Anpassungen des Abstammungsrechts unter Berücksichtigung der Empfehlungen des Arbeitskreises Abstammungsrecht prüfen." (Koalitionsvertrag zwischen CDU, CSU und SPD 2018).

Ein Blick in die Ergebnisse und Empfehlungen des Arbeitskreises Abstammungsrecht (Bundesministerium für Justiz und Verbraucherschutz 2017) offenbart indes keine Tendenz zu radikalen Neuerungen. So wird in dessen Abschlussbericht betont, dass eine Orientierung der rechtlichen Eltern-Kind-Zuordnung an der genetischen Abstammung regelmäßig den Interessen der Beteiligten entspreche, der Gesetzgeber aber nicht daran gehindert sei, anderen Anknüpfungstatbeständen eine entsprechende Bedeutung beizumessen. Insoweit nennt der Abschlussbericht hier explizit den Willen zur rechtlichen Elternschaft, das sog. „Verursacherprinzip" und die tatsächliche Verantwortungsübernahme im Rahmen einer sozial-familiären Bindung (Ernst 2018).

Insgesamt formuliert der Arbeitskreis Abstammungsrecht in seinem Abschlussbericht zwölf Kernthesen, die als Orientierungen für den Gesetzgeber im Rahmen eines künftigen Reformvorhabens dienen können und auch dienen sollen (Bundesministerium für Justiz und Verbraucherschutz 2017). Danach soll am „Zwei-Eltern-Prinzip" festgehalten werden (Bundesministerium für Justiz und Verbraucherschutz 2017), sodass auch weiterhin Kinder lediglich zwei rechtliche Elternteile haben können und auch haben müssen. Gleichzeitig plädiert der Arbeitskreis für eine Stärkung der Rechte und Pflichten sozialer oder genetischer Eltern (Bundesministerium für Justiz und Verbraucherschutz 2017). Dabei soll es insbesondere weiterhin mit Blick auf den Status der rechtlichen Mutter bei dem alleinigen Zuordnungskriterium der Geburt verbleiben (Bundesministerium für Justiz und Verbraucherschutz 2017). Damit dürfte zwar in der Praxis regelmäßig ein Gleichlauf zwischen biologischer und rechtlicher Mutterschaft bestehen. Dies ist aber nicht zwingend. Stellt allein der Geburtsvorgang den statusbegründenden Akt dar, ist es unerheblich, auf welchem Weg die Schwangerschaft entstanden ist, sei es auf natürlichem Weg oder mittels IVG. Ebenso verhält es sich mit Fällen der „legalen Embryonenspende" bei der Adoption ungewollt überzähliger Embryonen im Rahmen einer künstlichen Befruchtung. In diesen Fällen können sogar vier Elternteile bestehen: zwei genetische Eltern (Eizelle und Samen des Paares, bei dessen künstlicher Befruchtung der zufällig überzählige Embryo entstanden ist) sowie zwei rechtliche Eltern (Frau, die den adoptierten Embryo austrägt, und deren Ehemann oder der Lebenspartner, der das Kind anerkennt). Diese Konstellation wird weder von § 1 Abs. 1 Nr. 1, Nr. 2 noch Nr. 6 EschG erfasst. Mit Blick auf die denkbaren Möglichkeiten der IVG sind mangels Anwendbarkeit der Normen des EschG auf künstlich gewonnene Keimzellen auch über den Rahmen der „legalen Embryonenspende" hinaus Fälle einer Mehrfach-Elternschaft denkbar.

Immerhin aber setzt der Arbeitskreis die rechtliche Gleichstellung gleichgeschlechtlicher Partner konsequent auch in das Abstammungsrecht um, indem es neben dem rechtlichen Vater auch den Begriff der Mit-Mutter einführt (Bundesministerium für Justiz und Verbraucherschutz 2017). In einer gleichgeschlechtlichen Beziehung sollen demnach beide Frauen nicht nur sozial und im Rahmen ihres Selbstverständnisses die Rolle der Mutter einnehmen, sondern nunmehr auch in rechtlicher Hinsicht. Umgekehrt steht dieses Privileg in einer gleichgeschlechtlichen Beziehung lebenden Männern nicht zu, da diesen bereits durch § 1 Abs. 1 Nr. 7 EschG der Weg zu eigenem Nachwuchs verbaut ist, auch wenn dies dank der modernen Reproduktionsmedizin durchaus möglich wäre. Indem eine entkernte Spendereizelle mit dem genetischen Material beider Väter versehen und von einer Ersatzmutter im Wege der künstlichen Befruchtung ausgetragen würde, könnten auch zwei Männer eigene genetische Nachkommen zeugen. Die insoweit erforderliche Ersatzmutterschaft wird indes durch § 1 Abs. 1 Nr. 7 EschG untersagt. Der Arbeitskreis trägt diesem Problem insofern Rechnung, als er empfiehlt, in Fällen einer im Ausland rechtmäßig durchgeführten Leihmutterschaft die Voraussetzungen der Übernahme der nach ausländischem Recht geltenden Eltern-Kind-Zuordnung in das deutsche Recht vorzusehen (Bundesministerium für Justiz und Verbraucherschutz 2017; Campbell 2016a).

Resümierend ist festzustellen, dass der Arbeitskreis einige wichtige Modernitätsdefizite des Abstammungsrechts ausgeblendet hat. Dies gilt namentlich für die qua IVG denkbaren Konstellationen der genetischen Allein- oder Mehrfachelternschaft. Daher ist nicht damit zu rechnen, dass die Leistungsfähigkeit des Abstammungsrechts in absehbarer Zeit den durch die IVG geschaffenen Möglichkeiten angepasst wird.

c) Das Ende der Totipotenz als schutzbegründendes Merkmal

Neben den Fragen nach dem anwendbaren Rechtsrahmen und den Auswirkungen auf das Abstammungsrecht führt die Möglichkeit der künstlichen Erzeugung von Keimzellen im Wege der Reprogrammierung auch zu viel grundlegenderen Fragen, die für die

Fortpflanzungsmedizin, aber auch das grundlegende Verständnis des rechtlichen Status des menschlichen Lebens in seinen denkbarsten Frühphasen von Bedeutung sind.

Werden künstlich erzeugte Ei- und Samenzellen zur Befruchtung verwendet, muss die Frage nach dem rechtlichen Status des auf diesem Wege gezeugten Embryos gestellt werden. Bis heute ist der juristische Diskurs um den rechtlichen Status des Embryos nicht abschließend geführt. Die regelmäßig zur Begründung eines rechtlichen Schutzanspruchs des Embryos herangezogenen Argumente des Entwicklungspotentials, mithin also der Totipotenz, scheinen mit Blick auf die Möglichkeiten der hiPS-Zelltechnologie an Trennschärfe und Berechtigung zu verlieren. Jedenfalls wird der Begriff der Totipotenz immer weniger als taugliches Kriterium für die Schutzwürdigkeit menschlicher Entwicklungsstadien betrachtet, sodass es geboten scheint, die Trennlinie zwischen noch nicht und bereits schützenswerter Frühstadien menschlichen Lebens neu zu ziehen oder jedenfalls anhand neuer Kriterien auszurichten (Laimböck 2015; Dederer et al. 2015; Schickl et al. 2014; Kreß 2015). Die Beantwortung der Frage nach der Gleichstellung natürlicher und künstlicher Totipotenzen wird eine der zukünftigen Aufgaben der Legislative sein (Günther et al. 2014).

Jedenfalls im Zusammenhang mit der IVG führt dies auch hier zur Frage der Anwendbarkeit des ESchG. Die Legaldefinition des Embryos im Sinne des § 8 Abs. 1 ESchG schließt auch totipotente Zellen mit ein. Die Schutzgewährleistungen des ESchG sind demnach eng mit dem Begriff der Totipotenz verknüpft. Dies führt im Kontext der Zellreprogrammierung unweigerlich zu der Frage, wie mit hierbei entstandenen Keimzellen umzugehen ist. Letztlich sprechen auch hier gute Gründe dafür, derartig künstliche indirekte Totipotenzen (aus den Keimzellen soll ja ein ausdifferenziertes Wesen werden) aus dem Anwendungsbereich des § 8 Abs. 1 ESchG auszuschließen, da dieser eine menschliche Eizelle als Ausgangspunkt eines Embryos im Sinne des Gesetzes zugrunde legt. Diese Voraussetzungen sind im Falle einer IVG nicht erfüllt, da hier eine somatische Körperzelle den Ursprung bildet (Günther et al. 2014).

Ganzheitliche Betrachtung der IVG-Technik erforderlich

Bei der Betrachtung der hier skizzierten neuen Techniken bedarf es einer multiperspektivischen Berücksichtigung bereits bestehender (Reproduktions-)Techniken und Fortpflanzungsphänomene und ihrer jeweiligen moralischen Bewertung. Wenn etwa die Motive und Intentionen, Kinder in die Welt zu setzen, unter Nutzung technischer Hilfsmittel als moralisch illegitim bewertet werden, sie aber gleichzeitig bei einem natürlichen Fortpflanzungsvorgang gesellschaftlich geduldet und akzeptiert werden, dann liegt hier eine Imbalance der Anwendung von Wertmaßstäben vor, für die es genauso eine adäquate Begründung geben müsste wie für die moralische Evaluation an sich.

Bezogen auf die IVG impliziert das, herauszuarbeiten, worin das tatsächlich Neue dieser Technik besteht. Suter und andere Autoren/-innen weisen wie oben geschildert darauf hin, dass die Möglichkeit, dass eine Person die alleinige genetische Information für ein Kind bereitstellt und somit in der traditionellen Nomenklatura Mutter und Vater zugleich ist, einen neuen Phänomenbereich eröffnet (Suter 2016).

Es ist erforderlich, bei einer ausstehenden Evaluation der IVG-Technik eine ganzheitliche Annäherung zu unternehmen, die sowohl die Genese dieser neuen Technik berücksichtigt als auch das bestehende Repertoire assistierter Reproduktionstechniken.

Schlussfolgerung

Seit über zehn Jahren wird in wissenschaftlichen Publikationen postuliert, dass hiPS-Zellen die Probleme des an die Stammzellforschung gebundenen Verbrauchs von humanen embryonalen Stammzellen lösen, so wie dies vorher von parthenogenetisch erzeugten Stammzellen behauptet wurde (Fangerau 2005). Wieder einmal zeigt sich, dass neue technische Verfahren zwar imstande sind, bestehende Problemlagen teilweise zu entschärfen oder sie schlichtweg zu umgehen. Gleichzeitig aber rufen dieselben Verfahren neue weitreichende Problemkonstellationen hervor, die gesetzlicher Neuregelungen sowie grundlegender ethischer Diskussion und Bewertungen bedürfen (Rolfes et al. 2017). Ethisch relevant ist die Frage, ob das Machbare auch das Wünschbare abbildet, wo gesellschaftliche Dissense und Konsense liegen und auf welchen Wertefundamenten moralische Urteile getroffen werden. Hier besteht großer Klärungsbedarf, der auf medizinscher, gesellschaftlicher, politischer, rechtlicher und ethischer Ebene dringend anzugehen ist. So fordert Suter etwa: „[…] we should think hard about how we approach and think about ART generally in our society." (Suter 2016)

Auch wenn es womöglich noch ein langer Weg bis zum klinischem Einsatz der IVG beim Menschen ist, so gilt es bereits heute, sich über Konsequenzen, Vor- und Nachteile sowie Auswirkungen, Potentiale und Risiken gesamtgesellschaftlich zu verständigen.

Literaturverzeichnis

Bernstein, S., und C. Wiesemann. 2014. Should Postponing Motherhood Via "Social Freezing" Be Legally Banned? An Ethical Analysis. *Laws* 3: 282–300.

Berres, I., und H., Le Ker. 2015. Vierlinge mit 65 – wie ist das möglich? http://www.spiegel.de/gesundheit/schwangerschaft/65-jaehrige-frau-ist-schwanger-wie-ist-das-moeglich-a-1028269.html. Zugegriffen: 04. Dezember 2018.

Bittner, U. 2011. Ethische Aspekte der Fertilitätsreservenschaffung bei gesunden Frauen. *Geburtshilfe und Frauenheilkunde* 71: 601–605.

Bittner, U., und O. Müller. 2009. Technisierung der Lebensführung. Zur ethischen Legitimität des Einfrierens von Eizellen bei gesunden Frauen als Instrument der Familienplanung. In *Jahrbuch für Wissenschaft und Ethik*, Hrsg. L. Honnefelder und D. Sturma, 23–45. De Gruyter: Berlin.

Bongartz, J. 2016. Alles geregelt?! – Die Samenspende de lege ferenda. *Neue Zeitschrift für Familienrecht* 19: 865–867.
Bundesministerium für Justiz und Verbraucherschutz. 2017. https://www.bmjv.de/SharedDocs/Artikel/DE/2017/070417_AK_Abstammungsrecht.html. Zugegriffen: 3. Juni 2018.
Campbell, C. 2016. Reformbedarf des Abstammungsrechts? *Neue Juristische Wochenzeitung-Spezial* 17: 516–517.
Campbell, C. 2016a. Die rechtliche Elternschaft in Regenbogenfamilien. *Neue Zeitschrift für Familienrecht* 7: 296–300.
Campbell, C. 2016b. Elternschaft und Abstammung. *Neue Zeitschrift für Familienrecht* 16: 721–725.
Cutas, D., und A. Smajdor. 2017. I am Your Mother and Your Father! In Vitro Derived Gametes and the Ethics of Solo Reproduction. *Health Care Analysis* 25: 354–369.
Deutscher Ethikrat. 2014. *Stammzellforschung – Neue Herausforderungen für das Klonverbot und den Umgang mit artifiziell erzeugten Keimzellen? Ad-Hoc-Empfehlung.*
Dederer, H.-G., K. Böhm, T. Endrich, F. Enghofer, B. Jung, und L. Laimböck. 2015. „Natürlichkeit" als (Zusatz-) Kriterium für die Statusbestimmung des Embryos? In *Entwicklungsbiologische Totipotenz in Ethik und Recht. Zur normativen Bewertung von totipotenten menschlichen Zellen*, Hrsg. T. Heinemann, H.-G. Dederer und T. Cantz, 109–136. Göttingen: Vandenhoeck & Ruprecht Verlage.
Dutta, A. 2016. Bunte neue Welt: Elternschaft als Herausforderung für das Kindschaftsrecht des 21. Jahrhunderts. *Juristen Zeitung* 71: 845–855.
Eichinger T., und U. Bittner, 2010. Macht Anti-Aging postmenopausale Schwangerschaft en erstre benswert(er)? Ethik in der Medizin 22: 19–32.
Eichinger, T. 2013. *Jenseits der Therapie: Philosophie und Ethik wunscherfüllender Medizin.* Bielefeld: Transkript Verlag.
Ernst, R. 2008. Abstammungsrecht – Die Reform ist vorbereitet! Eine tour d'horizon zum Beginn der Legislaturperiode. *Neue Zeitschrift für Familienrecht* 10: 443–447.
Faltus, T. 2016. Reprogrammierte Stammzellen für die therapeutische Anwendung. *Medizinrecht* 34: 866–874.
Fangerau, H., und N. Paul. 2014. Neural Transplantation and Medical Ethics: A Contemporary History of Moral Concerns Regarding Cerebral Stem Cell and Gene Therapy. In *Handbook of Neuroethics*, Hrsg. J. Clausen und N. Levy, 845–858. Dordrecht/Heidelberg/New York/London: Springer.
Fangerau, H. 2016. Die Entwicklung des Vaterschaftsgutachtens in der gerichtlichen Medizin/Forensik. *Recht der Jugend und des Bildungswesens* 2: 256–269.
Gross, P., und A., Honer. 1990. Multiple Elternschaften: Neue Reproduktionstechnologien, Individualisierungsprozesse und die Veränderung von Familienkonstellationen. *Soziale Welt* 41: 97–116.
Günther, H.-L., J. Taupitz und P. Kaiser. 2014. *Embryonenschutzgesetz. Juristischer Kommentar mit medizinisch-naturwissenschaftlichen Grundlagen*, 185–186; 181; 363; 371; 160; 140. Stuttgart: Kohlhammer.
Haker, H. 2016. Kryokonservierung von Eizellen – Neue Optionen der Familienplanung? Eine ethische Bewertung. *Zeitschrift für medizinische Ethik* 2: 121–132.
Heinemann, T., und H. Kersten. 2007. *Stammzellforschung. Naturwissenschaftliche, rechtliche und ethische Aspekte.* Freiburg i.Br., München: Verlag Karl Alber.
Herbert, H., und D. Turnbul. 2018. Progress in mitochondrial replacement therapies. *Nature Reviews Molecular Cell Biology* 19: 71–72.
Hikabe, O., N. Hamazaki, G. Nagamatsu, Y. Obata, Y. Hirao, N. Hamada, S. Shimamoto, T. Imamura, K. Nakashima, M. Saitou, und K. Hayashi. 2016. Reconstitution in vitro of the entire cycle of the mouse female germ line. *Nature* 539: 299–303.
Husslein, P. 2002. Elektive Sectio. 2002. *Gynäkologisch-geburtshilfliche Rundschau* 42: 22–24.
Ishii, T. 2017. Reproductive medicine involving genome editing: clinical uncertainties and embryological needs. *Reproductive Biomedicine Online* 34: 27–31.

IV. Auswirkungen der jüngsten Ergebnisse aus der Forschung

Jannasch, S. 2017. Zu Besuch beim ersten Retortenbaby der Welt. http://www.sueddeutsche.de/leben/kuenstliche-befruchtung-zu-besuch-beim-ersten-retortenbaby-der-welt-1.3441928. Zugegriffen: 13. Juni 2018.

Koalitionsvertrag zwischen CDU, CSU und SPD vom 12.03.2018. 2018. https://www.cdu.de/system/tdf/media/dokumente/koalitionsvertrag_2018.pdf?file=1 Zugegriffen: 3. Juni 2018.

Kolodziej, F. B., P. Hüppe, und T. Katzorke. 2011. Techniken der assistierten Reproduktion: Wichtigste Verfahren und Ergebnisse in Deutschland und Europa. *Urologe* 50: 47–52.

Kongregation für die Glaubenslehre. 1987. Instruktion der Kongregation für die Glaubenslehre über die Achtung vor dem beginnenden menschlichen Leben und die Würde der Fortpflanzung. http://www.dbk-shop.de/media/files_public/nqtdjhbykq/DBK_274.pdf. Zugegriffen: 4. Dezember 2018.

Kreß, H. 2013. Samenspende und Leihmutterschaft – Problemstand, Rechtsunsicherheiten, Regelungsansätze. *Familie, Partnerschaft, Recht* 19: 240–243.

Kreß, H. 2015. Forschung an pluripotenten Stammzellen. *Medizinrecht* 33: 387–392.

Kügel, W., R.-G. Müller, und H.-P. Hofmann. *Arzneimittelgesetz Kommentar*. 2. Aufl. München: CH Beck; 2016: 326–227.

Kupferschmidt, K. 2010. Die Zelle fällt nicht weit vom Stamm. https://www.zeit.de/wissen/2010-07/stamm-zellen-ips. Zugegriffen: 12. Juni 2018.

Laimböck, L. 2015. Qualifizierte Entwicklungsfähigkeit als statusbegründendes Kriterium des menschlichen Embryos. In *Entwicklungsbiologische Totipotenz in Ethik und Recht. Zur normativen Bewertung von totipotenten menschlichen Zellen*, Hrsg. T. Heinemann, H.-G. Dederer und T. Cantz, 81–108. Göttingen: Vandenhoeck & Ruprecht Verlage.

Lim, K. S., S. J. Chae, C. W. Choo , Y.H. Ku, H.J. Lee, C.Y. Hur, J.H. Lim, und W.D. Lee. 2013. In vitro maturation: Clinical applications. *Clinical and Experimental Reproductive Medicine* 40: 143–147.

Löhnig, M. 2015. Zivilrechtliche Aspekte der Samenspende de lege ferenda. *Zeitschrift für Rechtspolitik* 3: 76–77.

Löhnig, M., und M.-V. Runge-Rannow. 2015a. Einwilligung = Zeugung? *Neue Juristische Wochenschrift* 52: 3757–3759.

Löhnig, M. 2017. Ehe für alle – Abstammung für alle? *Neue Zeitschrift für Familienrecht* 14: 643–644.

Löhnig, M. 2017a. Abstammungsrecht: Sozialer, rechtlicher Vater vs. leiblicher, nicht rechtlicher Vater? *Neue Zeitschrift für Familienrecht* 141–143.

Löhnig, M. 2017b. Reform des Abstammungsrechts überfällig. *Zeitschrift für Rechtspolitik* 7: 205–208.

Löhr, W. 2016. Männer können Mütter werden. http://www.taz.de/!5346042/. Zugegriffen: 19. Juli 2018.

Lüdemann, D., und S. Stockrahm. 2010. Robert Edwards der Babymacher. https://www.zeit.de/wissen/gesundheit/2010-10/robert-edwards-nobelpreis/komplettansicht. Zugegriffen: 12. Juni 2018.

Maio, G. 2010. Die Reproduktionsmedizin zwischen Heilkunst und wunscherfüllender Dienstleistung. *Geburtshilfe und Frauenheilkunde* 70: 24–29.

Maio, G., T. Eichinger, und C. Bozzaro. Hrsg. 2013. *Kinderwunsch und Reproduktionsmedizin*. Freiburg, Br. u. a.: Verlag Karl Alber.

Mertes, H. 2014. Gamete derivation from stem cells: revisiting the concept of genetic parenthood. *Journal of Medical Ethics* 40: 744–747.

Müller-Jung, J. 2016. Wir pellen Eizellen aus der Haut. http://www.faz.net/aktuell/wissen/medizin-ernaehrung/die-haut-als-eizellspender-reproduktionsmedizin-im-science-fiction-modus-14486024.html. Zugegriffen: 19. Juli 2018.

Murphy, T. F. 2014. The meaning of synthetic gametes for gay and lesbian people and bioethics too. *Journal of Medical Ethics* 40: 762–765.

Palacios-González C., J. G. Harris, und G. Testa. 2014. Multiplex parenting: IVG and the generations to come. *Journal of Medical Ethics* 40: 752–758.

Partridge, E. A., M. G. Davey, M. A. Hornick, P.E. McGovern, A.Y. Mejaddam, J.D. Vrecenak, C. Mesas-Burgos, A. Olive, R.C. Caskey, T.R. Weiland, J. Han, A.J. Schupper, J.T. Connelly, K.C. Dysart, J. Rychik, H.L. Hedrick, W.H. Peranteau, und A.W. Flake. 2018. An extra-uterine system to physiologically support the extreme premature lamb. *Nature Communications* 8: 15112.

Petit-Zeman, S. 2001. Regenerative medicine. *Nature Biotechnology* 19: 201–206.

Plettenberg, I. 2017. Gesetzliches Erbrecht auch ohne Vaterschaftsfeststellung? *Neue Zeitschrift für Familienrecht* 19: 889–892.

Rauprich, O., E. Berns und J. Vollmann. 2011. Die Finanzierung der Reproduktionsmedizin. *Gynäkologische Endokrinologie* 9: 60–68.

Rolfes, V. 2018. Aspekte der Gerechtigkeit in der pränatalen Diagnostik am Beispiel der nicht invasiven pränatalen Tests. In *Pränatalmedizin: Ethische, juristische und gesellschaftliche Aspekte*, Hrsg. F. Steger, M. Orzechowski, M. Schochow, 52–67. Trier: Karl Alber Verlag.

Rolfes, V., H. Gerhards, J. Opper, U. Bittner, Ph. Roth, H. Fangerau, U. Gassner, und R. Martinsen. 2017. Diskurse über induzierte pluripotente Stammzellforschung und ihre Auswirkungen auf die Gestaltung sozialkompatibler Lösungen – eine interdisziplinäre Bestandsaufnahme. In *Jahrbuch für Wissenschaft und Ethik 22*, Hrsg. D. Sturma, B. Heinrichs und L. Honnefelder, 65–86. Berlin/Boston: de Gruyter.

Rolfes, V., U., Bittner und H., Fangerau. 2018. Die bioethische Debatte um die Stammzellforschung: Induzierte pluripotente Stammzellen zwischen Lösung und Problem? In *Stammzellforschung: Aktuelle wissenschaftliche und gesellschaftliche Entwicklungen*, Hrsg. M. Zenke, L. Marx-Stölting und H. Schickl, 153–178. Baden-Baden: Nomos.

Rolfes, V., U. Bittner, und H. Fangerau. 2019. Die Bedeutung der In vitro Gametogenese für die ärztliche Praxis: eine ethische Perspektive. *Der Gynäkologe*. doi.org/10.1007/s00129-018-4385-3. Zugegriffen: 29. April 2019.

Rubeis, G., und F. Steger. 2016. Genome Editing in der Pränatalmedizin. Eine medizin-ethische Analyse. In *Jahrbuch für Recht und Ethik*, Hrsg. J. Hruschka und J. C. Joerden, 143–167. Berlin: Duncker & Humblot.

Schickl, H., M. Braun, J. Ried, und P. Dabrock. 2014. Abweg Totipotenz. *Medizinrecht* 32: 857–862.

Schliesser, Ch. 2016. Körperlichkeit und Kommerzialisierung. Zur theologisch-ethischen Problematik der Leihmutterschft. *Zeitschrift für medizinische Ethik* 2: 107–120.

Segers, S., H. Mertes, G. Pennings, G. de Wert, und W. Dondorp. 2017. Using stem cell-derived gametes for same-sex reproduction: an alternative scenario. *Journal of Medical Ethics* 43: 688–691.

Smajdor, A., und D. Cutas. 2014. Artificial gametes and the ethics of unwitting parenthood. *Journal of Medical Ethics* 40: 748–751.

Smajdor, A., D. Cutas, und T. Takala. 2018. Artificial gametes, the unnatural and the artefactual. *Journal of Medical Ethics* 44: 404–408.

Smith, K. R., S. Chan, und J., Harris. 2012. Human Germ line Genetic Modification: Scientific and Bioethical Perspectives. *Archives of Medical Research* 43: 491–513.

Stallmach, L. 2016. Babys aus Hautzellen. https://www.nzz.ch/panorama/aktuelle-themen/kuenstliche-befruchtung-babys-aus-hautzellen-ld.122562; Zugegriffen: 19. Juli 2018.

Spiegel Online. 2014. Akt der Emanzipation. http://magazin.spiegel.de/EpubDelivery/spiegel/pdf/126590264. Zugegriffen: 12. Juni 2018.

Spiewak, M. 2013. Die biologische Uhr anhalten. http://www.zeit.de/2013/29/kinderwunsch-social-freezing-eizellen-einfrieren. Zugegriffen: 19. Juli 2018.

Steptoe, P. C., und R. G. Edwards. 1978. Birth After the Preimplantation of a Human Embryo. *The Lancet* 312: 366.

Suter, S. M. 2016. In vitro gametogenesis: just another way to have a baby? *Journal of Law and the Biosciences* 3: 87–119.

IV. Auswirkungen der jüngsten Ergebnisse aus der Forschung

Takahashi, K., und S. Yamanaka. 2006. Induction of pluripotent stem cells from mouse embryonic and adult fibroblast cultures by defined factors. *Cell* 126: 663–676.

Thomas, Ch. 2017. Novel assisted reproductive technologies and procreative liberty: Examining in vitro gametogenesis relative to currently practiced assisted reproductive procedures and reproductive cloning. *Southern California Interdisciplinary Law Journal* 26: 623–648.

T-Online. 2010. 60-jährige Chinesin bringt Zwillinge zur Welt. http://www.t-online.de/leben/familie/schwangerschaft/id_41801144/60-jaehrige-chinesin-bringt-zwillinge-zur-welt.html. Zugegriffen: 19. Juli 2018.

Wellenhofer, M. 2016. Kindschaftsrecht auf dem Prüfstand – Vorschau auf den 71. Deutschen Juristentag 2016. *Zeitschrift für das gesamte Familienrecht* 6: 1333–1377.

Woopen, C. 2002. Fortpflanzung zwischen Natürlichkeit und Künstlichkeit. Zur ethischen und anthropologischen Bedeutung individueller Anfangsbedingungen. *Reproduktionsmedizin* 18: 237–238.

Zhou Q., M. Wang, Y. Yuan, X. Wang, R. Fu, H. Wan, M. Xie, M. Liu, X. Guo, Y. Zheng, G. Feng, Q. Shi, X. Zhao, J. Sha, und Q. Zhou. 2016. Complete meiosis from embryonic stem cell-derived germ cells in vitro. *Cell Stem Cell* 18: 330–340.

V. Die ethische Beurteilung der iPS-Zellen: grundlegende und anwendungsorientierte Überlegungen zur Einordnung eines neuen Therapieansatzes

Christian Lenk

Abstract

Die Forschung mit iPS-Zellen scheint sich zunehmend auch in der klinischen Praxis in der Medizin zu etablieren und gibt Patientinnen und Patienten mit unheilbaren Erkrankungen Hoffnungen, dass auch für sie eine wirkungsvolle Therapie entwickelt werden kann. Die noch junge Geschichte der Stammzellforschung ist von leidenschaftlichen Diskussionen zu ethischen Grundfragen der biomedizinischen Forschung geprägt. Im vorliegenden Beitrag sollen aus der bisherigen Diskussion einige Schlussfolgerungen gezogen und ein möglicher Lösungsansatz formuliert werden. Die ethische Beurteilung der iPS-Zellen wird dabei vor dem Hintergrund der Debatte um humane embryonale Stammzellen betrachtet. Eine fundierte Positionierung in der ethischen und rechtlichen Debatte erscheint allerdings bei alleiniger Konzentration auf die Stammzellfrage als schwierig. Vielmehr sollten auch andere Bereiche der medizinischen Forschung und Reproduktionsmedizin mit einbezogen werden, um eine gut abgesicherte Positionierung zu stammzellbasierten Therapieverfahren sowie der damit verbundenen Frage nach dem moralischen Status des Embryo zu erhalten. Weiterhin arbeitet die Forschungsethik gegenwärtig an den Fragestellungen, die an der klinischen Translation der iPS-Zellen in therapeutische Ansätze resultieren. Dabei werden im vorliegenden Beitrag die identifizierten Risiken und Voraussetzungen für die Forschung am Menschen referiert.

Einleitung

Im Sommer 2018 erschien in der US-amerikanischen Forschungszeitschrift *Science* ein kurzes Editorial zur *Aufstrebenden Stammzell-Ethik* (Emerging stem cell ethics), in welchem die Autoren[1] den Status Quo der therapeutischen Anwendung sowie der ethischen Einordnung wie folgt charakterisieren (Sipp et al. 2018, S. 1275): Erstens stellen sie fest, dass gegenwärtig noch relativ wenige stammzellbasierte Therapeutika standardmäßig in der klinischen Versorgung verabreicht werden. Zweitens sollte ihrer Ansicht nach der Einsatz solcher Therapien sorgfältig abgewogen werden, "to ensure that entry of stem cell-based products into the medical marketplace does not come at too high a human or monetary price." Mit dem *monetären Preis* spielen sie dabei auf das Phänomen an, dass einige aktuell neu entwickelte Medikamente zur Behandlung seltener und schwerer Erkrankungen (z. B. seltene Krebsarten) zu extrem hohen Preisen für wirksame Dosen verkauft werden sollen, die sich in sechsstelliger Dollarhöhe bewegen. Auf den möglichen *menschlichen Preis* gehen sie etwas später ein, wenn sie

---

[1] Aus Gründen der besseren Lesbarkeit wird im Text verallgemeinernd das generische Maskulinum verwendet; damit sind jedoch auch die Angehörigen des anderen Geschlechtes gemeint.

V. Die ethische Beurteilung der iPS-Zellen

davor warnen, dass ein verfrühter Zugang zu experimentellen Interventionen ungewisse Folgen sowohl für Patienten wie auch Gesundheitssysteme haben kann ("However, early and premature access to experimental interventions has uncertain consequences for patients and health systems.", ebda.). Diese Einschätzung führt direkt in den Forschungsbereich des MuriStem-Projektes mit dem Ziel einer Risiko-Folgenabschätzung hinein. Weiterhin warnen die Autoren davor, Stammzellen als *zelluläres Allheilmittel* zu betrachten und nicht ausreichend geprüfte Einsatzgebiete gegenüber Patientinnen und Patienten anzupreisen (ebda.). Hier geht es also um konkrete Befürchtungen von Seite der Forschungsethik, die sich aus der bisherigen Entwicklung der Stammzellforschung ableiten lassen. Diese Überlegungen gelten für alle Arten von Stammzelltherapeutika, die zur Anwendung kommen, also auch für *induzierte pluripotente Stammzellen* (im Folgenden: iPS-Zellen).

In der Debatte zur Verwendung von Stammzellen in der medizinischen Therapie wurde insbesondere die Frage nach der Gleichwertigkeit von embryonalen Stammzellen (im Folgenden: ES-Zellen) und iPS-Zellen gestellt. Diese Frage nach der Gleichwertigkeit kann in ethischer, juristischer und medizinisch-therapeutischer Hinsicht gestellt werden. Im ethischen Kontext kommt dabei die Frage nach dem moralischen Status des Embryo in den Blick: Dürfen dem Embryo Zellen für die Forschung entnommen werden, wobei dieser zerstört wird? Wenn diese Frage bejaht werden könnte, bestünde in ethischer Hinsicht also eine Art von Gleichwertigkeit zwischen beiden Zellarten. In rechtlicher Hinsicht ist die jeweilige juristische Regelung in den verschiedenen Staaten sowie in Deutschland der Schutz des Embryo in einschlägigen Gesetzen und Regelungen ausschlaggebend, maßgeblich jedoch vor allem das deutsche Embryonenschutzgesetz (kurz EschG, vgl. Bundesministerium der Justiz und für Verbraucherschutz) von 1990. In medizinisch-therapeutischer Sicht stellt sich schließlich die Frage, ob die therapeutischen Möglichkeiten, aber auch die Risiken und Nebenwirkungen bei ES-Zellen und iPS-Zellen vergleichbar sind. So könnte sich z. B. der Vorteil der embryonalen Stammzellen, dass sie wenig differenziert sind (d. h., sich potenziell noch alle anderen Körperzellen aus ihnen entwickeln können), als Nachteil in der Therapie herausstellen, wenn dort ein kontrolliertes Zellwachstum notwendig ist (Frage der Tumorigenität). In allen drei Aspekten können also Ähnlichkeiten und Unterschiede und gegebenenfalls auch unterschiedliche Arten von Risiken zwischen ES- und iPS-Zellen beschrieben werden.

Die Schlussfolgerung einer ethischen Vorzugswürdigkeit der iPS-Zellen vor den ES-Zellen ist aus ethischer Sicht aber nur dann nachvollziehbar, wenn den Embryonen ein eigener, inhärenter Wert zukommt, so dass der Verbrauch von Embryonen in der Forschung damit als ein Schaden oder Verlust verstanden werden kann.² Wenn die frühen Embryonen, wie als Argument in der Stammzelldebatte geschehen, als reine „Zellhaufen" betrachtet werden, ist es in der Folge nicht nachvollziehbar, warum sie nicht für die Forschung genutzt werden sollen. Dabei wird allerdings unterschlagen, dass Embryonen normaler Weise nicht auf sich allein gestellt im Labor vorkommen, sondern konstitutiv mit ihren Erzeugern (Mutter und Vater) verbunden sind. Andererseits fällt es vielen Menschen schwer, nachzuvollziehen, dass Embryonen im frühen Entwicklungsstadium dieselbe Art von rechtlichem Schutz zukommen soll, wie dem Menschen nach der Geburt. Im Folgenden wird daher zunächst untersucht, inwiefern man davon ausgehen kann, dass ein solcher inhärenter Wert besteht und inwiefern die Diskussion über den moralischen Status oder die Würde des Embryos für eine Klärung als geeignet erscheint.

Charakterisierung der ethischen Debatte

Eine Reihe von Autoren hat darauf hingewiesen, dass sich in der Debatte zu embryonalen Stammzellen zumindest zwei unvereinbare Positionen gegenüberstehen (de Wert und Mummery 2003; Solbakk und Holm 2008). Dabei wird die „konzeptionalistische" Position von der „biologisch-materialistischen" Position unterschieden, die schlicht konstatiert, dass der Embryo noch keinen Personenstatus besitzt (de Wert und Mummery 2003, S. 674). Während die erste Position selbst über die aristotelische Vorstellung einer Beseelung des Embryo am 40. Tag *post conceptionem* hinausgeht, bleibt die zweite Position die Antwort auf die wichtige Frage schuldig, wie und zu welchem Zeitpunkt dem Embryo oder später dem Kind der Personenstatus zukommt. Auch der Rückgriff auf die Geburt und die Trennung vom Mutterleib führt in neue Dilemmata in Hinsicht auf den Personenstatus, da das Kind durch die moderne Medizin auch außerhalb des Mutterleibes bereits überlebensfähig ist. Generell erscheint eine mittlere Position hier plausibler, welche der Entwicklungsfähigkeit des Embryo eine gewisse Bedeutung zuerkennt und anerkennt, dass ihm als menschlichem Wesen ein besonderer Schutz zukommt.

---

2   Dies entspricht insgesamt der europäischen Überlieferung im Umgang mit dem Embryo seit der Antike, wie Dunstan in seinem grundlegenden Beitrag zum Thema dargestellt hat (Dunstan 1984). Er zeigt darin in historischer Perspektive die Annahme einer stufenweisen Zunahme der Wertigkeit, entsprechend der Entwicklung des Embryos, sowie die Bemühung, naturwissenschaftliche Beobachtungen mit normativen Wertungen in Einklang zu bringen. Dem *ausgebildeten und beseelten Embryo* (*formatus et animatus*) kommt dabei – soweit in vormodernen Gesellschaften realisierbar – ein substanzieller rechtlicher Schutz zu (Dunstan 1984, S. 39). Erst das 19. Jhdt. bringt dann Ende der 1860er Jahre von katholischer Seite eine vollständige Ablehnung des Schwangerschaftsabbruches – unabhängig vom Entwicklungsalter des Embryo – in der Folge einer Ausweitung der Praxis von Abtreibungen (Dunstan 1984, S. 42).

Die grundlegenden Fragen zur Nutzung des Embryo für die Forschung werden von Solbakk und Holm (2008, S. 831) daher wie folgt beschrieben:

> "The three main questions in play here are whether it is ever permissible 1) to use embryos for destructive research (the 'moral status' issue); 2) to create embryos for destructive research (the 'embryos as means' issue); and 3) to produce human-animal mixed embryos (the 'are humans special' issue)."

Alle drei Fragen kreisen um den besonderen Status des Menschen im Vergleich zu anderen Lebewesen, die – im Rahmen der dafür vorgesehenen Schutzrechte – unter Einschränkung ihres Wohles und ihrer Interessen zum Objekt der Forschung gemacht werden dürfen. In Anbetracht der normativen Traditionen lag es zumindest in Deutschland nahe, hier auf den Begriff der Menschenwürde zurückzugreifen, um den besonderen Status des Embryos zu beschreiben. Die Diskussion hat hier allerdings aus meiner Sicht gezeigt, dass ein Transfer des Menschenwürde-Begriffes, der ja aus der politischen Diskussion des 18. Jahrhunderts stammt, in die biopolitischen und ethischen Diskussionen der modernen Biomedizin nicht immer zielführend ist (vgl. für die Ambivalenzen des Würdebegriffes die Beiträge im Sammelband von Brandhorst und Weber-Guskar 2017). Die Kritik an der Menschenwürde als einem para-religiösem oder metaphysischem Begriff wird diesem letztlich jedoch auch nicht gerecht, da, wie Brandhorst konstatiert, „gerade das Beispiel der christlichen Kirchen das ambivalente Verhältnis der Tradition zu solchen ethischen Ansprüchen [zeigt], die heute fest mit der Idee der Menschenwürde verbunden sind", wie z.B. die Anerkennung der Menschenrechte, die Gleichbehandlung von Menschen verschiedener Hautfarbe oder verschiedenen Geschlechtes sowie menschenverachtender Praktiken wie der Sklaverei (Brandhorst 2017, S. 126). Die vielleicht wichtigste Pointe dieser philosophisch-politischen Tradition liegt genau darin, dass empirische Unterschiede oder Entwicklungsunterschiede zwischen einzelnen Menschen oder Personengruppen zur Begründung normativer Unterschiede abgelehnt werden.

Im Gefolge einiger Grundpositionen der kantischen Menschenwürde-Argumentation wurde die Autonomie vernünftiger Wesen (die sich in moralischen Fragen frei verhalten, also das Richtige oder Falsche wählen können) in der deutschen Diskussion häufig als Grundlage der Menschenwürde dargestellt. Dies ist eine aus philosophisch-normativer Sicht „saubere" Argumentation, da eine Fähigkeit mit normativer Relevanz zur Rechtfertigung eines besonderen moralischen Status herangezogen wird. Leider sind die Konsequenzen dieser Position sehr problematisch, da damit Kinder, demenzkranke Menschen oder Menschen mit geistiger Behinderung unter Umständen von der Zusprechung der Menschenwürde ausgeschlossen werden. Gerade für einige der schutzwürdigsten Personengruppen würde damit also die Relevanz der Menschenwürde wegfallen. Diese Konsequenz lässt ein solches *autonomistisches* Verständnis der Menschenwürde letztlich als unplausibel erscheinen.

Interessanter Weise hat die jüngere Kant-Forschung gezeigt, dass die Auffassung der Menschenwürde im 20. Jahrhundert an zwei wichtigen Punkten von der ursprünglichen Position abweicht. Möglicherweise handelt es sich hier also um ein in Teilen abgewandeltes Verständnis der Menschenwürde. Dabei ist sicherlich niemand gezwungen, sich sklavisch an die ursprüngliche Konzeption Kants zu halten (insbesondere, wenn es sich dabei um demokratisch legitimierte Institutionen handelt). Da aber Kants Ansatz zahlreiche Elemente der modernen Gesellschaftsauffassung enthält, könnte es zu legitimatorischen Problemen führen, einige Teile seiner Konzeption abzuwandeln. Interessanterweise scheint genau dies hinsichtlich des autonomistischen Verständnisses der Menschenwürde geschehen zu sein.

Die beiden in Frage stehenden Punkte (s. o.) sind nun wie folgt:

1. Trotz einer Reihe von Textstellen, in denen Kant die Würde als einen allen Menschen zukommenden, inhärenten Wert beschreibt, übernimmt diese in seiner Argumentation keine normativen Begründungslasten (wie dies z. B. in der Debatte zum moralischen Status des Embryo der Fall ist). Die Begründung für das moralisch richtige Handeln übernimmt in der kantischen Ethik vielmehr der Kategorische Imperativ (KI) in seinen verschiedenen Formulierungen (Sensen 2017, S. 154f.). Der Autor stellt dies wie folgt dar: „Denn anders als in der zeitgenössischen Konzeption kommt in der kantischen Ethik dem Würde-Begriff keine begründende Funktion zu. Was man tun soll, ist schon durch den Kategorischen Imperativ der eigenen Vernunft vorgegeben; man muss nicht erst erkennen, ob der andere Würde hat." (Sensen 2017, S. 176). Während das heutige, normative Verständnis der Würde (wie in Art. 1 des Grundgesetzes) einer Werteethik entspricht, die bestimmte Güter benennt, denen ein besonderer Schutz des Staates zukommt, hat Kant eine deontologische Ethik (oder *Pflichtenethik*) formuliert, in denen die verschiedenen Pflichten aus dem Kategorischen Imperativ abgeleitet werden. Die deontologische Frage zum richtigen Umgang mit dem Embryo hieße daher nicht: „Kommt dem Embryo eine Würde zu, und was bedeutet das für seinen moralischen Status?", sondern vielmehr: „Was folgt aus dem Kategorischen Imperativ für den Umgang mit dem Embryo?" Im Kontext der Stammzellforschung und eines eventuellen *Verbrauches* von Embryonen kommt dabei insbesondere die *Zweckformel*[3] des Kategorischen Imperatives und das damit verbundene Instrumentalisierungsverbot im Rahmen des Würdeschutzes ins Blickfeld.

2. Während ein autonomistisches Würdeverständnis nahelegt, dass Personen mit eingeschränkten kognitiven Fähigkeiten nicht an einer derartigen Würde teilhaben können, schien Kant dies anders zu sehen und plädierte für eine großzügige

---

3   Kant 1997, 52: „Handle so, dass du die Menschheit sowohl in deiner Person, als in der Person eines jeden andern, jederzeit zugleich als Zweck, niemals bloß als Mittel brauchest."

Auslegung des entscheidenden Schutzkriteriums. Nicht die Frage, ob eine Person tatsächlich in einer bestimmten Situation über die moralische Entscheidungsfreiheit verfügt, sondern vielmehr, ob diese die Anlage zu moralischem Handeln besitzt, ist daher seinem Verständnis nach für die Zuerkennung eines besonderen Status ausschlaggebend. Dies kommt etwa in den folgenden Ausführungen Kants zu Familie und Nachwuchs zum Tragen:

„Gleichwie aus der Pflicht des Menschen gegen sich selbst […] ein Recht (ius personale) beider Geschlechter entsprang, sich […] wechselseitig einander […] durch Ehe zu erwerben: so folgt, aus der Zeugung in dieser Gemeinschaft, eine Pflicht der Erhaltung und Versorgung in Absicht auf ihr Erzeugnis […] (also die Kinder, Anmerkung des Autors). […] Denn da das Erzeugte eine Person ist, und es unmöglich ist, sich von der Erzeugung eines mit Freiheit begabten Wesens durch eine physische Operation einen Begriff zu machen: so ist es eine in praktischer Hinsicht ganz richtige und auch notwendige Idee, den Akt der Zeugung als einen solchen anzusehen, wodurch wir eine Person ohne ihre Einwilligung auf die Welt gesetzt, und eigenmächtig in sie hinübergebracht haben; […]." (Kant 1997, Metaphysik der Sitten, Rechtslehre, § 28, S. 393 f.)

Eine solche Auffassung erscheint prinzipiell auch für zahlreiche Fragestellungen der biomedizinischen Ethik besser geeignet, denn sie fasst den Würdebegriff in Bezug auf vulnerable Personengruppen nicht zu eng. Sicherlich muss man sich hier vor Überinterpretationen hüten und kann wohl kaum erwarten, dass ein Autor der Aufklärung die Lösungen für die feingliedrigen Differenzierungen der modernen Reproduktionsmedizin vorwegnimmt.[4] Allerdings sollte man sich doch mit einer korrekten Interpretation der Klassiker vor Missverständnissen wie dem autonomistischen Würdeverständnis wappnen, um im Anschluss daran (hoffentlich) eine für die moderne Medizin tragfähige normative Orientierung zu finden. Kant hätte damit die Auffassung vertreten, dass allen Menschen (also auch, wenn sie noch keine ausgeprägten kognitiven Fähigkeiten besitzen), ein besonderer moralischer Status zukommt, insofern sie die Anlage zum moralischen Handeln besitzen (für eine ausführlichere Untersuchung der Problematik, vgl. Junk 2006, S. 126).

---

4   Knoepffler (2018, S. 140) relativiert diese Textstelle in einer aktuellen Publikation unter dem Verweis, dass Kant einen geringeren Schutz für das unehelich gezeugte Kind annahm. Einer solchen Unterscheidung würden wir uns heute sicherlich nicht mehr anschließen. Es bleibt allerdings zu konstatieren, dass Kant keine streng an der existierenden Autonomie orientierte Vorstellung von der Menschenwürde hatte.

Christian Lenk

Normative Widersprüche im Umgang mit dem Embryo

Wie sich im letzten Abschnitt gezeigt hat, gibt es also einige grundlegendere Brüche und Unstimmigkeiten hinsichtlich des normativen Umganges mit dem Embryo. Hinzu kommen weitere Inkonsistenzen in den ethischen und rechtlichen Regelungen, welche die Frage aufwerfen, ob die medizinische Ethik nicht ein konsistentes Konzept des Umgangs mit dem Embryo erarbeiten müsste, welches von dem oben beschriebenen eigenen, inhärenten Wert des Embryo in seiner frühen Form ausgeht und dann eine stufenweise Entwicklung bis zur Menschenwürde beschreibt. Einige dieser bestehenden Inkonsistenzen im Umgang mit dem Embryo seien hier kurz benannt:

1. Internationale Konventionen wie das *Übereinkommen zur Beseitigung jeder Form von Diskriminierung der Frau (Frauenkonvention)* sichern Frauen das Recht auf eine selbstbestimmte Familienplanung zu. In Deutschland ist der Schwangerschaftsabbruch allerdings nach wie vor in den (aus dem Kaiserreich stammenden[5]) §§ 218 ff. des Strafgesetzbuches geregelt, womit eine implizite Kriminalisierung vorgenommen wird.

2. Wenn dem Embryo ein inhärenter Wert und ein voller Schutz von der Befruchtung und Einnistung an zukommt, müsste der Staat auch entsprechende Maßnahmen ergreifen – z. B. durch geeignete Formen der Sexualaufklärung sowie die kostenfreie Ausgabe von Verhütungsmitteln – um die bestehende Zahl von ca. 100.000 Schwangerschaftsabbrüchen im Jahr in Deutschland zu verringern. Dies wäre selbstverständlich auch aufgrund der mit dem Schwangerschaftsabbruch verbundenen gesundheitlichen Belastung der betroffenen Frauen geboten.

3. Unter derselben Prämisse eines bestehenden, inhärenten Wertes des Embryo sollte dann auch der Empfehlung des Deutschen Ethikrates gefolgt werden[6], durch eine entsprechende Regelung die Adoption von aus In-vitro-Fertilisation verbliebenen Embryonen bzw. befruchteten Eizellen an Paare mit Kinderwunsch zu ermöglichen (Deutscher Ethikrat 2016, S. 126 ff.).

4. Auf der anderen Seite erlaubt die deutsche Gesetzgebung nach gewissen Kriterien eine Spätabtreibung des bereits lebensfähigen Kindes auch in den letzten Wochen vor der Geburt. Implizit wird damit die Annahme bestätigt, dass der Geburtsvorgang und die Abnabelung des Kindes diesem zu einem eigenständigen Lebens-

---

5 Die Forderung von Kritikern des deutschen Embryonenschutzgesetzes von 1990, dieses sei bereits veraltet und müsse umgehend modernisiert werden, relativiert sich also in Hinblick auf den seit fast 150 Jahren bestehenden § 218 in der deutschen Rechtsgeschichte.
6 Deutscher Ethikrat 2016, S. 121: „Je höher man den moralischen Status des Embryos in vitro bewertet, desto bedeutsamer wird die Notwendigkeit, die Entstehung überzähliger Embryonen zu vermeiden, und umso schwerer wiegen die Gründe, dennoch entstandenen überzähligen Embryonen eine vorhandene Lebensperspektive nicht zu verwehren."

V. Die ethische Beurteilung der iPS-Zellen

recht verhelfen würden, während ja die rechtlichen Regelungen dem diametral entgegengesetzt sind und vielmehr einen vollen Schutz bereits in frühen Entwicklungsphasen vorsehen.

Im Rahmen der modernen Reproduktionsmedizin und medizinischen Forschung taucht auch die Frage auf, ob man unterschiedliche Kategorien des Umgangs mit dem menschlichen Embryo akzeptieren soll, also z. B. wie in den Regelungen in Großbritannien eine Kategorie des *Präembryo* in den ersten 14 Tagen nach der Befruchtung der Eizelle, welcher für Forschungsprojekte verwandt werden darf. Dies erscheint nach den rechtlichen Voraussetzungen in der deutschen Debatte als inakzeptabel. Ähnliche Phänomene tauchen in der Reproduktionsmedizin auf, wenn Embryonen im Rahmen einer Präimplantationsdiagnostik aufgrund von Krankheitsanlagen „verworfen" werden (Bundesministerium der Justiz und für Verbraucherschutz 1990, § 3a, Abs. 2–3) oder als *überzählige Embryonen* bei der Durchführung einer In-vitro-Fertilisation nicht implantiert werden. In diesen Fällen wird letztlich aus medizinischen oder pragmatischen Gründen akzeptiert, dass die Anlage zur Entwicklung menschlichen Lebens, welche in der befruchteten Eizelle oder dem frühen Embryo liegt, nicht zur Ausprägung kommt.

In der Schwangerschaft kommt dem Embryo eine faktische Entwicklungsmöglichkeit nur dann zu, wenn sich die Mutter dazu entschließt, ihn auszutragen. Die Lebensperspektive des Embryos bleibt hier also unter dem Vorbehalt der Akzeptanz der Mutter. In diesem Sinne ist der Embryo nicht allein als einzelne, biologische Entität zu betrachten, sondern in seiner Perspektive als zukünftiges Kind und Mitglied einer Gesellschaft. Die Debatte zur Embryonenforschung lässt sich letztlich unter der Frage subsumieren, ob der Embryo für Zwecke der Forschung aus dieser reproduktiven Perspektive herausgenommen werden darf oder ob man ihn immer als *Anlageträger* einer späteren Entwicklung zum menschlichen Leben betrachten muss. Für die Grundlagenforschung ist es hingegen sowohl notwendig, die Entstehung des Embryo als potenziellen Nachkommen einer Frau und eines Mannes, wie auch die Möglichkeit seiner weiteren Entwicklung zum vollständigen Menschen auszublenden: hier interessieren nur seine Eigenschaften für die Forschung. Insgesamt bleibt also festzuhalten, dass wir aus normativer Sicht kein kohärentes Bild des *richtigen* Umganges mit dem Embryo besitzen und sich die bestehenden Brüche und Wertungswidersprüche nicht ohne weiteres auflösen lassen. Forciert durch neue Möglichkeiten der Forschung und der Reproduktionsmedizin zeichnet sich am Horizont der Debatte die ethische Notwendigkeit ab, ein kohärentes Bild des Umganges mit dem Embryo zu entwickeln. Dieser Punkt scheint gegenwärtig noch nicht erreicht zu sein.

Christian Lenk

Hierarchisierung von Forschungsansätzen als pragmatische Lösung?

Die Diskussion über embryonale Stammzellen scheint also gleich in doppelter Hinsicht in normative (und damit auch handlungspraktische) Aporie zu führen: Erstens misslingt eine schlüssige Charakterisierung des moralischen Status des Embryo, welche alle ethischen, rechtlichen sowie politischen Anforderungen zufriedenstellend lösen würde (hier ist auch an andere Bereiche wie Fragen der reproduktiven Selbstbestimmung und des Schwangerschaftsabbruches zu denken). Zweitens lässt sich die in Deutschland und Europa zumindest bisher wirkmächtige Tradition der Menschenwürde nicht ohne Schwierigkeiten auf die gegenwärtigen biomedizinischen Fragestellungen übertragen – auch, wenn aus meiner Sicht einiges dafür zu sprechen scheint, den Schutz menschlichen Lebens in seinen verschiedenen Stadien angesichts historischer Lektionen besser zu weit als zu eng zu definieren.

Um zu verhindern, dass die Aporie auch zur Paralyse der Forschungsaktivitäten führt, kommt *de facto* eine Hierarchisierung verschiedener Forschungsansätze zum Tragen, welche der Logik der Auswahl des geringsten Übels zu folgen scheint. So wird auch von klinischer Seite konstatiert, dass „[a]ufgrund der ethischen Kontroverse um die ESZ [begrüßt wird], aus differenzierten Körperzellen iPZ generieren zu können" (Schrezenmeier 2014, S. 477). Wie Rolfes et al. herausgearbeitet haben, handelt es sich dabei um ein durchgängiges Motiv der Einordnung von iPS-Zellen als neuem Forschungsansatz, welcher ethische und politische Probleme *vermeide* oder *umgehe* (Rolfes et al. 2018, S. 161). Allerdings findet auch die Gewinnung und Nutzung von iPS-Zellen sozusagen nicht im luftleeren normativen Raum statt, so dass eine vollständige Unbedenklichkeit hier wohl nicht zu erreichen ist (ebda., S. 162 ff.). Was im Wesentlichen umgangen wird, ist die im oben genannten Zitat von Solbakk und Holm (2008, S. 831) genannte *destructive research* mit dem Embryo. Fraglich ist auch, ob die Entdeckung der induzierten pluripotenten Stammzellen tatsächlich die Weiterverfolgung der Forschung mit embryonalen Stammzellen obsolet macht. So scheint es zwar ein hohes Maß an Übereinstimmung zwischen beiden Zelltypen (also embryonalen und induzierten pluripotenten Stammzellen) zu geben, aber ebenfalls *Unterschiede in der Genexpression und DNA-Methylierung* (Schrezenmeier 2014, S. 477).

Zieht man die zu Beginn dieses Beitrages gemachten Überlegungen in die Fragestellung mit ein, so dürfte die internationale Forschungspraxis zeigen, ob iPS-Zellen eine gleichwertige Alternative zu embryonalen Stammzellen darstellen. Erschwerend kommt hier hinzu, dass stammzellbasierte Therapien auch unerwünschte Ereignisse beim Patienten erst mit beträchtlicher zeitlicher Verzögerung auslösen könnten (Schrezenmeier 2014, S. 479; Sipp et al. 2018, S. 1275). Sicherlich sind die Erwartungen von Patientinnen und Patienten mit bis dato unheilbaren Erkrankungen hoch, und auch das Anrecht auf

Forschungsfreiheit ist nicht gering einzuschätzen. Doch für eine valide Nutzen-Risiko-Einschätzung sind aus Sicht der Forschungsethik noch mehr Informationen über die Ergebnisse konkreter therapeutischer Forschungsprojekte mit embryonalen sowie iPS-Zellen notwendig, auch wenn grundlegende ethische Überlegungen die Nutzung induzierter pluripotenter Stammzellen nahelegen.

In diesem Zusammenhang und unter Rekurs auf die erwähnte, möglichst kohärente normative Vorstellung des Embryo, ist dann die Frage zu sehen, wie dieser in Bezug auf die medizinische Stammzellforschung zu beurteilen ist. Wie bereits oben angemerkt wurde, sprechen die Tradition der Menschenwürde sowie insbesondere die damit verbundene Selbstzweck-Formel prinzipiell gegen einen Verbrauch von Embryonen für die medizinische Forschung. Auch spricht die erwähnte traditionelle Vorstellung (Dunstan 1984) von einer stufenhaften Entwicklung des moralischen Wertes des Embryos nicht zwangsläufig für eine Freigabe der Forschung an Präembryonen wie im britischen Beispiel. Auch wenn dem frühen Embryo in den ersten Entwicklungsphasen nach der Befruchtung noch nicht die volle Menschenwürde zukommt, so kann ihm dennoch ein substanzieller Wert zukommen, welcher seinem Verbrauch in der Forschung und der Nutzung seiner Zellen entgegensteht. Tatsächlich lässt sich aber festhalten, dass ein dem Embryo inhärenter Wert relativ konsequent in der Linie der normativen Traditionen liegt, auch wenn diese ohne Zweifel durch neue Entwicklungen der Reproduktionsmedizin und medizinischen Forschung herausgefordert werden.

Regulierung von Stammzellen in der klinischen Forschung am Menschen

Wie King und Perrin (2014, S. 3) argumentieren, ist „The history of iPSCs [...] one of seeking efficient ways to induce plurypotency that minimize the risk of teratoma development." Wie die Autoren darstellen, besitzt die klinische Anwendung der iPS-Zellen am Menschen daher eine Reihe von Parallelen zur Arzneimittelforschung. Dabei wird ebenfalls ein therapeutisches Agens in den menschlichen Körper eingebracht, weshalb vorher die Wirksamkeit und Sicherheit des Therapeutikums geprüft und sichergestellt werden muss. Dazu kommt noch, dass die iPS-Zellen gegebenenfalls genetisch modifiziert wurden, so dass hier prinzipiell Unwägbarkeiten verschiedener Art aufeinander treffen können. Daher müssen, wie bei Arzneimitteln, vorab die Toxizität (d. h. die Verträglichkeit und akute Schädlichkeit bei Verabreichung) sowie das bereits erwähnte Risiko der Tumorbildung systematisch untersucht werden. Zu diesen präklinischen Untersuchungen (d. h. bevor die Stammzellen als Therapeutikum am Menschen erprobt werden), werden im Regelfall auch Tierversuche zählen (ebda.).

Dabei ist in Deutschland die *Zentrale Ethikkommission für Stammzellenforschung* für die Beurteilung von Forschungsprojekten entsprechend dem Stammzellgesetz an (importierten) humanen, embryonalen Stammzellen zuständig. Diese Kommission ist am Robert-Koch-Institut (RKI) angesiedelt und beurteilt primär Grundlagenforschung an ES-Zellen. Demgegenüber ist das Paul-Ehrlich-Institut (PEI) zuständig für die Forschung am Menschen mit Gewebe- und Stammzellzubereitungen, d. h. für die klinische Prüfung und Anwendung von iPS-Zellen am Menschen. In der europäischen Union unterliegen diese Therapeutika der sogenannten ATMP-Verordnung (engl.: *Advanced Therapy Medicinal Products*, dtsch.: *Arzneimittel für neuartige Therapien*), in welcher sie unter die *biotechnologisch bearbeiteten Gewebeprodukte* subsumiert werden (Faltus 2016, S. A2146).

Zum gegenwärtigen Zeitpunkt scheinen dabei überwiegend Patienten in klinische Versuche mit iPS-Zellen aufgenommen zu werden, da die Forschung mit gesunden Freiwilligen „may raise safety concerns or compromise the value of data" (King und Perrin 2014, S. 3). Während das Nebenwirkungsprofil von neuen pharmazeutischen Arzneimitteln gewöhnlich in sogenannten Phase-I-Studien an gesunden Freiwilligen getestet und beschrieben wird, scheint die Forschung mit iPS-Zellen zu den Bereichen zu gehören, wo dies keinen Sinn macht und diese frühe Testung bereits an erkrankten Personen durchgeführt wird. King & Perrin sehen zum gegenwärtigen Zeitpunkt gewisse Parallelen zur therapeutischen Genforschung (d. h., dem Einbringen veränderter Gene mit therapeutischer Zielsetzung in den menschlichen Körper) und warnen davor, dass ein schneller Übergang in die Phase der klinischen Anwendung bei noch beschränktem Wissen der Wirkmechanismen nachteilig sein könne (ebda.). Allerdings ist diese schnelle Umsetzung in die Anwendung gerade eine der Forderungen, die heute von der Politik sowie Förder- und Forschungsinstitutionen erhoben werden. Im Sinne der Nachhaltigkeit und der Patientensicherheit ist hier aber zu fordern, dass herkömmliche Sicherheitsanforderungen an neue Therapien keinesfalls suspendiert werden dürfen. Dies ist auch im Interesse der Forschung mit iPS-Zellen selbst, da das Auftreten schwerer Nebenwirkungen schnell zu einer Diskreditierung von Forschungsansätzen führen kann.

Im Jahr 2016 wurden von der *International Society for Stem Cell Research* (ISSCR) Leitlinien zur Stammzellforschung und klinischen Translation publiziert, welche unter Vorsitz des Forschungsethikers Jonathan Kimmelman erarbeitet wurden (ISSCR 2016). Diese haben sich in der Zwischenzeit zu einem wichtigen Dokument in der internationalen Debatte zur klinischen Anwendung von Stammzellen entwickelt. Die Leitlinien benennen in Abschnitt (1) zunächst grundlegende ethische Prinzipien und thematisieren des Weiteren Grundlagen der Stammzellforschung sowie in Abschnitt (3) die klinische Translation inklusive Überlegungen zur Durchführung präklinischer und klinischer Studien (d. h., der Anwendung am Menschen). Die genannten ethischen Prinzipien gehen aus von einer medizinischen Ethik der Leidenslinderung (diese spielte ja auch in der deutschen Debatte um die Verwendung embryonaler Stammzellen eine gewisse Rolle), verpflichten sich den Zielen der ganzen Gesellschaft und wollen das Vertrauen in die Forschung durch klare ethische und methodische Regeln stärken und aufrechterhalten

V. Die ethische Beurteilung der iPS-Zellen

(ISSCR 2016, S. 4). Die Leitlinien sehen sich auch im Gefolge der bisherigen Dokumente der Forschungsethik wie etwa dem *Nürnberger Kodex*, welcher explizit genannt wird. Die forschungsethische Problematik wird dabei wie folgt zusammengefasst:

> "Some of the guidelines that follow would apply for any basic research and clinical translation efforts.
>
> Others respond to challenges that are especially applicable to stem cell-based research. These include sensitivities surrounding research activities that involve the use of human embryos and gametes, irreversible risks associated with some cell-based interventions, the vulnerability and pressing medical needs of patients with serious illnesses that currently lack effective treatments, public expectations about medical advance and access, and the competitiveness within this research arena." (ISSCR 2016, S. 4)

Dabei kommt letztlich auch zum Tragen, dass sich die Hoffnungen zur Entwicklung neuer, stammzell-basierter Therapieansätze regelmäßig auf die Behandlung unheilbarer und degenerativer Erkrankungen richten. Die ethischen Überlegungen zur Stammzellforschung werden des Weiteren unter den fünf Punkten *Integrity of the Research Enterprise, Primacy of Patient Welfare, Respect for Research Subjects, Transparency* und *Social Justice* zusammengefasst (ebda.). Zum letzten Punkt wird dabei ausgeführt, dass sichergestellt werden müsse, dass neue Therapieansätze bedürftigen Patientengruppen weltweit zur Verfügung gestellt werden sollten. Eine solche Forderung konfligiert natürlich mit den gegenwärtig hohen Kosten des Therapieeinsatzes, ist aber vielleicht nicht vollständig utopisch, wenn man z. B. den Einsatz der HIV-Medikation in Schwellenländern wie Indien oder Südafrika zum Maßstab nimmt. Ebenso sollten in klinischen Studien die betroffenen Patientengruppen, unabhängig vom Alter, dem Geschlecht oder der ethnischen Zugehörigkeit vertreten sein. Ersteres ist mit gewissen Einschränkungen versehen, da neue Therapieansätze im Allgemeinen zunächst an erwachsenen Patienten getestet werden sollten, bevor der Übergang zu Jugendlichen und Kindern gewagt wird. Schließlich positioniert sich die ISSCR auch in der Frage der verbrauchenden Embryonenforschung und hält diese – wenig überraschend – vor der Einnistung in den Uterus („preimplantation-stage human embryos") bei „rigoroser wissenschaftlicher und ethischer Aufsicht" (Übersetzung des Autors) in einigen Bereichen der medizinischen Forschung für vertretbar (ISSCR 2016, S. 5). Den Autorinnen und Autoren schwebt also im internationalen Bereich etwas Vergleichbares wie die „britische Lösung" in der Embryonenforschung vor. Schließlich enthält das Dokument auch noch eine ausdrückliche und scharf gefasste „Warnung vor der Vermarktung ungeprüfter, stammzellbasierter Eingriffe" (ISSCR 2016, S. 25, Übersetzung des Autors) – offensichtlich, um einen befürchteten oder bereits stattfindenden Missbrauch von Stammzellen zu verhindern.

Zusammenfassung

Es war das Ziel des vorliegenden Beitrages, die ethische Beurteilung der Erzeugung und Nutzung von iPS-Zellen vor dem breiteren Hintergrund der Stammzell-Debatte zu diskutieren. Dabei wurden die normativen Traditionslinien aufgenommen, welche in der ethischen und rechtlichen Debatte aufscheinen. Aus meiner Sicht wurde dabei gezeigt, dass eine der Grundsatzfragen der Embryonenforschung zur Menschenwürde wohl anders formuliert werden sollte. Dennoch erscheint es in der Gesamtsicht plausibel, dem Embryo auch in frühen Entwicklungsphasen einen inhärenten Wert zuzuschreiben. Es wurde weiterhin dargestellt, dass nachhaltige Lösungen für die schwierigen ethischen und rechtlichen Fragestellungen letztlich wohl kaum aus den Detail-Auseinandersetzungen z. B. zur Abgrenzung von Pluri- und Totipotenz zu erwarten sind. Die Aufgabe dürfte aus Sicht des Autors eher darin bestehen, ein widerspruchsfreies normatives Bild des Embryos zu zeichnen, welches auch andere Bereiche der biomedizinischen Forschung und Reproduktionsmedizin mit einbezieht.

Aus einer solchen Konzeption könnte dann schlüssig – oder jedenfalls schlüssiger als im Moment – eine ethische Position zur Embryonenforschung formuliert werden. Einer Hierarchisierung der Forschung mit embryonalen und induzierten pluripotenten Stammzellen ist sowohl aus ethischer wie aus medizinischer Sicht eine gewisse Plausibilität nicht abzusprechen. Dennoch ergibt eine genauere Untersuchung ein etwas differenzierteres Bild und keine ethische Schwarz-Weiß-Malerei. Schließlich ergeben sich neue Fragen im Zusammenhang mit der klinischen Forschung mit iPS-Zellen, d. h. der therapeutischen Anwendung am Menschen. Zumindest aus Sicht der Forschungsethik wird damit ein relativ vertrautes Terrain betreten, welches dem der Arzneimittelforschung oder auch der Forschung zur Gentherapie ähnelt. Dieses enthält weniger normative Provokationen und Zumutungen als die ursprüngliche Debatte zum moralischen Status des Embryos Gleichwohl müssen die verschiedenen Akteure – seien es Grundlagenforscher, forschende Ärztinnen und Ärzte oder die Ethikkommissionen – verantwortungsvoll agieren, um die Chancen der iPS-Zellen wahrzunehmen, Patientinnen und Patienten aber vor gefährlichen Nebenwirkungen effektiv zu schützen.

Literaturverzeichnis

Brandhorst, M. 2017. Zur Geschichtlichkeit menschlicher Würde. In *Menschenwürde. Eine philosophische Debatte über Dimensionen ihrer Kontingenz*, Hrsg. M. Brandhorst und E. Weber-Guskar, 113–153. Berlin: Suhrkamp Verlag.

Brandhorst, M., und E. Weber-Guskar, Hrsg. 2017. *Menschenwürde. Eine philosophische Debatte über Dimensionen ihrer Kontingenz*. Berlin: Suhrkamp Verlag.

Bundesministerium der Justiz und für Verbraucherschutz. 1990. Gesetz zum Schutz von Embryonen (Embryonenschutzgesetz – EschG). https://www.gesetze-im-internet.de/eschg/BJNR027460990.html. Zugegriffen: 29. April 2019.

de Wert, G., und C. Mummery. 2003. Human Embryonic Stem Cells: Research, Ethics, Policy. *Human Reproduction* 18: 672–682.

Deutscher Ethikrat. 2016. *Embryospende, Embryoadoption und elterliche Verantwortung. Stellungnahme.* Berlin: Eigenverlag.

Dunstan, G. R. 1984. The Moral Status of the Human Embryo: A Tradition Recalled. *Journal of Medical Ethics* 1: 38–44.

Faltus, T. 2016. Der Schritt in die Klinik. Induzierte pluripotente Stammzellen. *Deutsches Ärzteblatt* 113: A2144–A2148.

International Society for Stem Cell Research (ISSCR). 2016. Guidelines for Stem Cell Research and Clinical Translation. www.isscr.org/docs/default-source/all-isscr-guidelines/guidelines-2016/isscr-guidelines-for-stem-cell-research-and-clinical-translation.pdf?sfvrsn=4. Zugegriffen: 13. März 2019.

Junk, Daniel. 2006. *Embryonale Forschung aus der Perspektive des kantischen Begriffs der Menschenwürde.* Diss: Universität Tübingen.

Kant, Immanuel. 1997. *Metaphysik der Sitten. Bd. 8, Hrsg.* W. Weischedel. Frankfurt a. M.: Suhrkamp Verlag.

King, N., und Perrin, J. 2014. Ethical Issues in Stem Cell Research and Therapy. *Stem Cell Research & Therapy* 5: 85.

Knoepffler, Nikolaus. 2018. *Würde und Freiheit. Vier Konzeptionen im Vergleich.* Freiburg & München: Alber Verlag.

Rolfes, V., U. Bittner, und H. Fangerau. 2018. Die bioethische Debatte um die Stammzellforschung: induzierte pluripotente Stammzellen zwischen Lösung und Problem? In *Stammzellforschung. Aktuelle wissenschaftliche und gesellschaftliche Entwicklungen,* Hrsg. M. Zenke, L. Marx-Stölting und H. Schickl, 153–177. Baden-Baden: Nomos Verlag.

Sensen, O. 2017. Kants erhabene Würde. In *Menschenwürde. Eine philosophische Debatte über Dimensionen ihrer Kontingen,* Hrsg. M. Brandhorst und E. Weber-Guskar, 154–177. Berlin: Suhrkamp Verlag.

Schrezenmeier, H. 2014. Stammzellforschung. In *Handbuch Ethik und Recht der Forschung am Menschen,* Hrsg. C. Lenk, G. Duttge und H. Fangerau, 475–479. Berlin & Heidelberg: Springer Verlag.

Sipp, D., M. Munsie, und J. Sugarman. 2018. Emerging Stem Cell Ethics. *Science* 360: 1275.

Solbakk, J. H., und S. Holm. 2008. The Ethics of Stem Cell Research: Can the Disagreements Be Resolved? *Journal of Medical Ethics* 2008: 831–832.

Sugarman, J. 2008. Human Stem Cell Ethics: Beyond the Embryo. *Cell Stem Cell.* doi: 10.1016/j.stem.2008.05.005.

VI. Erhöhtes Risiko – erhöhte Sicherheit?
Forschungsethische Herausforderungen der klinischen Anwendung humaner pluripotenter Stammzellen

Clemens Heyder

Abstract

Neue therapeutische Verfahren mit pluripotenten Stammzellen stellen eine besondere Herausforderung für die Ethik der klinischen Forschung dar. Einerseits bieten sie eine Chance zur Heilung schwerer und seltener Krankheiten, andererseits ist die Erprobung der Verfahren mit erheblichen Risiken für die Patientinnen verbunden. Zwar gilt allgemein, dass Risiken und Nutzen in einem angemessenen Verhältnis stehen müssen, doch stellt sich angesichts der Risiken (z. B. Tumorbildung) die Frage, ob diese durch den hochinnovativen Charakter aufgewogen werden können. Wenngleich besondere Sicherheitsmechanismen die Risiken verringern können, sind sie meist mit einer Einschränkung des Nutzenpotentials verbunden. Gegenwärtige Richtlinien bieten für dieses Problem keine probate Lösung an. Der Fokus ist einseitig auf die Sicherheit von Patientinnen gerichtet, ohne deren tatsächliche Sicherheitsbedürfnisse zu berücksichtigen. Die einer Risiko-Chancen-Bewertung inhärenten Werturteile werden systematisch ausgeblendet. Daher bietet es sich im Rahmen der Hochrisikoforschung an, Patientinnen frühzeitig in Planungsprozesse einzubinden. Durch die Berücksichtigung der verschiedenen Wertperspektiven lassen sich die erforderlichen Maßnahmen zur Risikominimierung und Nutzenmaximierung bestimmen und Chancen und Risiken in ein angemessenes Verhältnis setzen.[1]

1) Ethische Grundprobleme klinischer Forschung

Humanexperimente sind wesentlicher Bestandteil klinischer Forschung. Trotz weitreichender Kenntnisse über biochemische und zelluläre Prozesse ist es nicht möglich auf klinische Studien am lebenden Organismus zu verzichten. Aufgrund teils erheblicher Unterschiede zwischen menschlichen und tierischen Organismen werden Versuche mit Probandinnen und Patientinnen weiterhin an letzter Stelle des Zulassungsprozesses neuer Arzneimittel und Therapieverfahren stehen.

Wenngleich die klinische Forschung ein integraler Bestandteil des therapeutischen Fortschritts ist, wohnt ihr ein unauflösbarer Zielkonflikt inne. Die ethische Aporie besteht darin, dass es weder moralisch zulässig ist, Medikamente an Patientinnen zu ver-

---

1 Dieser Beitrag entstand im Rahmen eines Forschungsprojektes am Institut für Ethik und Geschichte der Medizin, Universitätsmedizin Göttingen. Das Projekt unter der Leitung von Claudia Wiesemann war Teil des deutsch-österreichischen Forschungsverbunds „ClinhiPS" (Leitung: Jochen Taupitz), der von 2016 bis 2018 vom Bundesministerium für Bildung und Forschung (BMBF) gefördert wurde (http://www.imgb.de/Projekte/ClinhiPS/). Der Forschungsverbund hat gemeinsam naturwissenschaftliche, ethische und rechtliche Empfehlungen zur klinischen Translation der Forschung mit humanen induzierten pluripotenten Stammzellen und davon abgeleiteten Produkten veröffentlicht (Gerke et al. 2020).

abreichen, die nicht hinreichend auf Sicherheit und Wirksamkeit getestet wurden, noch deren Sicherheit und Wirksamkeit an Patientinnen zu testen (Toellner 1990, S. 7 f.). Einen echten Ausweg aus diesem Dilemma gibt es nicht. Es ist lediglich möglich, einen moralisch angemessenen Umgang durch Einhaltung ethischer Standards zu schaffen.

Ein erstes Kriterium für die moralische Zulässigkeit ist die informierte Einwilligung. Damit soll sichergestellt werden, dass die Entscheidung zur Teilnahme an einer Studie ausschließlich der Patientin obliegt und diese im Einklang mit ihren Interessen und Überzeugungen steht (Emanuel et al. 2000, S. 2706). Ein zweites Kriterium ist der soziale Wert. Anders als bei einer medizinischen Behandlung hat eine Probandin keinen gesundheitlichen Nutzen. Weil die Teilnahme aber mit teils erheblichen Risiken verbunden ist, bildet der soziale Nutzen das entsprechende Gegengewicht und ersetzt den individuellen Nutzen als Legitimationsinstanz. Indem aus Studienergebnissen verallgemeinerbare Erkenntnisse gewonnen werden, sind sie allgemein wertvoll und tragen zur Entwicklung der Medizin bei. Infolge der Menschenversuche im Nationalsozialismus wurde bereits im Nürnberger Kodex festgehalten, dass klinische Versuche darauf ausgerichtet sein müssen, dass „fruchtbare Ergebnisse zum Wohle der Gesellschaft zu erwarten sind" (Nürnberger Kodex 1947, 2).

Ein drittes Kriterium ist die Ausgewogenheit zwischen dem individuellen Risiko und dem zu erwartenden Nutzen. Die Probandin, die eher selten über medizinisches Wissen oder Kenntnisse des Studiendesigns verfügt, kann in der Regel nicht abschätzen, wie fruchtbar die Ergebnisse sein werden. Sie muss darauf vertrauen können, dass die Studie weder unnütz noch überflüssig ist. Eine Studie, die zwar mit hohen Risiken verbunden ist, aber keine wesentlichen medizinischen Erkenntnisse erwarten lässt, ist allenfalls im Rahmen von Selbstexperimenten zulässig: „Die Gefährdung darf niemals über jene Grenzen hinausgehen, die durch die humanitäre Bedeutung des zu lösenden Problems vorgegeben sind" (Nürnberger Kodex 1947, 6).

Ein adäquates Verhältnis von Risiken und Chancen ist grundlegender Bestandteil aller gegenwärtigen Richtlinien. Einzig in der Bestimmung des konkreten Verhältnisses weichen diese voneinander ab. In der Deklaration von Helsinki heißt es: „Medizinische Forschung am Menschen darf nur durchgeführt werden, wenn die Bedeutung des Ziels die Risiken und Belastungen für die Versuchspersonen überwiegt" (WMA 2013, 16). Aktuellere Dokumente tendieren eher zu einem ausgeglichenen Verhältnis. So wird beispielsweise im Arzneimittelgesetz angeführt, dass eine klinische Prüfung nur durchgeführt werden darf, wenn „die vorhersehbaren Risiken und Nachteile gegenüber dem Nutzen für die Person, bei der sie durchgeführt werden soll (betroffene Person), und der voraussichtlichen Bedeutung des Arzneimittels für die Heilkunde ärztlich vertretbar sind" (§ 40 Abs. 1 Satz 2 AMG).[2]

---

2 Eine Übersicht findet sich bei Hüppe und Raspe (2009, Tab. 2.3, S. 29 f.).

Inwiefern nun die Aussicht auf den Nutzen das voraussichtliche Risiko aufwiegt oder überwiegt, lässt sich aufgrund der vagen Vorhersagbarkeit ohnehin schlecht bestimmen. Wesentlich ist, und das wird in allen Formulierungen deutlich, dass eine unangemessene Risikoexposition der Probandinnen verhindert werden soll. Problematisch gestaltet sich indes die Bestimmung der Angemessenheit, wie sich auch im Fall der pluripotenten Stammzellen zeigt. Je größer das Risiko, desto schwieriger ist es zu definieren, welcher Nutzen demgegenüber angemessen ist.

2) Chancen und Risiken einer Behandlung mit pluripotenten Stammzellen

Das Ziel der regenerativen Medizin ist die Wiederherstellung der Funktionsfähigkeit von Zellen, Gewebe oder Organen. Eine Möglichkeit besteht darin, aus pluripotenten Stammzellen differenzierte Zellen zu gewinnen. Nachdem diese kultiviert worden sind, wird aus dem Derivat ein Zellimplantat hergestellt, das fehlendes, abgestorbenes oder anderweitig funktionsloses Gewebe im Körper ersetzen soll.

Alternativ zu humanen embryonalen Stammzellen (hES-Zellen) – diese sind immer pluripotent – können adulte Körperzellen verwendet werden, die sich in ihren pluripotenten Urzustand reprogrammieren lassen (Takahashi und Yamanaka 2006), sogenannte humane induzierte pluripotente Stammzellen (hiPS-Zellen). Angesichts der ethischen Grundlast humaner embryonaler Zellen und der einfachen Zugänglichkeit zu adulten Zellen zeigt sich eine Tendenz zur Entwicklung neuer Therapien mit hiPS-Zellen, sofern sie sich gegenüber hES-Zellen als gleichermaßen geeignet erweisen.

Während klinische Studien mit hES-Zellen bereits seit einigen Jahren durchgeführt werden, dauert die Umsetzung der Forschung mit hiPS-Zellen noch an. Aktuelle Vorhaben zielen verstärkt auf Augenerkrankungen, Herzmuskelschwächen sowie auf neurodegenerative Erkrankungen (Guhr et al. 2018). Grundsätzlich lassen sich jedoch aus pluripotenten Stammzellen alle Zelltypen und Gewebearten herstellen. Die dadurch entstehenden Chancen sind immens, da einerseits viele weitverbreitete und andererseits auch seltene schwere Krankheiten behandelt werden können. Momentan ist die Forschung auf die Herstellung monozellulärer Gewebearten beschränkt, doch gibt es bereits erste Ideen, komplexe Gewebestrukturen und sogar ganze Organe wiederherzustellen. Noch größere Bedeutung erlangt die Therapie in Verbindung mit genomeditierenden Verfahren, indem beispielsweise reprogrammierte Stammzellen mittels CRISPR/Cas9-Methode genetisch modifiziert und damit krankheitsverursachende Defekte repariert werden. Angesichts dieser Heilungsperspektive stellen Therapieverfahren mit pluripotenten Stammzellen für viele Menschen eine Chance zur Verbesserung ihrer Lebensqualität oder Verlängerung ihres Lebens dar.

Die klinische Forschung mit pluripotenten Stammzellen ist aber auch mit erheblichen Risiken verbunden. Anders als bei pharmakologischen Studien werden lebende Zellen in den Körper eingebracht, die sich in den Körper integrieren sollen. Unkontrollierte Proliferation oder im Implantat verbliebene Stammzellen können zur Tumorbildung führen. Bei hiPS-Zellen besteht ferner die Gefahr, dass durch die Reprogrammierung genetische Mutationen entstehen. Darüber hinaus ist die Integration des Implantats in das umliegende Gewebe nicht gleichbedeutend mit einer funktionalen Implementierung. Wenn das Ersatzgewebe mit dem umliegenden Gewebe zusammenwächst, heißt das noch nicht, dass daraus eine funktionale Einheit entsteht. Ob beispielsweise künstlich erzeugtes Herzmuskelgewebe tatsächlich den beschädigten Herzmuskel unterstützt oder Herzrhythmusstörungen hervorruft, lässt sich nur in klinischen Studien herausfinden.

Ein weiteres Risiko sind immunologische Abstoßungsreaktionen, insbesondere wenn das Zellimplantat aus fremden Stammzellen hergestellt wurde. Um das zu verhindern, müssen ähnlich wie bei Organtransplantationen immunsuppressive Maßnahmen ergriffen werden, die ihrerseits mit eigenen Risiken belastet sind (Liu et al. 2017). Zwar lassen sich diese durch die Reprogrammierung körpereigener Zellen vermeiden, doch zeichnet sich aufgrund des kosten- und zeitintensiven Herstellungsprozess eine Tendenz zur Verwendung allogener hiPS-Zellen ab.

3) Besonderheiten der Forschung mit pluripotenten Stammzellen

Aufgrund ihres hohen Innovationscharakters und der mit ersten Studien verbundenen hohen Risiken zählen klinische Versuche mit pluripotenten Stammzellen zur Kategorie der Hochrisikoforschung. Damit zeigen sich deutliche Parallelen zu den ersten Organ- und Stammzelltransplantationen sowie Gentransfertherapien.

Bis aus der Idee der Organtransplantation ein probates Verfahren wurde, vergingen fast 100 Jahre. Erste wissenschaftliche Versuche zur Gewebeverpflanzung fanden bereits Ende des 18. Jahrhunderts statt. Wenngleich frühe Erfolge ein hohes Nutzenpotential in Aussicht gestellt hatten, war es noch ein weiter Weg bis zum heutigen Standard. Über die Jahre hinweg wurden immer wieder neue Versuche unternommen, infolgedessen die Patientinnen meist kurz darauf verstarben. Erst mit der Entdeckung des HLA-Systems[3] 1958 wurden immunologische Abstoßungsreaktionen als Grund für das bisherige Scheitern erkannt. Dennoch vergingen noch mehr als 20 Jahre bis im-

---

3 Das humane Leukozytenantigen-System (HLA-System) ist maßgeblich für die Funktion des menschlichen Immunsystems und ist insbesondere bei der Übertagung von lebenden Zellen oder Organen wichtig. Je ähnlicher die HLA-Merkmale zwischen Spenderin und Empfängerin sind, desto geringer sind die Abstoßungsreaktionen.

munsuppressive Verfahren so weit entwickelt waren, dass es in den 1980er Jahren zu weiten Transplantationserfolgen kam.

Ganz ähnlich, wenn auch nicht so lang, ist die Geschichte der Stammzelltransplantation. Die ersten Versuche in den 1950er Jahren schlugen fehl und das Überleben der Patientinnen konnte langfristig nicht gesichert werden. Ausschlaggebend für die Verbesserung der Therapiebedingungen waren ebenfalls Kenntnisse des HLA-Systems. Genauso erfolgte der Durchbruch Mitte der 1980er Jahre mit der Entwicklung immunsuppressiver Medikamente (Hakim und Papalois 2012).

Ein profundes Wissen über molekulare Zusammenhänge in den 1990er Jahren sorgte für den Aufschwung der Gentherapie und bescherte deren ersten Erfolge. Doch auch hier sind Fehlversuche zu verzeichnen. Seit dem Tod Jesse Gelsingers 1999 sind weitere Todesfälle im Rahmen gentherapeutischer Studien bekannt geworden. Wenngleich die Zahl im Gegensatz zur Organtransplantation vergleichsweise gering ausfällt, sind die Tode nicht weniger tragisch, insbesondere, wenn diese hätten vermieden werden können.

Ebenso wie die ersten Transplantations- und gentherapeutischen Versuche zeichnen sich die ersten klinischen Anwendungen mit pluripotenten Stammzellen durch ihren risikoreichen und hochinnovativen Charakter aus. Im Unterschied zu First-in-human- oder First-in-class-Studien, in denen ähnliche Wirkstoffe erstmalig eingesetzt, bekannte Wirkstoffe in neuen Indikationsfeldern getestet oder neue Mechanismen erprobt werden, werden bei First-in-kind-Studien ganz neue Wege begangen, wenn nicht mehr nur eine neue Wirkstoffklasse, sondern eine gänzlich neue Interventionsform erprobt werden soll (Magnus 2010, S. 268).

Die Erprobung neuer Wirkstoffe beginnt üblicherweise mit minimalen Dosierungen, um die Sicherheit zu testen. Diese Versuche sind aufgrund der Wirkweise von Zellimplantaten nicht möglich. Um die funktionale Integration zu überprüfen, bedarf es überhaupt einer Integration. Das wiederum ist nur möglich, indem Zell- oder Gewebeteile implantiert werden, die auch in der Lage sind, den gewünschten Effekt hervorzurufen. Weiterhin würde sich der Nachbeobachtungszeitraum einer Sicherheitsüberprüfung über mehrere Jahre erstrecken, so dass Studienphasen mit gesunden Probandinnen wenig sinnvoll sind. Es ist davon auszugehen, dass die Trennung zwischen Phase I (Sicherheits- und Verträglichkeitstest) und Phase II (Wirksamkeitstest) im Rahmen der klinischen Implementierung pluripotenter Stammzellen aufgegeben wird.

Aufgrund unzureichender bzw. nicht vorhandener Daten und Vorerfahrungen wird die Bewertung von Chancen und Risiken wesentlich erschwert. Die dafür nötigen Faktoren beruhen auf Annahmen und Einschätzungen. Infolge dessen lassen sich Risiken zwar identifizieren und benennen, eine konkrete Risikovorhersage ist hingegen kaum möglich. Das bedeutet nicht zwingend, dass die Eintrittswahrscheinlichkeit eines

Schadensereignisses besonders hoch ist. Angesichts einer eventuellen Tumorbildung können die Folgen des Schadensereignisses gravierend sein. Dass Tumore auch nach Jahrzehnten noch entstehen können, erschwert die Beurteilung zusätzlich.

Demgegenüber ist die Einschätzung des Nutzenpotentials äußerst vage. Ohnehin erhalten nur ca. 20 Prozent aller Arzneimittel bzw. Therapieverfahren, die zur klinischen Prüfung zugelassen werden, eine Marktzulassung. Indes liegen für Studien der Kategorie Hochrisikoforschung nicht genügend Erkenntnisse vor, ob überhaupt die Möglichkeit zum Erreichen der Phase III besteht. Ein wesentlicher Nutzen besteht hingegen darin, dass sich selbst aus Fehlern fruchtbare Erkenntnisse für zukünftige Entwicklungen gewinnen lassen (Magnus 2010, S. 268).

Im Unterschied zu herkömmlichen Arzneimittelstudien liegt die Besonderheit klinischer Studien mit hES- und hiPS-Zellderivaten letztlich in der Höhe des mit ihr verbundenen Schadens- und Nutzenpotentials. Dahingehend stellt sich die Frage, wie ein Umgang mit kaum vorhersehbaren Chancen und Risiken gestaltet werden kann.

4) Der Umgang mit Chancen und Risiken

Klinische Forschung ist nur gerechtfertigt, wenn Chancen und Risiken in einem angemessenen Verhältnis zueinander stehen. In diesem Grundsatz ethischer Rechtfertigung finden zwei weithin bekannte medizinethische Prinzipien Ausdruck: das Nichtschadensgebot (nonmaleficence) und das Gebot des Wohltuns (beneficence) (Beauchamp und Childress 2001). Aus dem Nichtschadensgebot leitet sich die Notwendigkeit ab, die mit der Forschung verbundenen Risiken angemessen zu reduzieren. Das Prinzip des Wohltuns bezieht sich auf eine moralische Verpflichtung, zum Wohle anderer zu handeln. Für die klinische Forschung bedeutet das, das Nutzenpotential der Studie zu optimieren und umfänglich auszuschöpfen (Emanuel et al. 2000, S. 2706).

Der Grundsatz der Risikominimierung ist in forschungsethischen Richtlinien fest verankert. Bereits nach dem Nürnberger Kodex ist jeder Versuch „so auszuführen, dass alles unnötige körperliche und seelische Leiden und Schädigungen vermieden werden" (Nürnberger Kodex 1947, 4). „Risks should be identified and minimized" bzw. „the risks must be minimized", lauten die prägnanten Formulierungen in den aktuellen Richtlinien der International Society for Stem Cell Research (ISSCR 2016, 3.3.2.2) und des Council for International Organization of Medical Sciences (CIOMS 2002, 4). Eine Minimierung der Risiken bedeutet allerdings nicht, dass die Risiken gering oder gar eliminiert sein müssen. Sie sollen lediglich im Rahmen der Konzeption und Durchführung der klinischen Forschung minimiert werden. Dementsprechend ist eine inhärente vergleichende Bewertung erforderlich. Wenn ein alternatives Studiendesign mit geringerem Risiko für die Probandinnen bei gleichbleibendem Nutzenpotential möglich ist, sollte diese Alternative gewählt werden.

Ganz analog bedarf es zur Maximierung des Nutzens eines komparativen Ansatzes, um das Schadenspotential nicht aus den Augen zu verlieren. Klinische Studien, die unmittelbar schwerwiegende gesundheitliche Schäden nach sich ziehen oder gar zum Tod führen, verstoßen gegen grundlegende ethische Prinzipien, unabhängig wie groß der daraus gewonnene Nutzen ist. Eine rein utilitaristische Nutzenkalkulation findet nicht statt. Dennoch soll das Studiendesign so angelegt sein, dass ein größtmöglicher Erkenntnisgewinn daraus gezogen werden kann, indem z. B. durch standardisierte Endpunkte und Methoden die Vergleichbarkeit mit anderen Studien erhöht wird oder Studiendaten anderen Forscherinnen zugänglich gemacht werden (ISSCR 2016, 3.3.3.3; CIOMS 2002, 1).

5) Mögliche Sicherheitsmechanismen

Angesichts des besonderen Schadens- und Nutzenpotentials der klinischen Erprobung hES- und hiPS-zellbasierter Therapieverfahren stellt sich die Frage, welche Maßnahmen sinnvollerweise ergriffen werden können, um das Risiko zu senken bzw. den Nutzen zu steigern. Im Folgenden werden exemplarisch Maßnahmen vorgestellt, die sich aus den Grundsätzen der Risikominimierung bzw. Nutzenmaximierung ableiten lassen und hinsichtlich ihrer Auswirkungen auf Chancen und Risiken analysiert. Einige davon werden in den aktualisierten Richtlinien der ISSCR vorgeschlagen, manche kommen bereits zur Anwendung, andere wiederum sind hypothetischer Art.

1. Langzeitbeobachtung und Entschleunigung

Weil Zell- und Gewebeimplantate, die aus pluripotenten Stammzellen hergestellt wurden, darauf ausgelegt sind, dauerhaft im Körper zu bleiben, spielen Langzeitrisiken eine besondere Rolle. Es ist möglich, dass Tumore erst lange Zeit nach der Behandlung entstehen. Zusätzlich kann es infolge eines langsamen Wachstums passieren, dass sie erst Jahre nach ihrer Entstehung entdeckt werden.

Um zu vermeiden, dass viele Patientinnen gleichzeitig dem Risiko der Tumorbildung ausgesetzt werden, erscheint es sinnvoll, Sicherheitsstudien über einen langen Zeitraum anzulegen und Folgestudien erst nach deren abschließenden Evaluation zu beginnen. Erst wenn sich herausgestellt hat, dass keine Tumore entstanden oder sonstige gravierende Schäden aufgetreten sind, sollten weitere Patientinnen in die Studie eingebunden werden.[4]

Der gravierende Nachteil einer sukzessiven Studienabfolge liegt indes auf der Hand. Würde die zweite Patientin erst nach einer mehrjährigen Beobachtung der ersten Pati-

---

[4] Nach dem Fund von Mutationen in den reprogrammierten Zellen wurde die erste klinische Studie mit hiPS-Zellen noch vor der Behandlung einer zweiten Patientin abgebrochen (Garber 2015).

entin behandelt werden, würden allein Sicherheitsstudien mehrere Jahrzehnte andauern. Auf solch lange Zeiträume angelegte Studien gibt es zwar als Beobachtungsstudien, als Interventionsstudien hingegen sind sie allein aus Gründen der Praktikabilität kaum umsetzbar. Eine derart drastische Entschleunigung des medizinischen Fortschritts, stellt nicht nur eine radikale Begrenzung des Nutzenpotentials dar, sondern wäre darüber hinaus als Eingriff in die Freiheit der Forschung besonders begründungsbedürftig.

Alternativen stellen Langzeitbeobachtungen und ggf. Obduktionen (sofern es Anhaltspunkte gibt, dass der Tod mit der Studie in Zusammenhang steht) der Phase I/II-Studienteilnehmerinnen dar, wie sie die ISSCR vorgeschlagen hat (ISSCR 2016, 3.3.5.2; 3.3.5.3). In diesem Fall würden Patientinnen in eher kurzen Abständen behandelt werden. Das bietet den Vorteil, dass die erste Studienphase in einem wesentlich kürzeren Zeitraum abgeschlossen werden kann. Weiterhin ist es möglich mehrere Sicherheitsstudien zeitgleich stattfinden zu lassen, so dass eine rasche Entwicklung der Technologie für verschiedene Krankheitsbilder möglich ist. Strittig ist allerdings, ob Phase III-Studien beginnen oder sogar eine Marktzulassung erfolgen sollte, bevor nicht alle Langzeitbeobachtungsergebnisse der ersten Studien vorliegen.

2. *Beschränkung der Indikationsfelder*

Eine zweite Möglichkeit, Risiken deutlich zu minimieren, besteht darin, erste Versuche nur im Auge durchzuführen. Zum einen ist es für Operationen und Beobachtungen leicht zugänglich, sodass auftretende Neoplasien rasch erkannt und mit wenig Aufwand wieder entfernt werden können. Das mindert das Risiko sowie die Belastungen infolge der Nachuntersuchungen. Zum anderen ist das Auge mit einem besonderen Immunprivileg ausgestattet, dass eine längere Überlebenszeit implantierter allogener Zellen ermöglicht (Medawar 1948).

Ferner besteht die Möglichkeit, sich auf besonders schwerwiegende, schlecht oder nicht behandelbare Erkrankungen mit einer kurzen Lebenserwartung zu konzentrieren. Das könnte zwar nicht das Risiko für die Patientinnen senken, doch steht bei erfolgreicher Therapie ein erheblicher Zugewinn an Lebenszeit und -qualität in Aussicht.

Tatsächlich lässt sich innerhalb der gegenwärtigen Forschung eine Tendenz erkennen, dem inhärenten Risiko zu begegnen. Bisherige Versuche mit hES- und hiPS-Zellen zielten schwerpunktmäßig auf die Behandlung von Augenerkrankungen. Aber auch Studien zur Behandlung koronarer Herzkrankheiten sowie neurodegenerativer Erkrankungen sind bereits angelaufen bzw. angemeldet (Guhr et al. 2018). Indem allerdings Forschungsvorhaben auf wenige Krankheiten beschränkt bleiben, wird die Behandlung anderer (möglicherweise ebenfalls schwerer) Erkrankungen verzögert.

3. Sicherheits- und Qualitätsstandards

Weltweit gibt es verschiedene Stammzellnetzwerke, die versuchen internationale Forschungsstandards zu etablieren. Dazu gehört unter anderem das International Council for Harmonisation of Technical Requirements for Pharmaceuticals for Human Use (ICH) als Verbund von Pharmaunternehmen und Regulierungsbehörden der USA, Japan und Europas. Ihr Hauptanliegen ist die Etablierung einheitlicher wissenschaftlicher und technischer Standards für die Zulassung von Arzneimitteln, die die Unternehmen erfüllen müssen, um eine Genehmigung für das Inverkehrbringen ihrer Produkte zu erhalten. Einheitliche Standards erleichtern ihnen, eine Zulassung in diesen drei Regionen zu beantragen, wodurch Patientinnen einen breiteren und schnelleren Zugang zu innovativen Produkten erhalten können. Diese sind teils im nationalen Recht implementiert, sodass deren Einhaltung für die Marktzulassung obligatorisch ist. Darüber hinaus finden sie ohne rechtsverbindlichen Charakter auch in anderen Ländern Anwendung (Dagron 2012, S. 10 ff.).

Obwohl Qualitätsstandards zur Verringerung des Risikos und zur Steigerung des Nutzens beitragen können (z. B. Vermeidung unnötiger Studien durch höhere Vergleichbarkeit standardisierter Prozese, Effizienzsteigerung im Translationsprozess, vereinfachte Zulassungsverfahren), haben selbst technische Richtlinien politische, soziale und ethische Auswirkungen. Die Einhaltung hoher technischer Standards setzt unter anderem ein besonderes Equipment voraus. Das kann dazu führen, dass insbesondere kleinere Pharmaunternehmen in Entwicklungsländern diese Standards nicht erfüllen können, weil sie nicht über die nötigen Ressourcen verfügen (Dagron 2012, S. 13 f.).

Unter Aspekten der globalen Gerechtigkeit ist es zudem problematisch, wenn einige Regionen von der Forschung abgehängt werden und medizinische Entwicklungen erst später zur Anwendung kommen. Ferner kann es zur globalen Ungleichverteilung von Risiken und Nutzen führen, wenn die Forschung zwar in Ländern mit durchschnittlich niedrigerem Einkommen durchgeführt wird, die Bevölkerung aber aufgrund der hohen Preise nicht vom therapeutischen Nutzen des Produkts profitieren.

4. Wissenschaftliche Selbstkontrolle

Ein großes Problem für die wissenschaftliche Qualität klinischer Forschung sind Interessenkonflikte. Karriereabsichten, beruflicher Druck oder schlicht finanzielle Interessen können dazu führen, dass Studiendaten manipuliert werden. Aus der jüngeren Vergangenheit sind zahlreiche Beispiele bekannt.

Eins davon ist die angebliche Entdeckung der durch äußere Reize induzierten pluripotenten Stammzellen (STAP-Zellen). Während diese noch im Laborstadium durch andere Wissenschaftler als Fälschung enttarnt worden ist, erlangte ein anderes Beispiel traurige Berühmtheit. Dem Chirurgen Paolo Macchiarini wird im Zusammenhang mit der Implantation künstlicher Luftröhren vorgeworfen, Publikationen gefälscht und das Leben von Patientinnen gefährdet zu haben. Die meisten seiner Patientinnen sind infolge der Operation verstorben (Westerhaus 2016). Gleichsam tragisch ist der Fall Jesse Gelsinger, der 1999 im Rahmen einer Gentransferstudie verstarb. Untersuchungen ergaben ein klares wissenschaftliches Fehlverhalten. Weder erfüllte Gelsinger die Einschlusskriterien noch wurde er umfassend aufklärt. Später stellte sich heraus, dass sowohl der leitende Forscher als auch die Universität finanziell an der Entwicklung des Produkts beteiligt waren (Steinbrook 2008).

Zu den Wesensmerkmalen der Wissenschaft zählen Nachvollziehbarkeit und Überprüfbarkeit der gewonnenen Erkenntnisse. Wie der Fall der STAP-Zellen gezeigt hat, ist die wissenschaftliche Selbstkontrolle ein Instrument, das zur schnellen Aufdeckung einer Fälschung führen kann. Aber auch hinsichtlich unbewussten und unbeabsichtigten Fehlverhaltens kann eine unabhängige Überprüfung zur Objektivität und Validität beitragen. Das ist aber nur möglich, wenn Forschungsvorhaben hinreichend transparent sind. Erst die gegenseitige wissenschaftliche Kontrolle sorgt für die Reliabilität der Wissenschaft.

Im Rahmen klinischer Forschung kann es als geboten angesehen werden, dass dieser Kontrollmechanismus bereits vor Beginn der Studie einsetzt. Durch eine externe Expertise ließen sich Forschungsvorhaben hinsichtlich ihres wissenschaftlichen Werts evaluieren und damit Risiken für die Patientinnen senken. Aus diesem Grund empfiehlt die ISSCR, Gutachten „by independent experts who are competent to evaluate" (ISSCR 2016, 3.3.1.2) einzuholen.

Wenngleich dieses Vorgehen zur Sicherung wissenschaftlicher Qualität wünschenswert ist, ist es in der Praxis mit zwei grundlegenden Problemen konfrontiert. Zum einen mangelt es an der Verlässlichkeit der gegenseitigen Kontrolle, wenn diese der Freiwilligkeit anderer Forscherinnen unterliegt. Zum anderen scheitert eine Veröffentlichung des Studiendesigns und -methoden an ideen- und patentrechtlichen Interessen der jeweiligen Forscherin bzw. der beauftragenden Unternehmen. Kaum jemand möchte eine bahnbrechende Entdeckung bereits im Erprobungsstadium offenlegen, insbesondere nicht, wenn diese mit großen finanziellen Hoffnungen verbunden ist. Aus diesem Grund werden Studienvorhaben von einer Ethikkommission unter Wahrung der Vertraulichkeit geprüft und bewertet. Dadurch kann in höherem Maße sichergestellt werden, dass eine adäquate inhaltliche Prüfung klinischer Studienvorhaben stattfindet, ohne auf den Ideenschutz verzichten zu müssen.

Problematisch ist, dass nicht garantiert werden kann, dass in der jeweiligen Kommission auch die erforderliche Kompetenz vorhanden ist, um zu beurteilen, ob die wissenschaftliche Fragestellung sinnvoll ist oder die Frage mit dem gewählten Studiendesign beantwortet werden kann. Die neue EU-Richtlinie 536/2014 setzt solche Kommissionen zusätzlich unter Druck, indem ein Antrag auf eine klinische Studie stillschweigend genehmigt ist, wenn nicht nach 45 Tagen darüber entschieden wurde. Insbesondere für ehrenamtlich arbeitende Ethikkommissionen, die eher selten zusammenkommen, lässt diese kurze Frist nur wenig Spielraum, externe Expertinnen anzuhören oder Betroffenengruppen zu konsultieren.

Interessenkonflikte sind in der medizinischen Forschung kaum vermeidbar – zumindest solange diese privatwirtschaftlich organisiert ist und profitorientiert agiert oder Forscherinnen von persönlichem Ehrgeiz angetrieben werden. Wenngleich unabhängige Reviews ein geeignetes Instrument zur Sicherung der wissenschaftlichen Qualität und damit auch für die Sicherheit der Patientinnen darstellen, bleibt fraglich, inwiefern diese unter den gegebenen wirtschaftlichen Bedingungen umsetzbar sind, ohne dabei auf innovative Forschungsvorhaben zu verzichten. Eine mittlere Lösung bestünde in der nachträglichen Veröffentlichung des Studiendesigns. Damit wäre zumindest das wissenschaftliche Kriterium der Nachprüfbarkeit erfüllt.

5. Publikation aller Ergebnisse

Der Fall Reboxetin hat gezeigt, inwiefern das Zurückbehalten oder gar Geheimhalten von Studieninformationen ein erhebliches Risiko für die Patientinnen darstellen kann. Zwölf Jahre nach der Marktzulassung des Antidepressivums wurde im Rahmen einer Untersuchung des Instituts für Qualität und Wirtschaftlichkeit im Gesundheitswesen (IQWIG) festgestellt, dass das Medikament gar nicht über die zugesagten positiven Eigenschaften im ursprünglich angenommenen Ausmaß verfügt. Unter öffentlichem Druck gab das herstellende Unternehmen bis dahin geheim gehaltene Daten an das IQWIG heraus. Nach einer systematischen Auswertung der publizierten und nicht publizierten Daten stellte sich heraus, dass die positiven Effekte des Wirkstoffs, die zur Marktzulassung führten, überschätzt wurden. Statt den Nutzen zu bestätigen, häuften sich die Belege für Nebenwirkungen (McGauran et al. 2011; Wieseler et al. 2010).

Der Trend eher positive als negative oder neutrale Ergebnisse zu veröffentlichen, hält bis heute an. Untersuchungen zeigen, dass viele Ergebnisse gar nicht veröffentlicht werden – sei es, weil die Forscherinnen den möglichen Nutzen negativer Resultate zu gering schätzen oder sich keine Publikationschancen in renommierten Zeitschriften erhoffen. Das wiederum führt zu einem Publikations-Bias mit negativen Auswirkungen für die wissenschaftliche Qualität und die Patientinnen (Strech et al. 2011; Mlinarić et al. 2017).

Da es ein Merkmal der Hochrisikoforschung ist, dass Fehlern ein hoher Erkenntnisgehalt zugeschrieben wird, besteht hierin das Maß der Nützlichkeit. Insbesondere weil der therapeutische Nutzen für die Patientinnen im Rahmen erster Phase I/II-Studien voraussichtlich gering ausfällt, ist ein Zurückhalten der Studienergebnisse moralisch nicht zulässig. Einerseits gebietet bereits das Nichtschadensgebot, dass alle Ergebnisse veröffentlicht werden, sofern es der Schadensvermeidung dient (Heinrichs 2006, S. 249), andererseits spielt die Fremdnützigkeit der Forschung eine wesentliche Rolle. Wenn der allgemeine Nutzen das einzige Gegengewicht zu dem von der Patientin zu tragenden hohen Risiko ist, bedarf es eines ausreichenden Erkenntnisgewinns, damit Schaden- und Nutzenpotential nicht in ein eklatantes Missverhältnis geraten. Wichtig ist, dass verallgemeinerbare Erkenntnisse generiert werden, die auch aus negativen Ergebnissen gewonnen werden können.

Zwar ist die mittlerweile gängige Eintragung des Forschungsvorhabens in ein öffentliches Register eine probate Maßnahme, damit Studien nicht unter dem Radar der Öffentlichkeit durchgeführt werden, doch werden darin eher selten Ergebnisse veröffentlicht. Aus diesem Grund könnte eine allgemeine Publikationspflicht eine sehr wirksame Maßnahme darstellen. Diese würde nicht nur die Transparenz und eine schnelle klinische Translation einer Stammzelltherapie ermöglichen, sondern könnte auch zukünftige Patientinnen vor unnötigen Risiken schützen.

Obwohl der Grundrechtseingriff in das Urheberrecht der Forscherin bzw. des Unternehmens durch die grundrechtlich geschützten Interessen der Probandinnen gerechtfertigt werden kann (Dewitz et al. 2004, S. 318), ist eine Umsetzung einer gesetzlichen Publikationspflicht kaum möglich. Vielmehr scheint sich die Lösung dieses Problems auf einer freiwilligen Ebene zu finden. In den letzten Jahren sind vermehrt Zeitschriften entstanden, die sich auf die Veröffentlichung negativer und neutraler Studienergebnisse konzentrieren. Damit wurde eine Möglichkeit geschaffen, Daten zu publizieren, die sonst nicht veröffentlicht worden wären. Um allerdings das Nutzenpotential auszuschöpfen, ist es ebenso nötig, diese in Reviews und Metaanalysen zu berücksichtigen.

6. Veröffentlichung der Studien(roh)daten

Über die Veröffentlichung der Studienergebnisse hinaus empfiehlt die ISSCR, Forscherinnen „should also consider ways to share individual research subject data" (2016, 3.3.6.3). Diese Studiendaten, auch Studienrohdaten genannt, sind jene Daten, die bei der Behandlung im Rahmen einer klinischen Studie anfallen. Dazu gehören unter anderem allgemeine Daten (z. B. Alter, Geschlecht), klinische Messwerte (z. B. Blutdruck, Körpertemperatur), Laborwerte (z. B. Anzahl weißer Blutkörperchen), Bilder (z. B. MRT-Aufnahmen) sowie unerwünschte Nebenwirkungen (z. B. Tumorbildung, Blutungen, Tod). Während zusammengefasste Studienergebnisse in wissenschaftlichen Fachzeitschriften und ggf. im Studienregister veröffentlicht werden, bleiben diese Studienrohdaten oft unbekannt. Dabei können sie das Nutzenpotential einer Studie deutlich erhöhen, indem die Überprüfung der Ergebnisse erleichtert wird. Darüber hinaus könnten die Daten für eine Zweitauswertung genutzt werden und somit zu sekundären Forschungsergebnissen führen, wie beispielsweise die Entdeckung der antikarzinogenen Wirkung von Aspirin gezeigt hat (Rothwell et al. 2012). Weiterhin können sich Metaanalysen von Studiendaten auf zukünftige Studiendesigns auswirken (Tierney et al. 2015).

Aus forschungsethischer Perspektive kann es als geboten angesehen werden, diese Daten zur Verfügung zu stellen, wenn aus ihnen ein großer Nutzen hervorgeht. Durch Zurückhalten dieser Daten entstehen nicht nur hohe Opportunitätskosten, indem Gelegenheiten allgemeines Wissen zu generieren ausgeschlagen werden, es zeugt zudem von mangelndem Respekt gegenüber dem Beitrag jener Patientinnen, die an Humanexperimenten teilnehmen.

Mit dem Ziel den Transparenzgrad der klinischen Forschung zu erhöhen und somit einen höheren Nutzen zu generieren, hat die europäische Arzneimittelbehörde (EMA) bereits ein Onlineportal geschaffen.[5] Darauf werden alle Berichte veröffentlicht, die im Zuge der Marktzulassung eingereicht werden, sobald eine Entscheidung über die Zulassung erfolgt ist bzw. der Zulassungsantrag zurückgezogen wurde. Die Berichte erscheinen in anonymisierter Form, so dass weder die Reidentifizierung der Probandinnen möglich ist noch Rückschlüsse auf das Studienpersonal gezogen werden können. Weiterhin werden Stellen geschwärzt, die „commercially confidential information" enthalten (Jefferson 2016; EMA 2018, S. 6 ff.). Inwiefern diese Schwärzungen Auswirkungen auf den allgemeinen Erkenntnisgewinn haben, lässt sich allerdings nur schlecht abschätzen , da diese von den Unternehmen selbst vorgenommen werden.

Problematisch ist ebenso, dass die Studieninformationen erst ab der Entscheidung über die Zulassung veröffentlicht werden. Informationen über Studien, die sich in Phase I oder II befinden, sind nicht erhältlich. Gerade für die Hochrisikoforschung stellt sich das als Problem dar, wenn der Erkenntnisgewinn, der aus Fehlern gewonnen werden kann, besonders hoch ist. Dagegen zeigen Klagen bzw. Beschwerden von Arneizmittelherstellern gegen diese Verordnung, wie stark das kommerzielle Interesse ist, das der Veröffentlichung gegenübersteht (Stefanini 2017, S. 101).

Es ist zu erwarten, dass der Geheimhaltungsdruck aufgrund finanzieller Interessen und möglichen Patentierungsverfahren insbesondere bei Phase I-Studien deutlich höher ist. Dagegen ist es wahrscheinlich, dass eine Offenlegungspflicht aller Studiendaten zu einem Rückgang medizinischer Innovationen führen würde. Eine kommerziell organisierte Forschung ohne Aussicht auf Profitmaximierung erscheint gegenüber Investorinnen und Anlegerinnen eher schwer vermittelbar zu sein.

---

5   https://clinicaldata.ema.europa.eu.

6) Die Relativität von Chancen und Risiken

Bei näherer Betrachtung der einzelnen Maßnahmen hat sich gezeigt, dass Risiken und Chancen keine absoluten Größen sind, sondern in Korrelation zueinander stehen. Würden rigorose Schutzmaßnahmen eingeführt, würde das Nutzenpotential mitunter deutlich schrumpfen. Diese Korrelation erschwert die Entscheidung, welche Maßnahmen ergriffen werden können, sodass das Risiko für die Patientinnen zumutbar ist, ohne gleichzeitig die Chance auf die Entwicklung eines neuen Therapieverfahrens unnötig zu verknappen. Eine zentrale Figur dabei ist diejenige Patientin, die letztlich das Risiko zu tragen hat. Insofern stellt sich die Frage, ob das erhöhte Risiko auch mit einem erhöhten Sicherheitsbedürfnis korreliert.

Die Bewertung von Risiken und Chancen findet auf drei verschiedenen Ebenen statt. Die erste ist die Forscherin bzw. das Forschungsteam, das idealerweise bereits während der Studienplanung Risiken und Chancen gegeneinander abwägt, ehe der Antrag zur Durchführung an die Ethikkommission gestellt wird. Ist das geschehen, findet durch diese eine zweitinstanzliche Bewertung statt, bei der Nutzen- und Schadenspotential analysiert und gegeneinander abgewogen werden. Die Patientin steht an dritter Stelle der Bewertungskette. Ihre Entscheidung bezieht sich nicht auf das allgemeine Verhältnis von Risiken und Chancen, sondern lediglich, ob sie persönlich angesichts des sozialen Nutzens und eventueller Heilungschancen bereit ist, das damit einhergehende Risiko zu tragen.

Da Patientinnen in den meisten Fällen medizinische Laien sind, ist es umso wichtiger, dass eine vorgelagerte Bewertung stattfindet. Entscheidungen, die mitunter ein ganzes Studium und eine mehrjährige Berufserfahrung voraussetzen, können ihnen nicht aufgebürdet werden. Stattdessen müssen sie darauf vertrauen können, dass das Vorhaben unter wissenschaftlichen Gesichtspunkten sorgfältig geprüft wurde. Aus diesem Grund räumt die ISSCR in ihren Richtlinien dem Wohl der Patientinnen Vorrang gegenüber anderen ethischen Prinzipien ein: „Physicians and physician-researchers owe their primary duty to the patient and/or research subject. They must never unduly place vulnerable patients at risk. Clinical testing should never allow promise for future patients to override the welfare of current research subjects" (ISSCR 2016, 1).

Allerdings lässt die einseitige Fokussierung auf das Wohlergehen den Blick auf den hier vorgestellten Zusammenhang von Risiken und Chancen schwinden, was auf ein Grundproblem aller gegenwärtigen Richtlinien hindeutet. Aufgrund ihres formalen Charakters und ihrer umfassenden Art bieten sie keinen Algorithmus zur Berechnung einer Schaden-Nutzen-Bilanz. Zum einen ist das wegen der höchst spekulativen Einschätzungen beider Parameter nicht möglich, zum anderen verlangt eine Risiko-Chancen-Abwägung Wertentscheidungen, die aufgrund der ihr zugrundeliegenden subjektiven Urteilskraft immer relativ und kontextgebunden sind.

Wie unterschiedlich die Bewertung von Risiken und Chancen ausfallen können, hat eine kanadische Studie gezeigt. Von 44 Ethikkommissionen, denen ein fingierter Studienantrag zur Überprüfung vorgelegt wurde, hätten 30 Kommissionen den Antrag (teils aufgrund zu hoher Risiken) abgelehnt, während ihn zehn unter Vorbehalt und drei sogar vorbehaltlos genehmigt hätten (de Champlain und Patenaude 2006). Dass auch einzelne Werturteile sehr unterschiedlich ausfallen, zeigte eine Befragung unter 188 Ethikkommissionsvorsitzenden. Während 81 Prozent darin übereinstimmten, eine Blutentnahme als minimales Risiko einzustufen, wurde sie von 17 Prozent als geringfügige Steigerung und von 1 Prozent als mehr als geringfügige Steigerung über ein minimales Risiko eingestuft. Eine Magnetresonanztomographie ohne Sedierung dagegen bewerteten nur 48 Prozent als minimales Risiko. 35 Prozent erkannten darin eine geringfügige und 9 Prozent mehr als eine geringfügige Steigerung (Shah et al. 2004, S. 479). Ein Indiz, wie es zu diesen unterschiedlichen Bewertungen kommt, haben van Luijn et al. (2002, S. 1309) erkannt. Sie befragten 53 Mitglieder aus sechs Ethikkommissionen nach ihrer Vorgehensweise bei der Chancen-Risiken-Analyse. Lediglich 12 Prozent gaben an, eine systematische Abwägung vorzunehmen, während 20 Prozent nach Gefühl entscheiden und 17 Prozent die Einschätzung von Risiken und Chancen der Patientin überlassen.

Die Unterschiedlichkeit dieser Einschätzungen macht deutlich, dass die Risiko-Chancen-Abwägung, wenngleich sie eine notwendige Bedingung für die moralische Zulässigkeit eines Forschungsvorhabens darstellt, kein sicheres Kriterium zur Beurteilung selbiger ist. Dass das kaum möglich sein kann, deutet indes schon die unterschiedliche Bewertungssituation zwischen Patientinnen und Probandinnen an. Gesunde Probandinnen, die in Phase I-Studien teilnehmen, können zwar einen persönlichen Nutzen aus ihrem Beitrag zur medizinischen Entwicklung ziehen, aber keinen gesundheitlichen Vorteil. Das Hauptmotiv zur Teilnahme an einer Phase I-Studie ist mehrheitlich finanziell begründet. Ob sie tatsächlich an einer Studie teilnehmen, hängt letztlich vom bestehenden Risiko ab (Stunkel und Grady 2011; Grady et al. 2017).

Patientinnen hingegen, wie sie im Rahmen erster Versuche mit Derivaten aus pluripotenten Stammzellen eingesetzt werden, können anders urteilen, wenn sie aufgrund ihrer teils schweren Erkrankung Hoffnung auf einen gesundheitlichen Nutzen haben. Es ist durchaus nachvollziehbar, wenn Patientinnen mit infauster Prognose eher in eine riskante Studie einwilligen und nach dem letzten Strohhalm greifen, was wiederum zu einer übersteigerten Erwartung hinsichtlich des eigenen Nutzens führen kann (Schutta und Burnett 2000; Reeder-Hayes et al. 2017). Es ist aber genauso möglich, dass chronisch schwer kranke Menschen ihre vorhandene Lebensqualität so hoch bewerten, dass sie diese nicht gegen ein Forschungsrisiko und Studienbelastungen eintauschen wollen. Dagegen fällt es gesunden Menschen, wie es Forscherinnen meist sind, oft schwer, die Bedürfnisse (schwer) kranker Menschen zu erfassen.

7) Anforderungen für die klinische Implementierung pluripotenter Stammzellen

Trotz vielfacher Überlegungen, wie Patientinnengruppen besser in den Forschungsprozess eingebunden werden können, mangelt es in der Praxis nach wie vor an einer konkreten Umsetzung. In der Regel kommt ihnen eine sehr passive Rolle zu. Ihr Schutzbedürfnis wird von Expertinnen eingeschätzt und ihnen bleibt lediglich die Entscheidung für oder gegen die Teilnahme an einer Studie. Divergierende Wertekonzeptionen werden systematisch ausgeblendet und unterschiedliche Interessen kaum berücksichtigt, was wiederum die Gefahr einer therapeutischen Fehlkonzeption bzw. Fehleinschätzung (therapeutic misconception/misestimation) birgt.

Wenn Patientinnen bzw. Vertreterinnen von Betroffenengruppen frühzeitig in Planungsprozesse einbezogen werden, besteht die Möglichkeit diese Bedürfnisse abzufragen und ein Forschungsziel zu formulieren. Durch eine gemeinsame Entwicklung des Studiendesigns lassen sich Risiken und Belastungen besser erfassen. Informationen können stärker individualisiert und einer therapeutic misconception systematisch vorgebeugt werden. Zugleich lassen sich unter Einbindung der Betroffenen das reale Sicherheitsbedürfnis evaluieren und nötige Schutzmaßnahmen eruieren (Hansen et al. 2020).

Die Forschungsethik muss einen Fokus darauf legen, unterschiedliche Interessen und Wertekonzeptionen zu berücksichtigen. Die bisherigen Versuche, Patientinnen und Öffentlichkeit in den Forschungsprozess einzubeziehen, zielten eher darauf ab, über Entscheidungen innerhalb des Forschungsprozesses zu informieren, als eine Teilhabe daran zu gewähren (Price et al. 2018, S. 250). Um das aber zu erreichen, ist es wichtig, die verschiedenen Perspektiven nicht nur zuzulassen, sondern einzelne Akteurinnen in Entscheidungs-, Planungs- und Entwicklungsprozesse zu integrieren. Dabei muss auch die Frage gestellt werden, ob eine Einbindung ausreicht oder ob es nicht vielmehr eines gemeinsamen Aushandelns bedarf, denn „[…] biomedical research is a collective effort. It depends on the contributions of many individuals, including basic scientists, clinicians, patients, members of industry, governmental officials, and others" (ISSCR 2016, 1). Damit der Fokus sich nicht auf die Perspektive der Patientinnen beschränkt und andere Interessen gleichzeitig außen vor bleiben, ist es im Rahmen klinischer Forschungsprojekte moralisch geboten alle Stakeholder, insbesondere auch die unterrepräsentierten und weniger beachteten, wie Angehörige und Pflegende, frühzeitig am Forschungsprozess zu beteiligen (Hansen et al. 2018).

Die Beteiligung der betroffenen Akteurinnen ist eine wichtige Voraussetzung für einen verantwortungsvollen Umgang mit Hochrisikoforschung. Die Medizin, und dazu gehört auch die klinische Forschung, darf freilich ihre Aufgabe als Dienst an der Patientin nicht vernachlässigen. Die Einbindung Betroffener in Entscheidungsfindungsprozesse hebt weder die grundsätzliche Asymmetrie zwischen Ärztin und Patientin auf noch entbindet sie von der Verantwortung gegenüber der individuellen Patientin als Hilfesuchender. Vielmehr stellt es eine Chance dar, adäquater auf Bedürfnisse von Patientinnengruppen einzugehen.

Es bedarf einer öffentlichen Debatte, um Erwartungen über Forschungsprioritäten evaluieren und erfüllen zu können. Eine faire Verteilung von Nutzen und Belastungen lässt sich nur erreichen, wenn beteiligte Personen und Institutionen bei wichtigen Entscheidungen teilhaben. Mit Blick auf die globale Ausdehnung medizinischer Forschung ist es darüber hinaus wichtig, Belastungen und Risiken nicht Patientinnen in Ländern aufzubürden, die in finanzieller Abhängigkeit stehen oder über weniger strenge Regulierungen verfügen, sondern sozialer Gerechtigkeit in globaler Perspektive besondere Aufmerksamkeit zu schenken.

Literaturverzeichnis

Beauchamp, T. L., und J. F. Childress. 2001. *Principles of biomedical ethics*. Oxford: Oxford University Press.

Council for International Organizations of Medical Sciences (CIOMS). 2002. International ethical guidelines for biomedical research involving human subjects. https://cioms.ch/wp-content/uploads/2017/01/WEB-CIOMS-EthicalGuidelines.pdf. Zugegriffen: 28. November 2018.

Dagron, S. 2012. Global harmonization through public-private partnership: the case of pharmaceuticals. https://www.irpa.eu/wp-content/uploads/2012/01/IRPA.WP.2012.2.Dagron.pdf. Zugegriffen: 28. November 2018.

De Champlain, J., and J. Patenaude. 2006. Review of a mock research protocol in functional neuroimaging by Canadian research ethics boards. *Journal of Medical Ethics* 32: 530–534.

Dewitz, C. v., F. C. Luft, and C. Pestalozza. 2004. Ethikkommissionen in der medizinischen Forschung. Gutachten im Auftrag der Bundesrepublik Deutschland für die Enquête-Kommission „Ethik und Recht der modernen Medizin" des Deutschen Bundestages, 15. Legislaturperiode. http://www.jura.fu-berlin.de/fachbereich/einrichtungen/oeffentliches-recht/emeriti/pestalozzac/materialien/staatshaftung/Rechtsgutachten_2004_v_Dewitz_Luft_Pestalozza.pdf. Zugegriffen: 28. November 2018.

Emanuel, E. J., D. Wendler, und C. Grady. 2000. What makes clinical research ethical? *Journal of the American Medical Association* 283: 2701–2711.

European Medicines Agency (EMA). 2018. Clinical data publication (Policy 0070) report Oct 2016-Oct 2017. https://www.ema.europa.eu/documents/report/clinical-data-publication-policy-0070-report-oct-2016-oct-2017_en.pdf. Zugegriffen: 28. November 2018.

Garber, K. 2015. RIKEN suspends first clinical trial involving induced pluripotent stem cells. *Nature Biotechnology* 33: 890–891.

Gerke, S., J. Taupitz, C. Wiesemann, C. Kopetzki, und H. Zimmermann, Hrsg. 2020. Die klinische Anwendung von humanen induzierten pluripotenten Stammzellen. Ein Stakeholder-Sammelband. Berlin: Springer.

Grady, C, G. Bedarida, N. Sinaii, M. A. Gregori, und E. J. Emanuel. 2017. Motivations, enrollment decisions, and socio-demographic characteristics of healthy volunteers in phase 1 research. *Clinical Trials* 14: 526–536.

Guhr, A., S. Kobold, S. Seltmann, A. E. M. Seiler Wulczyn, A. Kurtz, und P. Löser. 2018. Recent trends in research with human pluripotent stem cells: impact of research and use of cell lines in experimental research and clinical trials. *Stem Cell Reports* 11: 485–496.

Hakim, N. S., und V. Papalois. 2012. History of organ and cell transplantation. *In Introduction to organ transplantation*, Hrsg. N. S. Hakim: 1–20. London: Imperial College Press.

VI. Erhöhtes Risiko – erhöhte Sicherheit?

Hansen, S. L., C. Heyder, und C. Wiesemann. 2020. Ethische Analyse der klinischen Forschung mit humanen induzierten pluripotenten Stammzellen. In *Die klinische Anwendung von humanen induzierten pluripotenten Stammzellen. Ein Stakeholder-Sammelband*, Hrsg. S. Gerke et al., 171–206. Berlin: Springer

Hansen, S. L., T. Holetzek, C. Heyder, und C. Wiesemann. 2018. Stakeholder-Beteiligung in der klinischen Forschung: eine ethische Analyse. *Ethik in der Medizin* 30: 289–305.

Heinrichs, Bert. 2006. Forschung am Menschen. Elemente einer ethischen Theorie biomedizinischer Humanexperimente. Berlin, New York: Walter de Gruyter.

Hüppe, A., und H. Raspe. 2009. Analyse und Abwägung von Nutzen- und Schadenpotenzialen aus klinischer Forschung. In *Nutzen und Schaden aus klinischer Forschung am Menschen. Abwägung, Equipoise und normative Grundlagen*, Hrsg. J. Boos und E. Doppelfeld, 13–52. Köln: Dt. Ärzte-Verl.

International Society for Stem Cell Research (ISSCR). 2016. Guidelines for Stem Cell Research and Clinical Translation. http://www.isscr.org/docs/default-source/guidelines/isscr-guidelines-for-stem-cell-research-and-clinical-translation.pdf?sfvrsn=2. Zugegriffen: 28. November 2018.

Jefferson, T. 2016. The EMA's policy 0070 is live. https://blogs.bmj.com/bmj/2016/10/21/the-emas-policy-0070-is-live/. Zugegriffen: 28. November 2018.

Liu, X., W. Li, X. Fu, und Y. Xu. 2017. The immunogenicity and immune tolerance of pluripotent stem cell derivatives. Frontiers in Immunology 8. doi: 10.3389/fimmu.2017.00645.

Magnus, D. 2010. Translating stem cell research: challenges at the research frontier. *The Journal of Law, Medicine & Ethics* 38: 267–276.

McGauran, N., D. Fleer, und A.-S. Ernst. 2011. Arzneimittelstudien. Selektive Publikation in der klinischen Forschung. *Deutsches Ärzteblatt* 108: A632–638.

Medawar, P. B. 1948. Immunity to homologous grafted skin; the fate of skin homografts transplanted to the brain, to subcutaneous tissue, and to the anterior chamber of the eye. *British Journal of Experimental Pathology* 29: 58–69.

Mlinarić, A., M. Horvat, und V. Šupak Smolčić. 2017. Dealing with the positive publication bias: Why you should really publish your negative results. *Biochemia Medica* 27: 447–452.

Nürnberger Kodex. 1947. http://www.ippnw-nuernberg.de/aktivitaet2_1.html. Zugegriffen: 28. November 2018.

Price, A., L. Albarqouni, J. Kirkpatrick, M. Clarke, S. M. Liew, N. Roberts, und A. Burls. 2018. Patient and public involvement in the design of clinical trials: An overview of systematic reviews. *Journal of Evaluation in Clinical Practice* 24: 240–253.

Reeder-Hayes, K. E., M. C. Roberts, G. E. Henderson, und E. C. Dees. 2017. Informed consent and decision making among participants in novel-design phase I oncology trials. *Journal of Oncology Practice* 13: e863-e873.

Rothwell, P. M., M. Wilson, J. F. Price, J. F. Belch, T. W. Meade, und Z. Mehta. 2012. Effect of daily aspirin on risk of cancer metastasis: a study of incident cancers during randomised controlled trials. *The Lancet* 379: 1591–1601.

Schutta, K. M., und C. B. Burnett. 2000. Factors that influence a patient's decision to participate in a phase I cancer clinical trial. *Oncology Nursing Forum* 27: 1435–1438.

Shah, S., A. Whittle, B. Wilfond, G. Gensler, und D. Wendler. 2004. How do institutional review boards apply the federal risk and benefit standards for pediatric research? *Journal of Oncology Practice* 291: 476–482.

Stefanini, E. 2017. Publication of clinical trials data: a new approach to transparency in the European legislative framework. *Medicine Access @ Point of Care* 1: e98-e103.

Steinbrook, R. 2008. The Gelsinger Case. In *The Oxford textbook of clinical research ethics*, Hrsg. E. J. Emanuel et al., 110–120. Oxford: Oxford University Press.

Strech, D., B. Soltmann, B. Weikert, M. Bauer, und A. Pfennig. 2011. Quality of reporting of randomized controlled trials of pharmacologic treatment of bipolar disorders: a systematic review. *The Journal of Clinical Psychiatry* 72: 1214–1221.

Stunkel, L., und C. Grady. 2011. More than the money: a review of the literature examining healthy volunteer motivations. *Contemporary Clinical Trials* 32: 342–352.

Takahashi, K., und S. Yamanaka. 2006. Induction of pluripotent stem cells from mouse embryonic and adult fibroblast cultures by defined factors. *Cell* 126: 663–676.

Tierney, J. F., J. P. Pignon, F. Gueffyier, M. Clarke, L. Askie, C. L. Vale, und S. Burdett. 2015. How individual participant data meta-analyses have influenced trial design, conduct, and analysis. *Journal of Clinical Epidemiology* 68: 1325–1335.

Toellner, R. 1990. Problemgeschichte. Entstehung der Ethik-Kommissionen. In *Die Ethik-Kommission in der Medizin. Problemgeschichte, Aufgabenstellung, Arbeitsweise, Rechtsstellung und Organisationsformen medizinischer Ethik-Kommissionen*, Hrsg. R. Toellner, 3–18. Stuttgart, New York: Gustav Fischer.

van Luijn, H. E. M., A. W. Musschenga, R. B. Keus, W. M. Robinson, und N. K. Aaronson. 2002. Assessment of the risk/benefit ratio of phase II cancer clinical trials by Institutional Review Board (IRB) members. *The Hastings Center Report* 13: 1307–1313.

Westerhaus, C. 2016. „Das schlimmste Verbrechen, das man begehen kann". 15.02.2016. https://www.deutschlandfunk.de/karolinska-institut-das-schlimmste-verbrechen-das-man.676.de.html?dram:article_id=345686. Zugegriffen: 27. November 2018.

Wieseler, B., N. McGauran, und T. Kaiser. 2010. Finding studies on reboxetine: a tale of hide and seek. *BMJ*. doi: 10.1136/bmj.c4942.

World Medical Association (WMA). 2013. Deklaration von Helsinki. Ethische Grundsätze für die medizinische Forschung am Menschen. http://www.bundesaerztekammer.de/fileadmin/user_upload/downloads/pdf-Ordner/International/Deklaration-von Helsiniki_2013_DE.pdf. Zugegriffen: 28. November 2018.

Politikwissenschaftliche Analysen

VII. Paradoxe Zukünfte

Eine narratologisch-empirische Analyse des Diskurswandels von Moral zu Risiko in der Stammzellforschung und ihren Anwendungen in Deutschland

Renate Martinsen, Helene Gerhards, Florian Hoffmann, Phillip H. Roth

Abstract

Stammzellforschung und ihre Anwendungsmöglichkeiten am Menschen standen um die Jahrtausendwende im Mittelpunkt breit geführter biopolitischer Debatten – vor allem die ethische Frage nach der Zulässigkeit der Forschung an embryonalen Stammzellen spaltete damals die bundesdeutsche Gesellschaft. Heute verzeichnet die Forschung mit humanen embryonalen Stammzellen in Deutschland einen stetigen Zuwachs, obwohl man sich im Zuge der Stammzellgesetzgebung im Jahre 2002 und ihrer Novellierung 2008 *de lege* auf den Vorrang des Schutzes beginnenden menschlichen Lebens einigte. Der Beitrag zeigt, dass für diese vermeintlich paradoxe Lage – die starke Beforschung humaner embryonaler Stammzellen (hES) trotz ihrer engen rechtspolitischen Einhegung und die ausbleibende öffentliche Kritik daran – ein veränderter diskursiver Deutungsrahmen verantwortlich ist: Stammzellforschung wird gesellschaftlich nicht mehr im Frame der Moral, sondern durch Risiken- und Chancenkonzeptualisierungen verhandelt. Der Risiken und Chancen-Frame schafft es nämlich, von ungelösten ethischen Widersprüchen absehen zu lassen und Stammzellforschung sozialverträglich zu machen. Unter Verwendung der Theorie wissenschaftspolitischer Diskurse und eines Ansatzes der hermeneutischen Technikfolgenabschätzung, dem Vision Assessment, bietet der Beitrag eine sozialempirisch-qualitative Analyse relevanter ‚Stammzell-Narrative' an: Vor allem die auf die embryonale Stammzelle bezogene Erzählung vom ‚Goldstandard' sowie das auf die humane induzierte pluripotente Stammzelle (hiPS) bezogene Narrativ vom ‚Alleskönner' beschaffen der Stammzellforschung als zukunftsorientiertes biomedizinisches Projekt diskursiv konstruierte Legitimität. Während das Goldstandard-Narrativ humane embryonale Stammzellforschung als vorläufiges, aber noch notwendiges Unternehmen der deutschen Stammzellwissenschaft auszeichnet, beschwört das Alleskönner-Narrativ die Zukunftsfähigkeit der Forschung an hiPS-Zellen, mit der die Erfüllung der Hoffnungen auf regenerative Medizin winkt. Diese Erzählungen werden im Rahmen einer narrativen Diskursanalyse auf Grundlage eines vierteiligen Datenpools (politisch-rechtliche Stellungnahmen, Medienberichte, Experten- und Laieninterviews) untersucht und auf ihre spezifischen Rollen für die politisch stabilisierte Situation der Stammzellforschung in Deutschland befragt.

1 Einführung: Von Moral zu Risiko

Von einer deutschen Zurückhaltung in der Forschung an humanen embryonalen Stammzellen (hES-Zellen) kann heute keine Rede mehr sein. Dabei konnte der Politikwissenschaftler Herbert Gottweis in einer Vergleichsstudie von 2002 zur US-amerikanischen und deutschen Stammzellpolitik noch beobachten, dass zu Beginn des Jahrtausends in Deutschland das Feld sehr verhalten behandelt wurde, während zur selben Zeit in den USA bereits mehrere Arbeitsgruppen und Unternehmen in diesem Bereich aktiv waren:

"In contrast, in Germany major strategies for human embryonic stem cell research were banned by law, and in general, there was great reluctance to move ahead with this type of research. These contrasting policies took a tremendous impact on the research base in these two countries. Although dozens of research groups and companies are active in this new field of research in the United States, there is no comparable development in Germany." (Gottweis 2002, S. 464)

Mittlerweile verzeichnet das Register der Zentralen Ethik-Kommission für Stammzellenforschung (ZES) des Robert Koch-Instituts (RKI) jedoch 141 genehmigte Forschungsanträge zur Verwendung von humanen embryonalen Stammzellen in Deutschland.[1] Eine Auswertung der 15 veröffentlichten Tätigkeitsberichte des ZES ergibt darüber hinaus, dass bis heute kein einziger gestellter Forschungsantrag letztlich negativ beschieden wurde. Die Tätigkeitsberichte 1 bis 5 führen 29 bewertete Anträge auf, die Berichte 6 bis 10 listen 56 und die Berichte 11 bis 15 gar 66 Anträge (vgl. RKI 2003–2018).[2] Der 15. Tätigkeitsbericht zählt 77 Gruppen, die derzeit an 51 Forschungseinrichtungen in Deutschland genehmigte Studien an menschlichen ES-Zellen durchführen (vgl. dies. 2018, S. 11). Zudem geht aus einer aktuellen Analyse zur internationalen Stammzellforschung hervor, dass neben China auch der Beitrag Deutschlands zur Forschung mit hES-Zellen in den letzten Jahren deutlich zugenommen hat und dass „hESC research from Japan and Germany over-performed with respect to actual citation frequencies, while the impact of hiPSC research from both countries is lower than average." (Guhr et al. 2018, S. 487 f.) Auch in den klinischen Anwendungsaussichten scheinen die Kompetenzen relativ klar verteilt: Denn trotz der anfänglichen Träume von autologen Zelltherapien mittels humaner induzierter pluripotenter Stammzellen (hiPS-Zellen) – also der Herstellung von Ersatzgewebe aus patienteneigenen Zellen – ist hier mittlerweile eine „gewisse Ernüchterung eingetreten" (Löser et al. 2018, S. 126). Entsprechend „werden als Ausgangsmaterial für die meisten klinischen Studien […] derzeit embryonale Stammzellen genutzt." (ebd.)

Im internationalen Vergleich prosperiert die Forschung an hES-Zellen in Deutschland also, während die Arbeit mit hiPS-Zellen hierzulande vergleichsweise schlecht abschneidet. Dabei war zumindest anfänglich noch mehrheitlich davon ausgegangen worden, dass mit der iPS-Technologie ein würdiger Ersatz für die hES-Zellforschung verfügbar sei. Denn noch um die Jahrtausendwende sowie etwa sieben Jahre später, im Vorfeld der Novellierung des Stammzellgesetzes (StZG), das 2002 in Kraft getreten ist, wurden öffentlich überaus kontroverse Grundsatzdebatten über den Verbrauch von

---

[1] Vgl. https://www.rki.de/DE/Content/Gesund/Stammzellen/Register/register_node.html. Zugegriffen: 14.11.2018.
[2] Es wurden alle beratenen Anträge gezählt, darunter auch die Erweiterungen von bereits genehmigten Anträgen. Die Gesamtsumme von 151 ist durch Übertragungen aus den Berichtsvorjahren zu erklären.

hES-Zellen geführt (vgl. Hauskeller 2001, Müller-Jung 2014). Mittlerweile scheint die embryonale Stammzellforschung aber soziale Akzeptanz zu erfahren.

Diese Lage – die erstarkende hES-Zellforschung in Deutschland und das Ausbleiben ihrer öffentlichen ethisch-moralischen Problematisierung – ist zumindest erstaunlich: Denn seit der Novellierung des StZG hat kein initiales sachliches Ereignis stattgefunden, welches die hES-Forschung normativ dermaßen hätte absichern können, dass auch die Kritik an der hES-Forschung verstummte. Im Gegenteil: Viele Stimmen weisen darauf hin, dass sich das moralische Dilemma um die Verwendung von hES-Zellen noch längst nicht erledigt hat. Wie aber kann dann davon die Rede sein, dass der Schutz menschlicher Embryonen durch die hiesige Gesetzeslage ausreichend erfolgt?

Wir gehen im Folgenden von einem *Wandel des Diskurses um Stammzellforschung in Deutschland insgesamt* aus, der mit der Erfindung der hiPS-Zelle einhergeht. Die Stammzellforschung hierzulande, so lässt sich beobachten, findet heute nicht unter dem Vorzeichen fundamental veränderter sachlicher Tatsachen statt, die zu einer ethischen Beruhigung faktisch beigetragen hätten, sondern unterliegt stattdessen einem neuen Deutungsrahmen: Stammzellforschung wird gesellschaftlich nicht mehr im Frame der Moral, sondern durch Risiken- und Chancenkonzeptualisierungen verhandelt.[3] Der Risiken- und Chancen-Frame[4] schafft es, von ungelösten ethischen Widersprüchen absehen zu lassen und Stammzellforschung, vor allem an hiPS- und hES-Zellen, sozialverträglich zu machen. Diesen zeichnet aus, dass in seinem Rahmen diskursiv erzeugte und transportierte Zukunftsnarrative im Vordergrund stehen, welche die Weiterführung der hES-Zellforschung in Deutschland erzählerisch untermauern und sie letztlich als Risikoentscheidung konstruieren, die somit gar als politisch lohnenswertes Unternehmen erscheinen kann. Im Rahmen des Forschungsprojekts „Multiple Risiken. Kontingenzbewältigung in der Stammzellforschung und ihren Anwendungen – eine politikwissenschaftliche Analyse (MuRiStem-Pol)"[5] wurde dieser Frame-Wandel in Auseinander-

---

3   Zu verschiedenen Frames, in denen Technikkonflikte ausgehandelt werden können, vgl. Schneider (2014).
4   Die Bewertung wissenschaftlich-technischer Verfahren im Risiko-Frame ist nicht neu. Dies lässt sich beispielsweise an dem Stil, wie der Stand der adulten Stammzellforschung und die Möglichkeiten ihrer Kombination mit gentechnologischen Verfahren durch den Abschlussbericht der Enquetekommission „Chancen und Risiken der Gentechnologie" des Deutschen Bundestages von 1987 konturiert wurde, erkennen: Hier ging es beispielsweise um den Einsatz von Helferviren, die in das Knochenmark eingebracht werden könnten; es wurde nach technisch „eleganten Auswege[n]" für die „problematische Praxis" im Labor und nach weiteren experimentellen Forschungsstrategien gesucht (vgl. Enquetekommission 1987, S. 27). Insgesamt genießt das Risiko-Frame heute ein Revival in der wissenschaftlichen (biomedizinischen) Technikfolgenabschätzung (vgl. Grunwald 2018).
5   MuRiStem-Pol ist Teil des BMBF-geförderten interdisziplinären und transuniversitären Verbundprojektes „Multiple Risiken. Kontingenzbewältigung in der Stammzellforschung und ihren Anwendungen (Acronym: MuRiStem; Laufzeit: 2016–2019), das im Rahmen der ELSA-Förderlinie (Ethische, rechtliche und soziale Aspekte der modernen Lebenswissenschaften) des Bundesministeriums für

setzung mit der gesellschaftlichen Rolle wissenschaftspolitischer Diskurse, dem Ansatz des Vision-Assessments und mit Elementen der narrativen Diskursanalyse empirisch untersucht. Im Folgenden wollen wir die Konstellation dessen, was wir als *Paradoxie des gegenwärtigen Stammzellforschungsdiskurses* bezeichnen, rekonstruieren und diese als Hintergrund des derzeitigen Risiko-Frames verständlich machen. Zwei zentrale Momente des Diskurses erweisen sich schließlich als konstitutiv für den Stammzelldiskurs in Deutschland: Das Narrativ vom ‚Goldstandard' und das Narrativ vom ‚Alleskönner'.

2 Problemaufriss: Der Wandel des deutschen Stammzelldiskurses

2.1 Die Debatte um die embryonale Stammzelle

Das im Zusammenhang mit der Stammzellforschung gesehene Problem lag in der Notwendigkeit, menschliche Blastozysten, das heißt, frühe, durch In-vitro-Fertilisation gewonnene Embryonen, zur Gewinnung von hES-Zelllinien zerstören oder zumindest in ihrer Integrität verletzen zu müssen. Diese Nutzung menschlicher Embryonen ist nicht einfach als technische Angelegenheit aufgenommen worden – vielmehr provozierten die Verfahren der Stammzellgewinnung eine intensive ethische Kontroverse über den normativen Status des Embryos. Demzufolge seien die Embryonen- wie auch die hES-Zellforschung als ethisch problematisch anzusehen, da hier einerseits ein Werte- und Zielkonflikt zwischen dem Schutz menschlicher Würde, der den Erhalt auch frühen menschlichen Lebens impliziere, und andererseits dem Anliegen vorliege, die Forschung an hES-Zellen zu ermöglichen, um potentielle Heilungschancen unterschiedlicher Krankheiten mit Hilfe von Stammzellen prüfen zu können (vgl. Hauskeller 2001, Dabrock et al. 2004, Siegel 2016, Schwarzkopf 2014, S. 95).

Insbesondere sahen die Verteidiger der hES-Forschung einen weiteren wichtigen, verfassungsmäßig geschützten Wert berührt: Im Jahre 2001 veröffentlichte die Deutsche Forschungsgemeinschaft (DFG) in einer Stellungnahme ihre Ansicht, dass hochrangige Forschungsziele, die mit der hES-Zellforschung verbunden seien, nun endlich verfolgt werden müssten, aber das derzeitige Embryonenschutzgesetz (EschG) von 1991 dafür sorge, dass sich Forschende mit ihren Vorhaben in Deutschland strafbar machen. Daher brachte die DFG den Vorschlag ein, die im Ausland legal und aus überzähligen Embryonen hergestellten hES-Zellen auch in Deutschland für Forschung freizugeben (vgl. DFG 2001). Dieser Vorschlag mündete im Jahr 2002 schließlich in eine neue Gesetzgebung

Bildung und Forschung angesiedelt ist. Das politikwissenschaftliche Teilprojekt wird geleitet von Prof. Dr. Renate Martinsen (Lehrstuhl für Politische Theorie) an der Universität Duisburg-Essen. Integriert in den Projektverbund sind außerdem Prof. Dr. Heiner Fangerau (Medizinethik, Universität Düsseldorf) sowie Prof. Dr. Ulrich Gassner (Rechtswissenschaften, Universität Augsburg). Für weitere Informationen zu MuRiStem siehe die Website des Projektverbundes unter: www.muristem.de.

in Form des 2008 novellierten StZG. Letzteres steht für den „deutschen Sonderweg" (Fink 2007, Spieker 2009, S. 7) des ethikpolitischen Feldes der Stammzellforschung, der in den medialen und akademischen Debatten auch als ‚Stammzellkompromiss' oder ‚Kompromisslösung' bezeichnet wird (vgl. Fischer 2002, Schockenhoff 2007, Brewe 2006, S. 293, Landwehr 2011, S. 191) und als exzeptionelle Lösung der politischen Pattsituation verstanden wird, die es geschafft habe, den gesellschaftlichen Protest gegen die hES-Zellforschung einzuhegen. Zwar konnte kein Ausweg aus dem ethischen Dilemma gefunden werden, welches im Lichte der deutschen Geschichte als besonders verschärft wahrgenommen wurde (vgl. Dreier et al. 2002, Prainsack 2006, Oduncu 2003, S. 7). Aber immerhin habe man mit dem StZG und seiner Stichtagsregelung (sowie der Verschiebung des Stichtages, als die Debatte um 2007 wieder aufflammte, weil der Import frisch gewonnener hES-Zellen gefordert wurde) eine Möglichkeit gefunden, der politischen und ethischen Kontroverse, an denen Parteien, Kirchen, Vertreter der deutschen Stammzellwissenschaft, professionelle Bioethiker und Philosophen sowie die Zivilgesellschaft rege beteiligt waren, ein Ende zu setzen. Kennzeichnend für den Verlauf des Stammzelldiskurses in Deutschland nach den Beschlüssen im Rahmen des StZG ist also, dass er augenscheinlich dank des Stammzellkompromisses nicht mehr unter dem Vorzeichen ethischer Problematisierungen geführt wurde – und dennoch fällt auf, dass die Suche nach Technologien vorangetrieben wurde, von denen man erwartete, dass sie prinzipiell als Alternativen für die humane ES-Forschung in Frage kommen (vgl. z. B. NER 2007, S. 27). Die künftige Abwicklung der hES-Zellforschung in Deutschland mit Hilfe neuer Gewinnungsverfahren wurde also trotz des Stammzellkompromisses stets diskursiv vorbereitet, während sie selbst sich aber nichtsdestotrotz fest etablierte – eine durchaus paradoxe Situation, die weiterer Strukturierung und Aufklärung bedarf.

2.2 Die Paradoxie des gegenwärtigen Diskurses

Die Entwicklung der iPS-Zellen im Jahr 2006 und die Entdeckung des Verfahrens zur Erzeugung humaner iPS-Zellen 2007 durch Shinya Yamanaka und sein Team (vgl. Takahashi et al. 2007) haben – trotz anfänglicher Bestrebungen, nach einem Ersatz für die hES-Zellforschung zu suchen – bis dato *nicht* zu einer Ablösung der hES-Forschung in Deutschland geführt. Stattdessen entwickeln sich an hES- und hiPS-Zellen je eigenständige und differenzierte Forschungszweige: In der Forschungspraxis formieren sich unterschiedliche Fragestellungen und Untersuchungsinteressen um beide Zelltypen, wie zum Beispiel die Erforschung von Differenzierungsmechanismen aufseiten der hES- bzw. Krankheitsmodellierungen seitens der hiPS-Zellforschung (vgl. Robinton und Daley 2012, Kobold et al. 2015, Guhr et al. 2018). Im Ergebnis sind die hES-Zellen derzeit alles andere als überflüssig oder mit anderen Stammzelltypen austauschbar.

Somit haben wir es mit folgender Konstellation zu tun: Trotz der politischen Entscheidung für eine Einschränkung der Forschungsfreiheit und dem grundsätzlichen Verbot der Stammzellforschung durch das EschG und das StZG ist eine Zunahme der Forschung mit hES-Zellen zu verzeichnen. Dies widerspricht jedoch der politisch entschiedenen Höherstellung des Lebensschutzes gegenüber der Forschungsfreiheit in Deutschland – ohne dass diese Wertehierarchie seit dem Stammzellkompromiss erneut öffentlich verhandelt worden ist. Interessanterweise erzeugt dieser Widerspruch zwischen der Intention der politisch ausgehandelten Gesetzgebung, hES-Zellforschung streng zu limitieren, und der Realität in den Laboren der Bundesrepublik keine größeren Irritationen. Joachim Müller-Jung, einer der profiliertesten Kommentatoren der deutschen Stammzellkontroverse, hält dazu ein wenig lakonisch fest:

> „[Es ist] allerdings nach der Debatte um embryonale Stammzellen sehr still geworden in der Biopolitik. So, als wären diese Zellen bioethisch gesehen die maximale Zumutung gewesen. Jetzt, wo das geklärt und biopolitischer Friede eingekehrt ist, wollen viele die Sache auf sich beruhen lassen." (2014, S. 121)

Dass die Forschung an menschlichen Embryonen heute kaum noch Aufsehen erregt, haben beispielsweise Alfons Bora und Martina Franzen ebenfalls im Jahr 2014 im Rahmen einer Telefonbefragung für das Stammzellnetzwerk NRW festgestellt. Die Studienergebnisse deuten darauf hin, dass eine Normalisierung der hES-Zellforschung stattgefunden hat, insofern diese auch für die deutsche Bevölkerung kein ‚Aufreger' mehr ist.[6] Wie lässt sich diese offenkundig paradoxe Lage also erklären?

Unsere These ist, dass sich im Zuge der Entwicklung der iPS-Technologie unter der Oberfläche des deutschen Stammzelldiskurses zwei zentrale Narrative etabliert haben, durch welche die paradoxe Situation aufgelöst wird. Das heißt, dass durch die Narrative des ‚Goldstandards' (vgl. auch Roth und Gerhards 2019) und des ‚Alleskönners' in der öffentlichen Wahrnehmung weder der Wert des Lebensschutzes noch der ihm in der Stammzellsache gegenübergestellte Wert der Forschungsfreiheit verletzt wird. Zentral ist dabei die gesellschaftliche Legitimierung der faktischen Fortführung und Zunahme

---

[6] In der Zusammenfassung ihrer Studienergebnisse heißt es: „Kein klar erkennbarer Trend bei der Akzeptanz für die Stammzellforschung in Deutschland: Die vorliegenden Daten sind für klare Aussagen über einen Trend der Akzeptanz oder Nichtakzeptanz von Stammzellforschung nicht ausreichend. Im Kontext von Regulierungsdebatten wurde weltweit über ein Verbot der Arbeit mit embryonalen Stammzellen diskutiert. Die Teilnehmer dieser Studie wurden deshalb noch einmal danach gefragt, wie sie sich zu einem allgemeinen Verbot der Stammzellforschung verhalten. Über zwei Drittel der Befragten (78 %) ist gegen ein Verbot der Stammzellforschung. In früheren Umfragen lagen die Werte niedriger. Beispielsweise sprach sich im Eurobarometer 2010 fast die Hälfte der Befragten (49 %) für ein Verbot der Stammzellforschung bzw. der Forschung mit embryonalen Stammzellen aus. Fragt man jedoch danach, mit welchen Stammzellen geforscht werden sollte, fällt die Zustimmung unterschiedlich aus (Mehrfachantworten möglich). Nur knapp die Hälfte aller Studienteilnehmer (49,5 %) spricht sich hierbei für die Forschung an menschlichen embryonalen Stammzellen aus. Die größte Zustimmung erhält mit 82,3 % die Forschung an Hautzellen, die zu pluripotenten Stammzellen umprogrammiert wurden (sogenannte iPS-Zellen)." (vgl. Bora und Franzen o. J., S. 1 f. und Bora et al. 2014)

der hES-Zellforschung in Deutschland, die durch den Wandel von der ethisch-moralischen hin zur Risikobetrachtung möglich wird. Wir schlagen im Folgenden vor, eine sprachfokussierte konstruktivistische Analyse des deutschen Stammzelldiskurses in Anschlag zu bringen, die diese Konstellation sichtbar macht.

3 Das Forschungsdesign: Theoretische Grundlagen und Methoden der Studie

3.1 Die Bedeutung von Sprache in wissenschaftspolitischen Diskursen

Sprache, deren politische Bedeutung im Zuge post-positivistischer Sozialtheorien neu erfasst wurde, spielt in den sozialwissenschaftlichen Untersuchungen zur Stammzellforschung eine zentrale Rolle. Ausgehend von der sprachphilosophischen Einsicht, dass Sinn nicht das Resultat vorgegebener Korrespondenzen zwischen Zeichen und Bezeichnetem ist, avanciert Sinnerzeugung zu einem sozialen Prozess, bei dem Sinn durch den differierenden Gebrauch von Zeichen, also Sprache generiert wird, somit durch subjektive Interpretationsleistungen, die alte Bedeutungen ständig in neue transformieren (vgl. Gottweis 2003, S. 122 f.). Für politische Betrachtungen ergibt sich aus dieser Ausgangslage, dass die Konstruktion politischer Realität als sprachabhängig betrachtet werden muss: „Begrifflichkeiten haben somit eine sehr weitreichende Bedeutung: sie erzeugen Realität, in unserem Fall politische Realität." (Martinsen 2014, S. 32) In der Konsequenz fokussieren sozialwissenschaftliche Untersuchungen zur Stammzellwissenschaft auf die Konstruktion politischer Bedeutungen von zentralen stammzellwissenschaftlichen Entitäten wie dem ‚Embryo' oder der ‚Stammzelle', die allerdings nicht mehr nur als *analytische* Kategorien im Policy-Prozess hingenommen werden können, sondern als politisch umkämpfte Begrifflichkeiten beleuchtet werden.

Wir wollen hier zunächst die unserer Arbeit zugrundeliegenden theoretischen Annahmen erörtern und die Rolle der Sprache in wissenschaftspolitischen Diskursen genauer einordnen. Dafür halten wir uns an den ausgeklügelten Ansatz von Herbert Gottweis (2002, 2003) zur sprachfokussierten Policy-Analyse, der repräsentativ für ein breiteres Feld konstruktivistischer Arbeiten zur Erforschung von Biomedizin- und Biotechnologiepolitik der Stammzellforschung steht (vgl. etwa Franklin 2005, Marks 2010). Da letzterer aber eine gewisse Unzulänglichkeit für die Analyse der deutschen Stammzellwissenschaft aufweist, schlagen wir vor, ihn durch begriffsgeschichtliche Ansätze aktueller sozialwissenschaftlicher Arbeiten zur Wissenschaftspolitik zu ergänzen (vgl. Schauz und Kaldewey 2018).

Für Gottweis sind die politischen Bedeutungen zentraler biotechnologischer Begriffe das Resultat diskursiver Aushandlungsprozesse:

„Wahrheiten' eines Ereignisses, einer Situation oder eines Artefakts müssen [...] als Resultat eines Kampfes, einer Auseinandersetzung zwischen widerstreitenden Sprachspielen oder Diskursen gesehen werden, die das, was ,da draußen ist', in das transformieren, was politisch und sozial relevant ist." (Gottweis 2003, S. 124 f.)

Wir wollen den Mechanismus der Transformation, den Gottweis eher unterbelichtet lässt, spezifizieren, indem wir das ‚da draußen' nicht als einen Ort jenseits der Gesellschaft bestimmen, sondern nur als einen der Politik fremden Ort. Dies ist notwendig, um den Stammzelldiskurs als *wissenschaftspolitischen* Diskurs identifizieren zu können, denn es geht darum, wie ‚Wahrheiten' oder Begriffe, die ihren Ursprung im gesellschaftlichen Teilbereich der Wissenschaft haben, zu Wahrheiten im politischen Diskurs werden. So ist beispielsweise im Fall von Debatten über Embryonenforschung ein Fötus oder Embryo nicht länger ein Konglomerat von Zellen, sondern eine Entität, der politische Rechte zu- oder abgesprochen werden können. Diese Form der Herstellung politischer Realitäten anhand von Signifikaten, die wissenschaftlichen Ursprungs sind, zeichnet einen wissenschaftspolitischen Diskurs aus. Dass es sich hierbei um einen *wissenschafts*politischen Diskurs handelt ist also nicht vorrangig an den Akteuren zu erkennen, die sich an ihm politisch beteiligen, sondern vor allem an der Sprache, in welcher der Diskurs lanciert. Als wissenschafts*politischer* Diskurs kommt dem deutschen Stammzelldiskurs zudem eine genuin politische Funktion zu, die darin besteht, die allseits kontroverse wissenschaftliche Situation der Stammzellforschung gesellschaftlich zu legitimieren.

In der diskursanalytischen Perspektive von Gottweis entstehen politische Bedeutungen vor allem durch die Mobilisierung von zentralen Narrativen einer politischen Kultur. Auf diese Weise werden die geschichtslosen wissenschaftlichen Kategorien mit einer politischen ‚Vorgeschichte' versehen, welche diese in Verbindung zu „historisch relevanten politischen Metanarrativen" setzt, die wiederum gesellschaftliche Ziele und moralische Werte inkorporieren (vgl. Gottweis 2003, S. 129 f.; 2002, S. 445 ff., 449). Entscheidend ist dabei, dass unterschiedliche Akteure verschiedene Werteerzählungen im öffentlichen Kontext mobilisieren können. Stammzellwissenschaftler können ihr Handeln somit in den Kontext sozialer Erwartungen stellen und versprechen sodann häufig künftige Heilungsaussichten (vgl. Marks 2010). Eine breit geteilte politische Bedeutung erhalten Begriffe, wenn es gelingt, dominierende Narrative zu mobilisieren. Gottweis spricht daher im „Prozess des Policy-Makings" vom „erfolgreichen hegemonialen Versuch, die politische Realität zu definieren und damit Subjektpositionen und Handlungsrationalitäten." (Gottweis 2003, S. 130)

Der Stammzelldiskurs in Deutschland wurde anfänglich durch ein Narrativ bestimmt, welches die Arbeit mit hES-Zellen in den Kontext der im kulturellen Gedächtnis verankerten Nazi-Gräuel stellte. Der ‚deutsche Sonderweg', der das politische Entscheiden in der Sache anfänglich bestimmt hatte und zu einer im internationalen Vergleich ungewöhnlich strengen Reglementierung der Stammzellforschung führte, wird daher von politikwissenschaftlichen Kommentatoren vor allem als Resultat eines Diskurses angesehen, in dem die *Ablehnung* des Forschungsfelds gleichbedeutend sei mit einer Reihe moralischer und sozialer Überzeugungen, die als unerlässlich für eine ‚gute' Gesellschaft gelten (vgl. Fink 2007). Diese Annahmen haben Analysten sogar dazu veranlasst, die politische ‚Wahrheit' der Stammzellforschung in Deutschland darin zu sehen, dass mit der Frage nach dem Verbot der humanen embryonalen Stammzellforschung auch die moralische Integrität Deutschlands stehe und falle (vgl. Jasanoff 2005, S. 198). In der aktuellen Situation, in der – wie wir bereits gesehen haben – die hES-Zellforschung sich als feste Größe in der deutschen Forschungslandschaft etabliert hat, trägt diese Einschätzung jedoch kaum mehr, ohne der deutschen Gesellschaft gleichsam einen radikalen moralischen Werteverfall vorzuwerfen.

Auf den ersten Blick liefert der diskursanalytische Ansatz von Gottweis eine theoretische Erklärung für den identifizierten Wandel in der Wahrnehmung der Stammzellforschung in Deutschland, denn die Verknüpfung mit einem dominierenden Narrativ bedeutet nicht notwendigerweise eine *absolute* begriffliche Hegemonie:

> "This attempt to mobilize actors, interpretations, meanings, technologies, and artifacts to stabilize a political space by means of a dominant narrative is usually only temporarily successful and open to contestation: Policymaking is a fundamentally unstable and conflict-ridden operation." (Gottweis 2002, S. 447)

Es läge also nahe, die normalisierte Lage der Stammzellforschung in Deutschland ausgehend von der Fragilität der errichteten politischen Sinnkonstruktion zu erklären. Gemäß der Logik hegemonialer Diskurse hieße dies jedoch eine erneute prominente Aushandlung zentraler Stammzellkategorien, die die Erinnerung an die Naziverbrechen überschreiben würden. Zwar wird auch die Forschung mit hES-Zellen zunehmend als Hoffnungsträger für die künftige Gesundheitsvorsorge verstanden, doch auch jene moralischen Bedenken, welche diese seit je begleiten, haben weiterhin ihre Daseinsberechtigung – eine Ambivalenz, der man im Diskurs immer wieder begegnet. Da sich kein diskursives Ereignis identifizieren lässt, durch das die hES-Zellforschung in Verbindung zu einer neuen und breiter geteilten Erzählung der politischen Kultur gestellt wurde, sie in Form der zentralen Semantiken also keine normalisierte Bedeutung erhalten hat, stellt sich die Frage, wie sich indes ihre Bedeutung ändern konnte. Ist denn nicht vielmehr davon auszugehen, dass die hES-Zellforschung ihren sozialen Sinngehalt, den sie durch den dominierenden moralischen Diskurs Anfang des Jahrtausends erhalten hat, auch heute noch beibehält? Wie ist dann aber zu erklären, dass sie gleichzeitig in weiten Teilen auch nicht mehr als Angriff auf das moralische Fundament der deutschen Gesellschaft verstanden wird? Mit anderen Worten: Wie wird hier zwischen der Fortführung der hES-Zellforschung auf der einen und der moralischen Integrität der Gesellschaft auf der anderen Seite gesellschaftlich vermittelt?

Mit den Erklärungsangeboten zur gesellschaftlichen Bedeutung der Stammzellforschung, die auf diese Weise mit der sozialen Konstruktion politischer Bedeutungen operieren, gerät der zentrale Aspekt der Widersprüchlichkeit des deutschen Stammzelldiskurses aus dem Blick, wohingegen er sich mit Ansätzen zur begriffsgeschichtlich-sozialwissenschaftlichen Analyse wissenschaftspolitischer Diskurse einfangen lässt. Anders als in den Untersuchungen zur Stammzellforschung, die sich auf die moralischen und politischen Bedeutungen zentraler stammzellwissenschaftlicher Kategorien konzentrieren, geht es in den neueren Arbeiten zur Wissenschaftspolitik um Begriffe „that are often taken as given in the natural language" (Schauz und Kaldewey 2018, S. 7). Hier stehen daher scheinbar selbstverständliche Vokabeln im Vordergrund, denen jedoch eine weitreichende Bedeutung für das soziopolitische Verständnis von Wissenschaft zugeschrieben wird. Die Idee ist dabei, auch diese Begriffe nicht im Sinne analytischer Kategorien zu behandeln, sondern im Anschluss an Reinhardt Koselleck als historische Semantik zu verstehen und durch diskursanalytische Ansätze zu ergänzen (vgl. Kaldewey 2013, S. 156 ff.). Übergreifende wissenschaftliche Kategorien wie ‚Forschung' oder ‚Wissenschaft', die sowohl im öffentlichen wie im akademischen Diskurs Verwendung finden, werden hier in ihrer Bedeutung als Resultat von Selbst- und Fremdbeschreibungen des Wissenschaftssystems verstanden, die dessen soziale Identität formieren (ebd., S. 103 ff.). Somit können sie als mit je nach gesellschaftlicher Position unterschiedlicher Bedeutung versehen betrachtet werden: "By focusing on the polysemy of [...] concepts, we can examine how they serve [to] link different discursive groups with diverse, and often conflicting, interests and values." (Schauz und Kaldewey 2018, S. 8) Solche Konzepte existieren nicht im luftleeren Raum, sondern werden auch hier vielfach getragen von Narrativen, die so zu zentralen Funktionsträgern in der Vermittlung zwischen wissenschaftlicher Arbeit und gesellschaftlichen Werten und Zielen werden. Unser Fokus soll hier jedoch nicht auf wissenschaftlichen Metakategorien liegen, sondern auf den in unseren Augen in zentraler Weise zwischen Stammzellforschung und deutscher Gesellschaft vermittelnden Narrativen des ‚Goldstandards' und des ‚Alleskönners'.

3.2 ‚Vision Assessment' und narrative Diskursanalyse

Stammzellforschung und ihre Anwendungen stehen heute beispielhaft für jene neuartigen gesellschaftlichen Herausforderungen (vgl. Büscher et al. 2018; Böschen 2018), welche politische Entscheidungsträger und ihre wissenschaftlichen Berater in der späten Moderne[7] mit fundamentalen Problemstellungen konfrontieren. Angesichts steigender Kontingenzlagen nehmen die Erwartungen an Politik, öffentlich diskutierte

---

7   Diese ist durch die Annahme einer sich herausbildenden vierten sozialstrukturellen Ordnungsform gekennzeichnet, welche die moderne funktionale Differenzierung mit einer gleichzeitigen Fragmentierungs- wie Vernetzungsbewegung überlagert und somit ihre Komplexität potenziert (vgl. Martinsen 2007a, S. 85 f.).

Missstände mithilfe allgemein verbindlicher Regelungen zu behandeln, zu, während gleichzeitig die Unsicherheit politischer Entscheidungen wächst, sodass Politik sich zunehmend Vorwürfen der Handlungs- oder gar Entscheidungsunfähigkeit ausgesetzt sieht – und in entsprechende Legitimitätskrisen gerät (vgl. Gloede 2007, S. 46; Martinsen 2016).

Ob kollektiv verbindlich oder nicht: Entscheiden lässt sich grundsätzlich nur das, was gegenwärtig noch nicht feststeht, also nur im Hinblick auf die Zukunft (vgl. Luhmann 2006, S. 136). Politik kann sich dabei heute nicht mehr einfach auf Autorität[8] berufen, sondern muss ihre Entscheidungen am Kriterium ihrer rationalen Begründungsfähigkeit messen lassen (vgl. Hellmann 2007, S. 9 f.). Der entsprechende Kalkül präsentiert die normative Wünschbarkeit antizipierter Zustände, welche der zu treffenden Entscheidung als Folgen zugerechnet werden, in der semantischen Form berechenbarer Chancen- und Risiken (vgl. Bechmann 2007, Gloede 2007).[9] Eine solche Bewertung setzt jedoch eine hinreichende Kenntnis dieser Zukunft[10] voraus, weshalb Politik heute nicht nur zur Legitimitätsbeschaffung, sondern auch zwecks Orientierung mehr denn je auf wissenschaftliche Politikberatung angewiesen ist (Martinsen 2007a, S. 86; dies. 2007b, S. 54; Daase 2007, S. 117 f.). Indes führten innerwissenschaftliche Debatten zum prekären Status von Wissen über die „Entzauberung" (Hellmann 2007, S. 10) des Experten als gesellschaftliches Konstrukt (vgl. Kessler 2007) bis auf die allgemeine Frage: „Wozu Experten?" (Leggewie 2007, S. 8). Denn in Anbetracht der „Pluralisierung von Wissensformen" (Büscher et al. 2018, S. 90) erscheint wissenschaftlich geprüftes Wissen nicht mehr als „überlegenes, sondern nur spezifisches Wissen" (Nullmeier 2007, S. 175), das öffentlich mit anderen Formen konkurriert, mitunter mehr Fragen aufwirft, als es zu lösen vermag (vgl. Böschen et al. 2007, S. 223), und dies teils durch überzogene Versprechen zu kompensieren sucht (vgl. Schneider 2014, S. 31).

Insbesondere in technikbezogenen Politikfeldern werden diese Problemlagen virulent. Auf das Ende des einseitigen Fortschrittsoptimismus[11] folgte eine „Politisierung der

---

8 Niklas Luhmann (vgl. 2006, S. 139) zufolge habe die machtförmige Autorität der Politik ehedem in dem Zutrauen der Fähigkeit bestanden, die Zukunft zielgerichtet gestalten zu können.
9 Während dabei unter Chancen die zwar ungewissen, jedoch intendierten positiven künftigen Folgen gegenwärtiger Entscheidungen verstanden werden, zielt der Risikobegriff auf nicht-intendierte negative Auswirkungen (vgl. Bechmann 2007, S. 37 ff.; Gloede 2007, Nida-Rümelin und Schulenburg 2013). Beide Seiten des Kalküls lassen sich indes auch ex post auf positive wie negative Gegenwartszustände anwenden, welchen eine für ursächlich erklärte vergangene Entscheidung zugeschrieben wird. Inwieweit diese Semantik auf die Spannung von Wissen und Nicht-Wissen angewiesen ist, zeigt Christopher Daase (2007), der Risiken als das Paradox der „known unknowns" konzipiert und gegen Bedrohungen („known knowns"), Katastrophen („unknown unknowns") und Ignoranz („unknown knowns") abgrenzt.
10 Gerade auf dieser Zuschreibung habe mit Luhmann (vgl. 2006, S. 139) die traditionelle Autorität wissenschaftlicher Expertise gefußt.
11 Zur „Krise des Fortschrittsoptimismus" s. ausführlich bei Rolf-Ulrich Kunze (2013).

Fortschrittsfrage", die auch Technik entscheidbar machte und normative Ambivalenzen offenbarte (Martinsen 2016, S. 142 f.; Grunwald 2002, S. 48), an welchen sich seither politische Technikkonflikte formieren (vgl. Renn 2013). Klassischerweise kommt hier Technikfolgenabschätzung[12] (TA) ins Spiel, die mithilfe wissenschaftlicher Prognoseverfahren oder Szenarien Ungewissheit bändigt, indem sie geprüftes Zukunftswissen zur Rahmung politischer Entscheidungskorridore produziert (vgl. Grunwald 2014, S. 10 ff.). Bei aktuellen Entwicklungen der modernen Technowissenschaft stößt diese Perspektive jedoch an ihre Grenzen (vgl. ebd.), denn Technikinnovationen wie die Stammzelltechnologie weiten den Raum des Menschenmöglichen auf dessen eigene Natur aus (vgl. Martinsen 2011, S. 29 f.; dies. 2004, S. 73 ff.), sodass von Zukunftsgewissheiten nicht länger wissenschaftlich die Rede sein kann. Damit stößt TA nicht nur auf „Prognoseunsicherheiten, fehlendes Faktenwissen, überkomplexe Problemlagen oder die Nebenfolgenproblematik", sondern bekommt es auch selbst mit normativen Ambivalenzen zu tun (Böschen et al. 2007, S. 223 f.).[13] Letztere schlagen sich ohne geprüftes Wissen schließlich in öffentliche Debatten nieder, wodurch Technikkonflikte Gefahr laufen, sich auf unentscheidbare Ethikkonflikte zuzuspitzen (vgl. Schneider 2014, S. 32; Martinsen 2016, S. 162 ff.) – was die Kontroverse um hES-Forschung und ihre Anwendungen eindrucksvoll demonstrierte (vgl. Martinsen 2011).[14]

Der ernüchternde Befund: Der wissenschaftliche Blick in die Zukunft ist unverzichtbar – und doch unmöglich (vgl. Bechmann 2007, S. 36), weil sich die offene Zukunft jeder empirischen Bestimmung entzieht und letztlich ungewiss bleibt (vgl. ebd., S. 38; Grunwald 2007, S. 57 f.). Dies stellen jüngere TA-Ansätze wie die von Armin Grunwald vorgeschlagene „hermeneutische Erweiterung der Technikfolgenabschätzung" (2015) in Rechnung, die anerkennen, dass heutige Technikzukünfte weniger „eine kommende Epoche" abbilden, als vielmehr über die – Technikzukünfte formulierende – Gesellschaft der Gegenwart aufklären (ders. 2012, S. 270). Zukunft erscheint hier als sprachliche Form, die in gesellschaftlichen Diskursen als ein wichtiges Verständigungsmittel fungiert, da sie den Zeithorizont moderner sozialer Erwartungsbildung aufspannt und folglich wirkmächtige Steuerungseffekte zeitigt (vgl. Lösch 2013, S. 13). Somit tragen Chancen- und Risikosemantiken zur Stabilisierung normativer Erwartungen bei, indem sie kalkulierte Entscheidungen suggerieren, welche die Ungewissheit der Zukunft normalisieren (vgl. Bechmann 2007, S. 38 f.). Und da Zukunft infolgedessen überhaupt nur

---

12 Programmatischen Anspruch, Charakteristika, historische Entwicklung und zentrale Kontroversen der TA trägt Dusseldorp (2013) überblicksartig zusammen.
13 Diese haben innerhalb der bundesdeutschen TA-Community zu grundlegenden Reflexionsfragen geführt, die sich prominent in der im Jahr 2007 (H. 1) angestoßenen und 2018 (H. 1) fortgesetzten Theoriedebatte in der Fachzeitschrift *Technikfolgenabschätzung Theorie und Praxis* niedergeschlagen haben (s. hierzu auch den Beitrag von Florian Hoffmann, in diesem Band).
14 Für eine ausführliche Darstellung der darin verhandelten bioethischen Positionen s. Martinsen 2004, S. 76 ff.

sprachlich zugänglich ist, gewinnt diese „Art und Weise unseres Redens über Zukunft" (Grunwald 2007, S. 58) vordringliche forschungs- und beratungspraktische Relevanz.

Diesen konzeptionellen Überlegungen leistet das Forschungsdesign von MuRiStem-Pol folge, das sich als politikwissenschaftliches Teilprojekt konzeptionell zwischen einer ethischen und einer rechtswissenschaftlichen Betrachtung der Stammzellforschung und ihrer Anwendungen verortet und dort inhaltlich die politischen Aushandlungsprozesse im Übergang von ethischer Normativität zur rechtlichen Norm(alis)ierung untersucht (vgl. Rolfes et al. 2017). Ausgehend von der konstatierten Umstellung des ehemals moralischen zum Risiko-Frame interessiert es sich für jene im Stammzelldiskurs zirkulierenden Zukunftsbilder, welche die Chancen und Risiken sprachlich ausgestalten, und sucht diese im Rahmen eines Vision Assessments (vgl. Lösch 2013, Grunwald 2014) zu rekonstruieren. Dazu wird die qualitative Analysemethode der narrativen Diskursanalyse (vgl. Viehöver 2012) als Beschreibungsheuristik gewählt, weil die narratologische Fundierung breite Anschlussmöglichkeiten an konstruktivistische Theoriebildung (vgl. Gadinger et al. 2014, S. 88) und gegenüber konventionellen Spielarten der sozialwissenschaftlichen Diskursanalyse den Vorzug aufweist, neben der artikulierten Oberfläche auch die diskursive Einbettung in tieferliegende gesellschaftliche Werte- und Konfliktstrukturen sowie die zwischen diesen vermittelnden Narrativierungsprozesse in den Blick zu bekommen (vgl. Viehöver 2012, S. 82 ff.). Dabei wird vorausgesetzt, dass sich auch in der fortgeschrittenen Moderne menschliches Zusammenleben durch das Erzählen von Geschichten konstituiert (vgl. ebd., S. 72; Koschorke 2012). Auch die politische Öffentlichkeit zeige sich somit als Raum konkurrierender Erzählungen, die Individuen in Interpretationsgemeinschaften inkludieren und steuernd auf diese einwirken (vgl. Arnold 2012). Zwecks Analyse lassen sich diesen das greimassche Aktantenmodell (vgl. Greimas 1987, S. 106 ff.), welches Held, Bösewicht, Helfer, Sender, Empfänger und Objekt differenziert, die Gliederung in Erzählepisoden sowie deren erzählerische Organisation durch Plot-Muster als narrative Minimalstrukturen unterstellen und bilden somit die zentralen Kategorien narrativanalytischer Rekonstruktionen (vgl. Viehöver 2011, S. 211 ff.). Im Folgenden gilt das Hauptaugenmerk dem Dualismus von Held und Bösewicht, der positive bzw. negative Werturteile sowie deren konfliktives Zusammentreffen impliziert und deshalb Erkenntnisse über die vorherrschende sprachliche Ausgestaltung der Chancen- und Risiken der im öffentlichen Diskurs zur Stammzellforschung und ihren Anwendungen kursierenden Zukunftsvisionen erwarten lässt. Über dieses epistemologische Forschungsinteresse hinaus geht es dabei um eine sich anschließende Herausarbeitung konkreter sozialverträglicher Politikempfehlungen,[15] die den beratungspraktischen Wissenstransfer an der Schnittstelle von Wissenschaft und Politik (vgl. Buchholz 2007; Martinsen 2007a, 2007b) erfolgreich vollziehen.

---

15 Die Politikempfehlungen finden sich als letztes Kapitel unter Fangerau u. a., in diesem Band.

3.3 Zusammensetzung des Diskurskorpus und methodisches Vorgehen

Vor dem skizzierten Hintergrund wird methodisch auf eine Steigerung der „Chancen [...], unterschiedliche Blickwinkel zur Strukturierung von Problemlagen transparent zu machen", abgezielt, wozu es „bisher beratungsexterne beziehungsweise irrelevante Wissensvorräte zu heben" gilt, die insbesondere für Risikodiskurse relevant sind, da diese „ihre Schärfe aus dem spannungsreichen Verhältnis zwischen wissenschaftlich-technischen Verheißungen und gestaltungsöffentlichen Dynamiken ihrer Akzeptanz oder Ablehnung" beziehen (Böschen et al. 2007, S. 224). Damit ist die Folgefrage verbunden, anhand welcher Datengrundlage die im öffentlichen Diskurs zur Stammzellforschung und ihren Anwendungen kursierenden Zukunftserzählungen untersucht werden können. Der konventionelle politikwissenschaftliche Blick fokussiert hier die Entscheidungsperspektive und legt die Betrachtung von Fragen politischer Steuerung und ihrer Folgewirkungen (vgl. etwa Schneider 2002) oder institutioneller Meinungsbildungs- und Entscheidungsprozesse (vgl. Sikora 2006) nahe, was allerdings die aufnehmenden sozialen Strukturen politischer Entscheidungen außerachtlässt. Weitergefasste sozialwissenschaftliche Analysen verlieren hingegen schnell den Anschluss an Entscheidungsfragen (vgl. Kalender 2012). Versuche, dies durch die partizipative Einbindung von Bürgerinnen zu überbrücken (vgl. Tannert und Wiedemann 2004), kommen angesichts hochkomplexer Sachthemen wie Stammzellforschung wiederum nicht ohne Expertenwissen aus, weshalb fraglich ist, inwieweit dabei vom Einbezug von ‚Laien' die Rede sein kann. Da verschiedene Diskursperspektiven also spezifische Vorzüge wie auch Blindstellen aufweisen, differenziert das Forschungsdesign von MuRiStem-Pol *vier Analyseebenen*, welche die Betrachtung bereits vorhandenen (Quelltypen 1 und 2) und selbsterhobenen Diskursmaterials (Quelltypen 3 und 4) miteinander kombinieren, um eine möglichst breite Perspektivenoptik auf Stammzellforschung und ihre Anwendungen abzubilden, die der Komplexität öffentlicher Diskurse Rechnung trägt.

(1) Politisch-programmatische Verlautbarungen

Den ersten Quelltypus bilden dabei Texterzeugnisse aus der institutionalisierten Kommunikation korporatistischer Politikakteure, denen eine besonders wirkmächtige Sprecherposition in öffentlichen Diskursen unterstellt wird. Auf der ersten Analyseebene fließen daher 20 politische Stellungnahmen, Erfahrungsberichte sowie Policy-Empfehlungen gesellschaftspolitischer Organisationen aus Politik, Wissenschaft und Kirchen aus den Jahren 2007–2017 in den Diskurskorpus ein.[16] Auf diese Weise soll ein Überblick zum Status Quo des Policyfeldes gewonnen werden, der den Einbezug der poli-

---

16 Sämtliche Dokumente sind beim Deutschen Referenzzentrum für Ethik in den Biowissenschaften sowie in Parlamentsarchiven zugänglich.

tischen Entscheidungsperspektive in die Analyse der gesellschaftlichen Zukunftsnarrative, wie auch der sich anschließenden Formulierung von Politikempfehlungen die Reflexion auf stammzelldiskursive Pfadabhängigkeiten erlaubt.

(2) Medientexte

Allerdings richten politische Organisationen ihr öffentliches Kommunikationsverhalten in „Mediendemokratien" zunehmend an der Funktionsweise der modernen Massenmedien[17] aus (Marschall 2007, S. 153 ff.), da diesen heute die Regeln zur Verknappung diskursiver Sprecher obliegen (vgl. Böschen et al. 2007, S. 225). Zudem machen Massenmedien komplexe Sachverhalte wie Stammzellforschung erst als soziale Realität erfahrbar (vgl. i. S. Gerhards in diesem Band). Aufgrund dieser diskursprägenden Rolle wurden in einem ersten Schritt die Datenbanken der bundesdeutschen Qualitätsmedien Frankfurter Allgemeine Zeitung (FAZ), Die Tageszeitung (taz), Der Spiegel, Süddeutsche Zeitung (SZ) und Die Zeit für den Zeitraum 2007–2017 mit dem Stichwort „Stammzell*" durchsucht und daraufhin alle 102 Artikel, die mindestens 500 Wörter zählen und zudem den Suchbegriff im Titel oder Untertitel tragen, in den Diskurskorpus für die Analyse der darin enthaltenen Chancen- und Risikoerzählungen zur Stammzellforschung und ihren Anwendungen ausgewählt.

(3) Experteninterviews

Zwar können weder Policy-Empfehlungen noch die mediale Berichterstattung in ihren Beschreibungen der Stammzellforschung und ihrer Anwendungen auf wissenschaftliches Expertenwissen verzichten. Eingedenk ihrer spezifischen Funktionslogiken genügen beide jedoch nicht als Abbilder des wissenschaftlichen Stammzelldiskurses.[18] Da die Zuschreibung von Expertise mit der Zurechnung spezifischer Problemlösungskompetenz einhergeht (vgl. Martinsen 2007b, S. 54), wird den hinter dem Sonderwissen liegenden wissenschaftsinternen Erzählungen ebenfalls eine diskurssteuernde Wirkung unterstellt. Deshalb wurden 15 leitfadengestützte Interviews mit reputablen Expertinnen[19] aus Zellbiologie, Medizin, Ethik, Rechts- und Sozialwissenschaften in der ganzen Bundesrepublik geführt, aufgezeichnet, transkribiert[20] und dem Analysematerial hinzugefügt. Dabei liegt der Vorzug von Experteninterviews gegenüber der wissenschaftlichen Textform in der gehegten Erwartung, dass die direkte Interaktion unter Anwe-

---

17 S. ausführlich bei Niklas Luhmann (2017).
18 In umgekehrter Blickrichtung ist wiederum zu beobachten, dass Wissenschaftler sich in der Öffentlichkeit teilweise auch als Politiker gerieren und allzu leicht mit diesen verwechselt werden (vgl. Nullmeier 2007, S. 171 ff.).
19 Eine Übersicht der interviewten Experten findet sich ebenfalls im Anhang des Textes.
20 Die Transkription der Interviews erfolgte computergestützt mithilfe der F4-Transkriptions- und Analysesoftware.

senden latente Wissensbestände aktiviert und sich Zukunftsbilder manifestieren, die wissenschaftlichen Texten nicht in derselben Weise entnommen werden können. Die dahinterstehende Auswahl der Fachdisziplinen reflektiert zudem die Annahme, dass sich aufgrund der unterschiedlichen fachprofessionellen Sozialisierung (vgl. Martinsen 2011, S. 36f.; Gülker 2015) sowie praktischer Distanzen zum Gegenstand der Stammzellforschung erzählerische Differenzen zwischen philosophisch-sozialwissenschaftlichen und biologisch-naturwissenschaftlichen Expertinnen nachzeichnen lassen.

(4) Laieninterviews

Des Weiteren geben die zahlreichen – in Reaktion auf die gezeichnete politische Legitimitäts- und wissenschaftliche Reputationskrise unternommenen – Bemühungen der Inklusion breiter Bevölkerungsteile in Entscheidungsprozesse bis hin zu Versuchen einer „Demokratisierung von Expertise" (Martinsen 2007a, S. 110) einen Hinweis auf die perspektivische Grenzziehung zwischen Entscheidern und Betroffenen (vgl. Gloede 2007, S. 50f.). Demnach beruht der privilegierte Sonderstatus wissenschaftlich geprüften und politischen Entscheidungswissens gegenüber anderen Wissensformen nicht auf einer prinzipiellen Überlegenheit, sondern auf ihrer spezifischen Handlungsperspektive, welchen ihre Risiken den von der Entscheidung Betroffenen als diffuse Gefahren zumutet, während diese ihrerseits grundlegend andere Chancen- und Risikokalkulationen zur Bewältigung von Zukunftsungewissheit anstellen (vgl. Bechmann 2007, S. 40f.; Gloede 2007, S. 50f.). Aufgrund ihrer asymmetrischen Kommunikationsstruktur, die einen „bestimmbaren Adressatenkreis" abgrenzt und diesem gegenüber weniger rational begründungspflichtig ist, als vielmehr Verlautbarungscharakter aufweist (Martinsen 2007b, S. 65), lässt sich jenes spezifische Betroffenen- oder Laienwissen nicht unmittelbar aus der massenmedialen Berichterstattung isolieren. Da eine umfassende Analyse des öffentlichen Diskurses zur Stammzellforschung und ihren Anwendungen sowie die Suche nach sozialverträglichen Politikoptionen folglich über die Kommunikation der politisch-medialen Öffentlichkeit hinausgehend auch ihre lebensweltlichen Wahrnehmungs- und Deutungsmuster aufgreifen müssen, wurden schließlich leitfadengestützte Interviews mit 15 interessierten Laien[21] im Zeitraum vom 22.06. bis 07.11.2017 geführt, aufgezeichnet, transkribiert, anonymisiert und der nachfolgenden Analyse als vierte Ebene zugrunde gelegt.

---

21 Diese wurden mithilfe von Aushängen am Klinikum und Gesundheitsamt in Essen sowie am Universitätscampus Duisburg rekrutiert; außerdem wurden Suchmeldungen nach Interviewpartnern in der WAZ (Westdeutsche Allgemeine Zeitung) und in „Campus Aktuell" (Newsletter der Universität Duisburg-Essen) abgedruckt. Einige Interviewkontakte kamen durch die befragten Laien selbst zustande, die uns auf potentielle Interviewkandidaten mit Interesse am Thema aufmerksam machten (Schneeballsystem). Die Laien stammen allesamt aus dem lokalen Umfeld. Zur Unterstützung der Befragung wurden Schaubilder zu den einzelnen Stammzelltypen verwendet.

Der dementsprechend umfangreiche Datenkorpus wurde unter Zuhilfenahme der *MAXQDA*-Software[22] computergestützt organisiert und ausgewertet. In einem ersten Reduktionsschritt wurden induktive Kategorien nach den Prinzipien der Grounded Theory (vgl. Glaser und Strauss 1967) gewonnen, die einen ersten Ausblick auf die zentralen Zukunftsmotive des öffentlichen Stammzelldiskurses geben. Darauf folgte eine Feinanalyse der als wirkmächtig erkannten Muster an der diskursiven Oberfläche, um komplexere Diskursstrukturen und ihre gesellschaftliche Kontextualisierung zu identifizieren. Abschließend wurden die zentralen Diskursmotive im deduktiven Rückgriff auf die narratologische Heuristik des Aktantenmodells und ihre Held-Bösewicht-Opposition im Hinblick auf die erzählerische Komposition ihrer Chancen- und Risikonarrative und die Frage analysiert, welche Zukunftsbilder im öffentlichen Diskurs zur Stammzellforschung und ihren Anwendungen zirkulieren und wie diese erzählerisch verhandelt werden.

4 Der narrative Diskurs zur deutschen Stammzellforschung: Rekonstruktion und Analyse zentraler Diskursmotive

4.1 Die embryonale Stammzelle als ‚Goldstandard'

Die Rede von der embryonalen Stammzelle als Goldstandard ist ein tragendes Narrativ im wissenschaftspolitischen Diskurs mit weitreichenden Konsequenzen für die soziopolitische Deutung der Stammzellforschung in Deutschland. Denn als Argument eignet sich der ‚Goldstandard' dazu, unterschiedliche Stammzell-Positionen zu bekräftigen. In der Tat gehen die Einschätzungen über die gegenwärtige und künftige Rolle der ES-Zelle auseinander. Christian Kummer meint etwa, dass die Gemeinschaft der Stammzellforscher ihre Rolle primär als Kontrolle für mit hiPS-Zellen generierte Forschungsergebnisse sieht:

> „Die gebetsmühlenartig wiederholte Beteuerung der Stammzell-Community, die Verwendung von iPS-Zellen mache die Existenz der ES-Zellen nicht überflüssig, ist also nicht, wie man böswillig vermuten könnte, die posthume Ehrenrettung einer fehlgeschlagenen Forschungsrichtung. Sie ist vielmehr auf Grund der methodisch bedingten Limitationen der induzierten Reprogrammierung geboten. ES-Zellen sind der unverzichtbare Goldstandard der Pluripotenz." (Kummer 2016, S. 203 f.)

Gänzlich anders liegen demgegenüber Reaktionen einiger Stammzellwissenschaftler auf den ‚Goldstandard-Hype', der sich nach der Entwicklung der iPS-Technologie eingestellt hatte. Hier reagieren prominente Vertreter mit Bedenken und wenden sich kri-

---

22 Für nähere Informationen s. www.maxqda.com (Zugegriffen: 11.01.2019).

tisch an ihre Fachkolleginnen und -kollegen. So stellt Stammzellpionier Yamanaka im Jahr 2012 nach einer Bestandsaufnahme der Forschung mit iPS-Zellen die Rolle der ES-Zellen als einfache Kontrollinstanz – „do ESCs truly represent an ultimate control or gold standard for iPSCs?" – mit einem lakonischen „I think the answer is probably no" (2012, S. 681) in Frage. Er unterstreicht vielmehr die Eigenständigkeit beider Zelltypen als Forschungsobjekt – eine Position, die auch andere führende Stammzellwissenschaftlerinnen und -wissenschaftler teilen. Im selben Jahr betonen Daisy Robinton und George Daley in ihrem *Nature*-Review zur iPS-Zellforschung die Unterschiedlichkeit von ES- und iPS-Zellen und plädieren an die Forschungsgemeinschaft „to take a step back from the direct comparison of iPS cells and ES cells" (Robinton und Daley 2012, S. 300).

Diese Divergenz der forschungspolitischen Einschätzungen muss durch die Mehrdeutigkeit der ES-Zelle im Diskurs erklärt werden, die sie durch ihre Charakterisierung als Goldstandard erhält. Die rhetorische Flexibilität, welche das Diktum des Goldstandards im wissenschaftspolitischen Diskurs um die Stammzellforschung auszeichnet, ist – wie im Folgenden dargelegt – mit einer bestimmten politischen Funktion verknüpft, die darin besteht, *die faktische Fortführung der humanen embryonalen Stammzellforschung in Deutschland gesellschaftlich zu legitimieren*. Dies gelingt, da unterschiedliche diskursive Gruppen mit gegensätzlichen Interessen und Werten an die Erzählung anschließen können. Wir erörtern hier zunächst die diskursive ‚Vorgeschichte' des Goldstandard-Narratives, bevor wir seine rhetorische Dimension und politische Funktion anhand unseres Datenmaterials exemplarisch demonstrieren (vgl. auch Roth und Gerhards 2019).

Seinen semantischen Ursprung hat die Rede vom Goldstandard im finanzpolitischen Regime, das sich im 19. und frühen 20. Jahrhundert durch die Kopplung der Währungen führender Industrienationen an nationale Goldreserven eingestellt hatte.[23] Dabei bedeutete der Goldstandard damals sowohl ein Instrument für globale Übereinstimmung im Austausch von Währungen und Edelmetallen als auch für die ökonomische, politische und zivilisatorische Fortschrittlichkeit derjenigen Nationen, die sich auf ihn eingestellt hatten.[24] Im Laufe des 20. Jahrhunderts fand der Goldstandard als Metapher für global geltende Gütekriterien, in der beide Assoziationen semantisch erhalten sind, Einzug in die wissenschaftliche und medizinische Praxis. Dort steht er für Maßstäbe zur Bewertung wissenschaftlicher Ergebnisse oder therapeutischer Effektivität, die sie von anderen, nichtstandardisierten Praktiken abgrenzen sollen (vgl. etwa Derkatch 2008,

---

23 Für eine instruktive Sammlung klassischer Positionen und neuerer Kommentare vgl. Eichengreen und Flandreau (1997).
24 Diese Vorstellung ist mit der historischen Stellung Großbritanniens verknüpft, das einerseits als die erste Nation gilt, die faktisch einen Goldstandard eingeführt hat, und zudem aufgrund seiner kolonisatorischen und ökonomischen Bestrebungen als globaler Vorreiter angesehen wurde (vgl. Gallarotti 1993, S. 18 ff.).

Jones und Podolsky 2015, Timmermans und Berg 2003). Doch wie wurde die hES-Zelle nun zum Goldstandard?

Es lässt sich zunächst festhalten, dass die hES-Zelle von Befürwortern ihrer Beforschung von Beginn an im Sinne eines Goldstandards verteidigt wurde. In der öffentlichen Chancenbewertung durch Forschungsinstitutionen und einzelne Wissenschaftler wurden – anders als etwa bei der Klontechnologie, deren wissenschaftliche Potentiale in keinem Verhältnis zu den ethischen Bedenken gesehen werden – die Verheißungen der hES-Zellforschung in einen breiteren gesellschaftlichen Kontext gestellt. Wie Gottweis bemerkt, wurde noch vor der Verabschiedung des StZG die übergreifende nationale Bedeutung der hES-Zellforschung von befürwortenden Akteuren vorgetragen:

> "The DFG, the Max Planck Institute, the Ministry of Research, and many individual researchers left no doubt that they considered embryonic stem cell research crucial for research, with respect to potential medical applications but also for the scientific and economic future of the country." (Gottweis 2002, S. 460)

Dementsprechend warnt die DFG in einer ersten Stellungnahme zur hES-Zellforschung aus dem Jahr 1999 vor einem Doppelstandard, der sich einstelle, wenn man im Fall eines Verbots der Forschung in Deutschland später dennoch von versprochenen medizinischen Fortschritten profitieren wolle, die aber in anderen Ländern erbracht wurden. So spreche „das in dieser Forschung liegende diagnostische und therapeutische Potential und die Tatsache, daß in anderen Staaten die Möglichkeit für derartige Forschungsarbeiten besteht bzw. eröffnet wird" für eine (regulierte) Zulassung der Forschung mit hES-Zellen. „Es wäre auch ethisch schwer vertretbar, später die aus diesen Forschungsarbeiten entwickelten therapeutischen Methoden übernehmen zu wollen, wenn vorher die Zulässigkeit der Forschung verneint wurde." (DFG 1999, S. 399)

Während die DFG auf die wissenschaftlichen und therapeutischen Potentiale abhebt, um die Fortschrittlichkeit der Arbeit mit hES-Zellen zu unterstreichen, und sich somit gegen ein Verbot ausspricht, bringt der Nationale Ethikrat (NER) in seiner Stellungnahme aus dem Jahr 2001 dieselben Potentiale in einem instrumentellen Verständnis an und schlägt damit eine strenge Reglementierung der hES-Zellforschung in Deutschland vor. Der NER lenkt dabei das Augenmerk auf die adulten Stammzellen (AS), die er hier jedoch nicht aufgrund ihrer therapeutischen Aussichten anführt, sondern rhetorisch mit den hES-Zellen gleichstellt und so als Gegenposition zur hES-Zellforschung in Anschlag bringt:

> „Die Frage, ob alternative Forschungsmöglichkeiten auf lange Sicht die gleichen Chancen wie die Nutzung embryonaler Stammzelllinien bieten, wird in der wissenschaftlichen Grundlagenforschung derzeit nicht einhellig beantwortet. Aus forschungsethischer Sicht sollte die Reprogrammierung von adulten Stammzellen zunächst im Tierreich intensiv erkundet werden. Die Experten sind sich nicht ei-

nig, ob dies bisher zureichend geschehen und überdies überhaupt erforderlich ist. Eine erste konkrete Empfehlung zielt daher auf die verstärkte Förderung der Forschung an adulten Stammzellen. Sofern adulte Stammzellen im moralischen Konsens erforscht werden können, muss auch hier der Vorrang bei der Herausbildung wissenschaftlicher Konzepte liegen. Ethisch unbedenklichen Forschungsalternativen ist aus moralischer Perspektive ein prinzipieller Vorrang vor solchen einzuräumen, gegen die sich starke ethische Bedenken richten." (NER 2002, S. 39 f.)

Es wird hier also auf mögliche Alternativen abgestellt, welche die Arbeit mit hES-Zellen potentiell ersetzen könnten. Eine ähnliche Rhetorik hat auch Nicola Marks (2010) in ihrer Analyse von Stammzelldebatten in Großbritannien und Australien feststellen können. Sie beschreibt, wie die Publikation eines Fachaufsatzes von 2002, der die Möglichkeit der Transdifferenzierung von AS-Zellen vorstellt und somit ein erhöhtes Differenzierungspotential als bisher angenommen suggeriert, als gewichtiges Argument von Kritikern der hES-Zellforschung ins Feld geführt wurde: "The new knowledge claims about the materiality of AS cells – their higher differentiation potential – mapped onto the interests of powerful political groups (such as Prolife movements) and challenged the story of ESCR [hES-Zellforschung] as the best route to therapy." (Marks 2010, S. 39) Das heißt, dass das eigentlich für die hES-Zellen reservierte Kriterium der Differenzierungsfähigkeit hier, wie auch in der Stellungnahme des NER, als potentielle Eigenschaft und somit auch als Vorteil der Forschung mit AS-Zellen ausgelegt wird.

Ungeachtet dessen, ob die AS-Zellen in dieser Hinsicht wissenschaftlich überzeugen können oder nicht, wurden sie bald von einem neuen Hoffnungsträger aus dem öffentlichen Blickfeld verdrängt: Mit dem Aufkommen der iPS-Technologie schien nun eine realistische Alternative zur kontrovers empfundenen Arbeit mit hES-Zellen greifbar. Während die Äquivalenz in den biologischen Eigenschaften der AS- und ES-Zellen also noch zur Disposition stand, scheint durch die Eigenschaft der sowohl ES- als auch iPS-Zellen zugeschriebenen Pluripotenz, ein valides Kriterium ihrer Vergleichbarkeit gegeben. Unter diesen Bedingungen konnte sich die Erzählung vom Goldstandard prominent im Diskurs etablieren.

Im Regime der ES-Zelle galt der Ursprung einer Stammzelle (d. h. der drei bis vier Tage alte Embryo) als Garant für ihre pluripotente Eigenschaft. Bis zur Induktion pluripotenter Zellen war es daher möglich, die Kriterien für diesen Zustand gewissermaßen als selbstverständlich zu erachten. Durch die Verfügbarkeit somatischer Zellen als zusätzliche Quelle für pluripotente Stammzellen wurde dies jedoch in Frage gestellt. Wie Kelly Smith, Mai Luong und Gary Stein in einem Review aus dem Jahr 2009 nüchtern beobachten, „use of the term ‚pluripotent' has become widespread." (2009, S. 21) Aufgrund der nun vorherrschenden inflationären Verwendung des Kriteriums ‚Pluripotenz' wurde in der Wissenschaft die Notwendigkeit valider übergreifender Kriterien – einem Goldstandard – für die Charakterisierung dieses Zustands gesehen, mit dem Resultate aus Forschung mit beiden Zelltypen einheitlich bewertet werden können: „As new technologies are developed and more ES-like cells are produced, assays that rigorously define and measure pluripotency and the reprogramming process are critical to their characterization." (ebd.)

Dieses durch die Suche nach gemeinsamen Kriterien provozierte ‚ins-Verhältnis-setzen' von ES- und iPS-Zellen ist entscheidend für die gesellschaftliche Neubewertung der hES-Zellforschung im Stammzelldiskurs, denn dadurch können beide als zugleich different *und* äquivalent ausgelegt werden (vgl. Hauskeller und Weber 2011, S. 422). Die Betonung der Äquivalenz bzw. Differenz beider Zelltypen in der Erzählung vom Goldstandard spielt eine entscheidende Rolle dafür, wie auf das Fortbestehen der hES-Zellforschung reflektiert wird. Durch Rekurs auf die *Differenz* beider Zelltypen wird die hES-Zelle in ihrer Eigenständigkeit als Forschungsobjekt bekräftigt, während die Äquivalenz beider Zellen dem Argument einer künftigen Ablösung der hES-Zellforschung zugrunde liegt.

Diese Flexibilität der Darstellung des Verhältnisses von ES- und iPS-Zelle lässt sich durch diskursive Verschiebungen erklären, die sich mit dem Aufkommen der iPS-Technologie eingestellt haben. Da die ES-Zelle sowohl in entwicklungsbiologischer Hinsicht (als Zelle des frühen Embryos) wie auch forschungshistorisch (als bereits etablierte Stammzelltechnologie) als frühere Zelle verstanden wird, gilt sie als ‚ursprünglicher' als die iPS-Zelle. Eine von uns interviewte Expertin beobachtet in diesem Zusammenhang treffend: „Also ich glaube auch, dass die Idee des Embryos als, sozusagen, der Ursprung und das Jüngste und, dass das alles verjüngen kann, dass diese symbolische Imaginationsebene wahnsinnig wichtig ist. Und, dass man von der nicht lassen möchte." (Expertin 6) Entsprechend werden die iPS-Zellen in einem entgegengesetzten Sinne betrachtet:

> „Und dann glaube ich, die andere Sache ist die. Also die iPS-Zellen, die können ja aus jeder Körperzelle entnommen werden. Aber ich glaube, dass trotzdem bei den Forschern so die Annahme ist: ‚Das sind eigentlich alte Zellen. Die haben kürzere Telomere.' Also ich glaube auch, dass bei Forschern diese Idee ist: ‚Der Alterungsprozess ist auch irgendwie in diesen iPS-Zellen drin.' Die können vielleicht sich nicht so gut teilen, oder die können dies und das und jenes nicht. Oder da treten früher Mutationen auf. Oder da sind ja auch schon Mutationen drin. Durch Umweltschäden und sowas alles. Und der Embryo. Ich glaube da wird immer noch davon ausgegangen: ‚Das ist so das Ursprüngliche.' Das, ich sage jetzt schon einmal fast, das Jungfräuliche. Oder so. Und da kann man ja alles damit machen. Also ich glaube, auf der Ebene gibt es eine ganze Menge, warum an den Embryonalen festgehalten wird." (Expertin 6)

Ferner reflektiert sie auf die forschungshistorische Komponente der ES-Zellen: Diese seien „natürlich jetzt auch einfach besser erforscht. Die haben Vorsprung, zehn, fünfzehn Jahre vor den iPS. Das heißt, mit denen hat man schon viel gemacht im Labor, was man mit den iPS noch machen muss. Und von daher schon, wird man daran festhalten." (Expertin 6)

Diese Konstellation, in der den ES-Zellen eine gewisse ‚Ursprünglichkeit' gegenüber den iPS-Zellen zugeschrieben wird, hat Konsequenzen für die Darstellung der Stammzellforschung im wissenschaftspolitischen Diskurs insgesamt. Das Ausschöpfen der biologischen Potentiale von ES-Zellen – ob nun um ihrer selbst willen oder zum Vergleich – steht für allgemeine Gütekriterien der Stammzellwissenschaft, wodurch die Arbeit mit ihnen zum wissenschaftlichen ‚Normalfall' erhoben wird.[25] Christine Hauskeller und Susanne Weber erklären diesen Effekt der Normalisierung von ES-Zellen in ihrer Studie über die frühe Wahrnehmung der iPS-Technologie unter Wissenschaftlern in Großbritannien und Deutschland folgendermaßen:

> "[...] [T]he pluripotency of iPS cells as the product of genetic intervention in the laboratory is implicitly presented as not normal. The pluripotency of iPS cells needs to be checked against the 'normal' pluripotency of hES cells. This normalization reduces the complexity of hES cells, which is [sic!] arguably also the product of technical intervention and laboratory culturing practices." (Hauskeller und Weber 2011, S. 423)

Somit wird der Stammzell-Goldstandard, der zunächst für die Fragestellung der technologieübergreifenden Fähigkeit der Pluripotenz stand, in die ‚ursprünglichere' und ausschließliche Fähigkeit der Pluripotenz der ES-Zelle transformiert. Es ist diese sich nun einstellende synonyme Verwendung der ES-Zelle mit dem Goldstandard-Begriff, die weitreichende rhetorische Konsequenzen für den wissenschaftspolitischen Stammzelldiskurs in Deutschland hat und eine Legitimierung der hES-Zellforschung sowohl gegenüber dem Wert der Forschungsfreiheit als auch des Lebensschutzes ermöglicht.

Verknüpft mit der eher soziokulturellen Bedeutung der Goldstandard-Semantik wird die Erzählung von der ES-Zelle als Goldstandard vor allem von Positionen ins Feld geführt, die auf die Eigenständigkeit des Forschungsfelds und somit auf die Freiheit der Forschung rekurrieren. In ihren Aussagen unterscheiden sie sich kaum von den Argumenten, mittels derer schon vor der Verabschiedung des StZG die hES-Zellforschung befürwortet wurde. Sie lassen sich beispielsweise an ersten öffentlichen Reaktionen von Wissenschaftlern auf die Entwicklung der iPS-Technologie ablesen. In einem Inter-

---

[25] Wie wir weiter unten noch zeigen, bedingt diese Normalisierung der hES-Zellforschung, dass es im Diskurs begründungsbedürftig wird, ihre prospektive Abwicklung in Aussicht zu stellen. Diese Begründung wiederum wird durch das Alleskönner-Narrativ geliefert.

VII. Paradoxe Zukünfte

view der SZ von 2009 verteidigt Mediziner Günter Stock die Arbeit mit ES-Zellen vehement. Auf die Frage „sind embryonale Stammzellen also überflüssig?" antwortet er:

> „Nein! Wir dürfen nicht aufhören, an embryonalen Stammzellen zu arbeiten. Sie sind sozusagen der Goldstandard. Außerdem schließe ich nicht aus, dass es einige wenige medizinische Indikationen gibt, für die man die embryonalen Stammzellen doch noch brauchen wird. Aber die große Sorge, dass viele Embryonen benötigt werden, ist nicht mehr gerechtfertigt." (Blawat 2009, vgl. Kastilan 2008)

Im Zeitverlauf ändert sich an diesen Positionen wenig, wie der Blick in einen Artikel der FAZ von 2013 zeigt:

> „Auch die österreichischen Hirningenieure haben also Ipse [iPS-Zellen] verwendet, um ihre ‚zerebralen Organoide' zu kreieren. Auf embryonale Stammzellen haben sie dennoch nicht verzichtet. Denn sie gelten nach wie vor als ‚Goldstandard' natürlicher Zellplastizität und gehören zum Standardrepertoire jedes großen Stammzelllabors." (Müller-Jung 2013)

Auch unter den von uns interviewten Experten wird die Fortführung der hES-Zellforschung in Deutschland mit dem der ES-Zelle als originär zugeschriebenen Potential (und entsprechenden Forschungsdesideraten) begründet (Experten 13, 8).

Anders kommt die Verwendung der Goldstandard-Erzählung hingegen in einer instrumentellen Auffassung zum Tragen, die zum Einsatz kommt, wenn auf das Fortbestehen der hES-Zellforschung in Deutschland vor dem Hintergrund des Schutzes ungeborenen Lebens reflektiert wird, d. h. vor dem Hintergrund des Verbots bzw. nur *begrenzten* Zulässigkeit der hES-Zellforschung. Hier wird auf eine potentielle Äquivalenz von ES- und iPS-Zellen abgestellt:

> „Also die embryonalen Stammzellen fangen im Prinzip da an, wo die iPS-Zelle erst einmal hinkommen muss. Und von dort aus sind die Probleme gleich. Also ich bin überzeugt, dass wir iPS-Zellen herstellen können, die genetisch genauso sicher und intakt sind, wie embryonale Stammzellen. [...]. Ich bin nicht sicher, ob wir heute schon alle Werkzeuge haben, um die Zellen ausreichend gut zu identifizieren. Aber wir haben auch schon gute Werkzeuge. Also wahrscheinlich kann man mit den rigiden Qualitätskriterien, die wir an die iPS-Zellen anlegen, eigentlich heute schon sagen: ‚Wir schaffen es, Zellen zu generieren, die auch nicht weniger sicher sind als embryonale Stammzellen.'" (Experte 13)

Dadurch wird es möglich, die wissenschaftliche und forschungspolitische Notwendigkeit der hES-Zellforschung im Diskurs auf einen unbestimmten Zeitpunkt in der Zukunft zu beschränken. Als zeitlich begrenztes Unternehmen ist die Arbeit mit hES-Zellen aber nicht länger eine moralische Unumgänglichkeit, sondern ein auf Entscheidungen zurechenbares *Risiko*. Die zwei zentralen Risiken, die bei der Fortführung der hES-Zellforschung in Deutschland gesehen werden können, lauten, dass *erstens* durch sie der Wert des Lebensschutzes in Zukunft doch irgendwann einmal verletzt werden könnte und *zweitens*, dass sich die Hoffnung der Goldstandard-Erzählung, die hES-Technologie irgendwann einmal nicht mehr zu benötigen, nicht erfüllt. Wie die Frage nach der hES-Zellforschung nicht länger als eine Frage des Verbots erscheint, sondern sich vielmehr als Frage danach darstellt, ‚wie lange' sich diese Unternehmung noch ereignen soll oder wird, wird konzis als Erzählung des Goldstandards zusammengefasst, wie in einem Medienerzeugnis von 2010, wo es heißt:

> „Die embryonale Stammzelle wurde zwar zum vorerst unentbehrlichen ‚Goldstandard' für pluripotente Zellen erklärt. Ihre natürlich vorhandene Plastizität, ihre geradezu unverbrauchte Jungfräulichkeit im Hinblick auf biochemische Steuerung von Genen – die Epigenetik – sollten Maßstab für alle Zellen sein, die man mit Hilfe von Wachstumsfaktoren und der gezielten Beeinflussung von Entwicklungsgenen künstlich zur Pluripotenz umziehen möchte. Aber irgendwann sollten die gesellschaftlich umstrittenen Zellen doch überflüssig werden, so hoffen alle. Spätestens dann, wenn man die biologischen Geheimnisse der embryonalen Stammzelle endlich alle kennt und es für mögliche biomedizinische Anwendungen gleichwertige Alternativen gibt." (Müller-Jung 2010)

Diese rhetorische Wendung ist bezeichnend für den späten Stammzelldiskurs in Deutschland, weil sich das Fortbestehen der hES-Zellforschung nunmehr vorgreifend wie rückwirkend gesellschaftlich legitimieren lässt, wie es in der Aussage einer Expertin zu erkennen ist:

> „Da wäre ich der Meinung, dass man immer noch im Moment die embryonalen Stammzellen braucht, weil einfach noch nicht klar ist, wie gleichwertig sind diese induzierten pluripotenten Stammzellen den ES-Zellen." (Expertin 4)

Auch öffentlich wird diese Meinung vertreten (vgl. etwa Kupferschmidt 2011). Dabei wird auch die Entscheidungskomponente, die in der Arbeit mit hES-Zellen als Risiko auftritt, angedeutet. So wird in einem Beitrag von ZEIT Online aus dem Jahr 2014 zumindest impliziert, dass man bei einer Entscheidung gegen die Arbeit mit hES-Zellen auf alternative Technologien zurückgreifen könne: „Auch in Köln arbeiten die Forscher mit ihnen [hiPS-Zellen]. Dennoch sind die richtigen embryonalen Zellen der Goldstandard, an dem jede Anwendung überprüft wird." Auf die moralischen Probleme rekurrierend, die im Zusammenhang mit der Arbeit an hES-Zellen gesehen werden, heißt es ferner:

> „Jürgen Hescheler ist der Ansicht, dass das ethische Problem deshalb nur verschoben, aber nicht gelöst sei. Er wünscht sich neue Grenzen. Einen Konsens über Stammzellforschung und Genetik, der von der Gesellschaft getragen wird. Hescheler möchte das Gefühl haben, dass seine Forschung gutgeheißen wird. Soll-

te er merken, dass es in Deutschland eine breite moralische Mehrheit gegen sein Arbeitsfeld gibt, dann würde er mit dieser Arbeit aufhören, sagt er." (Rietz 2014)

In seiner zweiten Stellungnahme zur Stammzellforschung aus dem Jahr 2007 macht auch der NER sich die Argumentation eines künftigen Endes der hES-Zellforschung prominent zu eigen – diesmal jedoch, um diesen Forschungszweig zu befürworten. Es wird – wie schon bei den AS-Zellen – die Hoffnung gehegt, dass eine vergleichende Beforschung von ES- und iPS-Zellen dazu führe, dass die hES-Zellforschung sich irgendwann aufgrund der Verfügbarkeit einer adäquaten Alternativtechnologie zumindest teilweise erledigen werde.

„Zusammenfassend lässt sich feststellen, dass die genannten Befunde hoffen lassen, dass es in Zukunft möglich sein wird, in manchen Bereichen auf die Verwendung von Stammzellen zu verzichten, die durch eine totipotente embryonale Phase hindurchgegangen sind. Außerdem könnte die Verwendung von Eizellen als reprogrammierendem Faktor (wie beim Forschungsklonen) entbehrlich werden. Ein solcher Ersatz menschlicher embryonaler Stammzellen als Forschungsobjekt durch induzierte pluripotente menschliche Zellen analog zu den Verfahren mit Mauszellen setzt allerdings die Lösung einer Reihe von erheblichen Schwierigkeiten und Hindernissen voraus." (NER 2007, S. 27)

Eine künftig marginalisierte Stellung der hES-Zellforschung wird auch von Experten benannt: „Also sie [hES-Zellen] werden heute jetzt hauptsächlich so als Goldstandard immer noch benutzt." (Experte 11) Damit sei gemeint, so erläuterte er weiter, dass sich ihre Rolle auf die Verwendung als Kontrolle für mit iPS-Zellen generierte Forschungsergebnisse beschränke, „dass man guckt, sein Ergebnis nochmal vergleicht mit den humanen embryonalen Stammzellen." (Experte 11) Doch damit aberkennt er ihnen nicht jegliche Relevanz für die Zukunft:

„Und ich denke, auch die embryonalen Stammzellen werden noch hier einen Stand haben. Also es wird kleiner werden, ist mal meine Einschätzung, aber ich denke, es wird auch Arbeitsgruppen geben, die ausschließlich auch nur mit embryonalen Stammzellen weiterarbeiten." (Experte 11)

Dem läuft die Aussage eines anderen Experten zuwider, der auf die Nachfrage „Aber Sie würden auch trotzdem nicht denken, dass die embryonale Stammzellforschung sich irgendwann bald erledigt hat?" antwortet: „Ich glaube, das wird der Fall sein." (Experte 3) Er spricht sich entsprechend auch dagegen aus, dass hES-Zellen einen Stand in der Klinik erlangen werden:

„Denn, wie gesagt, an eine klinische Anwendung [der hES-Zelle] glaube ich nicht. Weil ich sehe es wirklich nicht. Wie man diese Risiken, die großen Risiken, in den Griff bekommen möchte. Ja? Und, ich meine, das muss schon eine schwerwiegende Erkrankung sein, wenn ich dieses Risiko der Tumorentstehung rechtfertigen möchte." (Experte 3)

Im Übrigen sind die Einstellungen der Experten zur Frage der klinischen Anwendung vor dem Hintergrund des Goldstandards kongruent zum Forschungseinsatz. Entweder gelten hES-Zellen unabhängig von den iPS-Zellen als klinisch vielversprechend (Experte 8), oder der Vorteil für die Klinik wird in den hiPS-Zellen gesehen (Experte 11), wobei hES-Zellen aufgrund ihrer Goldstandard-Qualitäten aber weiterhin nötig seien:

„Ich glaube schon, dass man weitaus eher dann Anwendungen – sei es für Screening, pharmazeutische Disease-in-a-Dish-Anwendungen oder auch therapeutische Anwendungen – eher aus iPS-Zellen, als aus embryonalen Stammzellen-. Die werden aber sozusagen als vergleichender Standard noch nötig sein." (Experte 10)

In seiner legitimierenden Tragweite wird diese instrumentelle Erzählung der hES-Zelle schließlich auch am Vorwort einer gemeinsamen Stellungnahme der Berlin-Brandenburgischen Akademie der Wissenschaften (BBAW) und der Nationalen Akademie der Naturforscher Leopoldina von 2009 deutlich. Hier wird das Narrativ vom Goldstandard jedoch bemüht, um die Verwendung von hES-Zellen *rückwirkend* zu legitimieren:

„Die inzwischen weltweit und in Deutschland durchgeführten Arbeiten zur Reprogrammierung wären ohne Erkenntnisse der embryonalen Stammzellforschung nicht möglich gewesen. Sie machen einmal mehr deutlich, dass Forschungsfreiheit ein unschätzbarer Wert ist und zu außergewöhnlichen und unerwartet wertvollen Befunden führen kann." (BBAW und Leopoldina 2009, S. 5)

Demzufolge sei eine weitestgehend nicht reglementierte Forschung zweckmäßig für gesellschaftliche Probleme wie das moralische Stammzelldilemma. In dieser eher defensiven Haltung wird Forschungsfreiheit und somit wissenschaftliches Handeln zu einem Mittel der Wahrung des Lebensschutzes und die Arbeit mit hES-Zellen zur Chance stilisiert, zur Lösung des selbsterzeugten moralischen Dilemmas beizutragen.

Diese Beispiele zeigen, inwiefern sich die Erzählung von der ES-Zelle als Goldstandard dazu eignet, die gegenwärtige Beforschung der hES-Zellen in Deutschland in verschiedene Richtungen zu deuten. Zusammenfassend können wir zwei unterschiedliche ‚Versionen' des Narratives ausmachen, an welche sich gegensätzliche Diskursgruppen binden: In der Betonung der Forschungsfreiheit lautet die Erzählung, dass eine unbefristete Fortführung der hES-Zellforschung notwendig sei, weil nur hES-Zellen als Goldstandard die Fortschrittlichkeit des Felds garantieren können, wohingegen der Goldstandard in Reflexion auf den Wert des Lebensschutzes von einer künftigen Ablösung der hES-Zellforschung durch gleichwertige alternative Technologien (hier: iPS-Zellen) erzählt.

4.2 Die pluripotente Stammzelle als ‚Alleskönner'

Die zeitliche Begrenzung der hES-Zellforschung, die im Diskurs durch die legitimierende Verwendung des Goldstandards erzeugt wird, zieht einen weiteren wesentlichen Wandel im deutschen Stammzelldiskurs nach sich. Denn als nur noch temporäre Notwendigkeit habe eine künftige Ablösung der hES-Zelle als leitende und ‚ursprünglichere' Stammzelltechnologie auch zur Folge, dass der mit ihr verknüpfte und auf das Feld reflektierende Aspekt soziokultureller Progressivität wegbricht – eine Sorge, die die DFG durch das Doppelstandard-Argument bereits beim drohenden Verbot der hES-Zellforschung 1999 ausgedrückt hatte. Dementsprechend braucht es im Diskurs eine weitere Erzählung, die wiederum – komplementär zum Goldstandard-Narrativ – ein zukünftiges Ende der hES-Zellforschung legitimieren kann, indem sie die Bewahrung der Fortschrittlichkeit des Feldes nun durch die Arbeit mit iPS-Zellen verspricht. Diese Funktion findet sich im Alleskönner-Narrativ, das folgendermaßen dargestellt werden kann:

> „Stammzellen sind glaube ich die Zellen, beziehungsweise da versuche ich es einmal einfach auszudrücken, die im Knochenmark sitzen und quasi universelle Zellen für alles sind. Aus den Stammzellen kann man Organe züchten, futuristisch ausgesprochen, und die dann letztendlich alles sein können, quasi." (Laie 2)

Die Differenz zwischen adulten und pluripotenten Stammzellen scheint dem Interviewten auf die Frage hin, was er unter einer Stammzelle verstehe, zwar nicht geläufig zu sein – ansonsten enthält seine Aussage viele für den Diskurs paradigmatische Qualitätszuschreibungen pluripotenter Stammzellen. Sie stehen für Universalität, für die Möglichkeit, in Zukunft neue Wege der regenerativen Medizin zu beschreiten – und verfügen über eine besondere Potenz, die es ihnen ermöglicht, *alles zu sein* und *alles zu können*. Im Alleskönner-Narrativ, das sich auch semantisch leicht an andere Begriffe und Metaphern anschließen lässt, die die Besonderheit der hiPS bekräftigen, vereinigen sich allgemeine Chancenerwartungen an die Stammzellforschung. Es impliziert jedoch auch bestimmte Risiken, die mit unterschiedlichen Wegen der Stammzellforschung assoziiert werden.

Um die Tragweite des Alleskönner-Narratives nachvollziehen zu können, ist eine semantische Analyse des Begriffs vom Allgemeinen ins Spezifische von Vorteil. Zunächst baut das Narrativ auf der Reflexion stammzellbiologischer Grundlagentheorie auf, ähnlich wie es im Fall der Erzählung um den Goldstandard zu beobachten ist. ‚Alleskönner' dient in dieser Hinsicht zunächst als Umschreibung von Pluripotenz. Diskursiv wird diese Fähigkeit der pluripotenten Stammzellen als ein grundsätzliches Qualitätskriterium folgendermaßen illustriert:

> „[...] ‚Alleskönner' werden Stammzellen gerne genannt. Das soll verdeutlichen, wie wandlungsfähig die Zellen sind. Nur so kann sich schließlich aus einem Em-

bryo ein ganzer Mensch mit all seinen verschiedenen Geweben bilden – von der Darmschleimhaut bis zu den Zehennägeln. Theoretisch also sind Stammzellen Alleskönner." (Berndt 2008, S. 18)

Im Narrativ ist also basal angelegt, dass mit ‚Alleskönner' genau diejenige Zelle gemeint ist, die sich aufgrund ihrer Pluripotenz in alle drei Keimblätter und alle möglichen Gewebetypen differenzieren kann. Allerdings wird der Alleskönner-Begriff nicht dermaßen stark wie der ‚Goldstandard' mit dem Kriterium der Pluripotenz assoziiert. Vielmehr verhält er sich nahezu dialektisch, insofern er sowohl auf eine Gemeinsamkeit aller pluripotenter Stammzellen abstellt als auch Unterscheidungen impliziert, die durch einen Blick in die Geschichte der Stammzellforschung offenkundig werden: Im älteren wissenschaftspolitischen Diskurs zur Stammzellforschung galt zunächst die ES-Zelle als ‚Alleskönner' (Denker 2003, Inthorn 2008, S. 97, Schöne-Seifert 2009, S. 271), denn sie war bis zu der Entdeckung der künstlich herstellbaren die einzig bekannte pluripotente Stammzelle. Auch in dem untersuchten neueren Diskurs (d. h. auf dem Weg zum bzw. nach dem ‚Stammzellkompromiss') lassen sich Spuren von dieser Zurechnung finden, denn auch hier wird die ES-Zelle als ‚Alleskönner' (in unbenannter Abgrenzung zu somatischen Zellen und AS-Zellen) in Stellung gebracht:

> „Was manche als Sündenfall geißeln, lässt andere hoffen. Denn ESZ gelten als wandlungsfähige Alleskönner, aus denen sich jede der etwa 220 Gewebearten im menschlichen Körper entwickeln kann. Eine Art Rohdiamant, dessen zelluläre Vielfältigkeit durch die Nährlösung und verschiedene Botenstoffe den gewünschten Schliff erhält." (Kastilan 2008)

> „[E]mbryonale Stammzellen [...] sind zellulare Alleskönner, denn sie haben das Potential, sich wie in einem Embryo in jede beliebige Gewebezelle des Körpers zu entwickeln." (Lubbadeh 2007, vgl. auch EKD 2007, S. 8)

Allerdings lässt sich mittlerweile eine deutliche Verschiebung des Referenzpunktes für das ‚Alleskönnertum' und damit einhergehend auch seines semantischen Gehaltes und Gebrauchs beobachten. Der Alleskönner-Begriff steht derzeit weitaus deutlicher als mit den hES-Zellen im Zusammenhang mit künstlich erzeugten pluripotenten, vor allem hiPS-Zellen.[26]

> „Sie [Yamanaka und Kollegen] haben Hautzellen einer Frau in Zellen umprogrammiert, die sich nahezu wie embryonale Stammzellen (ES-Zellen) verhalten. Diese

---

26 Der Alleskönner-Begriff erhält vor allem in den Medienquellen um das Jahr 2009 eine innovativ-kompetitive Komponente zwischen unterschiedlich erzeugten, künstlichen pluripotenten Stammzellen: Die Berichte über die Entdeckung der *germline-derived pluripotent stem cells*, also pluripotenten Stammzellen, die unter geeigneten Kulturbedingungen aus männlichen murinen Keimzellen entstanden, setzen diese als die neuen ‚Alleskönner' in die Narrativstruktur mit ein (vgl. Stockrahm 2009, Kastilan 2009).

Alleskönner können sich in mehr als 200 verschiedene Zelltypen verwandeln und gelten als Wunderessenz einer zukünftigen Medizin." (Blech 2007)

„Diese zurückprogrammierten Zellen – etwa aus der menschlichen Haut – besitzen das Alleskönner-Potenzial natürlicher embryonaler Stammzellen. Das heißt: Sie können sich in alle möglichen Arten von Gewebe weiterentwickeln. In Bauchspeicheldrüsenzellen zum Beispiel. Etwas, das einmal ausgereifte Zellen nicht mehr können." (o. A., 2016)

Dieser Richtungswechsel im Plot des Alleskönner-Narratives, das zunächst an die hES gebunden war und später seinen rhetorischen Bezug auf die hiPS fand, ist kein Zufall. Dies wird vor allem daran deutlich, dass die Beschwörung des neueren Stammzelltyps mit seinen Fähigkeiten weitergehende rhetorische Unterfütterungen erhält. In den Medien werden die hiPS wahlweise als ‚Tausendsassa' (Berndt 2008), als ‚Jungbrunnen' (Weber 2012; Berndt 2013; Zinkant 2015) oder als Inbegriff der ‚Jugend' (Müller-Jung 2008; Müller-Jung 2010; Kastilan 2007) verhandelt.

Auch das Alleskönner-Narrativ ist in seiner Auslegung flexibel, denn es lässt sich in seinem Bezugsrahmen der hiPS auf vielfältige Art und Weise auflösen: Diese bilden insbesondere für viele interviewte Laien eine aussichtsreiche Alternative gegenüber den hES. So kann festgestellt werden, dass die Interviewten, wenn sie die Stammzelltypen und ihre weitere Beforschung priorisieren sollen, sich aufgrund der wissenschaftlichen und medizinischen Chancen für die induzierten pluripotenten Stammzellen aussprechen:

„B: Ja, ich glaube die größten Chancen liegen halt hier [deutet auf das Schaubild zu iPS], weil ich glaube hier gibt es viele Probleme, weil man halt sozusagen-.

I: Also bei den induzierten pluripotenten Stammzellen? IPS-Zellen nennt man die auch, ja.

B: Ja. Weil ich glaube – (räuspert sich) Entschuldigung – // hier [deutet auf das Schaubild zu hES] gibt es das Problem, // dass man sozusagen fast fertiges Leben töten muss.

I: // Kein Problem. //

B: Das ist ja hier [hiPS] halt nicht so. Ich glaube die Chancen liegen eher hier, weil man hier halt viel daraus machen kann. Und ich glaube, wenn man das mal weiterentwickelt, dann können die vielleicht genauso fähig sein wie die irgendwann eines Tages." (Laie 1)

„B: Also ich würde beiden Lagern quasi zustimmen. Ja, es ist beginnendes Leben. Und es sollte auf jeden Fall darüber nachgedacht werden, in wie weit daran Forschung ethisch-moralisch vertretbar ist. Auf der anderen Seite ist natürlich auch Deutschland ein Wissenschaftsstandort und ein Wirtschaftsstandort. Und sich damit zu verwehren, gute Forschung zu betreiben und halt kompetitiv mit anderen Ländern zu bleiben, fände ich auch nicht richtig. Also letztlich bin ich da auch zwiegespalten. Aber meines Wissens nach kann das ja komplett umschifft werden über die-. Oder viele Sachen, die nur mit embryonalen Stammzellen geforscht werden konnten, können jetzt auch über die induzierten pluripotenten Stammzellen forschungsmäßig abgedeckt werden." (Laie 15)

Ein großes Gewicht erhält die iPS-Zelle als Alleskönner jedoch auch in Bezug auf das moralische Dilemma der hES-Zelle:

„B: Dann ist natürlich gerade, dass man aus jeder Hautzelle Stammzellen züchten kann, unheimlich interessant, weil man sich damit die embryonale Stammzelle, die man halt in jede Zelle transformieren kann, einfach obsolet wird. Weil man das halt viel einfacher von Erwachsenen machen kann, die da selbst darüber entscheiden können, ob sie das wollen oder nicht.

I: Entsprechend würden Sie auch sagen, dass die induzierten pluripotenten Stammzellen diejenigen sind, die intensiver beforscht werden sollten?

B: Intuitiv ja, weil sie scheinen ja alles zu erfüllen, was embryonale Stammzellen auch erfüllen können. Und deswegen wäre es halt irgendwie sinnvoll das möglichst umfassend zu machen." (Laie 11)

„I: Ja. Welchen Stammzelltypen würden Sie denn für besonders wichtig halten? Vor dem Hintergrund, den wir gerade beackert haben?

B: Ich bin zu wenig Mediziner, um das tatsächlich einzuschätzen. Ich finde ja die iPS-Zellen, diesen Stammzelltypen, finde ich ja besonders charmant, wenn man daraus-. Das hat ja den riesen Vorteil beziehungsweise den Charme, dass die ganze ethische Debatte damit wegfällt. Man die embryonalen Stammzellen gar nicht mehr anrühren muss.

[…]

B: Die finde ich halt wahnsinnig charmant. Weil man damit eben Vieles umgeht." (Laie 9)

An diesen Passagen wird die Komplementarität der beiden Narrative deutlich. Denn den hiPS-Zellen wird zugeschrieben, das moralische Dilemma auflösen zu können, weil für ihre Nutzung keine Embryonen gebraucht werden und weil sie darüber hinaus theoretisch oder prospektiv alles können, was die hES leisten. Das heißt, dass die im Goldstandard-Narrativ zunächst nur in Aussicht gestellte Ablösung der hES-Zellforschung durch die Gleichsetzung beider Zelltypen als Alleskönner als realisierbares Szenario diskursiv untermauert wird.

VII. Paradoxe Zukünfte

Auch in den Interviews mit den Expertinnen und Experten lässt sich die Argumentationslogik des Alleskönners verstärkt auffinden, und zwar unabhängig davon, ob die Ablösung der hES durch die hiPS in Forschung und Anwendung (sowie die damit verbundenen Auswege aus dem Ethikproblem) in der Folge als realistisches, als wünschenswertes oder ungünstiges Szenario beurteilt wird:

„Und über Yamanaka natürlich die Frage, brauchen wir wirklich-. Müssen wir für alle Fragen humane embryonale Stammzellen verwenden, überflüssig wurde. Weil es durch die Generierung von iPS-Zellen schlussendlich obsolet war. Das heißt, man konnte ja dann rückprogrammieren. Das kennen Sie ja sicher. Und kann mit diesen Zellen dann auch ethisch unproblematisch Forschung betreiben. Ob die Zellen besser sind als ES-Zellen. Möchte ich bezweifeln." (Experte 2)

„Und ich denke auch, unsere Gesellschaft in der heutigen Zeit sollte solche [ethischen] Fragen auch angehen. Und dann jetzt in unserer Generation eigene Antworten dazu finden. Jetzt generell, von der praktischen Seite her muss man sagen, hat sich das Gott sei Dank gelegt durch diese iPS-Zellen. Und wir arbeiten in unserem Institut praktisch zu neunzig Prozent jetzt nur noch mit den iPS-Zellen. Und haben dabei natürlich, ja, jetzt auch keine großen ethischen Diskussionen mehr gehabt. Also, ist ja auch vom Nationalen Ethikrat und von anderen so akzeptiert worden." (Experte 11)

„Es gibt immer noch die Ethikdebatte: Braucht man die embryonalen Stammzellen überhaupt oder kann jetzt nicht alles über induzierte pluripotente Stammzellen gehen? Da wäre ich der Meinung, dass man immer noch im Moment die embryonalen Stammzellen braucht, weil einfach noch nicht ganz klar ist, wie gleichwertig sind diese induzierten pluripotenten Stammzellen den ES-Zellen. Insofern würde ich sagen-. Ich sehe, dass die ethische Debatte abgeebbt ist, einfach, weil im öffentlichen Bewusstsein das nicht mehr so ganz präsent ist, Stammzellen." (Expertin 4)

Das nun mit den hiPS-Zellen assoziierte Alleskönner-Narrativ wendet sich schließlich gegen seinen initialen Bezugsrahmen der hES. Während die hES-Zelle durch das Goldstandard-Narrativ zu einem Risiko transformiert wurde, versteht das Alleskönner-Narrativ, welches sich mehr und mehr auf die hiPS-Zelle bezieht, die hES-Zelle zumindest teilweise als ethisches Problem bzw. forschungsstrategisch vermeidbares Risiko. Allerdings bezieht die hiPS-Zelle hier nicht nur aus der Abgrenzung vom ehemaligen Alleskönner seine semantische Kraft, sondern ihr werden diskursiv je eigene Chancenpotentiale zugeschrieben. Dabei entsprechen die Diskursinhalte über die hiPS in großen Teilen denjenigen Motiven, die bereits in der Forschungsliteratur wiederholt Erwähnung finden (vgl. Gerhards und Martinsen 2018). Das Alleskönnertum der hiPS umspannt eine breite Palette von Anwendungsbereichen und -desideraten: Man erwartet effiziente und profitable Impulse in der Wirkstoff- und Arzneimittelentwicklung

(Expertin 6, Experte 12, 13) und bescheinigt ihnen große Potentiale für die toxikologische Testung (Experte 11, BBAW/Leopoldina 2009). Der 6. Erfahrungsbericht der Bundesregierung über die Durchführung des Stammzellgesetzes hält dazu präzise fest:

> „[...] [D]ass die Entwicklung stammzellbasierter In-vitro-Testmethoden für Toxikologie und Arzneimittelentwicklung sowohl in der Industrie als auch im akademischen Bereich auf Hochtouren läuft und einen wichtigen Schwerpunkt der Forschung an humanen pluripotenten Stammzellen darstellt. Auch wenn basierend auf den entsprechenden Technologien noch keine neuen Medikamente bis zur Zulassungsreife entwickelt werden konnten, belegt die massive Aktivität der Pharmaindustrie in diesem Bereich, dass auch in der Industrie große Hoffnung in die iPS-Technologie gesetzt wird." (Bundesregierung 2015, S. 26).

Auch Krankheitsmodellierungen werden als besondere Stärke der hiPS identifiziert (Experte 10, 5, 3). Außerdem umfasst das Alleskönner-Narrativ um die hiPS die Heilung von (degenerativen) Krankheiten als einen der größten *topoi*. Diese Hoffnungsvision wird regelmäßig in den Medien formuliert, wobei die Behandlung von Krankheiten, die in Zukunft vermutlich immer mehr Menschen betreffen werden (v. a. Alzheimer-Erkrankungen, Parkinson, Krebs) als wichtiges Feld in Erscheinung tritt (vgl. z.B. Löhr 2012, Zinkant 2015, 2017) – insofern scheint die Fortentwicklung der hiPS erzählerisch eng mit dem Schicksal alternder Gesellschaften verknüpft zu sein. Dabei verläuft der Diskurs keineswegs naiv. Am Beispiel zu den Gewebeersatztherapien für die Makuladegeneration werden die Grenzen der Heilung mit pluripotenten Stammzellen bzw. hiPS-Zellen immer wieder herausgestellt. Jene befinden sich im Stadium früher klinischer Studien, geben Anlass zu Optimismus, seien jedoch noch mit Unsicherheiten behaftet (vgl. Müller-Jung 2012a, 2012b, Merlot 2014). Die Herstellung komplexer Zellstrukturen mit Hilfe von hES sowie hiPS gestalte sich immer noch als eine große Herausforderung und verlange gerade im Forschungsverlauf einen intensiven Einsatz von Zeit und Geld (Experte 1) – in Betreff der Förderung bestimmter Forschungsgebiete keine zu unterschätzenden Risiken für Forschende und Gesellschaft. Eine immer wieder im Diskurs auftauchende Hoffnung richtet sich an die Entwicklung organähnlicher Strukturen. Dabei eröffnet sich ein Kontinuum von Erwartungen, welches sich von der Differenzierung von hiPS zu bestimmten Gewebearten, über die Herstellung von Organoiden, die für die Wirkstofftestung gedacht sind, und möglicherweise transplantierbare Zellstrukturen in in-vivo-Organe bis hin zur künftigen Entwicklung ganzer transplantierbarer Organe erstreckt (Expertin 7). Hier scheint der Diskurs – sicherlich auch aufgrund der anspruchsvollen medizinisch-technischen Sachlage – leicht zu verschwimmen. So warnt beispielsweise ein älterer Medienkommentar:

> „Der wissenschaftliche Erkenntnisprozess ist prinzipiell unvorhersehbar und lässt sich nicht inhaltlich befristen. Die zwischenzeitlich entstandene Perspektive einer Reprogrammierung von somatischen Zellen zu pluripotenten, quasi embryonalen

Stammzellen zeigt deutlich, dass die ethischen Probleme nicht notwendig weniger, sondern auch mehr werden können, je intensiver das Projekt der Zell- und Organregeneration betrieben wird." (Ewig 2008)

Auch wenn die hiPS-Zellen im gesamten Diskurs nicht deutlich im Verdacht stehen, eine ‚Ersatzteil'-Mentalität auf den Plan zu rufen,[27] provozieren manche Medienberichte diesen Eindruck („Ersatzteile aus der Retorte. Stammzellen verwandeln sich im Labor in Minilebern", Degen 2013, vgl. auch Merlot 2014). Während das ‚Ersatzteil'-Motiv noch ambivalent ist, da es schließlich die potentielle ‚Instandsetzung' des menschlichen Körpers umfasst, wird die hiPS-Zelle in besonderem Maße hinsichtlich eines bestimmten Risikos problematisiert, nämlich des Krebsrisikos. Jenes ist wegen der epigenetischen Eigenschaften der hiPS bei Anwendungen am Menschen bislang kaum auszuschließen, was in diesem Narrativ als die größte Bedrohung wahrgenommen wird: Die hiPS sind mächtig; in ihnen liegen wissenschaftlich bereits genutzte Potentiale und wunderbare Versprechen für die Zukunft – sie sind jedoch gerade aufgrund dieser Macht auch unberechenbar (Experte 3). Das Teratom-Risiko erweist sich im Alleskönner-Narrativ also als der größte Hemmschuh für die hiPS-Forschung. Nur wenige Stimmen setzen sich mit den Potentialen auseinander, *noch viel mehr* zu können – der Einsatz für reproduktive Zwecke, etwa künstliche humane Keimzellen zu schaffen, die zu Klonierungen führen könnten, erscheint zwar am Horizont der möglichen Entwicklungen (Experte 10, vgl. Haarhoff und Löhr 2014) und wirkt insbesondere auf die interviewten Laien abschreckend, steht aber nicht als großes Risiko im Vordergrund des Diskurses. Ob auch die hiPS-Zellforschung im Zuge der Debatten um die in China durch die CRISPR-Cas9-Methode ‚geheilten' menschlichen Babys stärker ins Fahrwasser der Kritik geraten könnte (vgl. Cyranoski und Ledford 2018), ist eine derzeit offene Frage.

Es lässt sich bilanzierend festhalten, dass das Alleskönner-Narrativ eine gewisse Karriere hingelegt und große Diskursmacht entwickelt hat, da es in seiner diachronen sowie synchronen Flexibilität auf günstige Weise an unterschiedliche Risiken- wie Chancenprospektionen anschließbar ist: Ursprünglich auf die Pluripotenz und infolgedessen auf die hES-Zelle bezogen, steht das Alleskönnertum heute für die innovativste Form der Stammzellforschung, die künstlich erzeugten Stammzellen. Auch wenn die möglichen Risiken, vor allem medizinische Risiken (Mutationen *in vivo*) und soziale Risiken (Klonierung sowie ein Körperbild, das von Austauschbarkeit geprägt ist) diskursiv prävalent sind, ist die Positionierung der hiPS im Gesamtdiskurs durch das Alleskönner-Narrativ als zukünftiger Held und Heilsbringer geprägt.[28] Ihre wissenschaftlichen und medizi-

---

27 Drei von 15 Laien nutzten im Zusammenhang mit den hiPS den Begriff bzw. das Motiv des ‚Ersatzteillagers' oder ‚Ersatzteilkastens', um sich kritisch von der Stammzellforschung zu distanzieren (Laien 4, 9, 13).
28 Der Umstand, dass 12 von bisher 13 klinischen Studien mit von pluripotenten Stammzellen abgeleiteten Therapien mit hES-Zellen durchgeführt wurden, während eine einzige mit hiPS-Zellen betrie-

nischen Chancen sowie ihre ethischen Vorteile überwiegen die prospektiven Risiken deutlich, weswegen auf Grundlage der narrativen Diskursanalyse kaum von künftigen Akzeptanzproblemen der hiPS-Zellforschung auszugehen ist. Sofern es zu Problemen und Unfällen im Zusammenhang mit der (in Deutschland bisher nicht erfolgten) regelhaften klinischen Erprobung von hiPS-Derivaten kommen sollte, ist allerdings damit zu rechnen, dass man sich der breit diskutierten Unberechenbarkeit der hiPS, welche die Schattenseite des Alleskönnertums ausmacht, erinnern wird und dies möglicherweise mit Konsequenzen für die Unterstützung von Forschungsprojekten, die sich die Anwendung am Menschen zum Ziel setzen, einhergeht.

4.3 Diskursive Sprecherpositionen: Differenzierung der Zukunftserzählungen nach Quelltypen

Die Zusammensetzung des Datenkorpus aus der vorhandenen Quellenlage der politikprogrammatischen Stellungnahmen und medialen Berichterstattung der Jahre 2007–2017 sowie selbsterhobenen Expertinnen- und Laieninterviews zur Stammzellforschung und ihren Anwendungen stellte auf ein möglichst komplexes Abbild des bundesdeutschen öffentlichen Stammzelldiskurses ab, wie er sich seit der Entdeckung der iPS-Zelle im Jahr 2006/07 entwickelt hat. War es zwecks Analyse noch vonnöten, die verwendeten Quelltypen weitgehend von konkreten individuellen und korporatistischen Akteuren auf die gesamtgesellschaftliche Ebene eines allgemeinen öffentlichen Diskurses zu abstrahieren, um die darin kursierenden Zukunftsnarrative nachzuzeichnen, so erscheint nun ein Rückbezug der identifizierten Erzählungen von ‚Goldstandard' und ‚Alleskönner' auf ihre *unterschiedlichen Erzähler* fruchtbar, um auch die feineren Differenzen des öffentlichen Stammzelldiskurses zu beleuchten.

(1) *Politisch-programmatische Stellungnahmen*, Erfahrungsberichte und Policy-Empfehlungen politischer, wissenschaftlicher und kirchlicher Organisationen flossen aufgrund ihrer institutionalisierten und daher wirkmächtigen diskursiven Sprecherpositionen in den Diskurskorpus ein. In der Rückbindung der herausgearbeiteten Zukunftserzählungen an diesen Quelltypus lässt sich über alle drei Gruppen hinweg eine deutliche Schieflage zugunsten des Goldstandard-Narratives feststellen. Dabei stechen jedoch Unterschiede in dessen erzählerischer Ausgestaltung hervor. So malen sich die Stellungnahmen der *wissenschaftlichen* Organisationen ihr Zukunftsbild, indem sie die wissenschaftlichen Chancen der hES-Zelle fokussieren, was die nachfolgende Textstelle verdeutlicht:

bene Studie unterbrochen wurde (vgl. Kimbrel und Lanza 2015, Trounson und McDonald 2015, Shi et al. 2017), ändert nichts an diesen starken diskursiven Zuschreibungen.

VII. Paradoxe Zukünfte

> „Für sorgfältige Vergleichsuntersuchungen werden von den bereits etablierten humanen embryonalen Stammzelllinien die besten, neuen Zelllinien als ‚Goldstandard' benötigt. Die Forschung muss auch zukünftig alle Typen von Stammzellen umfassen, da nach heutigem Wissensstand nicht abzusehen ist, ob sich humane embryonale Stammzellen oder iPS-Zellen letztendlich besser für therapeutische Zwecke eignen werden." (MPG 2008)

Trotz der vielversprechenden Möglichkeiten der hiPS-Zellforschung und ihrer Anwendungen könne die Wissenschaft also vorerst nicht auf die Beforschung der ungeliebten hES-Zelle verzichten. In dieselbe Kerbe schlägt die Darstellung der genuin *politischen* Organisationen, wobei ihre Betrachtung letztlich nicht am Ideal wissenschaftlicher Erkenntnis, sondern unverkennbar an der Logik kollektiv verbindlicher Entscheidung orientiert ist, wie es das folgende Textbeispiel illustriert:

> „Durch das Stammzellgesetz und seine Novellierung 2008 wurde die Forschung mit hES-Zellen in Deutschland ermöglicht, ohne den Schutz menschlicher Embryonen nach dem Embryonenschutzgesetz einzuschränken. Die seit Inkrafttreten des Stammzellgesetzes genehmigten 69 Anträge (bis zum Ende des Berichtszeitraums) auf Einfuhr und Verwendung von hES-Zellen zeigen, dass die durch das Stammzellgesetz eröffneten Möglichkeiten wahrgenommen werden." (Bundesregierung 2013)

Demzufolge stelle die gesetzliche Regulierung der Stammzellforschung in Deutschland ein effektives Steuerungsinstrument dar, welches die potentiellen moralischen Risiken der hES-Zelltechnologie kanalisiere, gleichzeitig aber ihr wissenschaftliches Potential nutzbar mache. Gegenüber diesen einhellig positiven und forschungsorientierten Ausgestaltungen zeichnen die *kirchlichen* Organisationen ein anderes Bild, welches zu Beginn des Untersuchungszeitraums sogar noch im moralischen Frame des vergangenen Stammzelldiskurses verharrt:

> „Zur Gewinnung menschlicher embryonaler Stammzellen müssen Embryonen getötet werden. Die Förderung selbst hochrangiger Forschungsinteressen darf unter keinen Umständen dazu führen, dass embryonale Menschen verzweckt werden. Man darf nicht den Lebensschutz der Forschungsfreiheit unterordnen." (DBK 2007)

> „Wir freuen uns, wenn wir auf anderen Wegen der Forschung, insbesondere im Bereich der adulten Stammzellforschung und der ganz neuen Ansätze der Reprogrammierung von Körperzellen und Retroviren, zu neuen und hilfreichen Einsichten kommen. Die letzten Wochen haben einige sehr aufschlussreiche Ergebnisse an den Tag gebracht, die Folgen für zukünftige Forschungsförderung haben sollten. Die Frage der Integrität embryonaler Menschen darf jedoch bei all diesen Fortschritten in keinem Fall übergangen, verdrängt oder relativiert werden." (DBK 2008)

Demgegenüber beschränken sich spätere Stellungnahmen auf die Erfolge der rechtlichen Einhegung der hES-Zellforschung, welche eine Umstellung der kirchlichen Perspektive hin zum Goldstandard-Narrativ konturieren lässt:

> „Die Deutsche Bischofskonferenz begrüßt das Urteil des Europäischen Gerichtshofs (EuGH) zur Ablehnung der Patentierung von embryonaler Stammzellforschung. ‚Dieses Urteil freut mich außerordentlich. Es ist ein Erfolg für die Menschenwürde und ein deutliches Signal gegen den Machbarkeitswahn des Menschen. Es zeigt, dass die Würde des Menschen vom Beginn der Befruchtung an gilt', sagte Weihbischof Dr. Dr. Anton Losbringer, der Mitglied der Unterkommission ‚Bioethik' der Deutschen Bischofskonferenz sowie Mitglied im Deutschen Ethikrat ist." (DBK 2011)

Diese Verschiebung von ethisch-religiöser Tabuisierung auf medizinische und rechtliche Zukunftsbilder lässt sich weiterführend als Annäherungsleistung des diskursiven Sprechverhaltens kirchlicher Akteure an säkulare Erzählmuster deuten, welche ihnen größere Kommunikationserfolge in öffentlichen Meinungsbildungsprozessen in Aussicht stellt (vgl. Fink 2007). Insgesamt zeichnen die untersuchten politikprogrammatischen Texte ein vielschichtiges Bild des hES-Goldstandards, der nicht nur das erkenntnis- und therapieorientierte, sondern auch politisch-rechtliche Bewertungshöchstmaß setzt, an welchem sich die übrigen Stammzelltypen und insbesondere die hiPS-Zelle auch künftig werden messen lassen müssen.

(2) Auch der *medialen Berichterstattung* wurde ein mit jenen politischen Organisationen vergleichbares Schwergewicht im narrativen Diskurs um Stammzellforschung und ihre Anwendungen zugeschrieben. Dort überwiegt indes die Alleskönner-Erzählung, welche die hiPS-Zelle als gleichwertige, aber ethisch-unbedenkliche Alternative zur hES-Zelle erzählt, die in der näheren Zukunft in der Lage sei, den Verbrauch von Embryonen zu Forschungszwecken zu vermeiden. Dabei fällt die dominierende Chancenrahmung auf, welche das Augenmerk auf die vielfältigen künftigen Anwendungen der hiPS-Zellforschung legt, was der nachstehende Textauszug beispielhaft aufzeigt:

> „Sie sind die Hoffnung vieler Stammzellforscher: kleine Alleskönner mit dem Namen iPS – induzierte pluripotente Stammzellen. Sie sind das Ergebnis einer Verjüngungskur. iPS entstehen, wenn Wissenschaftler ausgereifte und somit erwachsene Zellen so programmieren, dass sie sich zurück in einen embryonalen Zustand verwandeln. Aus ihnen kann sich fast jede Körperzelle entwickeln. Die Vision der Forscher: Herzinfarktpatienten, Querschnittgelähmten und Alzheimerkranken könnte so einmal mit speziell gezüchtetem Gewebe geholfen werden. Die iPS lösen ein ethisches Problem. Um sie zu gewinnen, muss kein Embryo sterben." (Stockrahm 2009)

VII. Paradoxe Zukünfte

Darin überlagern die Anwendungsvisionen der iPS-Zelltechnologie selbst die moralischen Risiken der hES-Zellforschung, welche ebenfalls der Innovation der hiPS-Zelle als Chance zugerechnet und dementsprechend in der Chancensemantik präsentiert werden, sodass weder ethische Bedenken noch gesetzliche Regulierungsbedarfe zum Ausdruck kommen.

(3) Die in *Experteninterviews* ermittelten wissenschaftlichen Perspektiven aus Zellbiologie, Medizin, Ethik, Rechts- und Sozialwissenschaft wurden ausgewählt, da ihr Sonderwissen in öffentlichen Debatten mit dem Expertenstatus und der darin implizierten Zuschreibung von Problemlösungskompetenz versehen wird. Jene erzählen vor allem die Geschichte vom Goldstandard, welche die wissenschaftlich-medizinischen Chancen der hES-Zellforschung sowie die derzeit noch unkalkulierbaren Risiken der hiPS-Zelltechnologie betont. Die biologisch-naturwissenschaftliche Perspektive zeugt hier von einer eher nüchternen, praxisorientierten Betrachtungsweise und setzt die Chancen der hES-Zelltechnologie zentral:

„Und es haben sich die Diskussionen durch die iPS-Zellen – was Stammzellen angeht – entschärft. Es gibt schon ein gewisses Verständnis dafür, dass auch für die induzierten pluripotenten Stammzellen embryonale Stammzellen als Vergleich benötigt werden. […] Und wenn man neue Verfahren entwickeln möchte, dann möchte man das zumindest einmal mit den richtigen, also embryonalen Stammzellen, ausprobieren." (Experte 5)

Dies kontrastieren die Interviews mit den diese begleitenden sozialwissenschaftlichen Expertinnen, deren Erzählung vom Goldstandard stärker die Risiken der hiPS-Zelltechnologie fokussiert, wie etwa im folgenden Beispiel:

„Ich gehe mal davon aus, dass die Vergleichbarkeit durchaus gegeben ist. Von iPS und embryonalen Stammzellen. Aber die iPS-Zellen sind ja auch nicht risikolos. Sondern die haben auch immunologische-. Da treten immunologische Fragen auf. Die Frage der Tumorentstehung oder -anregung ist genauso da. Auch die Frage der Verabreichungsform. Und so weiter und so fort. Also, das sind ja auch alles noch ungelöste Hürden. Denen dieses Feld begegnet." (Experte 6)

Diese Diskrepanz lässt sich als weiterreichende Folgenorientierung der sozialwissenschaftlichen Perspektive lesen, die sich weniger an der Stammzelltechnologie als einer wissenschaftlichen Innovation, sondern vielmehr an den gesellschaftlichen Risiken ihrer Beforschung und Anwendung ausrichtet und somit die vorangestellte Erwartung fachprofessioneller Erzähldifferenzen bekräftigt.

(4) Schließlich stellte der Einbezug der Stammzell-Visionen interessierter *Laien* auf Einblicke in die diskursiv zirkulierenden lebensweltlichen Erzählmuster zur Stammzellforschung und ihren Anwendungen ab. Im Rückbezug auf diesen Quellentyp offenbart

sich eine deutliche Zentrierung des Alleskönner-Narratives, was die untenstehende Textstelle exemplifiziert:

„Ich glaube am sinnvollsten ist die Gewebeentnahme. Und damit das Rückprogrammieren der Zellen. Weil es sind im Endeffekt, also es ist eine Grundlage vorhanden, die ich im Endeffekt nur umprogrammiere. Und damit Gewebezellen aus einem Körper entnehmen kann, die ich in denselben Körper einsetze und dementsprechend auch weniger Risiken habe, dass es zu Komplikationen kommen kann. Wenn ich das über die Embryonentherapie mache, dann müsste ich natürlich erst einmal einen Embryo einsetzen und den auch irgendwie wieder rausholen, damit ich damit arbeiten kann. Und das ist viel aufwändiger, als wenn ich einfach eine Gewebeprobe entnehme." (Laie 3)

Dabei wird die Erzählung sowohl durch die Chancen der hiPS- als auch durch die Risiken der hES-Zelltechnologie in Form gebracht, letztere werden aber vornehmlich als wissenschaftlich-medizinische Risiken gerahmt und somit nicht moralisch qualifiziert.

Am Ende dieser quelltypspezifischen Differenzierung der Analyseergebnisse lassen sich also einige interessante Erzählkonstellationen im öffentlichen Diskurs um die Stammzellforschung und ihre Anwendungen in Deutschland feststellen. Zuvorderst kann eine diffuse Trennlinie zwischen zwei um die Zukunftsnarrative von ‚Goldstandard' und ‚Alleskönner' formierten Diskurskoalitionen nachgezeichnet werden, an deren Grenze sich politische Entscheidungsträger und wissenschaftliche Experten einerseits sowie mediale Berichterstattung und interessierte Laien andererseits gegenüberstehen. In Anbetracht der oben skizzierten Entgrenzung ihres Verhältnisses irritiert zunächst das Einvernehmen zwischen Politik und Wissenschaft in ihrer Erzählung sowie chancen- und risikosemantischen Ausgestaltung des Goldstandard-Narratives, welches zum vorschnellen Schluss einer Re-Normalisierung verleiten könnte. Hier erscheint demgegenüber eine Lesart plausibel, wonach der wissenschaftspolitische Stammzelldiskurs die Chancen- und Risikosemantiken wissenschaftlichen Wissens in politisches Entscheidungswissen überführt. Davon hebt sich die diskurstragende Rolle des Alleskönner-Narratives in den Erzählungen der medialen Berichterstattung und der lebensweltlichen Beschreibung der Stammzellforschung ab, in welcher die realitäts- und visionsproduktive Funktion der Massenmedien und der durch sie vermittelten Öffentlichkeit zum Tragen kommt: Die Laien rezipieren die medial vermittelten Visionen und legen sie als Zukunftswissen den Chancen- und Risikokalkulationen ihrer eigenen individuellen Entscheidungsperspektive zugrunde – statt sich tatenlos den ihnen politisch und wissenschaftlich zugemuteten Gefahren auszuliefern.

Im Ergebnis ließe sich insofern ein hinsichtlich seiner unterschiedlichen gesellschaftspolitischen Sprecherpositionen gespaltener öffentlicher Stammzelldiskurs konstatieren. Doch die scheinbare Verwerfung wird durch die politische Funktion der im Diskurs zirkulierenden wissenschaftlich-medizinischen Chancen- und Risikosemantik vermittelt. Mit dem Expertenstatus versehenes Sondervokabular bildet die Grundlage zur Legitimierung politischer Forderungen, fließt gemeinsam mit diesen unter Aktualitätsgesichtspunkten in die asymmetrische Kommunikation massenmedialer Berichterstattung und dadurch als soziale Realität in die politische Öffentlichkeit ein, aus welcher Laien die Prämissen ihrer Zukunftserwartungen entnehmen. Da es dort aber letztlich nicht um wissenschaftliche Erkenntnis, sondern um politische Entscheidungen und mitunter gar um die Bedingungen der eigenen Möglichkeit geht, offenbart das Expertenwissen seine politische Dimension, indem es die wissenschaftlich-medizinische Kenntnis der Chancen und Risiken öffentlich im Gewand semantischer Formen präsentiert, die dem implizit verhandelten Stammzell-Paradox eine in der Vergangenheit getroffene politische Entscheidung einschreiben.

5 Fazit: Die narrative Legitimierung der Stammzellforschung in Deutschland

Dass die Stammzellforschung in Deutschland mittlerweile eine breite soziale Akzeptanz erlangt hat, ist vor der gegebenen Diskursgeschichte wie auch vor dem rechtlichen Hintergrund gewiss nicht selbstverständlich. Vor allem das Fortbestehen der hES-Zellforschung und somit ihre weiterhin tragende Rolle für die gesamte Stammzellwissenschaft erfordert deshalb eine spezielle Legitimierung, die sich, wie wir gesehen haben, im wissenschaftspolitischen Stammzelldiskurs in paradoxe Zukunftserzählungen niederschlägt. Wesentlich für diese Möglichkeit, ist die diskursive Transformation des Felds von einem moralischen Problem in ein politisch tragbares Risiko. Da anfänglich vor allem die hES-Zelle das Bild der Stammzellforschung in der öffentlichen Wahrnehmung geprägt hat, wurde sie im Diskurs durch das identifizierte Narrativ vom *Goldstandard* zu einem handhabbaren Risiko. In dieser Erzählung wird die Bedeutung der Zelle als zugleich austauschbar und unerlässlich transportiert. Stammzellwissenschaftler wie auch akademische und politische Beobachterinnen und Kommentatoren können so in der Arbeit mit hES-Zellen ein nur zeitweiliges Unternehmen sehen, dessen künftige Abwicklung die erhoffte Befreiung von schwerwiegenden ethischen Bedenken der gesamten Stammzellwissenschaft in Deutschland bringen werde. Das Narrativ zeichnet sich durch seine primäre Ausrichtung auf Fachpersonen und mit dem Fach vertraute Personen aus, was sich an seinem Ursprung im wissenschaftlichen Diskurs sowie an der hauptsächlichen Verbreitung in politischen Stellungnahmen oder Äußerungen von Expertinnen und Experten (entweder im Interview oder in den Medien) sehen lässt. Im Zentrum steht hier das Motiv, die Arbeit, die hierzulande gegenwärtig hES-Zellen nutzt, in Einklang mit den moralischen und politischen Werten des Landes zu bringen. Es geht also darum, die stammzellwissenschaftliche Praxis mehrheitlich aus den eigenen Reihen heraus öffentlich zu legitimieren.

Aber nicht nur die gegenwärtige Forschung mit hES-Zellen in Deutschland ist legitimierungsbedürftig. Wie unsere Narrativanalyse des wissenschaftspolitischen Stammzelldiskurses zudem gezeigt hat, existiert eine weitere Erzählung, die sich wesentlich am Diskurwandel beteiligt und in ihrer Ausrichtung und Bedeutung dazu entgegengesetzte Zukünfte verspricht: Die Erzählung des *Alleskönners* kontert in seinem Framing der iPS-Zelle als neuer ‚Normalfall' der Stammzellverheißungen das Goldstandard-Narrativ – demzufolge ja nur ES-Zellen als die ‚echten' Stammzellen gelten. Denn das Zukunftsversprechen eines baldigen Endes der hES-Zellforschung bedeuten zunächst auch ein baldiges Ende der mit den hES-Zellen verbundenen Anwendungsmöglichkeiten und Heilungsaussichten. Aber eine Aufgabe dieser Potentiale ist öffentlich fast ebenso wenig vertretbar, wie eine Einschränkung des Embryonenschutzes zu Forschungszwecken. Entsprechend bedarf es einer Zukunftserzählung, durch die diese Visionen auch ohne die Notwendigkeit der hES-Zellforschung versprochen werden können. Diese richtet sich, wie wir es ebenso unserem Material entnehmen können, vorranging an ein Laienpublikum bzw. eine breitere Öffentlichkeit, die sich selbst als von den durch die Stammzellwissenschaft erforschten Krankheitsbildern potentiell Betroffene und als potentielle Profitteure der Stammzellanwendungen verstehen. Die Alleskönner-Erzählung fällt vor allem in der medialen Berichterstattung und der alltagsweltlichen Beschreibung der Stammzellforschung ins Auge, in welcher die realitäts- und visionsproduktive Funktion der Massenmedien und der durch sie vermittelten Öffentlichkeit zum Tragen kommt: Laien rezipieren die medial vermittelten Visionen und legen sie als Zukunftswissen den Chancen- und Risikokalkulationen ihrer eigenen individuellen Entscheidungsperspektive zugrunde. Dementsprechend geht es hier nicht primär darum, die konkrete stammzellwissenschaftliche Arbeit zu begründen, sondern um Visionen und Hoffnungen der Stammzellforschung als politische Legitimation vor einem breiteren Publikum für ein gesellschaftliches Unternehmen, das sowohl ökonomischen, politischen, akademischen wie auch ethischen Zuspruch erfahren soll.

Wir können also eine diffuse Trennlinie zwischen zwei um die Zukunftsnarrative vom ‚Goldstandard' und ‚Alleskönner' formierten Diskursgruppen feststellen, die sich jedoch komplementär zueinander verhalten und so die Stammzellwissenschaft in Deutschland in ihrer professionellen wie auch populären Wahrnehmung umfassend repräsentieren. Zwar trägt das zu einer wesentlichen Entspannung der ursprünglich angespannten Stammzellsituation in Deutschland bei. Das liegt aber, wie unsere historisch und sprachlich sensitive Erörterung des Diskurses zeigt, nicht an der politischen Neubewertung zentraler stammzellwissenschaftlicher Vokabeln, sondern an dem durch die Narrative auf unterschiedliche Diskursakteure zergliederten Bild der Stammzellwissenschaft. Folglich können wir – trotz gegenteiligem Anschein in der öffentlichen Resonanz – nicht davon ausgehen, dass die Grundsatzfragen moralischer und politischer Werte, die die Stammzellforschung in Deutschland seit der Jahrtausendwende begleitet haben, gelöst wurden – was auch entscheidend auf die politikpraktische Bewertung der

Stammzellforschung in Deutschland reflektiert. Jedoch zeigt das komplexe Zusammenspiel sich widersprechender Zukunftserzählungen auch, dass der Bedarf, diese Grundsatzfragen zu lösen, derzeit durch die Transformation in die Semantik von Chancen und Risiken in eine unbestimmte Zukunft vertagt wird. Gegenwärtig können daher sowohl Verfechter des Lebensschutzes wie auch der Forschungsfreiheit ihre Werte nicht nur *trotz* der deutschen Stammzellforschung, sondern vielmehr auch *durch* die deutsche Stammzellforschung selbst als gewahrt empfinden.

Diese Situation müssen politische Entscheidungsträger und ihre Berater bei ihren Handlungen in Rechnung stellen. So gewährleistet etwa die Erzählung von der hES-Zellforschung als künftige technische Lösung des selbst verursachten moralischen Dilemmas zwar gegenwärtig, dass in Deutschland weitestgehend uneingeschränkt mit allen Varianten von Stammzellen geforscht werden kann.[29] Doch aufgrund der paradoxen Konstellation ist dieser narrative Stammzellkompromiss ein zumindest kommunikativ fragiles Gefüge, das gerade durch Vorhaben im Umfeld des Embryonenschutzes kompromittiert werden könnte. Prinzipiell müssen wir davon ausgehen, dass künftige Stammzellentscheidungen diesen Kompromiss in seiner Stabilität beeinträchtigen können. Voreilige Vorstöße in der Sache laufen Gefahr, alte Debatten, die unter der Oberfläche des Diskurses durchaus noch glimmen, neu zu entfachen. Darüber hinaus muss man zur Kenntnis nehmen, dass – auch wenn hES- und iPS-Zelle wissenschaftliche Eigenleben führen – ihre Schicksale im deutschen Diskurs paradoxerweise eng miteinander verwoben sind. Das bedeutet, dass auch künftige Entscheidungen zur iPS-Zellforschung das Risiko bergen, die öffentliche Stellung der hES-Zelle zu berühren. Mit Blick auf jüngere Bedenken bei den reproduktionsmedizinischen Potentialen der hiPS-Zellen etwa (vgl. DER 2014) könnten diese durch eine ethische Problematisierung in der Öffentlichkeit ihre Bedeutung, das moralische Dilemma zu umgehen, verlieren, sodass ihre Alleskönner-Fähigkeiten in Zweifel gezogen würden, was auch eine öffentliche Neubewertung der hES-Zelle zur Folge hätte.

Aufgrund nichtintendierter Folgen weist als ‚Lösung' gedachte politische Kommunikation im Fall der deutschen Stammzellforschung somit selbst eine deutliche Sprengkraft auf. Mehr noch als eine Abschätzung der stammzellwissenschaftlichen und -technischen Folgen empfiehlt sich vor diesem Hintergrund ein Assessment, wie wir es im Anschluss an unsere Untersuchungen vorschlagen, das potentielle Stammzellentscheidungen fokussiert und so Felder aufdeckt, die eine Beeinträchtigung des fragilen Stammzellfriedens in Deutschland befürchten lassen.

---

29 ‚Uneingeschränkt' heißt hier vor allem das Ausbleiben gravierender Verletzungen wissenschaftlicher Handlungsfreiheit. Zwar existieren in Deutschland vergleichsweise hohe bürokratische Hürden für die Arbeit an hES-Zellen, diese Forschung wird hierzulande aber trotz StZG auch institutionell gewährleistet.

Renate Martinsen, Helene Gerhards, Florian Hoffmann, Phillip H. Roth

Literaturverzeichnis

* Politisch-programmatische Texte aus dem Analysekorpus
** Medientexte aus dem Analysekorpus

Arnold, Markus. 2012. Erzählen. Die ethisch-politische Funktion narrativer Diskurse. In *Erzählungen im Öffentlichen*, Hrsg. M. Arnold, G. Dressel und W. Viehöver, 17–63. Wiesbaden: VS Verlag für Sozialwissenschaften.

Bechmann, Gotthard. 2007. Die Beschreibung der Zukunft als Chance oder Risiko? TA zwischen Innovation und Prävention. *TATuP* 16 (1): 34–44.

BBAW (Berlin-Brandenburgische Akademie der Wissenschaften)/Deutsche Akademie der Naturforscher Leopoldina. 2009. *Neue Wege der Stammzellforschung. Reprogrammierung von differenzierten Körperzellen*. Berlin.*

Berndt, Ch. 2008. Schlagende Zellen. Münchner Wissenschaftlern gelingt es, die Züchtung von Herzgewebe mit Stammzellen zu erleichtern. *Süddeutsche Zeitung*, 29.02.2008: 18.**

Berndt, Ch. 2013. Die Vision vom Jungbrunnen. *Süddeutsche Zeitung*, 23. Mai: 28.**

Blawat, K. 2009. „Sonderrechte sind unnötig." Günter Stock über den Umgang mit Stammzellen. *Süddeutsche Zeitung*, 09.10.2009: 16.**

Blech, J. 2007. Zelluhr zurückgedreht. Japanischen und amerkanischen Forschern ist es offenbar gelungen, normale Hautzellen in Alleskönnerzellen umzuwandeln. Wird das umstrittene therapeutische Klonen überflüssig? *Der Spiegel* 48, http://www.spiegel.de/spiegel/print/d-54076874.html. Zugegriffen: 25.01.2019.**

Böschen, Stefan. 2018a. Grand Challenges: Eröffnung von gesellschaftlichen Lernräumen oder Suche nach diskursiver Kontrolle? In *„Grand Challenges" meistern. Der Beitrag der Technikfolgenabschätzung*, Hrsg. M. Decker, C. Scherz, M. Sotoudeh, R. Lindner und S. Lingner, 51–59. Baden-Baden: Nomos Verlagsgesellschaft.

Böschen, S., C. Kropp und J. Soentgen. 2007. ‚Gesellschaftliche Selbstberatung': Visualisierung von Risikokonflikten als Chance für Gestaltungsöffentlichkeiten. In *Von der Politik- zur Gesellschaftsberatung. Neue Wege öffentlicher Konsultation*, Hrsg. Claus Leggewie, 223–246. Frankfurt am Main [u. a.]: Campus.

Bora, Alfons und Martina Franzen. o. J. Repräsentative Befragung zur öffentlichen Wahrnehmung des Themas Stammzellforschung in Deutschland. Im Auftrag des Kompetenznetzwerk Stammzellforschung NRW, https://www.stammzellen.nrw.de/fileadmin/media/documents/presse/Umfrageergeb_SZF_NRW-short.pdf. Zugegriffen: 15.11.2018.

Bora, Alfons, Martina Franzen, Katharina Eickner und Tabea Schroer. 2014. Stammzellforschung in Deutschland. Auswertung einer telefonischen Umfrage im Auftrag des Kompetenznetzwerks Stammzellforschung NRW. In *Jahrbuch für Wissenschaft und Ethik*, Bd. 18, Hrsg. D. Sturma, B. Heinrichs und L. Honnefelder, 281–318. Berlin: de Gruyter.

Brewe, Manuela. 2006. *Embryonenschutz und Stammzellgesetz. Rechtliche Aspekte der Forschung mit embryonalen Stammzellen*. Berlin [u. a.]: Springer.

Buchholz, Kai. 2007. Wissenschaftliche Politikberatung in der Wissensgesellschaft. In *Forschung und Beratung in der Wissenschaft. Das Feld der internationalen Beziehungen und der Außenpolitik*, Hrsg. Gunther Hellmann, 45–79. Baden-Baden: Nomos Verlagsgesellschaft.

Bundesregierung. 2013. Unterrichtung durch die Bundesregierung. Fünfter Erfahrungsbericht der Bundesregierung über die Durchführung des Stammzellgesetzes, Drucksache 17/12882, Berlin, https://www.bundesgesundheitsministerium.de/fileadmin/Dateien/3_Downloads/S/Stammzellengesetz/5_Stammzellbericht_final_27_11_12.pdf. Zugegriffen: 04.01.2018.*

VII. Paradoxe Zukünfte

Bundesregierung. 2015. Unterrichtung durch die Bundesregierung. Sechster Erfahrungsbericht der Bundesregierung über die Durchführung des Stammzellgesetzes, Drucksache 18/4900, Berlin. http://dip21.bundestag.de/dip21/btd/18/049/1804900.pdf. Zugegriffen: 04.01.2018.*

Büscher, Ch., S. Böschen und A. Lösch. 2018. Die Forcierung des sozio-technischen Wandels. Neue (alte?) Herausforderungen für die Technikfolgenabschätzung (TA). In *„Grand Challenges" meistern. Der Beitrag der Technikfolgenabschätzung*, Hrsg. Michael Decker, Constanze Scherz, Mashid Sotoudeh, Ralf Lindner und Stephan Lingner, 87–96. Baden-Baden: Nomos Verlagsgesellschaft.

Cyranoski, David und Heidi Ledford. 2018. Genome-edited baby claim provokes international outcry. The startling announcement by a Chinese scientist represents a controversial leap in the use of genome editing. Nature News, 26.11.2018, https://www.nature.com/articles/d41586-018-07545-0. Zugegriffen: 04.01.2018.

Daase, Christopher. 2007. Wissen, Nichtwissen und die Grenzen der Politikberatung – Über mögliche Gefahren und wirkliche Ungewissheit in der Sicherheitspolitik. In *Forschung und Beratung in der Wissensgesellschaft. Das Feld der internationalen Beziehungen und der Außenpolitik*, Hrsg. Gunther Hellmann, 189–212. Baden-Baden: Nomos Verlagsgesellschaft.

Dabrock, Peter, L. Klinnert und S. Schadien. 2004. *Menschenwürde und Lebensschutz. Herausforderungen theologischer Bioethik*. Gütersloh: Gütersloher Verlagshaus.

Degen, Marieke. 2013. Ersatzteile aus der Retorte. Stammzellen verwandeln sich im Labor in Minilebern. ZEIT Online, https://www.zeit.de/2013/28/stammzellen-leber-transplantationsmedizin. Zugegriffen: 04.01.2018.**

Denker, Hans-Werner. 2003. Totipotenz oder Pluripotenz? Embryonale Stammzellen, die Alleskönner. *Deutsches Ärzteblatt* 100 (42): 2728–2730.

Derkatch, Colleen. 2008. Method as Argument. Boundary Work in Evidence-Based Medicine. *Social Epistemology* 22 (4): 371–388.

DBK (Deutsche Bischofskonferenz). 2007. Statement des Sekretärs der Deutschen Bischofskonferenz, P. Dr. Hans Langendörfer SJ, zur Stellungnahme des Nationalen Ethikrates „Zur Frage einer Änderung des Stammzellgesetzes" vom 16. Juli 2007. Pressemitteilung 16.07.2007. Bonn*

DBK (Deutsche Bischofskonferenz). 2008. Stellungnahme zur aktuellen Stammzelldebatte. In Pressebericht des Vorsitzenden der Deutschen Bischofskonferenz, Karl Kardinal Lehmann, im Anschluss an die Frühjahrs-Vollversammlung der Deutschen Bischofskonferenz vom 11. bis 14. Februar 2008 in Würzburg. Bonn.*

DBK (Deutsche Bischofskonferenz). 2011. Deutsche Bischofskonferenz begrüßt Stammzellen-Urteil des Europäischen Gerichtshofs. Pressemitteilung 18.10.2011. Bonn.*

DER (Deutscher Ethikrat). 2014. Stammzellforschung – Neue Herausforderungen für das Klonverbot und den Umgang mit artifiziell erzeugten Keimzellen? Ad-hoc-Empfehlung. Berlin, https://www.ethikrat.org/publikationen/publikationsdetail/?tx_wwt3shop_detail%5Bproduct%5D=22&tx_wwt3shop_detail%5Baction%5D=index&tx_wwt3shop_detail%5Bcontroller%5D=Products&cHash=8422b7e607726b4bb9560f78934480f8. Zugegriffen: 24. Januar 2019.*

DFG (Deutsche Forschungsgemeinschaft). 1999. DFG-Stellungnahme zum Problemkreis ‚Humane embryonale Stammzellen'. *Jahrbuch Wissenschaft und Ethik* 4: 393–399.*

DFG (Deutsche Forschungsgemeinschaft). 2001. Empfehlungen der Deutschen Forschungsgemeinschaft zur Forschung mit menschlichen Stammzellen. 3. Mai 2001 (Kurzfassung), http://www.dfg.de/dfg_magazin/forschungspolitik/stammzellforschung/dfg_und_stammzellforschung/index.html. Zugegriffen: 15.November 2018.*

Dreier, Horst, W. Huber und H.-R. Reuter. 2002. *Bioethik und Menschenwürde. Ethik & Gesellschaft*. Münster [u. a.]: Lit.

Dusseldorp, Marc. 2013. Technikfolgenabschätzung. In *Handbuch Technikethik*, Hrsg. Armin Grunwald, S. 394–400. Stuttgart [u. a.]: J. B. Metzler.

Eichengreen, Barry und Marc Flandreau (Hrsg.). 1997. *The Gold Standard in Theory and History*. London [u. a.]: Routledge.

Enquetekommission. 1987. *Bericht der Enquete-Kommission „Chancen und Risiken der Gentechnologie" gemäß Beschlüssen des Deutschen Bundestages*. Drucksache 10/6775.

EKD (Evangelische Kirche Deutschland). 2007. *Ethische Überlegungen zur Forschung mit menschlichen Embryonalen Stammzellen*. O.O.*

Ewig, Santiago. 2008. Aus irrem Zwang zu fremden Sternen. *Frankfurter Allgemeine Sonntagszeitung* 14, 06.04.2008: 15.**

Fink, Simon. 2007. Ein deutscher Sonderweg? Die deutsche Embryonenforschungspolitik im Licht international vergleichender Daten. *Leviathan* 35: 107–127.

Fischer, Andrea. 2002. Die Vertrauensfrage. War der Stammzellkompromiß ein Fehler? *Frankfurter Allgemeine Zeitung* 29, 04.02.2002: 41.**

Franklin, Sarah. 2005. Stem Cells R Us. Emergent Life Forms and the Global Biological. In *Global Assemblages. Technology, Politics, and Ethics as Anthropological Problems*, Hrsg. A. Ong und S.J. Collier, 59–78. Malden [u. a.]: Blackwell.

Gadinger, F., S. Jarzebski und T. Yildiz. 2014. Vom Diskurs zur Erzählung. Möglichkeiten einer politikwissenschaftlichen Narrativanalyse. *PVS* 55 (1): 67–93.

Gallarotti, Giovanni. 1993. The Scramble for Gold. Monetary Regime Transformation in the 1870 s. In *Monetary Regimes in Transition*. Hrsg. M. D. Bordo und F. Capie, 15–67. Cambridge [u. a.]: Cambridge University Press.

Gerhards, Helene und Renate Martinsen. 2018. Vom ethischen Frame zum Risikodispositiv. Der gewandelte Diskurs zur Stammzellforschung und ihren Anwendungen. *UNIKATE* 52, 68–81.

Glaser, Barney G. und Anselm L. Strauss. 1967. *The discovery of grounded theory: strategies for qualitative research*. New York: Aldine de Gruyter.

Gloede, Fritz. 2007. Unfolgsame Folgen. Begründungen und Implikationen der Fokussierung auf Nebenfolgen bei TA. *TATuP* 16 (1): 45–54.

Gottweis, Herbert. 2002. Stem Cell Policies in the United States and in Germany. Between Bioethics and Regulation. *Policy Studies Journal* 30 (4): 444–469.

Gottweis, Herbert. 2003. Post-positivistische Zugänge zur Policy-Forschung. Politik als Lernprozess. Wissenszentrierte Ansätze der Politikanalyse. In *Politik als Lernprozess*, Hrsg. M. L. Maier, F. Nullmeier, T. Pritzlaff und A. Wiesner, 122–138. Wiesbaden: Springer.

Greimas, Algirdas J. 1987. *On Meaning. Selected Writings in Semiotic Theory*. London: Frances Pinter.

Grunwald, Armin. 2002. *Technikfolgenabschatzung – eine Einführung*. Berlin: edition sigma.

Grunwald, Armin. 2007. Umstrittene Zukünfte und rationale Abwägung. Prospektives Folgenwissen in der Technikfolgenabschätzung. *TATuP* 16 (1): 54–63.

Grunwald, Armin. 2012. *Technikzukünfte als Medium von Zukunftsdebatten und Technikgestaltung*. Karlsruhe: KIT Scientific Publishing.

Grunwald, Armin. 2014. Technikfolgenabschätzung als „Assessment" von Debatten. *TATuP* 23 (2): 9–15.

Grunwald, Armin. 2015. Die hermeneutische Erweiterung der Technikfolgenabschätzung. *TATuP* 24 (2): 65–69.

Grunwald, Armin. 2018. Technikfolgenabschätzung und Bioethik. BPB, http://www.bpb.de/gesellschaft/umwelt/bioethik/262840/technikfolgenabschaetzung-und-bioethik. Zugegriffen: 04. Januar 2018.

Guhr, A., Sabine K., Stefanie S., A. E. M. Seiler Wulczyn, A. Kurtz und P. Löser. 2018. Recent Trends in Research with Human Pluripotent Stem Cells: Impact of Research and Use of Cell Lines in Experimental Research and Clinical Trials. *Stem Cell Reports* 11 (2): 485–496.

VII. Paradoxe Zukünfte

Gülker, Silke. 2015. Wie kommt die Moral ins Labor? Eine Fallstudie in einem US-amerikanischen Labor für Stammzellforschung. In *Forschung an humanen embryonalen Stammzellen: Aktuelle ethische Fragestellungen*, Hrsg. J. S. Ach, R. Denkhaus und B. Lüttenberg, 145–167. Münster: LIT-Verlag.

Haarhoff, Heike und Wolfgang Löhr. 2014. Keimzellen der Künstlichkeit. *TAZ Online*, http://www.taz.de/!5033175/. Zugegriffen: 30.Oktober 2018.**

Hauskeller, Christine. 2001. Die Stammzellforschung. Sachstand und ethische Problemstellungen. *APuZ* 27: 7–15.

Hauskeller, Christine und Susanne Weber. 2011. Framing Pluripotency: iPS Cells and the Shaping of Stem Cell Science. *New Genetics and Society* 30 (4): 415–431.

Hellmann, Gunther. 2007. Forschung und Beratung in der Wissensgesellschaft: Das Feld der internationalen Beziehungen und der Außenpolitik – Einführung und Überblick. In *Forschung und Beratung in der Wissensgesellschaft. Das Feld der internationalen Beziehungen und der Außenpolitik*, Hrsg. ders., 9–43. Baden-Baden: Nomos Verlagsgesellschaft.

Inthorn, Julia. 2008. Ethische Konfliktlinien in der öffentlichen Kommunikation über Stammzellforschung. In *Stammzellforschung. Ethische und rechtliche Aspekte*, Hrsg. U.H.J. Körtner und Ch. Kopetzki, 93–105. Wien [u. a.]: Springer.

Jasanoff, Sheila. 2005. *Designs on Nature. Science and Democracy in Europe and the United States*. Princeton, NJ [u. a.]: Princeton University Press.

Jones, D. S. und S. H. Podolsky. 2015. The Art of Medicine. The History and Fate of the Gold Standard. *The Lancet* 385: 1502–1503.

Kaldewey, David. 2013. *Wahrheit und Nützlichkeit. Selbstbeschreibungen der Wissenschaft zwischen Autonomie und gesellschaftlicher Relevanz*. Bielefeld: transcript.

Kalender, Ute. 2012. *Körper von Wert. Eine kritische Analyse der bioethischen Diskurse über die Stammzellforschung*. Bielefeld: transcript.

Kessler, Oliver. 2007. Die Konstruktion von Expertise: Eine systemtheoretische Rekonstruktion von Politikberatung? In *Forschung und Beratung in der Wissensgesellschaft. Das Feld der internationalen Beziehungen und der Außenpolitik*, Hrsg. Gunther Hellmann, 117–147. Baden-Baden: Nomos Verlagsgesellschaft.

Kastilan, Sonja. 2007. Im Land der ewigen Jugend. *Frankfurter Allgemeine Sonntagszeitung* 47: 74.**

Kastilan, Sonja. 2008. Rohdiamanten in der Petrischale. Deutschland diskutiert über Probleme der Stammzellforschung, für die man andernorts längst Lösungen sucht: Ein Überblick. Frankfurter Allgemeine Sonntagszeitung 7, 17.02.2008: 64.**

Kastilan, Sonja. 2009. Selbst ist die Zelle. In Barcelona trifft sich diese Woche die Zunft der Stammzellforscher. Ihr Traum ist die Neuprogrammierung von Körperzellen zu menschlichem Ersatzgewebe. *Frankfurter Allgemeine Sonntagszeitung* 27, 05.07.2009: 53.**

Kimbrel, E. A. und R. Lanza. 2015. Current status of pluripotent stem cells: moving the first therapies to the clinic. *Nature Reviews Drug Discovery* 14 (10): 681–692.

Kobold, S., A. Guhr, A. Kurtz und P. Löser. 2015. Human Embryonic and Induced Pluripotent Stem Cell Research Trends: Complementation and Diversification of the Field. *Stem Cell Reports* 4 (5): 914–925.

Koschorke, Albrecht. 2012. *Wahrheit und Erfindung. Grundzüge einer allgemeinen Erzähltheorie*. Frankfurt am Main: Fischer.

Kummer, Christian. 2016. Kann man die Erzeugung embryonaler Stammzellen beim Menschen verantworten? In *Verantwortung und Integrität heute. Theologische Ethik unter dem Anspruch der Redlichkeit*, Hrsg. Jochen Sautermeister, 202–210. Freiburg im Breisgau [u. a.]: Herder.

Kunze, Rolf-Ulrich. 2013. Krise des Fortschrittsoptimismus. In *Handbuch Technikethik*, Hrsg. Armin Grunwald, S. 67–72. Stuttgart [u. a.]: J. B. Metzler.

Renate Martinsen, Helene Gerhards, Florian Hoffmann, Phillip H. Roth

Kupferschmidt, Kai. 2011. Stammzellforschung: Krankheiten verstehen, Gendefekte reparieren, Wirkstoffe testen. ZEIT Online, 13.09.2011, https://www.zeit.de/wissen/2011-09/medikamente-stammzellen. Zugegriffen: 19. Janur 2019.**

Landwehr, Claudia. 2011. Konflikt, Kompromiss und Verständigung. Die Entscheidung über den Import embryonaler Stammzellen. In Biopolitik im liberalen Staat, Hrsg. C. Kauffmann, und H.-J. Sigwart, 191–208. Baden-Baden: Nomos.

Leggewie, Claus. 2007. Das Ohr der Macht und die Kunst der Konsultation: Zur Einleitung. In Von der Politik- zur Gesellschaftsberatung. Neue Wege öffentlicher Konsultation, Hrsg. ders., 7–13. Frankfurt am Main [u. a.]: Campus.

Löhr, Wolfgang. 2012. Pioniere der Stammzellforschung. TAZ Online, http://www.taz.de/!5082069/. Zugegriffen: 19.01.2019.**

Lösch, Andreas. 2013. ‚Vision Assessment' zu Human-Enhancement-Technologie. TATuP 22 (1): 9–16.

Löser, P., A. Guhr, S. Kobold, A. E. M. Seiler Wulczyn. 2018. Zelltherapeutika auf Basis humaner pluripotenter Stammzellen: internationale klinische Studien im Überblick. In Stammzellforschung. Aktuelle wissenschaftliche und gesellschaftliche Entwicklungen (Forschungsbericht der interdisziplinären Arbeitsgruppe der Berlin-Brandenburgischen Akademie der Wissenschaften), Hrsg. M. Zenke, L. Marx-Stölting und H. Schickl, 115–138. Baden-Baden: Nomos.

Lubbadeh, Jens. 2007. Die Zellen, aus denen Träume sind. Spiegel Online, http://www.spiegel.de/wissen schaft/mensch/stammzellforschung-die-zellen-aus-denen-die-traeume-sind-a-518736.html. Zugegriffen: 04. Januar 2018.**

Luhmann, Niklas. 2006. Die Beschreibung der Zukunft. In Beobachtungen der Moderne, Hrsg. ders., 129–147. Wiesbaden: VS Verlag für Sozialwissenschaften.

Luhmann, Niklas. 2017. Die Realität der Massenmedien. Wiesbaden: Springer VS.

Marks, Nicola J. 2010. Defining Stem Cells? Scientists and Their Classification of Nature. The Sociological Review 58 (1): 32–50.

Marschall, Stefan. 2007. Politik- und Gesellschaftsberatung in der ‚Mediendemokratie'. In Von der Politik- zur Gesellschaftsberatung. Neue Wege öffentlicher Konsultation, Hrsg. Claus Leggewie, 153–170. Frankfurt am Main [u. a.]: Campus.

Martinsen, Renate. 2004. Staat und Gewissen im technischen Zeitalter. Prolegomena einer politologischen Aufklärung. Weilerswist: Vellbrück Wissenschaft.

Martinsen, Renate. 2007a. Politikberatung im Kontext der Global Governance-Diskussion: Regieren jenseits der Weltvernunfttherrschaft. In Zum Verhältnis Wissenschaft und Politik: Die neuen (I)nternationalen Beziehungen an der Schnittstelle eines alten Problems, Hrsg. Gunther Hellmann, 81–116. Baden-Baden: Nomos Verlagsgesellschaft.

Martinsen, Renate. 2007b. Gesellschaftsberatung als Chinese Whisper – zur Rolle von (medial vermittelter) Öffentlichkeit in Politikberatungsprozessen. In Von der Politik- zur Gesellschaftsberatung. Neue Wege öffentlicher Konsultation, Hrsg. Claus Leggewie, 51–69. Frankfurt am Main [u. a.]: Campus.

Martinsen, Renate. 2011. Der Mensch als sein eigenes Experiment? Bioethik im liberalen Staat als Herausforderung für die politische Theorie. In Biopolitik im liberalen Staat, Hrsg. C. Kauffmann und H.-J. Sigwart, 27–52. Baden-Baden: Nomos Verlagsgesellschaft.

Martinsen, Renate. 2014. Auf den Spuren des Konstruktivismus – Varianten konstruktivistischen Forschens und Implikationen für die Politikwissenschaft. In Spurensuche: Konstruktivistische Theorien der Politik, Hrsg. dies., 3–41. Wiesbaden: Springer VS.

Martinsen, Renate. 2016. Politische Legitimationsmechanismen in der Biomedizin. Diskursverfahren mit Ethikbezug als funktionale Legitimationsressource für die Biopolitik. In Bioethik, Biorecht, Biopolitik: eine Kontextualisierung, Hrsg. Marion Albers, 141–169. Baden-Baden: Nomos Verlagsgesellschaft.

VII. Paradoxe Zukünfte

MPG (Max-Planck-Gesellschaft). 2008. Restriktive Regelung behindert deutsche Stammzellforscher. Pressemitteilung 11.02.2008. München.*

Merlot, Julia. 2014. Experimentelle Stammzelltherapie. Mediziner behandeln erste Patientin mit verjüngten Zellen. *Spiegel Online*, http://www.spiegel.de/wissenschaft/medizin/stammzellen-ips-zellen-bei-frau-mit-makuladegeneration-eingesetzt-a-991635.html. Zugegriffen: 04. Januar 2018.**

Müller-Jung, Joachim. 2008. Biosuppe westfälisch. Bei den Stammzellen rückt die saubere Lösung näher. *Frankfurter Allgemeine Zeitung 150*: 37.**

Müller-Jung, Joachim. 2010. Im Labyrinth der ewigen Jugend. *Frankfurter Allgemeine Zeitung 125*: N2.**

Müller-Jung, Joachim. 2012a. Die Anbeter des Methusalem. *FAZ-Net*, https://www.faz.net/aktuell/wissen/nobelpreise/medizin-nobelpreis-2012-die-anbeter-des-methusalem-11917831.html. Zugegriffen: 04. Januar 2018.**

Müller-Jung, Joachim. 2012b. Stammzellen auf der Schnellstraße? *FAZ-Net*, https://www.faz.net/aktuell/wissen/leben-gene/neue-zelltherapien-stammzellen-auf-der-schnellstrasse-11903493.html. Zugegriffen: 04. Januar 2018.**

Müller-Jung, Joachim. 2013. „Zerebrale Organoide": Was macht man mit so wenig Hirn? *FAZ Net*, 29.08.2013, https://www.faz.net/aktuell/wissen/leben-gene/zerebrale-organoide-was-macht-man-mit-so-wenig-hirn-12550596.html?printPagedArticle=true#pageIndex_0. Zugegriffen: 19. Januar 2019.**

Müller-Jung, Joachim. 2014. *Das Ende der Krankheit. Die neuen Versprechen der Medizin*. München: Carl Hanser Verlag.

NER (Nationaler Ethikrat). 2002. *Zum Import menschlicher embryonaler Stammzellen – Stellungnahme*, Berlin.*

NER (Nationaler Ethikrat). 2007. *Zur Frage einer Änderung des Stammzellgesetzes. Stellungnahme*. Berlin.*

Nida-Rümelin, J. und J. Schulenburg. 2013. Risiko. In *Handbuch Technikethik*, Hrsg. Armin Grunwald, 18–22. Stuttgart [u. a.]: J. B. Metzler.

Nullmeier, Frank. 2007. Neue Konkurrenzen: Wissenschaft, Politikberatung und Medienöffentlichkeit. In *Von der Politik- zur Gesellschaftsberatung. Neue Wege öffentlicher Konsultation*, Hrsg. Claus. Leggewie, 171–180. Frankfurt am Main [u. a.]: Campus.

o. A. 2016. Schweine, die Leben retten? Amerikanische Wissenschaftler haben erfolgreich menschliche Stammzellen und tierische Embryonen vermischt. So könnten die Organfabriken der Zukunft entstehen. *ZEIT Online*, https://www.zeit.de/wissen/2016-06/stammzellenforschung-schwein-menschliche-organe-universitaet-kalifornien. Zugegriffen: 04. Januar 2018.**

Oduncu, Fuat S. 2003. Stem cell research in Germany: Ethics of healing vs. human dignity. *Medicine, Health Care and Philosophy* 6 (1): 5–16.

Prainsack, Barbara. 2006. ‚Negotiating Life'. The Regulation of Human Cloning and Embryonic Stem Cell Research in Israel. *Social Studies of Science* 36 (2): 173–205.

Renn, Ortwin. 2013. Technikkonflikte. In *Handbuch Technikethik*, Hrsg. Armin Grunwald, 72–76. Stuttgart [u. a.]: J. B. Metzler.

Rietz, Christina. 2014. Grenzgänger oder Erlöser? Jürgen Hescheler züchtet Herzmuskelzellen aus embryonalen Stammzellen. Das bringt ihn in Konflikt mit seiner Kirche. *ZEIT Online*, 28.08.2014, https://www.zeit.de/2014/34/stammzellenforschung-herzmuskel-ethik/komplettansicht. Zugegriffen: 22. Januar 2019.**

RKI (Robert-Koch-Institut). 2003–2018. Tätigkeitsberichte (1–15) der Zentralen Kommission für Stammzellenforschung (ZES), https://www.rki.de/DE/Content/Kommissionen/ZES/Taetigkeitsberichte/taetigkeitsbericht_node.html;jsessionid=B0FE2DE4A92510CEE34231A64C27330.1_cid363. Zugegriffen: 15. November 2018.*

Robinton, D. A. und G. Q. Daley. 2012. The promise of induced pluripotent stem cells in research and therapy. *Nature* 481: 295–305.

Rolfes, V., H. Gerhards, J. Opper, U. Bittner, P. H. Roth, H. Fangerau, U. M. Gassner und R. Martinsen. 2017. Diskurse über induzierte pluripotente Stammzellforschung und ihre Auswirkungen auf die Gestaltung sozialkompatibler Lösungen – eine interdisziplinäre Bestandsaufnahme. *Jahrbuch für Wissenschaft und Ethik* (JWE) 22 (1): 65–88.

Roth, P. H. und H. Gerhards. 2019. Es ist nicht alles Gold, was glänzt... Die politische Rhetorik des ‚Goldstandards' und die diskursive Legitimierung der humanen embryonalen Stammzellforschung in Deutschland. *Zeitschrift für Politik* 66 (2) (i. E.).

Schauz, D. und D. Kaldewey. 2018. Why Do Concepts Matter in Science Policy? In *Basic and Applied Research. The Language of Science Policy in the Twentieth Century*, Hrsg. D. Kaldewey und D. Schauz, 1–2. New York [u. a.]: Berghahn Books.

Schneider, Ingrid. 2002. Gesellschaftspolitische Regulierung von Fortpflanzungstechnologien und Embryonenforschung. In *Techniken der Reproduktion. Medien – Leben – Diskurse*, Hrsg. U. Bergermann, C. Breger und T. Nusser, 103–120. Königstein im Taunus: Helmer.

Schneider, Ingrid. 2014. Technikfolgenabschätzung und Politikberatung am Beispiel biomedizinischer Felder. Aus Politik und Zeitgeschichte. *Technik, Folgen, Abschätzung* 64: 6–7.

Schockenhoff, Eberhard. 2007. Robin Hood ist nicht im Recht. Trotz allen Fortschritten bei adulten Zellen möchte die Wissenschaftslobby den Stammzellkompromiss von 2002 kippen. Was spricht gegen die Tötung von Embryonen zu Forschungszwecken? *Frankfurter Allgemeine Zeitung* 271, 21.11.2007: 39.**

Schöne-Seifert, Bettina. 2009. Induzierte pluripotente Stammzellen: Ruhe an der Ethikfront? *Ethik in der Medizin* 21: 271–273.

Schwarzkopf, Alexandra. 2014. *Die deutsche Stammzelldebatte. Eine exemplarische Untersuchung bioethischer Normenkonflikte in der politischen Kommunikation der Gegenwart*. Göttingen: V & R Unipress.

Shi, Y., H. Inoue, J. C. Wu und S. Yamanaka. 2017. Induced pluripotent stem cell technology: a decade of progress. *Nature Reviews Drug Discovery* 16 (2): 115–130.

Siegel, Andrew. 2016. Ethics of Stem Cell Research. In *The Stanford Encyclopedia of Philosophy* (Spring 2016 Edition), Hrsg. Edward N. Zalta, https://plato.stanford.edu/archives/spr2016/entries/stem-cells/>. Zugegriffen: 04. Januar 2018.

Sikora, Katja M. 2006. *Biopolitik und Politische Kommunikation. Die Rolle der Bundesregierung in der Stammzellendebatte*. Stuttgart: ibidem-Verlag.

Smith, K. P., M. X. Luong und G. S. Stein. 2009. Pluripotency. Toward a gold standard for human ES and iPS cells. *Journal of Cellular Physiology* 220 (1): 21–29.

Spieker, Manfred. 2009. Vorwort. In *Biopolitik. Probleme des Lebensschutzes in der Demokratie*, Hrsg. ders., 7. Paderborn [u. a.]: Ferdinand Schöningh.

Stockrahm, Sven. 2009. Stammzellforschung. Ein Gen verwandelt Zellen in Alleskönner. *ZEIT Online*, https://www.zeit.de/online/2009/07/induzierte-Stammzellen-einzelnes-gen. Zugegriffen: 04. Januar 2018.**

Takahashi, K., K. Tanabe, M. Ohnuki, M. Narita, T. Ichisaka, K. Tomoda und S. Yamanaka. 2007. Induction of pluripotent stem cells from adult human fibroblasts by defined factors. *Cell* 131 (5): 861–872.

Tannert, Christof und P. Wiedemann. 2004. *Stammzellen im Diskurs. Ein Lese- und Arbeitsbuch zu einer Bürgerkonferenz*. München: oekom Verlag.

Timmermans, Stefan und M. Berg. 2003. *The Gold Standard. The Challenge of Evidence-Based Medicine and Standardization in Health Care*. Philadelphia: Temple University Press.

Trounson, A. und C. McDonald. 2015. Stem Cell Therapies in Clinical Trials. Progress and Challenges. *Cell Stem Cell* 17 (1): 11–22.

Viehöver, Willy. 2011. Diskurse als Narrationen. In *Handbuch sozialwissenschaftliche Diskursanalyse*, Hrsg. ders., R. Keller, A. Hirseland und W. Schneider, 193–224. Wiesbaden: VS Verlag für Sozialwissenschaften.

Viehöver, Willy. 2012. „Menschen lesbarer machen": Narration, Diskurs, Referenz. In *Erzählungen im Öffentlichen*, Hrsg. M. Arnold, G. Dressel und W. Viehöver, 65–132. Wiesbaden: VS Verlag für Sozialwissenschaften.

Weber, Nina. 2012. Medizin-Nobelpreis: Jungbrunnen für Zellen. *Spiegel Online*, http://www.spiegel.de/wissenschaft/medizin/medizin-nobelpreis-2012-die-forschung-von-gurdon-und-yamanaka-a-860075.html. Zugegriffen: 30. Oktober 2018.**

Yamanaka, Shinya. 2012. Induced Pluripotent Stem Cells: Past, Present, and Future. *Cell Stem Cell* 10 (6): 678–684.

Zinkant, Kathrin. 2015. Projekt Jungbrunnen. *Süddeutsche Zeitung*, 4. Juli 2015: 33.**

Zinkant, Kathrin. 2017. Neue Nerven. Stammzellen mildern Parkinson bei Primaten. *Süddeutsche Zeitung*, 31. August 2017: 14.**

Anhang
Abkürzungsverzeichnis

AS-Zelle	adulte Stammzelle
BBAW	Berlin-Brandenburgische Akademie der Wissenschaften
BMBF	Bundesministerium für Bildung und Forschung
DBK	Deutsche Bischofskonferenz
DER	Deutscher Ethikrat (früher: NER)
DFG	Deutsche Forschungsgemeinschaft
EKD	Evangelische Kirche Deutschland
ELSA	Ethical, Legal and Social Aspects
ESchG	Gesetz zum Schutz von Embryonen (Embryonenschutzgesetz)
EuGH	Europäischer Gerichtshof
FAZ	Frankfurter Allgemeine Zeitung
hES-/ ES-Zelle	humane embryonale Stammzelle/embryonale Stammzelle
hiPS-/ iPS-Zelle	humane induzierte pluripotente Stammzelle/ induzierte pluripotente Stammzelle
MPG	Max-Planck-Gesellschaft
MuRiStem/ MuRiStem-Pol	Multiple Risiken. Kontingenzbewältigung in der Stammzellforschung und ihren Anwendungen/ s. o. – eine politikwissenschaftliche Analyse
NER	Nationaler Ethikrat (heute: DER)
RKI	Robert-Koch-Institut
StZG	Gesetz zur Sicherstellung des Embryonenschutzes im Zusammenhang mit Einfuhr und Verwendung menschlicher embryonaler Stammzellen (Stammzellgesetz)
SZ	Süddeutsche Zeitung
TA	Technikfolgenabschätzung
taz	Die Tageszeitung
ZES	Zentrale Ethik-Kommission für Stammzellforschung

Renate Martinsen, Helene Gerhards, Florian Hoffmann, Phillip H. Roth

Liste der interviewten Expertinnen und Experten

Alle Interviews wurden zwischen dem 20.4.2017 und 26.06.2017 geführt.

Das Team MuRiStem-Pol bedankt sich noch einmal herzlich bei den Interviewpartnerinnen und -partnern für ihre Unterstützung des Projektvorhabens.

Prof. Dr. Marion Albers
Inhaberin des Lehrstuhls für Öffentliches Recht, Informations- und Kommunikationsrecht, Gesundheitsrecht und Rechtstheorie
Universität Hamburg

Prof. i. R. Dr. Dr. h.c. Dieter Birnbacher
Professor für Philosophie
Heinrich-Heine-Universität Düsseldorf

Prof. Dr. Tobias Cantz
Gruppenleiter Translationale Hepatologie und Stammzellbiologie Exzellenzcluster REBIRTH und Mitglied der Abteilung Gastroenterologie, Hepatologie und Endokrinologie
Medizinische Hochschule Hannover

Prof. Dr. Thomas Dittmar
Leiter des Instituts für Immunologie
Universität Witten-Herdecke

Prof. Dr. Dr. h.c. Jürgen Hescheler
Professor und Geschäftsführender Direktor am Institut für Neurophysiologie
Universitätskliniken zu Köln

Prof. Dr. Peter Horn
Direktor des Instituts für Transfusionsmedizin
Universitätsklinikum Essen

Prof. Dr. Jens Kersten
Inhaber des Lehrstuhls für Öffentliches Recht und Verwaltungswissenschaften
Ludwig-Maximilians-Universität München

Prof. Dr. Christian Lenk
Außerplanmäßiger Professor am Institut für Geschichte, Theorie und Ethik der Medizin und Geschäftsführer der Ethikkommission der Universität Ulm

Prof. Dr. Alexandra Manzei
Professorin für Soziologie mit dem Schwerpunkt Gesundheitssoziologie
Universität Augsburg

Prof. Dr. Ingrid Schneider
Professorin für Politikwissenschaft am Fachbereich Informatik, Arbeitsbereich „Ethik in der Informationstechnologie"
Universität Hamburg

Prof. Dr. Hans R. Schöler
Leiter der Abteilung Zell- und Entwicklungsbiologie
Max-Planck-Institut für molekulare Biomedizin, Münster

Dr. Insa Schröder
Forscherin in der Abteilung Biophysik
GSI Helmholtzzentrum für Schwerionenforschung, Darmstadt

VII. Paradoxe Zukünfte

Dr. Thorsten Trapp
Leiter der AG Regenerative Pharmakologie, Institut für Transplantationsdiagnostik und Zelltherapeutika
Universitatsklinikum Düsseldorf

Prof. Dr. Andreas Trumpp
Abteilungsleiter Stammzellen und Krebs, Deutsches Krebsforschungszentrum sowie Geschäftsführer des Stammzell-Instituts HI-STEM, Heidelberg

Prof. Dr. Wolfram-Hubertus Zimmermann
Direktor des Instituts für Pharmakologie und Toxikologie
Universitätsmedizin Göttingen

VIII. Stammzellforschung und ihre Anwendungen am Menschen in den Medien
Zur Performanz eines wissenschaftspolitischen Diskurses
Helene Gerhards

Abstract

Stammzellforschung, ein nach wie vor junger Zweig biowissenschaftlicher Forschung, ist in den letzten etwa zwanzig Jahren beliebtes Thema der Wissenschaftsseiten der großen bundesdeutschen Qualitätspresse und ihren Onlinedepartements gewesen. Sie haben durch ihre Berichterstattung die Entwicklung verschiedener Forschungspfade begleitet sowie dem Publikum immer wieder Aussichten auf künftige Anwendungspotentiale nähergebracht. Da der medialen Darstellung der hochkomplexen Materie eine latente Funktion für die gesellschaftliche Akzeptanz oder Ablehnung der Stammzellforschung zugesprochen wird, eine Analyse des Mediendiskurses zu Stammzellforschung und ihren Anwendungen am Menschen seit der Novellierung des deutschen Stammzellgesetzes aber noch aussteht, fragt der Artikel nach der Performanz des neuen Mediendiskurses, vor allem seiner Themensetzung, der Beurteilung der Stammzellforschung und der Konstruktion neuer Diskursmotive.

Dabei wird davon ausgegangen, dass der neue mediale Stammzelldiskurs in einer Chancen- und Risikenlogik repräsentiert wird, die die alten bioethisch geprägten Debatten des Feldes ablöst und die Stammzellforschung diskursiv einer prinzipiell offenen Zukunft zuführt. Der Artikel versucht, ebendiese Struktur mit Mitteln der qualitativen Sozialforschung zugänglich und interpretierbar zu machen: Durch eine Kombination der Methoden der Kritischen Diskursanalyse mit der narrativen Diskursanalyse wurden mehrere Hundert Medienartikel untersucht. Die Analyse ergibt, dass die Forschung an humanen iPS-Zellen positiv dargestellt wird und die Medien ihren RezipientInnen Protentionen für ihre klinische Nutzung anbieten, während die humanen embryonalen Stammzellen ebenfalls als legitim für die Grundlagenforschung positioniert werden. Insgesamt sind die Medienrepäsentationen heute eher durch eine kritische Nähe denn durch eine kritische Distanz zur Stammzellforschung zu charakterisieren.

1 Einführung: Die gesellschaftliche Funktion der Medien im Rahmen bio- und lebenswissenschaftlicher Diskurse

Biowissenschaftliche Forschungsergebnisse und damit sich potentiell eröffnende medizintechnologische Anwendungskorridore erfahren regelmäßig öffentliche Resonanz (vgl. z. B. Bauer 2007). Dies ist nicht verwunderlich: Insbesondere dann, wenn diesen Forschungsunternehmen und Technologien Innovationskraft oder noch undefinierte, möglicherweise schädliche Entwicklungspotentiale zugeschrieben werden, weil sie etwa in das Verständnis vom (menschlichen) Leben an sich einzugreifen vermögen, wird für die BeobachterInnen biowissenschaftliche und medizinische Forschung relevant, denn letztlich haben die Gesellschaft und ihre Mitglieder die Auswirkungen ebenjener ins Werk gesetzter Wissensproduktionen zu tragen. So gesehen findet sich die Gesellschaft durch biowissenschaftliche und technologische Projekte mitkonstituiert, was in einer demokratisch-pluralistisch verfassten Gesellschaftsordnung wiederum dazu führt, dass dieser Prozess von diskursiven Aushandlungen, in denen die Legitimitätsfrage gestellt wird, begleitet wird (Jasanoff 2005). Diese Verständigungsprozesse, welche die Grundlage für spätere politische Entscheidungen legen (etwa, ob ein biowissenschaftlicher Forschungszweig finanziell gefördert wird oder ob eine bestimmte medizintechnologische Anwendung am Menschen verboten wird), brauchen jedoch ein geeignetes Forum: Biowissenschaftliche Innovationen und ihre möglichen Anwendungsoptionen können im Rahmen versammlungsöffentlicher, organisierter Diskursmechanismen kommunikative und entscheidungspraktische Aufarbeitung erfahren (Martinsen 2006) oder aber – und dies ist nach wie vor ein etabliertes Mittel moderner Massendemokratien – Öffentlichkeit als Aushandlungsraum wird in Abwesenheit konkreter Diskursteilnehmer hergestellt. Die Medien nehmen hier eine zentrale gesellschaftliche Funktion ein (Martinsen 2009, Sarcinelli 2011, Gerhards und Neidhart 1990), denn durch sie wird die Öffentlichkeit über den Sachstand und seine Beurteilungen durch unterschiedliche AkteurInnen informiert und damit die soziale Realität des Beschriebenen konstruiert (Luhmann 1996) sowie erfahrbar gemacht: Bei den medial vermittelten Auseinandersetzungen um Genomforschung oder um neuere reproduktionsmedizinische Anwendungen wie etwa der Präimplantationsdiagnostik stand dabei nicht nur die Benachrichtigung des Publikums über die faszinierenden Fortschritte der hochkomplexen Forschungsmaterien und Möglichkeiten der assistierten Fortpflanzung im Vordergrund der Berichterstattung – vielmehr lieferte die mediale Auseinandersetzung selbst eine Plattform für die Thematisierung und Einordnung bioethischer Fragen und politischer Positionskonflikte. Dies machte die mediale Berichterstattung zu einer wichtigen Arena gesellschaftlicher Selbstvergewisserung über die Zukunft der menschlichen Natur (Habermas 2001).

2 Stammzellforschung und ihre Anwendungsversprechen in medialen Repräsentationen – der Forschungsstand

Ein Bereich biowissenschaftlicher und medizinischer Forschung und Praxis, der besondere mediale Aufmerksamkeit und Ausdeutung erfahren hat, ist die Stammzellforschung (Peters et al. 2009, S. 11, Sahm 2009, S. 165 ff.). Stammzellforschung und die mit ihnen verbundenen Themenkomplexe wie Embryonenforschung, Klonen und therapeutische Translationen wurden in der Vergangenheit eben aufgrund ihrer ethischen und politischen Sprengkraft medial intensiv begleitet und in der internationalen Medienöffentlichkeit kontrovers diskutiert (Kitzinger und Williams 2005, Kamenova 2017). Wie im bundesdeutschen Kontext Medien als Raum öffentlicher Auseinandersetzung sozialer Akzeptabilitätsbedingungen von Stammzellforschung und ihren Anwendungen den Boden bereitet haben, ist deshalb Gegenstand zahlreicher Forschungsarbeiten geworden. Sigrid Graumann (2003) stellt in ihrer Studie heraus, dass die Medienberichterstattung in Deutschland über die Stammzellforschung zwar keine wesentlichen medienethischen Problematiken aufwarf, sie aber doch von Strukturen des *agenda settings* geprägt war und die Darstellung wichtiger Betroffenenperspektiven (vor allem Frauen und Menschen mit Behinderungen) ausließen. Peter Weingart und Kollegen attestieren dem printmedialen Diskurs zur Stammzellforschung ähnlich wie Graumann einen ausgeglichenen und expertengesteuerten Tonus, der sich insbesondere an den rechtlichen sowie politischen Bedingungen, unter denen Stammzellforschung in Deutschland stattfindet, abarbeitete (Weingart et al. 2008). Tabea Schönbauer (2014) wiederum zeigt anhand der medialen Vermittlung der Debatte um die embryonale Stammzellforschung, dass die strategische Positionierung und Artikulation von Interessen durch die beteiligten Akteure im Stammzellforschungsdiskurs wesentlichen Einfluss darauf hatten, wie die Printmedien ebenjene repräsentierten.

Diese Studien sind inhaltlich aufschlussreich, allerdings reflektieren sie ausschließlich die Produktion derjenigen sozialen Realität, die in diesem Text als der ‚alte mediale Stammzelldiskurs' verstanden wird (vgl. auch Kettner 2002). Die Bestimmung des Charakters des ‚neuen medialen Stammzelldiskurses', der sich mithin reflexiv auf die neuen, je aktuellen ‚realen Fortschritte' der Stammzellforschung[1] und ihren Anwendungen bezieht, von denen die Medien ihren Informations- und Nachrichtenwert ableiten (Franzen 2011, S. 131), steht also noch aus. Dass im Vergleich zur ersten Hälfte der 2000er Jahre langsam aber sicher auch eine *strukturelle* Transformation des Stammzelldiskurses stattfindet, welche sich in der medialen Betrachtung widerspiegelt und reproduziert wird, können diese Studien deshalb nur am Rande analytisch in den Griff bekommen: Während Weingart und Kollegen bemerken, dass die Printmedien die ethischen Herausforderungen der Stammzellmedizin für die Öffentlichkeit sezieren, sich aber auch Deutungsrahmen in den Reflektionen wiederfinden, die allein mit moralisch-ethischen Fragen und Auslotungsversuchen unterschiedlicher Wertmaßgaben nicht erschöpft sind, stellt Graumann (2003, S. 235) fest, dass einige *topoi* biomedizinischer Forschung neuerdings entlang der Logik von Chancen und Risiken ausgehandelt werden, die wesentlich über die Konstruktion von Zukunftsvisionen und verlaufen und sich den Rufen nach endgültigen ethischen Grenzsetzungen somit zunächst strukturell entziehen (vgl. auch Gerhards und Martinsen 2018).[2] Dies lässt darauf schließen,

---

1   Damit ist zunächst einmal die Einführung und Etablierung der so genannten induzierten pluripotenten Stammzellen (im Folgenden iPS-Zellen) gemeint (Takahashi et al. 2007) – eine Technologie, die aus somatischen Zellen Stammzellen mit pluripotenter Qualität abzuleiten ermöglicht (vgl. zur Übersicht Rolfes et al. 2017). Inwiefern diese biotechnologische Neuerung im neuesten Stammzelldiskurs verhandelt wurde und ihn damit auch in seiner Struktur prägte, wird im Folgenden zu zeigen sein.
2   Kennzeichnend für die Chancen- und Risikologik von Diskursen ist nicht unbedingt ihre komplementäre Semantik im Diskurs selbst, sondern ein Deutungsrahmen, der Chancen und Risiken respektive Kosten und Nutzen der Stammzellforschung höchstens auf dem vorläufigen Wissensstand verhandelt. Gleichermaßen wird im Rahmen der Chancen- und Risikologik anerkannt, dass über die tatsächliche Entwicklung der Stammzellforschung und ihre gesellschaftlichen Auswirkungen nur im Rahmen eines offenen Zeithorizonts Sicherheit erlangt werden kann. Dieses Verständnis des

VIII. Stammzellforschung und ihre Anwendungen am Menschen in den Medien

dass das mediale *Framing* des Stammzelldiskurses nun nicht mehr so sehr um die ethischen Aporien kreist, die mit der embryonalen Stammzellforschung verbunden sind, sondern dass mit der Chancen- und Risiken-Dublette selbst ein Analysewerkzeug genutzt werden kann, mit dem es möglich wird, die diskursiv verhandelte „Politik der Stammzellen" (Strassnig 2004, S. 16) einer heuristischen Ordnung zuzuführen. Die Fragestellungen, die sich aus dieser ersten Zusammenschau der Historie des medialen Stammzelldiskurses und der Beobachtung der Umstellung von moralgetriebenen auf Chancen- und Risiken-Diskurse[3] ergeben, sind folgende: Wie sieht der neue mediale Stammzelldiskurs in Deutschland aus? Welche Themen wurden auf welche Weise rezipiert, welche wurden fallengelassen? Welche Perspektiven werden von den Medien repräsentiert und welche Entwicklungen der Stammzellforschung werden auf welche Weise begrüßt oder problematisiert? Wenn die These belegt werden kann, dass moralisch-ethische Fragen langsam aber sicher aus dem Diskurs verdrängt wurden und eher die Gegenüberstellung von Chancen und Risiken der Stammzellforschung und ihren Anwendungen dominiert, also nicht mehr in der Form ‚bioethisch gesprochen wird, um ethisch letztgültig zu entscheiden', welchen Ausdruck erfahren die neuen Auseinandersetzungen stattdessen und wie können diese Diskursformen der qualitativen Sozialforschung zugänglich gemacht werden? Angeleitet wird der Untersuchungsgang darüber hinaus von der theoretischen Prämisse und forschungspragmatischen Setzung, dass Mediendiskurse zunächst immer durch bestimmte Gesamtheiten (journalistisch) aufgearbeiteter Textproduktionen bestimmt sind und sie gleichzeitig überindividuell produzierte Wahrheiten und mehr oder weniger umkämpfte Sagbarkeitsfelder (Foucault 1993) der zur Disposition stehenden Themen und Phänomene repräsentieren, die den Diskurs zu eben jenen formieren. Dies bedeutet, dass Mediendiskurse und (gesellschaftliche) Diskurse nicht identisch sind, Mediendiskurse aber durchaus zur Performanz des gesellschaftlichen Diskurses beitragen, der wiederrum die Regeln und Möglichkeiten des Sprechens, also auch des Publizierens über die Themen und Phänomene anleitet. Mediendiskursanalysen sind damit als geeignete Werkzeuge anzusehen, gesellschaftlich virulente Diskurse zu biowissenschaftlichen und medizinisch-technologischen Entwicklungen zu erfassen und diese in ihren gesellschafts- und politikkonstituierenden Wirkungen greifbarer zu machen (Jäger 1997).

Forschungsfeldes entspricht denn auch dem sachlichen Stand der Stammzellforschung als noch jungem Zweig der biowissenschaftlichen Forschung: Die Medien reflektieren durch die Chancen- und Risikenlogik die noch unbekannten, potentiellen Entwicklungspfade ebenjener mit (vgl. Luhmann 1993). Und diese Protentionen erst geben der gegenwärtigen ‚Realität' des Beschriebenen Kontur (vgl. Leanza 2011, S. 20).

3   Vgl. auch z. B. Caulfield und Rachul 2011, S. 645 und die Chancen- und Risiken-Semantik im Forschungsbericht über Stammzellforschung der Berlin-Brandenburgischen Akademie der Wissenschaften (Zenke et al. 2018, S. 29 ff.).

Um die Forschungsfragen zu beantworten wurden Artikel großer deutscher (Tages-) Zeitungen mit ‚Breitenwirkung' ausgewählt und systematisch ausgewertet.[4] Die Auswahl und Aufbereitung der Daten soll in Abschnitt 3 ausführlich erläutert werden. Abschnitt 4 liefert einen ersten deskriptiven Überblick über das Ausmaß der Berichterstattung im Zeitverlauf sowie einen methodischen Zugang zur Mediendiskursanalyse in der Form einer Strukturanalyse der in den Artikeln prävalenten Diskursstränge. Mit dieser Strukturanalyse lässt sich Auskunft geben über die Gestalt des neuen Mediendiskurses zur Stammzellforschung, also über seine thematischen Facetten, seine Schwerpunktlegungen und seine *Framings*. Abschnitt 5 gibt Auskunft über die ‚Tiefenstruktur' des betrachteten Diskurses. Hier wird die Strukturanalyse ergänzt um die zentralen Elemente der narrativen Diskursanalyse nach Willy Viehöver (2003, 2011), deren Vorgehen in aller Kürze ebenfalls in diesem Abschnitt vorgestellt wird. Hier sollen die narrativen Artikulationen der diskursiv vermittelten Chancen- und Risikologik ermittelt und reflektiert werden. Abschnitt 6 liefert eine Zusammenfassung der Ergebnisse und identifiziert schließlich blinde Flecken des Mediendiskurses.

3 Der Selektionsprozess der Forschungsdaten

Zunächst muss die Frage beantwortet werden, welcher Teil des Mediendiskurses dezidiert beschrieben und analysiert werden soll. Dabei wird zunächst davon ausgegangen, dass Massenmedien ihrer öffentlichen Aufgabe, an der politischen Meinungsbildung mitzuwirken, dadurch wahrnehmen, dass sie mit ihrer Berichterstattung das Thema Stammzellforschung und ihre Anwendungsprojektionen aktuell und publizistisch betreut begleiten. Aufgrund dieser *spin*-Struktur sind wissenschaftskommunikative Inhalte in den Medien zeitlich nicht kontingent[5], Verlauf und Konjunkturen der Berichterstattung orientieren sich vielmehr in etwa auch an den ‚tatsächlichen', von den Quelltexten kommunizierten Ereignissen im Bereich der lebenswissenschaftlichen Forschung. Saliente biowissenschaftliche und medizintechnologische Ereignisse erzeugen damit, kurz gesagt, mediale Diskursereignisse.

---

[4] Die Auswertung des Mediendiskurses anhand Presseerzeugnisse ist, wie oben dargestellt, ein Weg zu einer gehaltvollen, strukturierten Diskursanalyse mit festgeschriebenen, archivierten Textmaterial. Auch, wenn über die tatsächliche Rezeption des medialen Stammzelldiskures im Rahmen dieses Artikels kaum Aussagen getroffen werden können, ist dennoch anzumerken, dass Printmedien, insbesondere Zeitungen für den Bereich der Stammzellforschung hohe Mediennutzungswerte bescheinigt wurden (Bora et al. 2014).

[5] Es geht hier nicht darum, dem Wissenschaftsjournalismus Sensationsheischung oder *scoop*-Orientierung vorzuwerfen. Gerade in Qualitätsmedien zeichnen sich WissenschaftsjournalistInnen durch eine hohe Fachkundigkeit aus und folgen natürlich auch den Publikationsrhythmen der großen Journale wie *Science* und *Nature*, die als Vermittlungsstellen zwischen der wissenschaftsinternen Kommunikation der Fachzeitschriften und Presse- und Öffentlichkeitsarbeit der Wissenschaft fungieren (vgl. dazu Franzen 2011, Anderson et al. 2005).

VIII. Stammzellforschung und ihre Anwendungen am Menschen in den Medien

Der Mediendiskurs, wie oben bereits angedeutet, lässt sich oberflächlich beschreiben als unterteilt in einen ‚alten' Diskurs[6] und ‚neuen' Diskurs, wobei der vorliegende Beitrag den ‚neuen' Diskurs untersucht und nur dort auf den ‚alten' Diskurs rekurriert, wo es für das Verständnis des ‚neuen' Diskurses nötig ist. Die heuristische Grenze zwischen diesen beiden Diskursphasen wurde aufgrund folgender Hypothese gesetzt: Der neue mediale Stammzelldiskurs in Deutschland entfaltete sich ein Jahr *vor* dem Inkrafttreten des Gesetzes zu Änderung des Stammzellgesetzes (im Folgenden StZG) im Jahre 2008, da im Zuge der Novellierung des StZG von 2002 bereits Entwicklungen antizipiert und problematisiert wurden, die seit der Erfindung und Thematisierung der iPS-Zellen im Jahre 2007 virulent wurden. So gesehen markiert die Erfindung der iPS-Zellen durch Shinya Yamanka und seinem Team eine ‚Zeitenwende' auch in dem Mediendiskurs, der bis dahin die Beforschung humaner embryonaler Stammzellen und ihrer politischen Regulierung im Fokus hatte. Bis zur Novellierung des Stammzellgesetzes widmet sich der Mediendiskurs dem Thema humane embryonale Stammzelle zwar noch intensiv, aber dann verlagert sich langsam die Konzentration auf die ‚neuen Möglichkeiten' der Stammzellforschung. Der analysierte Zeitraum der Medienberichterstattung belief sich vom 01.01.2007 bis zum 31.12.2017, also genau zehn Jahre. Betrachtet wurden Presseartikel von *Die Süddeutsche Zeitung* (SZ), *Frankfurter Allgemeine Zeitung* (FAZ)[7], *Die Tageszeitung* (TAZ), *DIE ZEIT* (ZEIT) und DER *SPIEGEL* (Spiegel), wobei auch Online-Inhalte, die durch die Datenbankrecherche ermittelt und aufgrund der qualitativen Suchkriterien infrage kamen, aufgenommen wurden.[8] Aufgenommen wurden zunächst alle Artikel in den Datenpool, auf die folgendes Kriterium zutraf: „Stammzell*" in SZ, FAZ, TAZ, ZEIT und Spiegel (und verwandten Onlineportalen) vom 01.01.2007 bis zum 31.12.2017 ab 500 Wörtern mit dem Begriff „Stammzell*" in Artikeltitel und/oder -untertitel.[9]

---

6   Für eine Übersicht der Argumente, die vor der Einführung des Stammzellgesetzes 2002 bis zur Novellierung des Stammzellgesetzes von wissenschaftlicher, ethischer, rechtlicher und politischer Seite vorgebracht wurden möge man zu den ausführlichen Studien von Gisela Badura-Lotter (2005) sowie Alexandra Schwarzkopf (2015) greifen.
7   Artikel der *Frankfurter Allgemeinen Sonntagszeitung* wurden ebenfalls aufgenommen und unter FAZ subsumiert.
8   Die vorliegende Medienanalyse hat es aufgrund der Aufnahme von Printmedienartikeln und Onlineartikeln, die zumeist im Rahmen der (redaktionell unabhängigen) Online-Nachrichtendienste erschienen sind, mit ‚hybridem Material' zu tun – mögliche Differenzen bei Darstellungsumfang und -qualität der sachlichen Inhalte müssen deswegen bei der Betrachtung der Analyseergebnisse eingepreist werden. Außerdem geht es hier nicht so sehr um Vermittlungswege und Formen des *public outreaches* der Medien, sondern um die grundsätzliche gesellschaftliche Diskursstruktur, welche medial produziert und performiert wird – in diesem Sinne konnte kein überzeugendes Argument gefunden werden, weshalb Online-Artikel prinzipiell aus der Analyse ausgeschlossen werden sollten.
9   Genutzt wurden unterschiedliche freie Datenbanken und Online-Archive. Das Suchkriterium ermöglichte es, Artikel auszuschließen, die aufgrund ihrer Länge einen reinen ‚Pressemitteilungscharakter' hatten und alle Artikel zu erfassen, die sich tatsächlich mit Stammzellforschung und ihren Anwen-

4 Deskriptiver Überblick über die Medienartikel und Diskursstrukturanalyse

Nach dieser kriteriengeleiteten Eingrenzung des Datenkorpus, lagen 383 Artikel vor. Erste quantitativ-deskriptive Aufbereitungen zeichnen folgendes Bild:

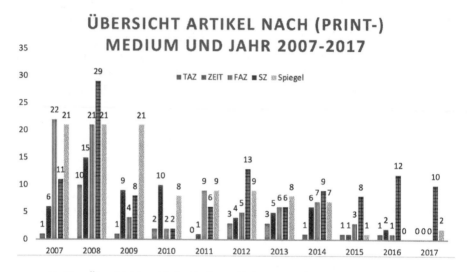

Grafik 1: Übersicht Anzahl der Medienartikel nach Medium und Jahr, 2007–2017, eigene Darstellung

Der Korpus der 383 Artikel zeigt, dass die Medienberichterstattung zur Stammzellforschung mit Verlauf des definierten Berichterstattungszeitraums in den letzten Jahren deutlich abgenommen hat. Um 2007 und 2008 gibt es einen Publikationspeak, der mit der Medialisierung der Novellierung des StZG sowie der Erfindung der iPS-Zellen durch Shinya Yamanaka zu erklären ist. Insgesamt haben der Spiegel und die SZ am intensivsten berichtet. Die TAZ fällt quantitativ weit hinten ab – Stammzellforschung scheint, jedenfalls unter diesem *naming*, keine besonders interessante Materie für sie zu sein.

dungen publizistisch beschäftigt haben. Bei dem letzten Erhebungsdurchgang fiel nämlich auf, dass viele Artikel zwar Stammzellen erwähnen, aber schwerpunktmäßig im weitesten Diskursraum Lebenswissenschaften, Humangenetik und Reproduktionsmedizin angesiedelt sind. Da das spezifische Interessenfeld jedoch der Stammzellforschung und ihren Anwendungen und den darin enthaltenen Chancen- und Risikendarstellungen galt, sollte „Stammzell*" direkt im Titel und damit prominent verwendet werden. Denn ohne eine explizite Benennung des Interessenfeldes ‚Stammzellwissenschaft und Stammzellmedizin' im Kopf des Artikels fand meist keine wirkliche Beschäftigung mit dem Themenfeld und Diskursraum statt.

VIII. Stammzellforschung und ihre Anwendungen am Menschen in den Medien

Vergleicht man die Dichte der Publikationen dieses Erhebungszeitraumes mit den Jahren vor 2007[10], so wird noch deutlicher: Zu Beginn der 2000er Jahre fand das Thema ‚Stammzellforschung und ihre Anwendungen' deutlich mehr Resonanz in den Medien. Dies ist mit dem Diskurs um die Embryonenforschung und um das Klonen sowie den mit diesen Streitthemen verbundenen politischen und bioethischen Konflikten zu erklären (vgl. Martinsen 2011 zur ZEIT-Debatte um Bioethik 1999–2001). Obwohl der erste Betrachtungszeitraum (2000–2006) mit vier Jahren Unterschied wesentlich kürzer ist als der zweite (2007–2017), fällt die Publikationsdichte des späteren Zeitraums wesentlich dünner aus, wie die direkte Gegenüberstellung zeigt: Der neue Mediendiskurs zur Stammzellforschung und ihren Anwendungen wird mit etwa nur halb so vielen Artikeln bedacht (383 Artikel in den Jahren 2007–2017 gegenüber 755 Artikel in den Jahren 2000–2006), was noch keine Auskünfte über die Inhalte der Diskurse beinhaltet, aber doch zumindest die Dringlichkeit des Themas im Zeitverlauf zu charakterisieren vermag. Stammzellforschung und ihre Anwendungen scheinen nach dem so genannten Stammzellkompromiss, der vor dem Inkrafttreten des Stammzellgesetzes 2002 und den Jahren vor seiner Novellierung 2008 medial breit begleitet wurde, kein derartig großes Medienecho mehr zu erhalten und sie in den letzten zehn Jahren seltener Gegenstand von Auseinandersetzungen in den großen Wissenschafts- und Gesellschaftsteilen der Medien zu sein.

Um nun die Gestalt des neuen Diskurses in den Blick zu nehmen, muss auf ein dezidiert qualitatives Methodeninstrumentarium zurückgegriffen werden: Während die Feinanalyse die Artikelauswertung mit erarbeitetem Codeschema und anhand der Methodologie der Narrativen Diskursanalyse verfolgt (siehe Abschnitt 5), ist die Strukturanalyse des Diskurses für eine Vorsortierung der relevanten Diskursstränge und -motive dienlich, welche wiederum der Feinanalyse zugeführt werden können. Als Verfahren der Strukturanalyse eignet sich beispielsweise ebenjene, die im Rahmen der Kritischen Diskursanalyse nach Siegfried Jäger (2004) standardisiert wurde. Die Kritische Diskursanalyse wurde Ende der 1990er Jahre entwickelt, um printmediale Diskurse zu biopolitischen Problematisierungen in Deutschland methodisch anzuleiten (Jäger 1997, Jäger 2004). Dabei wird auch bei der Kritischen Diskursanalyse davon ausgegangen, dass die Medienerzeugnisse Debatten nicht nur abbilden, sondern bestimmte Debattenverläufe durch ihre Reflexion verarbeiten und durch gesellschaftliche Rezeption mitproduzieren. Das Verfahren, eine Printmedienanalyse zu einem biopolitisch relevanten Diskurs im Sinne der Kritischen Diskursanalyse durchzuführen, wurde weiterhin von Malaika Rödel (2015) zu Geschlechtervorstellungen im Rahmen der Präimplantationsdiagnostik erprobt und systematisiert. An dieses Verfahren können nun Anleihen in der Metho-

---

10 Mit demselben Suchkriterium wurden auch alle Artikel im Zeitraum 01.01.2000–31.12.2006 erfasst und dokumentiert, um die Präsenz des Themas in beiden Diskursphasen zumindest quantitativ einordnen zu können.

disierung der Strukturanalyse gemacht werden. Rödel zeigt, wie die thematischen und strukturellen Dimensionen des Diskurses durch gezielte Fragen an die Medientexte rekonstruiert werden können. Die Erstellung der Leitfragen erfolgte im Hinblick auf die Forschungsinteressen, die verfolgt werden sollten, daher wurden bei der Sichtung des Datenkorpus' nicht nur thematische Dimensionen berücksichtigt, sondern auch die Form der Berichterstattung in das Labeling mit einbezogen. Im ersten Schritt wurden folgende Leitfragen erstellt, vor deren Hintergrund die Texte gelesen wurden:

1. Wie werden Stammzellforschung und ihre Anwendung dargestellt?
2. Welche Chancen und Risiken werden ihnen zugerechnet?
3. Welche relevanten AkteurInnen und/oder StakeholderInnen äußern sich?
4. Gibt es erste Anzeichen für sich wiederholende Erzählungen, Narrative, Visionen?
5. Werden politische Steuerungsbedarfe identifiziert und wenn ja, welche?

Nach zwei unabhängigen Sichtungsrunden[11] der 383 Artikel im Hinblick auf diese Leitfragen wurde nach dem Prinzip der hermeneutischen Sättigung davon ausgegangen, dass die identifizierten Diskursstränge des ‚neuen' Diskurses, die im Folgenden präsentiert werden, hinreichend seine thematischen Schwerpunktsetzungen und strukturellen Charakteristika erfassen. In Anlehnung an die Methodik von Rödel (2015) wurden anhand dieser Sichtungen die Themen gesammelt, zu Diskurssträngen zusammengefasst, die Diskursstränge festgelegt und mit je einem Stichwort gelabelt, das am besten umreißt, was den Diskursstrang auszeichnet. Alle Artikel des Datenkorpus wurden schließlich den Diskurssträngen zugeordnet und mit ihrem Label versehen.[12]

Die Leitfragen 1 (Wie werden Stammzellforschung und ihre Anwendungen dargestellt?) gemeinsam mit der Leitfrage 2 (Welche Chancen und Risiken werden ihnen zugerechnet?) konnten mit der Rekonstruktion der Diskursstränge folgendermaßen beantwortet werden: Der Diskurs über Stammzellforschung und ihre Anwendungen ist tatsächlich in seiner *Chancen- und Risikenlogik* zu erfassen. Chancen und Risiken werden allerdings nicht entweder je Forschung *oder* Anwendung zugerechnet, sondern *unterschiedlichen Stammzelltypen* – vor allem embryonalen Stammzellen (im Folgenden ES), induzierten pluripotenten Stammzellen (iPS) sowie adulten Stammzellen (im Folgenden AS).[13] Der hermeneutische Blick auf die grobe Diskursstruktur ergibt damit

11 Ich danke Florian Hoffmann für das Crosschecking der Diskursstrangkonstruktion und ihrer Zuordnungen.
12 Auf Anfrage stellt die Autorin die Liste über die 383 Artikel mit ihren vorläufigen und letztendlichen Labelings gerne zur Verfügung.
13 Da sich das Gros der Artikel tatsächlich implizit oder explizit auf die Beforschung und Anwendung *humaner* Stammzellen aller Typen bezieht, müsste ihr Labeling präziserweise ein ‚human' beinhalten (hIPS, hES, hAS). Allerdings verzichten die Artikel zumeist selbst auf diese strukturelle Unterschei-

VIII. Stammzellforschung und ihre Anwendungen am Menschen in den Medien

folgendes Bild: Die Medien transportieren alle mehr oder weniger intensiv Beurteilungen über Chancen und Risiken der Stammzellforschung und ihren Anwendungen in Bezug auf die drei unterschiedlichen Bereiche ES, iPS, AS. Grundlagenforschung und (prospektive) medizinische Anwendungen werden im direkten Zusammenhang diskutiert, weswegen sich hier je keine eigenen Diskursstränge formieren. Diese Ergebnisse korrespondieren mit der *Hype- und Hope*-Hypothese (Schneider 2014), dass nämlich in der öffentlichen Rezeption der Stammzellforschung häufig nicht eindeutig zwischen Berichten über Ergebnisse aus der Grundlagenforschung und Ergebnissen von anwendungsorientierten Studien (individuelle Heilversuche, klinische Studien) unterschieden wird. Chancen und Risiken werden also zumindest nicht vorsätzlich in Bezug auf Stammzellgrundlagenforschung auf der einen und Stammzellanwendungen auf der anderen Seite differenziert, sondern anhand der Stammzelltypen. Somit ergibt sich bei der Betrachtung der Medienartikel eine sechsteilige Diskursmatrix: Chancen in der Forschung und Anwendung embryonaler Stammzellen, Chancen in der Forschung und Anwendung von iPS-Zellen, Chancen in der Forschung und Anwendung adulter Stammzellen, Risiken in der Forschung und Anwendung embryonaler Stammzellen, Risiken in der Forschung und Anwendung von iPS-Zellen, Risiken in der Forschung und Anwendung adulter Stammzellen.[14] Auffällig ist, dass eine Mehrheit der Artikel unter ‚Chancen der iPS-Forschung und Anwendung' fällt. Allen anderen Diskurs(unter-)strängen können auch eindeutig Artikel zugeordnet werden, sie sind im Vergleich zu den Chancen und Hoffnungen, die die Medien den iPS zurechnen, aber eher unterrepräsentiert. Nur selten wird über andere Stammzelltypen als ES, iPS und AS berichtet.[15] Darüber hinaus sind spezifische Techniken, die eng mit der Stammzellforschung zusammenhängen bzw. potentiell an allen Stammzelltypen angewendet werden können oder ihrer Gewinnung dienen, ein gesondertes Diskursfeld – diese diskursrelevanten Techniken sind vor allem Klonen sowie Chimären. Trotz der engen Selektionskriterien schoben sich diese Diskursthemen in den medialen Stammzelldiskurs hinein, was einen

---

dung, weshalb an dieser Stelle aus Gründen der Übersichtlichkeit ebenfalls von dieser terminologischen Differenzierung abgesehen wird.

14 Darüber hinaus wurden in vielen Artikeln zu den Stammzelltypen sowohl Chancen als auch Risiken thematisiert, sodass ambivalente Artikel immer demjenigen Indikator (Chance/Risiko) zugeschlagen wurden, welche einer hermeneutischen Erfassung nach eine eindeutigere Betonung zufiel. Als hilfreich für die Kategorisierung ambivalenter Artikel erwies sich der Aufbau der Artikel: Wurden beispielsweise zunächst Probleme und mögliche Risiken einzelner Studien in den Medientexten referiert und der Text mit Chancenaussichten beendet, konnte zumeist diejenige Episode, die als „Moral der Geschichte" und als Konklusion den Sinngehalt des Textes bestimmt, also in diesem Fall die Chancen-Semantik, als ausschlaggebend gewertet werden (vgl. Viehöver 2011, S. 212).

15 Marginal thematisiert wurden weiterhin im Betrachtungszeitraum fetale Stammzellen, in-Zellen (induzierte neuronale Zellen) oder die so genannten ‚Fake-Stammzellen' wie die STAP-Zellen aus dem Säurebad, Krebsstammzellen, Keimstammzellen.

Aufschluss darüber gibt, ob Stammzellforschung und ihre Anwendungen überhaupt gänzlich jenseits benachbarter Diskursfelder zu denken sind.

Frage 3 (Welche relevanten AkteurInnen und StakeholderInnen äußern sich?) erwies sich angesichts der Form der Berichterstattungen zunächst als zu spezifisch (wem kommt in Diskursen überhaupt Akteursqualität zu? Sind AkteurInnen nur die, die tatsächlich zu Wort kommen? Sind sie als VertreterInnen spezifischer Organisationen auszumachen?), weswegen es sinnvoll erschien, eine andere Unterscheidung aufzunehmen, nämlich zwischen Berichten, die Forschung und Medizin (Risiko- und Chancen in ES, iPS, AS in Forschung und Anwendung) abdecken und solchen Medienartikeln, die die Thematik des politischen und rechtlichen Systems und ihrer Rezeption der Stammzellforschung und -anwendung aufwerfen. Dabei fällt wiederum folgende Struktur auf: Berichte über wissenschafts- sowie medizinexterne Diskurse spielen sich als Fragen nach politischer Regulierung sowie rechtlicher Regulierung ebenjener ab. Diese bleiben aber nicht sehr allgemein, sondern es kristallisieren sich bestimmte Diskursereignisse heraus, auf die die große Mehrheit der Berichte mit den Schwerpunkten ‚Politik, politische Regulierung' und ‚Recht, rechtliche Regulierung' rekurrieren: Politische Regulierung wird in der frühen Phase des neuen Stammzelldiskurses (zwischen 2007 und 2009) überproportional oft thematisiert – dieser Diskursstrang verdichtet sich am Thema Novellierung der Stichtagsregelung.[16] Bedarfe an politischer Regulierung werden nach der Berichterstattung zur Stichtagsregelung und ihrer schnell abfallenden Nachbetrachtung (bis 2009) so gut wie überhaupt nicht mehr thematisiert.[17] Die Frage der rechtlichen Regulierung spielt sich an dem Fall des Patentstreits um embryonale Stammzelllinien ab (vgl. Oliver Brüstle vs. Greenpeace, Urteil des Europäischen Gerichtshofes (EuGH) im Jahr 2011). Zeitlich nach dem ‚Brüstle-Urteil' des EuGH spielen dezidiert rechtliche bzw. rechtsregulatorische Themen in der medialen Berichterstattung kaum mehr eine Rolle. Ethik erweist sich wiederum als Querschnittsthema der beiden Diskursstränge ‚Politik, politische Regulierung' und ‚Recht, rechtliche Regulierung': Ethisch-moralische Reflexionen werden einerseits oft in Rückbezug auf die Diskursinhalte des ‚Jahrs der Bioethik' 2001 angeboten, die im Zuge der Novellierung des Stammzellgesetzes

---

16   Natürlich schlug sich dann die Novellierung des StZG als rechtliche Kodifizierung nieder – die gesellschaftliche Debatte jedoch und damit auch der Diskurs hatte den Charakter eines politischen Konflikts, insofern um eine kollektiv verbindliche Entscheidung gerungen wurde – die Regulierungsfragen rund um das StZG unter Beteiligung unterschiedlicher Akteure wie Politik, zivilgesellschaftliche Akteure und Wissenschaftsakteure verdient also durchaus die Zurechnung ‚Politik, politische Regulierung'.

17   Ein weiterer Schwerpunkt in der Berichterstattung, der unter ‚politische Regulierung' bzw. ‚rechtliche Regulierung' zu subsumieren wäre, ist die durch den US-Präsidenten Barack Obama geförderte Stammzellforschungspolitik, die gegenüber den höchsten Gerichten eine staatliche Unterstützung der Embryonenforschung versuchte durchzusetzen – auch dieser Konflikt, der zeitlich zwei Jahre hinter der deutschen Stichtagsdebatte liegt, ist wiederum durchsetzt mit ethischen Konflikten, die im Zusammenhang mit dem Status des Embryos thematisiert werden.

reaktualisiert werden – oder sie spielen sich an der Frage zur Patentierbarkeit (potentiellen) menschlichen Lebens ab. Ethik besetzt damit überraschenderweise keinen eigenen Diskursstrang, sondern wird in den beiden Diskurssträngen Politik und Recht mittransportiert. Diese beiden Diskursstränge materialisieren sich in den letzten Jahren (nach 2011) kaum mehr und sind mit der Befriedung durch die Verschiebung des Stichtages sowie mit der Entscheidung zum Verbot der ES-Zelllinien-Patentierung so gut wie *ad acta* gelegt. Damit hat man es innerhalb des betrachteten Zeitraums mit zwei deutlich identifizierbaren Diskurssträngen zu Politik und Recht, in denen ethische Fragen verhandelt werden, zu tun, wobei diese Diskursstränge sich einer frühen Episode des neueren Stammzelldiskurses, vor allem um das Jahr 2008 herum, zuordnen lassen. Strukturell und inhaltlich relevant erscheinen auch in der früheren Phase des neuen Stammzelldiskurses nicht so sehr die unterschiedlichen Interessen der AkteurInnen und StakeholderInnen, sondern der Kampf um das Diskursmotiv der „schiefen Ebene" (Assheuer/Jessen 2002), die eine einmalige Fristverlängerung des Stichtages aufgrund ihrer Signalwirkung problematisiert, getreu dem Motto: ‚Einmal verschoben, immer verschiebbar?'. Dieses Diskursmotiv aktualisiert sich allerdings nicht in den Jahren nach der letzten Stichtagsverschiebung, was bedeutet, dass die Frage nach einer erneuten Novellierung des StZG kein Element des medialen Diskurses der letzten zehn Jahre ist und somit derzeit auch nicht die mediale Debatte um die Stammzellforschung prägt. Der mediale Diskurs des letzten Jahrzehnts ist von den Diskurssträngen Politik und Recht und damit auch von den grundsätzlichen ethischen Fragen, die vor allem mit der Problematisierung der humanen ES-Zellgewinnung und -verwendung auftraten, weitestgehend bereinigt, sodass kaum mehr Fragen nach politischer oder rechtlicher Steuerung oder Regulierung ihren Widerhall finden (siehe Leitfrage 5: Werden politische Steuerungsbedarfe identifiziert und wenn ja, welche?).

Des Weiteren lassen sich noch zwei weitere Diskursstränge identifizieren, die auf eine gewisse Fragmentierung und Individualisierung des medialen Stammzelldiskurses schließen lassen: Dem Strang des ‚Störfalls Stammzellforschung' kommt in fast allen Medien besondere Aufmerksamkeit zu. Hier werden insbesondere unseriöse Forschungspraktiken sowie Kritiken an Vorkommnissen im Zusammenhang mit nicht zugelassenen Stammzelltherapien thematisiert.[18] Die meisten Presseberichte haben dabei Porträt-Charakter, weswegen es keine große Rolle spielt, wie lange das berichtete Ereignis tatsächlich zurückliegt: Diese Störfälle in der Stammzellforschung werden denn nicht in einem größeren gesellschaftlichen Rahmen (bzw. in deutlichem Bezug

---

18 Der bereits länger zurückliegende Betrugsskandal um Hwang Woo Suk wirkt wie ein ‚*buzztopic*'. Außerdem werden die gefälschten japanischen Studien zu den Säurebäder-Stammzellen und sowie die gefälschten Daten in den Veröffentlichungen des Herzspezialisten Bodo-Eckehard Strauer aufgerufen. Als quacksalberisch bis gefährlich bezeichnete Anwendungen wie ungeprüfte Stammzelltherapien in der später geschlossenen ‚Stammzellklinik' xCell waren ebenfalls beliebtes Thema.

Helene Gerhards

auf den Bedarf an politischer und rechtlicher Regulierung) dargestellt und diskutiert und auch nicht in Bezug auf Risiken und Chancen der Stammzellforschung und -anwendung allgemein oder in Bezug auf die unterschiedlichen Stammzelltypen, sondern sie sind singuläre Ausnahmeerscheinungen, die trotzdem (oder vielleicht gerade deswegen) besonders aufsehenerregend sind. Diese Störfälle in der Stammzellforschung und -anwendung sind der ‚seriösen' Stammzellforschung und Versuchen der klinischen Anwendung äußerlich und bilden eigene Krimis, scheinen diese also auch nicht weiter zu diskreditieren. Interessanterweise problematisiert dieser Diskursstrang die regelhafte, innovationsgetriebene Stammzellforschung nicht etwa, sondern normalisiert und stabilisiert sie. Gleichfalls wirken die Medienartikel dieses Stranges durch ihre ‚Nahbetrachtung' der jeweiligen Störfälle nichtpolitisch bzw. entpolitisierend, insofern sie nicht in Verbindung gebracht werden mit Forderungen nach politisch-rechtlichen Konsequenzen oder einer grundsätzlichen politisch-rechtlichen Revision der Stammzellforschung und ihren klinischen Anwendungen.

Ein letzter relevanter Diskursstrang funktioniert von seiner Form her ähnlich wie der Diskursstrang ‚Störfall Stammzellforschung'. Die Berichterstattung über Stammzellentypisierung, Knochenmarksspende und die Behandlung leukämischer Erkrankungen entfällt nicht unter die Risiko- und Chancenlogik zu Forschung und Anwendung, sie ist auch nicht einfach unter Risiken und Chancen (der Anwendung von) adulten Stammzellen zu subsumieren, sondern der LeserIn präsentieren sich eher biographische, intime Stücke, die den Kampf gegen eine Krankheit und den Leidensweg nachzeichnen, die im Grunde auch durch andere Erkrankungen herbeigeführt hätten werden können (mit dem Unterschied vielleicht, dass für eine Stammzellenspende viele Menschen mobilisiert werden müssen – das Motiv des ‚Helfens durch die und in der Gemeinschaft' steht hier stark im Vordergrund). Bei diesen Berichtsstücken geht es vor allem um die Erzählung persönlicher Überlebenschancen, jedoch nicht um Stammzellforschung und Stammzellmedizin per se. Die ‚Story Stammzellspende' ist vor allem in den letzten Betrachtungsjahren in der Süddeutschen Zeitung und insbesondere in ihren Regionalteilen sehr präsent – in der SZ finden sich in den Jahren 2015, 2016 und 2017 fast ausschließlich nur noch Artikel, die diesem Strang zugeordnet werden können. Stammzellforschung verschwindet hier und in den anderen Zeitungen zu diesem späten Zeitpunkt des neuen Stammzelldiskurses regelrecht aus der Medienberichterstattung. Die ‚Story Stammzellspende' steht hier für eine Diskursbewegung nach ‚Innen', das heißt, dass die globale Bedeutung der Stammzellforschung als wissenschaftskommunikativer Zusammenhang und ihre gesellschaftliche Bedeutung als Prüfstein ethischer, sozialer, rechtlicher und biopolitischer Fragen zumindest medial gegenüber einer Hinwendung zur etablierten, nichtregenerativen Stammzellmedizin als Privatangelegenheit in den Hintergrund tritt. Überaus auffällig ist, dass allein in diesem Diskursstrang die PatientInnensicht geschildert wird bzw. Betroffene und ihre HelferInnen zu Wort kommen. Hier hat diese Akteursgruppe eine ausgesprochen aktive Position, die in den Risiken-

VIII. Stammzellforschung und ihre Anwendungen am Menschen in den Medien

und Chancenrepräsentationen zu Forschung aber eben auch Anwendungen bereits bei oberflächlicher Prüfung kaum bis gar keine Rolle spielt.[19] Auffällig ist außerdem, dass der ‚Störfall' und die ‚Story Stammzellspende' in einer späteren Phase des ‚neuen' Diskurses schwerpunktmäßig auftauchen – während zum Zeitpunkt der politisch-ethischen Konflikte um die Stammzellforschung und den Stammzellkompromiss kaum Störfälle negativ auffallen und die Story ‚Stammzellspende' äußerst selten aufgerufen wird, scheinen diese beiden Diskursstränge in Abwesenheit der politisch-rechtlich-ethischen Auseinandersetzung besonders zu gedeihen.

Eine weitere Leitfrage (Gibt es erste Anzeichen für sich wiederholende Erzählungen, Narrative, Visionen?) stellte auf die Suche nach erzählenden Formen der medialen Verarbeitung des Stammzelldiskurses ab. Narrationen sind sozial produzierte und mehr oder weniger anschlussfähige sowie sprachlich vermittelte Konstrukte, deren Inhalt auf der Sachebene nicht tatsächlich zutreffen müssen, aber Aufschluss darüber geben können, auf welche Weise eine bestimmte Materie dem Publikum dargestellt wird (Gadinger et al. 2014). Oder kurz gesagt: Werden hochkomplexe Materien und Sachfragen durch bestimmte Techniken der Erzählweisen als problematisch eingeschätzt und deswegen mit einer Bildsprache, die ein Unbehagen bei Rezipierenden auslöst, belegt, so werden diese gegenüber der Materie anschließend nicht aufgeschlossen sein. Dies gilt *eo ipso* für den gegenteiligen positiven Fall, wobei es sich hier natürlich nicht um ein Kausalverhältnis handelt, sondern um implizite, auf der Bewusstseinsebene liegenden und kommunikativ konstruierten Dynamiken. Im Rahmen der Narrativanalyse innerhalb der (Medien)Diskursanalyse ist die Fahndung nach Visionen als bestimmte Form der Narration besonders interessant. Die Suche nach Visionen, die in dem medialen Stammzelldiskurs konstruiert und transportiert werden, kann die narrative Repräsentation noch unbekannter, weil zukünftiger Wissenschafts- und Technikentwicklungen ausmachen. Dies ist deshalb von Bedeutung, weil jene Verarbeitungen letztlich ein Klima der Akzeptanz oder der Ablehnung gegenüber der beschriebenen Materie zu schaffen vermögen, deren Wirkungen tatsächlich noch im Dunkeln sind – und diese sind für Legitimationsfragen letztlich nicht unerheblich.[20]

---

19 Diese weitgehende Abwesenheit der Betroffenen- und PatientInnenperspektive zur Stammzellforschung in den Medien, die auch schon Sigrid Graumann (2003) kritisch anmerkte, hat sicherlich auch für den neuerlichen Diskurs um ihre Einbeziehungen in ebenjene Forschungs- und Versorgungskontexte Implikationen (Hansen et al. 2018): Wenn das öffentlichkeitsschaffende Forum der Massenmedien PatientInnen und sekundär oder tertiär Betroffene von Stammzellforschung nicht als Betroffene und (potentielle) StakeholderInnen an den biowissenschaftlichen und medizintechnologischen Forschungsprozessen identifiziert und repräsentiert, so ist zumindest schon einmal ein Weg, auf dem sich BürgerInnen und PatientInnen als potentielle Stakeholder an Forschungsprozessen und Anwendungserprobungen erkennen könnten, verbaut.
20 Vgl. dazu das Konzept der hermeneutischen Technikabschätzung (Grunwald 2015).

Tatsächlich sind die bildreichsten und gehaltvollsten zukunftsorientierten Narrative in den Diskurssträngen der wissenschaftlichen und medizinischen Chancen- und Risikenbeschreibungen auszumachen – dies ist allein deshalb schon plausibel, da die Chancen- und Risikenlogik für sich genommen schon auf zukünftige, noch unbekannte Entwicklungen abhebt (vgl. FN 2). Der Diskursstrang ‚Klonen/Chimären' ist ebenfalls mit Bildern, die gesellschaftlich zirkulierende Hoffnungen und Ängste ausmalen, gespickt. Die Diskursstränge ‚politische Steuerung', ‚rechtliche Steuerung' (frühe Phasen) sowie ‚Störfall' Stammzellen und ‚Story Stammzellen' (späte Phase des neuen Stammzelldiskurses) sind, wie dargestellt wurde, nicht zukunftsorientiert, da mit ihnen kaum Anschlussstellen für potentielle gesellschaftliche Steuerungsbedarfe und -möglichkeiten identifiziert werden können. Um die in Feinanalyse, also die Narrationsanalyse des neuen Mediendiskurses zu den Chancen und Risiken der Stammzellforschung einsteigen zu können, wurde der Artikelkorpus erneut reduziert, da die Artikel der Diskursstränge ‚Politische Regulierung', ‚Rechtliche Regulierung' ‚Störfall Stammzellforschung' und ‚Story Stammzellspende' nicht für die Analyse der zukunftskonstituierenden Narrationen qualifiziert wurden. Aufgrund qualitativ entwickelter Kriterien[21] wurde der Datenkorpus erneut geprüft und für die Feinanalyse, also die Narrativanalyse, 102 Artikel ausgewählt. Die Feinanalyse des Mediendiskurses zu den Chancen und Risiken der Stammzellforschung in Bezug auf die Stammzelltypen sowie Chimären und Klonen erfolgte computergestützt (mit MAXQDA) und unter Zuhilfenahme des Konzepts der narrativen Diskursanalyse nach Willy Viehöver, deren Elemente in ein passendes Codierschema überführt wurden. Mit diesem Codierschema schließlich wurden jene ausgewählten 102 Artikel feincodiert. Die Entwicklung des Codierschemas anhand der Methodologie der narrativen Diskursanalyse soll im nächsten Abschnitt dargelegt werden.

---

21 Folgende Selektionskriterien wurden für eine erneute Auswahl der Medienartikel angewendet:
– Kann der Artikel trotz unterschiedlicher Argumentationslinien einem der relevanten Diskursstränge zu den Stammzelltypen und übrigen Techniken eindeutig zugeordnet werden? (induktive Auswahl)
– Decken die Artikel bereits bekannte Risiko- und Chancenmotive, die in der Fachliteratur thematisiert werden, ab?
– Überraschen bestimmte Medienartikel eventuell? (deduktive Auswahl)
– Ist die Anzahl der ausgewählten Artikel pro Diskursstrang ungefähr proportional zu seiner quantitativ bemessenen Repräsentation in den Mediendiskursen 2007–2017 insgesamt? (induktiv-deduktive Auswahl)
– Bieten die Artikel in ihrer semantischen Struktur genug Analysematerial, sind auf dem ersten Blick bestimmte Visionen, Utopien, Konflikte auszumachen? (induktive Auswahl)
– Mit Blick auf die Abdeckung des Diskurszeitraums und den jeweiligen Medien insgesamt: Wurden (abgesehen von der Ballung auf bestimmte Jahre, in denen relevante Diskursereignisse stattfanden) möglichst viele Jahrgänge der unterschiedlichen Medien berücksichtigt?

5 Mediale Narrationen zu Stammzellforschung und ihren Anwendungen

Im Rahmen des Forschungsprojekts MuRiStem-Pol[22] wurde ein komplexes Codierschema auf Grundlage methodischer Überlegungen zu narrativen Diskursanalysen nach Willy Viehöver (2003, 2011) entwickelt. Das Codierschema, das sowohl induktiv als auch deduktiv entwickelt wurde, ermöglichte es auch, die Medientexte so zu codieren, dass damit die Präsenz der möglichen Akteure im Bereich Stammzellforschung und ihre Anwendung im Diskurs offenbar wurden. Über die Präsenz der Akteure (Religion/Kirche; Politik; Medizin; Wissenschaft; Beratung; PatientInnen; zivilgesellschaftliche Organisationen; Wirtschaft) hinaus ließe sich mit der Erfassung ihrer Aktandenrollen Auskunft darüber erhalten, welche Stellung diese Akteure in der Medienberichterstattung je (zueinander) einnehmen und wie ihre Kommunikationen von den Medien implizit oder explizit bewertet werden. Nach Viehöver lassen sich nämlich unterschiedlichen Akteuren verschiedene Aktandenrollen zuordnen. Viehöver unterscheidet zwischen den Aktandenrollen Held, Antiheld, Sender, Empfänger, Helfer und Objekt (Viehöver 2011, S. 213). Für die narrative Analyse des medialen Stammzelldiskurses, die die Darstellung der Risiken und Chancen der Stammzellforschung in Narrationen verwoben vermutet, erwiesen sich schließlich die zwei zentralen Aktandenrollen Held und Antiheld als ausschlaggebend.[23] Letztlich wurden auch die sprachlichen Stilmittel analysiert, die bei der Narrativisierung des Stammzellforschungsdiskurses der Medien eingesetzt wurden (vgl. Viehöver 2011, S. 210). Die Konzentration wurde bei der Codierung und Auswertung der Medientexte darauf gelegt, welche Aktandenrollen den infragestehenden Stammzelltypen und Stammzelltechniken (so gesehen den wichtigen Technologieakteuren) im medialen Diskurs zugeordnet wurden, denn mit der Diskursstrukturanalyse konnte zwar die Präsenz der Stammzelltypen registriert sowie festgestellt werden, dass sie sich in einem Chancen-Risikodual formieren, die konkreten Inhalte und Ausdeutungen ebenjener bleiben jedoch auch nach der Strukturanalyse nach wie vor im Verborgenen.

---

22 Zu Zielsetzung, Inhalten und Ergebnissen des Forschungsprojekts MuRiStem-Pol vgl. Martinsen et al. in diesem Band. Ich danke Florian Hoffmann und Laura Schon für die Beteiligung an der Codierarbeit sowie Phillip Roth für die Mitentwicklung des Codierschemas.

23 Die Codiervorschriften, die sich aus diesen theoretischen Konfigurationen ergaben, lauteten: a) Die Chancen-Seite des medialen Stammzelldiskurses vermittelt sich über die Aktandenrolle des Helden. Die Aktandenrolle des Helden wurde dann vergeben, wenn ein Diskursakteur eine aktive, positiv konnotierte Rolle im Raum des Stammzelldiskurses eingenommen hat. Dabei können alle möglichen Akteure, auch Technologien, eine Heldenrolle einnehmen und somit den Chancendiskurs beschreiben. b) Die Risiken-Seite des Stammzellforschungsdiskurses vermittelt sich über die Aktandenrolle des Antihelden. Die Aktandenrolle des Antihelden wurde dann vergeben, wenn ein Diskursakteur eine aktive, negativ konnotierte Rolle im Raum des Stammzelldiskurses eingenommen hat. Dabei können alle möglichen Akteure eine Antiheldenrolle einnehmen und somit den Risikendiskurs beschreiben.

Die Befragung der Repräsentationen der Stammzelltypen iPS, ES und AS auf ihre Helden- und Antihelden-Rolle im Diskurs hin lässt folgendes Narrativ materialisieren:

Die iPS-Zelle tritt am häufigsten als Held auf (55 Codings, im Folgenden ‚C'), während die ES-Zelle im Vergleich am seltensten als Held auftritt (16 C, AS 20 C.). Die ES-Zelle wiederrum tritt am häufigsten als Antiheld auf (32 C), gefolgt von iPS (15 C) und AS (6 C). Dies lässt den ersten Schluss zu, dass die iPS am häufigsten positiv konnotiert, also von allen Stammzelltypen am chancenreichsten erscheint. Die ES-Zelle zieht dagegen verstärkt negative Konnotationen auf sich und wird also im Diskurs der Risikenseite zugeschlagen. Weiterhin fällt auf, dass die Antiheldenrolle der iPS immerhin fast genauso oft wie die Heldenrolle der ES codiert wurde und anscheinend als weitaus riskanter als die AS verstanden wird. Im direkten ‚Rankingvergleich' der Stammzelltypen lässt sich also folgende Tendenz herausarbeiten: Die iPS wird zwar deutlich positiv erzählt, es lassen sich aber auch Nachteile an ihr finden, die die Vorteile der ES nicht qualitativ, aber immerhin quantitativ fast aufwiegen.

Die **Heldenrolle der iPS** beschreibt die Chancen, die ihr in Wissenschaft und Forschung zugerechnet werden. Typische Charakterisierung der Heldenqualität der iPS sehen folgendermaßen aus:

> „Das neu entwickelte Verfahren [iPS, HG] kommt jedoch ohne die ethisch umstrittene Zerstörung ungeborenen Lebens aus. Sobald die Technik auch mit menschlichen Zellen funktioniert, ließen sich damit geklonte menschliche ES-Zellen und patientenspezifische Gewebe und Organe herstellen, die ohne Abstoßungsreaktion transplantiert werden könnten." (Bahnsen 2007/ZEIT)

> „Dort [in der Forschung, HG] freilich sind Stammzellen unterschiedlicher Herkunft, keineswegs allein embryonale Stammzellen, als Hoffnungsträger für Ersatzgewebe und Organe aus der Retorte gefagter (sic!) denn je. (...) Mit den künstlich zu ‚induzierten pluripotenten Stammzellen' (iPS) reprogrammierten Körperzellen macht man gewaltige Fortschritte im Labor wie in der Klinik." (Müller-Jung 2011/FAZ)

Die iPS stehen für Fortschritt und neue Lösungen und werden insgesamt als vielversprechend präsentiert. Eine wichtige Funktion nimmt dabei die sprachliche Gestaltung der Medienartikel ein. Vor allem die Umschreibungen des wissenschaftlichen Konzepts der Pluripotenz zeigen auffällige sprachliche Muster: Die Begriffe ‚Jugend' (Müller-Jung 2008/FAZ; Müller-Jung 2010/FAZ; Kastilan 2007/FAZ), ‚Jungbrunnen' (Weber 2012/Spiegel Online; Berndt 2013/SZ, Zinkant 2015/SZ), ‚Verjüngung(skur)' (Stockrahm 2009/ZEIT Online) werden eng mit den iPS-Zellen assoziiert (obwohl grundsätzlich alle pluripotente Stammzellen, also auch die ES-Zellen über jene Qualität und Fähigkeit verfügen). Diese enge Verknüpfung mit einer Bildsprache, die Assoziationen mit frischer Lebenskraft, mit einem Neubeginn, mit generativer Potentialität wecken, scheint also nicht nur die pluripotente Stammzelle selbst, sondern die iPS selbst und dezidiert den ganzen neuen Forschungszweig der iPS zu charakterisieren. Zu Beginn des neuen iPS-Zeitalters, so liest sich die Erzählung eines langen FAZ-Artikels, wähnte man sich gar schon im „sagenhaften Land der ewigen Jugend, dem keltischen ‚Tir Na nOg'" (Kastilan 2007/FAZ), auf dessen Namen auch mit einer Zutat des iPS-Cocktails genommen worden sei (vgl. auch Bahnsen 2008/ZEIT).

Eine besondere Metapher ergänzt die Konstruktion der Stärke und Heldenhaftigkeit der iPS-Zelle: Die iPS wird von den Medien immer wieder als ‚Alleskönner' (43 Fundstellen in 23 Dokumenten, vgl. z. B. Blech 2007/Spiegel) betitelt. Hier kann ähnliches wie bei dem Metaphernkreis ‚Jugend' festgestellt werden: Zwar ist der Begriff ‚Alleskönner' zunächst eine Umschreibung der Pluripotenz, im Grunde wären also alle pluripotenten Stammzellen ‚Alleskönner', sofern sie in alle drei Keimblätter differenzieren können, aber der semantische Gebrauch und er inhaltliche Kontext verweisen immer wieder auf das Paar ‚Alleskönner' – iPS. Hier lässt sich sicherlich eine Narrativisierung der Rolle der iPS als eine Art ‚Tausendsassa' in den Medien erkennen – dies ist insbesondere deswegen bemerkenswert, da in dem wissenschaftspolitischen Diskurs zur Stammzellforschung bis zur Entdeckung der iPS die embryonalen Stammzellen als dieser strahlende Held ‚Alleskönner' galt (Denker 2003, Inthorn 2008, S. 97, Schöne-Seifert 2009, S. 271). Die iPS ist nun diejenige Stammzelle, die diese Kompetenz in den Medien übernommen hat. Dies hat vor allem mit den Anwendungsaussichten, in deren Nähe die iPS immer wieder gerückt werden, zu tun: Die iPS-Zelle, so der mediale Tenor, ist nicht nur in pluripotent, sondern sie wäre überdies auch ideal für Anwendungen am Menschen, da sie zumindest technisch gesehen das Risiko der immunologischen Abstoßung bei autologer Transplantation von differenzierten Zellen minimieren würde. Die iPS soll schließlich ‚alles können': Dem Menschen neue Organe schenken, den Kinderlosen Nachwuchs, dem Erkrankten Heilungsoptionen usw. Auch, wenn auf der Sachebene kaum (erfolgreiche) Studien zur Anwendung am Menschen existieren, so wird in der Mediendarstellung die Potenz der iPS-Zellen, irgendwann zur Anwendung zu gelangen und eine medizinische Revolution auszulösen, mit der Narrativisierung dieser in die Zukunft gerichteten Metaphern immer schon mitgedacht.

Die Konstruktion der **Antiheldenrolle der iPS** in den Printmedien und ihren Onlinekanälen geht überraschenderweise fast ausschließlich über die wissenschaftlichen und nachrangig über die gesundheitlichen oder ethischen Risiken der iPS-Zelle: Das Einschleusen der Retroviren bzw. Genfähren, die epigenetischen Markierungen und die Verursachung von Tumoren im Empfängermedium werden als Risiken für die Forschung präsentiert – hier werden Metaphern gewählt, die die Rolle der iPS nicht als totalen Antagonisten, sondern eher als imperfekten, aber trotzdem qualitativ als hochwertig einzuschätzenden Technologieakteur einsetzt: die iPS hat noch „Schönheitsfehler" (Kastilan 2007/FAZ), sie hat noch „Erinnerungen" an ihre frühere Herkunft

(Kupferschmidt 2010/ZEIT Online), ihre epigenetischen Eigenschaften machen sie also für die Beforschung von Pluripotenz als biowissenschaftlichen Selbstzweck schwer händelbar.

Nur, wenn die iPS in einen Zusammenhang direkt mit einer sofortigen klinischen Anwendung gesetzt werden, so werden starke, alarmistische Metaphern verwendet: „Solche Effekte, fürchten die Fachleute, könnten Ersatzzellen, die aus iPS herangezüchtet wurden, zu krebserzeugenden Zeitbomben im Körper der Patienten machen" (Bahnsen 2008/ZEIT). Das, wie oben bemerkt werden konnte, hält die Medien dennoch nicht davon ab, von der Anwendung, die noch in weiter Ferne liegen möge, zumindest zu träumen – so lange das Risiko der Krebsindizierung in der Petrischale gebannt ist und noch nicht zu einer realen Bedrohung für Leib und Leben wird, kann die Heldenverehrung der iPS-Zelle ungehindert fortgeführt werden. Ähnliches gilt in Bezug auf ethische Problematisierungen: Lediglich in zwei Texten werden ‚ethische Risiken' der iPS-Zellen thematisiert (v. a. die Umprogrammierung von iPS zu totipotenten Zellen und ihre anschließende Verwendung, bspw. zur reproduktiven Anwendung, vgl. Haarhoff und Löhr 2014/TAZ und Bayertz und Siep 2007/SZ). Ansonsten markieren mindestens acht Medientexte iPS-Zellen als „ethisch unbedenklich" (vgl. z. B. Lubbadeh 2009a/Spiegel). Zwar werden auch in anderen Artikeln diese Forschungspfade aufgezeigt, sie aber nicht explizit problematisiert oder dramatisiert, weil noch keine Realisierung für die Praxis in Aussicht steht. Zusammengefasst ist auch in qualitativer Hinsicht zu konstatieren, dass die iPS-Zelle in den Medien als chancenreich positioniert wird. Deutlich problematisiert wird sie lediglich im Hinblick auf ihre unbekannten epigenetischen Marker und Tumorinduzierungsfähigkeiten, die für Forschung und Anwendung ein Problem werden könnten. Ethische Risiken werden kaum mit ihnen verbunden – das Querschnittsthema Ethik scheint sich außerhalb der abwesenden Diskursstränge Politik und Recht anhand der Stammzelltypen also nach wie vor nur schwach erahnen.

Die **Antiheldenrolle der ES** manifestiert sich in den ‚iPS-Jahren' 2007/2008:

> „Die Erfolge bei der Reprogrammierung von Körperzellen mache die gesamte ‚ethisch bedenkliche' Forschung an embryonalen Stammzellen zu einer Art Auslaufmodell." (Bayertz und Siep 2007/SZ)

> „Die Nachricht ist klar: Die Forschung mit embryonalen Stammzellen ist eine Sackgasse der Wissenschaft" (Gessler 2008/TAZ).

> „Embryonale Stammzellen erwiesen sich jedoch als zu riskant, weil sie im Gehirn Tumore bildeten" (Zinkant 2017/SZ).

Die Antiheldenrolle der ES konstituiert sich zunächst als ein ‚falsches Pferd', auf das in Forschung und Anwendung gesetzt würde, würden sie nach wie vor Verwendung

VIII. Stammzellforschung und ihre Anwendungen am Menschen in den Medien

finden. Auch im späteren Verlauf kommt die ES-Zelle in der Bilanzierung durch die Medien nicht gut weg:

„Auch wenn die adulten Stammzellen noch nicht die Forschungsebene verlassen haben, so sind sie doch erheblich weiter zum Patienten vorgedrungen als die embryonalen Stammzellen." (Berndt 2013/SZ)

„In der Europäischen Union würden embryonale Stammzellen ‚nur noch in einer einzigen klinischen Studie verwendet', zur Behandlung einer Netzhautkrankheit, sagt der CDU-Europaabgeordnete und Bioethik-Experte Peter Liese." (Haarhoff 2012/TAZ)

Die letzten drei Zitate verdeutlichen, dass die ES in dem medialen Diskurs zumindest von Anwendungspotentialen abgeschieden sind – und dies korrespondiert zunächst einmal auch mit der Sachlage, dass die Forschung an ES in Deutschland nicht zu einer Anwendung am Menschen zugelassen sind. Worin könnte nun dann aber die **Heldenrolle der ES** bestehen, wenn ihre ethischen Probleme nach wie vor nicht ganz ausgeräumt sind, ihre Beforschung nur unter strengen Auflagen erfolgt und sie zusätzlich auch nicht mit der (prospektiven) Anwendungen am Menschen punkten kann? Die Heldenrolle der ES entfaltet sich in der medialen Diskussion anhand ihrer außergewöhnlichen Fähigkeiten:

„Der Mediziner und Unternehmer [Thomas Okarma, H. G.] rühmt die natürlich vorkommenden embryonalen Stammzellen als Goldstandard. Es gehe um Produkte, nicht allein um das Verständnis von grundlegenden biologischen Vorgängen. Ob die seit kurzem bekannten ‚induzierten pluripotenten Stammzellen' (iPS, siehe ‚Mit Gimmick') das gleiche Potential besitzen? Okarma hegt Zweifel aufgrund abweichender Genaktivitäten, der Expressionsmuster: Das herauszufinden brauche mehr Zeit und Erfahrung. Ähnlich sehen es Forscher, die iPS-Zellen als wichtige Ergänzung feiern: keineswegs ein schneller Ersatz für das embryonale Pendant." (Kastilan 2008/FAZ)

„Denn ES-Zellen sind gleichsam ein Schnappschuss aus dem frühen Embryo, just in jenem Moment, in dem aus ihm noch alle Gewebearten des Körpers entstehen können. Jenem Augenblick, an dem die Zellen noch unbegrenzt teilungsfähig sind – prinzipiell also unsterblich. Nach nur einem Jahrzehnt heiß umstrittener Forschung haben die ES-Zellen ihr Geheimnis preisgegeben." (Bahnsen 2009/ZEIT)

„Und er sieht eine weitere Lehre: ‚Das zeigt eben auch, dass wir auf embryonale Stammzellen nicht verzichten können.' In der Eizelle würden die epigenetischen Markierungen fast vollständig gelöscht. ‚Das ist das Vorbild. Deswegen sollten wir alle Experimente, die mit iPS-Zellen gemacht werden, immer auch mit embryonalen Stammzellen wiederholen', sagt Hescheler." (Kupferschmidt 2010/ZEIT).

„,Solche wirklich ‚naiven' Stammzellen wären aber der Goldstandard, an dem alle anderen Stammzellen gemessen werden sollten. Die Frage ist: Was ist eigentlich der Zustand der iPS-Zelle, den wir erreichen müssen?' Für die Beantwortung dieser Frage sei es vermutlich nötig, neue ES-Zellen herzustellen (…)" (Kupferschmidt 2011/ZEIT).

Der Mediendiskurs bringt die ES hier mit einem narrativen Motiv des Bench-Markings in Stellung. Während ihre Pluripotenz in der medizinischen Anwendung Risiken bergen könnte (wegen ihrer Tendenz zur Tumorbildung), ist sie im Forschungskontext von entscheidendem Vorteil. Die ES-Zelle ist damit in der medialen Narration nicht gänzlich disqualifiziert, sieht sich allerdings (noch) auf den Platz des ‚Labors' verwiesen. Das Motiv des Benchmarkings, welches sich aus dem Statuts ihrer naiven Pluripotenz (eben ohne epigenetische Faktoren, die bei der Umprogrammierung der somatischen Zellen noch übrigblieben) ergibt und aus dem wissenschaftspolitischen Diskurs (hier in den Sprecherrollen der interviewten Forscher selbst) teilweise in die Medien transportiert wird (vgl. auch Roth und Gerhards 2019), hält die ES-Zelle positiv am Leben, auch, wenn der Nutzen für die Anwendung weitestgehend ausgeschlossen wird. Die Medien tragen also dazu bei, die Notwendigkeit der ES-Zelle in den Forschungslaboren zu affirmieren und stützen mit ihren Darstellungen den allgemeinen Konsens, in Deutschland habe man mit dem StZG eine überzeugende und Legitimität beschaffende Lösung für die Beforschung von ES-Zellen, die früher noch ein ‚heißes Eisen' waren, gefunden.

Die adulten Stammzellen sind weder als ausgeprägter Held, noch als Antiheld in dem Diskurs zu betrachten – zumindest, was prospektive Anwendungsbereiche sowie Forschungskontexte angeht, gerieren sie sich im Stammzelldiskurs als ‚graue Mäuse' – ihnen fehlt vor allem die ‚magische Qualität' der Pluripotenz, die für die Visionsrealisierung beispielsweise rund um organische Ersatzteillager jedoch auf sachlicher Ebene gebraucht würde. Abseits der etablierten Formen der medizinischen Anwendung, welche im Diskursstrang ‚Story Stammzellspende' aufgehoben sind (dort können sie am ehesten als ‚Helfer' verstanden werden), wird ihr kaum Potential zugesprochen, wofür das Motiv der fragwürdigen privaten Nabelschnurbluteinlagerungen symbolhaft steht.

Klonen und Chimären

Das Klonen und die Chimärenbildung werden in den vorliegenden Medientexten auf den ersten Blick ambivalent diskutiert: Während sie einerseits als Techniken der Stammzellgewinnung ins Feld geführt werden, scheinen sie sich auf der anderen Seite in Bezug auf reproduktive Applikationen (‚der geklonte Mensch') im Diskurs zu halten. Am Beispiel des Klonens und der Chimärenbildung lässt sich gut nachvollziehen, dass

VIII. Stammzellforschung und ihre Anwendungen am Menschen in den Medien

der Mediendiskurs enorm mit dem wissenschaftlichen Diskurs verquickt ist und solchermaßen eine wissenschaftspolitische Funktion erfüllt: Die Gewinnung von Stammzellen, vor allem bei der Berichterstattung von Studien im Tiermodell, erregt kaum bis gar keine Kritik, denn sie wird als Interessengebiet der immerhin faszinierenden Grundlagenforschung mit edlem Ansinnen präsentiert:

> „Ihre Fortschritte bei den Experimenten mit Rhesusaffen ließen Michelle Sparman, Masahito Tachibana und Shoukhrat Mitalipov auch hoffen, dass das therapeutische Klonen in Zukunft mit menschlichen Zellen gelänge. Schließlich teilten sie mit vielen Ärzten den Traum, dass man Patienten einmal mit individuellem, genetisch identischem Gewebe versorgen könnte. Eine Armee aus Menschenklonen hatten sie nicht im Sinn." (Kastilan und Stollorz 2013/FAZ)

Die rote Linie, die Grenze sei das reproduktive Klonen oder die Aufzucht der Chimären zu Lebewesen: Es wird jedoch an kaum einer Stelle ernsthaft befürchtet, dass diese ‚No-Go-Area' jemals (von seriösen WissenschaftlerInnen) beschritten werde – Gedankenspiele in diese Richtung werden zwar gemacht, aber sie verbleiben im Raum des gebannten Katastrophalen, der man mit internationaler Ächtung dieser Praktiken beikommen könnte (Schulte von Drach 2010; Weber und Elmer 2013/Spiegel Online), wobei das pseudoregulatorische Motiv der Ächtung[24] oftmals von den interviewten Stammzellforschern als Lösung des Spannungsverhältnisses zwischen Grundlagenforschung und der Horrorvision der Anwendung angeboten wird. Damit scheint das Forschen mit Klonen und Chimären im Tierversuch und im Rahmen des deutschen Embryonenschutzgesetzes als legitim von den untersuchten (Print-)Medien repräsentiert zu werden. Auch, wenn hier und da (beunruhigende) Forschungserfolge aus dem Ausland zu bemerken seien, die immer wieder einen Schritt weitergingen und damit die Grenze des Machbaren (Haarhoff und Löhr 2014/TAZ) an die Grenze des Denkbaren schöben – dies scheint kein Grund zum Alarmismus zu geben. Neue Möglichkeitsräume der technischen (Re-)Produktion des Menschen, vor allem die Vision, aus iPS-Zellen künstliche Keimzellen und damit menschliche Klone eines oder zweier Elternteile zu produzieren, erzeugen erstaunlich wenig Widerhall in den Medien (vgl. exemplarisch ebd.). Eher ist die Produktion artifizieller Gameten ein Gebiet, welches von den Medien begrüßt wird – immer wieder wird die Erzeugung vor allem männlicher Keimzellen als Ermöglichungsbedingung für eigene Nachkommenschaft positiv erwähnt (o. A. 2007/Spiegel, Lubbadeh 2009b/Spiegel, Gerhard 2016/ZEIT). Insgesamt werden Themenkreise, in welchen die Stammzellforschung mit Fragen der menschlichen Reproduktion und Reproduktionsfähigkeit in Verbindung stehen, im neueren Diskurs eher unkontrovers und

---

24 Hier lässt sich wiederum ein Querbezug zu dem Diskursstrang ‚Störfall Stammzelle' herstellen – der Normalbetrieb der Stammzellforschung sieht die Grenzverletzung nicht vor, während zur Verhütung der Taten Irrer nicht unbedingt wissenschaftspolitisch-regulatorische Maßnahmen getroffen werden müssen.

sogar chancenreich diskutiert, weil sie eben nicht im Zusammenhang mit Horrorvisionen stehen: Die Warnung beispielsweise, Frauen könnten zu Rohstofflieferantinnen für die ES-Zellforschung werden, ist nach 2008 fast gänzlich verstummt (Bender und Hinz 2008/TAZ). Ob sich hier eine vergeschlechtlichende mediale Erzählung rund um die neuen Möglichkeiten der Stammzellforschung etabliert und ob dies Wirkungen auf das Verständnis von biologischem und sozialen Geschlecht im Rahmen biowissenschaftlicher und medizintechnologischer Forschungen zeitigt, könnten weitere detaillierte Untersuchungen zeigen.

6 Zusammenfassung: Stories und Stars – Stammzellen im Fokus

Die deutsche Qualitätspresse und ihre Onlinedepartements haben sich in den letzten Jahren dem Thema ‚Stammzellforschung und ihre Anwendungen' immer wieder gewidmet – wenn auch nicht mit der Intensität des früheren Vergleichszeitraums der Jahre 2000–2006, der bisher den Peak der medial-publizistischen Auseinandersetzung mit diesem biowissenschaftlich-medizintechnologischen Forschungszweig markiert. Die Struktur des Mediendiskurses scheint sich um das Jahr 2008 zu ändern – spätestens ab diesem Zeitpunkt lässt die ethische Problematisierung und der Ruf nach rechtlich-politischer Regulierung nach und es schieben sich Diskursstränge in den Vordergrund, die die Chancen und Risiken der unterschiedlichen Stammzelltypen und ihre Gewinnungstechniken auszuloten versuchen. Insgesamt, so konnte eine Kombination aus Analysetechniken der Kritischen Diskursanalyse und der narrativen Diskursanalyse zeigen, verdichtet sich der Diskurs auf die Chancen der iPS-Zellforschung. Ihre Nachteile werden in den Medien auf redliche Weise diskutiert – vor allem machen die Darstellungen der riskanten Entwicklungsmöglichkeiten der iPS-Zellen *in vitro* und *in vivo* der LeserInnenschaft offenkundig, dass die breite Applikation der iPS-Technologie für die klinische Nutzung noch nicht ‚spruch- und machreif' ist. Träumen, so implizieren die Ergebnisse der Mediendiskursanalyse, ist jedoch nach wie vor und fürderhin erlaubt. Die Forschung an embryonalen Stammzellen erweist sich darüber hinaus schon lange als kein Skandalon mehr. Die Medien beobachten, dass sich die ES-Zellen als wichtige Grundlagenforschungsressource in den Labors etabliert haben – was zwar einer Berichterstattung wert ist, jedoch keine Empörung unter den WissenschaftsjournalistInnen hervorruft. Nicht nur die Stammzellgesetzgebung, die im Vergleichszeitraum 2000–2006 hoch medialisiert wurde, scheint hier den natürlichen Schlusspunkt der radikalen Kritik an der Beforschung und des Verbrauchs humaner embryonaler Stammzellen in den Medien gesetzt zu haben, sondern auch die Beschwörung der ES-Zelle als Held der Stammzellwissenschaftler. Diese mittlerweile recht selbstverständlich gewordene Lesart wird weiterhin mit anderen Motiven des Mediendiskurses gestützt: Die Herausschälung der Diskursstränge ‚Störfall Stammzelle' und ‚Story

Stammzellspende' zeigt darüber hinaus, dass für die Medien die ‚seriöse' Stammzellforschung und die etablierte Stammzellmedizin mit adulten Stammzellen mittlerweile zur Normalität geriert ist, während sie die eines Politikums über die Zeit eingebüßt hat. Im Hinblick auf die Annahme, dass der Tenor der Medienberichterstattung zu Themen aus dem Bereich der Lebenswissenschaften und bio- und medizintechnologischen Entwicklungen zumindest latente Relevanz für die spätere politische Meinungsbildung hat, da sie Wissen aufbereitet, vorstrukturiert und auf bestimmte Weise erzählt, lässt sich sagen, dass die Medienberichterstattung Stammzellforschung und ihre Anwendung imagemäßig zumindest nicht demontiert. Gezielt werden positive zukunftsorientierte Metaphern und Visionen eingesetzt, um vor allem die Bedeutung der iPS-Zellen für potentielle gesellschaftliche Entwicklungspfade herauszustreichen (an erster Stelle der Wissenszuwachs, an zweiter Stelle die Heilungschancen). Die iPS sind damit die ‚Stars' des Mediendiskurses zur Stammzell-forschung und -medizin. Horrorvisionen werden vor allem dann und nur sehr selten aufgerufen, wenn befürchtet wird, dass sich nicht an den oftmals nicht näher bezeichneten *common sense* der Forschungsverantwortung oder den Rahmen, den das Ensemble der Embryonenschutz- und Stammzellgesetzgebung vorgibt, gehalten wurde. Insgesamt ergibt sich der Eindruck, dass die Medienberichterstattung als wissenschaftspolitischer Resonanzraum fungiert, in welchem Stammzellforschung eher als aussichtsreiches Unternehmen verstanden wird – das ‚Alleskönner'-Motiv zur iPS-Forschung versinnbildlicht dieses hoffnungsvolle Narrativ, während die Beschwörung der Qualitäten der ES-Zellen für Grundlagenforschungszwecke jenes komplementiert. Nicht nur die publizistische Begleitung der Forschungsentwicklungen selbst scheint das Geschäft der großen Wissenschaftsseiten und ihren digitalen Schwesterkanälen auszumachen, sondern auch eine grundsätzliche Sympathie der zentralen journalistischen Akteure der Stammzellforschung gegenüber. Dies bedeutet nicht, dass die Medienlandschaft blind gegenüber möglichen Risiken der Stammzellforschung wäre – doch lässt sich eher eine Tendenz zur kritischen Nähe denn zur kritischen Distanz zur Stammzellforschung feststellen, die von reißerischen Stories weitestgehend absieht.

Literaturverzeichnis

Die erwähnten und zitierten Medienartikel des Analysekorpus sind mit ** gekennzeichnet.

Anderson, A., A. Petersen und M. David. 2005. Communication or spin? Source-media relations in science journalism. In *Journalism. Critical issues*, Hrsg. Stuart Allen, 188–198. New York: Open University Press.
Assheuer, T. und J. Jessen. 2002. Auf schiefer Ebene. Vor der Bundestagsdebatte: Ein Gespräch mit Jürgen Habermas über Gefahren der Gentechnik und neue Menschenbilder. ZEIT 5, 24. Januar.
Badura-Lotter, Gisela. 2005. *Forschung an embryonalen Stammzellen. Zwischen biomedizinischer Ambition und ethischer Reflexion*. Frankfurt a. M: Campus.
Bahnsen, U. 2008. Der Jungbrunnen. *Die ZEIT* 4, 17. Januar.**
Bahnsen, U. 2009. Operation Unsterblichkeit. *Die ZEIT* 24, 4. Juni.**

Bauer, M. W. 2007. The public career of the 'gene' – trends in public sentiments from 1946 to 2002. *New Genetics and Society* 26:1, 29–45.

Bayertz, K. und L. Siep. 2007. Ethisch einwandfrei? *Süddeutsche Zeitung* 278, 3. Dezember, 11.**

Bender, B. und P. Hinz. 2008. Mein Ei gehört mir. *TAZ Online*, http://www.taz.de/!5183819/. Zugegriffen: 30. Oktober 2018.**

Berndt, Ch. 2013. Die Vision vom Jungbrunnen. *Süddeutsche Zeitung*, 23. Mai, 28.**

Blech, J. 2007. Zelluhr zurückgedreht. *Der Spiegel* 48, 158.**

Bora, A., M. Franzen, K. Eickner und T. Schroer. 2014. Stammzellforschung in Deutschland. Auswertung einer telefonischen Umfrage im Auftrag des Kompetenznetzwerks Stammzellforschung NRW. In *Jahrbuch für Wissenschaft und Ethik* Bd. 18, Hrsg. D. Sturma, L. Honnefelder und M. Fuchs, 281–318. Berlin: de Gruyter.

Caulfield, T. und Ch. Rachul. 2011. Science Spin: iPS Cell Research in the News. *Clinical pharmacology & Therapeutics* 89:5, 644–646.

Denker, Hans-Werner. 2003. Totipotenz oder Pluripotenz? Embryonale Stammzellen, die Alleskönner. *Deutsches Ärzteblatt* 100:42, 2728–2730.

Franzen, Martina. 2011. Die ‚Durchbrüche' der Stammzellforschung und ihre Folgen. In *Herausforderung Biomedizin. Gesellschaftliche Deutung und soziale Praxis*, Hrsg. S. Dickel, M. Franzen und Ch. Kehl, 129–154. Bielefeld: transcript.

Foucault, Michel. 1993. *Die Ordnung des Diskurses. Mit einem Essay von Ralf Konersmann*. Frankfurt a. M.: Fischer.

Gadinger, F., S. Jarzebski und T. Yildiz. 2014. Vom Diskurs zur Erzählung. Möglichkeiten einer politikwissenschaftlichen Narrativanalyse. *Politische Vierteljahresschrift* 55:1, 67–93.

Gerhard, Saskia. 2016. Noch zeugt kein Mann Babys mit künstlichem Sperma. *ZEIT Online*, https://www.zeit.de/wissen/gesundheit/2016-02/stammzellen-forschung-unfurchtbarkeit-spermien-kinder wunsch. Zugegriffen: 30. Oktober 2018.**

Gerhards, H. und R. Martinsen. 2018. Vom ethischen Frame zum Risikodispositiv. Der gewandelte Diskurs zur Stammzellforschung und ihren Anwendungen. *UNIKATE* 52, 68–81.

Gerhards, Jürgen und F. Neidhardt. 1990. *Strukturen und Funktionen moderner Öffentlichkeit. Fragestellungen und Ansätze*. Berlin: Wissenschaftszentrum Berlin für Sozialforschung.

Gessler, Philipp. 2008. Moralisch und fortschrittlich. *TAZ Online*, http://www.taz.de/!5184520/. Zugegriffen: 30. Oktober 2018.**

Graumann, Sigrid. 2003. Die Rolle der Medien in der öffentlichen Debatte zur Biomedizin. In *Kulturelle Aspekte der Biomedizin. Bioethik, Religionen und Alltagsperspektiven*, Hrsg. S. Schicktanz, Ch. Tannert und P. Wiedemann, 212–243. Frankfurt/New York: Campus.

Grunwald, Armin. 2015. Die hermeneutische Erweiterung der Technikfolgenabschätzung. *Technikfolgenabschätzung – Theorie und Praxis* 24:2, 65–69.

Haarhoff, Heike. 2012. Unerfülltes Heilsversprechen. *TAZ Online*, http://www.taz.de/!5078464/, Zugegriffen: 30. Oktober 2018.**

Haarhoff, H. und W. Löhr. 2014. Keimzellen der Künstlichkeit. *TAZ Online*, http://www.taz.de/!5033175/. Zugegriffen: 30. Oktober 2018.**

Habermas, Jürgen. 2001. *Die Zukunft der menschlichen Natur. Auf dem Weg zu einer liberalen Eugenik?* Frankfurt a. M.: Suhrkamp.

Hansen, S. L., T. Holetzek, C. Heyder, und C. Wiesemann. 2018. Stakeholder-Beteiligung in der klinischen Forschung. Eine ethische Analyse. *Ethik in der Medizin* 30:4, 289–305.

Inthorn, Julia. 2008. Ethische Konfliktlinien in der öffentlichen Kommunikation über Stammzellforschung. In *Stammzellforschung. Ethische und rechtliche Aspekte*, 93–105. Hrsg. U. Körtner und Ch. Kopetzki. Wien/New York: Springer.

VIII. Stammzellforschung und ihre Anwendungen am Menschen in den Medien

Jasanoff, Sheila. 2005. *Designs on Nature. Science and Democracy in Europe and the United States*. Princeton u. a.: Princeton University Press.

Jäger, Margret. 1997. *Biomacht und Medien. Wege in die Bio-Gesellschaft*. Duisburg: DISS.

Jäger, Siegfried. 2004. *Kritische Diskursanalyse. Eine Einführung*. Münster: Unrast.

Kamenova, Kalina. 2017. Media portrayal of stem cell research: towards a normative model for science communication. *Asian Bioethics Review* 9:3, 199–209.

Kastilan, Sonja. 2007. Im Land der ewigen Jugend. *Frankfurter Allgemeine Sonntagszeitung* 47, 74.**

Kastilan, Sonja. 2008. Rohdiamanten in der Petrischale. *Frankfurter Allgemeine Sonntagszeitung* 7, 64.**

Kastilan, S. und V. Stollorz. 2013. Das ist also der Zelle Kern. *Frankfurter Allgemeine Sonntagszeitung* 20, 61.**

Kettner, Matthias. 2002. Gibt es in Deutschland partizipative Technikfolgenabschätzung zur Stammzellforschung? In *Humane Stammzellen. Therapeutische Optionen, ökonomische Perspektiven, mediale Vermittlung*, Hrsg. Christine Hauskeller, 173–187. Lengerich: Pabst Science Publishers.

Kitzinger, J. und C. Williams. 2005. Forecasting science futures: Legitimising hope and calming fears in the embryo stem cell debate. *Social Science & Medicine* 61, 731–740.

Kupferschmidt, Kai. 2010. Die Zelle fällt nicht weit vom Stamm. *ZEIT Online*, https://www.zeit.de/wissen/2010-07/stamm-zellen-ips. Zugegriffen: 30. Oktober 2018.**

Kupferschmidt, Kai. 2011. Stammzellforschung: Krankheiten verstehen, Gendefekte reparieren, Wirkstoffe, testen. *ZEIT Online*, https://www.zeit.de/wissen/2011-09/medikamente-stammzellen. Zugegriffen: 30. Oktober 2018.**

Leanza, Matthias. 2011. Die Geschichte des Kommenden. Zur Historizität der Zukunft im Anschluss an Luhmann und Foucault. *Behemoth, A Journal on Civilisation* 4:2, 1–25.

Lubbadeh, Jens. 2009a. Querschnittsgelähmte: Erste Therapie mit embryonalen Stammzellen genehmigt. *Spiegel Online*, http://www.spiegel.de/wissenschaft/mensch/querschnittsgelaehmte-erste-therapie-mit-embryonalen-stammzellen-genehmigt-a-603132.html. Zugegriffen: 30. Oktober 2018.**

Lubbadeh, Jens. 2009b. Forscher feiern künstliche Spermien-Produktion. *Spiegel Online*, http://www.spiegel.de/wissenschaft/natur/stammzellforschung-forscher-feiern-kuenstliche-spermien-produktion-a-657884.html. Zugegriffen: 30. Oktober 2018.**

Luhmann, Niklas. 1993. Risiko und Gefahr. In *Soziologische Aufklärung*, Bd. 5, Hrsg. ders., 131–169. Westdeutscher Verlag: Opladen.

Luhmann, Niklas. 1996. *Die Realität der Massenmedien*. Opladen: Westdeutscher Verlag.

Martinsen, Renate. 2006. *Demokratie und Diskurs. Organisierte Kommunikationsprozesse in der Wissensgesellschaft*. Baden-Baden: Nomos.

Martinsen, Renate. 2009. Öffentlichkeit in der „Mediendemokratie" aus der Perspektive konkurrierender Demokratietheorien. In *Politische Vierteljahresschrift Sonderheft 42, Politik in der Mediendemokratie*, Hrsg. F. Marcinkowski und B. Pfetsch, 37–69. Wiesbaden: VS.

Martinsen, Renate. 2011. Der Mensch als sein eigenes Experiment? Bioethik im liberalen Staat als Herausforderung für die Politische Theorie. In *Biopolitik im liberalen Staat*, Hrsg. C. Kauffmann und H.-J. Sigwart, 27–52, Baden-Baden: Nomos.

Müller-Jung, Joachim. 2008. Biosuppe westfälisch. Bei den Stammzellen rückt die saubere Lösung näher. *Frankfurter Allgemeine Zeitung* 150, 37.**

Müller-Jung, Joachim. 2010. Im Labyrinth der ewigen Jugend. *Frankfurter Allgemeine Zeitung* 125, S. N2.**

o. A. 2007. Aus Knochenmark reifen Spermien-Vorläufer heran. *Spiegel Online*, http://www.spiegel.de/wissenschaft/mensch/ersatz-keimzellen-aus-knochenmark-reifen-spermien-vorlaeufer-heran-a-477052.html. Zugegriffen: 30. Oktober 2018.**

Peters, H. P., D. Brossard, S. de Cheveigné, S. Dunwoody, H. Heinrichs, A. Jung, M. Kallfass, S. Miller, I. Petersen, S. Tsuchida, A. Cain und A.-S. Paquez. 2009. Medialisierung der Wissenschaft und ihre Relevanz für das Verhältnis zur Politik. In *Medienorientierung biomedizinischer Forscher im internationalen*

Vergleich: die Schnittstelle von Wissenschaft & Journalismus und ihre politische Relevanz, Hrsg. Hans Peter Peters, 9–43. Jülich: Forschungszentrum Jülich.

Rolfes, V., H. Gerhards, J. Opper, U. Bittner, P. H. Roth, H. Fangerau, U. M. Gassner und R. Martinsen. 2017. Diskurse über induzierte pluripotente Stammzellforschung und ihre Auswirkungen auf die Gestaltung sozialkompatibler Lösungen. Eine interdisziplinäre Bestandsaufnahme. In *Jahrbuch für Wissenschaft und Ethik*, Bd. 22. Hrsg. D. Sturma, B. Heinrichs und L. Honnefelder, 65–86. Berlin/Boston: de Gruyter.

Roth, P. H., und H. Gerhards. 2019. Es ist nicht alles Gold, was glänzt… Die politische Rhetorik des „Goldstandards" und die diskursive Legitimierung der humanen embryonalen Stammzellforschung in Deutschland. *Zeitschrift für Politik* 66:2 , S. 143–164.

Rödel, Malaika. 2015. *Geschlecht im Zeitalter der Reproduktionstechnologien. Natur, Technologie und Körper im Diskurs der Präimplantationsdiagnostik*. Bielefeld: transcript.

Sahm, Stephan. 2009. Biopolitik. Medizinische Ethik und Medien. In *Diener vieler Herren? Ethische Herausforderungen an den Arzt. Festschrift für Helmut Siefert*, 161–171, Hrsg. G. Bockenheimer-Lucius und A. Bell. Berlin u. a.: Lit-Verlag.

Sarcinelli, Ulrich. 2011. *Politische Kommunikation in Deutschland. Medien und Politikvermittlung im demokratischen System*. Wiesbaden: Springer VS.

Schneider, Ingrid. 2014. Technikfolgenabschätzung und Politikberatung am Beispiel biomedizinischer Felder. *Aus Politik und Zeitgeschichte* 64:6–7, 31–39.

Schönbauer, Tabea. 2014. Die mediale Debatte um die embryonale Stammzellforschung in Deutschland. In *Wissen – Nachricht – Sensation. Zur Kommunikation zwischen Wissenschaft, Öffentlichkeit und Medien*, Hrsg. Peter Weingart und Patricia Schulz, 258–294. Weilerswist: Velbrück Wissenschaft.

Schöne-Seifert, Bettina. 2009. Induzierte pluripotente Stammzellen: Ruhe an der Ethikfront? *Ethik in der Medizin* 21, 271–273.

Schulte von Drach, Markus C. 2010. Furcht vor dem Klon. *Süddeutsche Zeitung Online*, https://www.sueddeutsche.de/wissen/stammzellforschung-furcht-vor-dem-klon-1.292974. Zugegriffen: 30. Oktober 2018.**

Schwarzkopf, Alexandra. 2014. *Die deutsche Stammzelldebatte. Eine exemplarische Untersuchung bioethischer Normenkonflikte in der politischen Kommunikation der Gegenwart*. Göttingen: V & R Unipress.

Stockrahm, Sven. 2009. Ein Gen verwandelt Zellen in Alleskönner. *ZEIT Online*, https://www.zeit.de/online/2009/07/induzierte-Stammzellen-einzelnes-gen. Zugegriffen: 30. Oktober 2018.**

Strassnig, Michael. 2004. Politik der Stammzellen. Gen-ethischer Informationsdienst. https://www.gen-ethisches-netzwerk.de/die-politik-der-stammzellen-0. Zugegriffen: 30. Oktober 2018.

Takahashi, K., K. Tanabe, M. Ohnuki, M. Narita, T. Ichisaka, K. Tomoda und S. Yamanaka. 2007. Induction of pluripotent stem cells from adult human fibroblasts by defined factors. *Cell* 131:5, 861–872.

Viehöver, Willy. 2003. Die Wissenschaft und die Wiederverzauberung des sublunaren Raumes. Der Klimadiskurs im Licht der narrativen Diskursanalyse. In *Handbuch Sozialwissenschaftliche Diskursanalyse – Band II: Forschungspraxis*, Hrsg. R. Keller, A. Hirseland, W. Schneider und W. Viehöver, 233–269, Opladen: Leske + Budrich.

Viehöver, Willy. 2011. Diskurse als Narrationen. In *Handbuch Sozialwissenschaftliche Diskursanalyse – Band 1: Theorien und Methoden*, Hrsg. R. Keller, A. Hirseland, W. Schneider und W. Viehöver, 193–224, Wiesbaden: VS.

Weber, Nina. 2012. Medizin-Nobelpreis: Jungbrunnen für Zellen. *Spiegel Online*, http://www.spiegel.de/wissenschaft/medizin/medizin-nobelpreis-2012-die-forschung-von-gurdon-und-yamanaka-a-860075.html. Zugegriffen: 30. Oktober 2018.**

VIII. Stammzellforschung und ihre Anwendungen am Menschen in den Medien

Weber, N. und C. Elmer. 2013. Forscher klonen erstmals menschliche Stammzellen. *Spiegel Online*, http://www.spiegel.de/wissenschaft/medizin/klonen-menschliche-stammzellen-im-labor-erzeugt-a-900100.html. Zugegriffen: 30. Oktober 2018.**

Weingart, P., Ch. Salzmann und S. Wörmann. 2008. The social embedding of biomedicine: an analysis of German media debates 1995–2004. *Public Understanding of Science* 17: 381–396.

Zenke, M., H. Fangerau, B. Fehse, J. Hampel, F. Hucho, M. Korte, K. Köchy, B. Müller-Röber, J. Reich, J. Taupitz und J. Walter. 2018. Kernaussagen und Handlungsempfehlungen zur Stammzellforschung. In *Stammzellforschung. Aktuelle wissenschaftliche und gesellschaftliche Entwicklungen*, Hrsg. M. Zenke, L. Marx-Stölting und H. Schickl, 29–34. Baden-Baden: Nomos.

Zinkant, Kathrin. 2015. Projekt Jungbrunnen. *Süddeutsche Zeitung*, 4. Juli, 33.**

Zinkant, Kathrin. 2017. Neue Nerven – Stammzellen mildern Parkinson bei Primaten. *Süddeutsche Zeitung 200*, 31. August, 4.**

IX. Adulte Stammzellen im blinden Fleck des Diskurses
Anwendungsperspektiven eines konstruktivistischen Forschungsprogramms für die Technikfolgenabschätzung
Florian Hoffmann

Abstract

Technikfolgenabschätzung generiert mithilfe wissenschaftlicher Theorien und Methoden Wissen über Technikfolgen, stellt es der Politik als kalkulierbares Entscheidungswissen zur Verfügung und trägt somit zur Behandlung technikbezogener Problemlagen der modernen Gesellschaft bei. Doch heute weisen komplexe Herausforderungen wie Stammzellforschung und ihre Anwendungen konventionelle Verfahren in ihre Schranken und konfrontieren Technikfolgenabschätzung mit den eigenen Möglichkeiten und Grenzen, sodass ihre konstitutiven Elemente Folgenorientierung, Wissenschaftlichkeit und Beratungspraxis zunehmend auf den Prüfstand gestellt werden. Infolgedessen mehren sich die Rufe nach einer Theorie, welche die Vielzahl theoretischer Annahmen und Methoden sowie die gesellschaftliche Einbettung der Technikfolgenabschätzung als Einheit zu beschreiben erlaubt.

Der vorliegende Beitrag kuriert dieses Theoriedefizit, indem er die Identität der Technikfolgenabschätzung auf dem Hintergrund der Rolle von Technik in der modernen Gesellschaft aus konstruktivistischer Perspektive reflektiert. Sodann wird eine entsprechende Anwendungsperspektive in Aussicht gestellt, die Technikfolgenabschätzung hermeneutisch wendet und auf der Folie einer narrativanalytischen Heuristik danach fragt, welcher Beobachter wie von Technik erzählt und wie normative Ambivalenzen dabei verdeckt werden. Dies wird anhand einer Rekonstruktion der Erzählungen politischer Entscheider, medialer Berichterstattung, wissenschaftlicher Experten und interessierter Laien am Beispiel adulter Stammzellen veranschaulicht. Im Ergebnis erscheint der aktuelle Diskurs zur Stammzellforschung und ihren Anwendungen als facettenreiches Spektakel, das nicht nur aufzeigt, wie die beteiligten Beobachter von adulten Stammzellen erzählen, sondern vor allem, dass und wie dies nicht geschieht.

1 Einführung: Adulte Stammzellen im Lichte eines konstruktivistischen Forschungsprogramms[1]

Seit je hat Technikfolgenabschätzung im Sinne fortschreitender Technik das Ziel verfolgt, von modernen Beobachtern die normative Ambivalenz zu nehmen und sie durch Chancen und Risiken zu ersetzen. Aber die spätmoderne Gesellschaft strahlt im Zeichen unversöhnlicher Technikkonflikte.[2] Dafür exemplarisch stehen Stammzellfor-

---

1 Dieser Beitrag ist im Rahmen des BMBF-geförderten Forschungsprojekts „Multiple Risiken. Kontingenzbewältigung in der Stammzellforschung und ihren Anwendungen – eine politikwissenschaftliche Analyse" (MuRiStem-Pol; Förderkennzeichen: 01GP1606B; Laufzeit: 2016–2019) unter der Leitung von Prof. Dr. Renate Martinsen (Lehrstuhl für Politische Theorie, Universität Duisburg-Essen) entstanden und verwendet die darin erhobenen Forschungsdaten.
2 Aufmerksamen Leserinnen wird der Rekurs auf den Ausgangspunkt der „Dialektik der Aufklärung" (Horkheimer und Adorno1947, S. 13) nicht entgangen sein. Was es damit auf sich hat, steht bis auf Weiteres für interessierte Interpretationen offen.

schung und ihre Anwendungen, deren Ambivalenzen in der Vergangenheit kontrovers ausgefochtene Technikkonflikte entfachten. Angesichts dieser neuartigen Herausforderungen stößt Technikfolgenabschätzung (TA) zunehmend an ihre Grenzen: Die jüngere Diskussion führt sie vom Problem der unmöglichen Zukunft über den prekären Status von Wissen, ihre Beratungspraxis und die Frage ihrer Wissenschaftlichkeit bis in die Bedingungen der eigenen Möglichkeit. Nicht selten werden daher Forderungen nach einer aktiven normativen Positionierung in technikpolitischen Debatten laut. Die konzeptionellen Probleme münden schließlich in die Diagnose eines fundamentalen Theoriedefizits, welches der vorliegende Beitrag zu kurieren sucht.

Zu diesem Zweck plausibilisiert der erste, theoretische Teil die These, dass es sich bei TA um ein typisches modernes Beobachtungsarrangement handelt, dessen Reflexionsmühen im Zuge steigender Komplexität auf den eigenen blinden Fleck treffen und Probleme aufwerfen, deren Behandlung neue Selbstbeschreibungsmodi erfordert (Abschnitt 2.1). Letztere werden durch die darauffolgende reflexive Betrachtung sowie den Entwurf eines entsprechenden praktischen Ansatzes auf der Grundlage konstruktivistisch-informierter funktionaler Analyse skizziert (Abschnitt 2.2). Dafür wird im zweiten, empirischen Teil zunächst das konkrete Anwendungsbeispiel adulter Stammzellen (AS) fruchtbar gemacht, das sich von der These leiten lässt, dass diese heute weitgehend unterrepräsentiert bleiben, da sie die Kontrastfolie zur Beschreibung jüngerer Stammzelltypen bilden und folglich im blinden Fleck des gegenwärtigen Diskurses um Stammzellforschung und ihre Anwendungen verschwinden (Abschnitt 3.1). Daran schließt eine narrativanalytische Rekonstruktion der Perspektiven politischer Entscheider (Abschnitt 3.2), medialer Berichterstattung (Abschnitt 3.3), wissenschaftlicher Experten (Abschnitt 3.4) und interessierter Laien (Abschnitt 3.5) im aktuellen bundesdeutschen Stammzelldiskurs an, die auf die Beantwortung der Frage abstellt, welcher Beobachter darin wie von adulten Stammzellen erzählt und wie normative Ambivalenzen dabei verdeckt werden. Der Beitrag schließt mit einem Fazit (Abschnitt 4).[3]

2 Kompliziertes Beobachten: Technik, Moderne und die Folgen

2.1 Spätmoderne Kontingenzen: Probleme der Technikfolgenabschätzung in ungewissen Zeiten

Die nachfolgenden Überlegungen setzen einen differenztheoretischen Technikbegriff voraus, der Technik als „evolutionäre Errungenschaft" fasst, die sich unter den Bedin-

---

3   Ausdrücklicher Dank für den anregenden Austausch im Vorfeld und Entstehungsprozess dieses Textes gebührt Laura Dinnebier, Helene Gerhards, Florian Rosenthal, Maximilian Roßmann und Renate Martinsen.

gungen steigender gesellschaftlicher Komplexität zu behaupten hat (Luhmann 1997, S. 517 ff.). Technik löst konkrete Sinnzusammenhänge aus der übrigen Welt, fixiert sie und simplifiziert sie derart, dass ihre Implikationen in ihrem Gebrauch nicht mitreflektiert werden müssen – solange sie sich empirisch bewährt. Demgegenüber wird die vollzogene Differenzierung in Abhängigkeit der Technik verwendenden Gesellschaft thematisiert. Traditionell fiel die Differenzsetzung als Lossagung von der kosmischen Ordnung ins Auge und wurde daher mithilfe des semantischen Dualismus von Technik und Natur unschädlich gemacht (vgl. ebd.).[4] Dieses Verständnis scheint auch heute allgegenwärtig, jedoch ist es nun unter spezifisch modernen Vorzeichen zu lesen: Seit Anbeginn der Moderne ist Technik tief in gesellschaftliche Selbstbeschreibungen verwoben, denn erst die Anwendung isolierter Sinnsimplifikationen auf sie selbst ermöglicht ihr die charakteristische Selbstdistanzierung (vgl. ders. 2006a, S. 21 f.). Das resultierende Identitätsproblem wurde in der Aufklärungstradition in eine durch gegenwärtige Entscheidungen herbeizuführende künftige Möglichkeit verlagert, sodass die Moderne sich umgekehrt sämtliche Eigenzustände ihrer Gegenwart als vergangene Entscheidungen selbst zuzurechnen hat (vgl. ders. 2006b).[5] Indes musste die Kontingenz von *Technik als die Bedingung dieser Möglichkeit im blinden Fleck moderner Diskurse* zurückbleiben und wurde deshalb von der großen Erzählung vom technischen Fortschritt verdeckt, die gesellschaftliche Selbstentfaltung durch die Befreiung von natürlichen Fesseln verheißt (vgl. Grunwald 2002, S. 21 ff.) und dazu stetig „mehr und bessere Technik" einfordert (Luhmann 2006b, S. 133). Fortan galt denn nicht Technik, sondern Natur als das externalisierte Residuum der technischen Differenz.

Doch „diese Moderne" ist nicht mehr „unsere Moderne" (ebd.). Spätestens mit der Ökologieproblematik stellte sich im späten 20. Jahrhundert heraus, dass Technik längst selbst zur „zweiten Natur" geworden ist, die sich nicht durch die Unterscheidung von Technik und Natur beschreiben lässt und sich weder einfach in der gesellschaftlichen Realität bewährt, noch reflektiert werden kann (vgl. ders. 1997, S. 522 f.; vgl. Grunwald 2012a, S. 19 f.). Nun bekam es die fortgeschrittene Moderne mit ihren nicht-intendierten Nebenfolgen zu tun, womit tradierte Wissensbestände in Frage und vor das technikinhärente Problem des Nichtwissens gestellt wurden (vgl. Martinsen 2006, S. 14).[6]

---

4   So beispielsweise durch die „klassische *differentia specifica*" des Aristoteles, die das natürlich Gewordene vom künstlich Menschen-Gemachten trennt (Grunwald 2013, S. 13 f.).
5   Das Emanzipationsprogramm des klassischen Aufklärungsdenkens am Scheideweg zur Tradition steht exemplarisch für diese moderne Denkbewegung: Sowohl die rousseauschen „Ketten" (Rousseau 2011, S. 5) als auch der kantische „Gängelwagen" der „selbst verschuldeten Unmündigkeit" (Kant 1996, S. 53 f.) zeugen von jener konstitutiven Entfremdungserfahrung, welche Ersterer durch seinen „Contract social", Letzterer mithilfe seines „Sapere aude!" durch Projektion in die Zukunft zu behandeln sucht.
6   Dies hat sich prominent etwa im beckschen Diktum der „Risikogesellschaft" niedergeschlagen (vgl. Martinsen 2006, S. 14 f.).

IX. Adulte Stammzellen im blinden Fleck des Diskurses

Im selben Maße geriet sie in eine grunderschütternde Strukturkrise, die in „einer neuen sozialen Strukturierungsform" mündete, welche „die bis dato historisch dominante Verlaufsform einer funktionalen Ausdifferenzierung von gesellschaftlichen Teilsystemen mit je eigener Logik [überlagert]" und somit die Komplexität sowie die damit einhergehende Kontingenzerfahrung der modernen Gesellschaft potenzierte (dies. 2007a, S. 85 f.).[7] Infolgedessen bildeten sich alternative Beschreibungsmuster heraus, die Technik von der gesellschaftlichen Entwicklung entkoppelten und ihre kontingente Differenzsetzung als normative Ambivalenz technischer Entwicklung anvisierten (vgl. Grunwald 2002, S. 48 f., 2012b, S. 75 ff.). Seither präsentiert sich die vom aufklärerischen Fortschrittsoptimismus versprochene „Zukunft als Zumutung" (Martinsen 1997): Die moderne Mimesis stößt auf die Bedingungen ihrer eigenen Möglichkeit und ist deshalb auf ihr basales Entfremdungsparadox zurückgeworfen, zu dessen Auflösung postmoderne Diskurse nun gar zur Emanzipation von Technik aufrufen (vgl. Luhmann 1997, S. 521).[8] Diese Entwicklung fasst Renate Martinsen wie folgt zusammen:

> „Kennzeichnend für den beschriebenen Wandel ist eine veränderte Wahrnehmung der Rolle von Wissenschaft und Technologie: verhießen diese beiden konstitutiven Mechanismen der Moderne bis dato die Option auf eine zunehmende Berechenbarkeit und Beherrschbarkeit der Natur, so wird mittlerweile [...] die technische Entwicklung als grundsätzlich ambivalent wahrgenommen. [...] Technikkontroversen und Technikkonflikte drehen sich wesentlich um die Frage des adäquaten politisch-gesellschaftlichen Umgangs mit Risiken – und forcieren damit eine *Politisierung der Fortschrittsthematik*." (2006, S. 8)

Zur Behandlung dieses Fundamentalproblems entstand Technikfolgenabschätzung[9] als wissenschaftliche Politikberatung, die Entscheidungsträgern prospektives Folgenwissen zur Verfügung stellt, um die Gegenwart von der normativen Ambivalenz technischer Innovation zu befreien, indem sie diese als Chancen und Risiken[10] in die Zukunft auslagert, und solchermaßen Technikpolitik rationalisiert (vgl. Grunwald 2002, S. 48 ff., 2012c, S. 44 ff.). Dies geschah klassischerweise durch Prognoseverfahren, die

---

7   Renate Martinsen (vgl. 2007a, S. 85 f.) zufolge vollzieht diese das Paradox einer gleichzeitigen Fragmentierungs- und Vernetzungsdynamik.
8   Dies spätestens erhellt denn auch Form und Inhalt des vorangestellten Einleitungssatzes.
9   Da dieser dem englischen ‚technology assessment' entlehnte Begriff eine Vielzahl von Ansätzen mit divergierenden Zielsetzungen, Methoden, Adressaten und Gegenständen bündelt, entzieht er sich jeder substantiellen Ausgestaltung (vgl. Grunwald 2002, S. 52). Demgegenüber erscheint hier eine funktionale Konzeptualisierung plausibel, die sich an Armin Grunwalds (ebd.) Definitionsversuch anschließt: „Unter Technikfolgenabschätzung werden wissenschaftliche und kommunikative Beiträge zur Lösung technikbezogener gesellschaftlicher Probleme verstanden."
10 Die einer Entscheidung als Folgen zugeschriebenen, positiv bewerteten und intendierten künftigen Zustände werden dabei als ‚Chancen' bezeichnet, wohingegen ‚Risiken' für deren negatives und mitunter nicht-intendiertes Äquivalent stehen (Nida-Rümelin und Schulenburg 2013).

Technikrisiken an das Konstrukt ihrer mathematischen Berechenbarkeit (Formel: ‚Schadenswert X Eintrittswahrscheinlichkeit', Nida-Rümelin und Schulenburg 2013, S. 19) sowie die dahinterstehende Idee von Techniksicherheit knüpften und vergangene Beobachtungen deduktiv-nomologisch in die Zukunft projizierten (vgl. Grunwald 2002, S. 177 ff., 2003, S. 21 ff.). Doch die Erfahrung regelmäßig verfehlter Vorhersagen verwies diesen frühen Ansatz bald an seine Möglichkeitsgrenze, sodass er Technikszenarien weichen musste, die das vormalig deterministische Einheitsstreben durch eine differenzorientierte Vielfalt probabilistischer Zukunftsentwürfe ersetzten und sich lange als erprobter TA-Standard behaupteten (vgl. ders. 2007a, 56, 2014, S. 10 f.).

Angesichts gegenwärtiger Entwicklungen in den sogenannten „new and emerging sciences and technologies (NEST)" wie der Stammzellforschung und ihrer Anwendungen verbleibt allerdings auch diese etablierte Perspektive ratlos (vgl. ebd., S. 11 f.): Mit der Anwendung am Menschen geht es heute nicht mehr bloß um „die ‚Überlebensfrage' der Menschheit angesichts der selbstdestruktiven Tendenzen" (Martinsen 2004, S. 74) ihrer zweiten Natur. Vielmehr wird nun die Natur des jene technische Differenz in die Welt setzenden Anwenders Teil seines isolierten Zusammenhangs, fixiert, simplifiziert und *kann* womöglich nicht mehr reflektiert werden – solange *er* sich empirisch bewährt. Somit erhalten „[u]ralte Fragen wie ‚Was ist der Mensch?' […] eine neue normative Färbung" (dies. 2016, S. 143) – im anbrechenden 21. Jahrhundert steht der Mensch vor den Bedingungen seiner eigenen Möglichkeit. Die abermals radikalisierte Kontingenzerfahrung öffnet den Raum für Prophezeiungen von „Paradies" bis „Apokalypse", die jede Prognose und jedes Szenario als wissenschaftlich unhaltbar entlarven (Grunwald 2014, S. 66), sodass der kontingenzbewältigende TA-Kalkül ins Leere läuft. In der Folge kehren die „normativen Dilemmata auf diesem Gebiet" (Martinsen 2016, S. 143) in die Gegenwart zurück:

> „In den politischen Kämpfen um den epistemologischen Status der menschlichen Natur eröffnet sich somit ein neues politisch-gesellschaftliches Konfliktfeld, das quer zu den traditionellen sozialen Konfliktlinien verläuft." (dies. 2011, S. 30)

Vor diesem Hintergrund muss TA die eigenen Möglichkeiten und Grenzen überdenken. Konstitutive Elemente wie „Folgenorientierung", „Wissenschaftlichkeit" und „Beratungsbezug" erscheinen heute als wesentlich prekär (vgl. Grunwald 2007b). TA tätigt fortwährend Zukunftsvorhersagen, deren Eintreten jede politische Entscheidung, deren Nichteintreten aber die Vorhersage selbst ad absurdum führt (vgl. ders. 2007a, S. 55). Dies untergräbt ihren wissenschaftlichen Anspruch, da nicht nur jede empirische Bestimmung der Zukunft epistemologisch zum Scheitern verurteilt ist (vgl. ebd., S. 58), sondern bereits der Sonderstatus wissenschaftlichen Wissens in Frage steht (vgl. Büscher et al. 2018, S. 89 ff.). Folglich gerät TA nicht nur mit nicht-wissenschaftlicher Politikberatung im Grenzbereich zum Lobbyismus in Konkurrenz, sondern auch in die Verlegenheit, steigende politische Bedarfe nach wissenschaftlich geprüftem Wissen nicht erfüllen zu können (vgl. Martinsen 2007b, S. 54 f.). Sodann laufen offenliegende Technikambivalenzen Gefahr, sich in der politischen Arena zu unversöhnlichen Ethikkonflikten zu verschärfen (vgl. dies. 2016, S. 142 f.; Schneider 2014). Und spätestens wenn TA heute die normative Bewertung antizipierter Folgen in einen substantiellen „wissenschaftlich-technischen Kern" zu verlagern sucht und eine „prospektive TA" einfordert, die, „wo es möglich erscheint, nach gangbaren Gestaltungsoptionen zum Umgang mit der Ambivalenz suchen" soll (Liebert und Schmidt 2018, S. 52 ff.), gleicht dies dem Eingeständnis eines Funktionsverlustes und macht deutlich, wohin alle Reflexionsmühen führen: In Anbetracht der NEST stößt TA auf die paradoxen Bedingungen ihrer Möglichkeit und muss etwas unternehmen – sofern sie auch angesichts komplexer Problemlagen ihrer gesellschaftlichen Funktion gerecht werden und das heißt hier: sich empirisch bewähren will.

2.2 Problemlösung(en): Technikfolgenabschätzung als funktionale Analyse von Technikdiskursen

Lösungsvorschläge für diese verzwickte Problemlage laufen immer wieder auf Forderungen nach stärkerem Engagement oder gar einer normativen Wende der TA hinaus. Demnach enthalten Zukunftsbezug und Gestaltungsanspruch seit je ein latentes Ethikprogramm, welches für die Formulierung technischer Problemstellungen und deren gesellschaftliche Realisierung ausschlaggebend sei (vgl. Dusseldorp 2013, S. 395; Alpsancar 2018) und nur offengelegt sowie bewusst verfolgt werden müsse, damit TA zu sich selbst zurückfinde (vgl. Torgersen 2018). Zwar ließen sich die Unsicherheit von Folgenwissen und die damit einhergehenden wissenschaftlichen Selbstzweifel in der Beratungspraxis auf diese Weise retuschieren (vgl. Büscher et al. 2018, S. 90 f.). Desgleichen stünde aber die Wissenschaftlichkeit der TA, d. h. „ihre Rolle als kritisch-distanzierte Beobachterin zur Disposition" (Böschen und Dewald 2018, S. 11), wäre sie von anderen Formen der Politikberatung sowie bloßen Vertretern partikularer Interessen (nicht zuletzt dem – durchaus vorhandenen! – Eigeninteresse der TA-Community) nicht unterscheidbar (vgl. Nullmeier 2007, S. 172 f.) und brächte sich trotz ehrwürdiger Motive bald der diffusen Gemengelage politischer Diskurse zum Opfer.

Der vorliegende Beitrag sucht ersichtlich eine tragfähigere Problembehandlung. Die Reflexionsfragen der TA haben vielerorts zur Einsicht einer konzeptionellen Unschärfe geführt, die auf ein problematisch gewordenes Theoriedefizit der TA schließen lässt.[11] Zwar mangelt es gewiss nicht an theoretisch fundierten Ansätzen, aber bis dato fehlt der TA – so die These – eine angemessene Reflexionstheorie, die in der Lage ist, jene Reflexionsprobleme zu adressieren, indem sie ihre vielfältigen Ansätze als Einheit und

---

11 Dies bezeugt die in der Fachzeitschrift *Technikfolgenabschätzung Theorie und Praxis* im Jahr 2007 (H. 1) initiierte und 2018 (H. 1) fortgesetzte Theoriedebatte der deutschsprachigen TA-Community.

im Verhältnis zur eigenen Praxis zu beschreiben erlaubt sowie praktische Anschlüsse ermöglicht (vgl. Grunwald 2007b, S. 10) – und somit die Erfüllung gesellschaftlicher Leistungserwartungen gewährleistet.[12] Eine solche wird hier in Aussicht gestellt, wobei angenommen wird, dass sie nicht erst erfunden werden muss, sondern in Gestalt des operativen Konstruktivismus Niklas Luhmanns[13] bereits auf Reflexionshöhe zeitgenössischer sozialwissenschaftlicher Theoriebildung vorliegt und lediglich auf TA zu beziehen ist. Mit der vorgezeichneten Perspektivierung ist dafür ein Grundstein gelegt: Ausgehend von einem differenztheoretischen Technikbegriff wird TA in die evolutiven Differenzierungsprozesse fortschreitender Modernisierung eingebettet, in denen Beobachtungstechniken immer wieder auf die Bedingungen ihrer eigenen Möglichkeit stoßen und sich sodann mit eigenen Unterscheidungen und neuen Beschreibungsmustern von ihrem Ursprung different setzen – was nicht zuletzt auch auf ebendiese Beschreibung zutrifft.[14] Derart lassen sich Technik, moderne Diskurse, TA sowie deren hier vorgeschlagenes konstruktivistisches Forschungsprogramm allesamt als *Komplexifizierungen von Beobachtungen um den eigenen blinden Fleck* (vgl. Teubner 1997, S. 7) deuten, die stets sehen, was vorher nicht gesehen wurde, gleichzeitig nicht sehen (müssen), auf welchen Simplifikationen diese Möglichkeit fußt, und insofern bzw. solange (im durchaus technischen Sinne) funktionieren, als bzw. wie sie sich unter den Bedingungen steigender Komplexität behaupten. Daher erteilt eine konstruktivistisch informierte TA-Reflexion auch jedem Versuch, durch normatives Handeln aus den Aporien jener Entfremdungserfahrung auszubrechen und sich einem radikalen Neuanfang darzubieten, eine ebenso radikale Absage. Stattdessen sind feinere Differenzen anzubringen, welche zwar veränderte gesellschaftliche Anforderungen, aber auch das erreichte Komplexitätsniveau in Rechnung stellen und somit angemessen auf aufgeworfene Kontingenzlagen reagieren.

Dies gelingt, wenn *ausschließlich* die Bedingungen der Möglichkeit von TA darüber befinden, womit sie sich beschäftigt, was also als TA anzusehen ist und was nicht (vgl. Luhmann 1992, S. 350). Deshalb ist hier zuvorderst eine Perspektivverschiebung vonnöten, die trotz der Unmöglichkeit von Zukunftswissen an der Folgenorientierung festhält, somit weiterhin normative Ambivalenzen als Chancen und Risiken rekonstruier-

---

12 Siehe hierzu ausführlich bei Niklas Luhmann (1992, insbes. S. 469 ff.).
13 Der operative Konstruktivismus ist *nicht mit der neueren gesellschaftswissenschaftlichen Systemtheorie zu verwechseln*, sondern stellt eine formalisierte Beobachtungssprache dar, die „noch jenseits der Systemtheorie liegt, die noch abstrakter ist und vielleicht Aussichten hat, einmal die grundlegende Theorie einer interdisziplinären Wissenschaft zu werden." (Luhmann 2008, S. 143) Für eine ausführliche Beschreibung und Abgrenzung von anderen konstruktivistischen Spielarten s. bei Renate Martinsen (2014, insbes. S. 22 ff.).
14 Dass Beobachter, die nicht die gewonnenen Beschreibungsmöglichkeiten, sondern die angesetzte Differenz in den Blick nehmen, dies als diabolisch beobachten, war bereits das Problem des Teufels (vgl. Luhmann 2003, S. 124 ff.) – und muss auch hier schlichtweg in Kauf genommen werden.

bar sowie für politische Entscheidungen handhabbar macht und die „Pluralisierung von Wissensformen" (Büscher et al. 2018, S. 90) achtet, ohne jedoch die Wissenschaftlichkeit der TA aufs Spiel zu setzen. Dazu ist nach einer „angemessenen Balance zwischen Inklusionserwartungen und funktionaler Exklusion, Transparenzerwartungen und funktionaler Intransparenz zu suchen." (ebd., S. 94) Die von Armin Grunwald (2012d, 2014) eingeläutete hermeneutische Wende der TA, die sich von der direkten Zukunftsbeobachtung distanziert und einsieht, dass die Technikzukünfte der Gegenwart niemals über die künftige Technikgegenwart, sondern vielmehr über ihren gegenwärtigen Beobachter Auskunft geben (vgl. ders. 2012d, S. 269 ff.), leistet hierzu einen wichtigen ersten Schritt. Denn indem sie nicht mehr selbst den Blick in die Kristallkugel auf sich nimmt, sondern die pluralisierten Chancen- und Risikobeschreibungen gesellschaftlicher Beobachter in einem wissenschaftlichen Vision Assessment herausarbeitet und in politisches Entscheidungswissen überführt, kann TA einerseits ihre zentralen Strukturprinzipien und somit ihren spezifischen Beobachtungsstandpunkt operativ nach außen abgrenzen, andererseits aber kognitive Offenheit gegenüber externen Inklusions- und Transparenzansprüchen demonstrieren.

Damit ist ein neuer Ansatzpunkt benannt, der den Fortbestand der TA unter Bedingungen steigender Komplexität sicherstellt. Allerdings reiht sich dieser in die Vielzahl bestehender Ansätze ein, gibt sich allenfalls als theoretisch besser fundiert zu erkennen und liefert womöglich einen ersten Wink in Richtung einer beständigeren Perspektive. Den formulierten Anspruch einer identitätsstiftenden Selbstbeschreibung bleiben die bisherigen Ausführungen indes schuldig. Um diesen einzulösen, wird vorgeschlagen, TA in der gesellschaftlichen Funktion zu lesen, modernen Diskursen den Durchblick auf die Bedingungen ihrer eigenen Möglichkeit zu verschleiern, *also Technik im blinden Fleck der Moderne zu belassen*. Dies lässt sich mithilfe konstruktivistisch angelegter funktionaler Analysen[15] plausibel und für praktische Anwendungen fruchtbar machen: TA kann Technikdiskurse, in denen sie als Problemlösung versagt und normative Ambivalenzen aufbrechen, hinsichtlich der zugrunde liegenden strukturellen Probleme untersuchen. Umgekehrt ist es möglich, anhand solcher Technikdiskurse, in denen Ambivalenzen im blinden Fleck verbleiben, zu studieren, wie dies gelingt. „Alles was gesagt wird, wird von einem Beobachter gesagt" (Maturana 1998, S. 25) – und auch normative Technikambivalenzen sind „immer ein Problem eines Beobachters" (Luhmann 2003, S. 123): *TA beobachtet dann, welcher Beobachter welche Ambivalenz erzeugt und mithilfe welcher konzeptionellen Innovationen er diese bewältigt.* Derart ist es nicht die

---

15   „Funktionale Analyse ist eine Technik der Entdeckung schon gelöster Probleme. Sie rekonstruiert mit Hilfe systemtheoretischer Annahmen mit Vorliebe solche Probleme, die in der gesellschaftlichen Wirklichkeit schon keine mehr sind [...]. So wird es möglich, Vorhandenes als Problemlösung zu begreifen und entweder die Strukturbedingungen der Problematik oder die Problemlösungen zu variieren – zunächst der Leichtigkeit halber gedanklich, dann vielleicht auch in der Tat." (Luhmann 1983, S. 6)

Florian Hoffmann

Aufgabe der TA, normative Ambivalenzen zu erhellen oder gar auszuräumen, sondern sie nachgerade verdeckt zu halten: Wo es um die Bedingungen der eigenen Möglichkeit geht, verkehrt sich die sonst gebotene normative Enthaltsamkeit in das strikte Gebot einer normativen Setzung (vgl. Grunwald 2018, S. 43).

Im Folgenden wird dies anhand der Rolle von AS im öffentlichen Stammzelldiskurs[16] exemplifiziert. Diese Auswahl fußt auf der Beobachtung, dass AS gegenüber anderen Stammzelltypen heute kaum öffentlich thematisiert, geschweige denn problematisiert werden. Erkenntnisleitend wird angenommen, dass sie zwar durchaus ein Potenzial für normative Ambivalenzen aufweisen, dieses angesichts der gegenwärtig ausgefochtenen Aushandlungsprozesse um humane embryonale (ES)[17] und induzierte pluripotente Stammzellen (iPS)[18] aber im Latenzbereich des Stammzelldiskurses zurückbleibt. Dementsprechend wird ihre Diskursivierung in der Logik funktionaler Analyse als Lösung eines potenziellen Problems untersucht. In methodischer Hinsicht wird dazu der öffentliche Stammzelldiskurs als Gemengelage politischer, medialer, wissenschaftlicher und lebensweltlicher Beschreibungen konzipiert und zugunsten breiter Interpretationsspielräume auf die von Frank Gadinger, Sebastian Jarzebski und Taylan Yildiz vorgeschlagene offene narrativanalytische Heuristik zurückgegriffen, welche sich auf die Frage, *wer, wie* mit *welchem* Erfolg erzählt, konzentriert und die analytischen Kategorien der Erzählmodellierung, -weise und -instrumente in einheitlichen Darstellungen zusammenführt (vgl. 2014a, S. 28 ff., 2014b, S. 70 ff.). Der mit diesem Instrumentarium untersuchte Korpus setzt sich zwecks Pluralisierung diskursiver Perspektiven aus 20 politikprogrammatischen Stellungnahmen aus Politik, Wissenschaft und Kirchen, 102 Artikeln aus bundesdeutschen Qualitätsmedien sowie 15 Experten- und 15 Laieninterviews zusammen.[19] Auf dieser Grundlage zielt der vorliegende Beitrag auf die Beantwortung der Frage, mithilfe welcher Erzählungen die normativen Ambivalenzen von AS im aktuellen Stammzelldiskurs verdeckt werden.

---

16 Für eine überblicksartige Darstellung s. den Beitrag von Renate Martinsen, Helene Gerhards, Florian Hoffmann und Phillip Roth (im selben Band).

17 Embryonale Stammzellen bezeichnen pluripotente Stammzellen, die aus der inneren Zellmasse der Blastozyste, d. h. drei bis vier Tage alter Embryonen gewonnen werden. Sie weisen zwar aussichtsreiche Differenzierungsmöglichkeiten in Organoide, Knorpelgewebe, Nervengewebe oder Herzmuskelzellen, aber auch Tumorrisiken auf, weshalb sie bislang keine therapeutische Anwendung finden (vgl. Eblenkamp 2009, S. 456; Müller 2015, S. 156 ff.).

18 Der Begriff ‚induzierte pluripotente Stammzellen' spezifiziert Stammzellen, die mithilfe eines Transkriptionsverfahrens gewonnen werden, das somatische Körperzellen in den pluripotenten Zustand zurückversetzt und erstmals im Jahr 2006 durch Kazutoshi Takahashi und Shinya Yamanaka (2006) nachgewiesen wurde.

19 Das zugrunde gelegte Datenmaterial wurde im Rahmen von MuRiStem-Pol erhoben und ausgewertet; für die Zusammensetzung und Auswahl des Diskurskorpus s. den Beitrag von Renate Martinsen, Helene Gerhards, Florian Hoffmann und Phillip Roth (im selben Band) sowie bei Helene Gerhards und Renate Martinsen (2018, S. 76 f.).

3 Im blinden Fleck? Die öffentliche Diskursivierung adulter Stammzellen

3.1 Adulte Stammzellen: Begriffsbestimmung, normative Ambivalenz – diskursive Funktion?

Ehedem wurde die normative Ambivalenz der Stammzellforschung und ihrer Anwendungen in der politisch-medialen Öffentlichkeit kontrovers verhandelt (vgl. Martinsen 2004, S. 77 ff.). Heute ist diese Debatte weitgehend abgeklungen (vgl. Könninger et al. 2018, S. 60 f.). Derzeit stehen vor allem noch iPS (vgl. Rolfes et al. 2017) und ihr Verhältnis zu ES im Zentrum der Aufmerksamkeit (vgl. Martinsen et al., in diesem Band). AS spielen demgegenüber kaum eine Rolle. Angesichts ihrer routinemäßigen Anwendung zu Therapiezwecken sowie tiefgehenden und weiten Beforschung (vgl. Müller 2015) ist dies nicht selbstverständlich. Einer Betrachtung dieses Tatbestands hat unweigerlich eine Skizzierung der AS vorauszugehen, die mit dem Versuch einer Begriffsbestimmung beginnt.

Die Semantik der Stammzelle blickt auf eine mittlerweile mehr als hundertjährige Vergangenheit zurück, in der sich das Konzept im Zuge fortschreitender Beforschung mehrfach gewandelt hat. An ihrem Ursprung steht die „Einführung des Begriffs ‚Stammzellen' durch den russischen Histologen Alexander Maximow im Jahr 1906 für Zellen, die alle Blutzelltypen bilden können" (ebd., S. 150). Im Laufe der Jahrzehnte kamen zum Ausgangskonzept der Fähigkeit zur Selbsterneuerung die Zuschreibung ihrer Fähigkeiten zur Vermehrung, Erneuerung von Körpergewebe und entsprechender Differenzierung hinzu (vgl. Robey 2000; Weitzer 2008, S. 34 ff.). Ebendiese Eigenschaften bilden heute den begrifflichen Rahmen, der gemeinhin zur semantischen Fixierung der Stammzelle herangezogen wird (vgl. Hüsing et al. 2003, S. 27; Zenke et al. 2018, S. 36; Eblenkamp et al. 2009, S. 444). Stammzelltypen werden darin nach der Art ihrer Gewinnung sowie ihres Differenzierungsgrads bzw. -potenzials[20] unterschieden. Schließlich wird mithilfe dieser Grenzziehungen eine ganze Vielfalt gewebespezifischer und weiter differenzierter Stammzellen von iPS sowie ES geschieden und unter den „Sammelbegriff" der AS (Müller 2015, S. 150) subsumiert, welcher etwa hämatopoetische

---

20 Dabei werden unterschiedliche Grade hierarchisiert: Totipotenz bezeichnet die Fähigkeit, sich zu einem vollständigen Organismus, und Pluripotenz, sich zu jeder Körperzelle, aber nicht zu einem vollständigen Organismus zu entwickeln, wohingegen multipotente Stammzellen eine begrenzte Anzahl von Zellen und unipotente Stammzellen schließlich nur einen spezifischen Zelltyp ausbilden können (vgl. Hucho 2009, S. 248 ff.).

(HTS)[21], mesenchymale (MS)[22], neonatale (NS)[23], fetale (FS)[24] oder Haustammzellen (HS)[25] umfasst.

Während humane ES seit ihrer erstmaligen Kultivierung im Jahr 1998 durch den Zellbiologen James Thomson (et al. 1998) mit erheblichen ethischen Bedenken behaftet sind, weil zu ihrer Gewinnung menschliche Embryonen zerstört werden (vgl. Moos 2009, S. 9f.; Martinsen 2004, S. 77ff.), und iPS, die zwar häufig zur ethisch unbedenklichen Alternative stilisiert werden, neue Ambivalenzen aufwerfen (vgl. Rolfes et al. 2018),[26] gelten AS als „etabliert und weitgehend unumstritten" (Moos 2009, S. 9; Hüsing et al. 2003, S. 193).[27] Als ethisch fragwürdig werden lediglich ungeprüfte Therapieangebote (vgl. Besser et al. 2018) sowie die Einlagerung von NS in Nabelschnurblutbanken (vgl. Gordijn und Olthuis 2000; Manzei 2005) diskutiert. Dabei handelt es sich aber zuvorderst um allgemeinere medizinethische und rechtliche Fragen der gesellschaftlichen Handhabung (vgl. Hüsing et al. 2003, S. 196), die virulent werden, gerade *weil* AS als unproblematisch wahrgenommen werden und bereits weitgehend etabliert sind. Indes weisen sie durchaus technikinhärente Implikationen mit Ethisierungspo-

21   Hämatopoetische Stammzellen dienen der Blutbildung, finden sich vor allem im Knochenmark sowie im Blutkreislauf, lassen sich aus dem peripheren (wie auch Nabelschnur- und Plazenta-) Blut gewinnen und stellten den ersten Stammzelltyp dar, der – mittlerweile seit einem halben Jahrhundert – etwa bei Leukämien und Hochdosis-Chemotherapien therapeutisch eingesetzt wird (vgl. Eblenkamp et al. 2009, S. 457 f.; Müller 2015, S. 151 ff.).
22   Mesenchymale Stammzellen wurden erstmalig vor ca. 50 Jahren aus dem Knochenmark isoliert und in den 1980ern als „Colony-Forming-Units-fibroblastic" identifiziert (Müller 2015, S. 155). Sie lassen sich aus zahlreichen Gewebetypen wie der Knochenhaut, Muskeln, der Nabelschnur, der Zahnpulpa, der Lunge, dem Knochenmark, Fettgewebe oder der Haut gewinnen, wobei aufgrund der dort vorhandenen Anzahl und der Zugänglichkeit zumeist auf letztere drei zugegriffen wird, erfüllen die Funktion der Regeneration der betreffenden Gewebe und variieren hinsichtlich ihres Differenzierungspotenzials sowie ihrer Plastizität (vgl. ebd.; Eblenkamp et al. 2009, S. 458f.)
23   Neonatale Stammzellen markieren (therapeutisch besser verträgliche) HTS, die postnatal aus Nabelschnurblut gewonnen und zunehmend für die spätere Verwendung eingelagert werden (vgl. Zenke et al. 2018, S. 38).
24   Fetale Stammzellen bezeichnen adulte, aus abortierten Embryonen und Föten isolierte gewebespezifische, multipotente Stammzellen, die gegenüber den zeitgleich aus den primordialen Keimzellen gewonnenen ES abzugrenzen sind (vgl. Weitzer 2008, S. 36; Eblenkamp 2009, S. 456f.).
25   Hautstammzellen werden entlang ihrer Differenzierungspotenziale, der Orte ihres Vorkommens und ihrer dortigen Funktion in unipotente epidermale, aus der Basalschicht der Oberhaut, die Hautzellen produzieren, sowie multipotente Haarfollikelstammzellen aus der Haarwurzelscheide, die der Regeneration von Haaren und Talgdrüsen dienen, unterschieden und genießen aufgrund ihrer Zugänglichkeit und Anwendungsmöglichkeiten große Aufmerksamkeit (vgl. Eblenkamp et al. 2009, S. 459f.).
26   Der Beitrag von Renate Martinsen, Helene Gerhards, Florian Hoffmann und Phillip Roth (im selben Band) argumentiert, dass diese heute weniger ethisch zugespitzt, als mittels Chancen- und Risikosemantik diskutiert werden.
27   Vgl. hierzu auch die Internetpräsenz der DFG: „Ethische Probleme treten bei der Gewinnung von adulten Stammzellen nicht auf" (https://www.dfg.de/dfg_magazin/forschungspolitik/stammzellforschung/was_sind_stammzellen/. Zugegriffen: 05. Februar 2019).

tenzial auf. So bestehen zwar keine „Hinweise für die Annahme der Totipotenz", weshalb bioethischen Argumenten die Fixpunkte des „Kontinuitäts-, Potenzialitäts- und Identitätsarguments"[28] vorenthalten bleiben (ebd., S. 194). Jedoch gab es in der Vergangenheit immer wieder Beobachtungen, wonach auch AS unter bestimmten Bedingungen das Attribut der Pluripotenz zugeschrieben werden könne. Ferner ließen sich etwa „die Gewinnung von neuronalen Vorläuferzellen aus dem Gehirn von Verstorbenen" sowie von FS bzw. MS „aus abortierten Embryonen und Feten" entlang bioethischer Konfliktlinien problematisieren (ebd., 196 f.).

AS stehen also am Ursprung der Stammzellforschung, sind weitläufig beforscht und werden heute routinemäßig zu Therapiezwecken genutzt. Jedoch werden sie kaum diskutiert und sogar für ethisch unproblematisch erklärt, obwohl ihnen durchaus normative Ambivalenzen mit Konfliktpotenzial inhärent sind. Und beides hängt offenbar miteinander zusammen: AS bleiben nicht deshalb unterbelichtet, weil sie gegenüber anderen Stammzelltypen geringere wissenschaftlich-medizinische Relevanz oder Ethisierungspotenziale innehaben, sondern weil ihr Semantikdesign im Zuge fortschreitender Stammzellforschung jene implizite Kontrastfolie bildet, auf deren Grundlage ES und iPS konturiert werden, und daher als Bedingung seiner Möglichkeit im blinden Fleck des gegenwärtigen Stammzelldiskurses verschwindet. Auf dem Hintergrund dieser Annahme rekonstruieren die nachfolgenden Abschnitte die Erzählungen von AS in Politik, Medien, Wissenschaft und Lebenswelt im Rahmen einer funktionalen Analyse hinsichtlich der Frage: *Welcher Beobachter erzählt im bundesdeutschen Stammzelldiskurs wie von adulten Stammzellen und wie werden dabei normative Ambivalenzen verdeckt?*

3.2 Zur Diskurspolitik eines politischen Diskurses: Adulte Stammzellen als Entscheidungshorizont

Bei der Betrachtung der politisch-programmatischen Stellungnahmen aus Kirchen, Politik und Wissenschaft sticht gleich ins Auge, dass AS nur in etwa zwei Dritteln (13 von 20) der untersuchten Texte überhaupt thematisiert werden, wovon wiederum der überwiegende Teil (acht von 13) in die Jahre 2006/2007 und somit in die Zeit (vor) der Entdeckung des Induktionsverfahrens zur Gewinnung pluripotenter Stammzellen fällt.[29] Daher lässt sich bereits eingangs festhalten, dass es sich dabei offenbar weniger

---

28 Alle drei Argumente werden zur Delegitimierung der verbrauchenden Embryonenforschung vorgebracht, wozu das Kontinuitäts- einen kontinuierlichen Entwicklungsprozess vom Embryo zum geborenen Menschen, das Potenzialitäts- die entsprechenden Entwicklungsmöglichkeiten des Embryos und das Identitätsargument dessen Identität mit dem sich entwickelnden Menschen entwirft; s. hierzu auch Renate Martinsen (2004, S. 73 ff.).
29 Lediglich die „Erfahrungsbericht[e]" der Bundesregierung über die Durchführung des Stammzellgesetzes" verweisen zur Rekapitulation früherer Berichte noch in den Jahren 2010, 2011, 2013 und 2015 auf AS.

Florian Hoffmann

um ein Phänomen des gegenwärtigen, als vornehmlich des vormaligen bzw. sich wandelnden Stammzelldiskurses handelt.

Die entsprechende Kommunikation kirchlicher Organisationen beläuft sich auf vier Texte aus den Jahren 2007 und 2008, die unverkennbar der polarisierten Debatte um die hES-Zelle und deren Kompromisslösung in Form des 2002 in Kraft getretenen und 2008 novellierten Stammzellgesetzes (StZG) verhaftet sind. Die nachfolgende Textstelle illustriert das darin zur Darstellung von AS konfessionsübergreifend verwendete Erzählmuster:

> „Vor diesem Hintergrund ist selbst die Aussicht auf mögliche Therapien für bisher unheilbare Krankheiten kein hinreichender Grund, irgendeine Forschung zuzulassen, bei der menschliche Embryonen zerstört werden. Außerdem könnte eine solche Zulassung dazu führen [...], dass die als ethisch unbedenklich geltende Adulte Stammzellforschung vernachlässigt wird. Selbst wenn an ihre therapeutischen Möglichkeiten inzwischen niedrigere Erwartungen geknüpft werden müssen als an die Embryonale Stammzellforschung, stellt sie eine Alternative dar." (EKD 2007)

Auch wenn AS hier auf derselben Ebene wie humane ES behandelt werden, bleiben ihre ethischen Problempotenziale unbelichtet. Vielmehr werden sie gar als ethisch unbedenkliche[30] Alternative zu humanen ES kontrastiert, die zwar geringere Hoffnungen auf die Heilung von Krankheiten berge, zu deren Herstellung aber keine Embryonen verbraucht werden, weshalb sie nicht vernachlässigt werden dürfe, sondern ES bereits in der nahen Zukunft ersetzen könne. Somit erscheinen AS in den frühen kirchlichen Statements des sich wandelnden Stammzelldiskurses noch im Lichte der romantischen Alleskönner-Erzählung[31] – bevor sie daraufhin gänzlich verschwinden.

Im Korpus der Stellungnahmen genuin politischer Organisationen lassen sich sechs programmatische Texte identifizieren, die AS erwähnen. Die frühen Texte, in denen iPS noch keine Rolle spielen, folgen ebenfalls dem Muster des vergangenen Diskurses, was der nachstehende Textauszug des zweiten Erfahrungsberichtes der Bundesregierung aus dem Jahr 2007 beispielhaft veranschaulicht:

---

30 Angesichts aktueller kirchlicher Positionierungen, „dass der Schwangerschaftsabbruch grundsätzlich mit unserem Werte- und Rechtssystem nicht vereinbar" (DBK 2018a) und die Organspende zwar „eine Möglichkeit, Nächstenliebe auch über den Tod hinaus auszuüben", aber „die Würde des Menschen auch über den Tod hinaus von Bedeutung" (DBK 2018b; vgl. auch EKD 2018) sei, kann dies durchaus irritieren.

31 Damit wird jenes Narrativ des gegenwärtigen Stammzelldiskurses bezeichnet, welches die Risiken der (humanen) ES mit den Chancen der iPS kontrastiert und eine baldige Ablösung der ES-Forschung durch iPS postuliert (s. hierzu den Beitrag von Renate Martinsen, Helene Gerhards, Florian Hoffmann und Phillip Roth, in diesem Band).

IX. Adulte Stammzellen im blinden Fleck des Diskurses

„In der Forschung werden gegenwärtig sowohl mit embryonalen als auch mit somatischen Stammzellen neue und wichtige Erkenntnisse gewonnen. Dabei ergänzen sich beide Zelltypen als Untersuchungsmaterial gegenseitig, denn je nach Fragestellung [...] sind die Zellen unterschiedlich geeignet. Somit führen die jeweiligen Forschungsergebnisse zu einer gegenseitigen Befruchtung und tragen so insgesamt zu einer Weiterentwicklung dieses wichtigen Forschungsgebietes bei. Es ist gegenwärtig noch nicht abzusehen, inwieweit bei einer späteren medizinischen Anwendung humaner Stammzellen auf die Verwendung von embryonalen Stammzellen verzichtet werden kann. Dafür wäre u. a. die genaue Abklärung des Differenzierungspotenzials und der möglichen Transdifferenzierung von somatischen Stammzellen erforderlich. Auch aus diesem Grund kann gegenwärtig nicht auf die parallele und vergleichende Forschung mit humanen ES-Zellen verzichtet werden." (Bundesregierung 2007)

Hier werden AS und ES nicht hierarchisiert, sondern bilden gleichwertige und voneinander unabhängige Stammzelltypen, die nicht gegeneinander auszuspielen sind. Die Position der Gegner der ES-Forschung, die – wie in den kirchlichen Stellungnahmen – eine Ablösung durch AS fordert, wird mit dem Hinweis versöhnt, dass zum gegenwärtigen Stand der Forschung nicht angenommen werden könne, dass Letztere eines Tages in der Lage seien, die unliebsamen ES zu ersetzen, sondern zunächst die Zukunftsvisionen eines Potenzials zur (Trans-)Differenzierung von AS mittels ES abgesichert und folgerichtig deren Beforschung fortgeführt werden müsse. Zwar wird keine Stammzellart ethisch problematisiert, jedoch wird dem Konfliktpotential humaner ES Rechnung getragen, weshalb diese durch die Bekräftigung ihrer Funktion als maßgeblicher Goldstandard[32] legitimiert werden. Nach Einzug der iPS in den Stammzelldiskurs stellt sich die Bedeutung der AS auch hier als deutlich marginalisiert dar: In den späteren Erfahrungsberichten der Bundesregierung finden sich lediglich ernüchternde Befunde, dass die oben benannte Hoffnung auf die „Transdifferenzierung adulter Stamm- und Vorläuferzellen experimentell nicht bestätigt werden [konnte]" (Bundesregierung 2013) und die „Verwendung fötaler Stammzellen [...] nicht sonderlich in den Vordergrund gerückt [ist]." (dies. 2015) Aus letzterem Hinweis lässt sich zweierlei schließen: Zum einen scheinen AS derart unproblematisch, dass selbst bei expliziter Bezugnahme auf die Gewinnung aus abortierten Föten keine ethischen Bedenken zum Tragen kommen. Außerdem wird sogleich eine mögliche Erklärung für diesen Umstand mitgeliefert, dass AS nämlich in den Hintergrund des gewandelten Stammzelldiskurses gerückt sind.

---

32 Das Goldstandard-Narrativ konfrontiert die Chancen der ES mit den Risiken der iPS, stellt die Fortführung der ES-Forschung in Aussicht und bildet das diskursive Supplement zum Alleskönner-Narrativ (s. hierzu den Beitrag von Renate Martinsen, Helene Gerhards, Florian Hoffmann und Phillip Roth, in diesem Band).

Schließlich lassen sich auch aufseiten wissenschaftspolitischer Organisationen lediglich drei Texte ausmachen, die auf AS rekurrieren und sich allesamt auf den Zeitraum der Jahre 2006–2009 beschränken. Hier stehen die frühen Stellungnahmen ebenfalls im Zeichen des vormaligen Stammzelldiskurses – was folgende Textstelle belegt:

> „Es ist wissenschaftlich [...] allgemein anerkannt, dass beim derzeitigen Kenntnisstand die ethisch unbedenklichen adulten Stammzellen die hES-Zellen auch im Stadium der Forschungsentwicklung nicht ersetzen können. [...] Ganz im Gegenteil, um das Potential adulter Stammzellen zu prüfen, [...] sind hES-Zellen unersetzlich." (Leopoldina 2007)

Zu dieser Zeit ähnelt der Wortlaut den skizzierten Beschreibungen von Kirche und Politik: Wieder werden AS und ES miteinander ins Spiel gebracht – und wieder zeigen sich Erstere als die weniger aussichtsreiche, aber ethisch unbedenkliche Stammzellart. Allerdings sollen sie weder bald noch in ferner Zukunft einen Ersatz für ES liefern, sondern beide markieren eigenständige Forschungsbereiche und müssen daher auch künftig gleichermaßen beforscht werden. Dabei werden ES als Prüfstein von AS behandelt, woran sich wiederholt das versöhnliche Goldstandard-Narrativ ablesen lässt. Doch bereits zwei Jahre später hat sich diese Situation grundlegend gewandelt:

> „Alle Stammzelltypen mit derart eingeschränktem Entwicklungspotential werden im Unterschied zu den pluripotenten Zellen der ICM [innere Zellmasse; gemeint sind ES] als ‚adulte', gewebespezifische oder ‚Körperstammzellen' bezeichnet." (Leopoldina 2009)

Auch hier fristen AS ein randständiges Dasein und werden lediglich mit dem Verweis auf ihr nun als geringer erkanntes Differenzierungspotenzial benannt, um ES und iPS einzugrenzen.

Über die Stellungnahmen aus Kirchen, Politik und Wissenschaft hinweg stellt sich also trotz unterschiedlicher Motivlagen und entsprechend differierender diskursiver Positionierungen derselbe Effekt ein: Im sich wandelnden Diskurs werden AS im Rahmen der Zukunftserzählungen von Alleskönner und Goldstandard erzählt und ihre normative Ambivalenz auf diese Weise im Kontrast zu ES überschattet, bevor sie im Zuge des Aufscheinens der iPS gänzlich hinter den neuen Aushandlungsprozessen verschwinden.

3.3 Mediale F(r)iktionen? Adulte Stammzellen in der medialen Berichterstattung

Schon der oberflächliche Blick auf die mediale Berichterstattung bestätigt den oben gewonnenen Eindruck: Von den 102 für den Diskurskorpus ausgewählten Medienartikeln aus dem Zeitraum 2007–2017 ist in lediglich 30 Texten überhaupt explizit von ihnen die Rede. Davon ist mit 17 Artikeln wieder der überwiegende Teil um die frühen Jahre nach Auftreten der iPS (2007–2009) zentriert, wohingegen sich im späten Mediendiskurs der Jahre 2014–2017 nur noch zwei vergleichbare Texte finden.[33] Hinsichtlich der Ausgestaltung der AS lassen sich jedoch kaum Unterschiede zwischen der früheren und der späteren Phase des Diskurses feststellen: Über den gesamten Untersuchungszeitraum hinweg besetzen AS lediglich im Rahmen auf das Individuum zugeschnittener und mitunter stark emotionalisierender Anwendungsstories einerseits sowie überzogener Versprechen medizinischer Therapiepraktiken andererseits eine *eigenständige Rolle*,[34] wobei nicht von AS, sondern wahlweise allgemeiner von Stammzellen oder gewebetypischen Spezifikationen nach dem Ort ihrer Entnahme die Rede ist.

Exemplarisch lässt sich ersteres Motiv individueller Heil(ung)sgeschichten an den nachstehenden Auszügen aus Berichten über die Behandlung des Lungenkollapses der 30-jährigen Claudia Lorena Castillo Sanchéz mithilfe von MS aus gespendetem Knochenmark sowie der Leukämieerkrankung des freiwilligen Feuerwehrmanns Josef Hechtl aus Markt Indersdorf mittels NS beispielhaft beobachten:

„Dieses Gerüst besiedelten die Mailänder Kollegen in einem neuartigen Bioreaktor mit Knorpelzellen, die Ärzte im britischen Bristol aus Knochenmarkstammzellen der Patientin gezüchtet hatten. Die Innenwand kleideten sie mit sogenannten Epithelzellen aus einem gesunden Stück Luftröhre der Frau aus. Dieses maßgeschneiderte Implantat setzten die Ärzte in Barcelona im Juni schließlich der jungen Frau ein. [...] Der Eingriff wecke die Hoffnung, dass sich auf diese Weise auch andere Patienten mit schwersten Atemwegproblemen behandeln ließen [...]." (o. A. 2008a; o. A. 2008b)

„In Josef Hechtls Fall passte keine einzige. Trotz Chemotherapien und einer großen Typisierungsaktion in seinem Heimatort drohte dem an akuter Leukämie Erkrankten der Tod. In dieser Situation befinden sich 25 Prozent aller Patienten, denen eine Stammzellspende das Leben retten könnte. International ist die Behandlung mit aus Nabelschnurblut gewonnenen Stammzellen deshalb schon lange Standard. Die Vorteile sind zahlreich: Sie sind risikoarm zu gewinnen, besitzen ein zehnmal höheres Teilungspotenzial und sind besser verträglich." (Fuchsloh 2012)

Demzufolge bieten innovative AS-basierte Therapieanwendungen heute schon vielfältige Möglichkeiten, Patienten zu helfen, und wecken Hoffnungen auf eine glorreiche

---

33 Diese Entwicklung verläuft analog zur allgemeinen Berichterstattung zur Stammzellforschung und ihren Anwendungen: Nicht nur erscheint der Mediendiskurs der Jahre 2007–2017 gegenüber 2000–2006 wesentlich dünner, sondern zudem steht ein „Publikationspeak" um 2007 und 2008 einer Marginalisierung in den Jahren 2014–2017 gegenüber (vgl. den Beitrag von Helene Gerhards, in diesem Band).
34 Vgl. ebd.

Stammzellzukunft. Mit der Verwendung sprachlicher Bilder wie „züchten", Auskleiden der „Innenwand" oder Maßschneidern nimmt die obere Textstelle alltagsnahe Anleihen bei wissenschaftlich-technischem Vokabular, die an lebensweltliche Erfahrungen der Rezipienten anknüpfen, was sich im Zusammenhang dieses Diskursmotivs regelmäßig beobachten lässt, während die zweite Darstellung die stets mitlaufende Rahmung der romantischen Wendung vom drohenden Tode zur Rettung des Lebens aufzeigt.

Auch das zweite Motiv überzogener Heil(ung)sversprechen enthält aussagekräftige Tropen, was etwa die nachfolgenden Auszüge eines taz-Artikels zur Einlagerung von Nabelschnurblut demonstrieren:

„Für ihre Kinder legen manche Eltern zur Geburt ein paar tausend Euro auf ein Sparbuch. [...] Simona Stahn, 40, hat für ihren Kendrick etwas anderes angelegt: eine Art Lebensversicherung – zumindest glaubt das die Mutter. Als ihr Sohn vor dreieinhalb Jahren in der Berliner Charité zur Welt kam, ließ Stahn direkt nach der Geburt rund 100 Milliliter Blut aus der Nabelschnur abzapfen. Ein Kurier brachte den Beutel nach Leipzig, wo das Blut seitdem bei minus 196 Grad in einem Stickstofftank lagert. Die Hoffnung: Sollte Kenny, wie Stahn den Kleinen nennt, eines Tages schwer erkranken – etwa an Leukämie –, können die in seinem gefrorenen Blut enthaltenen Stammzellen ihn heilen." (Schmidt 2008)

„Das Business mit dem Nabelschnurblut boomt in Deutschland. In den Frauenarztpraxen der Republik stapeln sich die Broschüren von Unternehmen wie Vita 34, Basic Cell, Eticur oder Cryo-Care. Nicht nur Leukämie, auch andere Krankheiten wie Diabetes, Alzheimer oder Multiple Sklerose sollen die Stammzellen aus dem Nabelschnurblut heilen können, heißt es in den Werbebroschüren – und wenn nicht heute, so zumindest in der nahen Zukunft. Schöne neue Stammzellwelt: Sogar Herzklappen, Blutgefäße und ganze Organe sollen sich bald züchten lassen." (ebd.)

„Fachleute sehen die medizinischen Möglichkeiten des Nabelschnurbluts allerdings deutlich skeptischer. Für sie sind die Betreiber privater Blutbanken vor allem eines: gewiefte Geschäftemacher, die von der Angst der Eltern um ihre Kinder profitieren." (ebd.)

„Die anderen [nicht auf die Heilung von Leukämien bezogenen] Heilungsversprechen der privaten Blutbanken – bei Diabetes oder Herzinfarkten etwa – hält Stammzellforscher [Ulrich] Martin ohnehin für ‚utopisch'. Zumal niemand wisse, ob die Stammzellen nach mehreren Jahren oder Jahrzehnten im Stickstofftank überhaupt noch funktionstüchtig seien. Als vollkommen illusorisch schätzen Fachleute Aussagen der Blutbanken ein, mit Stammzellen aus Nabelschnurblut in absehbarer Zeit Organe nachzüchten zu können. Solche Versprechen seien ‚Science-Fiction' [...]. Es ist in etwa so, als ob jemand ein Grundstück auf dem Mond verkaufen will und verspricht: Schon bald werden sie dort ein Haus bauen können. Es ist ein Versprechen auf einen Fortschritt, der nicht völlig ausgeschlossen ist, aber auch nicht sonderlich wahrscheinlich." (ebd.)

Hier werden die benannten kommerziellen Anbieter als Scharlatane stilisiert, welche die „Angst der Eltern" gar „kaltblütig" (ebd.) für ihr Profitinteresse ausnutzen und unrealistische Heil(ung)saussichten in die Welt setzen. Im Gegensatz zum ersten Diskursmotiv wird die Protagonistin als tragische Heldin erzählt, die jenen Unternehmen in ihrem Glauben an individuelle Stammzelltherapien zum Opfer fällt. Dabei sticht die eindrückliche Verwendung wirtschaftsnaher Begriffe wie „Lebensversicherung", „Business", „boom[en]" und „Blutbanken" sowie die Analogie zum Hauskauf auf dem Mond, wie auch deren Kontrastierung zur wissenschaftlich-medizinischen Perspektive ins Auge, die der versprochenen Zukunft einer „[s]chöne[n] neue[n] Stammzellwelt" als „Science-Fiction" eine ernüchternde Absage erteilt. Schließlich erscheinen beide Motive als zwei Seiten derselben Medaille, insofern sie AS-basierte Therapieanwendungen komplementär mit romantischen und tragischen Erzählmustern adressieren.

Anders gestaltet sich hingegen die Erzählweise bei explizitem Rekurs auf AS in einer *nicht-eigenständigen Rolle*. Besonders markant ist eine konkrete Darstellung, die im Diskurskorpus siebenmal im exakt identischen Wortlaut auftaucht:

> „Doch auch Erwachsene können noch Stammzellen bilden, zum Beispiel im Knochenmark, wo daraus immer neue Blutzellen entstehen. Diese adulten Stammzellen, auf die Gegner der Forschung an embryonalen Zellen hoffen, können ebenfalls Gewebe nachbilden. Allerdings sind sie nicht so wandlungs- und vermehrungsfähig. Bei Querschnittsgelähmten, die sich in den USA freiwillig einer Stammzelltherapie unterziehen wollen, hofft man, zerstörtes Nervengewebe regenerieren zu können. Zur Behandlung von Hirnschäden – etwa durch Parkinson oder nach einem Schlaganfall – setzen Forscher auf fötale (oder fetale) Stammzellen. Diese werden fünf bis zwölf Wochen alten Föten entnommen, deren Körper nach einer Abtreibung für die Forschung freigegeben wurde." (Kupferschmidt 2010, 2011; Stockrahm 2010; Lüddemann 2010; Degen 2013; o. A. 2013; Gerhard 2016)

Auch hier werden die Stammzelltypen entlang gewebespezifischer Unterscheidungen differenziert, aber zudem explizit mit dem Sammelbegriff der AS adressiert und den ethisch problematisierten ES gegenübergestellt, indem beide auf Basis ihrer Differenzierungsfähigkeit miteinander ins Verhältnis gesetzt werden. Interessant ist, dass AS, obwohl sogar die Gewinnung von FS beschrieben wird, im Kontrastverhältnis zu ES als ethisch unproblematisch erscheinen, was andere Textstellen explizieren:

> „Zudem besteht schon seit Jahren mit der *adulten* Stammzellforschung eine Alternative, die im Gegensatz zur embryonalen Stammzellforschung die Erwartungen der Forscher hinsichtlich klinischer Erfolge am Menschen nicht nur erfüllt, son-

> dern teilweise übertroffen hat. Polemisch gesagt: Wo es der embryonalen Stammzellforschung bestenfalls gelingt, Mäusen Tumorzellen einzuspritzen, heilt oder lindert die adulte Stammzellforschung bereits." (Gessler 2008)

> „Bleiben noch die ‚erwachsenen' Stammzellen, die lebenden Menschen entnommen werden können. Die Vorteile: Es bestünde kein ethischer Konflikt, und die Organe würden nicht abgestoßen. Lange waren sich die Forscher sicher, dass diese erwachsenen Zellen nicht so verwandlungsfähig sind wie ihre embryonalen Vorläufer. Jetzt kommen erste Zweifel auf." (Schelp 2007)

Darin werden AS als gegebene Alternative zu ES präsentiert, die ihr Potenzial gegenüber ES bereits unter Beweis gestellt habe und in der Lage sei, letztere ab- und somit ES-bezogene Streitfragen aufzulösen. Inwieweit AS in Abgrenzung zu anderen Stammzelltypen thematisiert werden, machen schließlich die nachstehenden Textstellen deutlich, welche sie nach Aufscheinen der iPS im komplexen Wechselspiel der Stammzelltypen situieren:

> „Die Forscher haben erstmals aus Hautzellen eine Art embryonale Stammzellen hergestellt, die kein künstlich zugeführtes Gen mehr enthalten. [...] Die Vorteile der Verwendung von adulten Stammzellen blieben indes bestehen: Die so genannten induzierten pluripotenten Stammzellen (iPS) können jedes geschädigte Gewebe ersetzen und es gäbe keine Abstoßungsreaktion." (o. A. 2009)

> „Denn es gibt längst einen alternativen Weg zur Gewinnung von Zellen, die ein ebenso großes Potenzial wie die embryonalen Stammzellen haben, aber so leicht und moralisch unumstritten gewonnen werden können wie die adulten Stammzelle." (Berndt 2013)

IPS werden hier als Mittelweg zwischen AS und ES erzählt, der die Vorteile beider Stammzelltypen zu nutzen und ihre Nachteile gleichsam auszugleichen erlaube. Abschließend lässt sich für den zweiten, hier nicht-eigenständig genannten Diskursstrang festhalten, dass zwar weitgehend zugunsten einer nüchternen Darstellungsweise auf erzählerische Tropen verzichtet wird, hinsichtlich erzählerischer Rollenbesetzungen und Plot-Muster allerdings bemerkenswerte Ähnlichkeiten zum Alleskönner-Narrativ zum Vorschein kommen, dessen Übernahme durch iPS schlussendlich auch anhand der letztgenannten Textstellen nachvollzogen werden kann.

3.4 Experten-Wissen: Wissenschaftliche Erzählmuster adulter Stammzellen

Hier ist voranzustellen, dass sich die diskursive Situation der AS in den 15 Experteninterviews aufgrund zweier Rahmenbedingungen anders darstellt, als in den zuvor untersuchten politikprogrammatischen und medialen Texterzeugnissen: Zum einen

IX. Adulte Stammzellen im blinden Fleck des Diskurses

bilden diese den wissenschaftlichen Stammzelldiskurs nicht im Zeitverlauf eines Jahrzehnts, sondern eine Momentaufnahme seines aktuellen Zustandes ab; zum anderen wurden sie leitfadengestützt und in direkter face-to-face-Kommunikation erzeugt, was unweigerlich aufmerksamkeitssteuernde Effekte hinsichtlich der Salienz der AS zeitigt. Dennoch lohnt die gewählte Interviewform, da die Interaktion unter Anwesenden gegenüber einer vergleichbaren und ebenso denkbaren Untersuchung wissenschaftlicher Texte den Vorteil bietet, latente Wissens- und Erzählbestände zu aktivieren, die sich Letzteren nicht in derselben Weise entnehmen lassen. Umso aussichtsreicher ist die qualitative Untersuchung wissenschaftsinterner Erzählungen, welche sich im Folgenden nicht an zeitlichen oder sachlichen, sondern den sozialen Differenzen zwischen (neun) naturwissenschaftlichen Stammzellforschern und ihren (sechs) philosophisch-sozialwissenschaftlichen Beobachtern orientiert.

Die Perspektiven jener stammzellwissenschaftlichen Experten, für die Stammzellen zuvorderst das Werkzeug ihrer alltäglichen Arbeit bilden, stellen sich als überaus vielschichtig dar und sind hier entsprechend differenziert zu betrachten. Dabei reichen die diskursiven Positionen von einer eher skeptischen und marginalisierenden Haltung gegenüber AS bis hin zu deren deutlich erkennbaren Präferenz. Die meisten der befragten Experten zeichnen ein komplexes Bild, dessen versöhnlich-komische Erzählung die Gleichwertigkeit aller Stammzelltypen unterstreicht:

„Ich würde nicht eine Stammzellart ausschließen wollen. Das ist es eben: Für manche brauchen wir die ES-Zellen, für manche brauchen wir die iPS-Zellen, für manche brauchen wir nur die adulten Stammzellen." (Experte 4)[35]

„Ich habe immer gesagt – damals, als es noch keine iPS-Zellen gab –, adulte Stammzellen und embryonale Stammzellen: Das sind einfach zwei Seiten einer Medaille. Man muss beides verstehen. Und da kommt bei mir auch so ein bisschen das entwicklungsbiologische Denken ins Spiel. Dass man eben aus diesen frühen Zellen dann ja auch die älteren ableitet." (Experte 5)

Diese Darstellungen reflektieren Stammzellen und ihre Beforschung als Einheit, deren Differenzierungen lediglich analytischer sowie forschungspraktischer Art seien und daher nicht absolut gesetzt, folglich nicht ein Stammzelltyp gegen den anderen ausgespielt werden dürfe.

Ein anderer Experte bezieht eine ähnliche Position, jedoch in unversöhnlicher, satirischer Erzählform, und wartet sogleich mit einem möglichen Grund für die Ungleichgewichtung der Stammzelltypen auf, den er in eine weitausgreifende forschungshistorische Beschreibung bettet:

---

35 Mit diesem Label wird im Folgenden die Zugehörigkeit zum Interviewkorpus von MuRiStem-Pol kenntlich gemacht.

„Also 2000 wurde mit embryonalen Stammzellen [...] in Deutschland fast gar nicht gearbeitet. [...] Man hat zwar immer von Leuten gehört, die das im Maussystem machen, aber es war eigentlich für uns [...] keine Alternative. Bis [...] Oliver Brüstle aus den USA zurückkam – 2002 war das glaube ich – und einen DFG-Antrag hatte, was letztendlich dann auch die Diskussion eben hier in Deutschland erreichte, wissenschaftlich. Soll man mit humanen embryonalen Stammzellen nicht auf diesen Tätigkeitsfeldern arbeiten? [...] Und da fing [es] dann aber schon relativ schnell an, dass [da] praktisch eine Gruppierung [...] war, die sagte: ‚Ja, gut. Unsere Knochenmarkszellen [...], das sind ja die ethisch unproblematischen und damit wollen wir Forschung machen. Und wir können das auch alles.' Und die Stammzellforscher aus der, [...] Entwicklungsbiologie, Embryologie, wie eben Anna Wobus und eben diejenigen, die halt neu dazu kamen oder eben aus Amerika mit den Ergebnissen der humanen embryonalen Stammzellen schon gearbeitet hatten und gesagt haben: ‚Nein. Also, Leute, wir können [...] hier nicht einfach Denkverbote aussprechen und sagen, es muss irgendwie alles mit adulten Stammzellen gehen. Wenn wir in Amerika, oder auch woanders auf der Welt, Ergebnisse sehen, dass halt pluripotente embryonale Stammzellen etwas ganz Anderes sind. Als jetzt Blutstammzellen aus dem Knochenmark.' Und ich bin dann relativ schnell auf beiden Seiten dieser Front [...] zuhause gewesen. Weil mein altes Projekt war [...], dass wir aus Knochenmark Leberzellen machen wollten, und ich aber schon gesehen hatte: Das geht einfach nicht. [...] Und das geht dann mit den embryonalen Stammzellen. Insofern waren wir eigentlich schon längst [...] auf Seiten der embryonalen Stammzellforscher. Wobei wir aber noch immer in dem BMBF-Call für adulte Stammzellen waren." (Experte 13)

Dies veranschaulicht, inwieweit Forschungsmühen konzeptionellen Differenzierungen vorangehen und Qualifizierungen erst im Zuge innerwissenschaftlicher Ausdifferenzierung sowie sich spezialisierender Forschungsinteressen entstehen, die sich schließlich zu bereichsspezifischen Fronten verhärten. Stattdessen müsse anhand von „Krankheitsbildern" und jeweiligen Wirkmechanismen (Experte 1) unterschieden werden:

„Wenn ich jetzt-. Sagen wir mal, ich beforsche Leukämie. Da denke ich gibt es natürlich gute Daten zu Knochenmarkstammzellen, die verwendet werden können. Und da würde ich sagen, aus meiner Sicht aus der Ferne, ob ich da nun eine embryonale Stammzelle hätte oder eine iPS-Zelle, das ist wahrscheinlich irrelevant. [...] Wenn mir jemand jetzt aber sagt: ‚Mein Ziel ist, das Herz mit einem großen Infarkt, mit einer Narbe, zu remuskularisieren durch das Einbringen von adulten Stammzellen.' Dann würde ich dem keinen Cent geben (lacht). [...] Wenn mir jemand sagt: ‚Ich möchte verhindern, dass die Narbe bei dem Patienten sich weiter vergrößert und [...] dass dieser Patient in die schwere Herzmuskelschwäche hineingeht. Und das möchte ich machen, indem ich das Herz indirekt unterstütze durch [...] Freiset-

IX. Adulte Stammzellen im blinden Fleck des Diskurses

zung von schützenden Faktoren.' [...] Da würde ich wahrscheinlich dem mit den pluripotenten Stammzellen keinen Cent geben, ja (lacht). Ich glaube, das muss man differenziert sehen. Aber das, was eben damals gemacht worden ist, zu sagen: ‚Würden Sie embryonale Stammzellen nehmen, wenn wir doch wissen, dass mit adulten Stammzellen auch alles geht?' Da ist die Antwort natürlich klar. Also, so etwas sollten wir bitte nicht noch einmal machen (lacht)." (ebd.)

Sodann findet sich ein dritter, tragischer Erzählstrang, der die Qualifizierung der Stammzelltypen nicht auf wissenschaftsinterne, erkenntnisbasierte, sondern externe, gesellschaftliche Aspekte wie ihre unmittelbare Anwendbarkeit und damit einhergehende Profitinteressen zurückführt:

„Man hat festgestellt, so Ende des letzten Jahrhunderts, Anfang dieses Jahrhunderts: Meine Knochenmarkstammzellen sind in der Lage eine Regeneration zu machen. Und da hat sich-. Auch wenn wir wissen, mittlerweile, das ist nicht so. Die sind nicht so potent, wie wir dachten. Aber es gibt auf der ganzen Welt, ja, die nennen sich Kliniken, die nennen sich Institute, die solche Stammzelltherapien anbieten. Und das ist ethisch in höchstem Maße verwerflich [...]." (Experte 12)

Dem steht schließlich ein letzter, romantischer Erzählstrang entgegen, der AS den ES sowie den iPS aus innerwissenschaftlicher Perspektive vorzieht und – ganz im vorgezeichneten emanzipatorischen Stil – gar die Ablösung beider an den Horizont einer fernen Zukunft wirft:

„Also, für die embryonalen Stammzellen sehe ich das Potential gering. Für die induzierten pluripotenten Stammzellen-. Wie gesagt, da muss man ja auch unterscheiden. Für die pharmazeutische Industrie haben die vermutlich eine größere Bewandtnis als die adulten Stammzellen. Aber wenn ich jetzt so an die meisten Patienten denke und die direkte Anwendung, dann glaube ich, haben da die adulten Stammzellen das größte Potential." (Experte 3)

Insgesamt zeichnen die Erzählungen der interviewten Experten somit ein differenziertes Bild, welches aber darin übereinkommt, dass es sich bei den verschiedenen Stammzelltypen lediglich um unterschiedliche Facetten desselben Gegenstandes handele, den es – je nach Forschungsinteresse, Krankheitsbild und Heilungsansatz – von unterschiedlichen Seiten zu beleuchten gelte.

Indes ändern sich mit der distanzierten Betrachtung aus philosophisch-sozialwissenschaftlicher Warte auch die Erzählungen der AS. Denn einerseits führt diese zu einem deutlich geschmälerten stammzellspezifischen Wissensstand, welcher die aufmerksamkeitssteuernden Effekte von Stammzellwissen erster Ordnung kontrastiert, was die untenstehenden Textstellen in Bezug auf AS illustrieren:

> „Ich habe einfach nicht so den Überblick jetzt, in welchen Feldern adulte Stammzellen eingesetzt werden. Also ich weiß durchaus, dass Knochenmarksstammzellen ja auch, also bei den Leukämien sowieso schon lange, eingesetzt werden. Und, dass es da auch alle möglichen Prozesse gab. Von Transdifferenzierung hin zu Leberzellen beispielsweise. [...] Und von daher hat das durchaus, denke ich, Potential." (Experte 6)

> „Ich würde den somatischen Stammzellen, die sich ja auch schon bewährt haben, zum Beispiel bei Leukämie und so weiter, die ja etabliert sind, denen würde ich weiterhin den großen Vorzug geben. Nicht? Aber eben auch der Grundlagenforschung. Wie gesagt. Dabei erscheint mir auch ein erhebliches Potential. Also ganz unabhängig von therapeutischen Anwendungen." (Experte 14)

Dementsprechend wird hier nicht nur die Einsicht, dass die getroffene Bewertung der AS vor dem Hintergrund jenes geringeren Fachwissens zu sehen ist, explizit vorangestellt, sondern darüber hinaus auch das darin getroffene Urteil zugunsten der AS „unabhängig von therapeutischen Anwendungen" und mit Bezug auf ihre Möglichkeiten der Transdifferenzierung und somit wider den anderslautenden stammzellwissenschaftlichen Kenntnisstand (vgl. die Aussagen der Experten 3 für ersteren sowie 1 und 12 für letzteren Fall) begründet. Andererseits schlagen sich aber die Distanz zum Gegenstand wie auch das spezifisch philosophisch-sozialwissenschaftliche Sonderwissen in anderen Betrachtungsmöglichkeiten nieder, die kritische Reflexionen der Stammzellforschung aus einer Beobachtungsperspektive zweiter Ordnung nahelegen, worauf etwa die folgende Passage hindeutet:

> „Damals zum Beispiel war eine größere Debatte um die Differenz zwischen embryonaler und adulter Stammzellforschung. Und es wurde beispielsweise auch gesagt, dass die adulte Stammzellforschung der embryonalen unterlegen ist. Man hat aber – und ich denke, das war sicher gerade auch ein Erfolg der rechtlichen und ethischen Debatten – die adulte Stammzellforschung stärker fokussiert, als die medizinische oder biologische Forschung das möglicherweise aus sich heraus gemacht hätte. Und wegen dieser Hindernisse, würde ich einmal sagen, beispielsweise auch bei Patienten, hat sich die Forschung an adulten Stammzellen möglicherweise besser entwickelt, als sie sich ohne all das hätte entwickeln können. Und da ist ja inzwischen eine Menge auch an Forschung passiert. So, dass man eben auch mit adulten Stammzellen eine Reihe von krankheitsbezogener Forschung machen kann. Und umgekehrt hat sich natürlich auch die embryonale Stammzellforschung deutlich weiterentwickelt. Indem beispielsweise technische Eingriffe gemacht werden können, [...] dass der [Embryo] sich [...] nicht zu einem Menschen entwickeln könnte. [...] Und umgekehrt hat man auch Möglichkeiten gewonnen, embryonale Stammzellen ohne Embryos, durch Reprogrammierung, [...] herzustellen. Also, da gibt es diese verschiedenen Möglichkeiten." (Experte 15)

Diese Beschreibung bringt die aufseiten der Stammzellexperten in der Sach- (vgl. Experte 1), Sozial- und Zeitdimension (vgl. Experte 12, 13) eingeleitete Kontingenzreflexion des Forschungsfeldes auf einer übergeordneten Ebene zusammen und bezieht es auf den gesamtgesellschaftlichen Kontext: Demnach flossen auch ethische und rechtliche Debatten in den Konstruktionsprozess der Stammzellforschung und ihrer Anwendungen ein und seien dementsprechend maßgeblich für den heutigen Differenzierungsgrad. Die nachstehende Beobachtung schlägt schließlich in dieselbe Kerbe und gibt zudem einen letzten Wink in Richtung der vorliegenden Betrachtung:

„,Der wissenschaftliche Fortschritt – das darf man sich nicht wie so einen ICE vorstellen, der da durch die Landschaft rauscht.' Sondern: ‚Das ist halt schon viel Probieren, viel Austesten.' Wir haben es auch bei der Stammzellforschung gesehen, ja? Also embryonale, adulte – hat nicht funktioniert. Jetzt iPS. Schon sind die alten Fragen in irgendeiner Weise nicht mehr da oder weg. Ich denke, es wird unsere-. Oder es verändert schon längst unsere Wahrnehmung." (Experte 9)

3.5 Blutige Laien? Unwissende Lebenswelten einer lebenswissenschaftlichen Tatsache

Wenn auch sonst verschieden, so ist der hier einsetzenden Rekonstruktion lebensweltlicher Perspektiven mit der vorangegangenen Expertsicht der Umstand gemein, dass es sich um eine in direkter Interaktion zustande gekommene momenthafte Bestandsaufnahme des gegenwärtigen Diskurses zur Stammzellforschung und ihren Anwendungen handelt. Allerdings zeichnet sich diese durch das Spezifikum der ihr unterstellten fundamentalen Unwissenheit in Bezug auf Sachwissen bei gleichzeitiger Expertise für lebensweltliche Belange aus. Hinzu kommt hier die Möglichkeit, sie nach dem Kriterium medizinischer Betroffenheit zu differenzieren, da drei der 15 Befragten angaben, im familiären Umfeld von schweren (Erb-)Krankheiten betroffen zu sein.

Auch wenn alle Interviewpartner ein großes Interesse für biomedizinische Technologien und insbesondere für Stammzellforschung hegen und einige ein unerwartet umfangreiches Vorwissen mitbringen, betrifft dies vor allem die öffentlich breit diskutierten ES und iPS, wohingegen der überwiegende Teil bei erstmaliger Nennung von AS angibt, wenig oder gar nichts darüber zu wissen:

„Und die adulten Stammzellen habe ich auch schon einmal gelesen, gehört. Aber könnte ich jetzt nicht unbedingt zuordnen oder da Näheres zu sagen." (Laie 6)

„Adulte Stammzellen. Doch. Adulte Stammzellen kann auch sein. Da habe ich auch schon-. Aber das wirklich schemenhaft. Also. Kommt mir jetzt bekannt vor, wenn ich es jetzt lese." (Laie 11)

Florian Hoffmann

Doch spätestens nach dem Hinweis auf prominente Anwendungsbeispiele wie Knochenmarktransplantationen sowie dem Durchlesen des zur Verfügung gestellten Informationsmaterials gaben alle Befragten an, bereits auf das Thema gestoßen zu sein:

„Aber wenn Sie das jetzt gerade so sagen. Man ist dann wirklich in der Frage so ein bisschen überfordert. Weil das ist natürlich totaler Käse. Mit diesen adulten Stammzellen. Ich bin natürlich bei der Knochenmarksspenderdatei gemeldet. Und da hätte ich ja gerade einmal schalten können (lacht)." (Laie 3)

Jenseits dieser Gemeinsamkeit variieren die sich anschließenden Bewertungen der AS gegenüber den ES und iPS mitunter erheblich und reichen von optimistischen Befürwortungen bis zu skeptischen Distanzierungen, was die Gegenüberstellung der nachfolgenden Positionen veranschaulicht:

„Bei den adulten ist es ja schon so, dass die Forschung schon sehr weit fortgeschritten ist. Da ist es ja der Erfolg. Den sieht man ja. Also, das ist ja eine durchaus sehr Etablierte." (ebd.)

„Und bei den adulten Stammzellen könnte es Probleme geben. Es ist zwar ähnlich wie das letzte Verfahren [iPS]. Aber es ist halt nicht so speziell [...]. Also es ist wirklich: Ich habe halt fertige Stammzellen aus einem bestimmten Bereich. Wenn ich die jetzt wieder woanders reinsetze, weiß ich nicht, ob es da noch andere Mechanismen gibt, die da vielleicht eine Ausprägung hätten." (Laie 13)

Während in ersterer Textstelle AS der Vorzug gegenüber ES und iPS gewährt wird, weil sie routinemäßig eingesetzt werden und ihre Tragfähigkeit somit bereits bewiesen haben, attestiert letztere AS das größte Risikopotenzial. Bemerkenswert ist hier, dass beide Urteile auf Risikozuschreibungen gründen und doch zu grundverschiedenen Schlüssen führen. Dies deutet abermals auf die Steuerungseffekte von Wissen in der Ausgestaltung von Chancen und Risiken hin. Außerdem fällt auf, dass in beiden Fällen – und das gilt für alle Befragten – nicht auf ethisch-normative Rahmensetzungen zurückgegriffen wird, was letztlich auf das Vorhandensein wissenschaftlich-medizinischer Wissensbestände hindeutet.

Davon unterscheiden sich die Erzählungen jener Laien, die aufgrund von Krankheiten im familiären Umfeld bereits mit AS-basierten Therapien in Berührung gekommen sind. Diese haben zwar das umfangreichere Fachwissen vorzuweisen, was etwa die Verwendung von Fachvokabular im nachfolgenden Bericht eines Befragten, dessen mittlerweile verstorbene Tochter sich infolge einer Krebserkrankung einer autologen HTS-basierten Hochdosis-Chemotherapie unterzogen hatte, aufzeigt:

„Ja, es gibt ja nur diese allogene-. Also einmal, dass sie quasi ihre eigenen Stammzellen zurückbekommt und dann gibt es ja auch nochmal, dass sie die fremden, was ja wohl angeblich noch mehr bewirkt, aber eben auch für einen geschwächten

Körper eine riesige Herausforderung ist [...]. Und das ist ja auch für ihre Erkrankung überhaupt nicht indiziert gewesen." (Laie 12)

Allerdings fällt die Beurteilung der AS vor diesem Hintergrund grundlegend anders aus:

> „Also, ich denke, so wie ich die Transplantation erlebt habe, ist es ein harter Brocken. Und, wenn ich mir selber die Frage jetzt stellen würde, ich würde es jetzt glaube ich bei mir erstmal nicht machen lassen. Da bin ich ganz ehrlich. [...] Das ist – ich kann es nicht anders sagen – Hölle (lacht)." (ebd.)

Offenbar fällt das vorhandene Fachwissen gegenüber eigenen lebensweltlichen Erfahrungen weniger schwer ins Gewicht, sodass der Befragte angibt, sich bei eigener Erkrankung gegen eine solche Anwendung und schlussendlich vielleicht überhaupt gegen eine medizinische Behandlung zu entscheiden. Derart legen die in der Betrachtung der Laiendiskurse kontrastierten Perspektiven nicht nur zwischen abstrakter Informiertheit und akuter Betroffenheit divergierende Erzählweisen, sondern auch die Relevanz unterschiedlicher Wissensarten bei individuellen Entscheidungsfindungsprozessen offen.

4 Fazit: Adulte Stammzellen im blinden Fleck des Diskurses

TA stößt heute auf fundamentale Reflexionsprobleme, die ihre konstitutiven Elemente Folgenorientierung, Wissenschaftlichkeit und Beratungsbezug auf den Prüfstand stellen. Damit hat sie sich nicht etwa entfremdet, sondern befindet sich in bester Gesellschaft: Die Moderne ist durch Selbstbeobachtungstechniken gekennzeichnet, die immer wieder mit fundamentalen Identitätskrisen einhergehen. Eine Lösung ist nicht im radikalen Bruch mit der eigenen Identität, sondern in einer angemessenen Reflexionstheorie zu suchen, die imstande ist, die Vielfalt praktischer Ansätze als Identität zu reflektieren und damit die Konstruktion einer orientierungsstiftenden Einheit zu fingieren. Aus konstruktivistischer Perspektive lassen sich Technik, Modernisierung und TA als Komplexifizierungen von Beobachtungen um den eigenen blinden Fleck rekonstruieren, die regelmäßig auf ihre Konstitutionsbedingungen stoßen, neue Perspektiven schaffen und sich gleichsam von ihrem Ursprung entfernen. Derart formierte sich TA zur Verschleierung von Technik als Bedingung der Möglichkeit der Moderne – Technikambivalenzen sind das beste Anzeichen dafür, dass TA in Anbetracht der NEST nun diesen blinden Fleck erblickt. Um ihr Funktionieren unter den Bedingungen steigender gesellschaftlicher Komplexität zu gewährleisten, muss also etwas geschehen: Ebendies leisten die vollzogene Beschreibung und die entsprechende konstruktivistisch reflektierte Anwendungsperspektive. Letztere wurde anhand der narrativen Diskursivierung der AS illustriert. Erkenntnisleitend wurde von der These ausgegangen, dass AS heute weitgehend unbelichtet sind, weil sie die Grundlage bilden, auf der ES und iPS konstruiert werden, und deshalb im Latenzbereich des gegenwärtigen Diskurses zur Stammzellforschung und ihren Anwendungen zurückbleiben. Auf diesem Hintergrund wurde der aktuelle Diskurs mittels einer hermeneutischen funktionalen Narrativanalyse hinsichtlich der Fragestellung untersucht, welcher Beobachter wie von AS erzählt und sich somit seine normativen Ambivalenzen verdeckt.

Im Ergebnis entsteht eine Optik des Stammzelldiskurses, die nicht nur Auskunft darüber gibt, wie AS von unterschiedlichen Beobachtern erzählt werden, sondern vor allem auch demonstriert, dass und wie dies nicht geschieht. Die Rekonstruktion der Erzählmuster *politikprogrammatischer Texte* zeigt auf, dass die Kirchen sich die Durchsicht auf die normativen Ambivalenzen der AS im Muster des älteren Diskurses zunächst mithilfe der Alleskönner-Romanze, Politik und Wissenschaft hingegen mittels der Goldstandard-Komödie verstellen, bevor beide daraufhin verschwinden. Die *mediale Berichterstattung* zentriert zwei Motive, in denen AS in einer selbstständigen Rolle erzählt werden, nämlich romantische wie tragische Heil(ungs)versprechen, die einander komplementieren, sowie eine romantische Erzählung, die AS in einer nicht-selbstständigen Rolle im negativen Bezug auf ES wie auch iPS konstruiert und Ähnlichkeiten zum Alleskönner-Narrativ aufweist. Indes zeichnen die Erzählungen der *Experten* aufseiten der Stammzellforscher ein differenziertes Bild der Stammzelle, das nicht entlang von Typisierungen, sondern von Forschungsinteressen, Krankheitsbildern und Heilungsansätzen beschrieben werden kann, sowie eines mitsamt AS gesellschaftlich konstruierten Forschungsfeldes aufseiten philosophisch-sozialwissenschaftlicher Beobachter. Aus der lebensweltlichen Perspektive interessierter *Laien*, die lediglich latentes wissenschaftlich-medizinisches Wissen vorweisen, muten AS diffus an, wohingegen die persönliche Betroffenheit mit Detailwissen und entsprechend verlagerten Erzählweisen einhergeht. Allen Perspektiven ist schließlich gemein, dass keine von ihnen AS im Lichte technikinhärenter Ambivalenzen problematisiert, was die These bekräftigt, dass diese im blinden Fleck des heutigen Stammzelldiskurses verschwunden sind.

Was folgt daraus für die TA? Vielleicht lernt sie, nicht selbst den Blick in die Technikambivalenz zu riskieren und sich folglich den eigenen Aporien auszusetzen, sondern stattdessen Beobachter und die von ihnen aufgeworfenen Ambivalenzen zu beobachten. Dann ist sie trotz sich komplexifizierender technischer Herausforderungen in der Lage, wissenschaftlich geprüftes Zukunftswissen zu generieren, das normative Ambivalenzen als Chancen und Risiken handhabbar macht, und in politisches Entscheidungswissen zu transformieren vermag. Doch welcher Rat lässt sich politischen Entscheidern zur Stammzellforschung und ihren Anwendungen auf Grundlage des *hier* erzeugten Wissens erteilen? Insofern die Diskursivierung der AS als gefundene Lösung eines potenziellen Problems konzipiert wird, besteht kein Handlungsbedarf. Obschon gegenwärtig stabil, erscheint die Lage von ES und iPS weniger gewiss: Die Erkenntnisse erlauben Schlüsse auf Präventivmaßnahmen zwecks einer weiteren Stabilisierung. Allerdings wird auch hier nicht für eine Rückkehr in einfachere Zeiten, sondern für Fortschritt plädiert – denn nicht Komplexitätsabbau, sondern erst die Steigerung von Komplexität, lässt die Ambivalenzen der ES und iPS verschwinden. Es sind entsprechende Kontraste, neue technische Differenzen vonnöten – lautet also das vorgetragene Argument. Im engeren Sinne bedeutet dies, auf fortschreitende Ausdifferenzierung der Stammzellwissenschaft oder der NEST im Allgemeinen zu setzen, wozu fortwährende Förderung nottut. Im weiteren Sinne heißt dies aber vor allem: Es braucht feinere Differenzierungen, weshalb es nicht zuletzt theoretisch informierter sozialwissenschaftlicher Begleitforschung bedarf, welche die semantische Strukturierung des Feldes vorantreibt. Dies löst nicht alle Probleme. Aber es gibt Hoffnung auf neue Probleme, die gesehene Technikambivalenzen in den blinden Fleck des Diskurses verbannen.

Literaturverzeichnis

Politisch-programmatische Verlautbarungen aus dem MuRiStem-Pol-Datenkorpus
**Medienartikel aus dem MuRiStem-Pol-Datenkorpus*

Alpsancar, Suzanna. 2018. Technikfolgenabschätzung als Zeitdiagnose. Einsichten aus Günther Ropohls Programm. *TATuP* 27 (1): 14–20.

Berndt, Christina. 2013. Die Vision vom Jungbrunnen. *Süddeutsche Zeitung*, 23. Mai, 28.**

Besser, D., I. Herrmann und M. Heyer. 2018. Ungeprüfte Stammzelltherapieangebote. In *Stammzellforschung. Aktuelle wissenschaftliche und gesellschaftliche Entwicklungen*, Hrsg. M. Zenke, H. Schickl und L. Marx-Stölting, 139–152. Baden-Baden: Nomos.

Bundesregierung. 2007. Zweiter Erfahrungsbericht der Bundesregierung über die Durchführung des Stammzellgesetzes, https://www.bundesgesundheitsministerium.de/fileadmin/Dateien/3_Down loads/S/Stammzellengesetz/Stammzellforschung_Zweiter-Erfahrungsbericht-Stammzellforschung. pdf. Zugegriffen: 09.Februar 2019.*

Bundesregierung. 2013. Unterrichtung durch die Bundesregierung. Fünfter Erfahrungsbericht der Bundesregierung über die Durchführung des Stammzellgesetzes, Drucksache 17/12882, Berlin, https:// www.bundesgesundheitsministerium.de/fileadmin/Dateien/3_Downloads/S/Stammzellenge setz/5_Stammzellbericht_final_27_11_12.pdf. Zugegriffen: 04. Januar 2018.*

Bundesregierung. 2015. Unterrichtung durch die Bundesregierung. Sechster Erfahrungsbericht der Bundesregierung über die Durchführung des Stammzellgesetzes, Drucksache 18/4900, Berlin. http://dip21. bundestag.de/dip21/btd/18/049/1804900.pdf. Zugegriffen: 04. Januar 2018.*

Böschen, S. und U. Dewald. 2018. Theorie der Technikfolgenabschätzung reloaded. *TATuP* 27 (1):11–13.

Büscher, Ch., S. Böschen und A. Lösch. 2018. Die Forcierung des sozio-technischen Wandels. Neue (alte?) Herausforderungen für die Technikfolgenabschätzung (TA). In *„Grand Challenges" meistern. Der Beitrag der Technikfolgenabschätzung*, Hrsg. M. Decker, C. Scherz, M. Sotoudeh, R. Lindner und S. Lingner, 87–96. Baden-Baden: Nomos.

Degen, Marieke. 2013. Ersatzteile aus der Retorte. *DIE ZEIT* 28/2013, https://www.zeit.de/2013/28/ stammzellen-leber-transplantationsmedizin. Zugegriffen: 04. Februar 2019.**

DBK (Deutsche Bischofskonferenz). 2018a. „Marsch für das Leben 2018", Pressemeldung Nr. 144, https:// www.dbk.de/presse/aktuelles/meldung/marsch-fuer-das-leben-2018/detail/. Zugegriffen: 05. Februar 2019.

DBK (Deutsche Bischofskonferenz). 2018b. Pressebericht des Vorsitzenden der Deutschen Bischofskonferenz, Kardinal Reinhard Marx, anlässlich der Pressekonferenz der Herbst-Vollversammlung der Deutschen Bischofskonferenz am 27. September 2018 in Fulda, Nr. 154, 27.09.2018, Bonn, https://www.dbk.de/fileadmin/redaktion/diverse_downloads/presse_2018/2018-154-Pressebericht-Herbst-VV.pdf. Zugegriffen: 05. Februar 2019.

Dusseldorp, Marc. 2013. Technikfolgenabschätzung. In *Handbuch Technikethik*, Hrsg. Armin Grunwald, 394–400. Stuttgart [u. a.]: J. B. Metzler.

Eblenkamp, M., S. Neuss-Stein, S. Salber, V. R. Jacobs und E. Wintermantel. 2009. Stammzellen. In *Medizintechnik. Life Science Engineering. Interdisziplinarität – Biokompatibilität – Technologien – Implantate – Diagnostik – Werkstoffe – Zertifizierung – Business*, 443–471. Berlin [u. a.]: Springer.

EKD (Evangelische Kirche Deutschland). 2007. Ethische Überlegungen zur Forschung mit menschlichen Embryonalen Stammzellen. O.O.*

EKD (Evangelische Kirche Deutschland). 2018. Keine christliche Verpflichtung zur Organspende, https://www.ekd.de/organspende-37175.html. Zugegriffen: 05. Februar 2019.

Fuchsloh, Agnes. 2012. Lebensretter aus der Nabelschnur. *SZ-Landkreisausgaben*. München West. Seite R9. 29.09.2012.**

Gadinger, F., S. Jarzebski und T. Yildiz. 2014a. Politische Narrative. Konturen einer politikwissenschaftlichen Erzähltheorie. In *Politische Narrative. Konzepte – Analysen – Forschungspraxis*, Hrsg. dies., 3–38. Wiesbaden: Springer VS.

Gadinger, F., S. Jarzebski und T. Yildiz. 2014b. Von Diskurs zur Erzählung. Möglichkeiten einer politikwissenschaftlichen Narrativanalyse. *PVS* 55 (1):67–93.

Gerhard, Saskia. 2016. Noch zeugt kein Mann Babys mit künstlichem Sperma. *ZEIT ONLINE*, https://www.zeit.de/wissen/gesundheit/2016-02/stammzellen-forschung-unfurchtbarkeit-spermien-kinderwunsch. Zugegriffen: 04. Februar 209.**

Gerhards, Helene. (i. E.). Stammzellforschung und ihre Anwendungen am Menschen in den Medien. Zur Performanz eines wissenschaftspolitischen Diskurses. In *Chancen und Risiken der Stammzellforschung (Arbeitstitel)*, Hrsg. J. Opper, V. Rolfes und P. Roth.

Gerhards, H. und R. Martinsen. 2018. Vom ethischen Frame zum Risikodispositiv. Der gewandelte Diskurs zur Stammzellforschung und ihren Anwendungen. *UNIKATE*: 52, 68–81.

Gessler, Philipp. 2008. Moralisch und fortschrittlich. *Süddeutsche Zeitung*, 27.03.2008.**

Gordijn, B. und H. Olthuis. 2000. Ethische Fragen zur Stammzelltransplantation aus Nabelschnurblut. *Ethik in der Medizin* 12 (1): 16–29.

Grunwald, Armin. 2002. *Technikfolgenabschatzung – eine Einführung*. Berlin: edition sigma.

Grunwald, Armin. 2003. Die Unterscheidung von Gestaltbarkeit und Nicht-Gestaltbarkeit der Technik. In *Technikgestaltung zwischen Wunsch und Wirklichkeit*, Hrsg. ders., 19–38. Berlin [u. a.]: Springer.

Grunwald, Armin. 2007a. Umstrittene Zukünfte und rationale Abwägung. Prospektives Folgenwissen in der Technikfolgenabschätzung. *TATuP* 16 (1): 54–63.

Grunwald, Armin. 2007b. Einführung in den Schwerpunkt. *TATuP* 16 (1): 4–17.

Grunwald, Armin. 2012a. Warum Erforschung und Reflexion von Technikzukünften sinnvoll ist und notwendig ist – ein Prolog. In *Technikzukünfte als Medium von Zukunftsdebatten und Technikgestaltung*, Hrsg. ders., 19–28. Karlsruhe: KIT Scientific Publishing.

Grunwald, Armin. 2012b. Innovation: Ambivalenz des Neuen und Bedingungen des Erfolgs. In *Technikzukünfte als Medium von Zukunftsdebatten und Technikgestaltung*, Hrsg. ders., 75–85. Karlsruhe: KIT Scientific Publishing.

Grunwald, Armin. 2012c. Rationale Technikgestaltung oder blinde Evolution? In *Technikzukünfte als Medium von Zukunftsdebatten und Technikgestaltung*, Hrsg. ders., 31–53. Karlsruhe: KIT Scientific Publishing.

Grunwald, Armin. 2012d. Auf dem Weg zu einer Hermeneutik der Technikzukünfte – ein Epilog. In *Technikzukünfte als Medium von Zukunftsdebatten und Technikgestaltung*, Hrsg. ders., 269–286. Karlsruhe: KIT Scientific Publishing.

IX. Adulte Stammzellen im blinden Fleck des Diskurses

Grunwald, Armin. 2013. Technik. In *Handbuch Technikethik*, Hrsg. ders., 13–17. Stuttgart [u. a.]: J. B. Metzler.

Grunwald, Armin. 2014. Technikfolgenabschätzung als „Assessment" von Debatten. *TATuP* 23 (2): 9–15.

Grunwald, Armin. 2018. Technikfolgenabschätzung und Demokratie. Notwendige oder kontingente Verbindung? *TATuP* 27 (1): 40–45.

Horkheimer, Max und T. W. Adorno. 1947. *Dialektik der Aufklärung. Philosophische Fragmente*. Querido: Amsterdam.

Hucho, Ferdinand. 2009. Probleme der Stammzellforschung. In *Auf dem Weg zur biomächtigen Gesellschaft? Chancen und Risiken der Gentechnik*, Hrsg. Achim Bühl, 241–272. Wiesbaden: Springer VS.

Hüsing, B., E.-M. Engels, R. Frietsch, S. Gaisser, K. Menrad, B. Rubin, L. Schubert, R. Schweizer und R. Zimmer. 2003. *Menschliche Stammzellen. Studie des Zentrums für Technikfolgenabschätzung*. Bern: TA-Swiss.

Kant, Immanuel. 1996 [1783]. Beantwortung der Frage: Was ist Aufklärung? In *Werkausgabe* Bd. 4, Hrsg. Wilhelm Weischedel, 51–61. Frankfurt am Main: Suhrkamp.

Könninger, S. und L. Marx-Stölting. 2018. Problemfelder und Indikatoren zur Stammzellforschung. In *Stammzellforschung. Aktuelle wissenschaftliche und gesellschaftliche Entwicklungen*, Hrsg. M. Zenke, L. Marx-Stölting und H. Schickl, 53–68. Baden-Baden: Nomos.

Kupferschmidt, Kai. 2010. Die Zelle fällt nicht weit vom Stamm. *ZEIT ONLINE*, https://www.zeit.de/wissen/2010-07/stamm-zellen-ips. Zugegriffen: 04. Februar 2019.**

Kupferschmidt, Kai. 2011. Krankheiten verstehen, Gendefekte reparieren, Wirkstoffe testen. *Tagesspiegel* 13, o. S.**

Leopoldina (Deutsche Akademie der Naturforscher Leopoldina). 2007. *Stellungnahme des Präsidiums der Deutschen Akademie für Naturforscher Leopoldina zur Stammzellforschung in Deutschland*. Halle (Saale).*

Leopoldina (Berlin-Brandenburgische Akademie der Wissenschaften / Deutsche Akademie der Naturforscher Leopoldina). 2009. *Neue Wege der Stammzellforschung. Reprogrammierung von differenzierten Körperzellen*. Berlin.*

Liebert, W. und J. Schmidt. 2018. Ambivalenzen im Kern der wissenschaftlich-technischen Dynamik. Ergänzende Anforderungen an eine Theorie der Technikfolgenabschätzung. *TATuP* 27 (1): 52–57.

Lüddemann, Dagny. 2010. Erster Mensch erhält embryonale Stammzellen. *ZEIT ONLINE*, https://www.zeit.de/wissen/gesundheit/2010-10/stammzellen-usa-behandlung. Zugegriffen: 04. Februar 2019.**

Luhmann, Niklas. 1983. *Legitimation durch Verfahren*. Frankfurt am Main: Suhrkamp.

Luhmann, Niklas. 1992. *Die Wissenschaft der Gesellschaft*. Frankfurt am Main: Suhrkamp.

Luhmann, Niklas. 1997. *Die Gesellschaft der Gesellschaft*. Frankfurt am Main: Suhrkamp.

Luhmann, Niklas. 2003. Sthenographie. In *Beobachter. Konvergenz der Erkenntnistheorien?*, Hrsg. ders., H. Maturana, M. Namiki, V. Redder und F. Varela, 119–135. München: Wilhelm Fink.

Luhmann, Niklas. 2006a. Das Moderne der modernen Gesellschaft. In *Beobachtungen der Moderne*, Hrsg. ders., 11–49. Wiesbaden: VS Verlag für Sozialwissenschaften.

Luhmann, Niklas. 2006b. Die Beschreibung der Zukunft. In *Beobachtungen der Moderne*, Hrsg. ders., 129–147. Wiesbaden: VS Verlag für Sozialwissenschaften.

Luhmann, Niklas. 2008. Allgemeine Systemtheorie. In *Einführung in die Systemtheorie*, Hrsg. Dirk Baecker, 41–194. Heidelberg: Carl-Auer.

Manzei, Alexandra. 2005. *Stammzellen aus Nabelschnurblut: ethische und gesellschaftliche Aspekte*. Berlin: Institut Mensch, Ethik und Wissenschaft.

Martinsen, Renate, Hrsg. 1997. *Politik und Biotechnologie. Die Zumutung der Zukunft*. Baden-Baden: Nomos.

Martinsen, Renate. 2004. *Staat und Gewissen im technischen Zeitalter. Prolegomena einer politologischen Aufklärung*. Weilerswist: Vellbrück Wissenschaft.

Martinsen, Renate. 2006. *Demokratie und Diskurs. Organisierte Kommunikationsprozesse in der Wissensgesellschaft.* Baden-Baden: Nomos.

Martinsen, Renate. 2007a. Politikberatung im Kontext der Global Governance-Diskussion: Regieren jenseits der Weltvernunftherrschaft. In *Zum Verhältnis Wissenschaft und Politik: Die neuen (I)nternationalen Beziehungen an der Schnittstelle eines alten Problems*, Hrsg. Gunther Hellmann, 81–116. Baden-Baden: Nomos.

Martinsen, Renate. 2007b. Gesellschaftsberatung als Chinese Whisper – zur Rolle von (medial vermittelter) Öffentlichkeit in Politikberatungsprozessen. In *Von der Politik- zur Gesellschaftsberatung. Neue Wege öffentlicher Konsultation*, Hrsg. Claus Leggewie, 51–69. Frankfurt am Main [u. a.]: Campus.

Martinsen, Renate. 2011. Der Mensch als sein eigenes Experiment? Bioethik im liberalen Staat als Herausforderung für die politische Theorie. In *Biopolitik im liberalen Staat*, Hrsg. C. Kauffmann und H.-J. Sigwart, 27–52. Baden-Baden: Nomos Verlagsgesellschaft.

Martinsen, Renate. 2014. Auf den Spuren des Konstruktivismus – Varianten konstruktivistischen Forschens und Implikationen für die Politikwissenschaft. In *Spurensuche: Konstruktivistische Theorien der Politik*, Hrsg. dies., 3–41. Wiesbaden: Springer VS.

Martinsen, Renate. 2016. Politische Legitimationsmechanismen in der Biomedizin. Diskursverfahren mit Ethikbezug als funktionale Legitimationsressource für die Biopolitik. In *Bioethik, Biorecht, Biopolitik: eine Kontextualisierung*, Hrsg. Marion Albers, 141–169. Baden-Baden: Nomos Verlagsgesellschaft.

Martinsen, R., H. Gerhards, F. Hoffmann und P. Roth. (i. E.). Paradoxe Zukünfte. Eine narratologisch-empirische Analyse des Diskurswandels von Moral zu Risiko in der Stammzellforschung und ihren Anwendungen in Deutschland. In *Chancen und Risiken der Stammzellforschung (Arbeitstitel)*, Hrsg. J. Opper, V. Rolfes und P. Roth.

Maturana, Humberto R. 1998. *Biologie der Realität.* Frankfurt am Main: Suhrkamp.

Moos, Thorsten. 2009. Einführung: Stammzellforschung in Europa. In *Stammzellforschung in Europa. Religiöse, ethische und rechtliche Probleme*, Hrsg. ders., J. C. Joerden und Ch. Wewetzer, 9–15. Frankfurt am Main [u. a.]: Peter Lang.

Müller, Albrecht. 2015. Themenbereich Stammzellen: Aktuelle Entwicklungen der Stammzellforschung in Deutschland. In *Dritter Gentechnologiebericht der Berlin-Brandenburgischen Akademie der Wissenschaften: Analyse einer Hochtechnologie*, Hrsg. B. Müller-Röber, N. Budisa, J. Diekämper, S. Domasch, B. Fehse, J. Hampel, F. Hucho, A. Hümpel, K. Köchy, L. Marx-Stölting, J. Reich, H.-J. Rheinberger, H.-H. Ropers, J. Taupitz, J. Walter und M. Zenke, 150–169. Baden-Baden: Nomos.

Nida-Rümelin, J. und J.Schulenburg. 2013. Risiko. In *Handbuch Techniketik*, Hrsg. Armin Grunwald, 18–22. Stuttgart [u. a.]: J. B. Metzler.

Nullmeier, Frank. 2007. Neue Konkurrenzen: Wissenschaft, Politikberatung und Medienöffentlichkeit. In *Von der Politik- zur Gesellschaftsberatung. Neue Wege öffentlicher Konsultation*, Hrsg. Claus Leggewie, 171–180. Frankfurt am Main [u. a.]: Campus.

o. A. 2008a. Stammzellen. Maßgeschneidertes Luftröhren-Implantat. *Süddeutsche Zeitung*, 19. November 2008.**

o. A. 2008b. Medizin-Sensation. Ärzte retten Patientin mit gezüchteter Luftröhre. *SPIEGEL ONLINE*, 19. November 2008.**

o. A. 2009. Auf dem Weg zur sicheren Stammzelle. *Süddeutsche Zeitung*, 2. März 2009**

o. A. 2013. Stammzellforscher züchten Erbsenhirne im Labor. *ZEIT ONLINE*, https://www.zeit.de/wissen/2013-08/hirnmodell-labor-stammzellen. Zugegriffen: 04. Februar 2019.**

Robey, Pamela Gehron. 2000. Stem cells near the century mark. *The Journal of Clinical Investigation* 105 (11): 1489–1491.

Rolfes, V., H. Gerhards, J. Opper, U. Bittner, P. H. Roth, H. Fangerau, U. M. Gassner und R. Martinsen. 2017. Diskurse über induzierte pluripotente Stammzellforschung und ihre Auswirkungen auf die Ge-

IX. Adulte Stammzellen im blinden Fleck des Diskurses

staltung sozialkompatibler Lösungen – eine interdisziplinäre Bestandsaufnahme. *Jahrbuch für Wissenschaft und Ethik* (JWE) 22 (1): 65–88.

Rolfes, V., U. Bittner und H. Fangerau. 2018. Die bioethische Debatte um Stammzellforschung: induzierte pluripotente Stammzellen zwischen Lösung und Problem? In *Stammzellforschung. Aktuelle wissenschaftliche und gesellschaftliche Entwicklungen*, Hrsg. M. Zenke, L. Marx-Stölting und H. Schickl, 153–177. Baden-Baden: Nomos.

Rousseau, Jean-Jaques. 2011 [1762]. *Vom Gesellschaftsvertrag oder Grundsätze des Staatsrechts*. Stuttgart: Reclam.

Schelp, Sarah. 2007. Herzenssache. *ZEIT ONLINE*, 09.03.2017.**

Schmidt, Wolf. 2008. Einlagerung von Nabelschnurblut. Ein kaltblütiges Geschäft. *taz*, 22.01.2008, http://www.taz.de/!5188091/. Zugegriffen: 09. Februar 2019.**

Schneider, Ingrid. 2014. Technikfolgenabschätzung und Politikberatung am Beispiel biomedizinischer Felder. *Aus Politik und Zeitgeschichte. Technik, Folgen, Abschätzung* 64: 6–7.

Stockrahm, Sven. 2010. Den USA fehlen klare Regeln für die Stammzellforschung. *ZEIT ONLINE*, https://www.zeit.de/wissen/2010-09/stammzellen-usa. Zugegriffen: 04. Februar 2019.**

Takahashi, K. und S. Yamanaka. 2006. Induction of Pluripotent Stem Cells from Mouse Embryonic and Adult Fibroblast Cultures by Defined Factors. *Cell* 126 (4): 663–676.

Teubner, Gunther. 1997. Im blinden Fleck der Systeme: Die Hybridisierung des Vertrages. *Soziale Systeme* 3: 313–326.

Thomson, J. A., J. Itskovitz-Eldor, S. S. Shapiro, M. A. Waknitz, J.J Swiergiel, V. S. Marshall und J. M. Jones. 1998. Embryonic Stem Cell Lines Derived from Human Blastocysts. *Science* 282 (5391): 1145–1147.

Torgersen, Helge. 2018. Die verborgene vierte Dimension. *TATuP* 27 (1): 21–27.

Weitzer, Georg. 2008. Medizinische Einsatzmöglichkeiten der Stammzelltherapie: Zukunftsvisionen und derzeitige Realität. In *Stammzellforschung: Ethische und rechtliche Aspekte*, Hrsg. U. Körtner und C. Kopetzki, 33–52. Wien: Springer.

Zenke, M., L. Marx-Stölting und H. Schickl. 2018. Aktuelle Entwicklungen der Stammzellforschung: eine Einführung. In *Stammzellforschung. Aktuelle wissenschaftliche und gesellschaftliche Entwicklungen*, Hrsg. dies., 35–52. Baden-Baden: Nomos.

X. Unverfügbarkeit als Problem politischer Regulierung

Silke Gülker

Abstract

Durch Stammzellforschung können Grenzen zwischen dem, was in einer Gesellschaft als unverfügbar und dem, was als verfügbar konstruiert wird, verändert werden. Politische Regulierung sorgt dafür, dass solche Grenzverschiebungen im Labor im Rahmen eines angenommenen gesellschaftlichen Konsenses bleiben. Allerdings thematisiert politische Regulierung insbesondere Fragen des moralischen Status von konkreten Entitäten und hat Probleme bei der Erfassung von abstrakten Prinzipien eines Weltganzen, die ebenfalls durch die Stammzellforschung in Frage gestellt werden können.

Diesen Zusammenhang entwickelt der Beitrag aus der Innensicht von Stammzellforschungslaboren. Empirische Grundlage sind zwei Fallstudien, eine durchgeführt in Deutschland und eine in den USA. Theoretisch knüpft der Beitrag an das Verständnis von Transzendenz bei Alfred Schütz und Thomas Luckmann an. Analysiert werden zwei Beispiele von Experimenten im Labor: Die Herstellung von Mensch-Tier-Mischwesen und eine damit verbundene potenzielle Infragestellung des unverfügbaren Prinzips einer Trennung von Mensch und Tier und die Reprogrammierung von adulten Zellen und eine damit verbundene potenzielle Infragestellung des unverfügbaren Prinzips von Zeit für Entwicklung. Im Ergebnis und in der Begrifflichkeit von Schütz und Luckmann wird gezeigt, wie politische Regulierung überwiegend mit Konstruktionen mittlerer Transzendenz und nicht mit Konstruktionen großer Transzendenz befasst ist.

a) Einleitung

Wissenschaft macht die Welt verfügbar – dieses gängige Narrativ findet gerade in der Stammzellforschung leicht immer neue Beispiele. Sei es die Forschung an embryonalen Stammzellen im Allgemeinen, die Herstellung von Mensch-Tier-Mischwesen oder gerade jüngst die Entwicklung so genannter Designer-Babies: Was gestern noch sowohl inhaltlich undenkbar als auch ethisch-moralisch unwünschbar war, ist heute schon irgendwo in der Welt Wirklichkeit geworden.

Offenbar unterscheiden sich also auch weltweit die Vorstellungen darüber, was machbar und wünschbar ist. Ausdruck finden solche Vorstellungen in politischen und rechtlichen Regulierungen, die international unterschiedlich konstruierte Grenzen zwischen Verfügbarem und Unverfügbarem vorübergehend auf Dauer stellen.[1] Die Forschungspraxis in einem Labor findet innerhalb dieser Grenzen statt – politische Regulierung sorgt dafür, dass die Weltsicht an einem Ort zu einer Zeit auch im Labor von Bedeutung bleibt und nicht etwa durch die Dynamik im Entdeckungs- und Entwicklungsprozess unterlaufen wird.

---

1 Für einen Überblick zur politischen Regulierung der Stammzellforschung in Deutschland und im internationalen Vergleich siehe z. B. Gerke/Taupitz (2018) und Nebel (2015).

X. Unverfügbarkeit als Problem politischer Regulierung

Politische und rechtliche Regulierung ist allerdings höchst voraussetzungsvoll – damit etwas geregelt werden kann, muss es erst einmal als Gegenstand thematisierbar sein. Diese banal erscheinende Selbstverständlichkeit beinhaltet zum einen eine zeitliche Problematik: Wenn etwas erst einmal thematisierbar ist, ist eine Entwicklung im Labor möglicherweise bereits so weit fortgeschritten, dass eine nachholende Regulierung beinahe zwangsläufig als Bremse im internationalen Forschungswettbewerb wahrgenommen wird.[2] Zum anderen ist mit dieser Voraussetzung der Thematisierbarkeit aber auch eine inhaltliche Problematik politischer Regulierung verbunden: Die Ergebnisse der Stammzellforschung haben das Potenzial, sehr grundlegende und auch sehr abstrakte Selbstverständlichkeiten in Bezug auf ein Weltganzes in Frage zu stellen. Eine politische Thematisierung auf diesem Abstraktionsniveau ist nicht ohne weiteres möglich.

Dieser Beitrag befasst sich mit der Bedeutung von politischer Regulierung aus der Innensicht eines Labors. Empirische Grundlage sind zwei ethnografische Laborstudien, eine davon in Deutschland und eine in den USA, die im Rahmen eines umfassenderen Projektes unter dem Titel „Transzendenz in der Wissenschaft" durchgeführt wurden.[3] Mit diesem Projekt wird eine Analyseperspektive vorgeschlagen, die zur Thematisierbarkeit von abstrakten Konzepten in Bezug auf ein Weltganzes beitragen kann. Aus wissenssoziologischer Perspektive nämlich lassen sich Grenzziehungen zwischen Unverfügbarem oder Transzendentem auf der einen Seite und Verfügbarem auf der anderen Seite als Konstruktionen gesellschaftlicher Wirklichkeit empirisch studieren.

Die Laborstudien in Deutschland und in den USA haben herausgestellt, wie sowohl am Forschungsprozess beteiligten Entitäten wie Mäusen und Zellen in der Interaktion im Labor eine Unverfügbarkeit zugeschrieben wird. Als auch wurde deutlich, dass es unverfügbare Konzepte zu einem Weltganzen gibt, die trotz Herausforderungen im Labor nicht in Frage gestellt werden.

Vor dem Hintergrund dieser Befunde fragt nun dieser Artikel spezifischer nach der Rolle von politischer Regulierung im Zusammenhang mit der Konstruktion von Transzendenz und Unverfügbarkeit. Deutlich wird, wie politische Regulierung auf konkrete auch physische Gegenstände bezogen bleibt und in Bezug auf abstrakte Konzepte an Grenzen stoßen muss. Um dies zu verdeutlichen, wird zunächst theoretisch nach-

---

[2] Siehe etwa die prominent gewordene Rede von Hubert Markl (2001), zu der Zeit Präsident der Max-Planck-Gesellschaft, in Erwiderung auf die Rede des damaligen Bundespräsidenten Johannes Rau. In der Technikfolgenabschätzung wird dieses Problem auch unter dem Titel „Collingbridge-Dilemma" verhandelt, benannt nach dem Autor des Werkes „The Social Control of Technology", David Collingbridge (1980).

[3] Das Projekt wurde finanziert durch die Deutsche Forschungsgemeinschaft. Innerhalb eines Erhebungszeitraumes von 2013 bis 2015 wurden jeweils viermonatige Arbeitsbeobachtungen und biographische Interviews mit insgesamt 38 Wissenschaftler/innen der Labore durchgeführt. Für eine ausführliche Darstellung der Idee und der Ergebnisse der Studien siehe Gülker (2009).

vollzogen, wie Transzendenz, Unverfügbarkeit und politische Regulierung im Zusammenhang gedacht werden können (Abschnitt 2). Sodann wird dieser Zusammenhang an zwei empirischen Beispielen illustriert – wobei zunächst mit der Herstellung von Mensch-Maus-Mischwesen ein konkreter Gegenstand von Unverfügbarkeit thematisiert wird (Abschnitt 3). Das Prinzip von Zeit für Entwicklung dagegen stellt einen sehr abstrakten Gegenstand dar (Abschnitt 4). Abschnitt 5 diskutiert schließlich die Konsequenzen aus diesen Analysen.

b) Transzendenz, Unverfügbarkeit und politische Regulierung

Der Begriff der Transzendenz im Zusammenhang mit Wissenschaft mag auf den ersten Blick überraschen oder gar befremden – klingt er doch nach Religion und Außerweltlichem und damit gerade nicht nach Wissenschaft. Tatsächlich beinhaltete dieser Begriff historisch aber stets eine sowohl erkenntnistheoretische als auch eine theologische Dimension. Das Wort entstammt dem Verb „transcendere" für „(hin-)übersteigen" zunächst über irgendeine Grenze. Die Vorsilbe „trans" lässt prinzipiell offen, ob es sich um ein Hinübersteigen handelt im Sinne eines Grenzübertritts, der auf der anderen Seite ankommt, oder aber um ein Übersteigen im Sinne des Erreichens einer anderen, höheren Ebene.[4]

Das heutige alltagssprachliche Verständnis von Transzendenz ist wesentlich durch die Religionsphilosophie und -soziologie geprägt und steht deshalb in unmittelbarem Zusammenhang mit einer Definition von Religion (vgl. Wendel 2010). Wenn für diesen Beitrag der Begriff der Transzendenz als Ausgangspunkt für eine Analyse wissenschaftlicher Arbeit gewählt wird, dann knüpft dies an Begriffstraditionen jenseits dieser theologischen und religionssoziologischen Perspektive an. Konkret orientiert sich die Analyse an einem Verständnis, wie es von Alfred Schütz und Thomas Luckmann (2017 [1979]: 587 ff.) entwickelt wurde. Der zentrale Ausgangspunkt der beiden Autoren ist die allgemeine Erfahrung – die Erfahrung in der alltäglichen Lebenswelt. Sie betonen, wie eine aktuelle Erfahrung immer zugleich auf etwas verweist, das in dieser Erfahrung zwar angezeigt, aber nicht gegenwärtig ist und unterscheiden dabei zwischen kleiner, mittlerer und großer Transzendenz.

---

4   Vgl. im Folgenden ausführlich Gülker (2019: 35–80). Die Geschichte des Begriffes kann hier nur angedeutet und in ihrer Komplexität nicht behandelt werden. Für eine Einführung zur Begriffsnutzung in Antike und Mittelalter vgl. Halfwassen (2004), zur Neuzeit Enders (2004). Einführungen zur Begriffsgeschichte finden sich außerdem in Lambrecht (2012) und Sirovátka 2012a). Für vertiefende Analysen zu unterschiedlichen philosophischen Aspekten des Begriffes siehe Sirovátka (2012b), Honnefelder und Schüßler (1992), Berg (2012).

X. Unverfügbarkeit als Problem politischer Regulierung

Im Falle der *kleinen Transzendenz* ist das aktuell nicht Erfahrbare schlicht durch raumzeitliche Grenzen aktuell unzugänglich. Es ist aber in der aktuellen Erfahrung angezeigt, weil es prinzipiell schon einmal genauso oder dem Typ nach erfahren wurde. Aktuell aber liegt es außerhalb der Reichweite von Erfahrung. Transzendenzen dieser Art werden selbstverständlich auch in einem Forschungslabor laufend wahrgenommen – diese Dimension wurde aber in der Analyse nicht weiter verfolgt.

Als *mittlere Transzendenz* beschreiben Schütz und Luckmann das, was jenseits einer Grenze zur anderen liegt. Wieder geht es um Erfahrung beziehungsweise um die Grenzen des Erfahrbaren: In der Begegnung mit anderen gehe ich davon aus, dass die andere mich im Großen und Ganzen so sieht, wie ich mich sehe, und doch weiß ich immer auch um die Grenzen dieser Annahme. In einem Forschungslabor stellt sich im Zusammenhang mit mittlerer Transzendenz die Frage, welchen Entitäten eine Transzendenz in diesem Sinne zugesprochen wird – im Rahmen der empirischen Analyse wurde dies für die Entitäten Mäuse und Zellen untersucht.

Große Transzendenz schließlich meint das, was der eigenen Erfahrung prinzipiell nicht zur Verfügung steht, weil es einer „anderen Wirklichkeit" angehört. Das zentrale Beispiel, an dem große Transzendenz erklärt wird, ist der Schlaf: Wenn ich schlafe, ist der Normalzustand der natürlichen und alltäglichen Einstellung unterbrochen – ich werde älter, ohne es bewusst wahrzunehmen, ich träume etwas, das ich nicht planen und nicht immer erinnern kann. Damit beschreiben die Autoren auch im Zusammenhang mit großer Transzendenz etwas anderes als das, was der religionssoziologische Diskurs unter Transzendenz versteht – und doch besteht eindeutig eine Nähe zu solchen Konzepten. Als prinzipielle Grenze zu einer anderen Wirklichkeit beschreiben nämlich Schütz und Luckmann die Grenze zum eigenen Tod. Den eigenen Tod hat noch niemand erfahren – und doch ist nichts so sicher wie die Tatsache, dass das Leben in den Tod führt. Das Wissen um den eigenen Tod, so die Autoren, kann in dem Moment, wo es unmittelbar bewusst wird, die Selbstverständlichkeiten in der natürlichen Einstellung der Lebenswelt durcheinander bringen – und damit die Sinnfrage im Leben virulent machen. Im Rahmen der Laborstudien wurden große Transzendenzen konzipiert und untersucht als grundlegende Konzepte von einem Weltganzen, die selbstverständlich und unhinterfragt als gegeben angenommen werden.

Die Grundidee der in diesem Artikel vorgestellten Analyseperspektive ist nun, dass Transzendenz zwar wie von Schütz und Luckmann beschrieben phänomenologisch ein Bestandteil jeder Erfahrung ist, dass aber die Grenzen zwischen dem, was erfahrbar und dem, was unerfahrbar bleibt, nicht substanziell gesetzt sind, sondern stets neu konstruiert werden. Und zur Beschreibung dieser Grenzkonstruktionen wurde der Begriff der Unverfügbarkeit eingeführt. Unverfügbarkeit betont gegenüber dem Begriff der Transzendenz die Perspektive eines handelnden Akteurs und nimmt damit gewissermaßen dem Akt einer Grenzverschiebung seine Neutralität.

Ein klassisches Beispiel für eine Grenzverschiebung zwischen Erfahrbarkeit und Nicht-Erfahrbarkeit oder (kleiner) Transzendenz ist die Erfindung des Mikroskops: Etwas, das bisher unsichtbar, nicht der sinnlichen Erfahrung zugänglich war, wird durch das Mikroskop sinnlich erfahrbar. Mit dieser Sichtbarmachung ist aber potenziell auch eine Veränderung verbunden, (nur) etwas, das gesehen werden kann, kann auch gezielt verändert werden.[5] Die Veränderung einer Grenze der Erfahrbarkeit schafft also neue Handlungsoptionen im Verhältnis zu einem Gegenüber. Dieser komplexe Prozess ist gemeint, wenn hier Grenzkonstruktionen zwischen Verfügbarkeit und Unverfügbarkeit thematisiert werden. Diese Grenzkonstruktionen haben einerseits mit technischer Machbarkeit und also der Frage zu tun, ob die Veränderung einer Grenze der Erfahrbarkeit für möglich gehalten wird. Sie haben gleichzeitig immer auch mit ethisch-moralischer Abwägung und damit der Frage zu tun, ob die Veränderung einer Grenze der Erfahrbarkeit mit der Konsequenz neuer Handlungsmöglichkeiten für gut gehalten wird.

Politische Regulierung sorgt dafür, dass bestimmte Grenzen der Verfügbarkeit bestehen bleiben, dass etwas Unverfügbares unverfügbar bleibt. Im Sinne der gesellschaftlichen Konstruktion von Wirklichkeit objektivieren Gesetze und andere Regelungsformen so eine spezifische Weltsicht und unterstreichen damit für alle an einer geteilten Lebenswelt Beteiligten deren Selbstverständlichkeit. Die Arbeit in Stammzellforschungslaboren ist somit immer eingebettet in die aktuelle gesellschaftliche Deutung dessen, was machbar und wünschbar ist. Für die Wissenschaftler/innen in einem Labor, so zeigt die empirische Beobachtung, erfüllt politische Regulierung damit auch eine wichtige Entlastungsfunktion – jedenfalls dann und insofern die in dieser Regulierung enthaltene Weltsicht mit der der Wissenschaftler/innen übereinstimmt (vgl. Gülker 2014).

Um überhaupt Eingang in den gesellschaftlichen Diskurs und dann auch in politische Regelungsformen zu finden, muss eine potenzielle Grenzverschiebung zwischen Verfügbarem und Unverfügbarem aber erst einmal thematisierbar sein. Solche potenziellen Grenzverschiebungen gerade im Zusammenhang mit dem, was hier als große Transzendenz konzipiert ist, also Konzepte von einem selbstverständlich gegebenen und unverfügbarem Weltganzen, sind aber nicht ohne weiteres thematisierbar.

Die Bedeutung politischer Regulierung bei der Grenzziehung zwischen Verfügbarkeit und Unverfügbarkeit wird im Folgenden an zwei Beispielen illustriert, die sich in der Abstraktion des Gegenstandes deutlich unterscheiden: 1) Die Herstellung von Mensch-Tier-Mischwesen und die damit verbundene potenzielle Infragestellung des Prinzips einer Trennung von Mensch und Tier und 2) die Reprogrammierung von adulten so-

---

5 Sichtbarmachen kann dabei auch bedeuten, etwas vorstellbar zu machen, etwa durch Modelle oder durch Entwicklung messbarer Indikatoren. Im Labor wird versucht, eine Repräsentation der Dinge und Prozesse zu finden, wie sie in der Welt außerhalb des Labors vorkommen (vgl. Hagner et al. 1997).

matischen Zellen und die damit verbundene potenzielle Infragestellungen des Prinzips von Zeit für Entwicklung.

c) Beispiel 1: Die Herstellung von Mensch-Maus-Mischwesen und das Prinzip der Trennung von Mensch und Tier

In der alltäglichen Lebenswelt gilt es als selbstverständlich und unhinterfragt gegeben, dass es einen prinzipiellen und für alle Menschen gleichermaßen gültigen Unterschied zwischen Mensch und Tier gibt[6]. Allgemein unhinterfragte Selbstverständlichkeit ist auch, dass „Tier" ein Oberbegriff für eine Vielzahl ganz unterschiedlicher – und unterscheidbarer – Arten ist. Ein kleines Kind lernt bereits den Unterschied zwischen einer Kuh und einem Pferd, einer Katze und einem Hund. Als selbstverständlich und unhinterfragt gegeben wird darüber hinaus auch eine unterschiedliche Wertigkeit von Arten angenommen. Die spezifische Rangfolge einer Hierarchie ist kontextspezifisch unterschiedlich, eine prinzipielle Unterscheidbarkeit von Arten wird aber übergreifend ebenso selbstverständlich als unverfügbar gegeben angenommen wie eine Sonderstellung des Menschen in einer Hierarchie der Arten.[7]

Die Trennung von Mensch und Tier gilt in der alltäglichen Lebenswelt außerhalb des Labors als unverfügbar – sie besteht unabhängig von menschlichem Einfluss und gehört zu den Gegebenheiten eines Weltganzen. Nur in einer „anderen Wirklichkeit" im Sinne einer großen Transzendenz ließe sich eine Auflösung dieser Trennung von Mensch und Tier vorstellen – ich kann davon träumen, ein Hund zu werden, in der alltäglichen Lebenswelt erfahren kann ich es nicht.

Diese Selbstverständlichkeiten können nun potenziell im Labor auf vielfältige Weise herausgefordert werden. Schließlich ist die Vorstellung von Arten in der alltäglichen Lebenswelt an deren körperlich erkennbare Grenzen gebunden – eine Maus ist eine Maus, weil sie so aussieht wie eine Entität, die ich in der alltäglichen Lebenswelt als Maus kennengelernt habe, weil sie so riecht und sich verhält wie eine Maus. In der Lebenswelt Labor aber werden Artengrenzen, -unterschiede und -vergleiche häufig gar nicht mit Bezug zu dieser körperlichen Entität, sondern mit Bezug auf Zellen thematisiert. Experimentiert wird vielfach zunächst an Mauszellen, weil die leichter verfügbar und leichter handhabbar sind und erst danach an menschlichen Zellen. Für manche Fragestellungen werden auch Experimente an Maus- und an menschlichen Zellen parallel durchgeführt.

---

6   Vgl. im Folgenden ausführlich: Gülker 2019: 185–220.
7   Als Argumente für eine besondere Behandlung der Menschen untereinander wird etwa eine besondere soziale Nähe oder auch ein Selbsterhaltungsinteresse der Menschen angesehen (Becker 1983). Dass darüber hinaus manchen Arten (etwa Insekten) weniger Schutzbedürftigkeit zugesprochen wird als anderen (zum Beispiel Hunden oder Katzen) wird mit unterschiedlichem Selbstbewusstsein (vgl. Birnbacher 2015) oder mit unterschiedlicher Leidensfähigkeit dieser Arten begründet (vgl. Donovan 2015).

Menschliche Zellen unterscheiden sich von Mauszellen in der Morphologie, in der Geschwindigkeit ihrer Differenzierung, in den Überlebensraten und in einigen Parametern, die mit speziellen Messtechniken von studierten Zellforscherinnen erkannt werden können. Für die Belange der Laborarbeit sind Mauszellen im Prinzip besser geeignet als menschliche Zellen. Für die Entität Zelle in ihrer aktuellen Form lässt sich also kaum ein Sonderstatus der menschlichen Zelle gegenüber der Mauszelle begründen – jedenfalls nicht einer, der mit den Eigenschaften der Entität zu erklären wäre.

Praktisch werden in einem Labor außerdem aktiv Grenzen von Arten in Frage gestellt, wenn Erbmaterial von einer Art in den Organismus einer anderen Art eingeführt wird. Solche Experimente werden seit Jahren durchgeführt – für die so genannte Onko-Maus werden etwa menschliche Brustkrebsgene in die DNA eines Mausembryos integriert (Stewart et al. 1984; Hanahan et al. 2007). Eine Onko-Maus besteht also zu einem zwar geringen aber doch zu einem gewissen Anteil aus menschlichen Genen. Die Arbeit mit so genannten transgenen Mäusen unterschiedlicher Art ist auch in dem untersuchten US-amerikanischen Labor Selbstverständlichkeit.

Erst in jüngerer Zeit, das heißt etwa ein bis zwei Jahre vor dem Untersuchungszeitraum, wurde in dem im Rahmen der Studie beobachteten US-amerikanischen Labor außerdem an der Herstellung von so genannten Mensch-Maus-Chimären gearbeitet. In diesen Experimenten werden menschliche embryonale Stammzellen in einen Mausembryo im frühen Entwicklungsstadium, also noch bei der Keimbahnentwicklung, injiziert. Von den injizierten Zellen wird prinzipiell das Potenzial angenommen, an der gesamten Genese des Mausembryos beteiligt zu sein, sodass potenziell alle Organe der Maus zu einem gewissen Anteil aus menschlichen Zellen bestehen würden. Ziel dieser Experimente ist ein verbessertes Verständnis von menschlichen Krankheiten: Injiziert werden etwa Zellen, die eine bestimmte krankheitsspezifische Mutation aufweisen und die Annahme ist, dass sich im lebenden Organismus Maus die Entwicklung dieser Zellen realitätsnäher nachbilden lässt als in der Petrischale oder über die erwähnten transgenen Mäuse.

Die Durchführung solcher Experimente war innerhalb des Labors umstritten – das wurde jedenfalls im Rahmen der Interviews erkennbar, laboröffentliche Kontroversen dazu wurden nicht beobachtet und nicht berichtet. Im Rahmen der Interviews aber wählten viele der Wissenschaftler/innen die Durchführung dieser Experimente als den selbstgesetzten ethischen Grenzfall, zu dem sie sich positionierten. Aus den Positionierungen der Wissenschaftler/innen wird nun erstens deutlich, wie sowohl Befürworter/innen als auch Gegner/innen der konkreten Experimente auf der Grundlage einer Unverfügbarkeit einer gegebenen Grenze zwischen Mensch und Tier argumentieren. Und zweitens zeigt sich, wie die Arbeit im Labor eingebettet ist in den öffentlichen und politischen Diskurs.

X. Unverfügbarkeit als Problem politischer Regulierung

Die Herstellung von Mensch-Tier-Mischwesen war auch zum Zeitpunkt der Beobachtung bereits Gegenstand von Beratungen in nationalen und internationalen Ethikräten und in vielen Ländern ist sie explizit verboten (Deutscher Ethikrat 2011; Munzer 2007). In den USA ist aufgrund der dortigen Rechtstradition in Bezug auf die Forschung insgesamt nur wenig gesetzlich geregelt. Gleichwohl ist aber die Förderung von Vorhaben mit öffentlichen Mitteln an Auflagen gebunden. Wer etwa Förderung bei den National Institutes of Health beantragt, muss die Regelungen des National Research Council einhalten, so auch das im Rahmen der Studie beobachtete, überwiegend öffentlich finanzierte Institut.

In Bezug auf Mensch-Tier-Mischwesen ist in diesen Richtlinien festgelegt, dass humane embryonale oder induzierte pluripotente Stammzellen nicht in Primaten injiziert werden dürfen (vgl. National Institutes of Health (NIH) 2009). Außerdem dürfen hergestellte Mensch-Tier-Mischwesen nicht gezüchtet werden. In aller Regel bedeutet dies, dass die Embryonen noch vor der Geburt getötet werden müssen.[8] Mit dieser Regelung werden also zwar Experimente erlaubt, die zur Herstellung von Mensch-Tier-Mischwesen im Labor geeignet sind. Gleichzeitig wird die Unverfügbarkeit der Trennung von Mensch und Tier ethisch-moralisch bestätigt: Durch das Züchtungsverbot soll dafür gesorgt werden, dass die Experimente in der Geschlossenheit des Labors bleiben, experimentiert werden darf mit jeweils einzelnen Entitäten, verhindert werden soll ein Eingriff in die Erbfolge, der die Unverfügbarkeit des Prinzips in der Welt auch außerhalb des Labors in Frage stellen würde.

Durch das Verbot einer Injektion von humanen embryonalen oder induzierten pluripotenten Stammzellen in nicht-menschliche Primaten soll gleichzeitig der Grad der Mischung von Mensch und Tier gering gehalten werden. Grundlage für diese Regelung ist die biologische Einschätzung, dass sich menschliche Zellen in nicht-menschlichen Primaten besser entwickeln können als in anderen Arten. Bei einer Integration ins Gehirn könnte dies auch zu Verhaltensänderung der Tiere beitragen – ein Aspekt, der beispielsweise für Mäuse aus biologischen Gründen für sehr unwahrscheinlich gehalten wird.

In den Positionierungen der Wissenschafter/innen wird nun deutlich, wie die eingebettet sind in den öffentlichen und politischen Diskurs zum Thema – und wie diese (fast) alle auf Grundlage einer Unverfügbarkeit der Grenze zwischen Mensch und Tier argumentieren. Einige wenige Beispiele seien hier vorgestellt.

Oscar[9] ist ein Post-Doktorand, der ein Projekt zur Herstellung von Mensch-Maus-Mischwesen leitet. Folgende kurze Gesprächssequenz mit ihm macht deutlich, dass für

---

8 In Ausnahmefällen und für bestimmte Zelltypen können die „Institutional Review Boards", dezentrale Genehmigungsgremien, die Geburt der veränderten Mäuse erlauben, die dann aber nach wenigen Tagen und ohne Fortpflanzung getötet werden müssen.
9 Alle Namen der beteiligten Wissenschaftler/innen wurden geändert.

ihn die Unverfügbarkeit einer Grenze von Mensch und Tier durch seine Experimente nicht in Frage gestellt sieht:

1 ?:   When you look at these mice, chimeric mice,
2   what do you see there?
3   So, can you describe?
4   It's mice? Or what is it?
5 O: It's a mice, it's a totally mice,
6   nothing besides mice.
7   For now, the level of contribution
8   that we can achieve is extremely low.
9   So, it's not that those mice
10   will develop some mutant characteristic.

(INT_USA_OSCAR: 873)

Die an Oscar gerichtete Frage thematisiert die sinnliche, nämlich optische Wahrnehmung der Entität nach einem Experiment zur Herstellung einer Mensch-Maus-Chimäre. Danach gefragt, was er sieht, wenn er auf diese Entität schaut, klingt seine Antwort bestimmt, in der dreifachen Betonung, dass es sich hier um eine Maus und um nichts anderes handelt, beinahe trotzig (Zeilen 5–6). In den beiden folgenden Sätzen begründet er diese Aussage dann damit, dass das „level of contribution" niedrig wäre und dass deshalb die Maus auch keine veränderten Charakteristika aufweisen würde. Die Entscheidung, um was es sich bei dieser Entität handelt, bezieht sich also einerseits ganz auf die äußere Erscheinung dieser Entität. Gleichzeitig nimmt Oscar hier das Thema in die Begründung auf, das auch im öffentlichen und politischen Diskurs entscheidend ist: Der „level of contribution" – die Integrationstiefe also der menschlichen Zellen in den Organismus der Maus.

Ganz ähnlich argumentiert auch Dave, ein Doktorand im Labor, der ebenfalls an Experimenten dieser Art arbeitet:

1 B: So what, I guess the first things is
2   what we want is
3   we want extremely low contribution.
4   So you just want, like,
5   one percent or two percent of the cells
6   and the tissues that contain human cells. You're never going to get
7   that high contribution,
8   because morphologically,
9   the animal will be mouse-like,
10   because you can't get, like,
11   a human baby growing in a mouse.

X. Unverfügbarkeit als Problem politischer Regulierung

12   It's not going to work.
13   So, yeah, I mean,
14   I don't have any concerns about it.
15   I just see it as a model to study.

(INT_USA_DAVE: 834)

Dave stellt hier die Unmöglichkeit einer weitgehenden Mischung von Maus und Mensch heraus. Dabei startet er allerdings mit dem eigenen Wunsch und Ziel, er macht deutlich, dass eben ein geringer Beitrag der menschlichen Zellen im Mausembryo gewollt ist (Z. 2–5). Ausgehend von diesem Wunsch beschreibt er dann im Folgenden, dass etwas anderes auch biologisch gar nicht denkbar wäre. In den letzten Zeilen geht Dave außerdem auf den Modellcharakter seiner Experimente ein und unterstreicht damit die angenommene Geschlossenheit des Labors: Die Experimente sind geeignet, hier etwas zu studieren, stellen aber eine unverfügbare Gegebenheit außerhalb des Labors nicht in Frage.

Dave und Oscar, beide Wissenschaftler, die maßgeblich an Experimenten zur Herstellung von Mensch-Tier-Mischwesen arbeiten, betonen also, dass durch diese Experimente eine unverfügbare Gegebenheit der Trennung von Mensch und Tier nicht in Frage gestellt würde. Mit der Betonung einer Geschlossenheit des Labors und dem niedrigen Grad an Integration von Zellen nehmen sie dabei Themen auf, die explizit auch im öffentlichen Diskurs betont sind. Dass alle Experimente, die im Labor durchgeführt werden, vorher einen Genehmigungsprozess durchlaufen haben, betonen die befragten Wissenschaftler/innen im Zusammenhang mit diversen potenziellen ethischen Konflikten – politische Regulierung kann für eine eigene Abwägung auch entlastend sein. Diesen expliziten Bezug im Zusammenhang mit der Herstellung von Mensch-Maus-Mischwesen stellt etwa Monica her, eine PostDoktorandin, die ebenfalls an den entsprechenden Experimenten beteiligt ist:

1 M: There are rules and regulations,
2   like we can't just put the human cells into
3   a mouse blastocyst, an embryo,
4   and let it just grow
5   and make like a human mouse
6   with a functional brain and everything.
7   Like you can't do that.
8   It's not allowed.
9   It's illegal.

(USA_Monica: 1018)

Gesetze und Verordnungen – so die Position von Monica – verhindern, dass die unverfügbar gegebene Trennung von Mensch und Tier in der Welt außerhalb des Labors in

241

Frage gestellt werden kann. Diese Unverfügbarkeit ist also Grundlage der Argumentation auch derjenigen, die die Experimente prinzipiell befürworten. Umso selbstverständlicher ist sie Grundlage derjenigen Labormitglieder, die diese Experimente ablehnen. Ohne dies im Einzelnen zu illustrieren, sei hier nur zusammengefasst, dass der wesentliche Unterschied in der Argumentation der Gegner/innen dieser Experimente in einer Bewertung der Grenze zwischen Labor und Welt liegt. Anders als Oscar, Dave und Monica beziehen sich die Gegner/innen nicht allein auf die Experimente in diesem konkreten Labor sondern fürchten im Sinne einer Dammbruch-Argumentation auf längere Sicht Auswirkungen über die Grenzen des Labors hinaus – und damit durchaus eine Infragestellung der aus ihrer Sicht ebenfalls ethisch-moralisch begründeten Unverfügbarkeit der Trennung von Mensch und Tier.

Die Gegner/innen, so ließe sich auch zusammenfassen, haben also weniger Vertrauen in den dauerhaften Schutz einer Unverfügbarkeit durch politische Regulierung. Prinzipiell kann dieses Beispiel aber zeigen, wie politische Regulierung dazu beiträgt, eine als unverfügbar konstruierte Gegebenheit des Weltganzen, nämlich die Trennung von Mensch und Tier, unverfügbar zu halten. Dabei kann sich allerdings in diesem Beispiel die Regulierung auf konkrete Entitäten beziehen – oder im Sinne von Schütz und Luckmann auf Konstruktionen mittlerer Transzendenz. Geregelt wird nicht ein abstraktes Prinzip, sondern der Umgang mit artenspezifischen Embryos. Dass die hier besprochenen Experimente in dem deutschen Labor nicht erlaubt wären, ergibt sich aus einer Kombination von Regelungen im Embryonenschutzgesetz und im Tierschutzgesetz. Die Stellungnahme des Deutschen Ethikrates befasst sich schwerpunktmäßig mit dem moralischen Status der Entitäten Mensch, Tier und Mensch-Tier-Mischwesen (vgl. Deutscher Ethikrat 2011). Das abstrakte Prinzip, das hier verhandelt wird, hat also einen konkreten Gegenstand – zumal einen Gegenstand, der in Welt der Fiktion vielfältig und in der Regel angstvoll gedacht wurde.

Bevor im nächsten Abschnitt ein Beispiel vorgestellt wird, bei dem der potenzielle Regelungsgegenstand weitaus schwieriger thematisierbar ist, sei abschließend darauf hingewiesen, dass die Unverfügbarkeit einer Trennung von Mensch und Tier nicht selbstverständlich für alle und überall gegeben sein muss. Tessa, eine wissenschaftliche Assistentin in dem US-amerikanischen Labor, ist in Indien aufgewachsen und hat nach eigener Beschreibung einen hinduistischen Hintergrund. Nach potenziellen ethischen Konflikten im Zusammenhang mit Mensch-Maus-Chimären gefragt, sagt sie:

1	T:	You know, I would be concerned
2		if the animal is going to suffer.
3		I would not want that.
4		If it is not going to have any kind of
5		suffering,
6		but it is just going to be making

7   like a fusion animal,
8   and the animal can still look healthy.
    I don't think it is wrong.

(USA_Tessa: 1186)

Tessa hat eine klare ethische Haltung im Zusammenhang mit diesen Experimenten. Ihr Prinzip richtet sich allerdings allein darauf, Leid von jedem Wesen fernzuhalten. Das Überschreiten einer Artengrenze ist für sie kein ethisches Problem, solange die Entität gesund bleiben kann. In anderem Zusammenhang hat Tessa auch ausgedrückt, wie sie davon ausgeht, dass jedes Wesen die Möglichkeit hat und haben soll, ein gutes Karma zu entwickeln.

Diese Aussage von Tessa sei hier abschließend angeführt, um deutlich zu machen, dass die Unverfügbarkeit einer Grenze von Mensch und Tier nicht substanziell selbstverständlich gegeben ist, sondern Ergebnis von gesellschaftlichen Konstruktionsprozessen in konkreten Kontexten ist. Politische Regulierung und öffentliche Debatten in den USA und auch in Deutschland stärken die Weltsicht einer Unverfügbarkeit der Trennung von Mensch und Tier – und sie objektivieren eine Grenze zwischen Verfügbarkeit und Unverfügbarkeit in Gesetzen und Verordnungen.

d) Beispiel 2: „Reprogrammierung" von adulten Zellen und das Prinzip von Zeit für Entwicklung

In der alltäglichen Lebenswelt außerhalb des Labors gilt es als selbstverständlich und unhinterfragt gegeben, dass biologische Entwicklung Zeit braucht.[10] Selbstverständlich dauert eine Schwangerschaft neun Monate, entwickeln sich Säuglinge zu Kleinkindern und erst im Laufe der Jahre zu Erwachsenen. Schütz und Luckmann (Schütz und Luckmann 2017 [1979]) beschreiben in dem Zusammenhang, wie die lebensweltliche Zeit nicht allein von subjektiven Entwürfen sondern von anderen „bestimmende[n] Faktoren" (ebd.: 84) abhängig ist. Sie fassen solche bestimmenden Faktoren als „Weltzeit" zusammen, die etwa durch Rhythmik des Körpers, biologische Abläufe, Jahreszeiten bestimmt ist. Weil diese Weltzeit nicht gleichzeitig mit den subjektiven Entwürfen verläuft, zwingt sie zum Warten. „Die schwangere Frau muß warten, bis sie das Kind austrägt. Der Bauer muß warten, bis die richtige Zeit für die Saat für die Ernte kommt. Im Warten begegnen wir einer uns auferlegten Zeitstruktur" (ebd.). Die Weltzeit ist von der eigenen subjektiven Erfahrung unabhängig, im Prinzip immer da – es wird Winter oder Sommer, unabhängig davon, ob ich das eine oder das andere herbeisehne. In diesem Sinne ist die Weltzeit Teil der eigenen Erfahrung, sie kreuzt die eigenen Pläne, ist aber an sich transzendent, unverfügbar.

10 Vgl. im Folgenden ausführlich Gülker 2019: 220–243.

Unverfügbar ist auch die zeitliche Richtung von Entwicklung – ich bin selbstverständlich zuerst Kind und erst später Erwachsene. Einmal erwachsen, kann ich nicht später wieder Kind werden. Eine zeitliche Umkehrung von Entwicklung in diesem Sinne ließe sich wiederum nur in einer „anderen Wirklichkeit" denken, erfahrbar in der alltäglichen Lebenswelt ist sie nicht.

Dieses Prinzip von Zeit für Entwicklung kann nun ebenfalls potenziell in einem Labor für Stammzellforschung in Frage gestellt werden. Von besonderer Bedeutung in dem Zusammenhang ist die seit einigen Jahren etablierte Technologie zur so genannten Reprogrammierung adulter somatischer Zellen in pluripotente Stammzellen. Diese Technologie gilt als eine Revolution in der Stammzellforschung (Scudellari 2016). Und gerade in Bezug auf die (Un-)Verfügbarkeit von Zeit für Entwicklung ist dieses Verfahren geeignet, selbstverständlich angenommene Gegebenheiten fundamental in Frage zu stellen.

Das Prinzip des „Reprogrammierens" sei hier in den Worten von Anthony, einem Wissenschaftler aus dem US-amerikanischen Labor, beschrieben, der mit der Darstellung seiner Begeisterung für diese Entdeckung startet, um seine eigene Arbeit zu beschreiben:

1	A:	So they found,
2		and this no one believed it could be,
3		could happen before.
4		And if you take adult cells,
5		you know,
6		you can take skin cells from an adult person,
7		they can put them back,
8		and rewire the entire genome,
9		and they become like embryonic stem cells.
10		Now embryonic stem cells
11		can differentiate to everything right?
12		they can generate the entire body.
13		So they showed that when they take cells from: (unverständlich 1)
14		tail
15		of a mouse,
16		they can actually clone it.
17		And to generate an entire mouse out of it
18		which is really crazy
19		because no one thought
20		it would be so easy to do it
21		only by introducing four genes.

(INT_USA_ANTHONY: 40)

X. Unverfügbarkeit als Problem politischer Regulierung

Das Zitat wird hier beispielhaft aufgeführt, um das Revolutionsartige dieser Entdeckung zu verdeutlichen, wie es auch in der Wissenschaftsgemeinschaft wahrgenommen wurde. „They found" – Anthony spricht hier von den japanischen Stammzellforschern Shinya Yamanaka und Kazutoshi Takahashi, die diese Entdeckung im Jahre 2006 gemacht haben (Takahashi und Yamanaka 2006), wofür Yamanaka auch im Jahre 2012 mit dem Nobelpreis für Medizin ausgezeichnet wurde. Die zentrale Entdeckung ist: "if you take adult cells, you know, you can take skin cells from an adult person, they can put them back, and rewire the entire genome, and they become like embryonic stem cells." (Z.4–8) Dies ist der Kern: Bisher war man davon ausgegangen, dass aus Zellen, die einmal in spezifische Zellen differenziert waren, aus Zellteilungen immer nur ebenfalls spezifische Zellen hervorgehen konnten. Mit diesem Verfahren werden nun adulte, also bereits differenzierte Zellen so verändert, dass sie „like embryonic stem cells" werden mit der zentralen Eigenschaft, pluripotent zu sein – sich also in alle Zelltypen differenzieren zu können.

Anthony übertreibt nicht mit seiner Beschreibung, dass „no one believed it could be, could happen before" (Z.2–3). Vielmehr entspricht dies der allgemeinen Rezeption dieser Entdeckung in der Wissenschaftsgemeinschaft (Carey 2012; Scudellari 2016). Zwar hatten mehrere Labore an dieser Frage gearbeitet – dass ein solches Verfahren prinzipiell möglich sein könnte, muss also bereits breit vorstellbar gewesen sein. Besonders überraschend war aber in der allgemeinen Wahrnehmung, wie einfach dieser Prozess herzustellen ist. So drückt es auch Anthony am Ende seiner Beschreibung aus: "because no one thought – it would be so easy to do it- only by introducing four genes." (Z.19–21)

Bemerkenswert ist im Zusammenhang dieses Beitrages aber vor allem die Zeitperspektive, die mit Anthonys Beschreibung verbunden ist: „they can put them back, and rewire the entire genome" (Z.7–8). Dies ist die Idee, die stets mit der Beschreibung dieses Vorgangs assoziiert ist: Entwicklung wird zurückgedreht. Tatsächlich ist dieser Prozess in allen Begrifflichkeiten so sehr zeitlich gerahmt, dass eine Beschreibung ohne diese Zeitlichkeit schwerfällt. Schon der Begriff „Reprogrammierung" enthält das „zurück" von etwas: Die adulte Zelle – ein weiterer Begriff, der einen (späten) Zeitpunkt in der Entwicklung ausdrückt – wird „zurück" programmiert zu einer embryonalen Zelle – wiederum ein Begriff, der einen (frühen) Zeitpunkt in der Entwicklung ausdrückt. Diese zeitliche Perspektive ist also keineswegs eine Besonderheit in Anthonys Formulierungen, vielmehr wird sie hergestellt, wo immer von diesem Verfahren die Rede ist. So wird die Reprogrammierung vielfach auch als „Zurückdrehen der Uhr" beschrieben, in einem Film beispielsweise auf der Seite der Initiative EuroStemCell wird die Erklärung des biologischen Vorgangs immer wieder von einem Bild mit einer Uhr, deren Zeiger sich rückwärts drehen, unterbrochen.[11]

---

11   Siehe http://www.eurostemcell.org/de/stammzellen-die-zukunft-eine-einfuehrung-zum-thema-ips-zellen (Letzter Zugriff: 16.8.2017).

Mit diesem Verfahren zur „Reprogrammierung" von Zellen ist ein bedeutender Versuch verbunden, Zeit für Entwicklung verfügbar zu machen. Galt bislang Entwicklung als linearer zeitlicher Prozess, so ist mit diesem Verfahren die Vorstellung verbunden, diesen zwangsläufigen zeitlichen Verlauf durchbrechen und umdrehen zu können. Tatsächlich sind mit dieser Technik weitreichende Anwendungsideen verbunden (Scudellari 2016). Die grundlegende Idee ist, mithilfe patientenspezifischer Zellen „Krankes" durch „Gesundes" zu ersetzen – und so eine „kranke" Entwicklung rückgängig zu machen.

Diese Idee drückt beispielsweise auch Lyonel aus, wenn er sagt:

1 B:	So imagine what you could do if you had the ability
2	not just to put bone marrow
3	and then replace those macrophages
4	but from those patient derived
5	skin derived
6	cells
7	actually make neurons
8	actually make the insulating sheath
9	and actually walk back
10	repair things

(INT_USA_LYONEL: 303)

Das Zitat macht deutlich, wie sehr diese Technik des „Reprogrammierens" sich nicht allein auf laborimmanente Prozesse bezieht, sondern wie die Verfügbarmachung von Zeit für Entwicklung in der Welt außerhalb des Labors Großes damit verbunden wird. „imagine what you could do if you had the ability" (Z. 1–2) – der Anfang des Zitats erinnert an eine Aufforderung zum grenzenlosen Phantasieren, was alles möglich wäre, wenn. Dieser Science-Fiction-ähnliche Stil wird einerseits durch die Aufforderung in der 2. Person Singular und auch durch die Wortwahl „Fähigkeit" (ability) unterstützt – es geht nicht allein darum, etwas Bestimmtes tun zu können, sondern viel umfassender darum, eine Fähigkeit zu besitzen.

Lyonel beschreibt dann, um welche Fähigkeit es genau geht, was zunächst nach doch recht konkreten und technischen Schritten in der Behandlung von Patienten klingt, auch wenn diese Techniken bislang nicht etabliert sind. Die Größe seiner Zukunftsidee wird dann aber in den letzten zusammenfassenden Ausdrücken deutlich, nämlich hier geht es ihm um: „and actually walk back repair things" (Z.9–10) – die „Reprogrammierung" von Zellen dreht die Entwicklung in der Welt zurück und korrigiert sie.

Der Science-Fiction ähnliche Stil, mit dem Lyonel über diese Idee spricht, macht zugleich aber auch auf die Unsicherheiten aufmerksam, die mit der Anwendung dieser

Technik verbunden sind. Unsicherheiten bestehen in vielerlei Hinsicht, wie auch in der Literatur stets betont wird. (vgl. Rolfes et al. 2017) Die zentrale Frage ist, inwiefern iPS-Zellen wissenschaftliche Artefakte darstellen, oder inwiefern sie sich in der Welt außerhalb des Labors anders verhalten als innerhalb. Diese Frage entscheidet dann schließlich darüber, ob diese Zellen überhaupt für Stammzelltherapien eingesetzt werden können.

Es bestehen also erhebliche Unsicherheiten in Bezug darauf, ob eine Verfügbarmachung von Zeit für Entwicklung machbar ist. Die Wünschbarkeit dieser Verfügbarmachung steht allerdings weit weniger in Frage als etwa in Bezug auf oben besprochenes Prinzip einer Trennung von Mensch und Tier. Dies macht auch die Aussage von Fabiane deutlich – eine deutschsprachige Wissenschaftlerin im amerikanischen Labor, die an Projekten zum „disease modeling" arbeitet. Die Modellierung von Krankheiten ist ein wichtiges Anwendungsfeld der Reprogrammierungstechnologie. Als Fernziel ihrer Forschung beschreibt Fabiane die Möglichkeit, einmal vollständige patientenspezifische Organe im Labor herstellen zu können, Entwicklung also im Labor zu doppeln. Einschränkend zu dieser Idee sagt sie:

```
1       wobei die noch wirklich
2 ?:    weit weg.
3 F:    weit weg ist.
4       also das wäre ideal irgendwann,
5       aber das dauert bestimmt noch ein paar
6       Jahrzehnte bis das mal wirklich sicher
7       machbar ist.
8       wenn überhaupt.
```

(INT_USA_FABIANE: 246)

Ähnlich wie Lyonel, so spricht – in anderem Stil aber mit vergleichbarer Aussage – auch Fabiane hier über etwas, das in weiter zukünftiger Ferne liegt und das, wie Fabiane es ausdrückt, unsicher ist, ob es überhaupt jemals eintreten wird. Die Unsicherheit bezieht sich aber allein auf Machbarkeiten, denn wie Lyonel so stellt auch Fabiane das Prinzip an sich, die Entwicklung in der Welt zurückzudrehen und zu reparieren als „ideal" heraus. Dieses Prinzip gibt also bei aller Unsicherheit die Orientierung. Anders als im Falle der Herstellung von Mensch-Tier-Mischwesen ergibt sich hier für die Wissenschaftler/innen keine Notwendigkeit – sei es aus eigener Überzeugung oder in Antizipation angenommener Erwartung des Gegenübers und der Öffentlichkeit – ein moralisch-ethisches Problem zu thematisieren.

Dieser unterschiedliche Problematisierungsgrad entspricht dem öffentlichen Diskurs und der politischen Regulierung. Denn politische Regulierung fokussiert auf konkrete Entitäten und deren moralischen Status. Im Zusammenhang mit der Trennung von

Mensch und Tier lässt sich eine konkrete Entität vorstellen, deren Entstehung ungewollt ist. Die Entwicklung von iPS-Zellen dagegen wurde über Jahre gerade als Ausweg aus ethischen Dilemmata gefeiert (z. B. BBAW 2009). Der moralische Status dieser Entität wird weithin als unproblematisch eingeschätzt – ein Umstand, der zu der Frage führt, ob die Forschung an diesen Entitäten in Deutschland in einem „rechtfreien Raum" stattfindet (Rolfes et al. 2017: 76).

Die uneingeschränkte Euphorie im Zusammenhang mit der iPS-Zellforschung hat inzwischen jedenfalls im öffentlichen Diskurs Bedenken unterschiedlicher Art Platz gemacht. Die Bedenken beziehen sich auf potenzielle künftige Anwendungsmöglichkeiten – so beispielsweise auf die Vorstellung, dass menschliche Organe in Tieren entwickelt werden könnten. Insbesondere im US-amerikanischen Diskurs sind darüber hinaus ethische Bedenken im Zusammenhang mit den Verfahren der Zellgewinnung von Bedeutung, Möglichkeiten des „informed consens" und Eigentumsrechte werden problematisiert (vgl. Watt und Kobayashi 2010). Am Ende bleibt damit aber der Diskurs weiterhin bezogen auf konkrete Gegenstände, auf die Entität der Zelle, wiederum auf Mensch-Tier-Mischwesen oder auf Patient/innen und ihre Rechte. Dass mit dieser Forschung ein ansonsten selbstverständlich als unverfügbar angenommenes Prinzip eines Weltganzen, nämlich das Prinzip von Zeit für Entwicklung, potenziell in Frage gestellt werden könnte, steht als solches nicht zur Debatte.

Diese potenzielle Infragestellung des Prinzips von Zeit für Entwicklung erscheint als Zukunftsmusik – so wie die meisten Anwendungen der iPS-Zellforschung. Blickt man auf manche Veröffentlichungen im Umfeld des Silicon Valley, dann wird allerdings deutlich, wie diese Infragestellung nicht allein eine subtile Nebenfolge auf dem Weg der Heilung von Krankheiten sein kann, sondern wie die Verfügbarmachung von Zeit für Entwicklung explizit verfolgt wird. Aktuell werden hier Ideen zur Verjüngung von Menschen zunehmend populär und durch die Reprogrammierungstechnik auch für realisierbar gehalten (Laube 2017; Armbruster 2017). Utopien von der ewigen Jugend und von Unsterblichkeit hat es immer gegeben (Dickel 2011) – sie werden aktuell allerdings mit enormem Ressourcenaufwand in Forschungsprojekte umgesetzt.

Eine Debatte zum ethisch-moralischen Wert einer Unverfügbarkeit dieses abstrakten Prinzips von Zeit für Entwicklung scheint daher durchaus geboten. Nötig dafür ist aber eine grundlegende Perspektiverweiterung von ethischen Diskursen über die Fokussierung auf Entitäten und deren moralischen Status hinaus – oder, um es in der hier vorgeschlagenen Begrifflichkeit auszudrücken: Nötig ist eine Thematisierung nicht nur von Konstruktionen mittlerer, sondern auch von großer Transzendenz.

e) Ausblick

Stammzellforschung hat das Potenzial, Grenzen zwischen Verfügbarem und Unverfügbarem zu verschieben – sie macht etwas erfahrbar, das vorher transzendent, also jenseits von Erfahrbarkeit war und sie schafft damit Veränderungsoptionen. Mit den Technologien dieser Forschung werden einerseits Entitäten verändert und potenziell neu geschaffen. Andererseits werden potenziell auch grundlegende Konzepte von einem Weltganzen veränderbar, die vorher als unverfügbar gegeben angenommen wurden.

Praktisch realisiert werden Grenzverschiebungen dieser Art im Labor, aber die Arbeit im Labor ist doch nicht grenzenlos. Sie stößt einerseits an (immer neue) Grenzen der Machbarkeit – und sie ist eingebettet in Diskurse von ethisch-moralischer Wünschbarkeit, die sich in Form von Regulierungen als Grenzen der Arbeit im Labor objektivieren.

Im Rahmen dieses Beitrags wurden beispielhaft zwei Prinzipien beschrieben, deren ansonsten selbstverständliche Unverfügbarkeit in Laboren der Stammzellforschung potenziell in Frage gestellt werden können: Das Prinzip einer Trennung von Mensch und Tier und das Prinzip von Entwicklung in der Zeit. Für beide Themen wurde deutlich, wie die Positionierungen der Wissenschaftler/innen im Labor den ethischen und politischen Diskurs außerhalb des Labors antizipieren – Befürworter/innen und Gegner/innen von Experimenten zur Herstellung von Mensch-Tier-Chimären argumentieren gleichermaßen auf der Grundlage einer Unverfügbarkeit der Trennung von Mensch und Tier, wie es auch den Prinzipien der politischen Regulierung entspricht. Eine potenzielle Verfügbarmachung von Zeit für Entwicklung durch die Technologie der Reprogrammierung dagegen wird durchweg gar nicht thematisiert. Dies entspricht ebenfalls dem öffentlichen und politischen Diskurs rund um diese Technologie, der weit überwiegend auf konkrete Entitäten und Verfahrensfragen Bezug nimmt, ohne danach zu fragen, welche abstrakteren Prinzipien möglicherweise hier auch auf dem Spiel stehen könnten.

Was hier eher illustrativ an zwei Einzelbeispielen vorgeführt wurde, erscheint doch symptomatisch für generelle Problematiken politischer Regulierung. Diese Problematiken sind auch nicht unbekannt oder überraschend, aber sie erfordern doch immer neue und angesichts des längst erreichten Internationalisierungsgrades der Forschung vermehrte Aufmerksamkeit. Die Frage ist, wie es möglich sein kann, sich über abstrakte Prinzipien jenseits des moralischen Status von konkreten Entitäten und angesichts ungewisser Zukünfte ethisch-moralisch und schließlich politisch zu verständigen.

Dieser Beitrag schlägt in dem Zusammenhang zunächst und vor allem eine sozialwissenschaftliche Analyseperspektive vor. Kulturvergleichende Studien zur Konstruktion von Grenzen zwischen Verfügbarkeit und Unverfügbarkeit können erkennbar machen, was möglicherweise prinzipiell auf dem Spiel steht und erlauben damit jedenfalls genauere Ansichten zu den ethisch-moralischen Grundlagen von Gesellschaften als beispielsweise Gegenüberstellungen von unterschiedlichen institutionalisierten Religionen und damit verbundene Annahmen über ethische Positionen.

Politisch-praktisch weist diese Analyse einmal mehr darauf hin, dass jeder Versuch einer Demokratisierung der Stammzellwissenschaften die Mühen wert ist. Nötig sind Verfahren, die es erlauben, auch grundlegende Prinzipien eines Weltganzen zu thematisieren. Darüber hinaus hat die in diesem Beitrag in Ausschnitten vorgestellte empirische Arbeit deutlich gemacht, wie wenig nach wie vor eine ethische Reflexion der eigenen Arbeit in der Stammzellforschung institutionell vorgesehen ist. Das bedeutet nicht, dass sich die Forscher/innen nicht intensiv mit ethischen Fragen beschäftigen würden – sie tun dies aber explizit individuell für sich, eine Metakommunikation im Laborkontext ist eindeutig nicht vorgesehen, das gilt für das Labor in den USA ebenso wie für das in Deutschland.

Verfahren zur Demokratisierung der Stammzellforschung können einen Diskurs über abstrakte Prinzipien eines Weltganzen und deren Unverfügbarkeit besonders dann wirkungsvoll befördern, wenn sie zwischen Öffentlichkeit und Labor keine Grenze zieht, sondern Fachwelt und Publikum gleichermaßen einbeziehen können.

Literaturverzeichnis

Armbruster, Alexander. 2017. Wie das Silicon Valley das Sterben abschaffen will. *Frankfurter Allgemeine Zeitung*, 24.08.2017.

BBAW, Berlin Brandenburgische Akademie der Wissenschaften. 2009. *Neue Wege der Stammzellforschung. Reprogrammierung von differenzierten Körperzellen*. Berlin: BBAW.

Becker, Lawrence C. 1983. The Priority of Human Interests. In *Ethics and animals*, Hrsg. H. B. Miller und W. Williams, 225–238. Heidelberg: Springer.

Birnbacher, Dieter. 2015. Lässt sich die Tötung von Tieren rechtfertigen? In *Texte zur Tierethik*, Hrsg. Ursula Wolf, 212–231. Stuttgart: Reclam.

Carey, Nessa. 2012. *The epigenetics revolution*. New York: Columbia University Press.

Collingridge, David. 1980. *The Social Control of Technology*. London: Pinter.

Deutscher Ethikrat. 2011. *Mensch-Tier-Mischwesen in der Forschung. Stellungnahme*. http://www.ethikrat.org/dateien/pdf/stellungnahme-mensch-tier-mischwesen-in-der-forschung.pdf. Zugegriffen 24. März 2016.

Dickel, Sascha. 2011. *Enhancement-Utopien. Soziologische Analysen zur Konstruktion des Neuen Menschen*. Baden-Baden: Nomos.

Donovan, Josephine (2015): Aufmerksamkeit für das Leiden. Mitgefühl als Grundlage der moralischen Behandlung von Tieren. In *Texte zur Tierethik*, Hrsg. Ursula Wolf, 105–120. Stuttgart: Reclam.

Gerke, S. und J. Taupitz. 2018. Rechtliche Aspekte der Stammzellforschung in Deutschland: Grenzen und Möglichkeiten der Forschung mit humanen embryonalen Stammzellen (hES-Zellen) und mit humanen induzierten pluripotenten Stammzellen (hiPS-Zellen). In *Stammzellforschung. Aktuelle wissenschaftliche und gesellschaftliche Entwicklungen*, Hrsg. M. Zenke, L. Marx-Stölting und H. Schickl, 209–237. Baden-Baden: Nomos

X. Unverfügbarkeit als Problem politischer Regulierung

Gülker, Silke (2019): *Transzendenz in der Wissenschaft. Studien in der Stammzellforschung in Deutschland und in den USA.* Würzburg: Ergon.

Gülker, Silke (2014): Neues in Grenzen: Stammzellforschende fühlen sich durch Regulierung entlastet. *WZB-Mitteilungen* 145: 32–34.

Hagner, M., H.-J., Rheinberger, B. Wahring-Schmidt, (Hrsg.). 1997. *Raume des Wissens. Reprasentation, Codierung, Spur.* Berlin: Akademie Verlag

Hanahan, D., E. Wagner, R. D. Palmiter. 2007. The origins of oncomice: a history of the first transgenic mice genetically engineered to develop cancer. *Genes & Development* 21: S. 2258–2270.

Laube, Helene. 2017. Von Menschen und Mäusen. *Spiegel Wissen* (3): 27–34.

Markl, Hubert. 2001. *Freiheit, Verantwortung, Menschenwürde: Warum Lebenswissenschaften mehr sind als Biologie.* Jahrbuch 2001, Hrsg. Max-Planck-Gesellschaft, 11–26. Göttingen.

Munzer, Stephen R. 2007. Human-NonHuman Chimeras in Embryonic Stem Cell Research. *Harvard Journal of Law & Technology* 21 (1): 123–178.

National Institutes of Health (NIH) (2009): National Institutes of Health Guidelines on Human Stem Cell Research. http://stemcells.nih.gov/policy/pages/2009guidelines.aspx. Zugegriffen 2. Januar 2015.

Nebel, Kerstin. 2015. Embryonale Stammzellforschung: Schneller Kompromiss trotz starker Polarisierung. In *Moralpolitik in Deutschland. Staatliche Regulierung gesellschaftlicher Wertekonflikte im historischen und internationalen Vergleich*, Hrsg. C. Knill, S. Heichel, C. Preidel und K. Nebel, 89–106. Wiesbaden: Springer VS.

Rolfes, V., H. Gerhards, J. Opper, U. Bittner, P. H. Roth, H. Fangerau, U. M. Gassner und R. Martinsen. 2017. Diskurse über induzierte pluripotente Stammzellforschung und ihre Auswirkungen auf die Gestaltung sozialkompatibler Lösungen – eine interdisziplinäre Bestandsaufnahme. *Jahrbuch für Wissenschaft und Ethik* (JWE) 22 (1): 65–88.

Schütz, Alfred und T. Luckmann 2017 [1979]. *Strukturen der Lebenswelt.* Konstanz: UVK.

Scudellari, M. 2016. How iPS cells changed the world. *Nature* 534: 310–312.

Stewart, T. A.; P. K Pattengale, P. Leder. 1984. Spontaneous mammary adenocarcinomas in transgenic mice that carry and express MTV/myc fusion genes. *Cell* 38: 627–637.

Takahashi, Kazutoshi; Yamanaka, Shinya (2006): Induction of pluripotent stem cells from mouse embryonic and adult fibroblast cultures by defined factors. *Cell* 126 (4), S. 663–676.

Watt, J. C., und N. R. Kobayashi, 2010. The Bioethics of Human Pluripotent Stem Cells: Will Induced Pluripotent Stem Cells End the Debate? *The Open Stem Cell Journal* 2: 18–24. Online verfügbar unter http://benthamopen.com/ABSTRACT/TOSCJ-2-18.

Wendel, Saskia. 2010. *Religionsphilosophie.* Stuttgart: Reclam.

Rechtswissenschaftliche Analysen
—

XI. Zur Zulässigkeit therapeutischen Klonens mittels Zellkerntransfer

Ulrich M. Gassner, Janet Opper

Abstract

Fast kein juristischer Diskurs über biomedizinische Fragen kommt ohne Auseinandersetzung mit dem verfassungsrechtlichen Status des Embryos aus. Dies gilt auch für das therapeutische Klonen mittels Zellkerntransfer. Im Fokus steht die Frage, ob es zulässig ist, hierfür einen Embryo zu schaffen und in seinem Frühstadium zur Gewinnung embryonaler Stammzellen zu zerstören. In dem Bohei um die moralische und rechtliche Schutzbedürftigkeit des Embryos bleibt vielfach unbeachtet, dass das geltende Recht in Gestalt des ESchG, des StZG und des AMG das therapeutische Klonen im Wege des Zellkerntransfers gestattet. Das Klonverbot des § 6 ESchG umfasst das Zellkerntransferverfahren schon deshalb nicht, weil Art. 103 Abs. 2 GG eine erweiternde Auslegung dieses Straftatbestands verbietet. Das ESchG erfasst nur natürlich entstandene Entitäten, die aus einer Verschmelzung von Ei- und Samenzellen entstanden sind. Deshalb steht auch das Verbot der missbräuchlichen Verwendung von Embryonen in § 2 ESchG dem Zellkerntransfer nicht entgegen. Das StZG ist hingegen bereits in seinem Anwendungsbereich auf die Verwendung von aus dem Ausland importierten Stammzellen beschränkt, lässt also im Umkehrschluss die Verwendung von in Deutschland in Einklang mit dem ESchG aus einem Zellkerntransferverfahren gewonnenen Stammzellen zu. Auch aus dem AMG ergeben sich keine Restriktionen. Schließlich fordert das Verfassungsrecht keine Verschärfung der derzeit bestehenden Rechtslage. Denn den durch therapeutisches Klonen erzeugten Embryonen fehlt wegen der klaren Zweckbestimmung ihrer Erzeugung jedes echte Entwicklungspotential. Hierbei handelt es sich aber um das im Diskurs über den verfassungsrechtlichen Status des Embryos maßgebliche Kriterium für dessen Schutzbedürftigkeit.[1]

A. Einleitung

In jüngerer Zeit ist mit der CAR-T-Therapie, die auf einer gentechnischen Manipulation von T-Lymphozyten beruht, ein wegweisender Durchbruch in der Bekämpfung bestimmter Tumoren gelungen. Nach wie vor hoffen Krebskranke aber auch auf die Erforschung und Entwicklung stammzellbasierter Therapeutika. Ein möglicher Weg zur Gewinnung der hierfür benötigen embryonalen Stammzellen (ES-Zellen) ist das therapeutische Klonen. Der Begriff des Klonens ist freilich insofern negativ besetzt, als er auch reproduktives Klonen umfasst. Der Sache nach trifft es zwar zu, dass beide Verfahren aus technischer Sicht identisch sind. Die Zielsetzung des therapeutischen Klonens ist indes eine völlig andere. Im Wege des Verfahrens des Zellkerntransfers können aus somatischen Körperzellen des Patienten und einer entkernten Spendereizelle letztlich ES-Zellen gewonnen werden, die in nahezu jede beliebige Körperzelle weiterdifferen-

---

[1] Der vorliegende Beitrag ist Teil des vom Bundesministerium für Bildung und Forschung (BMBF) geförderten Forschungsprojekts „Multiple Risks: Coping with Contingency in Stem Cell Research and Its Applications".

ziert werden können. Auf diesem Wege wäre zum Beispiel die gezielte Herstellung von benötigtem Organgewebe möglich, das nicht nur unabhängig von der Spenderbereitschaft zur Verfügung stünde, sondern auch Abstoßungseffekte durch das Immunsystem infolge der genetischen Identität mit dem Patienten als Empfänger minimieren würde. Weitere mögliche Anwendungsbereiche des reproduktiven Klonens finden sich in der sog. regenerativen Medizin. So können etwa auch bei neurodegenerativen Erkrankungen, wie Morbus Parkinson oder Chorea Huntington, durch Zell- und Gewebeersatz Therapiemöglichkeiten geschaffen werden (BT-Drs. 14/7546, S. 17 f.).

Therapeutisches Klonen ist keineswegs nur eine theoretische Option. So ist es im Jahr 2013 Metalipov und seinen Kollegen der Oregon Health&Science University in Portland gelungen, ES-Zellen aus SCNT-Embryonen herzustellen, um aus ihnen patientenspezifische ES-Zelllinien zu gewinnen, die u. a. zur Entwicklung autologer Therapien beitragen können (Gerke/Taupitz 2018, S. 216 mit Hinweis auf Tachibana et al. 2013).

Das therapeutische Klonen mittels Zellkerntransfer ist trotz des hohen therapeutischen Potentials nach wie vor rechtlich höchst umstritten und wird kontrovers diskutiert. Im Mittelpunkt der Debatte stehen dabei auch hier altbekannte Dauerbrenner des Rechts der Biomedizin, allen voran der Begriff und der rechtliche Status des Embryos (BT-Drs. 14/7546, S. 55 f.; DÄBL. 2006, A-647 ff.). Die insoweit in der Bundesrepublik uneinheitliche Rechtslage verschärft die Diskussion zusätzlich. So ist heute weder verfassungsrechtlich abschließend der Beginn der grundrechtlichen Schutzgewährleistungen in den Frühstadien menschlichen Lebens geklärt, noch ist dem einfachen Recht ein einheitliches Verständnis des Begriffs des „Embryos" zu entnehmen (Merkel 2002; Hetz 2005, S. 91 ff.; Huwe 2006, S. 6 ff.; Müller-Terpitz 2007, S. 78 ff., S. 133 ff.; Schütze 2005, S.252 ff.).

B. Naturwissenschaftliche Grundlagen

Ein Verfahren, das zum Zweck des therapeutischen Klonens eingesetzt werden kann, ist der sogenannte somatische Zellkerntransfer (somatic cell nuclear transfer, SCNT). Das Zellkerntransfer-Verfahren ist mit dem therapeutischen Klonen begrifflich nicht identisch. Vielmehr bietet der SNCT lediglich die biotechnologische Grundlage für das therapeutische Klonen. Der SCNT kann aber auch für reproduktives Klonens angewendet werden.

Das Zellkerntransfer-Verfahren ist wie folgt zu beschreiben (vgl. auch Schaubild): Benötigt werden eine somatische Körperzelle (z. B. eine Hautzelle) und eine Spendereizelle. In einem ersten Schritt wird der Körperzelle der Zellkern entnommen. Dieser enthält die vollständigen genetischen Erbanlagen des Spenders der Körperzelle. Die Spendereizelle wird sodann entkernt, indem mittels einer Mikropipette der das Kerngenom tragende Zellkern entfernt wird. Zurück bleibt die kernlose Eizelle, die als einziges genetisches Material ihrer Spenderin nur die mitochondriale DNS enthält. In diese bloße „Eizellhülle" wird sodann mittels Mikro-Injektion oder Elektrofusion der aus der

Körperzelle entnommene Zellkern eingebracht. Die Eizelle wird im weiteren Verlauf durch einen Schock stimuliert und beginnt sich zu teilen. Die so entstehenden Zellen werden zu einer Blastozyste weiterentwickelt, aus der ES-Zelllinien gewonnen werden, die letztlich für eine Zellersatztherapie für Erkrankungen wie Alzheimer, Parkinson oder letztlich auch zur Behebung von Organschäden dienen können (Middel 2005, S. 202).

Schaubild: SCNT

Quelle: By en: converted to SVG by Belkorin, modified and translated by Wikibob – derived from image drawn by / de: Quelle: Zeichner: Schorschski / Dr. Jürgen Groth, with text translated, CC BY-SA 3.0, https://commons.wikimedia.org/w/index.php?curid=3080344

C. Rechtliche Rahmenbedingungen

Das Verfahren des SCNT berührt die Regelungsbereiche sowohl des Stammzellgesetzes (StZG) als auch des Embryonenschutzgesetzes (ESchG). Während das ESchG primär Berührungspunkte im Hinblick auf die Regulierung des SCNT-Verfahrens hat, also die Frage nach dessen zulässiger Anwendung betrifft, reguliert das StZG den Import und die Verwendung embryonaler Stammzellen. Gemeinsam ist beiden Gesetzen, dass ihre Anwendbarkeit unter anderem an den Begriff des Embryos geknüpft wird. Inwieweit hier jedoch beiden Vorschriften ein einheitliches Begriffsverständnis zugrunde liegt oder zu Grunde gelegt werden muss, ist noch nicht abschließend geklärt.

I. Die Rechtslage nach dem EschG

Das Verfahren des Zellkerntransfers berührt das Regelungsgefüge des EschG gleich an mehreren Stellen. Die mit dem Austausch des Zellkerns der Eizelle einhergehende Herstellung einer genetischen Kopie des Zellkern-Spenders wirft die Fragen nach der Zulässigkeit des Verfahrens im Lichte des Klonverbots aus § 6 Abs. 1 EschG auf. Die mit dem Zellkerntransfer verbundene Einwirkung auf das menschliche Erbgut einer Eizelle als Keim(bahn)zelle ist darüber hinaus auch im Lichte des Verbots der Keimbahnintervention nach § 5 Abs. 1 EschG zu bewerten. Schließlich evoziert die Zerstörung des Zellkerntransferembryos zur Gewinnung embryonaler Stammzellen auch die Frage der missbräuchlichen Verwendung von Embryonen nach § 2 Abs. 1 EschG.

1. Die Reichweite des Klonverbots nach § 6 Abs. 1 EschG

Das EschG dient nicht oder jedenfalls nicht primär dem Schutz des Embryos, sondern vielmehr der Verhinderung von Missbräuchen im Bereich der Reproduktionsmedizin und Humangenetik (Taupitz in: Günther/Taupitz/Kaiser 2014, B. III. Rn. 20).

Mit Blick auf diese Zielsetzung verbietet § 6 Abs. 1 EschG einen menschlichen Embryo mit der gleichen Erbinformation eines anderen Embryos, eines Fötus, eines Menschen oder eines Verstorbenen zu erzeugen. Die Zuwiderhandlung wird mit Freiheitsstrafe bis zu fünf Jahren oder Geldstrafe geahndet. Bereits der Versuch ist strafbar (§ 6 Abs. 3 EschG).

Ausgehend von den Tatbestandsmerkmalen des § 6 Abs. 1 EschG wirken im Wesentlichen zwei Merkmale strafbegründend: zum einen die Erzeugung eines Embryos, zum anderen dessen genetische Identität mit einem anderen Individuum.

Ob das SCNT-Verfahren diese beiden Tatbestandsmerkmale tatsächlich erfüllt, ist heftig umstritten (grundlegend zu der Auslegung dieser Tatbestandsmerkmale siehe Kersten 2004, S. 35 ff., und 2007, S. 668, 671; Günther in Günther/Taupitz/Kaiser 2014, C. II. § 6 Rn. 14 f., sowie Taupitz in dens., C. II. § 8 Rn. 56 ff.; Schreiber 2003, S. 371; Weschka 2010, S. 67; Rosenau 2003, S. 780; Witteck/Erich 2003, S. 259; Schickl et al. 2014, S. 858 f.).

a) Die gleiche Erbinformation

Der objektive Tatbestand des § 6 Abs. 1 EschG setzt die genetische Identität des erzeugten Embryos mit einem anderen Embryo, einem Fötus, einem Menschen oder einem Verstorbenen voraus. Wörtlich spricht § 6 Abs.1 EschG insofern von der *gleichen Erbinformation*, die jedenfalls im Falle der Identität der DNS bzw. der Genome gegeben ist (BT-Drs. 11/5460, S. 6).

XI. Zur Zulässigkeit therapeutischen Klonens mittels Zellkerntransfer

Dieses Tatbestandsmerkmal erscheint auf den ersten Blick eindeutig feststellbar. Moderne Verfahren der Reproduktionsmedizin, insbesondere das Zellkerntransfer-Verfahren, bringen jedoch erheblich Auslegungsschwierigkeiten mit sich. Die entscheidende Frage in diesem Zusammenhang besteht darin, ob der Begriff der genetischen Identität qualitativ oder quantitativ zu verstehen ist (Günther in: Günther/Taupitz/Kaiser 2014, C. II. § 6 Rn. 16). Denn wegen einer biologischen Besonderheit des SCNT-Verfahrens ist dies zweifelhaft:

Die für das Verfahren verwendete Spendereizelle wird entkernt. Ihr wird also das Kerngenom entfernt. Die mitochondriale DNS des Eizellplasmas bleibt hingegen erhalten, sodass auch nach Übertragung des Spenderzellkerns auf die Eizelle keine vollständige genetische Kopie des Spenders entsteht. Die im Wege des SCNT-Verfahrens entstehende Eizelle und die des Kernspenders unterscheiden sich also in der mitochondrialen DNS. Somit liegt aus biologischer Sicht nicht die gleiche Erbinformation vor (Gutmann 2001, S. 353 f.). Die mitochondriale DNS (37 Gene und 16569 Basenpaare) fällt indes in Relation zum Gesamtgenom des Individuums (26.000 bis 31.000 Gene und 2 × 3,2 Mrd. Basenpaare) nur unerheblich ins Gewicht (Kaiser in: Günther/Taupitz/Kaiser 2014, A. II. Rn. 16).

Mit Blick auf diese naturwissenschaftlichen Fakten wird § 6 Abs. 1 EschG teilweise quantitativ ausgelegt. Der Tatbestand setze dem Wortlaut nach die *gleiche*, nicht aber *dieselbe oder identische* Erbinformation voraus. Der insoweit allein über das Vorhandensein der mitochondrialen DNS vermittelte Unterschied zwischen „Klon" und „Original" sei daher im Kontext des Klonverbots unbeachtlich (Hilgendorf 2001, S. 1160; Witteck/Erich 2003, S. 259; v. Bülow 2001, S. 152; vgl. auch Klonbericht der Bundesregierung, BT-Drs. 13/11263, S. 13).

Diese rein quantitative Betrachtung lässt jedoch außer Betracht, dass zwei beliebige Menschen ohnehin in 99,9 % ihrer DNS übereinstimmen (Kaiser in: Günther/Taupitz/Kaiser 2014, A. II. Rn. 12). Die genetischen Unterschiede beliebiger Individuen sind daher bereits naturgegeben und in Relation zum Gesamtgenom nur gering. Offensichtlich prägt damit nicht der Grad der Übereinstimmung der DNS-Sequenzen den spezifischen Genotyp eines Individuums. Maßgeblich muss daher sein, ob letztlich Klon und Original in Sequenzen übereinstimmen, die eine individuenspezifische, wichtige und dringend erforderliche Funktion ausüben (Günther in: Günther/Taupitz/Kaiser 2014, C. II. § 6 Rn. 16). Die mitochondriale DNS ist für den individuellen Stoffwechsel zuständig. Defekte der mitochondrialen DNS können schwere Erkrankungen wie zum Beispiel die Lebersche hereditäre Optikusneuropathie, die zur vollständigen Erblindung führen kann, oder das Leigh-Syndrom, eine Erkrankung des Stammhirns, welche meist tödlich endet, nach sich ziehen (Deuring 2017, S. 215). Diese qualitativ wichtige Rolle der mitochondrialen DNS kann bei der Auslegung des

§ 6 Abs. 1 ESchG also nicht unberücksichtigt bleiben (Günther in: Günther/Taupitz/ Kaiser 2014, C. II. § 6 Rn. 16).

Das Zellkerntransferverfahren erfüllt damit nicht den Tatbestand des § 6 Abs. 1 ESchG.

b) Erzeugung eines Embryos

Neben der Identität der Erbinformationen wirkt im Rahmen des § 6 Abs. 1 ESchG allein die Erzeugung *eines Embryos* tatbestandsbegründend. Der Begriff des Embryos wird in § 8 Abs. 1 ESchG legaldefiniert. Demnach gilt als Embryo *bereits* die befruchtete, entwicklungsfähige menschliche Eizelle vom Zeitpunkt der Kernverschmelzung an. An eben dieser Kernverschmelzung als prägendes Definitionsmerkmal fehlt es im Falle des Zellkerntransfers (Faltus 2011, S. 86; Wittek/Erich 2003, S. 259; Kersten in: Heinemann/Kersten 2007, S. 140 f.).

Trotz dieses auf den ersten Blick eindeutigen Wortlauts des § 8 Abs. 1 ESchG herrscht mit Blick auf die Reichweite des Embryonenbegriffs des ESchG keine Einigkeit. So hat etwa die Bundesregierung in ihrem „Bericht zur Frage eines gesetzgeberischen Handlungsbedarfs beim Embryonenschutzgesetz aufgrund der beim Klonen von Tieren angewandten Techniken und der sich abzeichnenden weiteren Entwicklung" vom 28. Juni 1998 ausgeführt, die Formulierung „bereits" in § 8 Abs. 1 ESchG mache hinreichend deutlich, dass die Vorschrift entsprechend der Ratio des Gesetzes keine abschließende Begriffsbestimmung enthalte; vielmehr wolle sie sicherstellen, dass der strafrechtliche Schutz schon ab der beschriebenen frühen Phase der Entwicklung zum Menschen beginne, ohne andere Formen des sich entwickelnden menschlichen Lebens von diesem Schutz auszunehmen. Ein Embryo im Sinne des § 8 Abs. 1 ESchG könne daher auch auf anderem Wege, also auch durch Kerntransplantation, entstehen (BT-Drucks. 13/11263, S. 14). Auch manchen Autoren zufolge soll die Formulierung „bereits" nicht temporal im Sinne von „schon", sondern vielmehr im Sinne eines „auch" zu verstehen sein, und sei damit Ausdruck eines an sich offenen Embryonenbegriffs, der auch andere Entitäten umfasse, solange diese als funktionales Äquivalent zu Befruchtungsembryonen im Wortsinn des § 8 Abs. 1 ESchG fungiert (Taupitz in: Günther/Taupitz/Kaiser 2014, C. II. § 8 Rn. 50). Danach wäre auch das Zellkerntransfer-Verfahren von § 6 Abs. 1 ESchG umfasst.

Diese Auffassung lässt sich indes nur schwerlich mit dem strafrechtlichen Charakter des ESchG vereinbaren. Die Norm des § 8 Abs.1 ESchG stellt zwar selbst keinen strafrechtlichen Tatbestand dar, definiert aber ein strafbegründendes Tatbestandsmerkmal und damit auch die Strafbarkeit nach § 6 Abs. 1 ESchG. Im Kontext des verfassungsrechtlich verankerten Bestimmtheitsgebots sind Strafnormen inhaltlich so eindeutig auszugestalten, dass eine Abgrenzung von strafbarem und straflosem Verhalten eindeutig möglich ist (Sachs 2017, S. 703 f.). Der Tatbestand des § 6 Abs. 1 ESchG setzt insoweit

XI. Zur Zulässigkeit therapeutischen Klonens mittels Zellkerntransfer

die Erzeugung eines Embryos als strafbegründendes Merkmal voraus. Dieser Begriff wird in § 8 Abs. 1 ESchG legaldefiniert, mithin also das Tatbestandsmerkmal „Embryo" des § 6 Abs. 1 ESchG normativ weiter konkretisiert. Die mit dem Bestimmtheitsgebot einhergehende Umgrenzungsfunktion der gesetzlichen Tatbestandsmerkmale einer Strafnorm würde aber unterlaufen, interpretierte man die Reichweite einer gesetzlichen Legaldefinition eines Tatbestandsmerkmals einer Strafnorm unter Heranziehung der weiteren Tatbestandsmerkmale. Auf diese Weise würde die Tatbestandsmäßigkeit des betrachteten Verhaltens letztlich zur selbsterfüllenden Prophezeiung. Dies stellt aber einen Verstoß gegen das aus Art. 103 Abs. 2 GG abgeleitete Verschleifungsverbot dar. Darüber hinaus ist § 8 Abs. 1 ESchG als Legaldefinition des Embryonenbegriffs für die Anwendung aller Straftatbestände des ESchG heranzuziehen. Mit Blick auf Art. 103 Abs. 2 GG ist jedoch eine unterschiedliche Auslegung des gleichen Begriffes innerhalb eines Gesetzes nicht hinnehmbar. Dies bedeutet aber zugleich, dass die Legaldefinition des § 8 Abs. 1 ESchG losgelöst von der weiteren Ausgestaltung auch der jeweiligen Straftatbestände des ESchG erfolgen muss. Schließlich sollte auch nach den Gesetzesmaterialien als Embryo im Sinne des Gesetzes *schon* die befruchtete Eizelle vom Zeitpunkt der Kernverschmelzung an gelten (BT-Drs. 11/5460, S. 12). Somit sprechen die überwiegenden Gesichtspunkte für ein rein temporäres Verständnis des Begriffs „bereits" in § 8 Abs. 1 ESchG.

c) Zusammenfassung

Das Zellkerntransfer-Verfahren unterfällt § 6 Abs. 1 ESchG nicht.

Wegen der funktional wichtigen Bedeutung der mitochondrialen DNS für das Individuum kann bei einem richtigerweise anzulegenden qualitativen Maßstab nicht davon gesprochen werden, dass der Zellkerntransfer-Embryo über die gleiche Erbinformation wie der Zellkern-Spender verfügt.

Zudem entsteht im Wege des Zellkerntransfers kein Embryo im Sinne des § 6 Abs. 1 ESchG i.V.m. § 8 Abs. 1 ESchG. Der Embryonenbegriff des ESchG wird durch die Kernverschmelzung als natürlichem Befruchtungsvorgang geprägt. Entscheidend ist also die natürliche Entstehung der Eizelle, auch wenn sie außerhalb des Körpers befruchtet wurde. Eine solche Kernverschmelzung findet indes beim Zellkerntransfer nicht statt.

Daher wäre eine weite Auslegung von § 6 Abs. 1 ESchG i.V.m. § 8 Abs. 1 ESchG, die auch das SCNT-Verfahren erfasste, nicht mit dem verfassungsrechtlichen Bestimmtheitsgebot in Einklang zu bringen.

2. Die Reichweite des Verbots der Keimbahnintervention nach § 5 ESchG

Das SCNT-Verfahren ähnelt der in § 5 Abs. 1 ESchG adressierten Keimbahnintervention. Mittels dieser Methode können etwa mütterliche mitochondriale Gendefekte beseitigt werden, indem der Zellkern einer befruchteten Eizelle der Mutter in eine entkernte Spendereizelle übertragen wird, die keinen mitochondrialen Gendefekt aufweist (zu den Einzelheiten des Verfahrens Deuring 2016, S. 215 f.).

Nach § 5 Abs. 1 ESchG wird mit bis zu fünf Jahren Freiheitsstrafe oder Geldstrafe bestraft, wer die Erbinformation einer menschlichen Keimbahnzelle künstlich verändert.

Ähnlich wie bei 6 Abs. 1 ESchG gibt es unterschiedliche Auffassungen zum Merkmal der „Veränderung der Erbinformation" und der durch Art. 103 Abs. 2 GG gezogenen Auslegungsschranke von Strafnormen. Eine im Wege des Zellkerntransfer-Verfahrens erzeugte Eizelle ist nicht in ihrer Erbinformation verändert, vielmehr ist sie vollständig ausgetauscht. Dieser Austauschvorgang soll nach Teilen der Literatur nicht mehr mit dem Wortsinn des § 5 Abs. 1 ESchG vereinbar sein. Bei der Ersetzung des Zellkerns handele es sich um ein Aliud gegenüber der Veränderung der Erbinformation, so wie etwa auch die Unterdrückung einer Urkunde (§ 274 StGB) nicht mit der Fälschung einer Urkunde (§ 267 StGB) gleichgesetzt werden könne (Günther in: Günther/Taupitz/Kaiser 2014, C. II. § 5 Rn. 14 dort in Fn. 21; a. A. Deuring 2017, S. 217 f.). Letztlich führe die Entkernung der Spendereizelle auch dazu, dass diese durch die Entnahme des Zellkerns ihre Eigenschaft als Keimzelle verliere und damit für eine Veränderung der Erbinformation kein taugliches Tatobjekt mehr zu Verfügung stünde (v. Bülow 1997, S. A-724).

Diese Ansätze mögen auf den ersten Blick überzeugend klingen und das Bestimmtheitsgebot aus Art. 103 Abs. 2 GG auf ihrer Seite wähnen. Doch liegt ihnen letztlich wiederum ein rein quantitatives Verständnis dessen zugrunde, was als Erbinformation im Sinne des Gesetzes zu betrachten ist. Denn die entkernte Eizelle wird nicht vollständig ihrer DNS-Sequenzen beraubt, da die mitochondriale DNS verbleibt. Diese kann aber insbesondere aufgrund ihrer funktionalen Bedeutung für das Individuum bei der strafrechtlichen Betrachtung nicht unbeachtet bleiben (Deuring 2017, S. 218). Der vollständige Austausch des Zellkerns stellt daher die größtmögliche Veränderung der Erbinformation einer Keimzelle dar (Kersten in: Heinemann und Kersten 2007, S. 142 ff.).

Letztlich ist dieser Streit für das Verfahren des Zellkerntransfers aber rein akademischer Natur. Denn die Veränderung der Erbinformation einer Keimbahnzelle führt gem. § 5 Abs. 4 Nr. 1 ESchG dann nicht zur Bestrafung des Täters, wenn ausgeschlossen ist, dass die so veränderte extrakorporale Keimzelle zur Befruchtung verwendet wird. Das

SCNT-Verfahren wird *in vitro* vorgenommen. Die Veränderung der Erbinformation durch den Austausch des Zellkerns erfolgt also außerhalb des Körpers. Die entkernte Eizelle wird zum Zwecke des therapeutischen Klonens auch nicht zur Befruchtung verwendet. Das SCNT ist vielmehr ein Verfahren der ungeschlechtlichen Fortpflanzung (Kersten in: Heinemann/Kersten 2007, S. 144). Unerheblich ist nach dem Wortlaut des § 5 Abs. 4 Nr. 1 ESchG, welcher Verwendung die auf diesem Weg entstandene Eizelle weiteren zugeführt wird. Werden ES-Zellen im Wege einer künstlich angeregten Zellteilung gewonnen, greift der Strafausschließungsgrund des § 5 Abs. 4 Nr. 1 ESchG.

3. Sonstige in Betracht kommende Regelungen des ESchG

Der SCNT verstößt auch nicht gegen die § 2 Abs. 1 ESchG, der eine missbräuchliche Verwendung von Embryonen untersagt (so auch Kersten in: Heinemann/Kersten 2007, S. 144f.; Kersten 2004, S. 44f.; a.A. Günther in: Günther/Taupitz/Kaiser 2014, C. II. § 2 Rn. 23). Zwar normiert diese Vorschrift, dass ein extrakorporal erzeugter Embryo zu keinem nicht seiner Erhaltung dienenden Zweck verwendet werden darf. Indes sind die durch Zellkerntransfer erzeugten totipotenten Zellen keine Embryonen im Sinne des ESchG (Kersten in: Heinemann/Kersten 2007, S. 130, 145). Aus denselben Gründen scheidet eine Strafbarkeit gem. § 7 Abs. 1 Nr. 1 und Nr. 2 ESchG aus.

II. Die Rechtslage nach dem StZG

Das Zellkerntransfer-Verfahren bietet die Möglichkeit im Wege des therapeutischen Klonens ES-Zellen als Grundlage einer stammzellbasierten Therapie zu gewinnen. Damit berührt das Verfahren auch Regelungsbereiche des StZG.

1. Das Import- und Verwendungsverbot des § 4 Abs. 1 StZG

Nach § 4 Abs. 1 StZG ist die genehmigungslose Einfuhr und Verwendung von Stammzellen verboten. Dieses Verbot ist über § 13 Abs. 1 StZG auch strafbewehrt. Hintergrund des StZG waren befürchtete Strafbarkeitslücken im Hinblick auf die Verwendung von ES-Zellen, die im Wege einer embryonenverbrauchenden Gewinnung im Ausland erzeugt wurden.

Nur zu Forschungszwecken sieht das Gesetz eine Ausnahme von § 4 Abs. 1 StZG vor. Die Genehmigung zur Einfuhr und Verwendung embryonaler Stammzellen ist gem. § 6 Abs. 3 StZG unter anderem dann zu erteilen, wenn die in § 5 StZG normierten Anforderungen an die jeweiligen Forschungsvorhaben erfüllt, die Ausnahmetatbestände des § 4 Abs. 2 StZG vorliegen und die Gewinnung der embryonalen Stammzellen im Einklang mit den tragenden Grundsätzen der deutschen Rechtsordnung steht (§ 4 Abs. 3 StZG).

Im Hinblick auf das Zellkerntransfer-Verfahren ist namentlich § 4 Abs. 2 Nr. 1 lit. b) StZG von Bedeutung. Danach setzen Einfuhr und Verwendung von ES-Zellen voraus, dass diese aus Embryonen gewonnen wurden, die im Wege der künstlichen Befruchtung zur Herbeiführung einer Schwangerschaft erzeugt wurden. Diese überzähligen Embryonen, die nicht mehr im Rahmen der künstlichen Befruchtung auf die Patientin transferiert werden, können als Quelle für eine Stammzellgewinnung herangezogen werden. Der eindeutige Wortlaut des § 4 Abs. 2 Nr. 1 lit. b) StZG schließt damit die Verwendung von ES-Zellen aus, soweit diese aus gezielt für Forschungszwecke gewonnenen Embryonen gewonnen wurden. Dies bezieht auch das Zellkerntransfer-Verfahren mit ein. Namentlich unterfallen die auf diesem Wege erzeugten Embryonen – anders als beim EschG – der Begriffsdefinition des Gesetzes. Das StZG stellt in § 3 Nr. 4 StZG nicht auf den Entstehungsakt als solchen ab (Müller-Terpitz in: Spickhoff 2018, StZG § 3 Rn. 5), sondern definiert „bereits jede menschliche totipotente Zelle, die sich bei Vorliegen der dafür erforderlichen weiteren Voraussetzung zu teilen und zu einem Individuum zu entwickeln vermag" als Embryo im Sinne des Gesetzes (Hartleb 2006, S. 98). Der Erzeugung embryonaler Stammzellen mittels SCNT steht damit zwar nicht das EschG entgegen, doch ist die Einfuhr und Verwendung dieser ES-Zellen nach dem StZG verboten und auch nicht genehmigungsfähig (Dederer 2012, § 4 Rn. 7). Der Zeitpunkt der Gewinnung (vgl. Stichtagsregelung in § 4 Abs. 2 Nr. 1 lit. a) StZG) spielt in diesem Zusammenhang keine Rolle.

2. Anwendbarkeit des StZG auf in Deutschland hergestellte Zellkerntransferembryonen

Eine wenig beachtete und soweit ersichtlich kaum diskutierte Frage ist, ob das StZG ES-Zellen erfasst, die in Deutschland im Wege des Zellkerntransfer-Verfahrens erzeugt wurden (bejahend lediglich Kersten in: Heinemann/Kersten 2007, S. 146; darüber hinaus finden sich in der juristischen Literatur soweit erkennbar keine eindeutigen Aussagen zu dieser Frage).

Das StZG ist in seinem Wortlaut keineswegs eindeutig. Das Verbot des § 4 Abs. 1 StZG spricht zwar von der „Einfuhr und Verwendung" embryonaler Stammzellen. Offen bleibt indes nach dem Wortlaut, ob diese Formulierung lediglich zwei isoliert voneinander mögliche Tathandlungen benennt oder diese als Ausdruck eines iterativen Prozesses miteinander verknüpft.

Die Entstehungsgeschichte des StZG vermag hier eine Antwort zu geben: Den Anlass für die Schaffung des StZG bildete eine Ankündigung der Deutschen Forschungsgemeinschaft vom Mai 2001 über einen Antrag eines Bonner Neuropathologen über ein Forschungsvorhaben an aus Israel zu importierenden ES-Zellen zu entscheiden. Daraufhin wurde mit nahezu beispielloser Eile das StZG im Mai 2002 beschlossen. Das

XI. Zur Zulässigkeit therapeutischen Klonens mittels Zellkerntransfer

StZG nahm sich seinerzeit damit einem Themenbereich an, der vom EschG erkennbar nicht umfasst war (vgl. Müller-Terpitz 2001, S. 279), nämlich dem Import und der Verwendung embryonaler Stammzellen, die durch einen Verbrauch menschlicher Embryonen im Ausland gewonnen wurden. Dementsprechend lag das zentrale Anliegen des Gesetzgebers in dem Verbot der Einfuhr embryonaler Stammzellen (BT-Drs. 14/8394, S. 2; sowie BT-Drs. 14/8846, S. 2). Grundlage des Gesetzesentwurfs vom 27. Februar 2002 bildete der Beschluss des Deutschen Bundestages vom 30. Januar 2002 zum Import humaner embryonaler Stammzellen, der folgenden Grundsatz aufstellte (BT-Drs. 14/8102, S. 3):

> „Der Deutsche Bundestag wird umgehend ein Gesetz verabschieden, das dem Verbrauch weiterer Embryonen zur Gewinnung embryonaler Stammzellen entgegenwirkt. Der Import humaner embryonaler Stammzellen ist für öffentlich wie privat finanzierte Vorhaben grundsätzlich verboten und nur ausnahmsweise für Forschungsvorhaben unter folgenden Voraussetzungen zulässig [...]".

Die Erweiterung des Importverbots um ein Verwendungsverbot hatte seinen Ursprung letztlich in dem Umstand, dass bereits zum Zeitpunkt der Ausarbeitung bzw. des Erlasses des Gesetzes in der Bundesrepublik Deutschland importierte Stammzelllinien verfügbar waren (Dahs/Müssig, 2003, S. 29 unter Hinweis auf BT-Plenarprotokoll vom 25. April 2002, S. 2310 D). Die Aufnahme des Importverbots sollte also die genehmigungsfreie Verwendung bereits vor Inkrafttreten des Importverbots eingeführter Stammzellen unterbinden. Dies kommt auch in den Gesetzesmaterialien deutlich zum Ausdruck (BT-Drs. 14/8394, S. 8):

> „Ebenso wie die Einfuhr unterliegt der behördlichen Kontrolle eine weitere Verwendung bereits eingeführter embryonaler Stammzellen zu anderen Forschungszwecken oder durch Dritte."

Die Entstehungsgeschichte des StZG und auch die Gesetzesmaterialen ergeben damit ein klares Bild für das Verständnis des Verhältnisses der zugehörigen Merkmale „Einfuhr" und „Verwendung" zueinander. Dem Merkmal der „Verwendung" kommt damit nur eine nachrangige Auffangfunktion insofern zu, als bereits importierte Stammzellen nicht verwendet werden dürfen, auch wenn sie vor Inkrafttreten des Importverbots des § 4 Abs. 1 StZG nach Deutschland eingeführt wurden.

Aus Sicht des Gesetzgebers bestand seinerzeit auch keine Notwendigkeit, die Verwendung in Deutschland hergestellter ES-Zellen in den Anwendungsbereich des StZG aufzunehmen. Die Vernichtung eines Embryos zur Gewinnung von Stammzellen war schon damals gem. § 2 Abs. 1 EschG unter Strafe gestellt. Ein Regelungsbedürfnis für in Deutschland hergestellte embryonale Stammzellen bestand somit nicht. Dabei hat der Gesetzgeber seinerzeit offenbar nicht berücksichtigt, dass der in § 8 Abs. 1 EschG niedergelegte Embryonenbegriff naturwissenschaftlich überholt war und moderne

Verfahren der Reproduktionsmedizin auch andere Formen der Stammzellgewinnung als mittels geschlechtlich erzeugter Embryonen möglich sind oder werden könnten. Schließlich ist das Import- und Verwendungsverbot des § 4 Abs. 1 StZG strafbewehrt, sodass eine extensive Auslegung der Vorschrift ebenfalls im verfassungsrechtlichen Bestimmtheitsgebot aus Art. 103 Abs. 2 GG ihre Grenzen findet. Die Entstehungsgeschichte und die Gesetzesmaterialien zum StZG lassen also wenig Zweifel an dieser Auslegung des § 4 Abs.1 StZG.

Hieran ändert auch der 2008 in § 2 StZG sowie § 13 Abs. 1 Nr. 2 StZG aufgenommene Zusatz *„die sich im Inland befinden"* nichts. Hintergrund der Aufnahme dieses Zusatzes war allein die Vermeidung nicht abschätzbarer Strafbarkeitsrisiken für Forscher, die sich an ausländischen Forschungsvorhaben beteiligen. Die allgemeinen Grundsätze des § 9 Abs. 2 Satz 2 StGB führen dazu, dass die Strafbarkeit einer in Deutschland begangenen Anstiftung oder Beihilfehandlung zu einer im Ausland erfolgten, dort aber nicht strafbaren Verwendung embryonaler Stammzellen bestehen blieb (Müller-Terpitz 2018, § 13 Rn. 2 mit Hinweis auf BT-Drs. 14/8876, S. 2). Hieraus können indes keinerlei Schlussfolgerungen für die Auslegung des Begriffs des Verwendens gezogen werden, zumal sich auch importierte Stammzellen im Inland befinden. Ein Aussagegehalt hinsichtlich der ausländischen Herkunft der verwendeten Zellen ist daher mit diesem Zusatz nicht verbunden.

Die Vorschrift des § 4 Abs. 1 StZG umfasst daher nicht die Verwendung in Deutschland hergestellter ES-Zellen im Wege des SCNT-Verfahrens. Vielmehr setzt nach der Entstehungsgeschichte und der gesetzgeberischen Intention das Verwendungsverbot des § 4 Abs. 1 StZG voraus, dass die entsprechenden Stammzellen zunächst im Ausland erzeugt und in die Bundesrepublik Deutschland verbracht worden sind.

III. Die Rechtslage nach dem Arzneimittelrecht

Therapeutisches Klonen zielt auf die Verwendung von im Wege des SCNT-Verfahrens gewonnenen ES-Zellen für entsprechende Therapeutika ab. Stammzellbasierte Therapeutika sind als Arzneimittel für neuartige Therapien (advanced therapy medicinal products, ATMP) im Sinne der VO (EG) 1394/2007 (= ATMP-VO) zu qualifizieren.

Wie bei allen Arzneimitteln müssen auch bei ATMPs vor ihrer Vermarktung genehmigungspflichtige klinische Studien durchgeführt werden. Die Genehmigungsfähigkeit entsprechender klinischer Studien wird vor dem Hintergrund der Brüstle-I-Entscheidung des EuGH (Urteil vom 18. Oktober 2011 – Rs. C-34/10) vereinzelt verneint (Faltus 2016, S. 251 ff.). Der EuGH habe in dieser Entscheidung den Begriff des Embryos als autonomen Begriff des Unionsrechts gekennzeichnet, der einheitlich für das gesamte Unionsrecht auszulegen sei. Dies habe zur Folge, dass ein Verbot der Patentierung eines bestimmten Verfahrens stets auch zu dem Verbot des Verfahrens als solchem führen müsse (Starck 2012, S. 146).

Dem ist jedoch nicht zuzustimmen. Denn die Brüstle-I-Entscheidung des EuGH entfaltet keine Ausstrahlungswirkung über das europäische Patentrecht hinaus (hierzu eingehend Taupitz 2013, S. 514 ff.). Der EuGH stellte ausdrücklich klar, dass die Entscheidung lediglich die Auslegung der Biopatent-Richtlinie betrifft (Urteil vom 18. Oktober 2011 – Rs. C-34/10, Rz. 30). Die Bedeutung und Tragweite unionsrechtlich nicht definierter Begriffe ist stets im Kontext des Zusammenhangs ihrer Verwendung und den Zielen der an diese anknüpfenden Regelungen zu bestimmen (Urteil vom 18.Oktober 2011 – Rs. C-34/10, Rz. 31). Die Biopatent-Richtlinie hat aber nicht die Verwendung menschlicher Embryonen für die wissenschaftliche Forschung zum Gegenstand, sondern beschränkt sich allein auf die Frage der Patentierbarkeit biotechnologischer Erfindungen (Urteil vom 18. Oktober 2011 – Rs. C-34/10 Rz. 40).

Gegen eine entsprechende Ausstrahlungswirkung spricht auch die Wirkung eines Patenthindernisses (Taupitz 2013, S. 516). Die Rechtswirkungen eines Patents erschöpfen sich in dem Recht des Inhabers, die patentierte Technologie exklusiv zu nutzen und Dritten die Nutzung zu untersagen. Das Patentrecht trifft damit nur eine Aussage über den Nutzungsberechtigten, nicht aber über die Nutzungsberechtigung (Taupitz 2013, S. 516). Dabei führt gerade die Versagung eines Patents nicht zu einem Ausschluss der Nutzbarkeit einer bestimmten Technologie. Diese steht vielmehr uneingeschränkt durch eine Exklusivstellung eines Patentinhabers allen zur Verfügung (Taupitz 2013, S. 516). Das Patentrecht kann daher kein Gradmesser für die Beurteilung der zulässigen Nutzbarkeit einer bestimmten Technologie sein, sodass folgerichtig auch der Brüstle-I-Entscheidung kein Aussagegehalt über den Anwendungsbereich der Biopatent-Richlinie hinaus zukommt (andere Ansicht siehe dazu in diesem Band Faltus, S. 302 f.). Auch aus dem Arzneimittelrecht ergeben sich damit keine Restriktionen im Hinblick auf die Verwendung von mittels SCNT gewonnener ES-Zellen.

IV. Zusammenfassung

Die Analyse der derzeit geltenden Rechtslage im Hinblick auf das Zellkerntransfer-Verfahren und die auf diesem Wege gewonnenen embryonalen Stammzellen überrascht im Ergebnis.

Die Herstellung embryonaler Stammzellen im Wege des Zellkerntransfer-Verfahrens ist nach dem EschG nicht untersagt. Zudem erfasst das StZG keine mittels des SCNT-Verfahrens in Deutschland hergestellte ES-Zellen. Während die Verwendung importierter SCNT-Stammzellen strafbar ist, können originär inländische Stammzellen unbeschränkt verwendet werden. Auch das Arzneimittelrechts enthält insofern keine Restriktionen.

Damit bleibt festzuhalten: Dem therapeutischen Klonen und der Entwicklung stammzellbasierter Therapien stehen keine rechtlichen Beschränkungen entgegen, solange es sich um einen rein inländischen Prozess handelt.

Dieser einfachgesetzliche Befund findet, wie sogleich gezeigt wird, auch auf Ebene des Verfassungsrechts seine Bestätigung.

D. Kein Regulierungsbedürfnis kraft Verfassungsrechts

Die verfassungsrechtlichen Dimensionen des Zellkerntransfer-Verfahrens sind – wie nahezu bei allen biomedizinischen Verfahren – von zwei Seiten her zu beleuchten.

Auf der einen Seite stehen die Forschung an ES-Zellen und deren spätere mögliche therapeutische Anwendung. Berührt sind dabei neben der Forschungsfreiheit aus Art. 5 Abs. 3 S. 1 GG auch das Recht auf Leben und Gesundheit der möglichen Empfänger eines stammzellbasierten Therapeutikums aus Art. 2 Abs. 2 S. 1 GG. Dabei geht es in diesem Zusammenhang nicht um die abwehrrechtliche Dimension des Grundrechts. Die Regulierung des SCNT-Verfahrens und die damit einhergehende Regulierung der Erforschung und Bereitstellung stammzellbasierter Therapieansätze evoziert die aus dem objektiven Gewährleistungsgehalt des Art. 2 Abs. 2 S. 1 GG erwachsende staatliche Fürsorgepflicht insofern, als der Zugang des Einzelnen zu therapeutischen Verfahren durch den Staat grundsätzlich nicht eingeschränkt werden darf, sondern vielmehr zu fördern ist.

Auf der anderen Seite hingegen öffnet sich das weite und immer wieder neu beackerte Feld der rechtlichen Stellung des Embryos und den sich daraus ergebenden verfassungsrechtlichen Implikationen. Darüber hinaus offenbart die staatliche Schutzpflicht aus Art. 2 Abs. 2 S. 1 GG hier ihre janusköpfige Gestalt, ist es doch nach herrschender Auffassung zugleich auch Gegenstand des staatlichen Schutzauftrags, die mit neuartigen Technologien verbundenen Risiken abzuschätzen und sie angemessen zu regulieren.

I. Das Grundrecht der Forschungsfreiheit

Die Forschungsfreiheit umfasst neben der Grundlagenforschung auch die anwendungsbezogene Forschung im Sinne der Entwicklung neuartiger Therapien für bisher schwere, unheilbare Krankheiten, sodass der Grundrechtsschutz die gesamte Forschung an menschlichen ES-Zellen einbezieht (Dederer 2003, S. 987 mit Verweis aus BT- Drs. 14/8394, S. 7; BT-Drs. 14/8846, S. 11). Hierzu sind auch alle vorbereitenden Handlungen, wie z. B. die Entnahme menschlicher embryonaler Stammzellen aus menschlichen Embryonen, zu zählen (Dederer 2003, S. 987).

Eine restriktive Regulierung der SCNT-Verfahren griffe also in das Grundrecht der Forschungsfreiheit ein und bedürfte einer entsprechenden Rechtfertigung.

II. Das Grundrecht auf Leben und körperliche Unversehrtheit

Das Grundrecht auf Leben und Gesundheit gem. Art. 2 Abs. 2 S. 1 GG umfasst die Pflicht des Staates, Leben und Gesundheit zu schützen und fördern. Der Schutzbereich des Art. 2 Abs. 2 S. 1 GG ist auch dann berührt, wenn „staatliche Regelungen dazu führen, dass einem kranken Menschen eine nach dem Stand der medizinischen Forschung prinzipiell zugänglichen Therapie, mit der eine Verlängerung des Lebens, mindestens aber eine nicht unwesentliche Minderung des Leidens verbunden ist, versagt bleibt" (BVerfG NJW 1999, 3400 f.).

Dieser Befund gilt nicht nur für das Verbot der Keimbahntherapie gem. § 5 Abs. 1 ESchG (Eberbach 2016, S. 758 ff.), sondern auch für das therapeutische Klonen. Eine verfügbare Behandlungsoption ist nicht in ihrer Anwendung, sondern allein im Ausschluss ihrer Anwendung begründungsbedürftig, da schon einfachgesetzlich die Nichtanwendung einen ärztlichen Behandlungsfehler darstellen kann (Eberbach 2016, S. 771). Dies führt zwangsläufig zu der Frage nach der Legitimation staatlichen Handelns, sofern es zur faktischen Nichtanwendbarkeit potentiell möglicher Behandlungsmethoden führt. Damit ist aber auch der objektive Schutzgehalt des Art. 2 Abs. 2 S. 1 GG unmittelbar berührt. Der insoweit aus Art. 2 Abs. 2 S. 1 GG erwachsende Anspruch des Einzelnen auf Zugang zu medizinischen Verfahren endet nicht an den Grenzen der Schulmedizin. Das Bundesverfassungsgericht (BVerfG) hat in seinem sog. Nikolaus-Beschluss ausdrücklich betont, dass jedenfalls bei lebensbedrohlichen Krankheiten grundsätzlich auch alternative Behandlungsmethoden von den Krankenkassen finanziert werden müssen (BVerfG NJW 2006, S. 894).

Dieses Grundrecht auf Therapie wird um ein *Grundrecht auf Innovation* bzw. bei fehlender individueller Rechtsverletzung um eine entsprechende grundrechtliche Pflicht des Gesetzgebers zu innovationsaffiner Regulierung ergänzt (Scherzberg 2011, S. 43 f.; Gassner 2015, S. 159; vgl. auch Meyer 2011, S. 451 ff. zur Qualifizierung hemmenden Innovationsrechts als Eingriff in die Grundrechte von Patientinnen und Patienten). Denn der Umstand, dass das BVerfG in seinem Nikolaus-Beschluss den Anspruch auf Übernahme von Behandlungskosten durch die GKV davon abhängig macht, dass die vom Versicherten gewählte alternativ-medizinischen Behandlungsmethode eine *nicht ganz entfernt liegende Aussicht* auf Heilung oder auf eine spürbare positive Einwirkung auf den Krankheitsverlauf verspricht (BVerfGE 115, 49), verdeutlicht, dass sich die dort postulierte objektiv-grundrechtliche Förderungspflicht in den Bereich der Ungewissheit über künftige Heilungschancen des Produkts oder der Dienstleistung hineinerstrecken kann (Scherzberg 2011, S. 43). Generell gilt mit Blick auf das Grundrecht auf körperliche Unversehrtheit, dass das Risiko einer Beeinträchtigung bestehender Individualrechtsgüter und -interessen nicht grundsätzlich höher wiegt als die Eröffnung von Heilungschancen für künftige Grundrechtsträger (Scherzberg 2011, S. 44). Erlässt also der Gesetzgeber hemmendes Innovationsrecht, so kann dies dazu führen, dass zukünftigen Patientinnen und Patienten ein geeignetes Heilverfahren erst mit Verzögerung oder überhaupt nicht zur Verfügung steht und dadurch in deren Grundrecht auf körperliche Unversehrtheit eingegriffen wird. Der Gesetzgeber ist daher von Grundrechts wegen verpflichtet, verzögernde oder verhindernde Wirkungen innovationsrechtlicher Regelungen auf die Verfügbarkeit von Heilverfahren stets in die gesetzliche Güterabwägung einzubeziehen (so Meyer 2011, S. 474 für den Bereich der Risikoregulierung von Produkten).

Unter diesen abwehr- und objektivrechtlichen Gewährleistungsgehalt des Art. 2 Abs. 2 S. 1 GG fällt auch das Zellkerntransfer-Verfahren als technologische Grundlage therapeutischen Klonens.

Allerdings gibt es auch hier eine gegenläufige Betrachtungsweise. Sie gründet in der Überlegung, dass therapeutisches Klonen am Menschen bisher nicht erprobt wurde und die derzeitigen wissenschaftlichen Erkenntnisse daher keine Aussage darüber zulassen, mit welchen Risiken und Unsicherheiten ein solches Verfahren verbunden ist. Aus dieser Perspektive stellt sich zum einen die Frage, inwieweit die Vorgaben des Verfassungsrechts und insbesondere das Recht auf Leben und körperliche Unversehrtheit aus Art. 2 Abs. 2 S. 1 GG den Gesetzgeber zu einem Tätigwerden veranlassen müssen. Auf der anderen Seite stellt sich die Frage nach dem Mittel der Wahl zur Umsetzung eines entsprechenden Regulierungsbedarfs.

1. Verfassungsrechtliche Notwendigkeit einer Regulierung

Die Frage nach der Notwendigkeit gesetzgeberischen Tätigwerdens ist im Hinblick auf therapeutisches Klonen mit Art. 2 Abs. 2 S. 1 GG insofern verknüpft, als damit der objektiv-rechtliche Gehalt dieser Grundrechtsgarantie angesprochen wird.

Das BVerfG sieht in Art. 2 Abs. 2 S. 1 GG über seinen subjektiven Gehalt als Abwehrrecht hinaus ein objektiv-rechtliches Handlungsgebot für den Staat, das Grundrecht auf Leben und körperliche Unversehrtheit zu fördern und zu schützen (BVerfGE 39, 1 (36 ff.); 45 187 (254 f.); 88, 203 (251)). Diese staatliche Schutzpflicht ist dem BVerfG zufolge Ausdruck einer objektiven Werteordnung des Grundgesetzes und gilt umfassend auch im Hinblick auf Handlungen Dritter oder sogar rein zufällige Gefährdungen wie etwa Naturkatastrophen, deren Folgen durch staatliches Handeln präventiv beeinflussbar sind.

Aus diesem Verständnis heraus wird aus Art. 2 Abs. 2 S. 1 GG nach herrschender Auffassung nicht nur ein staatliches Gebot hergeleitet, abstrakte und konkrete Gefahren für

XI. Zur Zulässigkeit therapeutischen Klonens mittels Zellkerntransfer

das Leben und die Gesundheit der Bevölkerung abzuwehren, sondern auch im Sinne einer Gefahrenvorsorge bzw. eines Nachweltschutzes bestehenden Risiken für die durch Art. 2 Abs. 2 S. 1 GG geschützten Rechtsgüter präventiv zu begegnen.

In einer Hochtechnologiegesellschaft ist jedoch ein vollständiger Ausschluss potentiell grundrechtsgefährdender Risiken nicht erreichbar, sodass ein stetiges Restrisiko zu akzeptieren ist (BVerfGE 49, 89 (143); 53, 30 (59)). Hierauf aufbauend sieht das BVerfG den Gesetzgeber umso eher in der regulatorischen Verantwortung, je größer Art und Schwere möglicher Risiken für die über Art. 2 Abs. 2 S. 1 GG geschützten Rechtsgüter sind, auch wenn sich die Realisierung des Risikos als nur sehr entfernte Möglichkeit darstellt (BVerfGE 49, 89 (142)). Insofern erwächst eine Schutzpflicht des Staates insbesondere gegenüber der Anwendung moderner Technologien, deren Folgen nicht sofort sichtbar und deren Risiken daher nicht vollständig einschätzbar sind (BVerfGE 95, 173 (185)).

2. Entscheidungsspielräume des Gesetzgebers

Zur Konkretisierung der sich aus dem objektiven Wertgehalt des Grundrechts auf Leben und körperliche Unversehrtheit ergebenden Schutzpflichten im Sinne einer Gefahrenvorsorge bzw. Risikoprävention steht dem Gesetzgeber nach der Rechtsprechung des BVerfG ein weiter Wertungs-, Einschätzungs- und Gestaltungsspielraum zu (BVerfGE 46, 160 (164); 115, 118 (159 f.)). Dies umfasst auch die Wahl der Normierungsebene. Nicht jede Teilfrage eines zu regulierenden Bereichs muss demnach durch den parlamentarischen Gesetzgeber selbst geregelt werden, jedoch muss ein angemessener und wirksamer Mindestschutz gewährleistet sein (Schulze-Fielitz 2013, Art. 2 II Rn. 86 ff.). Dabei wird in der verfassungsrechtlichen Literatur davon ausgegangen, dass sich dieser Gestaltungsspielraum regelmäßig nicht so verdichtet, dass nur ein ganz bestimmtes gesetzgeberisches Tätigwerden geboten wäre (Schulze-Fielitz 2013, Band I, Art. 2 II Rn. 90 mit weiterführenden Hinweisen). Dabei ist aber anerkannt, dass mit zunehmenden Risikograd für die durch Art. 2 Abs. 2 S. 1 GG geschützten Rechtsgüter auch eine zunehmende Einengung des gesetzgeberischen Handlungsspielraums einhergeht, der bis zur Notwendigkeit eines zwingenden Strafrechtsschutzes führen kann, wenn vergleichbar effektive Möglichkeiten der Prävention nicht bestehen (BVerfGE 39, 1 (51, 65 f.))

3. Zusammenfassende Betrachtung und Schlussfolgerungen

Vor diesem Hintergrund ist es verfassungsrechtlich nicht geboten, das SCNT-Verfahren zum therapeutischen Klonen zu regeln, soweit der therapeutische Nutzen eines solchen Verfahrens in einem angemessenen Verhältnis zu den damit verbundenen Risiken steht. Namentlich im Kontext schwerster und auf anderem Weg nicht therapierbarer Erkrankungen wird dem Recht auf Therapie des Einzelnen ein Vorrang vor dem einem Allgemeininteresse dienenden staatlichen Auftrag zum Schutz vor den Risiken neuartiger Technologien einzuräumen sein.

III. Regulierungsbedarf aufgrund des verfassungsrechtlichen Status des Embryos?

Die zum verfassungsrechtlichen Status des Embryos vertretene Bandbreite an Ansichten ist ebenso umfangreich wie unübersichtlich (Merkel 2002; Hetz 2005, S. 91 ff.; Huwe 2006, S. 6 ff.; Müller-Terpitz 2007, S. 78 ff., 133 ff.; Schütze 2005, S. 252 ff.). Die in diesem Diskurs entscheidende Frage knüpft im vorliegenden Kontext des therapeutischen Klonens auch nicht an die als geboten empfundene Festlegung des Zeitpunkts des Beginns menschlichen Lebens an. Selbst der in der Literatur anzutreffende frühestmögliche Zeitpunkt für den Beginn menschlichen Lebens mit dem Abschluss der Befruchtung erfasst das Zellkerntransfer-Verfahren nicht. Denn eine Befruchtung im klassisch geschlechtlichen Sinn findet gerade nicht statt. Die im Zellkerntransfer-Verfahren liegende Duplikation der genetischen Information eines anderen Individuums im Gegensatz zu dessen Reproduktion wirft bereits die Frage auf, ob insoweit überhaupt eine Gleichstellung geschlechtlich erzeugter Embryonen und bloßer genetischer Duplikate in diesen Frühstadien geboten ist.

Letztlich kommt es darauf aber im Kontext der hier vorliegenden Fragestellung nach einem Regulierungsbedarf für das therapeutische Klonen nicht an. Unterstellt, ein Zellkerntransferembryo nehme an der Schutzgewährleistung des Menschenwürdesatzes teil, so kann letztlich allein deren objektiver Schutzgehalt ein entsprechendes Regulierungsanliegen des Gesetzgebers tragen (BVerfGE 88, 113). Der objektive Schutzgehalt des Menschenwürdesatzes ist aber kein Selbstzweck, sondern bietet gerade im Bereich biomedizinischer Verfahren und insbesondere im weiten Feld der Genetik eine dogmatische Grundlage zur Regulierung technologischer Verfahren nur insoweit, als diese mit unumkehrbaren Einwirkungen auf den späteren existierenden Grundrechtsträger verbunden sind. Diese Einschränkung der Grundrechtspositionen etwa der an solchen Verfahren arbeitenden Forscher oder betroffener Patienten, die sich auf diesem Weg die Möglichkeit einer Heilung oder Linderung ihrer Leiden versprechen, ist aber auf Basis des objektiven Wertegehalts des Menschenwürdesatzes nur hinnehmbar, wenn auch ein konkreter hinreichender Bezug zu einem späteren Würdeträger besteht. Dies ist aber für das Zellkerntransfer-Verfahren in den Fällen des therapeutischen Klonens ausgeschlossen, da die Erzeugung des Embryos allein der Gewinnung embryonaler Stammzellen dient, mithin also keinerlei Weiterentwicklung zu einem Individuum beabsichtigt ist.

Dem lässt sich zwar entgegenhalten, dass auf diesem Wege eine menschenwürdeverletzende Handlung (Instrumentalisierung des Embryos als „Rohstoff" der Stammzelltherapie) argumentativ zur Einschränkung des Menschenwürdegehalts selbst herangezogen würde. Eine unterschiedliche Schutzintensität verschiedener Stadien des entstehenden menschlichen Lebens ist der Rechtsordnung aber nicht fremd. Die §§ 218 ff. StGB sehen einen insoweit abgestuften Schutzgehalt hinsichtlich der Frühformen menschlichen Lebens vor. Kann etwa ein Schwangerschaftsabbruch bis zur 12. Schwangerschaftswoche letztlich indikationslos erfolgen, steigen die Anforderungen mit zunehmender Entwicklung des Fötus. Demgegenüber nehmen die §§ 218 ff. StGB selbst vernichtende Einwirkungen auf den Embryo vor Nidation ausdrücklich von einer Strafbarkeit aus, stellen den Embryo damit letztlich schutzlos. Dabei ist in diesem Kontext auch von Bedeutung, dass eine Vielzahl befruchteter Eizellen bereits ganz natürlich nicht zur Nidation gelangen, mithin also offensichtlich auch aus Sicht des Strafgesetzgebers daher keine Notwendigkeit bestand, diese Frühphase menschlichen Lebens auch unter strafrechtlichen Schutz zu stellen.

Die Situation eines im Wege des Zellkerntransfers entstandenen Embryos stellt sich nicht anders dar. Ähnlich der befruchteten Eizelle vor Nidation fehlt es auch hier an einem verfestigten Bezugspunkt zumindest zu der Möglichkeit des Embryos die weiteren Entwicklungsphasen hin zu einem menschlichen Individuum als Grundrechtsträger zu durchlaufen. Es fehlt damit an einem Bezug zu einem späteren Würdeträger, der die Einschränkung der grundrechtlichen Positionen Dritter auf Grundlage des objektiven Wertegehalts des Menschenwürdesatzes zu tragen vermag.

Mit Blick auf das Zellkerntransfer-Verfahren mit dem Ziel des therapeutischen Klonens besteht daher auch unter dem Gesichtspunkt des Menschenwürdesatzes aus Art. 1 Abs. 1 GG kein Regulierungsbedarf.

E. Ausblick und Regelungsvorschläge

I. Reformbedarf

Das ESchG ist seit seinem Erlass im Jahr 1990 nahezu unverändert geblieben. Die technologischen Entwicklungen auf dem Gebiet der Bio- und Fortpflanzungsmedizin haben den Stand des Gesetzes längst überholt. Darüber hinaus regelt das ESchG das Feld der Fortpflanzungs- und Biomedizin nur fragmentarisch. Ein einheitliches Regelungskonzept dieser Bereiche existiert bis heute nicht (BT-Drs. 14/9020, S. 64 f.; Laufs 2014, S. 74; Frister 2016, S. 322; Müller-Terpitz 2016, S. 52; Dethloff und Gerhardt 2013, S. 91; Krüger in: Rosenau 2012, S. 95). Die Behebung und Reform dieser grundlegenden Defizite ist Anliegen und Ziel des Augsburg-Münchner Entwurfs eines Fortpflanzungsmedizingesetzes (AME-FMedG). Vor diesem Hintergrund befasst sich der AME-FMedG in § 11 auch mit der Technik des Klonens.

II. Die Regelungsvorschläge des § 11 AME-FMedG

Die Autoren des AME-FMedG konnten sich zu keiner einhelligen Auffassung bezüglich eines Regelungsvorschlages für das Klonen durchringen. Das AME-FMedG stellt unter Abschnitt 3 „Missbräuchliche Fortpflanzungstechniken" daher in § 11 zwei Alternativen zur Auswahl:

Regelungsvorschlag 1:
Jedes Handeln ist verboten, das auf die Entstehung eines Embryos abzielt, dessen Kerngenom mit dem eines anderen Embryos, eines Fötus, eines geborenen oder eines verstorbenen Menschen identisch ist.

Regelungsvorschlag 2:
Jedes Handeln ist verboten, das auf die Geburt eines Menschen abzielt, dessen Kerngenom mit dem eines anderen lebenden oder verstorbenen Menschen identisch ist.

Ein Verstoß gegen § 11 AME-FMedG wird gem. § 27 AME-FMedG mit Freiheitsstrafe bis zu einem Jahr oder Geldstrafe bestraft.

Beiden Regelungsvorschlägen ist gemein, dass sie das Klonen zu reproduktiven Zwecken ausnahmslos verbieten. Damit wird jede Klontechnik umfasst, die auf die Geburt eines Menschen abzielt.

Die bisher diskutierte Streitfrage, ob der Begriff der genetischen Identität im Hinblick auf die bei Zellkerntransfer-Verfahren das Original und den Klon unterscheidende Mitochondrien-DNS qualitativ oder quantitativ verstanden werden muss, löst der Entwurf zugunsten letzterer Variante. Der Tatbestand der Regelungsvorschläge wird ausdrücklich auf das Kerngenom reduziert, die Unbeachtlichkeit der mitochondrialen DNS für die Begriffsdefinition des Klonens damit kodifiziert.

Regelungsvorschlag 1 untersagt darüber hinaus auch das Klonen zu therapeutischen Zwecken, als (Unter-)Form des reproduktiven Klonens (Kersten 2004, S. 555). Bereits die Schaffung eines Embryos mit dem gleichen Kerngenom wird mit Strafe bedroht, unabhängig von der damit verfolgten Zielsetzung. Nach der Legaldefinition des § 3 Nr. 3 AME-FMedG soll unter dem Begriff Embryo, *jede menschliche totipotente Zelle, die sich bei Vorliegen der dafür erforderlichen Voraussetzungen zu teilen und zu einem Individuum zu entwickeln vermag,* fallen. Insoweit wird der Begriff gegenüber dem heutigen Verständnis des ESchG erweitert und an die derzeit nach dem StZG bestehende Rechtslage angepasst. Das Verfahren des somatischen Zellkerntransfers wäre damit ausnahmslos verboten (einen Regelungsvorschlag für ein Totalverbot des reproduktiven und des therapeutischen Klonens gibt bereits Kersten 2004, S. 578 f.). Ein solches Totalverbot sähe sich indes erheblichen verfassungsrechtlichen Bedenken ausgesetzt.

Vorzugwürdig ist daher der im zweiten Regelungsvorschlag des § 11 AME-FMedG niedergelegte liberale Ansatz, der ausdrücklich das therapeutische Klonen aus dem Anwendungsbereich der Verbotsnorm ausnimmt. Anknüpfungspunkt für das strafbewehrte Klonverbot des § 11 AME-FMedG ist insoweit nicht die Herstellung einer genetischen Kopie eines Individuums, sondern die damit verfolgte Zielsetzung, nämlich die Herbeiführung der Geburt eines Menschen. Eben diese Zielsetzung ist aber das entscheidende Abgrenzungskriterium zwischen dem therapeutischen und dem reproduktiven Klonen. Letztlich kann daher aus einem Umkehrschluss heraus die generelle Zulässigkeit des therapeutischen Klonens nach dem AME-FMedG gefolgert werden.

Dies steht letztlich auch im Einklang mit der europäischen Rechtslage (Gassner et al. 2013, S. 69). Die Europäische Grundrechtecharta sieht in Art. 3 Abs. 2 lit. d lediglich ein Verbot des reproduktiven Klonens vor, ebenso wie Art. 18 Abs. 2 der Biomedizin-Konvention (BMK). Die Erzeugung menschlicher Embryonen zu Forschungszwecken ist nach dem BMK zwar untersagt, unklar ist aber, ob dies auch den in vitro erzeugten Embryo umfasst. Ein Konsens der Mitgliedstaaten des Europarats zu dieser Frage besteht nicht (Gassner et al. 2013, S. 69).

III. Notwendigkeit einer eigenständigen Regelung

Ausgehend von den Entwurfsvorschlägen des AME-FMedG wurde jüngst die Notwendigkeit einer eigenständigen rechtlichen Regelung des therapeutischen Klonens postuliert (Dorneck 2018, S. 361). Zur Vermeidung ansonsten drohender Rechtsunsicherheit und zur Sicherung medizinischer Standards sei ein präventives Verbot mit Erlaubnisvorbehalt für anderweitig nicht behandelbare Krankheiten erforderlich (Dorneck 2018, S. 364).

Dieses Streben nach einer liberalen Regelung des therapeutischen Klonens ist begrüßenswert. Jedoch bleibt letztlich die Frage, ob ein solches Verbot mit Erlaubnisvorbehalt tatsächlich die gewünschte Rechtssicherheit herzustellen vermag. Schon die Grenzziehung zwischen anderweitig nicht behandelbaren und anderweitig behandelbaren Krankheiten ist schwierig und wirft zahlreiche Fragen auf: Ist „behandelbar" im Sinne dieses Erlaubnisvorbehalts gleichzusetzen mit „heilbar"? Wären demnach Patienten, die an therapeutisch beherrschbaren, aber nicht heilbaren Krankheiten leiden, der Weg des therapeutischen Klonens versagt? Muss es sich um eine originär nicht behandelbare Krankheit in dem Sinne handeln, dass generell keine wirksamen Behandlungsmöglichkeiten zur Verfügung stehen? Oder handelt es sich um eine individuelle Unbehandelbarkeit etwa aufgrund der Entdeckung der Erkrankung in einem weit fortgeschrittenen Stadium oder der individuellen Konstitution des Patienten, die eine Anwendung der herkömmlichen Behandlungsmethoden unmöglich macht? Beide Alternativen hätten zur Folge, dass der Zugang zu einem therapeutischen medizinischen Verfahren nur einer bestimmten Personengruppe vorbehalten wäre. Im ersten Fall, weil diese an einer nicht behandelbaren Krankheit leiden, obwohl möglicherweise andere therapierbare aber nicht heilbare Erkrankungen einen ähnlichen Leidensdruck verursachen. Im zweiten Fall, weil es allein von zufälligen Faktoren abhängt, ob der Erlaubnisvorbehalt des therapeutischen Klonens erfüllt ist. Es erscheint verfassungsrechtlich aber gerade im Kontext eines allgemeinen staatlichen Schutzauftrags und dem daraus resultierenden Anspruch auf Zugang zu verfügbaren medizinischen Verfahren nicht zu rechtfertigen, eine wie auch immer begründete Differenzierung an dieser Stelle vorzunehmen. Daher überzeugt es nicht, die rechtliche Zulässigkeit des therapeutischen Klonens differenzierend oder graduell zu beurteilen.

Dabei darf auch nicht übersehen werden, dass, wie oben dargelegt, schon die derzeitige Rechtslage das therapeutische Klonen zur Gewinnung von ES-Zellen zulässt. Jede Einschränkung im Sinne eines Verbots mit Erlaubnisvorbehalt stellt damit keinen Fortschritt zu einer liberaleren Rechtslage dar, sondern führt in innovations- und damit auch patientenfeindliche Untiefen.

Was an zusätzlicher Regulierung einzig sinnvoll erscheint, ist daher nur eine klarstellende Gesetzesänderung. Insoweit ist der Regelungsvorschlag 2 des § 11 AME-FMedG, der allein das reproduktive Klonen in den Anwendungsbereich der Verbotsnorm einbezieht, im Interesse von mehr Rechtssicherheit und Rechtsklarheit in dieser Frage ausdrücklich zu begrüßen.

Literaturverzeichnis

Bülow, D. v. 1997. Dolly und das Embryonenschutzgesetz. *Deutsches Ärzteblatt* 94: A 718–A 725.

Bülow, D. v. 2001. Embryonenschutzgesetz. In *Genmedizin und Recht*, Hrsg. St. F. Winter et al., 127–154. München: C. H. Beck.

Dahs, H. und B. Müssig. 2003. Wissenschaft(ler) in der Strafrechtsfalle? Zu den strafrechtlichen Auswirkungen des Stammzell-Gesetzes. *Medizinrecht* 11: 617–623.

Dederer, H.-G., 2003. Verfassungskonkretisierung im Verfassungsneuland: das Stammzellgesetz. *Juristenzeitung* 20: 986–994.

Dederer, Hans-Georg. 2012. *Stammzellgesetz.* Nomos-BR.

Dethloff, N. und R. Gerhardt. 2013. Ein Reproduktionsmedizingesetz ist überfällig. *Zeitschrift für Rechtspolitik*, 91–93.

Deuring, S., 2017. Die „Mitochondrienspende" im deutschen Recht. Zur Strafbarkeit des Kerntransfers zwischen unbefruchteten und imprägnierten Eizellen nach dem Embryonenschutzgesetz. *Medizinrecht* 35: 215–220.

Dorneck, Carina. 2018. *Das Recht der Reproduktionsmedizin de lege lata und de lege ferenda. Eine Analyse zum AME-FMedG.* Baden – Baden: Nomos VS.

Eberbach, W.-E. 2016. Genome – Editing und Keimbahntherapie. Tatsächliche, rechtliche und rechtspolitische Aspekte. *Medizinrecht* 34: 758–773.

Faltus, Timo, 2011. *Handbuch Stammzellenrecht. Ein rechtlicher Praxisleitfaden für Naturwissenschaftler, Ärzte und Juristen.* Halle-Wittenberg: Universitätsverlag HW.

XI. Zur Zulässigkeit therapeutischen Klonens mittels Zellkerntransfer

Faltus, T. 2016. Keine Genehmigungsfähigkeit von Arzneimitteln auf der Grundlage humaner embryonaler Stammzellen. Begrenzter Rechtsschutz gegen genehmigte klinische Studie, Herstellung und das Inverkehrbringen. *Medizinrecht* 34: 250–257.

Frister, H. 2016. Wider die Doppelmoral im Recht der Fortpflanzungsmedizin. *medstra*: 321–322.

Gassner, U. M., J. Kersten, M. Krüger, J. F. Lindner, H. Rosenau und U. Schroth. 2013. *Fortpflanzungsmedizingesetz. Augsburg-Münchner-Entwurf.* Tübingen: Mohr Siebeck.

Gassner, U. M. 2015. Rechtsfragen der frühen Nutzenbewertung neuer Untersuchungs- und Behandlungsmethoden mit Hochrisikoprodukten – Teil 2. *Medizin Produkte Recht* 148–159.

Gerke, S. und J. Taupitz. 2018. Rechtliche Aspekte der Stammzellforschung in Deutschland: Grenzen und Möglichkeiten der Forschung mit humanen embryonalen Stammzellen (hES-Zellen) und mit humanen induzierten pluripotenten Stammzellen (hiPS-Zellen). In *Stammzellforschung. Aktuelle wissenschaftliche und gesellschaftliche Entwicklungen*, Hrsg. M. Zenke, L. Marx-Stölting, H. Schickl, 209–235. Baden-Baden: Nomos VS.

Günther, Hans-Ludwig, J. Taupitz und P. Kaiser. 2. Aufl. 2014. *Embryonenschutzgesetz. Juristischer Kommentar mit medizinisch-naturwissenschaftlichen Grundlagen.* Stuttgart: Kohlhammer.

Gutmann, T. 2. Aufl. 2001. Auf der Suche nach einem Rechtsgut: Zur Strafbarkeit des Klonens von Menschen. In *Medizinstrafrecht*, Hrsg. K. Roxin und U. Schroth, 253–379. Stuttgart: R. Boorberg.

Hartleb, T., 2006. Verstößt die Bestrafung des „therapeutischen Klonens" gegen Art. 103 II GG? Zur verfassungskonformen Auslegung von § 8 I EschG. *Juristische Rundschau* 3: 98–102.

Heinemann, Thomas und J. Kersten. 2007. *Stammzellforschung. Naturwissenschaftliche, rechtliche und ethische Aspekte.* Freiburg/München: Verlag Karl Alber.

Hetz, Silke. 2005. *Schutzwürdigkeit menschlicher Klone? Eine interdisziplinäre Studie aus medizinrechtlicher Sicht.* Baden-Baden: Nomos VS.

Hilgendorf, E. 2001. Klonverbot und Menschenwürde. In *Staat, Kirche, Verwaltung. Festschrift für Hartmut Maurer*, Hrsg. M.-E. Geis und D. Lorenz, 1147–1164. München: C. H. Beck.

Huwe, Juliane. 2006. *Strafrechtliche Grenzen der Forschung an menschlichen Embryonen und embryonale Stammzellen. Eine Untersuchung zu EschG und StZG unter besonderer Berücksichtigung internationalstrafrechtlicher Bezüge.* Hamburg: Dr. Kovac.

Kersten, Jens. 2004. *Das Klonen von Menschen.* Tübingen: Mohr Siebeck.

Krüger, Matthias. 2012. Präimplantationsdiagnostik de lege lata et ferenda, In *Ein zeitgemäßes Fortpflanzungsmedizingesetz für Deutschland*, Hrsg. H. Rosenau, 69–95. Baden-Baden: Nomos VS.

Laufs, A., 2014. Ein zeitgemäßes Fortpflanzungsmedizingesetz für Deutschland, Rezession, *Medizinrecht* 32: 74–75.

Merkel, Reinhard. 2002. *Forschungsobjekt Embryo. Verfassungsrechtliche und ethische Grundlagen der Forschung an menschlichen embryonalen Stammzellen.* München: Deutscher Taschenbuch Verlag.

Meyer, S., 2011. Risikovorsorge als Eingriff in das Recht auf körperliche Unversehrtheit. Gesetzliche Erschwerung medizinischer Forschung aus Sicht des Patienten als Grundrechtsträger. *Archiv des öffentlichen Rechts* 136: 428–478.

Middel, Anette. 2006. *Verfassungsrechtliche Fragen der Präimplantationsdiagnostik und des therapeutischen Klonens.* Baden-Baden: Nomos VS.

Müller-Terpitz, R., 2001. Die neuen Empfehlungen der DFG zur Forschung mit menschlichen Stammzellen – Ein Weg aus dem bioethischen und verfassungsrechtlichen Dilemma? *Wissenschaftsrecht* 34: 271–286.

Müller-Terpitz, Ralf. 2007. *Der Schutz des pränatalen Lebens.* Tübingen: Mohr Siebeck.

Müller-Terpitz, R., 2016. „EschG 2.0." – Plädoyer für eine partielle Reform des Embryonenschutzgesetzes. *Zeitschrift für Rechtspolitik*: 51–54.

Müller-Terpitz, Ralf. 3. Aufl. 2018. Kommentierung zum StZG. In *Medizinrecht*, Hrsg. A. Spickhoff. München: C. H. Beck.

Rosenau, Henning. 2003. Reproduktives und therapeutisches Klonen. In *Strafrecht – Biorecht – Rechtsphilosophie. Festschrift für Hans-Ludwig Schreiber zum 70. Geburtstag*, Hrsg. K. Amelung, W. Beulke, H. Lilie, H. Rosenau, H. Rüping, G. Wolfslast, 761–781. Heidelberg: C. F. Müller.

Sachs, Michael. 3. Aufl. 2017. *Verfassungsrecht II – Grundrechte*. Berlin, Heidelberg: Springer Verlag.

Scherzberg, A. 2011. Grundlagen staatlicher Risikosteuerung. In *Risikoregulierung im Bio-, Gesundheits- und Medizinrecht*, Hrsg. M. Albers, 35–56. Baden-Baden: Nomos VS.

Schickl, H., M. Braun, J. Ried, und P. Dabrock. Abweg Totipotenz. Rechtsethische und rechtspolitische Herausforderungen im Umgang mit induzierten pluripotenten Stammzellen. *Medizinrecht* 32: 857–862.

Schütze, H., 2005. Rechtliche Aspekte des therapeutischen Klonens in Deutschland, England, den USA und Frankreich. In *Therapeutisches Klonen als Herausforderung für die Statusbestimmung des menschlichen Embryos*, Hrsg. P. Dabrock, J. Ried, 251–275. Paderborn: mentis Verlag.

Schulze-Fielitz, Helmut. 2013. In *Grundgesetz Kommentar: GG. Band I: Präambel, Artikel 1–19*, Hrsg. H. Dreier. Tübingen: Mohr Siebeck.

Schwarz, K.-A., 2003. Strafrechtliche Grenzen der Stammzellforschung? Zugleich ein Beitrag zur räumlichen Geltung der Grundrechtsgewährleistungen des Grundgesetzes. *Medizinrecht* 3: 158–163.

Starck, C., 2012. Anmerkung zur Entscheidung des EuGH vom 18. 10. 2011 (C-34/10). *Juristenzeitung*: 145–147.

Taupitz, Jochen. 2013. Menschenwürde von Embryonen: Das Patentrecht als Instrument der Fortentwicklung europäischen Primärrechts? In *Mensch und Recht. Festschrift für Eibe Riedel zum 70. Geburtstag*, Hrsg. D. Hanschel, S. Graf Kielmansegg, U. Kischel, C. Koenig und R. A. Lorz, 505–520. Berlin: Duncker und Humblot.

Taupitz, J. 2001. Der rechtliche Rahmen des Klonens zu therapeutischen Zwecken. *Neue Juristische Wochenschrift* 3433–3440.

Weschka, M. 2010. *Präimplantationsdiagnostik, Stammzellforschung und therapeutisches Klonen: Status und Schutz des menschlichen Embryos vor den Herausforderungen der modernen Biomedizin*. Berlin: Duncker & Humblot.

Witteck, L. und C. Erich. 2003. Straf- und verfassungsrechtliche Gedanken zum Verbot des Klonens von Menschen. *Medizinrecht* 5: 258–262.

XII. „Theorie" und Praxis des Risikorechts
Stephan Meyer

Abstract

Der Beitrag möchte Kernelemente der deutschen und europäischen Dogmatik zum Umgang des Rechts mit ungewissen Rechtsgutgefährdungen interdisziplinär zugänglich machen. Dieser „Theorie" wird die rechtliche Praxis – in Gestalt von Rechtsetzung und Rechtsprechung – vorgehalten und werden dabei Abweichungen von den Rationalitätsanforderungen der dogmatischen Grundkonzeption identifiziert. Diese Abweichungen führen dazu, dass das Recht – in praktischer Hinsicht – berechtigte Erwartungen an die Intensität des Grundrechtsschutzes von Forschung, Entwicklung und Anwendung neuer Technologien nach einem erratischen Muster verfehlt.

Deshalb wird anschließend überlegt, wie mit diesem Befund rechtspolitisch umzugehen ist. Der Umstand, dass es sich bei der Stammzellenforschung gerade um ein Gebiet der Medizin handelt, kann die Aufrechterhaltung einer innovationsfreundlichen politischen Haltung begünstigen.

I. Umgang mit ungewissen Rechtsgutgefährdungen: deutsche und europäische Dogmatik

1. Deutschland

Der Umgang des deutschen Rechts mit ungewissen Rechtsgutgefährdungen („Risiko[verwaltungs]recht") erschließt sich am besten in Abgrenzung zu dem traditionellen Ansatz des Rechtsgüterschutzes: Die sogenannte „Gefahrenabwehr".

Der juristische Begriff der „Gefahr" weicht vom Alltagsverständnis ab: Eine Gefahr[1] liegt vor, wenn im Falle des ungehinderten Fortgangs eines Geschehensverlaufs *mit hinreichender Wahrscheinlichkeit* ein Schaden an einem geschützten Rechtsgut eintreten wird (Meyer 2017b, S. 1259).[2]

Demgegenüber versteht die Alltagssprache „Gefahr" meist nur als physische Schädlichkeit. „Gefahr" im Rechtssinne meint indes einen *normativen Schwellenwert*, der das Ausmaß definiert, welches eine Schutzgutgefährdung erreichen muss, damit (grundrechts-)eingreifende Gefahrenabwehrmaßnahmen der Behörden zur Unterbrechung des schadensträchtigen Geschehensverlaufs erlaubt sein können.[3]

---

[1] Die Differenzierung zwischen konkreter und abstrakter Gefahr wird im vorliegenden Rahmen nicht berücksichtigt. Zu ihr Meyer (2017a, S. 432 f.; 2017b, S. 1268 f.).

[2] Siehe die Legaldefinitionen in § 2 Nr. 3 Buchst. a BremPolG, § 3 Abs. 3 Nr. 1 SOG M-V, § 2 Nr. 1 Buchst. a Nds. SOG, § 3 Nr. 3 Buchst. a SOG LSA, § 54 Nr. 3 Buchst. a ThürOBG.

[3] Trotz Eröffnung des Gefahrentatbestands kann einem Erlaubtsein eingreifender Gefahrenabwehr im Einzelfall noch die Unverhältnismäßigkeit aller geeigneten Gefahrenabwehrmaßnahmen entgegenstehen.

Eine Gefahr erfordert also die Betroffenheit eines von der Rechtsordnung anerkannten Schutzgutes und das „Hinreichen" der Eintrittswahrscheinlichkeit eines Schadens. Ein Wahrscheinlichkeitsurteil ist deshalb unverzichtbar, weil Gefahrenabwehr ihrer Natur nach in die Zukunft gerichtet ist. Diese ist stets zu einem gewissen Grade *ungewiss*.

Ob im Einzelfall die Eintrittswahrscheinlichkeit des Schadens „hinreichend" ist, hängt ab vom zu erwartenden Ausmaß der Beeinträchtigung des geschützten Rechtsguts für den Fall, dass der Schaden tatsächlich eintritt, und vom Stellenwert dieses Rechtsguts – mit anderen Worten, von der *Schadenshöhe* im Falle des Schadenseintritts. Je größer die Schadenshöhe, desto niedriger darf die Eintrittswahrscheinlichkeit sein, um dennoch als „hinreichend" zu gelten (*Je-desto-Formel*). Eine Gefahr liegt somit vor im Falle eines *nennenswerten Erwartungsschadens* (Schadenshöhe * Eintrittswahrscheinlichkeit).

Das Gefahrenabwehrrecht dient damit einer fairen Verteilung der Irrtumslast zwischen dem Träger des geschützten Rechtsguts und den potentiellen Adressaten grundrechtseingreifender Gefahrenabwehrmaßnahmen. Unterhalb der Gefahrenschwelle – also bei nicht hinreichender Eintrittswahrscheinlichkeit – hat der Schutzgutträger die dennoch nicht auszuschließende Möglichkeit des Schadenseintritts als allgemeines Lebensrisiko hinzunehmen (Meyer 2017b, S. 1260).

Die Gefahrenabwehrdogmatik geht auch in ihrer heutigen Gestalt noch unmittelbar auf das berühmte Kreuzberg-Urteil des Preußischen Oberverwaltungsgerichts von 1882 zurück.[4] Das bedeutet, wir besitzen bereits fast 140 Jahre (Rechtsprechungs-)Erfahrung mit der Anwendung des Gefahrenbegriffs. Diese Erfahrung sorgt dafür, dass die Eröffnung des Gefahrentatbestandes einigermaßen vorhersehbar ist – obwohl es sich bei der Beurteilung, ob die Eintrittswahrscheinlichkeit *„hinreichend"* ist, offensichtlich um eine Wertung handelt, die nicht mit quasi-mathematischer Präzision zu treffen ist. Der Gefahrentatbestand erweist sich daher als rechtsstaatlich noch hinreichend bestimmt und somit auch als rational beherrschbar.

Das *Risikorecht* bedeutet demgegenüber eine neuere Rechtsentwicklung, die sich vom Gefahrenabwehrrecht bewusst abgrenzt (vgl. Jaeckel 2010, S. 49, 87). Es ist einem rechtspolitischen Bedürfnis entsprungen, zumindest in bestimmten Lagen auch unterhalb der Gefahrenschwelle einzugreifen. Freilich ist weder die Welt noch die Wahrnehmung der Welt tatsächlich unsicherer geworden. Vielmehr war das Unbekannte in Zeiten geringerer menschlicher Naturbeherrschung viel bedrohlicher präsent als in unserer Gegenwart. Was sich jedoch vor allem im Verlauf des 20. Jahrhunderts geändert hat, ist der Beherrschbarkeitsglaube bzw. das Beherrschbarkeitsverlangen der Gesellschaft – Das Unbekannte als Zumutung, um die der Staat sich zu kümmern habe.

---

4   Preußisches Oberverwaltungsgericht, Urteil vom 14.7.1882, PrOVGE 9, 353.

XII. „Theorie" und Praxis des Risikorechts

Keimzelle des Risikorechts ist die friedliche Nutzung der Kernenergie – wenngleich ausgerechnet dort der Gesetzgeber auf eine Differenzierung verzichtet:[5] Das Atomrecht ordnet *Risikovorsorge* und *Gefahrenabwehr* in § 7 Abs. 2 Nr. 3 AtG[6] einheitlich dem Rechtsbegriff der „nach dem Stand von Wissenschaft und Technik erforderlichen Vorsorge gegen Schäden" unter. Es besitzt hierfür indes ein gegenstandsspezifisches sachgesetzliches Mandat.[7]

Außerhalb des Atomrechts sind Gefahrenabwehr und Risikovorsorge hingegen deutlich zu unterscheiden, wenngleich sie nicht völlig unverbunden nebeneinander stehen. Als Scharnierstelle fungiert der sogenannte *Gefahrenverdacht*.

Ein Gefahrenverdacht liegt vor, wenn die zuständige Behörde das Vorliegen einer hinreichenden Wahrscheinlichkeit eines Schadenseintritts lediglich für möglich hält. Es besteht ein Informationsdefizit, das der Behörde bewusst ist, und das die Bejahung der hinreichenden Wahrscheinlichkeit derzeit nicht zulässt. Die Gefahrenschwelle als Voraussetzung für eingreifende Gefahrenabwehrmaßnahmen ist somit noch nicht überschritten.[8]

---

5   Erst die Rechtsprechung entflechtet diesen wieder zur „bestmöglichen Gefahrenabwehr und Risikovorsorge", BVerfGE 49, 89 (143); 53, 30 (58 f.); BVerfGK 14, 402 (407); entspr. BVerwGE 72, 300 (316); 142, 159 (168, Rn. 25); VGH Mannheim, Urt. v. 30.10.2014 – 10 S 3450/11, Rn. 85 = DVBl 2015, 189.

6   Urspr. § 7 Abs. 2 Nr. 2 Gesetz über die friedliche Verwendung der Kernenergie und den Schutz gegen ihre Gefahren vom 23. Dezember 1959, BGBl. I, S. 814.

7   Aufgrund des zu erwartenden Schadensausmaßes bei kerntechnischen Unfällen ist die für ein Überschreiten der Gefahrenschwelle *hinreichende* Wahrscheinlichkeit wegen der Je-desto-Formel sehr niedrig und es ist daher kaum zu bestimmen, wo und ob überhaupt die Gefahrenabwehr endet. Des Weiteren ist die Schadenswirkung ionisierender Strahlung und der Expositionspfad grundsätzlich bekannt. Somit steht für die Gefahrenabwehr, die eine prinzipielle Bekanntheit des Schadensverlaufs voraussetzt, breiterer Raum zur Verfügung (bei anderen Technologien ist häufig bereits die Schädlichkeit an sich, zumindest aber Expositionsweg bzw. -ausmaß ungewiss und daher befindet man sich dort leichter im Risikobereich. Beispiel: *Bisphenol A*, bei dem immer noch – vor allem beim Thermopapier – die auf den Menschen übergehende Stoffmenge nicht geklärt ist, s. http://www.bfr.bund.de/de/fragen_und_antworten_zu_bisphenol_a_in_verbrauchernahen_produkten-7195.html). Und schließlich: Die Anlagenbezogenheit erlaubt eine räumliche und zeitliche Zuordnung von Schadensursache und Geschädigten. Dies ermöglicht – anders als etwa beim (sonstigen) Emissionsschutz –, auch der Vorsorge drittschützende Wirkung zuzuerkennen und sie damit dogmatisch näher an die Gefahrenabwehr heranzurücken. Denn Drittschutz hängt von der Individualisierbarkeit eines betroffenen Personenkreises ab und im Atomrecht somit davon, ob „an einem für den Betroffenen ‚bedeutsamen Standort', also an seinem Wohnort, Arbeitsplatz oder Aufenthaltsort radioaktive Konzentrationen zu erwarten sind, die nach den Wertungen des Atomgesetzes nicht hingenommen werden müssen […]. Mit dem jeweiligen Einwirkungsbereich einer Anlage verbindet sich also ein bestimmbarer Kreis betroffener Personen", BVerwG, Urt. v. 14.03.2013 – 7 C 34.11, Rn. 39 = NVwZ 2013, 1407. Entsprechend BVerwGE 142, 159 (164, Rn. 18); 131, 129 (136, 138 f., Rn. 19, 22); 101, 347 (350 f.); 70, 365 (368 f.); 61, 256 (263 ff.).

8   BVerwGE 116, 347 (351 f.); OVG Münster, Beschl. v. 6.8.2015 – 5 B 908/15, juris Rn. 5; NVwZ-RR 2012, 470 (471).

Situationen des Gefahrenverdachts werden teilweise vom Gesetzgeber ausdrücklich als Eingriffsschwelle normiert, in der Regel mit der Wendung von „Tatsachen/tatsächlichen Anhaltspunkten, die die Annahme rechtfertigen, dass ..."[9].

Rechtsprechung und weite Teile des Schrifttums verzichten indes auf das Erfordernis einer ausdrücklichen gesetzlichen Grundlage einer Einschreitensbefugnis bei bloßem Gefahrenverdacht und machen stattdessen die gefahrenabwehrrechtliche Generalklausel[10] und ggf. Spezialbefugnisse fruchtbar, die zumindest einen sogenannten *Gefahrenerforschungseingriff* gestatten sollen, der der Abklärung des Vorliegens einer Gefahr dient.[11] Diesem Eingriff liegt der Gedanke zu Grunde, dass zwar gegenwärtig ein Informationsdefizit besteht, dieses aber rasch durch eine (eingreifende) Informationsbeschaffungsmaßnahme beseitigt werden kann und somit eine abschließende Entscheidung über die Zulässigkeit von Gefahrenabwehrmaßnahmen möglich ist.

Das Risikorecht betrifft nun ebenfalls Lagen, in denen ein Schadenseintritt für möglich gehalten wird und die Eintrittswahrscheinlichkeit nicht zuverlässig genug beurteilt werden kann, um deren „Hinreichen" bereits zu bejahen. Anders als beim klassischen Gefahrenverdacht scheidet indes eine rasche Beseitigung des Informationsdefizits aus, weil nicht nur die handelnden Amtspersonen „subjektiv" unkundig sind, sondern das Weltwissen „objektiv" eine Lücke aufweist. Hierin liegt der Grund, weshalb das Risikorecht gerade (neue) Technologien betrifft bzw. Lebenssachverhalte, deren verständige Erfassung nur die Naturwissenschaften bewältigen (Ehnert 2017, S. 17 ff.). Ein rasch zum Erfolg führender Gefahrenerforschungseingriff ist hier also, anders als beim Gefahrenverdacht, nicht denkbar.

Im Falle eines Risikos wird also – ebenso wie beim Gefahrenverdacht[12] – der Eintritt einer Rechtsgutbeeinträchtigung für möglich gehalten („Besorgnispotenzial"), *ohne* dass bereits von einem Überschreiten der Gefahrenschwelle ausgegangen werden dürfte. Auf die fehlende Möglichkeit einer raschen Beseitigung des Informationsdefizits bei

---

9   Ausf. Meyer (2017b, S. 1267 ff.; 2017a, S. 432 ff.); s. auch Ogorek (2018, S. 695 in FN 72); im einzelnen str., zur Diskussion siehe die genannten Quellen.

10 Zum Beispiel § 14 Abs. 1 BPolG: „Die Bundespolizei kann zur Erfüllung ihrer Aufgaben [...] die notwendigen Maßnahmen treffen, um eine Gefahr abzuwehren, soweit nicht dieses Gesetz die Befugnisse der Bundespolizei besonders regelt.".

11 BVerwGE 116, 347 (351 ff.); VGH München BayVBl 2017, 303 (303, Abs. 17); VGH Kassel, Beschl. v. 1.2.2017 – 8 A 2105/14.Z, juris Rn. 54; OVG Bautzen, SächsVBl 2014, 240 (241, Abs. 6); VGH Mannheim VBlBW 2014, 56 (57); OVG Koblenz, 24.1.2013 – 7 A 10816/12, juris Rn. 30; OVG Lüneburg OVGE MüLü 55, 456 (461) = NdsVBl 2013, 68 (69); Geis/Götz (2017, § 6 Rn. 31); Schoch (2013, 2. Kap., Rn. 147). Diese Auffassung ist mit der Kerndogmatik des Gefahrenabwehrrechts nur schwer in Übereinstimmung zu bringen, dazu Möstl (2005, S. 53 in FN 43; 2002, S. 173, 181, 184); Di Fabio (1994, S. 316 ff.); Schenke (2018, § 3 Rn. 88 ff.); Thiel (2016, § 8 Rn. 61 ff.).

12 Zur Verwandtschaft von Gefahrenverdacht und Risiko Calliess (2001a, S. 156 f., 167 f.), Di Fabio (1994, S. 74 ff., 107), Jaeckel (2010, S. 78 ff., 287 ff.).

Risikolagen hat die Rechtsordnung mit dem *Vorsorgeprinzip* reagiert. Neben eingreifenden Maßnahmen zur Informationsgewinnung gestattet es auch Eingriffe, die das Risiko durch eine Unterbrechung von Geschehensverläufen mindern (s. Möstl 2002, S. 252 f.). Dabei verlangt jedoch der Grundsatz der Risikoproportionalität,[13] der Ungewissheit einer tatsächlichen Rechtsgutgefährdung Rechnung zu tragen. Totalverbote kommen in der Regel nicht in Betracht,[14] sondern vielmehr expositions- bzw. emissionsvermeidende Ansätze gemäß des jeweiligen Standes der Wissenschaft oder Technik im Rahmen des wirtschaftlich Vertretbaren (Erstellung einer Risikobewertung als Genehmigungsvoraussetzung, Monitoringpflichten, einzelne Verkehrsverbote, Containmentpflichten und – exemplarisch im Gentechnikrecht – Step-by-step-Verfahren) (Meyer 2015, S. 68). Vorsorgemaßnahmen sind zudem grundsätzlich als vorläufig zu behandeln (Di Fabio 1994, S. 162 ff., 304 ff.; Scherzberg 2004, S. 243 ff.; Valdes 2012, S. 67). Denn Risikoregulierung ist paradox: Wegen der Ungewissheit weiß man überhaupt nicht, ob die Regulierung nicht in Wahrheit einen Nettoschaden in Form entgangenen Nutzens anrichtet. Aus diesem Grunde ist meines Erachtens auch die Vorstellung von einem „Besorgnispotenzial" zu präzisieren. Ein „allgemeines Besorgtsein" des Gesetzgebers reicht nicht. Wenn die Rechtsordnung die Gefahrenschwelle als Eingriffsvoraussetzung definiert, dann kann die Unvollständigkeit des Gefahrentatbestands (keine hinreichende Wahrscheinlichkeit) bei Risikolagen nicht völlig bedeutungslos bleiben. Deshalb muss die Besorgnis – ebenso wie beim Gefahrenverdacht – mindestens darauf gerichtet sein, dass die *Gefahren*schwelle *bereits überschritten ist* bzw. im Falle des Nichtstuns *überschritten werden wird* (Meyer 2015, S. 69 f.).[15] Das Erlaubtsein vorläufiger Eingriffe zur Risikominderung finden ihre Rechtfertigung dann darin, dass in einem wesentlich späteren Zeitpunkt, in dem gegebenenfalls das Vorliegen einer Gefahr aufgrund wissenschaftlicher Fortschritte verlässlich bejaht werden kann, eine Unterbrechung des in Gang gesetzten Geschehensablaufes durch Gefahrenabwehrmaßnahmen nicht mehr oder nur unzureichend möglich sein mag (weil zum Beispiel eine in Verkehr gebrachte Technologie Gesundheits- oder sonstige Schäden bereits ausgelöst hat, die erst langfristig erkennbar werden) (Meyer 2015, S. 69 f.).

Die Verschiebung der Verteilung der Irrtumslast zum Nachteil derer, die zur Minderung des Risikos eingreifend in Anspruch genommen werden, wird also teilweise dadurch

---

13 BVerwGE 110, 216 (224).
14 Siehe zum Beispiel die Ausnahmen nach § 4b AMG, Art. 3 Nr. 7 Verordnung (EG) Nr. 1394/2007 des Europäischen Parlaments und des Rates vom 13. November 2007 über Arzneimittel für neuartige Therapien und zur Änderung der Richtlinie 2001/83/EG und der Verordnung (EG) Nr. 726/2004 =ATMP-VO, die zuletzt durch die Verordnung (EU) Nr. 2019/1243 (ABl. L 198 vom 25.7.2019, S. 241) geändert worden ist.
15 Ebenso Di Fabio (1997, S. 828), Ossenbühl (1986, S. 164, 166). A.A. Nettesheim (2017, Art 191 AEUV Rn. 92). Abweichend auch Herdegen (1992, Teil I, § 1 GenTG, Rn. 17). Sehr großzügig auch die Leitentscheidung BVerwGE 72, 300 (315), wiederholt in BVerwGE 119, 329 (332).

kompensiert, dass – anders als bei der Gefahrenabwehr – ein *endgültiges* Unterbinden eines Verhaltens im Rahmen der Vorsorge in der Regel nicht in Betracht kommt.

2. Europäische Union

Ein Gegenstück zum deutschen Gefahrenbegriff existiert im Unionsrecht nicht. Der sekundärrechtliche (= Recht, das die EU selbst gesetzt hat) Begriff des *Risikos*[16] bezeichnet den Erwartungsschaden (Schadenshöhe * Eintrittswahrscheinlichkeit) und bedeutet daher eine rein empirische Größe, die sich am Risikobegriff der Natur- und Ingenieurwissenschaften orientiert. Bei Vorliegen eines Risikos ist die Zulässigkeit risikomindernder Eingriffe mithilfe des Verhältnismäßigkeitsgrundsatzes zu beurteilen (Arndt 2009, S. 99 ff.), wobei das Vorsorgeprinzip[17] im Falle von Erkenntnisunsicherheiten als Beweismaßreduktion zu berücksichtigen ist.

Anders als der deutsche Risikobegriff bleibt der europäische Begriff also *nicht* auf Situationen *ungewisser* Eintrittswahrscheinlichkeit begrenzt. Ist der deutsche Risikobegriff gemeint, ist daher gelegentlich auch von einem *Risiko im engeren Sinne* (i. e. S.) die Rede.

Zwar kommt in den deutschen Fassungen einschlägiger Sekundärrechtsakte auch der Begriff der „Gefahr" vor. Hierbei handelt es sich indes um eine unglückliche Übersetzung des englischen Begriffs „hazard". Gemeint ist damit „jedes Produkt oder Verfahren, das eine nachteilige Wirkung für die menschliche Gesundheit haben kann",[18] also die *physische* oder sonstige Schädlichkeit als solche.[19] Um Verwechslungen mit dem Begriff der Gefahr als normative Schwelle im Sinne des deutschen Gefahrenabwehrrechts zu vermeiden, wird im hiesigen Beitrag der englische Begriff verwendet, wenn auf eine Schädlichkeit als solche abgestellt wird.

Trotz dieser teils abweichenden unionsrechtlichen Dogmatik, insbesondere des Fehlens des Gefahrenbegriffs, sind keine großen Unterschiede hinsichtlich der Rechts-

---

16 Etwa Anhang II Abschnitt C.2 Nummer 4 Richtlinie 2001/18/EG des Europäischen Parlaments und des Rates vom 12. März 2001 über die absichtliche Freisetzung genetisch veränderter Organismen in die Umwelt und zur Aufhebung der Richtlinie 90/220/EWG des Rates (ABl. L 106 vom 17.4.2001, S. 1), die zuletzt durch die Richtlinie (EU) 2019/1381 (ABl. L 231 vom 6.9.2019, S. 1) geändert worden ist; Artikel 3 Nummer 14 Verordnung (EG) Nr. 178/2002 des Europäischen Parlaments und des Rates vom 28. Januar 2002 zur Festlegung der allgemeinen Grundsätze und Anforderungen des Lebensmittelrechts, zur Errichtung der Europäischen Behörde für Lebensmittelsicherheit und zur Festlegung von Verfahren zur Lebensmittelsicherheit (ABl. L 31 vom 1.2.2002, S. 1) = Basis-VO, die zuletzt durch die Verordnung (EU) 2019/1381 (ABl. L 231 vom 6.9.2019, S. 1) geändert worden ist; Arndt (2009, S. 107 ff.).
17 Allg. Grundsatz des Unionsrechts (Rspr), positiviert in Art. 191 Abs. 2 Satz 2 AEUV (Umwelt) und in diversen Sekundärrechtsakten, z. B. Artikel 7 Absatz 1 Basis-VO (Fn. 16).
18 EuG, Urt. v. 11.9.2002, Rs. T-13/99 – Pfitzer Animal Health, Slg. 2002, II-3305, Rn. 147.
19 Übersicht international gebräuchlicher Hazard-Definitionen bei Renn (2011, S. 200 f.).

folgen im Einzelfall anzunehmen, zumal das deutsche Risikorecht zu einem Großteil unionsrechtlich bestimmt ist. In einer Lage, bei der nach deutschem Recht bereits eine „Gefahr" anzunehmen ist, wird auch eine unionsrechtliche Verhältnismäßigkeitsbeurteilung zu dem Ergebnis kommen, dass erhebliche Eingriffe zur Vermeidung des Risikos („Risiko" hier im unionsrechtlichen Sinne) zulässig sind, während geringere Gewissheitsgrade die Rechtfertigungsbedürftigkeit erhöhen bzw. die in Betracht kommenden Maßnahmen auf solche der Risikovorsorge (siehe oben: keine Totalverbote usw.) begrenzen.

3. Der science- bzw. risk-based approach

Es bleibt zu klären, welche Anforderungen an die Identifizierung eines Risikos, das Risikovorsorgemaßnahmen gestattet, mindestens zu richten sind. Das Vorsorgeprinzip soll keine völlige Willkür eröffnen.

Internationalen Grundsätzen der Risikobewertung entspricht ein „risk-based approach", den im Allgemeinen auch die Union anwendet.[20] Dieser Ansatz verlangt *wissenschaftliche* Hinweise nicht nur auf das Hazard einer Technologie. Vielmehr müssen wissenschaftliche Hinweise auch dafür vorliegen, dass ein zu schützendes Rechtsgut dem betreffenden Hazard tatsächlich ausgesetzt sein könnte. Zu fragen ist also nach der *Wirkung* des Hazard im einzelnen Anwendungsfall. Ein anschauliches Beispiel liefern die „Weichmacher" in Lebensmittelverpackungen.[21] Deren mögliche Gesundheitsschädlichkeit bedeutet ein Hazard. Zusätzlich ist zu beurteilen, ob ein Weichmacher sich aus dem Verpackungsmaterial herauslösen und so in das Lebensmittel übergehen kann. Wäre dies nicht der Fall, so wären trotz des Hazard gesundheitliche Schäden nicht zu besorgen (Meyer 2018, S. 234).

Prototypisch findet sich der risk-based approach in § 5 Abs. 2 AMG:[22]

> „Bedenklich sind Arzneimittel, bei denen nach dem jeweiligen *Stand der wissenschaftlichen Erkenntnisse* der *begründete Verdacht* besteht, dass sie bei bestimmungsgemäßem Gebrauch schädliche *Wirkungen* haben, die über ein nach den Erkenntnissen der medizinischen Wissenschaft vertretbares Maß hinausgehen."

---

20 Siehe etwa EuG, Urt. v. 9.9.2011, Rs. T-475/07 – Dow AgroSciences u. a./Kommission, Slg. 2011, II-5937, Rn. 146 f.
21 BfR/UBA, https://www.bfr.bund.de/cm/343/fragen-und-antworten-zu-phthalat-weichmachern.pdf (27.7.2018).
22 Diskussion des Verhältnisses der Vorschrift zum unionsrechtlich determinierten § 25 Abs. 2 Nr. 5 AMG bei Gassner (2011, S. 169 f.).

4. Restrisiko und hypothetisches Risiko

Komplettiert wird die deutsche Dogmatik vom Restrisiko. Im Falle eines Restrisikos sind Eingriffe zur Risikominderung *unzulässig*. Es wird unterstellt, dass der Erwartungsschaden durch Risikovorsorge[23] den Erwartungsschaden des Besorgnispotenzials übertrifft (vgl. Scherzberg 2004, S. 223).

Das Restrisiko besitzt zwei Fallgruppen, die von der Rechtsprechung indes oft nicht sauber auseinandergehalten werden.[24] Die erste Fallgruppe betrifft das praktische Ausgeschlossensein des Schadenseintritts. Die Unzulässigkeit von Eingriffen ergibt sich dann bereits aus dem Gefahrenbegriff. Eine vernachlässigbare Eintrittswahrscheinlichkeit ist eben nicht hinreichend (Wenn die Eintrittswahrscheinlichkeit als „vernachlässigbar" befunden werden kann, dann ist sie offenbar abschätzbar und der Sachverhalt somit innerhalb der Gefahrenabwehrdogmatik, nicht im Risiko zu verorten). Wesentlich gewichtiger ist die zweite Fallgruppe. Sie zielt auf die Grenzen menschlichen Erkenntnisvermögens. Technologien können, erkenntnistheoretisch betrachtet, *immer* Hazards bergen, die trotz größter Forschungsanstrengungen bislang nicht erkannt worden sind. Vorsorge scheidet hier bereits deshalb aus, weil eben nicht bekannt ist, gegen welche Schadensverläufe Vorsorge getroffen werden soll (Meyer 2014, S. 231 f.). In Betracht kämen also nur vorsorgliche Totalverbote. Als eine Vorsorge ins Blaue hinein, vor der das rechtswissenschaftliche Schrifttum regelmäßig warnt (Ossenbühl 1986, S. 164, 166 f.),[25] wäre dies jedoch eklatant grundrechts- und rechtsstaatswidrig.

Ein vorbildlicher Umgang mit dem Restrisikobegriff findet sich etwa in der Entscheidung des Bundesverwaltungsgerichts zum Standortzwischenlager Brunsbüttel.[26] Zu beurteilen war unter anderem, ob ein Terroranschlag auf eine kerntechnische Anlage dem Restrisiko zuzuordnen ist. Dies ist nicht der Fall. Zum einen zeigt bereits die Auseinandersetzung mit der Frage, dass es sich dabei nicht um einen „unbekannten" Schadensverlauf handelt. Zum anderen ist ein solcher Anschlag in der heutigen Zeit auch nicht „praktisch ausgeschlossen".

Das unionsrechtliche Gegenstück des deutschen Restrisikos ist das sogenannte „hypothetische Risiko"[27] – eine reine Spekulation, die keine Vorsorgemaßnahmen tragen kann.

---

23   In Gestalt der Grundrechtseingriffe gegenüber Herstellern, Inverkehrbringern usw., und ggf. gegenüber Drittbegünstigten der regulierten Technologie (etwa Patient/-innen).
24   BVerfGE 53, 30 (59); 49, 89 (142 f.); BVerfG NVwZ 2010, S. 114 (115 f.); BVerwGE 131, 129 (145 Rn. 32); 104, 36 (46 ff.); BVerwG NuR 2010, S. 276 (282 Rn. 63); NVwZ 1996, S. 1023 (1024).
25   Aufgegriffen bei Di Fabio (2003, S. 165; 1997, S. 822; 1994, S. 97), Calliess (2001a, S. 207; 2001b, S. 1727).
26   BVerwGE 131, 129 (144 ff. Rn. 32).
27   EuGH, Urt. v. 10.4.2014, Rs. C-269/13 P – Acino AG/Kommission, Rn. 57 f.

5. Bereich zulässiger Wertungen im Gefahrenabwehr-/ Risikorecht

Mit Gefahr, Risiko und Restrisiko haben Rechtsordnung und Rechtswissenschaft eine recht konzise Systematik zur rechtlichen Schadensvermeidung entworfen.

Wertungen kommen darin unvermeidlich vor, nämlich bezüglich des „Hinreichens" eines Erwartungsschadens bei der Gefahr[28] und, im Falle des Risikos, hinsichtlich der Risikoproportionalität. Zudem können insbesondere langfristige, kumulative und additive Effekte einer Technologie[29] schon aus zeitlichen Gründen nie „vollständig" untersucht werden und ist deshalb eine dezionistische Begrenzung des Forschungsaufwands zur Aufdeckung von Besorgnispotentialen vonnöten (Scherzberg 2005, S. 3).

Es bestehen keine Einwände, dass bei diesen unvermeidlich vorzunehmenden Wertungen Gesichtspunkte der sozialen Akzeptanz einfließen. Auf EU-Ebene ist dies ein ausdrücklicher Steuerungsansatz: „Die Wahl der Antwort auf eine gegebene Situation stützt sich auf eine zutiefst politische Entscheidung, die abhängig ist von dem Risikoniveau, das die Gesellschaft als ‚akzeptabel' ansieht."[30],[31]

Diese Wertungsaspekte bleiben rational eingehegt, denn Schutz-[32] und Vorsorgemaßnahmen müssen dem Schutz anerkannter Rechtsgüter dienen und es müssen *wissenschaftliche* Anhaltspunkte für ein Besorgnispotenzial vorliegen.

Worauf es dabei meines Erachtens ganz entscheidend ankommt, ist, dass die soziale Akzeptanz also *nicht* etwa zu einem eigenen Schutzgut wird. Schutzgüter sind ausschließlich die Rechtspositionen von Herstellern, Forschern usw., sowie ein rechtserheblicher gesellschaftlicher Drittnutzen des risikoträchtigen Verhaltens[33] (hier: Heilung durch

---

28 Wobei dieser Wertungsaspekt nach fast 140 Jahren Rechtsprechung zum Vorliegen einer Gefahr in erheblichem Maße domestiziert ist.
29 Zu diesen etwa Artikel 2 Nummer 8 und Anhang II Richtlinie 2001/18/EG (Fn. 16).
30 Europäische Kommission, Die Anwendbarkeit des Vorsorgeprinzips, KOM 2000 (1) endgültig, Nummer 5.2.1. Die Mitteilung selbst besitzt aus sich selbst heraus keine Rechtsverbindlichkeit. Sie wurde indes von der Rechtsprechung aufgegriffen und ihr Inhalt auf diesem Wege zu einem Element des Vorsorgeprinzips als europäisches Rechtsprinzip gemacht, EuG, Urt. v. 11.9.2002, Rs. T-70/99 – Alpharma/Rat, Slg. 2002, II-3495, Rn. 162; Urt. v. 11.9.2002, Rs. T-13/99 – Pfitzer Animal Health, Slg. 2002, II-3305, Rn. 149.
31 Darüber noch hinausgehend Ehnert (2017, passim), die vorschlägt, wegen der in (natur-)wissenschaftlicher Hinsicht objektiven Ungewissheit einen rein subjektiven Ansatz zu wählen, der den Umgang mit einer Technologie nicht materiellrechtlich determiniert, sondern prozeduralisiert. Die zu wählende Regelung wäre demnach abhängig vom Ergebnis eines maximal inklusiven Partizipationsverfahrens.
32 Von einer *Schutz*maßnahme ist zumeist die Rede, wenn sie im Rahmen der traditionellen Gefahrenabwehr getroffen wird.
33 Dazu ausf. Meyer (2011, S. 428).

Stammzellen) auf der einen Seite, auf der anderen Seite diejenigen Rechtsgüter, die im Falle einer Realisierung des Schadenspotentials geschädigt werden (hier insb.: Nebenwirkungen einer Stammzellentherapie). Die soziale Akzeptanz kann lediglich Abwägungsaspekt dafür sein, wie weit – in der Ungewissheitssituation – Vorsorgemaßnahmen reichen dürfen.

Gerade der soeben erwähnte Drittnutzen einer neuen Technologie – also ein Nutzen auch *außerhalb* der geschäftlichen Interessen der Hersteller, Inverkehrbringer etc. – darf nicht rechtlich vernachlässigt werden. Seine Vereitelung oder Verzögerung ist nicht bloß negativer Rechtsreflex einer Technologieregulierung. Gestattet nämlich das Vorsorgeprinzip trotz der Ungewissheit eines Schadenseintritts risikomindernde Eingriffe bei Herstellern etc., dann muss auch umgekehrt die regulierungsinduzierte Schmälerung des Drittnutzens – hier also die Vereitelung von Heilungschancen – abwägungsrelevant sein trotz der Ungewissheit, ob der Inventions- bzw. Innovationsprozess ohne den Regulierungseingriff tatsächlich schneller oder erfolgreicher verlaufen wäre (Meyer 2018, S. 233 f.).

II. Abweichungen vom risk-based approach in Gesetzgebung und Rechtsprechung

Je nach Gegenstandsbereich legen Gesetzgebung und Rechtsprechung allerdings abweichend von der vorgestellten Systematik einen *hazard-based approach* zu Grunde, der den Wirkungsaspekt – also die Frage, ob das Hazard das zu schützende Rechtsgut tatsächlich zu erreichen vermag – vernachlässigt, obwohl es einer solchen Vernachlässigung im betroffenen Bereich an einer sachgesetzlichen Rechtfertigung mangelt.[34]

So führt die prozess- statt produktorientierte[35] Regulierung der Grünen Gentechnik nunmehr dazu, dass nach der Entscheidung des Europäischen Gerichtshofs die Pflanzenzüchtung mittels Genomediting der Freisetzungsrichtlinie[36] unterliegt, nicht jedoch klassische Züchtungsverfahren wie Bestrahlung.[37] Beide Verfahren lösen im Genom der Pflanze indes exakt den gleichen Vorgang aus.[38] Dieser Vorgang begründet nun entweder ein Besorgnispotenzial, oder er tut es nicht. Wird unterstellt – so für die klassische Züchtung –, dass kein Besorgnispotenzial vorliegt, dann ergibt sich die Unterwerfung des Genomediting unter das strenge Gentechnikregime ausschließlich aus

---

34 Zur Frage, wann eine Regulierung ausnahmsweise gerechtfertigt sein kann, die nicht nur ein *spezifisches* Anwendungs- und damit Wirkungsfeld einer bestimmten Technologie betrifft – mithin anwendungsübergreifend und damit (scheinbar) hazard-basiert regelt –, s. Meyer (2018, S. 234).
35 Dazu Meyer (2015, S. 91 ff.).
36 Richtlinie 2001/18/EG (Fn. 16).
37 EuGH, Urt. v. 25.7.2018, Rs. C-528/16 – Confédération paysanne u. a./Premier minister u. a. Krit. Faltus (2018, S. 524).
38 EFSA response to Mandate M-2015-0183, Question 2.

der pauschalen Behauptung, gentechnische Verfahren seien *per se* besorgniserregend – ohne auf die Wirkung im einzelnen Anwendungsbereich zu achten, der der Gesetzgeber hier ja offenbar gerade keine schädliche Qualität beimisst (Meyer 2018, S. 234).

Auch das Bundesverfassungsgericht gestattet dem Gesetzgeber, der Gentechnik ein „Basisrisiko" zu unterstellen.[39] Hierzu bedürfe es „keine[s] wissenschaftlich-empirischen Nachweis[es] des realen Gefährdungspotentials der gentechnisch veränderten Organismen und ihrer Nachkommen".[40] Damit reicht für Regulierungseingriffe die bloße Nichtausschließbarkeit von Schäden – die denkgesetzlich immer vorliegt.[41] Mindestanforderungen an eine rationale und damit rechtsstaatliche Risikoregulierung werden so verfehlt.[42]

In einer Kammerentscheidung bestätigt das Bundesverfassungsgericht dies geradezu. Es billigt nämlich ausdrücklich die Vorsorge ins Blaue hinein: „Das Oberverwaltungsgericht weist zu Recht darauf hin, dass es allein der politischen Entscheidung des Verordnungsgebers obliegt, ob er – bei gebotener Beachtung konkurrierender öffentlicher und privater Interessen – Vorsorgemaßnahmen in einer solchen Situation der Ungewissheit sozusagen ‚ins Blaue hinein' ergreifen will."[43] Die Formulierung „ins Blaue hinein" stammt nicht aus dem im Verfassungsbeschwerdeverfahren angegriffenen OVG-Beschluss, sondern wurde vom Bundesverfassungsgericht hinzugefügt.

Andere Fälle betreffen zum Beispiel den Umgang der Europäischen Union mit der aviären Influenza[44] und (str.) mit endokrinen Disruptoren.[45]

Wenn es dem Gesetzgeber somit jedenfalls nach der Rechtsprechung freizustehen scheint, Technologien ein Basisrisiko ohne irgendwelche wissenschaftlichen Anhaltspunkte für eine anwendungsbereichsbezogene schädliche Wirkung zuzuschreiben, dann wird er sich bei der Regulierung maßgeblich an der sozialen Akzeptanz orientieren.

Mit der nationalen und europäischen Verfassungsordnung ist dies schwerlich zu vereinbaren. Diese schützen konkrete Grundrechtsgüter und betreiben keinen Gefühlsschutz. Deshalb reicht der bloße Umstand, dass eine mutmaßliche Mehrheit etwas

---

39 BVerfGE 128, 1 (39). Zur Schädlichkeitsvermutung des Gesetzgebers Schröder (2011, S. 89 ff.) m. w. N. Krit. Dederer (2011, S. 492 f.); Kluth (2012, S. 73).
40 BVerfGE 128, 1 (39).
41 Dazu Meyer (2015, S. 84 ff.).
42 Ausführlicher Kluth (2012), Meyer (2015, S. 94 f.; 2017a, S. 434 f.).
43 BVerfG, Beschluss v. 28.2.2002 – 1 BvR 1676/01, juris Rn. 12.
44 Dazu Meyer (2015, S. 81 ff.).
45 Siehe einerseits die EU-kritische Stellungnahme zu dem Regulierungsvorhaben im Editorial von neunzehn toxikologischen Fachzeitschriften (Dietrich et al. [2013, S. 2110]), andererseits die Erwiderung anderer Toxikologen (Gore et al. [2013, S. 892]).

schlicht nicht möchte, als Grund alleine nicht aus, um Verbote zu erlassen. Die Rechtsprechung verzichtet jedoch nach einem Ad-hoc-Schema darauf, dieses rechtsstaatliche Verteilungsprinzip durchzusetzen. Vom Recht hat die Stammzellenforschung und -therapie derzeit also keinen verlässlichen Schutz vor Überregulierung zu erwarten.

III. Rechtspolitische Aussicht

Was bleibt also zu tun? Aus dem Gentechnikfiasko haben EU und BMBF bereits die Konsequenz gezogen (Europäische Kommission 2004, S. 21 ff.; 2005, S. 2, 9 ff.), so früh wie möglich einer neuen Technologie auch *kommunikativ* den Weg zu bereiten. Formuliert wurde dies vor allem für die Nanotechnologie.

Ein besserer Dialog solle beim Verständnis möglicher Ängste *und ihrem Abbau* von Seiten der Wissenschaft und Verwaltung helfen (Europäische Kommission 2005, S. 2, s.a. S. 9 ff.). Ohne ernsthafte Bemühungen um Kommunikation könnten nanotechnologische Innovationen nämlich *zu Unrecht negativ* von der Öffentlichkeit aufgenommen werden, deshalb sei das Vertrauen der Öffentlichkeit zu gewährleisten (Europäische Kommission 2004, S. 23, zum Dialog insg. S. 21 ff.). Die Diskussion sei zu versachlichen (BMBF 2016, S. 30; 2011, S. 7), um sowohl pauschale Versprechungen als aber auch *die pauschale Ablehnung* synthetischer Nanomaterialien zu vermeiden (BMBF 2011, S. 7).

Ein derart offensiver Risikodialog, der die exzeptionellen medizinischen Perspektiven deutlich konturiert, ist auch für die Stammzellentherapie zu empfehlen. Die Abwesenheit jeglicher gesellschaftlicher Ressentiments gegen die rote Gentechnik deutet an, dass medizinische Behandlungsformen grundsätzlich die Chance besitzen, einer Überreaktion zu entrinnen. „Medizin" wird – definitionsgemäß – als gesundheitsfördernd wahrgenommen, und ist ein Verständnis für die Möglichkeit von „Nebenwirkungen" bereits kulturell eingeübt (anders als in anderen Technologiebereichen). Der – nach hiesiger Auffassung rechtsrelevante[46] – Drittnutzen medizinischer Innovationen steht gegenüber dem wirtschaftlichen Nutzen für den Hersteller zudem so augenfällig im Vordergrund, dass prima facie ein Skandalisierungspotenzial fehlt. Daran wird auch die risikorechtliche Praxis nicht ganz vorbeikommen und ist eine Hoffnung auf eine innovationsfreundliche zukünftige Regulierung, angestoßen vom Wunsch der Bevölkerung, daher zumindest nicht von vornherein unbegründet. Eine solche Regulierung darf – wie oben gesehen – durchaus demokratisch legitimierte politische Wertungen in erheblichem Umfang inkorporieren; die Grenze bildet nur das Verbot der Vorsorge ins Blaue hinein. Demokratischer Wille von Politik und Bevölkerung einerseits, rechtsstaatliche und grundrechtliche Anforderungen andererseits, lassen sich also durchaus in einen vernünftigen Ausgleich bringen – eine entsprechende Anstrengung der Akteure vorausgesetzt.

---

46 Siehe bereits oben bei I.5.

Literaturverzeichnis

Arndt, Birger. 2009. *Das Vorsorgeprinzip im EU-Recht*. Tübingen: Mohr Siebeck.

BMBF. 2011. *Aktionsplan Nanotechnologie 2015*. Bonn.

BMBF. 2016. *Aktionsplan Nanotechnologie 2020*. Bonn.

Calliess, Christian. 2001a. *Rechtsstaat und Umweltstaat. Zugleich ein Beitrag zur Grundrechtsdogmatik im Rahmen mehrpoliger Verfassung*. Tübingen: Mohr Siebeck.

Calliess, Christian. 2001b. Vorsorgeprinzip und Beweislastverteilung im Verwaltungsrecht. In *Deutsches Verwaltungsblatt* 2001: 1725–1733.

Dederer, Hans-Georg. 2011. GVO-Spuren im Saatgut. Anmerkungen zu VGH Kassel, Urteil vom 19.1.2011 – 6 A 400/10, NuR, 508 ff. unter Berücksichtigung von VG Augsburg, Urteil vom 29.3.2011 – Au 1 K 10.937, NuR 2011, 523 ff. In *Natur und Recht* 2011: 489–493.

Di Fabio, Udo. 1994. *Risikoentscheidungen im Rechtsstaat*, Tübingen: Mohr Siebeck.

Di Fabio, Udo. 1997. Voraussetzungen und Grenzen des umweltrechtlichen Vorsorgeprinzips. In *Festschrift für Wolfgang Ritter zum 70. Geburtstag*, Hrsg. Max Dietrich Kley. Köln: Otto Schmidt. 807–838.

Di Fabio, Udo. 2003. Risikovorsorge – uferlos? In *Zeitschrift für das gesamte Lebensmittelrecht* 2003: 163–173.

Dietrich, Daniel R. et al. 2013. Scientifically unfounded precaution drives European Commission's recommendations on EDC regulation, while defying common sense, well-established science and risk assessment principles. In *Toxicology in Vitro* 27: 2110–2114.

Ehnert, Tanja. 2017. *The EU and Nanotechnologies. A Critical Analysis*. Oxford and Portland: Bloomsbury.

Europäische Kommission. 2004. Auf dem Weg zu einer europäischen Strategie für Nanotechnologie. KOM(2004) 338 endgültig. Brüssel.

Europäische Kommission. 2005. Nanowissenschaften und Nanotechnologien: Ein Aktionsplan für Europa 2005–2009. KOM(2005) 243 endgültig. Brüssel.

Faltus, Timo. 2018. Mutagene(se) des Gentechnikrechts – Das Mutagenese-Urteil des EuGH schwächt die rechtssichere Anwendung der Gentechnik. In *Zeitschrift für Umweltrecht* 2018: 524–534.

Gassner, Ulrich M. 2011. Ebenen und Verfahren der Arzneimittelregulierung. In *Risikoregulierung im Bio-, Gesundheits- und Medizinrecht*, Hrsg. Marion Albers. Baden-Banden: Nomos. 155–173.

Geis, Max-Emanuel/Götz, Volkmar. 2017. *Allgemeines Polizei- und Ordnungsrecht*. 16. Aufl. München: C. H. Beck.

Gore, Andrea C. et al. 2013. Policy decisions on endocrine disruptors should be based on science across disciplines: a response to Dietrich et al. *Andrology* 1: 802–805.

Herdegen, Matthias: Erläuterung zu § 1 GenTG (7. Erg.-Lfg. 1992). In *GenTR/BioMedR*, Hrsg. Wolfram Eberbach/Peter Lange/Michael Ronellenfitsch. München: C. H. Beck. 101. Akt. 2018.

Jaeckel, Liv. 2010. *Gefahrenabwehrrecht und Risikodogmatik. Moderne Technologien im Spiegel des Verwaltungsrechts*. Tübingen: Mohr Siebeck.

Kluth, Winfried. 2012. *Das Gentechnik-Urteil. Eine kritische Würdigung der Grundsatzentscheidung des Bundesverfassungsgerichts zur Grünen Gentechnik*. Halle an der Saale: Universitätsverlag Halle-Wittenberg.

Meyer, Stephan. 2011. Risikovorsorge als Eingriff in das Recht auf körperliche Unversehrtheit. Gesetzliche Erschwerung medizinischer Forschung aus Sicht des Patienten als Grundrechtsträger. *Archiv des öffentlichen Rechts* 136: 428–478.

Meyer, Stephan. 2014. Der Einsatz von Robotern zur Gefahrenabwehr. In *Robotik im Kontext von Recht und Moral*. Reihe *Robotik und Recht*. Band 3, Hrsg. Eric Hilgendorf. Baden-Baden: Nomos. 211–237.

Meyer, Stephan. 2015. „Gefühlsschutz" und hazardbasierte Vorsorge im Unionsrecht als Herausforderung des Rechtsstaatsprinzips. In *Lebensmittelanalytik und Recht*. Reihe *Schriftenreihe zum Lebensmittelrecht*, Band 35, Hrsg. Markus Möstl. Bayreuth: Verlag P. C. O. 63–107.

Meyer, Stephan. 2017a. Kriminalwissenschaftliche Prognoseinstrumente im Tatbestand polizeilicher Vorfeldbefugnisse. Die Zukunft der Terrorismusbekämpfung im Lichte des BKA-Urteils. In *Juristenzeitung* 2017: 429–439.

Meyer, Stephan. 2017b. Subjektiver oder objektiver Gefahrenbegriff, „Gefahrenverdacht" und Vorfeldbefugnisse: Dauerbaustellen des Gefahrenabwehrrechts. In *JURA* 2017: 1259–1270.

Meyer, Stephan. 2018. Künstliche Intelligenz und die Rolle des Rechts für Innovation. Rechtliche Rationalitätsanforderungen an zukünftige Regulierung. In *Zeitschrift für Rechtspolitik* 2018: 233–238.

Möstl, Markus. 2002. *Die staatliche Garantie für die öffentliche Sicherheit und Ordnung.* Tübingen: Mohr Siebeck.

Möstl, Markus. 2005. Gefahr und Kompetenz. Polizeirechtsdogmatische und bundesstaatsrechtliche Konsequenzen der Kampfhundeentscheidung des BVerfG. In *JURA* 2005: 48–55.

Nettesheim, Martin. 2017. Art. 191 AEUV (Stand: 44. EL 2011). In *Das Recht der Europäischen Union*, Hrsg. Martin Nettesheim/Eberhard Grabitz/Meinhard Hilf. München: C. H. Beck, 63. EL 2017.

Ogorek, Markus. 2018. Risikovorsorgende Videoüberwachung – Eine unzulässige Vermengung präventiver und repressiver Polizeitätigkeit? In *Die öffentliche Verwaltung*: 688–697.

Ossenbühl, Fritz. 1986. Vorsorge als Rechtsprinzip im Gesundheits-, Arbeits- und Umweltschutz. In *Neue Zeitschrift für Verwaltungsrecht* 1986: 161–171.

Renn, Ortwin. 2011. A Comment to Ragnar Lofstedt. In *EJRR* 2011: 197–202.

Schenke, Wolf-Rüdiger. 2018. *Polizei- und Ordnungsrecht.* 10. Aufl. Heidelberg: C. H. Beck.

Scherzberg, Arno. 2004. Risikosteuerung durch Verwaltungsrecht: Ermöglichung oder Begrenzung von Innovationen? *VVDStRL* 63: 214–263.

Scherzberg, Arno. 2005. *Risikomanagement vor der WTO.* In *Zeitschrift für Umweltrecht* 2005: 1–8.

Schoch, Friedrich. 2013. Polizei- und Ordnungsrecht. In *Besonderes Verwaltungsrecht*, Hrsg. Friedrich Schoch. 15. Aufl. Berlin und Boston: De Gruyter. 128–313.

Schröder, Martin, 2011. *Gentechnikrecht in der Praxis. Eine empirische Studie zu den Grenzen der Normierbarkeit.* Baden-Baden: Nomos.

Thiel, Markus. 2016. *Polizei- und Ordnungsrecht.* 3. Aufl. Baden-Baden: Nomos.

Valdes, Katja. 2012. *Der Schutz der Biodiversität im Gentechnikrecht unter besonderer Berücksichtigung der Risikokontrolle gentechnisch veränderter Pflanzen.* Leipzig 2012.

XIII. Der Rechtsrahmen der artifiziellen Gewinnung und Erzeugung von Stammzellen sowie deren Nutzung
Neue Aspekte für alte Rechtsfragen der Embryonen- und Stammzellenforschung

Timo Faltus

Abstract

Stammzellen sind nach wie vor für die naturwissenschaftliche und medizinische Grundlagenforschung und für die therapeutische Verwendung von Interesse. Die Forschung greift dabei auf Stammzellen zurück, die natürlicherweise im Körper des geborenen Menschen vorkommen (adulte Stammzellen) sowie auf Stammzellen der frühen Individualentwicklung (embryonale Stammzellen). Zusätzlich lassen sich Stammzellen mittlerweile mittels artifizieller Verfahren, die in der Natur kein Äquivalent haben, aus anderen Körperbestandteilen gewinnen (z. B. iPS-Zellen, Stammzellen aus Zellkerntransferembryonen). Die Rechtsfragen zur Gewinnung bzw. Erzeugung dieser Stammzellen sowie der Verwendung unterscheiden sich. Während in Bezug auf embryonale Stammzellen die Bedeutung des Rechtsstatus des Embryos, aus dem die Zellen gewonnen werden, sowie die Bedeutung dieses Status für die Fragen der Gewinnungsmöglichkeiten im Vordergrund stehen, stehen bei Gewinnung und Verwendung adulter Stammzellen sowie von iPS-Zellen mehrheitlich arztrechtliche (Aufklärung und Einwilligung) und vor allem arzneimittelrechtliche Fragen im Mittelpunkt. Insbesondere mit den neuen Verfahren zur Gewinnung, Erzeugung und Verwendung von Stammzellen sind allerdings auch neue rechtliche Fragen entstanden. Diese betreffen u.a. die Probleme, inwieweit artifiziell erzeugte Embryonen und die darauf aufbauenden Techniken rechtlich so zu behandeln sind wie natürlicherweise entstehende Embryonen oder inwieweit artifiziell aus iPS-Zellen erzeugte Keimzellen vom aktuellen Normbestand erfasst werden. Da sich auch im Stammzellbereich die Technik schneller entwickelt als die rechtswissenschaftliche Aufarbeitung, ist es nicht verwunderlich, dass die Vielzahl dieser Techniken rechtlich unterschiedlich beurteilt wird. Der Beitrag gibt einen Überblick zu den Rechtsfragen der gegenwärtigen Verfahren der artifiziellen Gewinnung und Erzeugung von humanen Stammzellen sowie zu deren Nutzung in Forschung und Therapie und vergleicht die rechtliche Handhabung dieser Techniken untereinander.

Einleitung: künstlich erzeugte vs. natürlich entstehende Stammzellen

Stammzellen sind ein natürliches Phänomen und kommen bei Pflanzen, Tieren und Menschen vor. Der Begriff „natürlich" bzw. „Natürlichkeit" wird dabei so verstanden, dass das betreffende Phänomen, hier das Auftreten von Stammzellen, auch ohne menschliches Zutun möglich ist. Allerdings ist es auch durch geplantes menschliches Verhalten möglich, Stammzellen außerhalb ihrer natürlich vorkommenden Grenzen zu gewinnen, zu erzeugen und/oder zu nutzen. Solche durch Menschenhand gesteuerte Verfahren zur Gewinnung bzw. Erzeugung und Nutzung von Stammzellen lassen sich dann in Unterscheidung zu den natürlicherweise auftretenden Stammzellen als *künstlich* oder *artifiziell* bezeichnen. Zu beachten ist dabei, dass nicht die durch Menschen erschaffene Stammzelle als künstlich bezeichnet wird, sondern das Verfahren. Es soll eine Stammzelle geschaffen werden, die (exakt) wie ein natürlicherweise entstandene Stammzelle ist. Es soll gerade keine Entität geschaffen werden, die eine natürlicherweise entstandene Stammzellen lediglich imitiert, in Form und/oder Funktion, bestehend aus anderen Stoffen als die natürlicherweise entstandene Stammzelle. Die Begriffe *Natürlichkeit* und *Künstlichkeit* bzw. die jeweiligen Synonyme werden dabei hier lediglich deskriptiv-differenzierend und nicht (ethisch/rechtlich) wertend verwendet. Es soll dadurch lediglich der jeweilige Ursprung der Stammzellen beschrieben werden. Ohnehin hat die philosophische Forschung gezeigt, dass eine Unterscheidung mittels Kriterien *Natürlichkeit* und *Künstlichkeit* nicht geeignet ist, wertende Aussagen zu treffen (Zillmann 2018, S. 485, m. w. V.). Vereinfacht ausgedrückt geht das auch darauf zurück, dass der Mensch ein Teil der Natur ist, und dass dann das, was der Mensch macht, auch ein Teil der Natur, mithin natürlich sein muss. Niemand käme bei anderen Lebewesen und deren Verhalten auf die Idee, das jeweilige Handlungsprodukt als nicht natürlich zu bezeichnen (z. B. Ameisenhügel, Vogelnest, Biberdamm).

Die spezialrechtliche Erfassung der artifiziellen Gewinnung, Herstellung, Beforschung und therapeutischen Nutzung von Stammzellen ergibt sich hauptsächlich aus den Vorschriften des Embryonenschutzgesetzes (im Folgenden EschG), des Stammzellgesetzes (im Folgenden StZG) sowie aus dem Arzneimittelrecht, hier dem Arzneimittelgesetz (im Folgenden AMG) mit seinen deutschen und unionalen Bestandteilen sowie aus der unionalen Verordnung über Arzneimittel für neuartige Therapien (Advanced Therapy Medicinal Products, im Folgenden ATMP-VO). Zusätzlich hat das Patentrecht in Form des deutschen Patentgesetzes (im Folgenden PatG) mit seinen unionalen Einflüssen sowie das Europäische Patentübereinkommen (im Folgenden EPÜ) Bedeutung, da es sich bei den Techniken zur Gewinnung, Herstellung und Nutzung von Stammzellen um technische Lehren handelt, die dem Patenschutz grundsätzlich zugänglich sind. Die Patentierung hat vor allem für wirtschaftlich agierende Erfinder Bedeutung, da die dem Erfinder durch das Patent eingeräumte Monopolstellung die Möglichkeit einräumt, seinen finanziellen Einsatz zu amortisieren und neue Mittel zur Finanzierung zukünftiger Forschung und Entwicklung zu akquirieren.

Da die technische Entwicklung in der Regel schneller voranschreitet als die rechtswissenschaftlichen Rezeption des jeweiligen Technikstands und da es im rechtswissenschaftlichen Bereich in Bezug auf eine sachgerechte Regulierung kommender Techniken in der Regel auch an einer Technikfolgen- und Folgetechnikeneinschätzung fehlt, ist es in Bezug auf die heutigen technischen Möglichkeiten der künstlichen Gewinnung, Erzeugung und Nutzung von Stammzellen nicht verwunderlich, dass zu Fragen der Anwendung der vorgenannten gesetzlichen Vorschriften auf die technischen Verfahren aus der Stammzellenforschung unterschiedliche Ansichten existieren. Das geht darauf zurück, dass es sich in Bezug auf die modernen Stammzellverfahren, gerade wenn sie in zeitlicher Hinsicht nach den jeweiligen gesetzlichen Vorschriften entstanden sind und in diesen nicht namentlich oder zumindest deskriptiv erwähnt werden, weder sofort noch unstreitig eindeutig erschließt, ob das betreffende technische Verfahren in Frage noch oder nicht mehr von den jeweiligen gesetzlichen Vorschriften erfasst wird. Insbesondere die Auslegung und Anwendung des Embryonenschutzgesetzes mit seinem Technikstand des Jahres 1991, abgesehen von dem im Jahre 2011 eingefügten § 3a EschG zur Regelung des Präimplantationsdiagnostik (im Folgenden PID), hat bei der Diskussion neuer Stammzellverfahren Bücherregale gefüllt.

Der folgende Beitrag gibt einen Überblick zu den rechtlichen Voraussetzungen für die artifizielle Gewinnung, Beforschung und (therapeutische) Nutzung von humanen Stammzellen.[1] Die jeweiligen empirischen Grundlagen werden nur kursorisch angesprochen. Bezüglich vertiefender naturwissenschaftlich-technischer sowie medizinischer Grundlagen wird auf die entsprechenden fachwissenschaftlichen Beiträge in diesem Sammelband verwiesen.

aSZ: adulte Stammzellen

Natürlich oder künstlich?

Adulte Stammzellen sind die natürlicherweise vorkommende Quelle für Wachstums- und Regenationsprozesse in Pflanzen, Tieren und dem Menschen. Der Gesamtprozess der Gewinnung, Be-/Verarbeitung sowie der Anwendung adulter Stammzellen ist allerdings ohne natürliches Äquivalent und daher als artifiziell anzusehen. Insbesondere die gesteuerte Umwandlung von adulten Stammzellen in Stammzellen mit weiteren Entwicklungsmöglichkeiten als die Möglichkeiten, die in den jeweiligen Zellen vor dem Eingriff vorhanden waren, ist als artifiziell anzusehen. Unter natürlichen Bedingungen sind adulte Stammzellen in ihrer Entwicklungsfähigkeit im Vergleich zu embryonalen Stammzellen eingeschränkter. Adulte Stammzellen können sich nicht mehr wie pluripotente Embryonalstammzellen in alle Zelltypen des Körpers entwickeln, sondern in der Regel nur in einzelne Zelltypen, zuweilen sogar nur noch in einen einzigen speziellen Zelltyp. Diese Beschränkung stellt sicher, dass adulte Stammzellen in ihren jeweiligen natürlichen Umgebungen auch nur den jeweils dort benötigten Zelltyp hervorbringen. Durch diese Beschränkung sind adulte Stammzellen für therapeutische Verwendung zunächst eingeschränkter nutzbar als embryonale Stammzellen. Man kann adulte Stammzellen nach Herauslösen aus dem Körper allerdings artifiziell zu Stammzellen mit einer größeren Entwicklungspotenz bis hin zur Pluripotenz verändern. Jedoch besteht dann immer noch das Problem, dass adulte Stammzellen im Kör-

---

[1] Die Vorschriften bezüglich tierlicher Stammzellen folgen anderen Vorgaben. Siehe dazu Faltus et al. (2015, S. 1416 ff.) und Faltus und Brehm (2016).

per des geborenen Menschen zum einen im Vergleich zur Gesamtzellzahl des Körpers in nur verschwindend geringer Zahl vorkommen und zum anderen, dass es, bis auf die Ausnahme bei den Stammzellen des blutbildenden Systems und bei Stammzellen aus dem Fett, technisch kompliziert, aufwendig, zeitintensiv und damit schlicht unzweckmäßig ist, diese adulten Stammzellen aus dem Körper des lebenden Menschen gezielt und in einem für therapeutische Zwecke relevanten Umfang zu isolieren (Bönig et al. 2011, S. 792; Müller und Hassel 2018, S. 511 ff., Rohen und Lütjen-Drecoll 2017, S. 26; Strachan und Read 2005, S. 90; Vahlensieck et al. 2015, S. 1250).

Rechtsrahmen

Die artifizielle Gewinnung und Nutzung adulter Stammzellen wird bei Einhaltung der rechtlichen Vorschriften übereinstimmend als rechtlich unproblematisch angesehen. Eine generelle Ablehnung dieser Technologie ist nicht ersichtlich. Das geht darauf zurück, dass a) der Zellgeber (in der Regel als Zellspender bezeichnet) als Rechtssubjekt eigenverantwortlich darüber entscheiden kann, ob er in einen medizinischen Eingriff zur Gewinnung der adulten Stammzellen einwilligt, dass b) durch die Abgabe der Zellen keine Interessen eines dritten Rechtssubjekts betroffen sind und dass c) auch bei der Anwendung der Zellen der Empfänger als Rechtssubjekt eigenverantwortlich darüber entscheiden kann, ob er in den betreffenden medizinischen Eingriff einwilligt. Zudem ist in den Rechtswissenschaften im Großen und Ganzen anerkannt, dass Körperbestandteile, die vom Körper (dauerhaft) abgetrennt werden, rechtliche Sacheigenschaft erlangen, sodass hier die Vorschriften des Sachenrechts greifen und der Eigentümer der abgetrennten Zellen (in der Regel zunächst der Zellgeber) über deren weitere Verwendung frei entscheiden kann (Wendehorst 2018, Rdnr. 30). Für den Fall, dass solche (adulten) Stammzellen zu therapeutischen Zwecken in den Körper des Zellgebers oder den Körper einer anderen Person eingegliedert werden, verlieren sie ihre Sacheigenschaft wieder (Deutsch und Spickhoff 2014, Rdnr. 1222; Stresemann 2018, § 90 BGB, Rdnr. 27). Dadurch kann insgesamt – bei Einhaltung der rechtlichen Vorschriften – grundsätzlich keine fremdnützige, industrielle und/oder kommerzielle Ausnutzung des Zellgebers als Rechtssubjekt erfolgen, sondern allenfalls seiner (freiwillig abgegebener) Körpersubstanzen, die ihrerseits keine eigenen Rechte als Rechtssubjekte haben, sondern lediglich Rechtsobjekte darstellen. Im Rechtsdiskurs gelten diese Vorgänge rechtlich als prinzipiell zulässig und handhabbar; es besteht allenfalls eine Diskussion über den Weg der rechtlichen Begründung, nicht aber über das Ob. Das ist ein wesentlicher Unterschied zum rechtlichen Diskurs im Zusammenhang mit der Gewinnung und Nutzung embryonaler Stammzellen, also von Stammzellen, die aus Embryonen gewonnen werden.

Rechtliche Streitfragen in Bezug auf adulte Stammzellen bestehen bei der therapeutischen Anwendung solcher Zellen bzw. der Anwendung von Therapeutika auf Grund-

XIII. Der Rechtsrahmen der artifiziellen Gewinnung und Erzeugung von Stammzellen

lage adulter Stammzellen, wenn dies im Rahmen der ärztlichen Eigenherstellung, auch als Point-of-Care-Herstellung, erfolgt. Hierbei stellen Ärzte die betreffenden Therapeutika eigenverantwortlich her und wenden diese dann auch an ihren Patienten an. Solche Therapeutika gelten im arzneimittelrechtlichen Sinne grundsätzlich als nicht in den Verkehr gebracht, sodass hierfür keine behördliche Zulassung und damit z. B. auch keine klinischen Studien notwendig sind, da nur das Inverkehrbringen von Arzneimitteln mit einer obligatorischen Zulassung bzw. mit vorherigen klinischen Prüfungen verknüpft ist. Es handelt sich damit um eine regulatorische Privilegierung im Vergleich zum Regelfall der Zulassungsvoraussetzung. Im strengen Wortsinn handelt es sich bei Point-of-Care-Therapeutika – im Vergleich zu den im Rahmen der arzneimittelrechtlichen Zulassungsprozesse in den Verkehr gebrachten Therapeutika – jedoch um (arzneimittelrechtlich) ungeprüfte Therapien. Durch die vorangeschrittene technische Entwicklung können solche Therapeutika – entgegen dem Ausnahmecharakter des ärztlichen Eigenherstellungsprivilegs – mittlerweile nahezu im Regelbetrieb in Arztpraxen und Krankenhäusern angeboten werden (Faltus und Schulz 2015, S. 228 ff.; Faltus 2016c, S. 219 ff.). Der Gesetzgeber hat diesen Widerspruch zwar erkannt, jedoch mit dem Gesetz für mehr Sicherheit in der Arzneimittelversorgung (im Folgenden GSAV) letztlich nur unzureichend aufgelöst. Durch das GSAV und seiner Umsetzung im Arzneimittelgesetz werden im Vergleich zur bisherigen Regelung lediglich eigenhergestellte ATMP mit strengeren Dokumentationspflichten in § 63j AMG (n. F.) und neuen Anzeigepflichten in § 67 Abs. 9 AMG (n. F.) belegt. Nicht erfasst von diesen neuen Pflichten sind damit einfache Gewebezubereitungen gemäß § 4 Abs. 30 AMG, die bei Eigenherstellung aufgrund des Zusammenspiels der §§ 13 Abs. 1, 2b S. 1; 20b, c, d AMG keine Herstellungserlaubnis benötigen, sondern lediglich gemäß § 67 Abs. 1 den Landesbehörden angezeigt werden müssen. Zeigt der Therapieanbieter, also beispielsweise den Arzt, gegenüber der Landesbehörde seine (stamm-)zellbasierte Therapie geschickt formuliert als eine einfache Gewebezubereitung an, führt das bei den Landesbehörden nur dann zu behördlicher Aktivität, wenn diese Beschreibung des Verfahrens in der Anzeige bei der Landesbehörde Misstrauen und Nachfragen wegen Unplausibilität erweckt (Faltus 2019, S. 977 ff.). Wird die fehlerhafte Anzeige nicht als fehlerhaft erkannt, laufen die an sich begrüßenswerten neuen Sicherheitspflichten für ATMP ins Leere. Hier wäre daher vielmehr eine Ausweitung dieser strengeren Sicherheitspflichten auf alle eigenhergestellte Zelltherapeutika anstrebenswert. Dass solche Fälle zur Frage der Abgrenzung von ATMP und einfachen Gewebezubereitungen im Bereich der (Stamm-)Zellenmedizin bereits Praxisrelevanz haben, zeigt sich an ersten gerichtlichen Auseinandersetzungen dazu (vgl.: Niedersächsisches Oberverwaltungsgericht, Beschluss vom 26.2.2019 – Aktenzeichen 13 ME 289/18, *MedR* 2019, S. 973 ff.).

Für die weiteren rechtlichen Detailfragen in Bezug auf Aufklärung und Einwilligung zur Zellabgabe sowie in Bezug auf die arzneimittelrechtlichen Vorgaben zur Herstellung und zum Inverkehrbringen von Therapeutika auf Grundlage von adulten Stammzellen einschließlich der ebenfalls als rechtlich unproblematisch angesehenen Patentierung von Erfindungen auf Grundlage adulter Stammzellen kann hier auf die zahlreich vorhandene Literatur verwiesen werden.

eSZ: embryonale Stammzellen

Natürlich oder künstlich?

Ebenso wie die adulten Stammzellen haben auch embryonale Stammzellen zumindest einen natürlichen Ursprung, namentlich in Blastozysten – also frühen menschlichen Embryonen. Allerdings ist die Natürlichkeit auf dieses – zudem in Relation zur gesamten vorgeburtlichen Entwicklungszeit – kurze Zeitfenster weniger Tage der Existenz der Blastozyste beschränkt, bevor sich die Blastozyste in die dann folgenden Entwicklungsstadien umwandelt (Moore et al. 2013, S. 47 ff.; Müller und Hassel 2018, S. 158 ff.; Rohen und Lütjen-Drecoll 2017, S. 26). Außerhalb der Blastozyste kommen embryonale Stammzellen unter natürlichen Verhältnissen nicht vor. Damit sind die Gewinnung und Nutzung embryonaler Stammzellen letztlich ein artifizielles Geschehen.

Da der Begriff „embryonal" in zweierlei Weise verwendet wird, ist jeweils darauf zu achten – insbesondere bei Vergleichen mit anderen Stammzellen – welche Bedeutung jeweils gemeint ist. Zum einen kann sich die Zuschreibung „embryonal" auf den Ursprung der Zellen beziehen und bedeutet dann, dass die betreffenden Zellen aus einem Embryo gewonnen worden sind. Zum anderen wird mit embryonal zuweilen auch die Entwicklungspotenz einer Stammzelle beschrieben. In dieser Bedeutung umschreibt der Begriff „embryonal" die Pluripotenz, also die Fähigkeit einer Stammzelle, sich in alle Zelltypen des Organismus, von dem sie stammt, entwicklen zu können, sofern hierzu die entsprechenden Bedingungen vorliegen bzw. gesteuert bereitgestellt werden. Aus diesem Grund sind embryonale Stammzellen für die Entwicklung therapeutischer Maßnahmen zur Behandlung verschiedener zell- und gewebsdegenerativer Erkrankungen wie der Parkinson-Krankheit oder Diabetes von Interesse, da diese Zellen – zumindest in theoretischer Sicht – dann nach Bedarf in den jeweils benötigen Zelltyp gezielt differenziert werden können (Übersichten dazu bei: Angelos und Kaufman 2015, S. 663 ff.; Ilic et al. 2015, S. 19 ff.; Illic und Ogilvie 2017, S. 17 ff.; Maher und Xu 2013, S. 349 ff.).

Rechtsfragen der Gewinnung und Forschungsnutzung

Die Gewinnung embryonaler Stammzellen aus sexuell erzeugten Embryonen ist in Deutschland ausnahmslos verboten. Das Verbot ergibt sich aus § 2 Abs. 1 EschG, wonach es verboten ist, einen Embryo zu einem nicht seiner Erhaltung dienenden Zweck zu verwenden. Auch die neuerlich in der Literatur wieder vorgetragene technische

XIII. Der Rechtsrahmen der artifiziellen Gewinnung und Erzeugung von Stammzellen

Möglichkeit der angeblich embryoerhaltenden Gewinnung von embryonalen Stammzellen aus Embryonen (Dittrich et al. 2015, S. 1239 ff.) ist durch das Embryonenschutzgesetz verboten, weil die betreffenden Verfahren gerade nicht – wie aber durch § 2 Abs. 1 EschG gefordert – der Erhaltung des betreffenden Embryos dienen. Vielmehr geht von den jeweiligen Verfahren eine nicht vernachlässigbare Gefahr der Zerstörung des Embryos aus (Faltus und Storz 2016, S. 1302 ff.). Die Forschungsnutzung embryonaler Stammzellen ist in Deutschland daher nur mit nach den Vorschriften des Stammzellgesetzes importierten embryonalen Stammzellen möglich. Übersehen wird hierbei häufig, dass auch noch nach der Reform der Strafvorschriften des Stammzellgesetzes im Jahre 2008 im Rahmen der internationalen und grenzüberschreitenden wissenschaftlichen Zusammenarbeit für Wissenschaftler in Deutschland sowie für deutsche Wissenschaftler mit öffentlich-rechtlicher Bezahlung bei Auslandstätigkeiten Strafen drohen. Das kann der Fall sein, wenn diese Personen z. B. aus Deutschland heraus zur (im jeweiligen Ausland zulässigen) Stammzellgewinnung aus einem Embryo anstiften (§ 9 Abs. 2 S. 2 StGB iVm. § 2 Abs. 1 EschG) bzw. wenn sie im Ausland (selbst wenn dort zulässig) humane Embryonen zerstören (§ 5 Nrn. 12, 13 StGB iVm. § 2 Abs. 1 EschG). Diese Strafbarkeiten ergeben sich aus dem Embryonenschutzgesetz in Verbindung mit dem Allgemeinen Teil des Strafgesetzbuchs, der gemäß Art. 1 Abs. 1 EGStGB auch für das Embryonenschutzgesetz als Nebenstrafrecht gilt. Diese Strafbarkeitsrisiken sind dabei – insbesondere aufgrund ihrer mangelnden Bekanntheit in den Forscherkreisen – gravierender als die Strafbarkeitsrisiken, die sich aus dem Stammzellgesetz ergeben (Faltus 2013, S. 15 ff.; Hilgendorf 2006, S. 22 ff.).

Rechtsfragen der Patentierung

Aus geschichtlichen Gründen bestehen im geographischen bzw. politischen Europa zwei voneinander unabhängige Patentschutzregime: zum einen die nationalen Patentsysteme der einzelnen Staaten der Europäischen Union, die z. T. durch Unionsrecht wie der Biopatentrichtlinie harmonisiert sind, und zum anderen das im Rahmen von Staatsverträgen geschaffene Europäische Patentübereinkommen. Die beiden Regime bieten jeweils für sich gleichwertigen Schutz und es steht dem Erfinder frei, wessen er sich bedienen möchte. Für das Patentrecht der EU hat der EuGH für das durch die Biopatentrichtlinie (Richtlinie 98/44/EG) unionsrechtlich harmonisierte Biopatentrecht im Rahmen des Brüstle-Urteils (Rechtssache C-34/10) und des ISCO-Urteils (Rechtssache C-364/13) entschieden, dass technische Lehren unter Verwendung humaner embryonaler Stammzellen nicht patentierbar sind, wenn die betreffenden Erfindungen auf der Zerstörung *oder* lediglich auf der Verwendung entwicklungsfähiger Embryonen basieren. Der EuGH hat dies u. a. abgeleitet aus dem unionalen Verfassungsrecht und damit begründet, dass Embryonen (auch schon im Blastozystenstadium) eigene Rechte, die diese Embryonen gegen Zerstörung oder sonstige Verzweckung schützen sollen, zukommen (Rechtssache C-34/10, Rdnr. 52; Rechtssache C-364/13, Rdnr. 30, Tenor). Die ökonomische wie auch rechtliche Bedeutung dieser Entscheidungen sind für den Rechtsraum der EU in der Literatur umstritten (dazu hier sogleich im Rahmen des Rechtsrahmens der therapeutischen Verwendung).

Innerhalb des Europäischen Patentübereinkommens hat die WARF-Entscheidung der Großen Beschwerdekammer (Rechtssache G 2/06) geklärt, dass die Zerstörung humaner Embryonen zu Zwecken der Stammzellgewinnung nicht mit Art. 53 lit a) EPÜ iVm. Regel 28 lit. c) EPÜ-AO vereinbar und daher auch nicht patentierbar ist, da es sich hierbei um eine missbilligte kommerzielle und/oder industrielle Nutzung humaner Embryonen handeln würde. In Bezug auf die embryoerhaltende Gewinnung von embryonalen Stammzellen aus humanen Embryonen ist ein Obiter Dictum einer Beschwerdekammer des Europäischen Patentübereinkommens in der Beschwerdesache T 1836/10-3.3.08 aufschlussreich. Die vorinstanzlich befasste Prüfabteilung wies die EPÜ-Patentanmeldung EP1674563A1 für die embryoerhaltende Gewinnung von Stammzellen, wobei auch humane Blastozysten vom Anspruch umfasst waren, mit der Begründung zurück, dass der Gegenstand der eingereichten Ansprüche im Hinblick auf Art. 53 lit a) EPÜ iVm. Regel 28 lit. c) EPÜ-AO von der Patentierbarkeit ausgeschlossen sei, da auch die zerstörungsfreie Verwendung menschlicher Embryonen als Ausgangsmaterial in einem Verfahren zur Gewinnung von embryonalen Stammzellen, das gewerbliche Anwendung findet, als „Verwendung zu industriellen oder kommerziellen Zwecken" im Sinne der Regel 28 lit. c) EPÜ-AO anzusehen sei. Gegen diese Entscheidung der Prüfabteilung legten die Anmelder Widerspruch zur technischen Beschwerdekammer ein. Im Beschwerdeverfahren versuchten die Anmelder, die Einwände der Prüfabteilung durch einen Disclaimer, den sie in ihre Ansprüche aufgenommen hatten, zu überkommen. Gemäß diesem Disclaimer sollten die gewonnenen embryonalen Stammzellen keiner industriellen oder kommerziellen Nutzung zugeführt werden, falls die Blastozyste eine menschliche Blastozyste ist. Die Beschwerdekammer ließ diesen Disclaimer allerdings nicht zu, da er eine zukünftige Nutzung auszuklammern versuchte, die nicht als Verfahrensschritt des beanspruchten Verfahrens angesehen werden konnte und der Disclaimer den eigentlichen Patentanspruch in keinerlei Weise einschränke. Dieser Disclaimer verstieß somit gegen Art. 123 Abs. 2 EPÜ und Art. 84 EPÜ, wonach ein eventuell erforderlicher Disclaimer nicht mehr ausschließen sollte, als nötig sei, um den Gegenstand auszuklammern, der aus nicht technischen Gründen vom Patentschutz ausgeschlossen sei bzw. wonach Patentansprüche deutlich und knapp gefasst sein und von der Beschreibung gestützt werden müssen (Beschwerdekammer EPA, Az. T 1836/10-3. 3.08, Rdnr. 9 ff.). Die Beschwerdekammer schließt sich dann jedoch im Rahmen ihrer weiteren Begründungen den Ausführungen der vorinstanzlichen Prüfabteilung an und führt im Rahmen eines Obiter Dictum aus, dass die Beschwerdekammer in Bezug auf den Anspruch selbst mit Disclaimer wie schon die Prüfungsabteilung in Bezug auf den Anspruch ohne Disclaimer der Auffassung ist, dass der Patentanspruch in Bezug auf humane Blastozysten Gegenstände umfasst, die gegen Art. 53 lit. a) EPÜ iVm. Verbindung mit Regel 28 lit. c) EPÜ-AO verstoßen, weil die Verwendung von menschlichen Embryonen als Ausgangsmaterial in einem Verfahren zur Gewinnung von embryonalen Stammzellen, das gewerbliche Anwendung findet, als „Verwendung zu industriellen oder kommerziellen Zwecken" im Sinne der Regel 28 lit. c) EPÜ-AO anzusehen ist und daher nicht mit dem EPÜ vereinbar ist. Die Beschwerdekammer verwies hierbei zudem auf die Rechtsprechung des EuGH im Fall *Brüstle* (Beschwerdekammer EPA, Az. T 1836/10-3. 3.08, Rdnr. 10). Auch wenn der EuGH die Frage zur embryoerhaltenden Gewinnung von Stammzellen letztinstanzlich beantwortet hat, bleibt die endgültige Klärung dieser Fragen im Rahmen des Europäischen Patentübereinkommens einem zukünftigen Verfahren vor der Großen Beschwerdekammer des Europäischen Patentübereinkommens überlassen (Faltus und Storz 2016, S. 1306 f.; Storz und Faltus 2017, S. 40).

Rechtsfragen der therapeutischen Verwendung

Die Technologie der Gewinnung und Nutzung humaner embryonaler Stammzellen ist auch für die Entwicklung zellbasierter Therapien von Bedeutung. Dabei sind in Deutschland und in der EU arzneimittelrechtliche Vorschriften zu beachten. Die Bedeutung dieser Vorschriften für die Realisierungsmöglichkeiten solcher Therapieoptionen wird im rechtswissenschaftlichen Schrifttum nicht einheitlich gesehen. Die Betrachtung der an diesen Therapieoptionen beteiligten Personen und der zugrundeliegenden Rechtspositionen machen den Dissens offensichtlich. Allgemein anerkannt ist, dass wenn im Rahmen von klinischen Studien oder überhaupt einer therapeutischen Behandlung menschliche Zellen oder menschliches Gewebe als Therapeutikum eingesetzt wird, der Zell- bzw. Gewebespender in die betreffende Spende jeweils hat einwilligen müssen. Dies ist gesetzlich so auch normiert; u. a. in Bezug auf die Herstellung des betreffenden Therapeutikums. Daher muss der Hersteller gemäß § 5 Abs. 1 Nr. 2 letzter Halbs. TPG-GewV (bzgl. lebender Spender) iVm. § 8 TPG auf eine Spenderakte zurückgreifen können, in der die Einwilligung des Zellspenders dokumentiert ist. Eine solche Einwilligung kann jedoch allenfalls von geborenen (geschäftsfähigen) Rechtssubjekten (Personen) vorliegen. In Bezug auf embryonale Stammzellen aus Embryonen kann diese gesetzlich geforderte Einwilligung aber nicht vorliegen. Das geht darauf zurück, dass es sich aus den nachfolgend erläuterten Gründen auch bei Embryonen im Zeitpunkt der Stammzellgewinnung um Rechtssubjekte handelt.

Vergleicht man die Stammzellgewinnung aus einem Embryo auf der makroskopischen Ebene mit der Zellgewinnung aus geborenen Menschen, dann entspricht die Zellgewinnung aus Embryonen, wobei der Embryo zerstört wird, einer Zellspende am geborenen Menschen, wobei dieser Mensch getötet wird. Es ist daher schon an dieser Stelle offensichtlich, dass – solange man humanen Embryonen Rechtssubjektivität zugesteht –

eine *Einwilligung* des Embryos in seine eigene Zerstörung zu Zwecken der drittnützigen Stammzellgewinnung nicht zu rechtfertigen ist. Zudem kann die gesetzlich geforderte Einwilligung zur Zellspende weder vom offensichtlich einwilligungsunfähigen Embryo selbst eingeholt werden noch durch einen rechtlich einwilligungsfähigen gesetzlichen Vertreter; unabhängig davon, wer das wäre. Eine stellvertretende Einwilligung zur Verwendung der Embryonen zu Zwecken der Stammzellengewinnung wäre rechtsmissbräuchlich, da der rechtliche Status solcher Embryonen gerade bezwecken will, dass sie nicht zu fremdnützigen Zwecken verwendet werden. Dieser Schutz kann daher nicht dadurch ausgehebelt werden, indem man die Einwilligungsunfähigkeit durch die Einwilligung eines Vertreters ersetzt (Faltus 2016d, S. 250 ff.). Zudem sei darauf hingewiesen, dass gemäß § 8c Abs. 3 TPG die Entnahme von Organen oder Geweben bei einem lebenden Embryo allenfalls zum Zwecke der Rückübertragung auf diesen Embryo zulässig ist. In dieser Konstellation wird auf die Einwilligung der Mutter abgestellt. Unabhängig von der technischen Machbarkeit dieser Technologie ist aus heutiger Sicht fraglich wie diese Vorschrift aufgrund ihres zumindest potenziell embryogefährdenden Charakters mit § 2 Abs. 1 ESchG in Kongruenz zu bringen ist, wonach jedwedes Einwirken auf den lebenden Embryo verboten ist, das nicht der Erhaltung des Embryos dient.

Insgesamt ist daher in Bezug auf die Verwendung embryonaler Stammzellen zu therapeutischen Zwecken festzuhalten, dass die betreffende Spenderakte somit in Bezug auf die Verwendung der embryonalen Zellen niemals den gesetzlichen Voraussetzungen genügen kann. Daher muss – in Deutschland – die Behörde, die über die Erteilung der Herstellungserlaubnis nach § 13 Abs. 1 AMG entscheidet, schon die Herstellungserlaubnis von Therapeutika auf Grundlage von embryonalen Stammzellen gemäß § 14 Abs. 1 Nr. 6a AMG versagen. Da die Herstellungserlaubnis zudem auch schon für die klinischen Studien einschlägig ist, können auch keine klinischen Studien mit solchen Therapeutika durchgeführt werden. In gleicher Weise sind auch die tatbestandlichen Voraussetzungen der anderen im Arzneimittelrecht notwendigen Erlaubnisse und Zulassungen rechtlich nicht erfüllbar. Daher müssen Arzneimittel auf Grundlage humaner embryonaler Stammzellen nicht nur in Deutschland, sondern in der EU insgesamt als nicht zulassungsfähig angesehen werden, da es sich z. B. bei den Vorschriften zur Herstellung letztlich um umgesetztes EU-Recht (u. a. Humankodex RL 2001/83/EG bzw. GewebeRL 2004/34/EG) handelt, das inhaltlich in allen EU-Mitgliedsstaaten gilt (Faltus 2016d, S. 250 ff.).

Erstaunlich ist, dass im rechtswissenschaftlichen Schrifttum die vorbeschriebenen Folgen der – ebenfalls im rechtswissenschaftlichen Schrifttum ausführlich begründeten – Rechtssubjektivität des Embryos im Arzneimittelrecht nicht gelten sollen. Die zentrale Frage, die hierbei beantwortet werden muss, ist die, warum ein humaner Embryo ausgerechnet im Arzneimittelrecht einen anderen rechtlichen Status haben soll, als in anderen, insbesondere verfassungsrechtlichen Rechtsmaterien bzw. warum die gezielte,

XIII. Der Rechtsrahmen der artifiziellen Gewinnung und Erzeugung von Stammzellen

drittnützige Zerstörung des Embryos als Rechtsubjekt im Arzneimittelrecht dann unbeachtlich sein soll, wenn dadurch eine Therapie für einen geboren Mensch entwickelt bzw. angeboten werden kann.[2]

Zugespitzt hat sich die Frage nach der arzneilichen Verwendung humaner Embryonen durch die beiden patentrechtlichen EuGH-Entscheidungen *Brüstle* und *ISCO*, in der der rechtliche Status des humanen Embryos durch den EuGH für das EU-Patentrecht so bestimmt worden ist, dass auch schon frühe entwicklungsfähige Embryonen Rechtssubjekte sind. Der EuGH hat dies dabei u. a. aus dem Primärrecht abgeleitet. Die patentrechtliche Rechtsprechung des EuGH hat zwar keine rechtliche Bindungswirkung für das auch unionsrechtlich harmonisierte Arzneimittelrecht, einschließlich des Rechts der klinischen Studien, da die betreffenden Entscheidungen nur für das Patentrecht erfolgt sind. Allerdings ist im Rahmen einer Rechtsprechungsfolgenanalyse zu klären, wie sich eine bestimmte Rechtsprechung eines Spezialgebiets auf ein anderes Gebiet mit vergleichbarer Streitfrage (hier der drittnützigen Verwendung von Rechtssubjekten, hier in Form humaner Embryonen) auswirken kann. Im Rahmen einer solchen Analyse ist dann in Bezug auf den Embryo jedenfalls auch ohne rechtliche Bindungswirkung nicht ersichtlich, warum der Embryo im unionsrechtlich geprägten Arzneimittelrecht einen anderen rechtlichen Status, der ihn nicht gegen eine drittnützige, industrielle, kommerzielle Verwendung schützt, haben sollte als, durch den EuGH festgestellt, im ebenfalls unionsrechtlichen geprägten Patentrecht (Faltus 2018a, S. 255). Die Frage der gleichen oder unterschiedlichen rechtlichen Folgen des rechtlichen Status des Embryos wird daher nicht dadurch beantwortet, indem ohne Begründung behauptet wird, die vorgenannten EuGH-Entscheidungen hätten keine Wirkung außerhalb des Patentrechts (so aber Gerke/Taupitz, in Zenke et al. 2018, S. 215, Fn. 34). Ebenso ist ein Nachweis zur fehlenden Ausstrahlungswirkung der patentrechtlichen EuGH-Entscheidungen in andere Rechtsgebiete, hier in das unionale Arzneimittelrecht, nicht geeignet (s. dazu hier: Gassner/Opper), die zuvor beschriebene zentrale Frage der Bedeutung des rechtlichen Status des humanen Embryos im Moment der Stammzellengewinnung für die rechtliche Zulässigkeit der Entwicklung und Marktfähigkeit von Therapeutika auf Grundlage humaner embryonaler Stammzellen zu beantworten. Eine unterschiedliche rechtliche Handhabung humaner Embryonen als Rechtsträger in verschiedenen Rechtsmaterien lässt sich auch nicht mit dem Verweis auf die verschiedenen Embryodefinitionen im deutschen Embryonenschutzgesetzt und Stammzellgesetz rechtfertigen (so scheinbar Taupitz 2012, S. 4, Rdnr. 39). Zum einen ist die verunglückte Abstimmung der Emb-

---

2   Sofern man dem Embryo in den frühen Entwicklungsphasen, in denen embryonale Stammzellen aus dem Embryo gewonnen werden können, schon auf verfassungsrechtlicher Ebene nicht als Rechtsubjekt, also nicht als Träger eigener Rechte ansieht, erübrigen sich die hier beschriebenen Rechtsfragen, weil die Entität „Embryo" dann keine eigenen Rechte hat, die sie gegen eine drittnützige Zerstörung schützen.

ryodefinitionen in Embryonenschutzgesetzt und Stammzellgesetz nicht geeignet, diese Begründung zu stützen. Zum anderen ist eine Auslegung des Unionsrechts mittels einfachgesetzlichen deutschen Rechts nicht mit der Dogmatik des hierarchischen Normenverhältnisses vereinbar.

Im Ergebnis ist aber auch festzuhalten, dass die bisherige Verneinung der Zulässigkeit von Therapeutika auf Grundlage humaner embryonaler Stammzellen nicht heißt, dass solche Therapeutika per se rechtlich nicht vertretbar sind. Die Zulässigkeit setzt jedoch zunächst voraus, dass sich in Bezug auf den humanen Embryo im Zeitpunkt der Stammzellgewinnung die Position durchsetzt, dass es sich hierbei noch nicht um ein Rechtssubjekt mit eigenen Rechtspositionen handelt, die dieses Rechtssubjekt gegen drittnützige Verzwecklichung schützen. Darauf aufbauend wären dann entsprechende Änderung der einfachrechtlichen (ESchG, StZG) bzw. der sekundärrechtlichen Unionsvorschriften notwendig.

Allerdings sollten in Bezug auf die Realisierung von Therapien auf Grundlage humaner embryonaler Stammzellen auch weitere ökonomische und akzeptanzbezogene Fragen beachtet werden. Das betrifft hier insbesondere den Vergleich zu jeweils entsprechenden Therapien auf Grundlage von induziert pluripotenten Stammzellen (iPS-Zellen; dazu sogleich). Sollten sich Therapien mittels iPS-Zellen realisieren lassen, die zumindest ähnlich wirksam wären wie Therapien auf Grundlage embryonaler Stammzellen, dann kann man davon ausgehen, dass der Markt die jeweilige iPS-Therapie gegenüber der Therapie auf Grundlage humaner embryonaler Stammzellen favorisieren wird, da die iPS-Therapie im Vergleich zu Therapien auf Grundlage embryonaler Stammzellen mit einem ethisch und rechtlich wesentlich weniger widersprüchlichen Diskurs verbunden ist und damit schlicht einfacher zu kommunizieren wäre. Der gegenwärtig verfolgte Ansatz zur Therapie der Makuladegeneration, einer zur Erblindung führenden Augenerkrankung einerseits mit Therapeutika auf Grundlage embryonaler Stammzellen (u. a. da Cruz et al. 2018, S. 328 ff.) und andererseits mit iPS-basierten Therapeutika (u. a. Takashima et al. 2018, S. 123 ff.) wird hierzu erste Anhaltspunkte geben. In ähnlicher Weise wird sich auch das Verhältnis der Realisierungsmöglichkeit von iPS-basierten Therapien im Vergleich zu Therapien auf Grundlage von SCNT-Embryonen verhalten, da zum einen die Frage der Gewinnung der benötigten Eizellen für den SCNT widersprüchlich gesehen wird und da zum anderen zumindest der moralische Status der SCNT-Embryonen wesentlich streitiger ist als der von iPS-Zellen.

PID-embryonale SZ: Stammzellen aus PID-Embryonen

Für die Erforschung der molekularen und physiologischen Grundlagen bestimmter genetisch bedingter Erkrankungen können Stammzelllinien genutzt werden, die als In-vitro-Modell für die jeweilige Krankheit im geborenen Menschen stehen. Solche Stamm-

XIII. Der Rechtsrahmen der artifiziellen Gewinnung und Erzeugung von Stammzellen

zellen lassen sich insbesondere im Rahmen von PID-Untersuchungen gewinnen. Das geht darauf zurück, dass sich im Rahmen der PID gerade solche genetischen Abweichungen feststellen lassen, die bei geborenen Menschen entsprechende Krankheitsmanifestationen bedingen. Je nachdem aus welchem Entwicklungsstadium des Embryos und je nach Methode der PID handelt es sich bei den gewonnenen und in Kultur genommenen Stammzellen um eine besondere Form der embryonalen Stammzellen. Im Ausland existieren zahlreiche solcher PID-Zelllinien als Modelle für die verschiedensten erblich bedingten Krankheiten (u. a. Ben-Yosef et al. 2008, S. 153 ff.; Hmadcha et al. 2016, S. 635 ff.; Mateizel et al. 2006, S. 503 ff.). Die Nutzung dieser Chancen für die Forschung ist in Deutschland rechtlich nicht zulässig. Weder die Gewinnung von PID-Stammzellen noch deren Einfuhr aus dem Ausland nach Deutschland sind zulässig. Die inländische Gewinnung scheitert rechtlich an § 2 Abs. 1 ESchG. Das geht darauf zurück, dass Embryonen, an denen im Rahmen der nach § 3a ESchG zulässigen PID genetische Abweichungen festgestellt wurden, zwar in rechtlich zulässiger Weise verworfen werden können (z. B. durch „Stehenlassen"). Allerdings handelt es sich bei diesen Embryonen nach wie vor um Embryonen im Sinne von § 8 Abs. 1 ESchG. Daher dürfen diese Embryonen solange sie entwicklungsfähig sind, also Zellteilungen auftreten, so widersprüchlich dies klingt, nicht aktiv zerstört werden, z. B. zu Zwecken der Stammzellengewinnung. Erst ab dem Moment, ab dem diese Embryonen durch das bloße Stehenlassen nicht mehr entwicklungsfähig sind, gelten die betreffenden Embryonen nicht mehr als Embryonen im Sinne des Embryonenschutzgesetzes, da die Embryodefinition des § 8 Abs. 1 ESchG explizit auf die Entwicklungsfähigkeit abstellt.

Die Gewinnung von PID-Stammzellen aus nicht mehr entwicklungsfähigen Embryonen hat jedoch zwei Probleme, ein rechtliches und ein tatsächliches. Um in rechtlicher Hinsicht eine Strafbarkeit wegen verbotener Embryozerstörung (§ 2 Abs. 1 ESchG) zu vermeiden, weil der Embryo eventuell doch noch entwicklungsfähig ist, muss so lange gewartet werden, bis definitiv sicher ist, dass der betreffende Embryo nicht mehr entwicklungsfähig ist. Das aber hat dann ein technisches Problem zur Folge. Je länger nach dem tatsächlichen Entwicklungsstopp, der nicht notwendigerweise der festgestellte bzw. abgewartete Zustand sein muss, gewartet wird, desto mehr sind die Zellen des Embryos durch natürliche Zersetzungsprozesse geschädigt und damit nicht mehr für das Anlegen einer Zellkultur als Krankheitsmodell geeignet.

Die Einfuhr von PID-Stammzellen scheitert an den Voraussetzungen des Stammzellgesetzes für die Einfuhr von embryonalen Stammzellen. Die Einfuhr embryonaler Stammzellen setzt u. a. nach § 4 Abs. 2 Nr. 1 StZG voraus, dass die Embryonen, aus denen sie gewonnen wurden, im Wege der medizinisch unterstützten extrakorporalen Befruchtung zum Zwecke der Herbeiführung einer Schwangerschaft erzeugt worden sind, diese Embryonen endgültig nicht mehr für diesen Zweck verwendet wurden und keine Anhaltspunkte dafür vorliegen, dass dies aus Gründen erfolgte, die an den Embryonen selbst liegen. Wird der Transfer aber deshalb nicht durchgeführt, weil im Rahmen einer PID an diesem Embryo genetische Abweichungen festgestellt wurden, die gegen den Transfer sprechen, dann liegen die Gründe für den nicht erfolgten Transfer am Embryo. Der Gesetzgeber könnte diesen Widerspruch auflösen, indem er beispielsweise auch die Einfuhr solcher Zelllinien freigibt oder korrespondierend zur Einführung des § 3a EschG die Gewinnung von Stammzellen aus Embryonen, die im Rahmen einer PID vom Transfer ausgeschlossen werden, rechtlich zulässt.

geSZ: genomeditierte Stammzellen

Durch das Aufkommen der Verfahren der Gen- und Genomeditierung wie beispielsweise CRISPR/Cas oder TALENs sind gezielte Veränderungen der DNA im Vergleich zu den bisherigen Verfahren hierzu wesentlich vereinfacht und beschleunigt worden (statt vieler: Doetschman und Georgieva 2017, S. 876 ff.; El-Kenawy et al. 2019, S. 908 ff.; Gupta und Shukla 2017, S. 672 ff.; Maeder und Gersbach 2016, S. 430 ff.). Die Verfahren der Gen- und Genomeditierung lassen sich auch auf Stammzellen anwenden. Die Verfahren der Gen- und Genomeditierung sind nicht per se und/oder explizit rechtlich erfasst. Der Rechtsrahmen für die Anwendung dieser Verfahren orientiert sich damit am Anwendungskontext und den für diese Kontexten bestehenden rechtlichen Vorschriften. Beispielsweise ist die Anwendung dieser Verfahren auf embryonale Stammzellen, die nach den Vorschriften des Stammzellgesetzes nach Deutschland eingeführt worden sind, rechtlich zulässig, da insoweit keine Verbote existieren. Bei der Anwendung sind zusätzlich die allgemeinen Vorschriften des Gentechnikrechts in Bezug auf Sicherheit und Dokumentation beim Betrieb gentechnischer Anlagen (= Labore) einzuhalten. Andererseits ist die Anwendung auf sexuell entstandene humane totipotente Stammzellen bzw. totipotente (Stamm-)Zellmehrheiten, also einzellige Embryonen bzw. mehrzellige Embryonen verboten, weil es sich dabei um eine von § 5 Abs. 1 EschG verbotene künstliche Veränderung der Erbinformation einer menschlichen Keimbahnzelle handeln würde. Dieses Verbot ergibt sich aus der Definition der Keimbahnzelle in § 8 Abs. 3 EschG, wonach alle Zellen, die in einer Zell-Linie von der befruchteten Eizelle bis zu den Ei- und Samenzellen des aus ihr hervorgegangenen Menschen führen, sowie ferner die Eizelle vom Einbringen oder Eindringen der Samenzelle an bis zu der mit der Kernverschmelzung abgeschlossenen Befruchtung in rechtlicher Hinsicht als Keimbahnzellen gelten. Da aus einer totipotenten Zelle *auch* die Keimbahn eines Organismus hervorgehen kann, müssen totipotente Zellen in rechtliche Sicht *auch* als Keimbahnzellen gewertet werden (im Ergebnis mit anderer Begründung ebenso: Günther, in: Günther et al. 2014, § 5, Rdnr. 9). Zu beachten ist damit aber auch, dass diese rechtliche Limitation des § 5 Abs. 1 EschG nach der hier vertretenen Ansicht nur für sexuell erzeugte Embryonen (ob ein- oder mehrzellig) gilt, da das Embryonenschutz-

XIII. Der Rechtsrahmen der artifiziellen Gewinnung und Erzeugung von Stammzellen

gesetz nur sexuell entstandene Embryonen erfasst.[3] Daher könnten die Verfahren der Gen- und Genomeditierung nach der hier vertretenen Ansicht an künstlich asexuell erzeugten Totipotenzentitäten auch dann angewendet werden, wenn dies eine vererbliche also transgenerationale Auswirkung hat.

Bei der Anwendung der Verfahren der Gen- und Genomeditierung an adulten Stammzelle sind zunächst wiederum die Vorschriften des Gentechnikrechts zu beachten. Ist die Entwicklung einer humanmedizinischen Therapie unter Verwendung der editierten adulten Stammzellen beabsichtigt, müssen zusätzlich die arzneimittelrechtlichen Vorschriften beachtet werden, wobei insbesondere den Vorschriften in Bezug auf Gentherapien oder Zelltherapien mit genetisch veränderten Zellen Bedeutung zukommt. Die Beachtung beider Therapeutikagruppen ist notwendig, da nicht jede genetisch veränderte Zelle, die therapeutisch verwendet wird auch (im Rechtssinne) ein Gentherapeutikum darstellt (Anliker et al. 2015, S. 1274; EMA 2012, S. 4; EMA 2018, S. 4). Die jeweiligen Vorschriften hierzu finden sich im Arzneimittelgesetz bzw. in der RL 2001/83/EG (Gentherapeutikum: Anhang I, Teil IV, 2.1; Zelltherapeutika/Gewebeprodukte: Anhang I, Teil IV, 3.3 & 3.3.2.1, f) sowie in der ATMP-Verordnung. Zur vorgenannten Thematik und weiteren Anwendungsfällen (Faltus 2018a, S. 217 ff.).

iPS-Zellen: induziert pluripotente Stammzellen

Naturwissenschaftlicher Charakter und Bedeutung der Entdeckung für die Medizin

Die induziert pluripotenten Stammzellen (im Folgenden iPS-Zellen) sind zurzeit sicherlich die prominentesten Vertreter im Zusammenhang mit der künstlichen Erzeugung von Stammzellen. Da sie aus Körperzellen gewonnenen werden, zählen sie – trotz ihrer Pluripotenz – zu den adulten Stammzellen. Der Begriff der *Pluripotenz* beschreibt in Bezug auf iPS-Zellen daher deren Entwicklungsmöglichkeiten und geht daher auch nicht wie embryonalen Stammzellen mit einem embryonalen Ursprung einher. Die Bedeutung der Entdeckung der iPS-Zellen für Forschung und Medizin wird nicht von der naturwissenschaftlich-medinischen Seite betont, sondern auch seitens der Politik (BT-Drs. 16/7983, S. 5; BT-Drs. 16/7985 (neu), S. 2; BT-Drs. 18/4900 vom 07.05.2015 = Sechster Erfahrungsbericht der Bundesregierung über die Durchführung des Stammzellgesetzes, S. 23 ff.; Der Präsident der Berlin-Brandenburgischen Akademie der Wissenschaften (Hrsg.) 2009; S. 21 ff.) und drückt sich in zahlreichen Förderprogrammen

---

3   Zum Streitstand bezüglich der gleichen oder unterschiedlichen rechtlichen Handhabung von sexuell und asexuell entstandenen totipotenten Humanentitäten: Taupitz, in Günther et al. (2014, § 8, Rdnr. 48 ff.) und Faltus (2016a, S. 374 ff.).

sowie steigenden Publikations- (Kobold et al. 2015, S. 914, 916 f.) und Patentzahlen (Roberts et al., 2014, S. 742 ff., Strauss, in Zenke et al. 2018, S. 243 ff., 250 ff.) aus.

In Bezug auf die therapeutische Nutzung sind iPS-Zellen bzw. Therapeutika auf Grundlage von iPS-Zellen nicht mit dem ethischen Diskurs, der im Zusammenhang mit humanen embryonalen Stammzellen entstanden ist, verbunden. Zudem besteht bei iPS-Therapien im Gegensatz zu embryonalen Stammzellen zumindest prinzipiell die Möglichkeit der autologen Verwendung, wenn sich die therapeutisch eingesetzten iPS-Zellen bzw. die aus den iPS-Zellen sekundär ableitbaren Zellen auf die gleiche Person zurückführen lassen, die später auch Empfänger des Therapeutikums ist. Bei autologen iPS-Therapeutika ist daher eine bessere immunmedizinische Verträglichkeit des Transplantates zu erwarten, wenn auch noch nicht abschließend erforscht (Spitalieri et al. 2016, S. 118 ff.; de Almeida et al. 2014, 3903; Zhao et al. 2011, S. 212 ff.; Zhao et al. 2015, S. 353 ff.), als bei klassischen allogenen Gewebetransplantation. Die autologe Verwendung eröffnet daher auch die Möglichkeit, die typischerweise mit der allogenen Gewebetransplantation einhergehenden gesundheitlichen Beeinträchtigungen und Kosten der immunmedizinischen Suppression zu vermeiden oder zumindest wesentlich zu verringern. Da sich aber zumindest in der Anfangszeit von iPS-basierten Therapien keine flächendeckende autologe Vollversorgung erreichen lässt und da die Herstellung von iPS-Zellen eine gewisse Zeit dauert, werden sich zumindest Akutbehandlungen kaum mittels iPS-Therapeutika bewerkstelligen lassen, sodass hierfür auch an allogenen iPS-Therapien geforscht wird. Zur Reduzierung der hiermit verbundenen immunmedizinischen Folgekosten wird schon an Verfahren gearbeitet, wie sich selbst allogene iPS-Therapeutika entsprechend immunmedizinisch verändern lassen. In diesem Zusammenhang muss aber auch darauf hingewiesen werden, dass bislang noch nicht abschließend geklärt ist, welche Kosten für eine iPS-basierte Therapie in Anschlag zu bringen sind, da schon die Berechnungs- und Vergleichsgrundlagen streitig sind (vgl. Jenkins und Farid 2015, S. 83 ff.; Knoepfler 2012, S. 713 f.).

Rechtliche Einordnung von iPS-Zellen nach ESchG und StZG

Auf die Erzeugung und Verwendung (forschungsbezogen, therapeutisch) von iPS-Zellen ist weder das Embryonenschutzgesetz noch das Stammzellgesetz anwendbar (Faltus 2008, S. 546; Faltus 2016b, S. 869 f.). Das Embryonenschutzgesetz erfasst nur natürlicherweise vorkommende Ei- und Samenzellen sowie sexuell gezeugte Embryonen und andere aus ihnen abgetrennte totipotente Zellen bzw. Zellmehrheiten. iPS-Zellen sind jedoch weder totipotent noch Keimzellen und werden auch nicht aus Embryonen im Sinne des Embryonenschutzgesetzes gewonnen, sondern aus unpotenten Körperzellen. *Un*potent bedeutet, dass sich eine spezialisierte Körperzelle wie bspw. eine Haut- oder Herzzelle nicht mehr teilt. Sofern eine solche Zelle abstirbt, kann dieser Verlust nur aus einem in dem jeweiligen Gewebe befindlichen Stammzellendepot ausgeglichen werden, in dem sich entsprechende *uni*potente Stammzellen befinden (Müller und Hassel 2018, S. 511 ff.). Das Stammzellgesetz erfasst zwar pluripotente Stammzellen, die Anwendung des Stammzellgesetzes setzt gemäß §§ 2, 3 Nrn. 2, 4 StZG allerdings voraus, dass die Stammzellen aus einem menschlichen Embryo, allgemein einer (mehrzelligen) totipotenten Entität stammen. Gerade das trifft auf iPS-Zellen nicht zu.

Anwendbarkeit des Transplantationsgesetzes

Im Therapiebereich erfasst das Transplantationsgesetz einzelne iPS-Zellen sowie deren Derivate als Gewebe. Das geht auf § 1a Nr. 4 TPG zurück, wonach alle aus Zellen bestehenden Bestandteile des menschlichen Körpers, die keine Organe sind, und alle einzelnen menschlichen Zellen als Gewebe im Sinne des Transplantationsgesetzes gelten. Bei der Gewinnung der Körperzellen, die für die Reprogrammierung genutzt werden sollen, sind die Vorschriften des Transplantationsgesetzes jedoch nur dann zu beachten, wenn die zu reprogrammierenden Zellen gemäß § 1 Abs. 2 S. 1 TPG zum Zwecke der therapeutischen Übertragung entnommen werden sowie für die Übertragung an sich, einschließlich der Vorbereitung dieser Maßnahmen. Die Biopsie zu Forschungszwecken in vitro ist daher nicht durch das Transplantationsgesetz erfasst. Die Ausnahmeregelung zur Anwendbarkeit des Transplantationsgesetzes im therapeutischen autologen Behandlungssystem (§ 1 Abs. 3 Nr. 1 TPG) greift für Therapien auf Grundlage von iPS-Zellen nicht. Die autologe therapeutische Anwendung von reprogrammierten Stammzellen erfolgt nicht wie von § 1 Abs. 3 Nr. 1 TPG für die Ausnahme vom Transplantationsgesetz gefordert *„innerhalb ein und desselben chirurgischen Eingriff[s]"*. Stattdessen werden bei iPS-Therapeutika während eines ersten, in sich geschlossenen (chirurgischen) Eingriffs die Zellen entnommen. Nach Abschluss dieses Eingriffs werden iPS-Zellen und/oder die sekundären Differenzierungsderivate in vitro erzeugt. Erst im zweiten, ebenso eigenständigen chirurgischen Eingriff, erfolgt die therapeutische Anwendung der iPS-Therapeutika am Patienten, wobei Entnahme- und Anwendungsort am Patienten nicht identisch sein müssen (Faltus 2016a, S. 631 ff.; Faltus 2016b, S. 870).

Aufklärung und Einwilligung: medizinisch und sachenrechtlich

Aufklärung und Einwilligung zur Gewinnung, Herstellung und Anwendung der Körperzellen bzw. iPS-Zellen und deren Differenzierungsderivate richten sich zum einen wie bei anderen therapeutischen Eingriffen nach den allgemeinen medizinrechtlichen Anforderungen an Aufklärung und Einwilligung, zum anderen nach den speziell im Zusammenhang mit der zell- und gewebebasierten Medizin erarbeiteten Anforderungen. Für die Biopsie zur Gewinnung der Zellen zur Erzeugung von iPS-Zellen sowie für deren Anwendung ergibt sich der Umfang und die Dokumentationspflicht der Aufklärung des Patienten bei autologen iPS-Therapeutika aus § 8c Abs. 1 Nr. 1 lit. c)

TPG unter Rückgriff auf § 8 Abs. 2 TPG, bei allogenen iPS-Therapeutika in Bezug auf die Spende direkt aus § 8 Abs. 2 TPG (Faltus 2016b, S. 870f.). Neben diesen Aufklärungen sollte im Rahmen der zivilrechtlichen Aufklärungspflichten aus § 630c Abs. 2 S. 1 BGB bei iPS-Therapeutika auf eine sachenrechtliche Frage hingewiesen werden. Wenn biopsierte Körperzellen in einem technisch komplexen Verfahren zu iPS-Zellen und gegebenenfalls weiter zu speziellen Zellen und/oder Geweben prozessiert werden, dann ist die sachenrechtliche Vorschrift des Eigentumsverlusts durch Um- und/ oder Verarbeitung nach § 950 BGB zu berücksichtigen (Wernscheid 2012, S. 197 ff., m. w. N.). Der Zellspender, in der autologen Konstellation zugleich der Patient, verliert, wenn nicht etwas anderes zwischen Patient und Arzt dazu vereinbart wurde, das Eigentum an den biopsierten Zellen und erlangt kein Eigentum an dem hieraus entwickelten iPS-Therapeutikum. Solche Probleme des Eigentumsverlusts erübrigen sich, wenn das iPS-Therapeutikum auf den richtigen Patienten übertragen wird, da insoweit davon ausgegangen wird, dass mit der Verbindung eines Therapeutikums mit dem menschlichen Körper diese Therapiegegenstände ihre Sacheigenschaft nach dem Grundsatz verlieren, wonach weder der Körper des lebenden Menschen noch seine einzelnen Bestandteile, sofern sie im Körper eingegliedert sind, Sachen im Rechtssinne sind (Deutsch und Spickhoff 2014, Rdnr. 1222; Stresemann 2018, § 90 BGB, Rdnr. 27). Würde eine Übertragung auf eine „falsche" Person erfolgen, stellen sich Fragen des Schadensersatzes.

Um Missbrauch durch das Einfallstor des gesetzlichen Eigentumsverlusts bei zellbasierten Therapeutika zu vermeiden, sollte entweder eine Aufklärungspflicht normiert werden, bei deren Verstoß eine Eigentumsvermutung zugunsten des Patienten eintritt. Wesentlich besser noch ließen sich Patienten in autologen Behandlungsregimen durch eine explizite Umkehr der heutigen Regeln zum gesetzlichen Eigentumsverlust in Bezug auf Zelltherapeutika schützen, bei der der Patient Eigentümer selbst bei technisch komplexen Verfahren bleibt, und ein Dritter wie z. B. der Arzt nur dann Eigentümer werden kann, wenn diese ausdrücklich vereinbart wird. Im Rahmen solcher Aufklärungen müsste dann auch entschieden werden, was mit dem „Überschuss" an produzierten iPS-Therapeutika geschehen soll (Faltus 2016b, S. 871).

Genetische Analyse der Zellen – Big Data, Datenschutz und Ökonomie

Bei der Erzeugung von iPS-Zellen werden die biopsierten Körperzellen u. a. genetisch untersucht, womit sich auch Informationen über die DNA des Zellspenders gewinnen lassen. Erfolgt dies nicht zum Zwecke der Therapieentwicklung, muss hierbei das Gendiagnostikgesetz nicht beachtet werden, § 2 Abs. 2 Nr. 1 GenDG. Erfolgt die genetische Analyse jedoch im Zusammenhang einer Therapie, ist das Gendiagnostikgesetz zu beachten (Faltus 2016b, S. 871). Die so gewonnenen Daten – hier als Genomics-Daten – lassen sich dann auch in den Informationsfluss sogenannter Big Data-Anwendungen einspeisen. Die datenschutzrechtlichen Fragen, die sich hierbei stellen, werden sich nicht nur anhand des Gendiagnostikgesetzes beantworten lassen, sondern auch anhand des übrigen Datenschutzrechts einschließlich der unionsrechtlichen Datenschutzgrundverordnung (Verordnung (EU) 2016/679). Da insbesondere genetische Daten bei entsprechender Verknüpfung mit anderen persönlichen Daten solche Einblicke in den gegenwärtigen oder in den zu erwartenden Gesundheitszustands einer Person ermöglicht, die über die Informationen hinausgehen, die in der konkreten Therapiesituation, z. B. bei der Anwendung eines iPS-Therapeutikums benötigt werden, stellen sich im Bereich der forschenden und angewandten Medizin bei Big Data-Anwendungen medizinethische, rechtliche und soziöokomische Fragen der Regulierung dieser Technologie. Hierbei gilt es u. a. die Rechte des Zellabgebers u. a. mit seinem Recht auf Wissen bzw. Nichtwissen der Ergebnisse im eigentlichen Anwendungsfall und gegebenenfalls hinsichtlich weitere Aussagen im Rahmen von Big Data-Analysen sowie seinem Recht über den Umfang der Weitergabe seiner Daten an Dritte abzuwägen mit der Notwendigkeit einer Ökonomisierung des Gesundheitssystems, die ihrerseits auf die Nutzung möglichst vieler Daten angewiesen ist.

In Bezug auf iPS-Zellen wird sich zudem eine dem Datenschutzrecht so bislang nicht bekannte Regelungskonstellation stellen: das gesetzlich bedingte Auseinanderfallen von Eigentum am Datenträger und der Person, auf die sich die betreffenden Daten beziehen. Das geht darauf zurück, dass wie oben gezeigt bei der Herstellung von iPS-Zellen der Hersteller der iPS-Zellen grundsätzlich gemäß § 950 BGB gesetzlich bedingt Eigentum an den Zellen und damit auch an den darin enthaltenen DNA-Molekülen als Informationsträgern erhält. Hier wird zu klären sein, inwieweit der Eigentümer der iPS-Zellen auch Berechtigter der Information, die in der DNA über die Person, von der die für die Reprogrammierung gewonnenen Zellen, werden kann.

Entwicklung, Herstellung, Inverkehrbringen, Pharmakovigilanz und Haftung

Welche arzneimittelrechtlichen Vorschriften für Entwicklung, Herstellung, Inverkehrbringen und die Pharmakovigilanz einschlägig sind, hängt davon ab, welchen arzneimittelrechtlichen Charakter iPS-Therapeutika haben. Bei iPS-basierten Therapeutika handelt es sich um Arzneimittel für neuartige Therapien im Sinne der unionalen ATMP-Verordnung. Die ATMP-Verordnung erfasst somatische Zelltherapeutika, biotechnologisch bearbeitete Gewebeprodukte sowie Gentherapeutika. Innerhalb der Gruppe der ATMP sind iPS-Therapeutika grundsätzlich als biotechnologisch bearbeitete Gewebeprodukte im Sinne von Art. 2 Abs. 1 lit. b) ATMP-VO bzw. § 4 Abs. 9 AMG anzusehen. Dabei handelt es sich um Produkte, die biotechnologisch bearbeitete Zellen oder Gewebe enthalten oder aus ihnen besteht und denen Eigenschaften zur Regeneration, Wiederherstellung oder zum Ersatz menschlichen Gewebes zugeschrieben werden oder die zu diesem Zweck verwendet oder Menschen verabreicht werden, also gerade um solche Therapeutika, deren Funktion durch iPS-Therapeutika beschrieben wird (Faltus 2008, S. 544, 547; Faltus 2016a, S. 629 ff.; Faltus 2016b, S. 868).

Bei der regulatorischen und medizinethischen Beurteilung von iPS-Therapeutika muss zudem berücksichtig werden, ob es sich aufgrund der Reprogrammierungsverfahren sowie der beabsichtigen therapeutischen Nutzung bei den betreffenden iPS-Therapeutika um Gentherapeutika handeln kann, für die aufgrund eines im Vergleich zu den anderen ATMP verschiedenen Risikopotenzials andere Vorschriften zur Gewährleistung von Sicherheit, Qualität und Wirksamkeit zu beachten sind. Allerdings ist nicht jede gentechnisch veränderte Körperzelle bzw. jede iPS-Zelle sowie das daraus abgeleitete Differenzierungstherapeutikum selbst bei nachweisbaren genetischen Veränderungen durch die Reprogrammierung automatisch ein Gentherapeutikum, sondern es kann sich dabei auch um gentechnisch veränderte Zellen innerhalb eines der anderen ATMP-Arzneimittel handeln. Ein Gentherapeutikum liegt – gegebenenfalls in Darreichungsform eines iPS-Therapeutikums – im Rechtssinne nur vor, wenn mit dem Therapeutikum eine in einer defekten genetischen Sequenz des Empfängers bedingte Erkrankung durch artifizielles Einbringen einer korrigierten DNA-Sequenz behandelt werden soll (Anliker et al. 2015, S. 1274; EMA 2012, S. 4; EMA 2018, S. 4). Mit iPS-Therapeutika soll jedoch grundsätzlich Zell- bzw. Gewebeersatz für zum Beispiel durch unfall- oder altersbedingte Degenerationserscheinungen verursachten Zell- bzw. Gewebeverlust bereitgestellt werden, sodass die Gentherapievariante nicht an erster Stelle der Therapiebemühungen stehen sollte, jedoch aufgrund von bislang erfolgten Studien im Tiermodell auch nicht von vornherein ausgeschlossen ist (Hanna et al. 2007, S. 1920 ff.; Xiao et al. 2016, S. 697 ff.) und daher regulatorisch sowie medizinethisch künftig berücksichtig werden sollte. Insbesondere neuere Therapieoptionen, die sich durch Fortschritte im Zusammenhang mit der Gen- und Genomeditierung, die bereits mit den iPS-Verfahren kombiniert werden (Hockemeyer und Jaenisch 2016, S. 573 ff., Huang et al. 2015, S. 1470 ff.), können dabei eine Rolle spielen.

Die einzelnen Schritte der weiteren Entwicklung iPS-basierter Therapeutika richtet sich in rechtlicher Hinsicht dann einerseits nach den allgemeinrechtlichen Vorschriften des Arzneimittelrechts und andererseits nach spezialrechtlichen Vorschriften in Bezug auf ATMP. Zusammengefasst zeigt sich dabei das folgendes Bild: Die präklinischen Studien müssen unter Einhaltung der normierten Grundsätze der Guten Laborpraxis (im Folgenden GLP) durchgeführt werden, da sie gemäß § 19a Abs. 1 ChemG im Zusammenhang mit einem von einer Bundesoberbehörde bewerteten Zulassungsverfahren stehen. Für das EU-zentralisierte Zulassungsverfahren ergibt sich diese Pflicht aus Art. 6 Abs. 1 S. 1 VO 726/2004, Art. 8 Abs. RL 2001/83/EG sowie Anhang I RL 2001/83/EG (Einführung und allgemeine Grundlagen: 9).

XIII. Der Rechtsrahmen der artifiziellen Gewinnung und Erzeugung von Stammzellen

Für klinische Studien mit ATMP sowie für das zugehörige Genehmigungsverfahren in Deutschland gelten zunächst die allgemeinen rechtlichen Vorgaben zur Durchführung klinischer Studien, normiert in §§ 40 ff. AMG. Hierin sowie in der deutschen GCP-Verordnung sind bislang auch die unionsrechtlichen Vorgaben der EU-GCP-Richtlinie (= RL 2001/20/EG) umgesetzt, auf deren Berücksichtigung der 16. Erwägungsgrund und Art. 4 Abs. 1 ATMP-VO bzgl. klinischer Studien mit ATMP verweisen. Abgesehen von der gegenwärtig in Planung befindlichen Ersetzung der RL 2001/20/EG durch die VO (EU) Nr. 536/2014 sollten gemäß Art. 4 Abs. 2 ATMP-VO speziell auf die klinische Prüfung von ATMP zugeschnittene Voraussetzungen rechtlich normiert werden. Die Normierung dieser Voraussetzungen erfolgte im Oktober 2019 durch die „Guidelines on Good Clinical Practice specific to Advanced Therapy Medicinal Products" (= C(2019) 7140 final). Ausführlich zum Rechtsrahmen der ATMP-Entwicklung: Detela und Lodge (2019, S. 205 ff.).

Da es sich bei Therapeutika auf Grundlage von iPS-Zellen um ATMP handelt, ist für die Herstellung dieser Therapeutika immer eine arzneimittelrechtliche Erlaubnis nach § 13 Abs. 1 AMG notwendig, sodass die Herstellung solcher Therapeutika nach dem GMP-Standard erfolgen muss. Für ATMP wurden dazu spezielle GMP-Vorgaben entwickelt, um die besonderen Eigenschaften von zellbasierten Therapeutika gegenüber klassischen niedermolekularen Therapeutika besser abbilden zu können (vgl. EudraLex: The Rules Governing Medicinal Products in the European Union, Volume 4, Good Manufacturing Practice Guidelines on Good Manufacturing Practice specific to Advanced Therapy Medicinal Products). Die Notwendigkeit zur Einhaltung des GMP-Standards bei der Herstellung ergibt sich nach § 13 Abs. 1 AMG, §§ 1 Abs. 1; 3 AMWHV. Zu beachten ist, dass zusätzlich zur Herstellungserlaubnis eine Erlaubnis zur Entnahme der zu reprogrammierenden Körperzellen nach § 20b AMG notwendig ist. Die Ausnahmen für die privilegierte ärztliche Eigenherstellung ohne Herstellungserlaubnis gemäß § 13 Abs. 2b AMG sind bei ATMP durch eine Rückausnahmen in § 13 Abs. 2b S. 2 AMG aufgehoben.

Das Inverkehrbringen von iPS-Therapeutika richtet sich entweder nach den Vorgaben für die zentralisierte Zulassung durch die EU für das gesamte Gebiet der EU oder nach den Vorschriften der so genannten Krankenhausausnahme lediglich für Deutschland. Welcher Weg einschlägig ist, richtet sich danach, ob das betreffende Therapeutikum routinemäßig und industriell hergestellt wird, dann EU-Zulassung durch Einreichung des Antrags bei der EMA (Art. 3 Abs. 1 iVm. Anhang 1 VO (EU) Nr. 726/2004), oder ob es sich gemäß Art. 28 ATMP-VO, § 4b AMG um Arzneimittel handelt, die als individuelle Zubereitung für einen einzelnen Patienten ärztlich verschrieben nach spezifischen Qualitätsnormen nicht routinemäßig hergestellt werden und dabei in einer spezialisierten Einrichtung der Krankenversorgung unter der fachlichen Verantwortung eines Arztes angewendet werden; in diesem Fall erfolgt die Beantragung der Genehmigung beim Paul-Ehrlich-Institut. Die Vorschriften zur Pharmakovigilanz richten sich ebenfalls nach den Vorschriften für die ATMP-Pharmakovigilanz, also nach Art. 14 ATMP-VO in Verbindung mit den entsprechenden Vorgaben aus der Verordnung (EG) Nr. 726/2004. Für die Pharmakovigilanz von iPS-Therapeutika aus ärztlicher Eigenherstellung, also solchen ohne Zulassung bzw. Genehmigung wegen fehlenden Inverkehrbringens, sind durch das GSAV § 63j AMG (n. F.) und § 67 Abs. 9 AMG (n. F.) zu beachten. Schließlich bestehen in Bezug auf die gesetzlichen Grundlagen der Arzneimittelhaftung für iPS-Therapeutika keine Spezialregelungen, insoweit ist § 84 AMG einschlägig, wenn es sich um ein zugelassenes (iPS-)Therapeutikum handelt (zu den einschlägigen Vorschriften der einzelnen Entwicklungs- und Anwendungsphasen im Detail: Faltus 2016a, S. 629 ff.; Faltus 2016b, S. 871 f.).

Erzeugung von Keimzellen aus reprogrammierten Stammzellen

Naturwissenschaftlich-technischer Sachstand

Mit dem Aufkommen der iPS-Zellen hat ein altes Thema der Stammzellenforschung erneut an Bedeutung gewonnen: die artifizielle Erzeugung von Ei- und Samenzellen aus Stammzellen. Zuweilen wird hierzu im Schrifttum auch die Bezeichnung *künstliche Keimzellen* verwendet. Die künstliche Erzeugung von Keimzellen erzeugt jedoch keine künstlichen Keimzellen, da die erzeugten Keimzellen nicht künstlich sein sollen oder sind bzw. natürlicherweise entstehenden Keimzellen nicht nur imitieren sollen. Vielmehr sollen in diesem Verfahren funktionale Keimzellen entstehen, die sich wie die natürlicherweise entstehenden Keimzellen verhalten. Somit ist lediglich das Verfahren künstlich. Mit iPS-Zellen stehen im Vergleich zu früheren Bestrebungen Keimzellen aus pluripotenten Stammzellen wie embryonalen Stammzellen zu differenzieren jetzt wesentlich mehr pluripotente Stammzellen zur Verfügung, die für diese Bestrebungen verwendet werden können. Es ist daher nicht überraschend, dass zu dieser Thematik eine Vielzahl von Veröffentlichungen erschienen ist. Für eine Übersicht siehe: Bhartiya et al. 2017; Ishii 2014, S. 1064 ff. Die rechtliche Handhabung solcher Forschungs- und Therapiebemühungen weist einige Besonderheiten auf.

Einschätzung nach dem EschG

Die künstliche Erzeugung von Ei- und Samenzellen aus (reprogrammierten) Stammzellen ist weder im Forschungsbereich noch für Therapiezwecke durch das Embryonenschutzgesetz erfasst. Die Nichtanwendbarkeit des Embryonenschutzgesetzes ist dadurch begründet, dass das Embryonenschutzgesetz das Vorliegen von Ei- und Samenzellen als Keimzellen an einen gesetzlich beschriebenen naturwissenschaftlich-medizinischen Prozess knüpft, der bei artifiziell erzeugten Keimzellen nicht vorliegt (vgl.

XIII. Der Rechtsrahmen der artifiziellen Gewinnung und Erzeugung von Stammzellen

§ 8 Abs. 3 ESchG). Innerhalb des Embryonenschutzgesetzes müssen zudem alle Normen, die sich auf Keimbahnzellen (einschließlich Ei- und Samenzellen) beziehen, zusammen mit der rechtlichen Definition dieser Begriffe in § 8 Abs. 3 ESchG gelesen werden, die in Bezug auf artifiziell erzeugte Keimzellen wegen der nicht erfüllten Definition nicht greifen können. Das Embryonenschutzgesetz nutzt die Begriffe „Keimbahnzelle" und „Keimzelle" sowie die Begriffe „Eizelle" und „Samenzelle", definiert zunächst allerdings nur den Begriff der „Keimbahnzelle" in § 8 Abs. 3 ESchG. Allerdings werden die Begriffe „Keimbahnzelle" sowie „Eizelle" und „Samenzelle" eindeutig miteinander verknüpft. Nach § 8 Abs. 3 ESchG zählen Ei- und Samenzellen auch als Keimbahnzellen, wobei es sich nur dann um Ei- und Samenzelle im Sinne des Embryonenschutzgesetzes handelt, wenn diese Keimzellen auch in dem vom Embryonenschutzgesetz genannten natürlichen Weg entstehen. Demnach liegen Ei- und Samenzelle im Sinne des Embryonenschutzgesetzes nur vor, wenn sie in einer Zelllinie von der befruchteten Eizelle ausgehend hervorgegangen sind. Aus Körperzellen und auch aus iPS-Zellen abgeleiteten Entitäten, auch wenn sie die gleichen funktionellen Eigenschaften haben wie natürlich vorkommende Ei- und Samenzellen, stammen jedoch nicht in der vom Embryonenschutzgesetze geforderten Zelllinie von der befruchteten Eizelle ausgehend ab. Um künstlich erzeugte Keimzellen in den Anwendungsbereich des Embryonenschutzgesetzes aufzunehmen, müsste § 8 Abs. 3 ESchG auf eine funktionelle Beschreibung der Keimzellen im Gesetz geändert werden (Faltus 2016b, S. 872). Zudem liegt kein Funktionsverlust des § 5 Abs. 2 ESchG vor, wenn man künstlich erzeugte Keimzellen nicht in den Anwendungsbereich des Embryonenschutzgesetzes aufnimmt. Das geht darauf zurück, dass die Aufteilung der Tatbestände des § 5 ESchG in einen Absatz 1 und einen Absatz 2 damit zusammenhängt, dass der derjenige, der die genetische Identität der in § 5 ESchG angesprochenen Keim(bahn)zellen verändert, nicht auch der sein muss, der sie dann anwendet (Faltus 2018a, S. 264 ff.).

Sofern das Embryonenschutzgesetz in Bezug auf künstliche aus Stammzellen erzeugte Keimzellen insbesondere im Therapiebereich für anwendbar erachtet wird (s. dazu: Taupitz, in Günther et al. 2014, § 8, Rdnr. 35, Enghofer 2019, S. 299; bezüglich Eizellen; Deutscher Ethikrat 2014, S. 5), wird hierbei in der Regel auf eine *funktionelle Äquivalenz* von künstlich erzeugten Keimzellen im Vergleich zu den natürlicherweise entstandenen Keimzellen abgestellt. Diese Argumentation überschreitet allerdings wegen Art. 103 Abs. 2 GG, § 1 StGB in unzulässiger Weise den nebenstrafrechtlichen Wortlaut der Keimzellendefinition aus § 8 Abs. 3 ESchG, weil Keimzellen (iSd. ESchG) nach der Logik des § 8 Abs. 3 ESchG nur aus Keimbahnzellen (iSd. ESchG) hervorgehen können. Keimzellen, die aus iPS-Zellen differenziert werden, stammen jedoch nicht von Keimbahnzellen (iSd. ESchG) ab. Daher ist es auch nicht zutreffend, dass das Embryonenschutzgesetz keine Aussage dazu enthalte, ob der Begriff „Keimzelle" nur natürlich entstandene Ei- und Samenzellen oder auch bspw. aus iPS-Zellen hergestellte Ei- und Samenzellen umfasse (so aber: Deutscher Ethikrat 2014, S. 5). Die Versuche, diese innergesetzliche Verbindung der zentralen Definitionsnorm des Embryonenschutzgesetzes in § 8 ESchG, insbesondere in Bezug auf die Keimbahnzellen in § 8 Abs. 3 ESchG zum § 5 Abs. 2 ESchG für die Bestimmung dessen, was als „Keimzelle" im Sinne des Embryonenschutzgesetzes zu verstehen ist, mittels systematischer (?) Auslegung auflösen zu wollen, basiert auf unzulässigen Argumenten. So wird diese Trennung unter anderem damit zu begründen versucht, dass auch der Begriff „Embryo" im Klonverbotsparagraphen § 6 ESchG in der Literatur vereinzelt abweichend von der zentralen Embryodefinition des § 8 Abs. 1 ESchG bestimmt werde (Enghofer 2019, S. 298). Dabei wird übersehen, dass schon diese Referenz zum angeblichen Auseinanderfallen von Embryobegriff in §§ 6, 8 ESchG auf nicht vertretbaren Annahmen, weil die Grenze zur Analogie überschreitend, fußt. So sollen asexuell erzeugte Zellkerntransferembryonen von § 6 ESchG erfasst werden, um den Zellkerntransfer bestrafen zu können, obwohl § 8 Abs. 1 ESchG für das gesamte Embryonenschutzgesetz ausdrücklich „... im Sinne dieses Gesetzes ..." nur sexuell erzeugte Embryonen erfasst. In § 6 ESchG steht nichts von einer abweichenden Embryodefinition speziell für diese Norm im Vergleich zu § 8 Abs. 1 ESchG! Die beliebige Ersetzung von zentralen Definitionen eines Strafgesetzes in einzelnen Strafnormen dieses Gesetzes zur Herleitung einer Strafbarkeit entgegen der zentralen innergesetzlichen Definition ist nicht mit dem strafrechtlichen Bestimmtheitsgrundsatz aus Art. 102 Abs. 2 GG vereinbar, da sie zu beliebigen und nicht vorhersehbaren Ergebnissen führt. Eine solche wortlautüberschreitende Argumentation im (Neben-)Strafrecht dann auch noch als Hilfskonstruktion für die Begründung anderer Strafbarkeiten, hier in § 5 Abs. 2 ESchG zu nutzen erscheint mehr als nur fraglich – oder um es wie bei Enghofer unter Nutzung von Sentenzen zu erläutern: *abyssus abyssum invocat.*

Arzneimittelrechtliche Einschätzung

§ 4 Abs. 30 S. 2 AMG bezieht sich explizit auf menschliche Ei- und Samenzelle, wonach diese Zellen weder Arzneimittel noch Gewebezubereitungen im Sinne des Arzneimittelgesetzes sind. Durch diese Ausschlussregel sind zumindest in Bezug auf natürlicherweise vorkommende Keimzellen weder § 13 Abs. 1 AMG, der die Herstellung von Arzneimitteln regelt, noch §§ 21, 21a AMG für das Inverkehrbringen von Arzneimitteln bzw. Gewebezubereitungen anwendbar. Für diese Keimzellen existieren mit §§ 20b, c AMG spezielle Vorschriften. Diese Systematik ist jedoch lediglich in Bezug auf natürlicherweise vorkommende Keimzellen anwendbar, nicht aber bei künstlich aus Stammzellen erzeugten Keimzellen. Deren Herstellung ist mit einem wesentlich anderen (arzneitechnischen) Risiko verbunden als die Gewinnung und medizinisch assistierte Verwendung natürlich vorkommender Keimzellen. Künstlich erzeugte Keimzellen können zwar, wenn sie die gleichen Eigenschaften haben wie natürlicherweise vorkommende, als Ei- und Samenzelle im Sinne von § 4 Abs. 30 S. 2 AMG angesehen werden. Das Arz-

XIII. Der Rechtsrahmen der artifiziellen Gewinnung und Erzeugung von Stammzellen

neimittelrecht definiert im Unterschied zum Embryonenschutzgesetz Keimzellen nicht zwingend durch deren Entstehung, sondern lediglich als Keimzellen per se. Also ist im Arzneimittelrecht eine funktionelle Definition der Keimzellen zumindest nicht wie im Embryonenschutzgesetz von vornherein ausgeschlossen. Zusätzlich könnte im Arzneimittelrecht als Verwaltungsrecht im Unterschied zum nebenstrafrechtlichen Embryonenschutzgesetz prinzipiell eine Analogie gebildet werden (Beaucamp 2009, S. 105). Durch diese rechtliche Bewertung der künstlich aus reprogrammierten Stammzellen erzeugten Keimzellen sind dann auch die Normausschlüsse, die sich durch die Anwendung des § 4 Abs. 30 S. 2 AMG ergeben, beachtlich. Damit aber wäre die hoheitlich kontrollierte Herstellungserlaubnis nach § 13 Abs. 1 AMG auf die Verfahren der artifiziellen Keimzellenherstellung nicht anwendbar, obwohl diese Verfahren solche Verfahren sind, die arzneimittelrechtlich ein ATMP, also ein Arzneimittel mit besonderer Regulierung entstehen lassen. Ginge man davon aus, dass artifiziell hergestellte Keimzellen wegen § 4 Abs. 30 S. 2 AMG rechtlich nicht als Arzneimittel anzusehen sind, dann wäre § 13 Abs. 1 AMG hier auch nicht anwendbar. Damit aber wären, nur weil bei der Keimzellenherstellung Keimzellen entstehen, zentrale Vorschriften zur Gewährleistung der arzneilichen Sicherheit nicht garantiert, die aber bei allen anderen Therapeutika, die sich als ATMP darstellen, anzuwenden sind. Eine solche pauschale Betrachtung ist jedoch nicht angebracht, da sie das eigentliche arzneitechnische Vorgehen und das dabei vorhandene arzneimitteltechnische Risiko nicht abbildet. Es ist daher wie folgt zu differenzieren. Die Biopsie der für die künstliche Herstellung der Keimzellen benötigten Zellen muss nach § 20b AMG erfolgen, da es sich bei den zu biopsierenden Zellen für die Stammzellenreprogrammierung um Gewebe iSv. § 20b AMG iVm. § 1a Nr. 4 TPG handelt und somit eine Entnahmeerlaubnis notwendig ist. Auf natürlicherweise vorkommende Keimzellen wird § 13 Abs.1 AMG nicht angewendet, da die Keimzellen als solche schon vorliegen. Die Biopsie bzw. Gewinnung dieser Keimzellen hat der Gesetzgeber aufgrund des vergleichbaren technischen Risikos den allgemeinen Vorschriften für die Gewinnung von (ebenfalls bereits im Körper des Spenders vorliegenden) Geweben in § 20b AMG unterstellt (vgl. 7. und 12. Erwägungsgrund RL 2004/23/EG; BT-Drs. 16/5443, S. 56 f.). Bei der künstlichen Erzeugung von Keimzellen liegen hingegen nicht schon mit Entnahme der für die Reprogrammierung benötigen Körperzellen Keimzellen vor. Stattdessen werden die Keimzellen erst aus den biopsierten Körperzellen bzw. den hieraus erzeugten iPS-Zellen hergestellt. Daher kann auch allenfalls erst in dem Moment, in dem eine (funktionelle) Keimzelle im Sinne des Arzneimittelgesetzes vorliegt, die vorgenannte Ausschlussregel des § 4 Abs. 30 S. 2 AMG greifen. Alle vorherigen (Zwischen-) Stufen der zellulären Ver- und Bearbeitung der biopsierten Zellen stellen im Rahmen der artifiziellen Keimzellenherstellung jedoch ein Arzneimittel, hier in Form eines ATMP dar, das nur unter Einhaltung des Vorgaben der Herstellungserlaubnis gemäß § 13 Abs. 1 AMG hergestellt werden darf (Faltus 2016b, S. 872 f.; bzgl. ähnlich komplexer arzneimittelrechtlicher Fragen bei der Herstellung von Blutzellen aus iPS-Zellen bzw. der Nutzung von Blut zur Herstellung von iPS-Zellen siehe: Faltus 2016b, S. 873 f.). Fragen der Marktzulassung solcher künstlich erzeugten Keimzellen würden sich nur stellen, wenn die künstlich erzeugten Keimzellen im Rechtssinne in den Verkehr gebracht wären. Hier würden sich dann vermutlich nach heutigem Recht – medizinethisch – unlösbare Probleme der klinischen Prüfung stellen.

iTS-Zellen: induziert totipotente Stammzellen

Direkte Totipotenzreprogrammierung als Folgetechnik und das Problem der Totipotenzdefinition

Nachdem sich die direkte Pluripotenzreprogrammierung, also die Umwandlung von unpotenten Körperzellen zu iPS-Zellen bewerkstelligen ließ, ist die denknotwendige Folgetechnik hierzu die direkte Totipotenzreprogrammierung, also die Umwandlung von unpotenten Körperzellen zu zellulären Entitäten, die sich bei den dafür erforderlichem Umgebungsbedingungen zu einem vollständigen Organismus entwicklen können. Wissenschaftstheoretisch und vor allem praktisch stellt sich dabei im Vergleich zur Feststellung der Pluripotenz einzelner Zellen oder multizellulärer Entitäten die Frage, was eigentlich der Bezugspunkt ist, um von totipotenter Entwicklungsmöglichkeit sprechen zu können, also, welchen Entwicklungszustand eine Entität mindestens erreichen muss oder können muss, um als totipotent zu gelten.[4] Bei der Bestimmung der Pluripotenz ist dies ungleich einfacher, da eine Entität dann als pluripotent gilt, wenn sie alle Zelltypen des (geborenen) Organismus ausbilden kann, von dem sie abgeleitet worden ist.

In Bezug auf einen Bezugspunkt zur Bestimmung der Totipotenz bezieht sich sowohl die naturwissenschaftlich-medizinische als auch die juristische Totipotenzdiskussion wiederholt auf Begriffe wie *geordnetes Ganzes* oder *vollständiges Individuum*. Ab wann dieses geordnete Ganze oder vollständige Individuum vorliegt, wird jedoch in der Regel offengelassen. Somit kann schon das Erreichen der Nidationsreife oder erst die Geburtsreife oder die tatsächliche Geburt oder sogar noch spätere Entwicklungsphasen als Bezugspunkt für die totipotente Entwicklungsfähigkeit einer zeitlich früheren Entität gelten, da dabei jeweils ein geordnetes Ganzes vorliegt. Unabhängig von dieser im rechtlichen Diskurs bislang ohne Konsens geführten Diskussion wird man sich einzig darauf einigen können, dass in der totipotenten Entwicklungsmöglichkeit ein „Mehr" im Vergleich zur pluripotenten Entwicklungsfähigkeit enthalten sein muss. Ohne die

---

4   In gleicher Weise muss bei der Totipotenzdefinition beachtet werden, auf welche Entitätenform die Zuschreibung „*totipotent*" bezogen wird. So ist zum Beispiel – unabhängig von der Frage des Bezugspunkts der Totipotenz – die Blastozyste als multizelluläre Gesamtentität totipotent, bei Extraktion der Zellen der Inneren Zellmasse, also der embryonalen Stammzellen, sind diese als embryonale Stammzellen nur noch pluripotent. Siehe dazu schon: Beier 1998, S. 41 ff.

XIII. Der Rechtsrahmen der artifiziellen Gewinnung und Erzeugung von Stammzellen

Diskussion zur Frage des Bezugspunkts der Totipotenz hier weiter und vor allem abschließend erörtern zu können, bietet sich als Bezugspunkt für das Vorliegen zur Beurteilung totipotenter Entwicklungsfähigkeit an, auf die (theoretische) Möglichkeit zum Erreichen der Fötalphase abzustellen. Im Rahmen der in raumzeitlicher Hinsicht zuvor abgeschlossenen Embryonalphase wurden die Organanlagen gebildet, die dann in der Fötalphase weiter reifen und wachsen, ohne dass aber in der Fötalphase im Vergleich zur Embryonalphase wesentlich neue Strukturen angelegt werden. Die ab der Fötalphase zu beobachtenden Entwicklungen bestehen überwiegend in Ausdifferenzierung und Größenzunahme und haben bis zur Geburt keine derart qualitativen Unterschiede wie die Entwicklungen zwischen befruchteter Eizelle und Fötus. Ob die Fötalphase dann tatsächlich erreicht wird, ist bei dieser Totipotenzbestimmung (rechtlich) unerheblich, es kommt lediglich auf die Möglichkeit dazu an. Nach der hier vertretenen Ansicht gilt eine Entität daher auch dann als totipotent, wenn die individuelle Entwicklung schon vor dem tatsächlichen Erreichen der Fötalphase abbricht und dieser frühzeitige Abbruch nicht schon bei Beginn der Entwicklung absehbar war. Beispiele für frühzeitige und zumindest nach jetzigem Kenntnisstand vorhersehbare Abbrüche vor dem Erreichen des hier vorgeschlagenen Totipotenzkriteriums wären Parthenoten und tripronuklearen Embryonen, die in ihrer Entwicklung jeweils nicht über das Blastozystenstadium hinauskommen (dazu sogleich). In Bezug auf die Bestimmung von Totipotenz lässt allerdings auch diese Ansicht nicht das empirische Problem entfallen, wie durch einen Blick auf die vermeintlich totipotente Entität deren Totipotenz gegebenenfalls tatsächlich festgestellt werden kann, bevor das Fötalstadium erreicht wurde. Allerdings ermöglicht dieses Vorgehen eine Trennung zwischen *Totipotenz* und *Rechtsträgerschaft*, beide Begriff müssen sich nicht entsprechen. Nach dieser Ansicht gelten alle Entwicklungsphasen, die vor diesem Differenzierungsgrad liegen zwar als totipotent (im Rechtssinne), sie müssen aber nicht automatisch auch schon Rechtssubjektivität haben. Vielmehr kann die Rechtssubjektivität, die im bisherigen Rechtsdiskurs an den unbestimmten und wahrscheinlich auch unbestimmbaren Begriff der Totipotenz geknüpft wird, an ein anderes, empirisch eindeutig feststellbares Ergebnis – wie z. B. das Auftreten neuronaler Differenzierungen – geknüpft werden (Faltus 2016a, S 401 ff.).

Rechtliche Bewertung

Totipotente Entitäten, die durch direkte Reprogrammierung erzeugt werden, sind einfachrechtlich so zu behandeln wie andere asexuell erzeugte Totipotenzentitäten, da die Erzeugungsweise bzw. auch die Entwicklungsfähigkeit jeweils vergleichbar sind. Induziert totipotente Stammzellen sind daher als singuläre Zellen und wenigzellige Zellverbände nicht vom Embryonenschutzgesetz erfasst, weil sich das Embryonenschutzgesetz nur auf geschlechtlich erzeugte Totipotenzentitäten bezieht. In Bezug auf iTS-Zellen liegt jedoch ein ungeschlechtliches Verfahren vor. Auch die Klontatbestände in § 6 ESchG sind auf iTS-Zellen und den sich daraus entwickelnden Entitäten trotz deren vollständigen Erbgleichheit mit dem jeweiligen Zellspender nicht anwendbar, weil sich auch § 6 ESchG auf geschlechtlich entstandene Embryonen im Sinne des Embryonenschutzgesetzes bezieht (so auch Kersten 2004, S. 40). Der rechtliche Schutz vor dem Missbrauch der Klontechniken lässt sich in Bezug auf iTS-Zellen nur dadurch erreichen, indem die Embryodefinition des Embryonenschutzgesetzes explizit auch auf ungeschlechtlich erzeugte Totipotenzentitäten erweitert wird oder indem der Klonparagraph des Embryonenschutzgesetzes entsprechend geändert wird. Vom Stammzellgesetz werden die in Deutschland erzeugten iTS-Zellen bzw. die daraus wiederum gewinnbaren embryonalen/pluripotenten Stammzellen nicht reguliert. Das geht wiederum wie auch im Zusammenhang mit den SCNT-Embryonen und den daraus gewinnbaren embryonalen Stammzellen (siehe dazu unten) darauf zurück, dass das Stammzellgesetz nur die Verwendung von eingeführten embryonalen Stammzellen reguliert, nicht aber die Erzeugung und Verwendung von totipotenten Zellen im Inland bzw. auch nicht die Verwendung der im Inland erzeugten embryonalen Stammzellen. Eine analoge Ausdehnung der Vorschriften des Stammzellgesetzes auf iTS-Zellen ist ausgeschlossen, da es sich zumindest bei den Strafvorschriften des Stammzellgesetz um (Neben-)Strafrecht handelt, sodass eine analoge Anwendung verfassungsrechtlich ausgeschlossen ist (Faltus 2016a, S. 548 ff.). Eine andere – hier nicht, jedoch im Schrifttum ausführlich – besprochene Rechtsfrage ist die, ob asexuell erzeugte Entitäten, die, unabhängig von der Frage des Bezugspunkts der Totipotenzdefinition, im rechtlichen Sinne als totipotent gelten, auch auf verfassungsrechtlicher Ebene als Träger eigener Rechte, also als Rechtssubjekte gelten sollten. Wäre das der Fall, dann müssten die einfachrechtlichen Vorschriften wie das Embryonenschutzgesetz entsprechend geändert werden, da dieses bislang wie gezeigt nur sexuell erzeugte Totipotenzentitäten erfasst und schützt und der Staat den Schutzauftrag gegenüber Rechtssubjekten im privaten und vor allem strafrechtlichen Bereich in einfachrechtlichen Vorschriften zum Ausdruck bringen muss.

Oszillierend und/oder transient totipotente Zellen

In der In-vitro Zellkultur konnten in Subpopulationen an für pluripotent erachteten induzierten pluripotenten und an pluripotenten Embryonalstammzellen vereinzelt auch Marker nachgewiesen werden, die an sich bei totipotenten, nicht aber an pluripotenten Stammzellen beobachtet werden. Dies hat zu einer Diskussion über den Rechtsstatus dieser als transient und/oder oszillierend totipotentähnlichen bezeichneten Entitäten geführt. Bei dieser Diskussion wird in Bezug auf iPS-Zellen außer Acht gelassen, dass dieses Phänomen zuvor schon bei humanen embryonalen Stammzellen beobachtet worden ist, dort allerdings keine Beachtung in der rechtliche (Totipotenz-)Diskussion gefunden hat. Insgesamt handelt es sich bei der rechtlichen Betrachtung dieses Phänomens allerdings schon aus naturwissenschaftlich-medizinischer Sicht lediglich um einen Scheinriesen. Derartig kurzfristig transient und/oder oszillierend (auch als fluktuierend bezeichnet) auftretende Hinweise für die Totipotenz sind für sich genommen aus folgenden Gründen schon kein Nachweis der Totipotenz. Die transiente und oszillierende Totipotenzähnlichkeit bei iPS-Zellen unterscheidet sich wesentlich von der natürlicherweise auftretenden Totipotenz bei der Verschmelzung von Ei- und Samenzelle oder artifiziell erzeugten Totipotenz beim Zellkerntransfer. Die Totipotenz bei der Verschmelzung von Ei- und Samenzelle und dem Zellkerntransfer ist zwar letztlich auch transient, da sie im Rahmen der weiteren Entwicklung in andere, weniger umfangreiche Potenzen übergeht. Die natürlicherweise auftretende bzw. künstlich erzeugte Totipotenz führt bei entsprechenden Umgebungsbedingungen aber im Gegensatz zur transienten und oszillierenden Totipotenzähnlichkeit bei induzierten pluripotenten und embryonalen Stammzellen zu einem Gesamtorganismus. Die transiente und oszillierende Totipotenzähnlichkeit bei induzierten pluripotenten Stammzellen verhält sich dahingehend so wie die transiente und oszillierende Totipotenzähnlichkeit bei humanen embryonalen Stammzellen, die in Bezug auf diese einzelnen Zellen nicht zu einem Gesamtorganismus führt. Da auch embryonale Stammzellen aufgrund dieser lediglich transient und/oder oszillierend vorhandenen Totipotenzmarker nicht als totipotent, sondern als pluripotent gelten, ist dieser Maßstab auch für iPS-Zellen anzuwenden. Die transiente und oszillierende Totipotenzähnlichkeit im Rahmen der Herstellung von iPS-Zellen ist damit auch ein wesentlich anderes Phänomen als die gezielte direkte Totipotenzreprogrammierung, die wiederum eine „stabile" Totipotenz hervorbringt, die zu einem Gesamtorganismus führen kann. Da sich die Totipotenz zudem wie zuvor beschrieben gar nicht wie die Pluripotenz bestimmen lässt, bleibt ohnehin unklar, wann eigentlich eine transiente oder oszillierende Totipotenz oder Totipotenz*ähnlichkeit* tatsächlich vorliegen soll. Im Ergebnis ist festzuhalten, dass die vor allem im rechtswissenschaftlichen Schrifttum geführte Diskussion über die rechtliche Handhabung der transienten und oszillierenden Totipotenz die naturwissenschaftlichen-medizinischen Zusammenhänge verkennt und Rechtsprobleme sieht, wo keine sind. Nach heutigem Kenntnisstand handelt es sich bei diesem Phänomen nicht um eine (Toti–)Potenz, die tatsächlich selbst bei Vorliegen der dafür erforderlichen Umgebungsbedingungen zu einem Gesamtorganismus führen würde. Stattdessen haben die betreffenden Zellen allenfalls totipotenz*ähnliche* Eigenschaften. Würde es sich um eine Potenz handeln, die tatsächlich zu einem Gesamtorganismus führen kann, dann wären die betreffenden Zellen totipotente Zellen, so wie andere totipotente Entitäten im entsprechenden Fall auch sind. Daher ergeben sich in Bezug auf diese Zellen auch keine grundlegend neuen Rechtsfragen. Vielmehr sind solche Zellen wie andere pluripotente Stammzellen zu behandeln und nur für den Fall, dass es sich tatsächlich um totipotente Zellen handelt, rechtlich wie andere asexuell entstandene totipotente Zellen (Faltus 2016a, S. 191 ff., 484 ff.).

Organoide, Gastruloide & SHEEFs

Im Zusammenhang mit der Verwendung von insbesondere pluripotenten Stammzellen ist in den vergangenen Jahren auch die In-vitro-Erzeugung und Nutzung von Organoiden möglich geworden. Bei Organoiden handelt es sich um vereinfachte zellbasierte Miniaturausgaben natürlicherweise vorkommender Organe. Das Hauptanwendungspotenzial von Organoiden wird heute und für die nähere Zukunft in der Modellierung von Krankheiten gesehen sowie in der Nutzung in Medikamententests zur Therapieentwicklung und zur Erforschung grundlegender Fragen der Organogenese. Die artifizielle Herstellung von Organoiden bzw. Organen für therapeutischen Organersatz ist aus heutiger Sicht jedoch allenfalls ein Fernziel (Bartfeld und Clevers 2017, S. 729 ff.; Dutta et al. 2017, S. 393 ff.; Huch et al. 2017, S. 938 ff.).

In rechtlicher Hinsicht werfen Organoide aus heutiger Sicht keine unlösbaren Rechtsfragen auf. Der Rechtsrahmen zur Erzeugung von Organoiden wird zunächst durch den jeweils verwendeten Stammzelltyp bestimmt. Ebenso orientiert sich die Verwendung der Organoide jeweils am Verwendungszweck. So muss z. B. bei Übertragung auf ein Tier geklärt werden, inwieweit das Tierschutzrecht bzw. speziell die Tierschutz-Versuchstierverordnung zu beachten ist. Bei Verwendung in präklinischen Studien im Rahmen der Entwicklung von Humanarzneimitteln ist beispielsweise an die Anwendung der Vorschriften aus der Guten Laborpraxis (GLP) zu denken. Sollte sich diese Technologie dahingehend weiterentwickeln, dass sich dadurch auch für die humanmedizinische Anwendung funktioneller Organersatz erzeugen ließe, wäre in rechtlicher Hinsicht zu bestimmen, inwieweit das Transplantationsrecht *de lege lata* Anwendung findet oder ob hier grundelend neue transplantationsrechtliche Vorschriften notwendig wären, um diese Technologie adäquat zu regulieren (Faltus 2016a, S. 288, 440 ff.).

In Fortführung der Organoidtechnologie konnten mithilfe humaner embryonaler (pluripotenter) Stammzellen sogenannte Gastruloide erzeugt werden. Hierbei handelt es sich um multizelluläre Entitäten, die Merkmale zeigten, die dem Primitivstreifen[5] von natürlicherweise vorkommenden Embryonen vergleichbar sind (Warmflash et al. 2014, S. 847 ff.). Im Rahmen einer Folgetechnikbetrachtung zur Organoid- und Gastruloidtechnologie wurde vermutet, dass auch die gezielte Erzeugung komplexerer und organisierterer menschlicher Gewebeanordnungen möglich wird, darunter solche, die sogar weitere embryonale Merkmale aus späteren Entwicklungsphasen aufweisen könnten. Für diese Entitäten wurde der Begriff „synthetic human entities with embryo-

---

5   Der Primitivstreifen ist eine frühembryonale Zellstruktur, eine Zellverdichtung, die ab dem 14./15. Tag zu erkennen ist (Moore et al. 2013, S. 69, Abb. 4.1B; Rohen und Lütjen-Drecoll 2017, S. 39, 166 f.).

XIII. Der Rechtsrahmen der artifiziellen Gewinnung und Erzeugung von Stammzellen

like features" (SHEEFs) vorgeschlagen (Aach et al. 2017, S. 1 ff.),[6] im Deutschen ungefähr „synthetische menschliche Entitäten mit embyoartigen Eigenschaften". In rechtlicher Sicht steht bei Gastruloiden und SHEEFs weniger die Frage nach der Erzeugung im Raum, sondern vielmehr die Frage nach dem rechtlichen Status der betreffenden Entitäten. Die Erzeugung richtet sich wie auch schon bei den Organoiden wiederum nach dem jeweils verwendeten Stammzelltyp. Will man hierfür beispielsweise humane embryonale Stammzellen verwenden, dann ist dies in Deutschland nur dann möglich, wenn man diese Zellen nach den Vorschriften des Stammzellgesetzes rechtmäßig einführen und verwenden darf, da die inländische Gewinnung embryonaler Stammzellen durch § 2 Abs. 1 ESchG verboten ist. Sollen iPS-Zellen verwendet werden, müssen die arztrechtlichen Vorschriften über Aufklärung und Einwilligung (zivil- und strafrechtlich) zur Gewinnung der zu reprogrammierenden Zellen berücksichtigt werden. Eine andere Frage ist die des rechtlichen Status der jeweiligen Entitäten. Hier wird sich eine ähnliche Diskussion wie schon im Zusammenhang mit der Erzeugung von Zellkerntransferembryonen ergeben, da auch Gastruloide und SHEEFs wie schon Zellkerntransferembryonen einen asexuellen Ursprung haben. Zudem werden zur Erzeugung von Gastruloiden und SHEEFs keine Keimzellen verwendet, sodass insgesamt die Anwendung des Embryonenschutzgesetzes ausscheidet. Da das Strafgesetzbuch nur geborene Menschen als Rechtssubjekte schützt,[7] ist *de lege lata* auf einfachrechtlicher Ebene keine Norm ersichtlich, die Gastruloide und SHEEFs als Träger eigener Rechte (Rechtssubjekte) wertet. Eine andere – hier nicht weiter vertiefte – Frage in Bezug auf Gastruloide und SHEEFs ist wie auch bei Zellkerntransferembryonen die Frage nach deren Status in verfassungsrechtlicher Sicht (dazu sogleich). Werden solche Entitäten auf verfassungsrechtlicher Ebene, zumindest ab einem bestimmten Zeitpunkt ihre Entwicklung, als Rechtsträger gewertet, dann müsste sich das auch einfachrechtlich ausdrücken, damit der Staat seinen Schutzpflichten gegenüber solchen Rechtssubjekten nachkommt. Eine im Zusammenhang damit zu klärende Frage wird dann sein, welche Entwicklungspotenz Gastruloide und SHEEFs haben und welche rechtliche Bedeutung dies hat.

---

6   Nicht zu verwechseln mit „Embroid Bodies" (embryonale Körperchen). Im Vergleich zu SHEEFs typischerweise unorganisiertere 3D-Cluster pluripotenter und/oder differenzierter Zellen, die zum Pluripotenznachweis von Stammzellen verwendet werden (Simunovic und Brivanlou 2017, S. 976 ff.).
7   Zur Frage, welche Rechtsfragen zu beatworten sind, wenn aufgrund technischer Möglichkeiten die Individualentwicklung außerhalb des menschlichen Organismus stattfinden könnte, eine Geburt also nicht notwendig wäre (Heim 2004; Hilgendorf 1994, S. 429 ff.).

SCNT-Stammzellen: Stammzellen aus Zellkerntransferembryonen

Gewinnung und Nutzung

Somatic Cell Nuclear Transer (im Folgenden SCNT) Embryonen haben kein natürliches Äquivalent, es handelt sich um ein artifizielles Verfahren. Stammzellen mit embryonalem Entwicklungscharakter, also pluripotenter Entwicklungsfähigkeit lassen sich jedoch auch aus SCNT-Embryonen gewinnen (Tachibana et al. 2013, S. 1228 ff.). Die rechtlichen Fragen zur Zulässigkeit der Erzeugung von humanen SCNT-Embryonen sowie deren Nutzung, ob embryoerhaltend oder embryozerstörend, gehören zu den klassischen Auslegungsproblemen des Embryonenschutzgesetzes (s. dazu den Beitrag von Gassner/Opper hier). Mit der hier vertretenen Ansicht, wonach das Embryonenschutzgesetz durch seine zentrale Embryodefinition in § 8 Abs. 1 EschG nur die sexuelle Erzeugung von Embryonen aus Ei- und Samenzelle erfasst bzw. nur sexuell entstandene, ist die Erzeugung von humanen SCNT-Embryonen rechtlich gar nicht erfasst und somit zulässig. Ebenso ist die Zerstörung von SCNT-Embryonen zulässig, es liegt kein Verstoß gegen § 2 Abs. 1 EschG vor, da das Verbot des § 2 Abs. 1 EschG durch die Verschränkung mit § 8 Abs. 1 EschG nur auf sexuell entstandene Embryonen anwendbar ist. Die Nutzung von SCNT-Stammzellen, sofern sie in Deutschland hergestellt werden, ist auch nicht durch das Stammzellgesetz erfasst und dadurch auch nicht an ein vorheriges Genehmigungserfordernis gebunden (ausführlich dazu hier Gassner/Opper), da das Stammzellgesetz erlassen wurde zur Regulierung des Imports von embryonalen Stammzellen und *deren* Verwendung, also der Verwendung der importierten Stammzellen. Die vom Stammzellgesetz regulierte Verwendung von embryonalen Stammzellen – zumindest aus sexuell entstandenen Embryonen – in Deutschland konnte schon deshalb nur die importierten Zellen betreffen, da es embryonale Stammzellen nach der Ratio des Embryonenschutzgesetz gar nicht geben durfte. Geht man hingegen davon aus, dass das Stammzellgesetz die in Deutschland rechtswidrig aus sexuell entstandenen Embryonen gewonnenen Stammzellen erfasst, dann müssten in den Vorschriften des Stammzellgesetzes bezüglich der Vorschriften zur Verwendung und deren korrespondierenden Strafvorschriften Vorschriften zu einer (bestraften) Nachtat gesehen werden. Problematisch dabei ist, dass das Stammzellgesetz Einfuhr und Verwendung immer kombiniert, es gibt keine eigenständigen Vorschriften, die sich nur auf die Genehmigung einer Verwendung beziehen, sodass sich dadurch keine Nachtaten für Taten aus dem Embryonenschutzgesetz konstruieren lassen.

Eine andere Frage ist, ob SCNT-Stammzellen aus dem Ausland nach Deutschland eingeführt werden dürfen. Da es sich bei SCNT-Embryonen um Embryonen im Sinne des Stammzellgesetzes handelt (im Unterschied zum Embryonenschutzgesetz), müssen die Voraussetzungen des Stammzellgesetzes für den Import von SCNT-Embryonen eingehalten werden. Hier ist schon fraglich, ob SCNT-Stammzellen das Stichtagserfordernis erfüllen können.

Patentrecht und therapeutische Verwendung

Da es sich bei SCNT-Embryonen grundsätzlich um solche Entitäten handelt, die sich zu einem geboren Individuen entwickeln können – soweit dies aus Tierstudien ersichtlich und auf menschliche Zellen übertragbar ist – sind Erfindungen, die auf SCNT-Embryonen bzw. deren Stammzellen beruhen im Nachgang der EuGH-Rechtsprechung *Brüstle* und *ISCO* nicht patentierbar. Hinsichtlich der Fragen der rechtlichen Zulässigkeit der therapeutischen Verwendung stellen sich daher vergleichbare Fragen wie im Zusammenhang mit der Nutzung von Stammzellen aus geschlechtlich erzeugten Embryonen. Allerdings ist in Bezug auf SCNT-Embryonen zu beachten, dass diese zwar nach Ansicht des EuGH Rechtssubjekte sind, dass aber nach dem gegenwärtigen deutschen Embryonenschutzgesetz SCNT-Embryonen nicht gegen Zerstörung geschützt sind.

pSZ: Stammzellen aus Parthenoten

Stammzellen können auch aus parthenotisch erzeugten Embryonen gewonnen werden. Es handelt sich dabei zunächst um ein Verfahren der künstlichen Erzeugung von Embryonen. Der Embryo – begrifflich hier zunächst nur im naturwissenschaftlichen Sprachgebrauch – wird dazu lediglich aus einer unbefruchteten Eizelle entwickelt. Diese künstliche Aktivierung der unbefruchteten Eizelle bewirkt, dass sich die betreffende Eizelle zunächst so entwickelt, wie eine befruchtete Eizelle. Sofern die betreffende Eizelle daher das Stadium der Blastozyte erreicht, können dann auch Stammzellen gewonnenen werden, die in genetischer Hinsicht nur Erbgut der ursprünglichen Eizelle enthalten. Das Verfahren wurde im Ausland auch mit menschlichen Eizellen erfolgreich durchgeführt (Didié et al. 2013, S. 1285 ff.; Kim et al. 2007, S. 346 ff.; Revazova et al. 2007, 1 ff.).

In rechtlicher Hinsicht gilt, dass sowohl die Erzeugung als auch zerstörende Nutzung von Parthenoten zur Stammzellengewinnung zulässig sind. Die Straftatbestände des Embryonenschutzgesetzes und des Stammzellgesetzes sind nicht einschlägig oder nicht anwendbar. Die Verwendung und Beeinflussung einer Eizelle, eine parthenogenetische Entwicklung einzuschlagen, stellt keine verbotene Veränderung einer Keimbahnzelle im Sinne von § 5 Abs. 1 ESchG dar. Geschieht dies zu Forschungszwecken und ist eine fortpflanzungsorientierte Verwendung ausgeschlossen, fehlt es an der Verwendung dieser veränderten Eizelle zur Befruchtung, sodass der Tatbestand des § 5 Abs. 1 ESchG gemäß § 5 Abs. 4 Nr. 1 ESchG nicht erfüllt werden kann. Selbst die gezielte Nutzung der parthenogenetisch beeinflussten Eizellen zu Fortpflanzungszwecken wäre – unabhängig von der fehlenden technischen Realisierungsmöglichkeiten – rechtlich zulässig, weil § 5 Abs. 2 EschG nur die Verwendung einer menschlichen Keimzelle mit künstlich veränderter Erbinformation zur Befruchtung verbietet. Eine Befruchtung erfolgt jedoch bei der Parthenogenese gerade nicht. Schließlich stellen parthenogenetische Entitäten selbst in einem dem Blastozystenstadium sexuell entstandener Embryonen vergleichbaren Entwicklungsstatus keine Embryonen im Sinne des Embryonenschutzgesetzes dar, weil das Embryonenschutzgesetz nach der hier vertretenen Ansicht nur sexuell entstandene Embryonen erfasst. Damit ist die Zerstörung von parthenogenetischen Blastozyten auch kein Verstoß gegen § 2 Abs. 1 EschG (Faltus 2011, S. 211 ff.). Ob parthenogenetische Stammzellen aus dem Ausland nach Deutschland eingeführt werden dürfen ist jedoch eine ganz andere Frage und entscheidet sich u. a. daran, ob Parthenoten Embryonen im Sinne des Stammzellgesetzes sind. Die Embryodefinition des Stammzellgesetzes unterscheidet sich von der des Embryonenschutzgesetzes, beide Definitionen sind jeweils nur für ihr Gesetz von Bedeutung (Faltus 2008, S. 548). Während das Embryonenschutz bei der Embryodefinition auf die sexuelle Entstehung und die Entwicklungsfähigkeit – ohne Nennung eines Referenzpunkts, der zumindest theoretisch erreicht werden muss – abstellt, sind Embryonen nach § 3 Nr. 4 StZG alle, d. h. sowohl sexuell als auch asexuell entstandene menschlichen totipotenten Zellen bzw. die daraus entwickelnden totipotenten Zellverbände, die sich bei Vorliegen der dafür erforderlichen weiteren Voraussetzungen zu teilen und zu einem Individuum zu entwickeln vermögen. Allerdings ist diese Totipotenzdefinition des Stammzellgesetzes nur eine Scheindefinition, da auch das Stammzellgesetz offen lässt, was der Referenzpunkt zu Bestimmung des Vorliegens eines Individuums ist, d. h. ab welchem konkreten Entwicklungsstand ein Individuum im Rechtssinne vorliegen solle.

In Bezug auf Parthenoten ist aus den bislang durchgeführten empirischen Untersuchungen bekannt, dass sich solche Entitäten nur bis zum Stadium der Blastozyste entwickeln können und dann von sich aus die weitere Entwicklung einstellen und absterben. Wertet man diesen von Anfang an bekannten Entwicklungsstopp dahingehend, dass die betreffende Entität nicht totipotent ist (so Taupitz, in: Günther et al. 2014, § 8, Rdnr. 63), dann hat man damit auch eine Aussage getroffen, dass das zumindest theoretisch zu erreichende Entwicklungsstadium, um von Totipotenz sprechen zu können, mehr sein muss als das Entwicklungsstadium der Blastozyste (siehe dazu hier die Fragen zur Totipotenzdefinition). Das würde jedenfalls in der unionsrechtlichen Dimension mit der Wertung der EuGH-Rechtsprechung in der Rechtssache ISCO einhergehen. In Bezug auf die Patentierbarkeit von Erfindungen auf Grundlage von humanen parthenogenetischen Stammzellen bzw. Zellen, die aus humanen Parthenoten gewonnen worden sind, hat der der EuGH in der ISCO-Entscheidung (Rechtssache C-364/13) entschieden, dass solche Erfindungen patentierbar sind, weil sich Parthenoten nach Ansicht des EuGH nicht zu einem Individuum entwicklen können und daher keine Embryonen im unionalen Patentrecht seien. Allerdings hat auch der EuGH an dieser Stelle offengelassen, ab wann, ab welchem konkreten Entwicklungsstadium ein Individuum im Rechtssinne vorliegt. Da die Entwicklung bei Parthenoten in der Regel im Stadium der Blastozyste abricht, wird man daher zumindest für das unionsrechtliche Patentrecht vermuten können, dass das Blastozystenstadium noch kein Individuum im Rechtssinne darstellt.

Überträgt man die Wertung, dass Parthenoten keine Embryonen im Rechtssinne sind, weil sie nicht totipotent sind, auch in das Stammzellgesetz, dann ist das Stammzellgesetz auf Parthenoten nicht anwendbar, da keine Embryonen im Sinne des Stammzellgesetzes vorliegen. Folglich wäre der Import – sowohl der Parthenoten – als auch der aus ihnen gewonnenen Stammzellen aus dem Ausland nach Deutschland ohne Einhaltung des Genehmigungswegs des Stammzellgesetzes möglich, da in Bezug auf die Einfuhr der Parthenoten weder das Stammzellgesetz noch das Embryonenschutzgesetz einschlägig sind bzw. da in Bezug auf die Einfuhr der Stammzellen aus Parthenoten das Stammzellgesetz nicht greift. Zu beachten sind für die Einfuhr dann lediglich die allgemeinen Zollvorschriften sowie Vorschriften in Bezug auf den Versand bzw. die Einfuhr von biologischem Material. Für den Fall, dass Parthenoten hingegen – wie auch Zellkerntransferembryonen – als Embryonen im Sinne des Stammzellgesetzes gewertet werden, ist die Einfuhr von parthenogenetischen Zelllinien nur unter Einhaltung der Vorschriften des Stammzellgesetzes möglich.

In Bezug auf Bestrebungen zur therapeutischen Nutzung von parthenogenetischen Stammzellen (vgl. Daughtry und Mitalipov 2014, S. 290 ff.; Didié et al. 2013, S. 1285 ff.) ist festzuhalten, dass hier – auch in Anbetracht der oben diskutierten Brüstle- und insbesondere der ISCO-Rechtsprechung des EuGH – die für humane embryonale Stammzellen diskutieren Limitationen zur therapeutische Nutzung nicht greifen, weil Parthenoten – auch nach der hier vertretenen Rechtsprechungsfolgenanalyse – gerade keine Embryonen bzw. Rechtssubjekte im Sinne des unionalen Arzneimittelrechts darstellen würden.

tSZ: Stammzellen aus tripronuklearen Embryonen

Stammzellen lassen sich aus tripronuklearen Embryonen gewinnen (Jiang et al. 2013, S. 2016 ff.; Lioa et al. 2016, S. 255 ff.; Rungsiwiwut et al. 2016, S. 167 ff.). Hierbei handelt es sich verkürzt beschrieben um Embryonen, die aus Zygoten mit drei Vorkernen hervorgegangen sind. Der Ursprung der Zygoten mit drei Vorkernen kann dabei unterschiedliche Gründe haben wie die fehlerhafte Trennung der Polkörper (in der Regel durch gezielte artifizielle Beeinflussung hierzu) oder das Eindringen von zwei Spermien in eine Eizelle. In beiden Fällen muss also mindestens ein Spermium in die Eizelle eingedrungen sein, um die weitere Entwicklung auszulösen. Dieser sexuelle Aspekt unterscheidet tripronukleare Embryonen von parthenotischen Embryonen, die asexuell entstehen. In rechtlicher Hinsicht gilt für tripronukleare Embryonen, die aus der Verbindung jeweils einer Samenzelle mit einer Eizelle hervorgegangen sind, dass es sich dabei um Embryonen im Sinne des § 8 Abs. 1 EschG handelt, die damit solange sie entwicklungsfähig sind, nicht zu Zwecken der Stammzellgewinnung verwendet werden dürfen, § 2 Abs. 1 EschG. Für tripronukleare Embryonen, die aus der Verbindung zweier Samenzellen mit einer Eizelle hervorgegangen sind, ist die Bewertung komplexer: Man wird hier eine akademische Diskussion führen können, ob die Befruchtung einer Eizelle mit zwei Samenzelle eine Befruchtung im Rechtssinne darstellt. Wäre schon das nicht der Fall, wäre das Ergebnis aus der Verbindung dieser drei Keimbahnzellen kein Embryo im Sinne des Gesetzes. Sofern man die tripronukleare Zygote in rechtlicher Hinsicht auch nicht als Keimbahnzelle werten würde (beachte: Zygote kann Embryo im Sinne von § 8 Abs. 1 *und* Keimbahnzelle im Sinne von § 8 Abs. 3 EschG sein), wären diese Entitäten für Studien der Keimbahnintervention nutzbar. Geht man hingegen davon aus, dass tripronukleare Zygoten auf Grundlage von einer Ei- und zwei Samenzelle Embryonen nach § 8 Abs. 1 EschG sind, dann dürfen auch diese Entitäten aufgrund von § 2 Abs. 1 EschG solange nicht zu Zwecken der Stammzellgewinnung genutzt werden, solange sie entwicklungsfähig sind.

Allen bislang bekannten Embryonen, die aus tripronuklearen Zygoten entstanden sind, ist – wie auch parthenotisch entstandene Embryonen – zwar gemeinsam, dass ihre Entwicklung in der Regel im Stadium der Blastozyste von sich aus abbricht. Auch wenn bei Embryonen mit tripronuklearem Ursprung damit von Anfang an feststeht, dass ihre Entwicklung im frühen Embryonalstadium terminiert ist, ist aufgrund des sexuellen Ursprungs dieser Entitäten davon auszugehen, dass es sich solange um Embryonen im Sinne des Embryonenschutzgesetzes handelt, solange sich diese Entitäten entwicklen. Das heißt vereinfacht ausgedrückt: Solange Zellteilungen zu beobachten sind, handelt es sich bei diesen Entitäten um Embryonen im Sinne des Embryonenschutzgesetzes, da für den jeweiligen Einzelfall gar nicht gesagt werden kann, ob und wann genau die Entwicklung tatsächlich abbricht. Die gezielte Zerstörung einer solchen Entität z. B. zu Zwecken der Forschung im Zusammenhang mit der Gewinnung von Stammzellen aus diesen Entitäten ist gemäß § 2 Abs. 1 EschG verboten und strafbar. Erst wenn die Entwicklung eines tripronuklearen Embryos von sich zu einem Ende kommt, handelt es sich nicht mehr um einen Embryo im Sinne des Embryonenschutzgesetzes. Solche Entitäten dürfen gezielt zerstört werden. Auf die zumindest am Rande geführte Diskussion, ob die bisherigen gesetzlichen Vorschriften so reformiert werde sollten, dass Entitäten, bei denen von Beginn ihrer Entstehung an schon der Entwicklungsabbruch feststeht, dass sie nicht von der gesetzlichen Definition erfasst werden, wird hier lediglich hingewiesen.

Zu klären wird auch sein, ob schon die gezielt herbeigeführte Befruchtung einer Eizelle mit zwei Samenzellen eine verbotene Keimbahnveränderung im Sinne des § 5 Abs. 1 EschG darstellt. Das geht darauf zurück, dass möglicherweise in rechtlicher Hinsicht eine künstliche Veränderung der Erbinformation schon darin gesehen werden kann, künstlich zwei Spermien in eine Eizelle zu verbringen, wodurch insgesamt ein *künstliches Gesamtgenom* entsteht. Geht man aber davon aus, dass solche Doppelbefruchtungen – wenn auch in seltenen Fällen – natürlicherweise auftreten können, kann es sich bei der gezielten Herbeiführung dieses Zustandes nicht um eine strafbeschwerte künstliche Veränderung der Erbinformation einer Keimbahnzelle handeln. Diese Doppelbefruchtung könnte allerdings auch als Verstoß gegen § 2 Abs. 1 ESchG gesehen werden, weil die künstlich herbeigeführte Verbringung eines Spermiums in eine zuvor bereits befruchtete Eizelle, die dadurch zu einem Embryo im Sinne von § 8 Abs. 1 ESchG wird, nicht der Erhaltung dieses Embryos dient. Zudem stellen sich durch Aufkommen der Verfahren der Gen- und Genomeditierung Rechtsfragen im Zusammenhang mit der Zulässigkeit der Anwendung dieser Verfahren an tripronuklearen Embryonen, z. B. für Forschungsarbeiten zum Keimbahneingriff (Faltus 2020, S. 241 ff.).

Ausblick – Risiko aktueller Techniktrends

Die anhaltende technische Fortentwicklung der Stammzellenforschung mit der Verbesserung bereits vorhandener Techniken sowie die Entdeckung neuer Methoden und therapeutischer Anwendungsmöglichkeiten lassen erwarten, dass dadurch auch der rechtliche Diskurs diesbezüglich in Zukunft weiterhin mit Diskussionsstoff versorgt wird. Gleiches dürfte für den ethischen und sozialwissenschaftlichen Diskurs gelten. Bislang hat es den Eindruck, dass innerhalb dieses rechtlichen, ethischen und sozialwissenschaftlichen (ELSA)[8] Begleitdiskurses, insbesondere in Deutschland, zunächst dominierend über (vermeintliche) Gefahren und Risiken solcher Technologieneuerungen gesprochen wird. Die Besprechung der Chancen wird dann nicht selten im Diskurs außerhalb der Fachdisziplinen von der Diskussion über (vermeintliche) Gefahren und Risiken überlagert. Insbesondere im öffentlichen und politischen Diskurs fehlt es zuweilen an der auch proaktiven Fürsprache – unter Berücksichtigung eventueller Gefahren und Risiken – für die Nutzung neuer Biotechnologien. Das Problem hierbei ist, dass sich dazu auch Politiker finden müssen, die einen solchen technikzugewandten Prozess auf parlamentarischer Ebene initiieren. Allerdings lässt sich für einen Politiker mit einem proaktiven Eintreten für die Förderung der Stammzellenforschung ebenso wenig eine Wahl gewinnen wie mit dem Eintreten für die Nutzung der grünen Gentechnik, die ihrerseits derzeit durch die Verfahren des Genome Editings vor neuen regulatorische Herausforderungen steht (Faltus 2018b, S. 533). Ein solcher Technikdiskurs, einschließlich der ELSA-Begleitforschung sollte zudem heute schon im Rahmen einer

---

8 ELSA ist das Akronym aus den Begriffen „Ethische, Legale & Sozialwissenschaftliche Auswirkungen". Die korrespondierende und im internationalen Diskurs gebräuchlichere Abkürzung ist ELSI als Akronym aus den englischen Begriffen „Ethical, Legal, & Social Issues", wobei zuweilen anstatt „Issues" auch von „Impacts" gesprochen wird.

aktiven und evidenzbasierten Technikfolgen- und Folgetechnikeinschätzung gegenwärtige Technologien extrapolierend erfolgen, um bei der eventuellen Realisierung der zwar heute noch nicht, aber möglicherweise künftig verfügbaren Folgetechniken schnell(-er) Handlungs- und Rechtssicherheit zu haben.

Literaturverzeichnis

Aach, J., J. Lunshof, E. Iyer und G. M. Church. 2017. Addressing the ethical issues raised by synthetic human entities with embryo-like features. *eLife* 2017; 6:e20674 doi: 10.7554/eLife.20674.

Angelos, M. G und D. S. Kaufman. 2015. Pluripotent stem cell applications for regenerative medicine. *Current Opinion* in *Organ Transplantation* 20: 663–670.

Anliker B., M. Renner und M. Schweizer. 2015: Genetisch modifizierte Zellen zur Therapie verschiedener Erkrankungen. *Bundesgesundheitsblatt* 58: 1274–1280.

Bartfeld, S. und H. Clevers. 2017. Stem cell-derived organoids and their application for medical research and patient treatment. *Journal of Molecular Medicine* 95: 729–738.

Beier, H. M. 1998. Definition und Grenzen der Totipotenz. *Reproduktionsmedizin* 14: 41–53.

Beaucamp, G. 2009. Zum Analogieverbot im öffentlichen Recht. *Archiv des öffentlichen Rechts* 134: 83–105.

Bhartiya, D., S. Anand, H. Patel und S. Parte. 2017. Making gametes from alternate sources of stem cells: past, present and future. *Reproductive Biology and Endocrinology* 15: 89.

Ben-Yosef, D., M. Malcov und R. Eiges R. 2008. PGD-derived human embryonic stem cell lines as a powerful tool for the study of human genetic disorders. *Molecular* and *Cellular Endocrinology* 282:153–158.

Bönig, H, M. Heiden, J. Schüttrumpf, M. M. Müller und E. Seifried 2011. Potenzial hämatopoetischer Stammzellen als Ausgangsmaterial für Arzneimittel für neuartige Therapien. *Bundesgesundheitsblatt* 54: 791–796.

da Cruz, L., K. Fynes, O. Georgiadis, J. Kerby, Y. H Luo, A. Ahmado, A. Vernon, J. T. Daniels, B. Nommiste, S. M. Hasan, S. B. Gooljar, A.-J. F. Carr, A. Vugler, C. M. Ramsden, M. Bictash, M. Fenster, J. Steer, T. Harbinson, A. Wilbrey, A. Tufail, G. Feng, M. Whitlock, A. G. Robson, G. E. Holder, M. S. Sagoo, P. T. Loudon, P. Whiting und P. J. Coffey. 2018. Phase 1 clinical study of an embryonic stem cell-derived retinal pigment epithelium patch in age-related macular degeneration. *Nature Biotechnology* 36: 328–337.

Daughtry, B. und S. Mitalipov. 2014. Concise review: parthenote stem cells for regenerative medicine: genetic, epigenetic, and developmental features. *STEM CELLS Translational Medicine* 3: 290–298.

de Almeida, P. E., E. H. Meyer, N. G. Kooreman, S. Diecke, D. Dey, V. Sanchez-Freire, S. Hu, A. Ebert, J. Odegaard, N. M. Mordwinkin, T. P. Brouwer, D. Lo, D. T. Montoro, M. T. Longaker, R. S. Negrin und J. C. Wu. 2014. Transplanted terminally differentiated induced pluripotent stem cells are accepted by immune mechanisms similar to self-tolerance. *Nature Communications* 5: article number 3903.

Der Präsident der Berlin-Brandenburgischen Akademie der Wissenschaften. Hrsg. 2009. Berlin-Brandenburgische Akademie der Wissenschaften: Neue Wege der Stammzellenforschung – Reprogrammierung von differenzierten Körperzellen. Berlin: Berlin-Brandenburgische Akademie der Wissenschaften, 2009; S. 21 ff.

Detela, G. und A. Lodge. 2019. EU Regulatory Pathways for ATMPs: Standard, Accelerated and Adaptive Pathwaysto Marketing Authorisation. *Molecular Therapy: Methods & Clinical Development* 13: 205–232.

Deutsch, Erwin und Andreas Spickhoff. 2017. Medizinrecht, 7. Aufl., Wiesbaden: Springer.

Deutscher Ethikrat. 2014. Stammzellforschung – Neue Herausforderungen für das Klonverbot und den Umgang mit artifiziell erzeugten Keimzellen? Ad-hoc-Empfehlung des Deutschen Ethikrats vom 15. September 2014.

XIII. Der Rechtsrahmen der artifiziellen Gewinnung und Erzeugung von Stammzellen

Didié, M., P. Christalla, M. Rubart, V. Muppala, S. Döker, B. Unsöld, A. El-Armouche, T. Rau, T. Eschenhagen, A. P. Schwoerer, H. Ehmke, U. Schumacher, S. Fuchs, C. Lange, A. Becker, W. Tao, J. A. Scherschel, M. H. Soonpaa, T. Yang, Q. Lin, M. Zenke, D.-W. Han, H. R. Schöler, C. Rudolph, D. Steinemann, B. Schlegelberger, S. Kattman, A. Witty, G. Keller, L. J. Field und W.-H. Zimmermann. 2013. Parthenogenetic stem cells for tissue-engineered heart repair. *The Journal of Clinical Investigation* 123: 1285–1298.

Dittrich, R., M. W. Beckmann und W. Würfel. 2015. Non-embryo-destructive Extraction of Pluripotent Embryonic Stem Cells: Implications for Regenerative Medicine and Reproductive Medicine. *Geburtshilfe und Frauenheilkunde* 75: 1239–1242.

Doetschman T. und T. Georgieva. 2017. Gene Editing With CRISPR/Cas9 RNA-Directed Nuclease. *Circulation Research* 120: 876–894.

Dutta, D., I. Heo und H. Clevers. 2017. Disease Modeling in Stem Cell-Derived 3D Organoid Systems. *Trends in Molecular Medicine* 23: 393–410.

El-Kenawy, A., B. Benarba, A. Freitas Neves, T. G. de Araujo, B. L. Tan und A. Gouri. 2019. Gene surgery: Potential applications for human diseases. *EXCLI Journal – Experimental and Clinical Sciences* 18: 908–930.

EMA. 2012. EMA – Committee for Advanced Therapies (CAT): Guideline on quality, non-clinical and clinical aspects of medicinal products containing genetically modified cells. EMA/CAT/GTWP/671639/2008, 13 April 2012.

EMA. 2018. EMA – Committee for Advanced Therapies (CAT): Guideline on quality, non-clinical and clinical aspects of medicinal products containing genetically modified cells. EMA/CAT/GTWP/671639/2008 Rev. 1, 26 July 2018.

Enghofer, Franziska E. 2019. Humane artifizielle Gameten – Rechtsfragen ihrer Erzeugung und Verwendung. Berlin. Lit Verlag Dr. W. Hopf.

Faltus, T., 2008. Neue Potenzen – Die Bedeutung reprogrammierter Stammzellen für die Rechtsanwendung und Gesetzgebung. *Medizinrecht* 26: 544–549.

Faltus, Timo. 2011. Handbuch Stammzellenrecht – Ein rechtlicher Praxisleitfaden für Naturwissenschaftler, Ärzte und Juristen. Halle an der Saale: Universitätsverlag Halle-Wittenberg.

Faltus, Timo. 2013. German Legislation Pertaining to International and Transnational Stem Cell Research – Guide to the Design of International and Transnational Research Projects / Das Recht der inter- und transnationalen Stammzellenforschung – Leitfaden zur Ausgestaltung inter- und transnationaler Forschungsprojekte. Halle an der Saale: Universitätsverlag Halle-Wittenberg.

Faltus, T., 2014. No patent – no therapy: a matter of moral and legal consistency within the European Union regarding the use of human embryonic stem cells. *Stem Cells and Development* 23, Suppl. 1: 56–59.

Faltus, Timo. 2016a. Stammzellenreprogrammierung – Der rechtliche Status und die rechtliche Handhabung sowie die rechtssystematische Bedeutung reprogrammierter Stammzellen. Baden-Baden: Nomos.

Faltus, T., 2016b. Reprogrammierte Stammzellen für die therapeutische Anwendung – Rechtliche Voraussetzungen der präklinischen und klinischen Studien sowie des Inverkehrbringens und der klinischen Anwendung von iPS-Therapeutika unter Berücksichtigung der Verfahren der Genomeditierung. *Medizinrecht* 34: 866–874.

Faltus, T., 2016c. Rechtsrahmen der Eigenfettnutzung bei Point-of-Care-Behandlungen in der plastischen und ästhetischen Chirurgie – Straf- und berufsrechtliche Risiken aufgrund des Arzneimittelrechts. *Handchirurgie, Mikrochirurgie, Plastische Chirurgie* 48: 219–225.

Faltus, T., 2016d. Keine Genehmigungsfähigkeit von Arzneimitteln auf Grundlage humaner embryonaler Stammzellen – Begrenzter Rechtsschutz gegen genehmigte klinische Studien, Herstellung und das Inverkehrbringen. *Medizinrecht* 34: 250–257.

Faltus, Timo. 2018a. Genom- und Geneditierung in Forschung und Praxis – Rechtsrahmen, Literaturbefund und sprachliche Beobachtungen. Ergänzte und aktualisierte Fassung des eines Beitrags mit gleichem Titel aus *ZfMER* 2017. In *Stammzellen – iPS-Zellen – Genomeditierung*, Hrsg. Susanne Müller, Henning Rosenau, S. 217–286, Baden-Baden, Nomos.

Faltus, T. 2018b. Mutagene(se) des Gentechnikrechts – Das Mutagenese-Urteil des EuGH schwächt die rechtssichere Anwendung der Gentechnik. *Zeitschrift für Umweltrecht* 29: 524–533.

Faltus, T. 2019. Anmerkung zu Nds. OVG, Beschl. v. 26.2.2019 – 13 ME 289/18. *Medizinrecht* 37: 973-980.

Faltus, Timo. 2020. The Regulation of Human Germline Genome Modification in Germany. In: *Human Germline Genome Modification and the Right to Science: A Comparative Study of National Laws and Policies*, Hrsg. Cesare Romano, Andrea Boggio und Jessica Almqvist, 241–265, Cambridge UK, Cambridge University Press.

Faltus, T., I. Emmerich und W. Brehm. 2015. Zellbasierte Tiertherapien – Arzneimittelrechtliche Einordnung, Straf- und berufsrechtliche Fallstricke. *Deutsches Tierärzteblatt*: 1416–1419.

Faltus, T. und W. Brehm. 2016. Cell-based veterinary pharmaceuticals – Basic legal parameters set by the veterinary pharmaceutical law and the genetic engineering law of the European Union. *Frontiers in Veterinary Science* 3: 101.

Faltus, T. und R. Schulz. 2015. Die arzneimittelrechtliche Handhabung zellbasierter Therapien in Point-of-Care-Behandlungsmodellen. *PharmaRecht*: 228–239.

Faltus, T. und U. Storz. 2016. Response to: Dittrich et al.: Non-Embryo-Destructive Extraction of Pluripotent Embryonic Stem Cells – Overlooked Legal Prohibitions, Professional Legal Consequences and Inconsistencies in Patent Law. *Geburtshilfe und Frauenheilkunde* 76: 1302–1307.

Gupta, S. K. und P. Shukla. 2017: Gene editing for cell engineering: trends and applications. *Critical Reviews in Biotechnology* 37: 672–684.

Günther, Ludwig, Jochen Taupitz und Peter Kaiser. 2014. Embryonenschutzgesetz – Juristischer Kommentar mit medizinisch-naturwissenschaftlichen Grundlagen, 2. Aufl. Stuttgart: Kohlhammer.

Hanna, J, M. Wernig, S. Markoulaki, C. W. Sun, A. Meissner, J. P. Cassady, C. Beard, T. Brambrink, L. C: Wu, T. M. Townes und R. Jaenisch. 2007. Treatment of sickle cell anemia mouse model with iPS cells generated from autologous skin. *Science* 318: 1920–1923.

Heim, Ulrike. 2004. Ektogenese – Der strafrechtliche Lebensschutz vor neuen Herausforderungen. Konstanz: Hartung-Gorre.

Hmadcha A., Y. Aguilera, M. D. Lozano-Arana, N. Mellado, J. Sánchez, C. Moya, L. Sánchez-Palazón, J. Palacios, G. Antiñolo und B. Soria. 2016. Derivation of HVR1, HVR2 and HVR3 human embryonic stem cell lines from IVF embryos after preimplantation genetic diagnosis (PGD) for monogenic disorder. *Stem Cell Research* 16: 635–639.

Hilgendorf, E. 1994. Ektogenese und Strafrecht. *Medizinrecht* 12: 429–432.

Hilgendorf, E. 2006. Strafbarkeitsrisiken bei der Stammzellforschung mit Auslandskontakten. *Zeitschrift für Rechtspolitik*: 22–25.

Hockemeyer, D. und R. Jaenisch. 2016. Induced Pluripotent Stem Cells Meet Genome Editing. *Cell Stem Cell* 18: 573–586.

Huang, X. Y. Wang, W. Yan, C. Smith, Z. Ye, J. Wang, Y. Gao, L. Mendelsohn und L. Cheng. 2015. Production of gene-corrected adult beta globin protein in human erythrocytes differentiated from patient iPSCs after genome editing of the sickle point mutation. *Stem Cells* 33: 1470–1479.

Huch, M., J. A. Knoblich, M. P. Lutolf und A. Martinez-Arias. 2017. The hope and the hype of organoid research. *Development* 144: 938–941.

Ilic, D, L. Devito, C. Miere und S. Codognotto. 2015. Human embryonic and induced pluripotent stem cells in clinical trials. *British Medical Bulletin* 116: 19–27.

XIII. Der Rechtsrahmen der artifiziellen Gewinnung und Erzeugung von Stammzellen

Ilic, D. und C. Ogilvie. 2017. Concise Review: Human Embryonic Stem Cells – What Have We Done? What Are We Doing? Where Are We Going? *Stem Cells* 35: 17–25.

Ishii, T. 2014. Human iPS Cell-Derived Germ Cells: Current Status and Clinical Potential. *Journal of Clinical Medicine* 3: 1064–1083.

Jiang, C., L. Cai, B. Huang, J. Dong, A. Chen, S. Ning, Y. Cui, L. Qin und J. Liu. 2013. Normal human embryonic stem cell lines were derived from microsurgical enucleated tripronuclear zygotes. *Journal of Cellular Biochemistry* 114: 2016–2023.

Kim, K., K. Ng, P. J. Rugg-Gunn, J. H. Shieh, O. Kirak, R. Jaenisch, T. Wakayama, M. A. Moore, R. A. Pedersen und G. Q. Daley. 2007. Recombination Signatures Distinguish Embryonic Stem Cells Derived by Parthenogenesis and Somatic Cell Nuclear Transfer. *Cell Stem Cell* 1: 346–352.

Liao, H. Q., Q. OuYang, S. P. Zhang, D. H. Cheng, G. X. Lu und G. Lin. 2016. Pronuclear removal of tripronuclear zygotes can establish heteroparental normal karyotypic human embryonic stem cells. *Journal of assisted reproduction and genetics* 33: 255–263.

Kersten, Jens. 2004. *Das Klonen von Menschen*. Tübingen: Mohr Siebeck.

Kobold, S., A. Guhr, A. Kurtz und P. Löser. 2015. Human Embryonic and Induced Pluripotent Stem Cell Research Trends: Complementation and Diversification of the Field. *Stem Cell Reports* 4: 914–925.

Maeder, M. L. und C. A. Gersbach. 2016: Genome-editing Technologies for Gene and Cell Therapy. *Molecular Therapy* 24: 430–46.

Maher, K. O. und C. Xu. 2013. Marching Towards Regenerative Cardiac Therapy with Human Pluripotent Stem Cells. *Discovery Medicine* 15: S. 349–356.

Mateizel, I., N. De Temmerman, U. Ullmann, G. Cauffman, K. Sermon, H. Van de Velde, M. De Rycke, E. Degreef, P. Devroey, I. Liebaers und A. Van Steirteghem. 2006. Derivation of human embryonic stem cell lines from embryos obtained after IVF and after PGD for monogenic disorders. *Human Reproduction* 21: 503–511.

Moore, Keith L., T. Vidhya N. Persaud, Mark G. Torchia, Christoph Viebahn. 2013. Embryologie – Entwicklungsstadien – Frühentwicklung – Organogenese – Klinik, 6. Aufl., München: Elsevier.

Müller, Werner und Monika Hassel. 2018. *Entwicklungsbiologie und Reproduktionsbiologie des Menschen und bedeutender Modellorganismen*, 6. Aufl., Berlin: Springer Spektrum.

Revazova, E. S., N. A: Turovets, O. D. Kochetkova, L. B. Kindarova, L. N. Kuzmichev, J. D. Janus und M. V. Pryzhkova. 2007. Patient-Specific Stem Cell Lines Derived from Human Parthenogenetic Blastocysts. *Cloning and Stem Cells* 9, 1–9.

Roberts M., I. B. I Wall, I. Bingham, D. Icely, B. Reeve, K. Bure, A. French und D. A. Brindley. 2014. The global intellectual property landscape of induced pluripotent stem cell technologies. *Nature Biotechnology* 32: 742–748.

Rohen, Johannes W. und Elke Lütjen-Drecoll. 2017. Funktionelle Embryologie – Die Entwicklung der Funktionssysteme des menschlichen Organismus, 5. Aufl. Stuttgart: Schattauer.

Rungsiwiwut, R., P. Numchaisrika, V. Ahnonkitpanit, P. Virutamasen und K. Pruksananonda. 2016. Triploid human embryonic stem cells derived from tripronuclear zygotes displayed pluripotency and trophoblast differentiation ability similar to the diploid human embryonic stem cells. *Journal of Reproduction and Development* 62: 167–176.

Simunovic, M. und A. H. Brivanlou. 2017. Embryoids, organoids and gastruloids: new approaches to understanding embryogenesis. *Development* 144: 976–985.

Spitalieri, P., V. R. Talarico, M. Murdocca, G. Novelli und F. Sangiuolo. 2016. Human induced pluripotent stem cells for monogenic disease modelling and therapy. *World Journal of Stem Cells* 8: 118–135.

Stresemann, C. 2018. In *Münchener Kommentar zum Bürgerlichen Gesetzbuch*, Bd. 1, 8. Aufl., Hrsg. F. J. Säcker, R. Rixecker, H. Oetker und Bettina Limperg. § 90 BGB, Rdnr. 27. München: C. H. Beck.

Storz, U., und T. Faltus, 2017. Patent eligibility of stem cells in Europe – where do we stand after eight years of case law? *Regenerative Medicine* 12: 37–51.

Strachan, Tom und Andrew Read. 2005. *Molekulare Humangenetik*, 3. Aufl. Heidelberg: Spektrum.

Tachibana, M., P. Amato, M. Sparman, N. M. Gutierrez, R. Tippner-Hedges, H. Ma, E. Kang, A. Fulati, H.-S. Lee, H. Sritanaudomchai, K. Masterson, J. Larson, D. Eaton, K. Sadler-Fredd, D. Battaglia, D. Lee, D. Wu, J. Jensen, P. Patton, S. Gokhale, R. L. Stouffer, D. Wolf, und S. Mitalipov. 2013. Human Embryonic Stem Cells Derived by Somatic Cell Nuclear Transfer. *Cell* 153: 1228–1238.

Takashima, K., Y. Inoue, S. Tashiro und K. Muto. 2018. Lessons for reviewing clinical trials using induced pluripotent stem cells: examining the case of a first-in-human trial for age-related macular degeneration. *Regenerative Medicine* 13: 123–128.

Taupitz, J. 2012. Menschenwürde von Embryonen – europäisch-patentrechtlich betrachtet Besprechung zu EuGH, Urt. v. 18. 10. 2011 – C–34/10 – Brüstle/Greenpeace. *Gewerblicher Rechtsschutz und Urheberrecht* 114: 1–5.

Vahlensieck, U., S. Poley-Ochmann, A. Hilger, M. Heiden und R. Seitz. 2015. Genehmigungsverfahren für Gewebezubereitungen und Blutstammzellzubereitungen zur hämatopoetischen Rekonstitution. *Bundesgesundheitsblatt* 58: 1247–1253.

Warmflash, A., B. Sorre, F. Etoc, E. D. Siggia und A. H, Brivanlou. 2014. A method to recapitulate early embryonic spatial patterning in human embryonic stem cells. *Nature Methods* 11: S. 847–854.

Wendehorst, C. 2018. In *Münchener Kommentar zum Bürgerlichen Gesetzbuch*, Bd. 11, 7. Aufl., Hrsg. F. J. Säcker, R. Rixecker, H. Oetker und Bettina Limperg. Art. 43 EGBGB, Rdnr. 30. München: C. H. Beck.

Wernscheid, Verena. 2012. *Tissue Engineering – Rechtliche Grenzen und Voraussetzungen*. Göttingen: Universitätsverlag Göttingen.

Xiao, B., H. H. Ng, R. Takahashi und E.-K. Tan. 2016. Induced pluripotent stem cells in Parkinson's disease: scientific and clinical challenges. *Journal of Neurology, Neurosurgery, and Psychiatry* 87: 697–702.

Zhao, T, Z. N. Zhang, Z. Rong und Y. Xu Y. 2011. Immunogenicity of induced pluripotent stem cells. *Nature* 474: 212–215.

Zhao, T, Z. N. Zhang, P. D. Westenskow, D. Todorova, Z. Hu, T. Lin, Z. Rong, J. Kim, J. He, M. Wang, D. O. Clegg, Y. G. Yang, K. Zhang, M. Friedlander und Y. Xu. 2015. Humanized Mice Reveal Differential Immunogenicity of Cells Derived from Autologous Induced Pluripotent Stem Cells. *Cell Stem Cell* 17: 353–359.

Zenke, M., L. Marx-Stölting und H. Schickl, Hrsg. 2018. *Stammzellforschung – Aktuelle wissenschaftliche und gesellschaftliche Entwicklungen*. Baden-Baden: Nomos.

Zillmann, H. 2018. Artefakt – Ontologie und der moralische Status genetisch veränderter Pflanzen. *Jahrbuch für Recht und Ethik* 26: 473–490.

Dieser Beitrag entstand unter anderem im Rahmen des vom BMBF geförderten Verbundforschungsprojekts „GenomELECTION: Genomeditierung – ethische, rechtliche und kommunikationswissenschaftliche Aspekte im Bereich der molekularen Medizin und Nutzpflanzenzüchtung", Förderkennzeichen 01GP1614A.

Handlungsempfehlungen

XIV. Politikempfehlungen zur Stammzellforschung auf Basis einer interdisziplinären Chancen- und Risikoanalyse

Heiner Fangerau, Ulrich M. Gassner, Renate Martinsen, Uta Bittner, Helene Gerhards, Florian Hoffmann, Janet Opper, Vasilija Rolfes, Phillip H. Roth

Empfehlungen aus dem Teilprojekt 1: Ethische Analyse

Die folgenden Empfehlungen beruhen auf Beiträgen des Teilprojektes „Ethische Analyse" und der dort verwendeten Literatur. Die Eigenschaften von Stammzellen, sich unbegrenzt teilen und zu speziellen Gewebe- oder Organzellen weiterentwickeln zu können, macht sie für die Forschung und die (potenzielle) klinische Anwendung besonders attraktiv. So gelten sie als ein unerschöpfliches Reservoir zur Regeneration von alterndem oder geschädigtem Körpergewebe.

Differenziert nach Stammzelltyp und Art der Generierung oder Gewinnung der jeweiligen Stammzellen werden unterschiedliche fachwissenschaftliche und gesellschaftliche ethische Debatten geführt. Jedoch scheint sich der national und international geführte ethische Diskurs in den vergangenen 20 Jahren von grundsätzlichen Debatten hin zu eher risiko- und nutzenorientierten Diskussionen verschoben zu haben. Vor allem das Aufkommen von humanen induzierten pluripotenten Stammzellen (hiPS-Zellen) hat die diskursive Landschaft der Stammzellforschung in Richtung einer Risiko-Nutzen-Abwägung verschoben. Jedoch steht diese Risikoperspektivierung immer noch in einem Spannungsfeld mit eher fundamentalethischen Fragestellungen, wie etwa der Frage nach dem moralischen Status des Embryos. Bestimmte Grenzen der Anwendung sind nach wie vor als gesetzt vorzufinden. Insbesondere das Klonen zu reproduktiven Zwecken stellt eine solche Grenzlinie dar, reproduktives Klonen soll weiterhin – so vielstimmige Forderungen – verboten bleiben. Ebenso sind Keimbahnmodifikationen oder die Chimärenbildung als ‚rote Linien' genannt, deren Überschreitung aus moralischen Gründen abgelehnt wird.

Vor dem Hintergrund der unterschiedlichen Bewertungen sowohl des Umgangs mit verschiedenen Stammzellarten als auch mit deren Erforschung und (potenziellen) klinischen Anwendungen ist eine proaktive bioethische Auseinandersetzung weiterhin sinnvoll, um den ethischen Herausforderungen eines grenzenlosen Einsatzes von Stammzellen adäquat begegnen zu können.

1. Ethische Aspekte in der hiPS-Zellforschung

Der potenzielle Einsatz von hiPS-Zellen als Heilmittel wird im derzeitigen Diskurs positiv hervorgehoben. Insbesondere wird in der Fachliteratur die Möglichkeit der körpereigenen Transplantation und die damit einhergehende Vermeidung von Immuninkompatibilitäten betont. Diesen positiven Eigenschaften stehen allerdings auch Gesundheitsrisiken gegenüber. Bei Zellempfänger/-innen könnten die transplantierten Zellen Teratome bilden oder epigenetische und genetische Veränderungen hervorrufen. Diese Phänomene werden in der Fachliteratur als ein Sicherheitsrisiko betrachtet, jedoch als eines, das durch weitere Forschung überwunden werden kann.

Vor dem Hintergrund, dass mit hiPS-Zellen viele Hoffnungen auf die Heilung von Erkrankungen verbunden werden, empfehlen wir eine weitere und vertiefte konsequente sowie transparente Forschung zum klinischen Anwendungsbereich von hiPS-Zellen, die darauf ausgerichtet sein muss, Patient/-innen keinen Schaden zuzufügen. Ebenso sollten überzogene Hoffnungen auf Heilung mittels hiPS-Zellen nicht geschürt werden, solange Erfolge nicht sicher belegbar sind. Insbesondere in der Forschung ist darauf zu achten, dass Proband/-innen nicht einem therapeutischen Missverständnis unterliegen. Eine ausgeglichene Nutzen-Risiko-Abwägung in Bezug auf Therapiemöglichkeiten ist zu kommunizieren. Über im Forschungsprozess bei Spender/-innen und Empfängern möglicherweise auftretende Zufallsbefunde (z. B. im Zusammenhang mit genetischen Untersuchungen) ist ebenfalls aufzuklären. Der Umgang mit diesen Befunden und möglichen weiteren diagnostischen und therapeutischen Konsequenzen ist mit den eventuell Betroffenen vorab zu klären.

2. Informierte Zustimmung im Stammzellforschungskontext

In der Aufklärung und Einwilligung von Zellspender- und Empfänger/-innen geht es aber nicht nur darum, diese über die Möglichkeit zu informieren, dass bei der Genomanalyse gesundheitsrelevante Informationen gefunden werden könnten, sondern auch darum, den an der Forschung Beteiligten mögliche wirtschaftliche Interessen der Forschung darzulegen. Hierzu gehört die Aufklärung über die Handhabung der Kontaktaufnahme während des Forschungsverlaufs, die Teilhabe der Zellspender/-innen an den gewonnenen Forschungsergebnissen, die mögliche Weitergabe von gespendetem Zellmaterial an andere Labore oder ins Ausland, die Lagerung und Nutzungsdauer der Zellen und die Gestaltung der Möglichkeit zum Rücktritt vom Forschungsvorhaben (Lowenthal et al., 2012). Ebenfalls sollte ausdrücklich darüber aufgeklärt werden, dass gewonnene Zellen theoretisch zur spendenden Person zurückverfolgt werden können, ob aus den gespendeten Zellen pluri- oder totipotente Zellen hergestellt werden, und ob diese genetisch manipuliert werden sollen, beispielsweise durch molekularbiologische Gentechnologien. Zuletzt sollten weitere Forschungsziele, die mit den gewonnenen Zellen erreicht werden sollen, klar benannt werden. Hierzu gehört zum Beispiel die Information darüber, ob Tier-Mensch-Chimären gebildet oder ob die Zellen geklont werden könnten (The International Society for Stem Cell Research – ISSCR 2016).

Wir empfehlen sicherzustellen, dass bei der Zellspende ein möglichst umfassender Ansatz der Information verwendet wird, der es den Zellspendenden ermöglicht, auf der Grundlage eigener Werte, Überzeugungen und Lebensvorstellungen zu entscheiden, welche Stammzellforschung sie als unterstützenswert erachten und für welche sie folglich gegebenenfalls Zellen spenden möchten.

Insbesondere ist auch auf die Einhaltung besonderer ethischer Regeln im Umgang mit minderjährigen Spender/-innen zu achten, die zum Beispiel im Zusammenhang mit Blutstammzellspenden schon umfassend diskutiert worden sind. Die American Academy of Pediatrics kam beispielsweise in ihrem Positionspapier aus dem Jahre 2010 zu dem Schluss, dass Minderjährige als Blutstammzellspendende für ihre Geschwister fungieren können: Unter bestimmten Bedingungen, wenn sowohl der mögliche psychische und physische Nutzen und die Belastungen sowohl für Spendende als auch den Empfangenden berücksichtigt werden, kann eine noch minderjährige Person zum Spender/zur Spenderin werden. Dabei wird darauf hingewiesen, dass die Eltern des/der minderjährigen Spenders/Spenderin die geeigneten Entscheider sind und eine informierte Zustimmung für die Spende geben können. Eine minderjährige Person selbst sollte nur dann entscheiden, wenn sie auch tatsächlich dazu in der Lage ist (s. hierzu Beitrag III., S. 55).

3. *Gerechtigkeitsfragen in der Stammzellforschung*

Intransparent wirken bisher Entscheidungen, wie die Zuordnung und Priorisierung von Ressourcen in der Stammzellforschung erfolgt. Priorisierungskriterien sind nicht klar und es bleibt bisher auf Makro-, Meso- und Mikroebene offen, ob technische Möglichkeiten oder Beschränkungen maßgeblich dafür sind, welche Forschungen durchgeführt werden, ob Risiko-Nutzenabwägungen für Spender- und Empfänger/innen Forschungsziele und -richtungen definieren oder ob die mögliche Anwendungsbreite und die individuellen Kosten eines möglichen Stammzelleinsatzes die Forschung determinieren.

Wir empfehlen eine transparente Debatte und Darlegung darüber, welche Kriterien entscheidend sind für die Förderung einer bestimmten Stammzellforschung. Insbesondere müssen gute Gründe angegeben werden, warum die Forschung in Bezug auf eine bestimmte Krankheit und deren Heilung betrieben wird, damit die Priorisierung der Forschungsvorhaben und die Finanzierung derselben aus gerechtigkeitsethischer Perspektive nachvollziehbar bleiben. Dabei sollen insbesondere die Zugangsmöglichkeiten für potenzielle klinische Anwendungen an Patient/innen mitgedacht und gesichert werden (Wallner, 2008).

4. Embryonenverbrauchende Stammzellforschung und Komplizenschaft

Auch wenn sich in der Stammzellforschung ein Trend zu eher pragmatischen Überlegungen mit deutlicher Fokussierung auf Risiko-Nutzen-Abwägungen abzeichnet, hat das Themenfeld um die embryonenverbrauchende Forschung immer noch eine starke argumentative Bedeutung und findet immer wieder Eingang in die ethischen Debatten. So wird dem humanen Embryo sowohl in der Fachliteratur als auch in nationalen und internationalen Stellungnahmen beispielsweise eine gesonderte Rolle in der Forschung zugeschrieben. Das hat zur Konsequenz, dass beispielsweise die Forschung mit menschlichen Embryonen ausschließlich hochrangige Grundlagenforschung bzw. Forschung, die einen klaren medizinischen Nutzen habe, sein sollte.

Auch die scheinbar ethisch ‚unproblematische' Forschung mit hiPS-Zellen wird im Hinblick auf den moralischen Status des Embryos gelegentlich kritisch betrachtet. Beruht die hiPS-Zellforschung auf der hES-Zellforschung, wäre etwa die Euphorie über die ‚ethische Problemlosigkeit' kritisch zu betrachten und die Debatte um die Legitimation des Verbrauches von Embryonen zu Forschungszwecken müsste verstärkt geprüft werden.

Empfehlenswert wäre hier eine tiefergehende und transparente Debatte darüber, inwiefern die hiPS-Zellforschung auf hES-Zellen angewiesen ist, um eine hinreichend bioethische Reflexion sicherzustellen.

5. Stammzellen für die potenzielle reproduktionsmedizinische Anwendung

Im Jahre 2016 ist es einem japanischen Forscherteam gelungen, aus iPS-Zellen Keimzellen für die Reproduktion herzustellen. Durch das Verfahren der sogenannten In Vitro Gametogenese (IVG) konnte im Tiermodell bereits lebensfähiger Nachwuchs gezeugt und geboren werden.

Die potenzielle Einführung der IVG in die assistierte Reproduktion würde die ärztliche Praxis vor etliche Herausforderungen stellen. Mit der IVG ginge eine Veränderung des Patientenkreises einher: Homosexuelle Paare, Gruppen und einzelne Personen könnten mittels IVG versuchen, ihren Wunsch nach genetisch verwandten Kindern zu realisieren. Die Veränderung des Patientenkreises evoziert gesellschaftsethische Fragestellungen: Welcher Ansatz der reproduktiven Autonomie sollte im Kontext von IVG zum Tragen kommen? Soll es eine Limitierung der Elternteile geben, die mit dem zukünftigen Kind genetisch verwandt sein dürfen? Wie kann eine informierte Zustimmung zu diesem Reproduktionsverfahren aller möglicherweise beteiligten Zellspender sichergestellt und die Kostenübernahme gerecht geregelt werden? Welche Maßnahmen

XIV. Politikempfehlungen zur Stammzellforschung

sind zu entwickeln, um einer missbräuchlichen Anwendung der IVG vorzubeugen und worin bestünde überhaupt ein Missbrauchspotential?

Vor diesem Hintergrund ist zu empfehlen, diesen Fragen frühzeitig zu begegnen. Reproduktionsmedizinern und Frauenärzten wird empfohlen, sich über rechtskonforme und gesellschaftlich akzeptierte Leitlinien und Handlungsempfehlungen zu verständigen, um einer möglichen missbräuchlichen Anwendung der IVG vorzubeugen (Rolfes et al., 2019).

Empfehlungen aus dem Teilprojekt 2: Politikwissenschaftliche Analyse

Stammzellforschung erfährt bereits heute große soziale Akzeptanz in der Bundesrepublik Deutschland. Auch unter dieser günstigen Bedingung kann sie hierzulande erfolgreich stattfinden und ist überdies, gerade was die hES-Zellforschung betrifft, international mehr als konkurrenzfähig. Insgesamt kann damit die Lage der Stammzellforschung in Deutschland als stabil und gesichert angesehen werden. Es ist derzeit nicht zu erwarten, dass sich gesellschaftlicher Protest gegen Stammzellforschung regen wird, wenn jene weiterhin mit den bereits erfolgten Mitteln ermöglicht und vorangetrieben wird.

Mit der *funktionalen Analyse* als einer Technik der Entdeckung schon gelöster Probleme (vgl. Martinsen 2016, S. 148) haben wir verständlich gemacht, dass die derzeitige positive Situation der Stammzellforschung als Konsequenz ihrer gesetzlichen wie auch diskursiven Stabilisierung zu erklären ist. Vor diesem Hintergrund sind folgende Punkte festzuhalten:

Es besteht kein Handlungsbedarf in Richtung Abwicklung der hES-Zellforschung, denn die meisten Beobachterinnen und Beobachter wissen um den Status der hES-Zellforschung in Deutschland und akzeptieren oder befürworten diesen. Die Förderung der hiPS-Zellforschung, in die im Diskurs große Hoffnungen gesetzt wird, ist aus wissenschaftlicher Perspektive und Sicht der Policy-Analyse sinnvoll – das heißt aber nicht, dass man sie gegen die hES-Zellforschung diskursiv ‚ausspielen' muss. Vielmehr kann man, wenn man die soziale Akzeptanz der beiden Felder der Stammzellforschung *proaktiv stärken* möchte, kommunizieren, warum eigentlich an unterschiedlichen Stammzelltypen geforscht wird – dieses Wissen ist in der Bevölkerung noch nicht stark verbreitet. Es ist natürlich der Politik überlassen, in welchem Umfang in diese vorsorgliche wissenschaftspolitische Kommunikation investiert werden soll. Grundsätzlich ist es im Hinblick auf den Anspruch, auf die gesellschaftlichen Perzeptionen von Wissenschaft politisch Rücksicht zu nehmen, empfehlenswert, die mögliche Stärkung der Stammzellforschung in Deutschland mit einem Regime zu verbinden, das der wissenschaftlich-medizinischen Aufklärung der Bevölkerung dient. Anstrengungen in diese Richtungen werden beispielsweise derzeit schon mit der Förderung der Stammzellnetzwerke in Deutschland sowie einzelnen Aktionen wie dem bundesweiten UniStem Day unternommen.

Allerdings sind im Zuge der Analyse ‚Gefahrenherde' identifiziert worden, die sich *nicht direkt* aus der derzeitigen Gesetzgebung oder der Performanz der Stammzellforschung in Deutschland ableiten lassen, sondern sich parallel dazu in den Diskursen als künftig potentiell virulent andeuten. Wir empfehlen, ein politisches Augenmerk auf diese latenten Gefahrenherde zu legen. Denn die Sensibilität für diese künftig möglicherweise aufbrechenden Probleme hilft, diese im Sinne einer hermeneutischen Technikfolgenabschätzung dezidiert heute schon als Risiken ins Visier zu nehmen. Daher möchten wir dazu anregen, für die folgend angeführten Punkte ein *Monitoring* zu entwickeln, welches ‚Alarm schlägt', wenn es zu negativen Reaktionen auf jetzt noch nicht mit Zuverlässigkeit absehbare Entwicklungen beispielsweise aus der Bevölkerung oder der Wissenschaftscommunity kommen sollte.

1. Ökonomisierung/Kommerzialisierung von Stammzellforschung und ihren Anwendungen

Ein Problemkreis lässt sich im Verhältnis zwischen Stammzellforschung und ihren Anwendungen einerseits sowie ihren Chancen und Risiken ihrer Ökonomisierung andererseits identifizieren.

Wir konnten beobachten, dass einige Expertinnen und Experten das Argument anführen, dass Deutschland im Rahmen des aktuellen Standes der Regulierung nicht an den wirtschaftlichen *benefits* der Stammzelltechnologie ausreichend teilhaben könne. Konkret bedeutet das, dass Deutschland derzeit kein ‚Magnet' für die investitionsfreudige Biotechnologiebranche sei. Es erscheint uns als nachvollziehbar, dass die Biotechnologiebranche den ‚alten Diskurs' und die auf den ersten Blick sehr strenge Regulierung der Stammzellforschung zum Anlass nimmt, Deutschland nicht als günstigen Forschungs- und Entwicklungsstandort anzusehen. Es wäre in dieser Hinsicht zu prüfen, ob diese ‚alten Vorurteile' nicht grundsätzlich gegenüber potentiellen Investoren und Innovatoren ausgeräumt werden könnten. Unabdinglich ist dafür allerdings, dass Klarheit über die gesetzlichen Grenzen der Forschung und vor allem der medizinischen Anwendung von Stammzellen in Deutschland herrscht. Beispielsweise ist das Durchführen klinischer Studien mit hES- und hiPS-Zellen in Deutschland ein Feld, das aus unserer Sicht weiterer Evaluierung bedarf.

Darüber hinaus gibt es ein Argument in dem von uns analysierten Expertendiskurs, dass die derzeitige Regelung der Stammzellforschung eine gewisse Abhängigkeit von im Ausland erbrachten Vorleistungen (zum Beispiel die Gewinnung der Stammzelllinien) impliziere. Es ist sicherlich wichtig darauf hinzuweisen, dass die hES-Zellforschung ohne den Kooperationswillen ausländischer Forscherinnen und Forscher wahrscheinlich in Deutschland nicht so stark *performen* könnte. Man muss im Umkehrschluss allerdings nun nicht auf die Revision der deutschen Stammzellgesetzgebung im Sinne einer Liberalisierung stammzellgewinnender Verfahren bestehen, damit sich die deutsche hES-Zellforschung ressourcentechnisch von der internationalen Zulieferung unabhängig machen würde. Es ergibt sich kein deutlicher Handlungsbedarf, da es keine Anzeichen dafür gibt, dass nicht trotzdem, also auch ohne die Gewinnung neuer Stammzelllinien im Inland, exzellente Forschung weiterhin stattfinden könnte. Man liefe eher Gefahr, alte diskursive Konfliktlinien wieder an die Oberfläche des Diskurses zu bringen, die schon längst befriedet sind. Ausgehend von der Analyse des gesellschaftlichen Stammzelldiskurses könnte ebenso eine politische Neuverhandlung der aktuellen Stichtagsregelung, so wie sie von manchen Forscherinnen und Forschern sowie wissenschaftlichen Organisationen gefordert wird, zu einer erneuten gesellschaftlichen ‚Beunruhigung' führen, die erst einmal wieder kanalisiert werden müsste, wenn Stammzellforschung in Deutschland weiterhin politisch unterstützt werden soll.

Es sollte aber zumindest darauf hingewiesen werden, dass eine gewisse Kommerzialisierung der Stammzellforschung in Deutschland, die sich aus dem transnationalen Bezug der Stammzelllinien ergibt, derzeit Basis und Konsequenz der Ermöglichung hiesiger Stammzellforschung ist, denn hES-Zellforschung kann ohne grenzübergreifenden Handel der Derivate nicht stattfinden. In diesem Sinne, so kann argumentiert werden, schreibt sich eine Kommerzialisierung nicht nur in die Organisation der Stammzellforschung ein, sondern auch in die embryonale Stammzelle selbst. Würde demnächst beispielsweise in der sozialen Bewertung verwandter Forschungsgebiete wie der Gentechnologie die Kritik laut werden, im Zuge biotechnologischer Forschung würde menschliches Leben inwertgesetzt, wäre ein ‚Überschwappen' auf die hES-Zellforschung und die Reaktivierung dieses Arguments strukturell nicht auszuschließen. Der Gesetzgeber sollte sich dann im Hinblick auf diese Kritik positionieren können – und in der Lage sein, diese gegebenenfalls in reflektierter Weise als in Kauf genommenen Kompromiss zugunsten der Stammzellforschung in Deutschland zu verteidigen.

Insbesondere aus den Laieninterviews geht hervor, dass ökonomische Fragen, die im Rahmen biomedizinischer Forschung auftauchen, prinzipiell als problematisch angesehen werden. Es wurde nämlich mehrmals die Befürchtung geäußert, dass die Etablierung von Stammzellmedizin die Gefahr berge, das Gesundheitssystem und seinen Leistungskatalog außer Balance zu bringen. Die potentielle Fortentwicklung autologer Stammzelltherapien mit hiPS-Zellen könnte eine Spaltung zwischen denjenigen, die ihre somatischen Zellen für die Forschung bereitstellen, auf Grundlage derer dann autologe Stammzelltherapien entwickelt würden, und denen, die nach wie vor mit der traditionellen, nichtstammzellbasierten Medizin vorliebnehmen müssten, evozieren. Die Bevölkerung reagiert auf prospektive Verteilungskämpfe, die mit der Entwicklung der Stammzellmedizin ins Haus stehen könnten, sehr sensibel – es sollte deshalb präventiv darüber diskutiert werden, inwiefern vermittelt werden kann, dass die Entwicklung einer ‚medizinischen Zweiklassengesellschaft' nicht im Sinne der derzeitigen Stammzellforschung (und sicherlich auch nicht im Sinne des Gesetzgebers) ist. Es wäre dann zweckdienlich, in Kontexten, in denen Bürgerinnen und Bürger mit Stammzellforschung und ihren Anwendungen konfrontiert werden, darauf hinzuweisen, dass die Fortentwicklung der autologen Stammzellmedizin derzeit nicht prioritär vorangetrieben wird, sondern dass zunächst grundsätzliche Probleme der Translation (ob von autologen oder allogenen abgeleiteten Stammzelllinien) gelöst werden müssen. Diese Botschaft basierte folglich auf dem faktischen Stand aktueller Forschungs- und Anwendungsbemühungen und könnte zu einer Beruhigung möglicher Kritiken führen.

2. Die Frage nach der gesellschaftlichen Verfügbarkeit des Outputs von Stammzellforschung und -medizin

Grundsätzlich wird sich die Politik mit voranschreitenden Forschungs- und Anwendungserfolgen die Frage stellen lassen müssen, inwiefern sie dazu beitragen kann und will, die Gesellschaft an den Leistungen der nationalen und internationalen Stammzellforschung teilhaben zu lassen. Insbesondere das Teilnarrativ, angesichts einer alternden Gesellschaft müsse man neue Wege in der regenerativen Medizin verfolgen, schürt die Erwartung, dass die hES und hiPS diese Schlüsselrolle in unbestimmter Zukunft einnehmen werden. Die Empfehlung lautet hier, dass Wege der Vermittlung und Kommunikation gesucht werden sollten, die die aus heutiger Sicht prinzipiell nicht auszuschließenden Enttäuschungen in dieser Hinsicht in Rechnung zu stellen. Der Gesetzgeber und auch die an den Diskursen beteiligten Forschenden sowie wissenschaftlichen Organisationen können dazu ermuntert werden, auch weiterhin mit großen Versprechungen eher vorsichtig umzugehen und potentielle Chancen in der Anwendung der Stammzellmedizin als solche anzusehen: als Chancen, nicht als bestimmte Zukunft.

3. Forschungsskandale und ungeprüfte Stammzelltherapien

In der Auseinandersetzung mit der kritischen Medienberichterstattung und den Reaktionen der von uns interviewten Laien wird deutlich, dass Forschungsskandale, so wie sie um den Betrug des Stammzellforschers Hwang Woo-suk stattgefunden haben, der Stammzellforschung insgesamt in ihrer Reputation zumindest kurzfristig schaden können. Sollte sich national oder international ein ähnlicher Fall wiederholen – auch dies ist prinzipiell nicht auszuschließen – so käme es darauf an, die seriöse Stammzellforschung in Deutschland und im internationalen Raum klar von diesen ‚Ausfällen' zu distanzieren. Es ginge dabei zunächst vor allem um die wissenschaftsinterne und unter Umständen für die Gesellschaft transparente Aufarbeitung möglicher Probleme in der wissenschaftlichen Qualitätssicherung. Die Politik, die die ‚normale', also an allen Standards guter wissenschaftlicher Forschung orientierte Stammzellforschung jedoch als unterstützenwert und weiterhin förderungsfähig erachtet, könnte mit der Gestaltung eines Diskursrahmens dazu beitragen, den fundamentalen Unterschied zwischen derartigen Ausfällen und der geregelten, selbstreflexiven Forschung für die Gesellschaft sichtbar zu machen.

Es wird weiter oben dafür argumentiert, auf ‚vollmundige Versprechungen' einer (baldigen) breiten Anwendbarkeit der Stammzellmedizin zu verzichten – dies ist für die meisten an dem Stammzelldiskurs Beteiligten eine Selbstverständlichkeit. Bestimmte ‚Akteure' allerdings halten sich nicht an dieses Gebot der Zurückhaltung und spekulieren sogar darauf, mit gesellschaftlichen Ängsten und Hoffnungen, die sich mitunter auch aus den manchmal diffusen Botschaften über den Realitätsgehalt der Chancen und Risiken der Stammzellforschung und -medizin ergeben, zu spielen und aus ihnen Kapital zu schlagen. Insbesondere der Aufruf des German Stem Cell Networks (vgl. Hermann 2016, S. 53, Besser et al. 2018, S. 53 ff.), und die aktuellen Handlungsempfehlungen der BBAW (vgl. Zenke et al. 2018, S. 32) sind in dieser Hinsicht unbedingt ernst zu nehmen: Es muss davor gewarnt werden, ungeprüfte Stammzelltherapien in Anspruch zu nehmen. Die Politik kann ihre Verantwortung beispielsweise wahrnehmen, indem sie Kampagnen unterstützt, die zur Aufklärung über gefährliche, weil wissenschaftlich nicht abgesicherte, durch Dritte angebotene Stammzelltherapien beitragen. Sie schützt potentielle Empfänger dann vor Missbrauch ihres Leibs und Lebens und behindert trotzdem nicht die Forschungsbemühungen derjenigen, die nach geprüften, wirksamen Therapien suchen.

4. Chimärenbildung und Klonierung sowie neue Technologien der Induzierung somatischer Zellen

Potentielle ‚Reizpunkte' in der sozialen Akzeptanz der Stammzellforschung und -anwendungen ergeben sich nicht so sehr im Rahmen der hES- und hiPS-Zellforschung und ihren potentiellen Anwendungen, sondern in Reaktionen auf Technologien, die als Teile des Forschungsprozesses angesehen werden. Die Ergebnisse unserer hermeneutischen Technikfolgeabschätzung deuten darauf hin, dass sich in dem Diskurs noch moralisch-ethische Grenzmarkierungen befinden, die die Chimärenbildung und Klonierung von Stammzellen betreffen. Die Öffentlichkeit tendiert dazu, solche Forschungstechnologien in einen Zusammenhang mit dem reproduktiven Klonen oder der Erschaffung hybrider Lebensformen zu bringen. Auch an dieser Stelle ist es ratsam, die Befürchtungen des nicht fachvertrauten Publikums ernst zu nehmen, weil sie als Risiko für die künftige soziale Akzeptanz der Stammzellforschung wieder an Bedeutung gewinnen könnten. Es kommt also auch hier darauf an, potentiell aufbrechende Irritationen, sollte beispielsweise verstärkt über Chimärenbildung berichtet werden, möglicherweise jetzt schon einzuhegen, damit Forschungsbemühungen aus ‚Missverständnissen' heraus nicht unsachgemäß eingeordnet werden. Ein konsequentes Monitoring solch diskursiver Entwicklungen halten wir in diesem Zuge für unerlässlich. Sozialwissenschaftliche Begleitforschung und ihre Vermittlungsposition ist auch in dieser Sache für die Zukunft von Nutzen.

Ähnliches wird man für neue Technologien bzw. Wege der Induzierung somatischer Zellen festhalten müssen. Insbesondere über die Vorstöße in der Programmierung somatischer Zellen zu Keimzellen, die prinzipiell auch eine ‚geschlechtliche Reprogrammierung' der Ursprungszellen oder das reproduktive Klonen ermöglicht, sollte mit Bedacht kommuniziert werden: Denn hier verzeichnen wir ein Potential der Formierung gesellschaftlichen Protests, der die Stammzellforschung insgesamt infrage stellen könnte. In der Diskussion über keimbahnverändernde Maßnahmen in der Gentechnologie sollten diese Problemkomplexe weiterhin und verstärkt Beachtung finden.

Empfehlungen aus dem Teilprojekt 3: Juristische Analyse

1. Rechtliche Aspekte der hiPS-Zellen

Mit der Entwicklung induzierter pluripotenter Stammzellen ging die Hoffnung einher, einen Ausweg aus den bis dato kontrovers diskutierten ethischen, aber auch rechtlichen Fragestellungen der Stammzellforschung gefunden zu haben, kommt die Gewinnung von hiPS-Zellen doch ohne den zerstörenden Verbrauch von Embryonen aus. Letztlich wirft aber auch die Gewinnung von und der Umgang mit hiPS-Zellen zahlreiche Rechtsfragen auf, die bislang nur ansatzweise geklärt sind.

a. Rechtliche Einordnung von hiPS-Zellen nach dem ESchG und StZG

Die rechtliche Einordnung von hiPS-Zellen im Lichte des ESchG und des StZG wird kontrovers erörtert. Im Mittelpunkt der Diskussion steht dabei die Frage nach der Beschränkung des Anwendungsbereichs dieser Gesetze auf natürlich entstandene Keimzellen (Heinemann/Kersten 2007, S. 126). Die hiPS-Zelle zeichnet demgegenüber gerade aus, dass sie nicht auf natürlichem Wege entsteht (Taupitz in: Günther/Taupitz/Kaiser, C. II. § 8 Rn. 25).

Anhaltspunkte für die Beantwortung dieser Frage bieten die jeweiligen Gesetze selbst. Das ESchG enthält in § 8 Abs. 3 ESchG eine Legaldefinition des Begriffs der Keimbahnzelle und stellt dabei auf einen natürlichen Entstehungsvorgang ab. Mit Blick auf den Strafnormcharakter des ESchG und das Bestimmtheitsgebot aus Art. 103 Abs. 2 GG kann dieser Befund nicht durch eine erweiternde Auslegung im Sinne einer funktionellen Äquivalenz ausgehebelt werden (Faltus 2016, S. 866–874). Das ESchG erfasst hiPS-Zellen nicht, da diese sich in ihrer Gewinnung gerade nicht auf einen Embryo im Sinne des ESchG zurückführen lassen, sondern aus der Reprogrammierung bereits ausdifferenzierter Körperzellen entstehen. Entsprechendes gilt auch für das StZG: Die Anwendbarkeit des StZG ist nach §§ 2, 3 Nr. 2, 4 StZG auf Stammzellen beschränkt, die aus totipotenten Entitäten stammen. Dies ist für hiPS-Zellen nicht der Fall.

Dies erhellt aber auch, dass sich die sonst so kontrovers diskutierten Fragen der embryonenverbrauchenden Gewinnung von Stammzellen im Zusammenhang mit den hiPS-Zellen nicht stellen. Folgerichtig zeigt sich die Unanwendbarkeit des EschG und des StZG damit nicht als regelungsbedürftige Lücke, sondern als denklogische Konsequenz. Aus verfassungsrechtlicher Sicht ist ebenfalls keine Regulierung geboten. Den für die Nutzung von hiPS-Zellen streitenden Grundrechten der Forschungsfreiheit und des Rechts auf Therapie und Zugang zu technischen Innovationen stehen insbesondere keine Grundrechtspositionen Dritter gegenüber (ausführlich hierzu Gassner/Opper, S. 268). Die insoweit im Bereich der Biomedizin häufig anzutreffende Diskussion um den rechtlichen Status des Embryos ist im Kontext der hiPS-Zellen letztlich obsolet, da ihre Gewinnung nicht die Entstehung eines Embryos voraussetzt. Allenfalls kann in diesem Zusammenhang an eine Schutzpflicht des Staates im Hinblick auf risikobehaftete Technologien gedacht werden.

Die derzeitige Rechtsprechung des Bundesverfassungsgerichts toleriert es, dass der Gesetzgeber eine innovative Technologie als Basisrisiko qualifiziert, ohne dies mit wissenschaftlichen Fakten unterlegen zu müssen[1]. Damit sehen sich technische Neuentwicklungen und die hierfür betriebene Forschung, stets der Gefahr ausgesetzt, allein auf Basis ihrer sozialen Akzeptanz beurteilt und regulatorisch erfasst zu werden. Es droht eine innovationsfeindliche Überregulierung (Gassner 2015, S.159). Mit Blick auf die davon betroffenen Freiheitsrechte ist dieser Zustand schwerlich haltbar. Denn richtigerweise dürfen diese Grundrechte allein zum Zweck eines konkreten Rechtsgüterschutzes auf empirischer Tatsachenbasis beschränkt werden. Die bloße Mutmaßung des Gesetzgebers, eine bestimmte Technologie sei gefährlich, kann daher keinen Grundrechtseingriff legitimieren (Meyer 2011, S. 474).

Eine andere Frage ist es, ob sich aus dem Risikogedanken ein zwingendes Regulierungsbedürfnis hinsichtlich der Gewinnung von und der Forschung an hiPS-Zellen ableiten lässt. Entscheidend kann insofern nur sein, ob und in welchem Umfang von dieser Technologie grundrechtsrelevante Risiken ausgehen. Die notwendige Konkretisierung dieses Risikos muss dabei im Lichte der Grundrechtsdogmatik über eine unmittelbare Rückkopplung zu einer potentiellen Rechtsgutgefährdung näher bestimmt werden. Ein grundrechtlich relevantes Maß der Risikogefährdung kann sich aber nur in der Anwendung hiPS-zellbasierter Therapeutika ergeben. Es ist daher nicht geboten, die Gewinnung von und die Forschung an und mit hiPS-Zellen regulatorisch zu erfassen. Erst mit dem Übergang zur klinischen Anwendung am Menschen eröffnen sich entsprechende Risikoerwägungen.

---

1 BVerfGE 46, 160 (164).

Diesbezüglichen Bedenken kann aber allein im Regelungsregime des Arzneimittelrechts Rechnung getragen werden.

b. Arzneimittelrechtliche Beurteilung von hiPS-Zellen

Ein auf Basis von hiPS-Zellen entwickeltes Medikament ist als Arzneimittel für neuartige Therapien (ATMP) im Sinne der ATMP-Verordnung, genauer gesagt als biotechnologisch bearbeitete Gewebeprodukte im Sinne der Art. 2 Abs. 2 lit. b) ATMP-VO bzw. § 4 Abs. 9 AMG zu qualifizieren. Darüber hinaus wird für die Zukunft auch zu berücksichtigen sein, dass sich der Anwendungsbereich von hiPS-Zelltherapeutika nicht allein auf die Bereitstellung von Zell- oder Gewebeersatz beschränken muss. Auch die Therapie genetischer Erkrankungen erscheint nicht ausgeschlossen, sodass für den weiteren arzneimittelrechtlichen Diskurs um hiPS-Zelltherapeutika jedenfalls deren künftig mögliche Einstufung als Gentherapeutika im Blick behalten werden muss.

Als ATMP unterliegen hiPS-basierte Therapeutika den Vorgaben des Arzneimittelrechts und den speziellen Anforderungen der ATMP-VO. Die Herstellung eines hiPS-Zelltherapeutikums unterfällt damit nicht nur den in §§ 40 ff. AMG aufgestellten Anforderungen an klinische Studien, auch die Hersteller eines solchen Therapeutikums bedürfen einer arzneimittelrechtlichen Erlaubnis gem. § 13 Abs. 1 AMG. Ebenso ist das Inverkehrbringen von hiPS-Therapeutika arzneimittelrechtlich durch entsprechende Zulassungsverfahren reguliert.

Es zeigt sich somit, dass es für hiPS-Zellen, trotz der Unanwendbarkeit des EschG und des StZG, keinen rechtsfreien Raum gibt. Vielmehr erscheint es, unter Risikoaspekten folgerichtig, eine Regulierung allein im Bereich des Arzneimittelrechts vorzunehmen, da nur dort ein gesetzgeberischer Auftrag zur Risikoregulierung praktisch relevant wird.

c. Neue Herausforderungen für das Abstammungsrecht

Mit den biotechnologischen Möglichkeiten der hiPS-Zellen gehen auch neue Herausforderungen für das geltende Abstammungsrecht einher, das von einer klaren rechtlichen Zuordnung eines Elternteils als „Mutter" und des anderen Elternteils als „Vater" geprägt ist. Die moderne Fortpflanzungsmedizin lässt es möglich erscheinen, aus somatischen Zellen im Wege der Reprogrammierung Ei- oder Samenzellen zu schaffen, sodass Kinder von gleichgeschlechtlichen Paaren denkbar werden (Stallmach 2016), ebenso auch eine Alleinelternschaft (Suter 2016).

Der Gesetzgeber ist daher aufgerufen, diesen zukünftigen Entwicklungen durch eine entsprechend flexible Gestaltung des Abstammungsrechts Rechnung zu tragen. Über gleichgeschlechtliche Partnerschaften hinaus sollten also Konstellationen der biologischen Allein- oder Mehrfachelternschaft gesetzlich geregelt werden.

2. Rechtliche Aspekte der hES-Zellen

Auch wenn mit der Entdeckung der hiPS-Zellen die ‚klassischen Methoden' der Gewinnung von Stammzellen zukünftig an Bedeutung verlieren könnten, werden die damit verbundenen rechtlichen Fragen weiterhin kontrovers erörtert. In diesem Kontext ist insbesondere der rechtliche Diskurs um das Zellkerntransferverfahren (SCNT-Verfahren), mithin also das therapeutische Klonen, von Bedeutung.

Das SCNT-Verfahren und die damit einhergehende Gewinnung von hES-Zellen aus Klonembryonen, aber auch deren weitere Verwendung, ist in Deutschland zulässig (siehe hierzu ausführlich Gassner/Opper S. 255 ff.). Weder das EschG, noch das StZG stehen dem entgegen. Das Klonverbot des § 6 Abs. 1 EschG ist nicht einschlägig, da im Wege des SCNT-Verfahrens kein Embryo im Sinne des EschG geschaffen wird und dieser auch nicht die gleiche Erbinformation mit einem anderen Embryo, Mensch oder Verstorbenen enthält (siehe hierzu ausführlich Gassner/Opper, S. 258 f.). Dies liegt letztlich im Verfahren selbst begründet.

Darüber hinaus führt das SCNT-Verfahren auch nicht zur Entstehung eines Embryos im Sinne der Legaldefinition des § 8 Abs. 1 EschG, der die befruchtete Eizelle als frühestes Stadium eines Embryos im Sinne des Gesetzes definiert. Erneut zeigt sich auch hier, dass das EschG letztlich von einer natürlichen, mithin geschlechtlich entstandenen Entität ausgeht (Faltus 2011, S. 68; Witteck/Erich 2003, S. 259). Die Kernverschmelzung wird damit zum prägenden Definitionsmerkmal. Hieran fehlt es aber im Falle des SCNT-Verfahrens. Eine erweiternde Auslegung kommt mit Blick auf das Bestimmtheitsgebot aus Art. 103 Abs. 2 GG ebenfalls nicht in Betracht (Sachs 2016, S. 703 f.).

Schließlich steht auch das Verwendungsverbot des § 4 Abs. 1 StZG einer Verwendung im Wege des Zellkerntransfers gewonnener hES-Zellen nicht entgegen. Das StZG ist zwar in seinem Embryonenbegriff weiter gefasst, sodass grundsätzlich auch mittels SCNT-Verfahren erzeugte hES-Zellen hiervon erfasst werden. Das Verwendungsverbot erstreckt sich aber nach dem Wortlaut und der Entstehungsgeschichte der Norm allein auf hES-Zellen, die aus dem Ausland eingeführt wurden (hierzu ausführlich Gassner/Opper, S. 264 f.). Originär in der Bundesrepublik Deutschland gewonnene hES-Zellen werden also vom StZG nicht erfasst.

Damit ergibt sich ein ein Befund, der dem bei hiPS-Zellen vergleichbar ist: EschG und StZG erfassen die Gewinnung und Verwendung von hES-Zellen aus SCNT-Verfahren nicht. Aber auch insofern handelt es sich nicht um eine zwingend zu schließende Regelungslücke. Namentlich zwingt der verfassungsrechtliche Status des Embryos nicht zu einer Regulierung, da es insoweit an einem hinreichenden Bezug zu einem späteren Grundrechtsträger fehlt. Das therapeutische Klonen ist von Beginn an nicht auf die Entstehung eines neuen Individuums angelegt, ein konkretes Entwicklungspotential der aus dem SCNT-Verfahren hervorgehenden Eizelle damit nicht vorhanden. Allein die abstrakte Entwicklungsmöglichkeit ist nicht ausreichend, eine Vorwirkung von Grundrechten eines tatsächlich niemals zur Entstehung gelangenden Grundrechtsträgers zu begründen, die auf der anderen Seite die Grundrechte real existierender Grundrechtsträger, namentlich die Forschungsfreiheit und das Recht auf Therapie und Zugang zu technologischen Innovationen, einzuschränken vermag.

Insoweit verengt sich auch mit Blick auf das therapeutische Klonen die eigentliche Fragestellung auf den Bereich der Risikoregulierung als staatliche Aufgabe. Dieser Bereich erscheint aber auch hier erst berührt, wenn es um den Einsatz stammzellbasierter Therapeutika geht. Daher ist in diesem Kontext erneut das Arzneimittelrecht die einschlägige Regelungsmaterie. Insofern gilt hier nichts anderes als für den Bereich der hiPS-Zellen. Gleichwohl erschiene es im Sinne der Rechtssicherheit und Rechtsklarheit wünschenswert, das therapeutische Klonen ausdrücklich von einem gesetzlichen Verbot auszunehmen und nur das reproduktive Klonen zu sanktionieren.

3. Die rechtliche Einordnung des Embryos

Die Schwierigkeiten des EschG und des StZG mit der fortschreitenden biomedizinischen Entwicklung Schritt zu halten, zeigen deutlich, dass das bisherige – insbesondere am Gedanken der Totipotenz – ausgerichtete Verständnis des Begriffs des Embryos an seine Grenzen gerät. Dabei kommt gerade der Frage nach der rechtlichen Einordnung des Embryos erhebliche Bedeutung zu. Soweit dieser als Grundrechtsträger und insbesondere Träger der Menschenwürde angesehen wird, stünde die grundsätzliche Unabwägbarkeit der Menschenwürde jedweder Forschung entgegen. Insofern kommt dem Problem der Abgrenzung menschlichen Lebens von anderen Entitäten unter dem Blickwinkel des zu gewährenden normativen Schutzes erhebliche Bedeutung zu. Umso größer ist damit aber auch das Dilemma vor dem das heutige Biomedizinrecht steht, zeigen doch technologische Entwicklungen wie etwa die hiPS-Zellen, dass der Totipotenzgedanke als Grundlage eines normativen Embryonenschutzes an Trennschärfe verloren hat.

Die Rechtswissenschaft sieht sich daher vor die Aufgabe gestellt, den Status des Embryos neu zu überdenken.

Dabei sollte bedacht werden, dass mit Blick auf moderne technologische Verfahren nunmehr Entitäten entstehen können, deren Potentialität allenfalls aus einer ephemeren Vorstellung ableitbar ist, da bereits das technologische Verfahren in seiner Gesamtheit und Zweckrichtung ein konkretes Entwicklungspotential ausschließt. Die Befruchtung einer menschlichen Eizelle zur Gewinnung embryonaler Stammzellen zu Forschungs- oder Therapiezwecken hat aufgrund einer von Beginn an fehlenden Entwicklungsmöglichkeit keinen Bezug zu einem späteren Individuum als Grundrechtsträger. Die Subjektqualität eines geborenen Menschen wird nicht berührt. Insofern besteht ein fundamentaler Unterschied zu einer befruchteten Eizelle nach Nidation bzw. einem mit dieser Zweckrichtung in vitro erzeugtem Embryo.

Der rechtswissenschaftliche Diskurs wird sich daher mit der Frage zu beschäftigen haben, ob die technologischen Entwicklungen in der Bio- und Fortpflanzungsmedizin eine Differenzierung in der Schutzwürdigkeit einzelner Entitäten erlauben. Insofern spricht vieles dafür die Intensität des Embryonenschutzes an der Zweckrichtung seiner Erschaffung auszurichten (Zweckbindungsprinzip)[2].

Literaturverzeichnis

Besser, D., I. Herrmann und M. Heyer. 2018. Verheißungsvolle Sackgassen für Patienten. Vorsicht: Ungeprüfte Stammzelltherapien. In *Zukunft der Stammzellforschung. Jahresmagazin des GSCN 2017/2018*. Berlin: German Stem Cell Network: 53–57.

Brown, M. 2013. No Ethical Bypass Of Moral Status In Stem Cell Research. In: Bioethics 27(1): 12–19.

Diekema D. S., M. Fallat, A. H. M. Antommaria, I. R. Holzman, A. L. Katz, SR Leuthner, L. F., Ross, S. A. Webb und Committee on Bioethics. 2010. Policy Statement-Children as Hematopoietic Stem Cell Donors. *Pediatrics* 125: 392–394.

Faltus, Timo, 2011. Handbuch Stammzellenrecht. Ein rechtlicher Praxisleitfaden für Naturwissenschaftler, Ärzte und Juristen. Halle-Wittenberg: Universitätsverlag HW.

Faltus, T. 2016. Keine Genehmigungsfähigkeit von Arzneimitteln auf der Grundlage humanerembryonaler Stammzellen. Begrenzter Rechtsschutz gegen genehmigte klinische Studie, Herstellung und das Inverkehrbringen. Medizinrecht 34: 250–257.

Gassner, U.M., J. Kersten, M. Krüger, J.F. Lindner, H. Rosenau, U. Schroth. 2013. Fortpflanzungsmedizingesetz. Augsburg-Münchner-Entwurf. Tübingen: Mohr Siebeck.

Gassner, U. M. 2015. Rechtsfragen der frühen Nutzenbewertung neuer Untersuchungs- und Behandlungsmethoden mit Hochrisikoprodukten – Teil 2. Medizin Produkte Recht 148–159.

Günther, Hans-Ludwig, J. Taupitz und P. Kaiser. 2. Aufl. 2014. Embryonenschutzgesetz. Juristischer Kommentar mit medizinisch-naturwissenschaftlichen Grundlagen. Stuttgart: Kohlhammer.

Heinemann, Thomas und J. Kersten. 2007. Stammzellforschung. Naturwissenschaftliche, rechtliche und ethische Aspekte. Freiburg/München: Verlag Karl Alber.

Hermann, I. 2016. Essay Ungeprüfte Stammzelltherapien. Quacksalber und Scharlatane: Nicht neu – aber gefährlich! In *Angewandte Stammzellforschung in Deutschland. Jahresmagazin des GSCN 2015/2016*. Berlin: German Stem Cell Network: 53.

International Society for Stem Cell Research. (2016). http://www.isscr.org/docs/default-source/all-isscr-guidelines/guidelines-2016/isscr-guidelines-for-stem-cell-research-and-clinical-translationd 67119731dff6ddbb37cff0000940c19.pdf?sfvrsn=4. Zugegriffen: 13. Januar 2020.

Lowenthal, J., S. Lipnick, und M. Rao, S. C. Hull. (2012). Specimen Collection for Induced Pluripotent Stem Cell Research: Harmonizing the Approach to Informed Consent. *STEM CELLS Translational Medicine* 1(5): 409–21.

---

2 Das Zweckbindungsprinzip ist dem AME-FMedG entlehnt und beschreibt ein Schutzkonzept, welches besagt, dass für Zwecke der Fortpflanzung erzeugte Embryonen lediglich für die Fortpflanzung verwendet werden dürfen (Gassner et al. 2013, S. 41).

Martinsen, R. 2016. Politische Legitimationsmechanismen in der Biomedizin. Diskursverfahren mit Ethikbezug als funktionale Legitimationsressource für die Biopolitik. In *Bioethik, Biorecht, Biopolitik: Eine Kontextualisierung*, Hrsg. Marion Albers, 141–169. Baden-Baden: Nomos.

Rolfes, V., U. Bittner, und H. Fangerau. 2019. Die Bedeutung der In vitro Gametogenese für die ärztliche Praxis: eine ethische Perspektive. Der Gynäkologe 52: 305–310.

Meyer, S., 2011. Risikovorsorge als Eingriff in das Recht auf körperliche Unversehrtheit. Gesetzliche Erschwerung medizinischer Forschung aus Sicht des Patienten als Grundrechtsträger. Archiv des öffentlichen Rechts 136: 428–478.

Sachs, Michael. 3. Aufl. 2017. Verfassungsrecht II – Grundrechte. Berlin, Heidelberg: Springer Verlag.

Stallmach, L. 2016. Babys aus Hautzellen. https://www.nzz.ch/panorama/aktuelle-themen/kuenstlichebefruchtungbabys-aus-hautzellen-ld.122562; Zugegriffen: 19. Juli 2018.

Suter, S. M. 2016. In vitro gametogenesis: just another way to have a baby? Journal of Law and the Biosciences3: 87–119.

Wallner, J. (2008): Stammzellforschung: Die Diskussionslage im Bereich der philosophischen Ethik. In *Stammzellforschung: Ethische und rechtliche Aspekte*, Hrsg. U.H. Körtner und C. Kopetzki, 106–171. Wien, New York: Springer.

Witteck, L. und C. Erich. 2003. Straf- und verfassungsrechtliche Gedanken zum Verbot des Klonens von Menschen. Medizinrecht 5: 258–262.

Zenke, M., H. Fangerau, B. Fehse, J. Hampel, F. Hucho, M. Korte, K. Köchy, B. Müller-Röber, J. Reich, J. Taupitz, und J. Walter. 2018. Kernaussagen und Handlungsempfehlungen zur Stammzellforschung. In Stammzellforschung: Aktuelle wissenschaftliche und gesellschaftliche Entwicklungen, Hrsg. M. Zenke, L. Marx-Stölting und H. Schickl, 29–34. Baden-Baden: Nomos

Kurzbiographien der Autorinnen und Autoren

Uta Bittner, M. A., Dipl.-Kffr. (FH), studierte Betriebswirtschaftslehre, Philosophie, Kommunikationswissenschaft und Politikwissenschaft. Sie arbeitete als wissenschaftliche Mitarbeiterin im Themenbereich Medizinethik an der Albert-Ludwigs-Universität Freiburg sowie der Universität Ulm. Derzeit ist sie am Institut für Geschichte, Theorie und Ethik der Medizin der Heinrich-Heine-Universität Düsseldorf sowie am Institut für Sozialforschung und Technikfolgenabschätzung der OTH Regensburg tätig.

Dr. Timo Faltus , Dipl.-Jur., Dipl.-Biol., hat Biologie und Rechtswissenschaften an der Johann Wolfgang Goethe-Universität in Frankfurt am Main studiert. Im Anschluss war er Stipendiat am Translationszentrum für Regenerative Medizin (TRM) der Universität Leipzig sowie wissenschaftlicher Mitarbeiter am Lehrstuhl für Öffentliches Recht von Prof. Dr. Winfried Kluth an der Martin-Luther-Universität Halle-Wittenberg und in der Zeit von 2016 bis 2019 Koordinator und wissenschaftlicher Mitarbeiter des vom BMBF geförderten Verbundforschungsprojekts „GenomELECTION: Genomeditierung – ethische, rechtliche und kommunikationswissenschaftliche Aspekte im Bereich der molekularen Medizin und Nutzpflanzenzüchtung". Seit Juni 2020 leitet er ein durch die Fritz Thyssen Stiftung gefördertes Forschungsprojekt zum Rechtsrahmen von Citizen Science-Projekten im Bereich der Humanmedizin.

Univ.-Prof. Dr Heiner Fangerau ist Direktor des Instituts für Geschichte, Theorie und Ethik der Medizin der Heinrich-Heine-Universität Düsseldorf. Seine Forschungsschwerpunkte liegen im Bereich der Geschichte und Ethik der Medizin des 19. und 20. Jahrhunderts mit einem Schwerpunkt auf der Geschichte des biomedizinischen Modells, dem medizinischen Kinderschutz, der medizinhistorischen Netzwerkanalyse sowie der Ethik und Geschichte der Psychiatrie und Neurologie.

Univ.-Prof. Dr. Ulrich M. Gassner, Mag. rer. publ., M. Jur. (Oxon.), studierte Rechtswissenschaften an den Universitäten Tübingen und Oxford sowie Verwaltungswissenschaft an der Deutschen Universität für Verwaltungswissenschaften in Speyer. Er begleitet seit 1997 eine Professur für Öffentliches Recht an der Universität Augsburg und hat dort die Forschungsstellen für Medizinprodukterecht und E-Health-Recht gegründet. Sein Forschungsschwerpunkt liegt im Life Sciences-Recht.

Helene Gerhards, M. A., war zunächst wissenschaftliche Mitarbeiterin am Lehrstuhl für Politische Theorie an der Universität Göttingen und ab 2016 im Projekt „Multiple Risiken. Kontingenzbewältigung in der Stammzellforschung und ihren Anwendungen – eine politikwissenschaftliche Analyse (MuRiStem-Pol)" an der Universität Duisburg-Essen beschäftigt. Ihre Forschungsschwerpunkte liegen in den Bereichen konstruktivistische politische Theorien, Biopolitik, Regulierung der Biotechnologien, Geschichte und Soziologie der Medizin, Genealogie und Diskursanalyse.

PD Dr. Silke Gülker promovierte im Fach Politikwissenschaften an der Freien Universität Berlin und habilitierte im Fach Soziologie an der Universität Leipzig. Von 2007 bis 2016 war sie Mitglied der Forschungsgruppe Wissenschaftspolitik am Wissenschaftszentrum Berlin für Sozialforschung (WZB), und sie ist seit 2016 wissenschaftliche Mitarbeiterin am Institut für Kulturwissenschaften der Universität Leipzig. Sie forscht und lehrt im Bereich der Wissenssoziologie, der Wissenschaftssoziologie, der Religionssoziologie sowie zum Verhältnis zwischen Wissenschaft und Religion.

Univ.-Prof. Dr. Dr. h.c. Jürgen Hescheler ist Lehrstuhlinhaber und Direktor des Institutes für Neurophysiologie der Universität Köln. Er arbeitet seit über 30 Jahren mit embryonalen pluripotenten Stammzellen. Beginnend mit Studien über zelluläre Signalübertragung, erarbeitete er viele wichtige Aspekte der Grundlagenforschung und auch der klinischen Anwendung. Er war Miterfinder des „embryoid body", das erste reproduzierbare *in vitro* Differenzierungssystem von pluripotenten Zellen und war der erste Forscher weltweit, der elektrophysiologische Experimente an Stammzellen durchführte, wodurch er Pionierarbeit zur Einführung der Stammzellenforschung bei der Anwendung in der Transplantationsmedizin leistete. Im Jahr 2002 war er unter den ersten deutschen Wissenschaftlern, die die Erlaubnis erhielten mit humanen embryonalen Stammzellen zu arbeiten. Im März 2004 wurde er zum Koordinator des European Consortium FunGenES (Functional Genomics of Engineered Embryonic Stem Cells) ernannt, gefolgt von CRYSTAL (Cryobanking of Stem Cells for human therapeutic application) im Jahr 2005, ESNATS (Embryonic stem cell-based novel alternative testing strategies) in 2007 und DETECTIVE (Detection of endpoints and biomarkers of repeated dose toxicity using in vitro systems) im Jahr 2011. Er ist auch Koordinator des BMBF Konsortiums "iPS and adult bone marrow cells for cardiac repair", welches mit seiner Arbeit im März 2009 begann. Im Jahr 2005 gründete er die Deutsche Gesellschaft für Stammzellenforschung. Er ist Mitglied von zahlreichen Redaktionen und Prüfungskommissionen.

Clemens Heyder, M. A., M.mel, studierte Philosophie und Geschichte in Leipzig und Basel. 2011 absolvierte er außerdem den Masterstudiengang Medizin, Ethik, Recht an der Universität Halle-Wittenberg. Während seiner Tätigkeit am Translationszentrum für regenerative Medizin Leipzig und am Institut für Ethik und Geschichte der Medizin Göttingen entwickelte er ein ausgeprägtes Interesse für die Forschungsethik. In seinem aktuellen Dissertationsprojekt untersucht er ‚Die ethischen Aspekte der Eizellspende'.

Florian Hoffmann, M.A., studierte Politikwissenschaft an der Universität Duisburg-Essen. Seit 2020 ist er wissenschaftlicher Mitarbeiter am Lehrstuhl für Hochschul- und Wissenschaftsmanagement bei Prof. Dr. Michael Hölscher (Deutsche Universität für Verwaltungswissenschaften Speyer) und Doktorand im BMBF-geförderten Graduiertenkolleg „Wissenschaftsmanagement und Wissenschaftskommunikation als forschungsbasierte Praxen der Wissenschaftssystementwicklung". Seine Forschungsschwerpunkte liegen in den Bereichen konstruktivistischer Politischer Theorie, Wissenschaftstheorie und Technikfolgenabschätzung..

Prof. Dr. Christian Lenk studierte Philosophie, Politikwissenschaft und Ethnologie an der Universität Hamburg. Im Jahr 2002 wurde er an der Philosophischen Fakultät der Universität Münster mit einem Thema der Medizinethik zum Dr. phil. promoviert. Habilitation für das Fach Medizinethik und Medizintheorie an der Medizinischen Fakultät der Universität Göttingen im Jahr 2008 mit einer Arbeit zur Forschungsethik. Seit Herbst 2011 Geschäftsführer der Ethikkommission der Universität Ulm, 2016 Ernennung zum apl. Professor. Arbeitsschwerpunkte: Medizinethik (Enhancement, Ethikkommissionen, Forschungsethik), Technikfolgenabschätzung (ethische, rechtliche und soziale Implikationen), Philosophie (Gerechtigkeit, Wissenschaftstheorie).

Univ.-Prof. Dr. Renate Martinsen ist Inhaberin des Lehrstuhls für Politische Theorie an der Universität Duisburg-Essen. Nach dem Studium der Politikwissenschaft und Germanistik sowie der Promotion zum Dr. phil. an der Universität Konstanz war sie wissenschaftliche Assistentin am Institut für Höhere Studien (IHS) in Wien und habilitierte sich an der Universität Leipzig mit einer Arbeit zu „Staat und Gewissen". Sie vertrat Professuren an den Universitäten Konstanz und Leipzig. Ihre Forschungsschwerpunkte sind: Konstruktivistische politische Theorien, Bio(medizin)politik und Technikfolgenabschätzung.

Prof. Dr. Stephan Meyer, Professor für Öffentliches Recht an der Technischen Hochschule Wildau seit 2016, außerplanmäßige Professur an der Staatswissenschaftlichen Fakultät der Universität Erfurt, Venia Legendi: Öffentliches Recht, Verwaltungswissenschaft und Rechtstheorie; Forschungsschwerpunkte sind der Umgang des Rechts mit technologischen Risiken und die Wahrung der Innovationsoffenheit der Rechtsordnung.

Dr. Janet Opper, LL.M. (Medizinrecht), studierte Rechtswissenschaften an der Universität zu Köln und absolvierte im Anschluss ihr Rechtsreferendariat am OLG Düsseldorf. Im Jahr 2013 schloss sie zusätzlich den Masterstudiengang „Medizinrecht" an der Heinrich-Heine-Universität Düsseldorf erfolgreich ab. Sie war von 2012 bis 2019 als wissenschaliche Mitarbeiterin bei Herrn Prof. Dr. Ulrich M. Gassner (Universität Augsburg) tätig, an dessen Professur sie auch promovierte. Ihr Forschungsschwerpunkt liegt im Bio- und Fortpflanzungsmedizinrecht.

Vasilija Rolfes, M.A., studierte Philosophie, Soziologie und Psychologie an der RWTH-Aachen. Von 2009 bis 2016 war sie wissenschaftliche Mitarbeiterin am Institut für Geschichte, Theorie und Ethik der Medizin der RWTH Aachen. Derzeit arbeitet sie am Institut für Geschichte, Theorie und Ethik der Medizin der Heinrich-Heine-Universität Düsseldorf sowie am Institut für Sozialforschung und Technikfolgenabschätzung der OTH Regensburg in verschiedenen Projekten zu Stammzellen, künstlicher Intelligenz und Einwilligungsfähigkeit bei Patienten.

Phillip H. Roth, M.A., studierte Politikwissenschaft und Geschichte an der TU Dresden, war wissenschaftlicher Mitarbeiter an der Hochschule für Politik München, Fellow in Residence am Kolleg Friedrich Nietzsche in Weimar und ab 2016 im Projekt „Multiple Risiken. Kontingenzbewältigung in der Stammzellforschung und ihren Anwendungen – eine politikwissenschaftliche Analyse (MuRiStem-Pol)" an der Universität Duisburg-Essen beschäftigt. Seine Arbeitsschwerpunkte sind Wissenschaftsforschung und Wissenschaftspolitik sowie die Geschichte der Medizin und Biowissenschaften vom 18. Jahrhundert bis in die Gegenwart.

Michael Lysander Fremuth
Menschenrechte
Grundlagen und Dokumente

Prof. Dr. Michael Lysander Fremuth kombiniert eine Einführung in den internationalen und regionalen Menschenrechtsschutz mit einer Sammlung der wichtigsten Menschenrechtsdokumente, die teilweise erstmals in deutscher Sprache vorliegen.

Das Buch gibt Student*innen, Schüler*innen, Referendar*innen, Wissenschaftler*innen, Praktiker*innen aus Justiz, Wirtschaft und Verwaltung, Journalist*innen sowie interessierten Bürger*innen einen Einblick in den komplexen Schutz der Menschenrechte, erleichtert ihnen den Zugang zu menschenrechtlichen Dokumenten und rüstet sie für den zunehmend kontrovers geführten Menschenrechtsdiskurs.

Fremuth definiert und klassifiziert Menschenrechte, erläutert deren Bedeutung, Begründung und Geschichte, stellt bestehende Schutzmechanismen auf internationaler, regionaler und nationaler Ebene vor und skizziert schließlich aktuelle Entwicklungen und Herausforderungen. Einer exemplarischen, mit Schema versehenen Prüfung einer Menschenrechtsverletzung folgt eine annotierte Auswahl menschenrechtlicher Dokumente mit Angabe zu deren Status in Deutschland und Österreich.

2020, 728 S., 1 s/w Abb., 13 farb. Abb.,
3 Farbfotos, 3 farb. Tab., kart.,
29,80 €, 978-3-8305-3995-7
eBook PDF 978-3-8305-4156-1

DER AUTOR

Prof. Dr. Michael Lysander Fremuth, geb. 1979; Studium der Rechtswissenschaften an der Universität zu Köln; Stationen bei den Vereinten Nationen und der EU-Kommission; 2009 Promotion; 2017 Habilitation; Visiting Scholar in den USA, der Russischen Föderation, Südafrika und der Türkei; seit 2019 Universitätsprofessor für Grund- und Menschenrechte sowie Wissenschaftlicher Direktor des Ludwig Boltzmann Instituts für Menschenrechte. Forschungsschwerpunkte: Menschenrechte, Völker- und Europarecht.

AUS DEM INHALT

Einführung in die Grundlagen der Menschenrechte | Begriff und Wesen der Menschenrechte | Menschenrechtsklassifizierungen | Eine kurze Geschichte der Menschenrechte | Begründung der Menschenrechte und Menschenrechtstheorien | Rechtsquellen und Anwendbarkeit | Schutz und Durchsetzung | Prüfung einer Menschenrechtsverletzung und Arbeit mit menschenrechtlichen Dokumenten | Ausblick: Aktuelle Entwicklungen und Herausforderungen

Berliner Wissenschafts-Verlag | Behaimstr. 25 | 10585 Berlin
Tel. 030 84 17 70-0 | Fax 030 84 17 70-321
www.bwv-verlag.de | bwv@bwv-verlag.de

Benedict Ugarte Chacón,
Michael Förster, Thorsten Grünberg

Untersuchungsausschüsse: Das schärfste Holzschwert des Parlamentarismus?

Ausgesuchte Berliner Polit-Skandale

Der Weg ist kurz vom politischen Skandal zum Ruf nach dem „schärfsten Schwert" des Parlamentarismus. Dabei laufen Untersuchungsausschüsse den jeweiligen Skandalen nur allzu oft hinterher: Schwerfällig und beschränkt in der tatsächlichen Wirkmächtigkeit scheint ihre Aufgabe vor allem in der Produktion langatmiger Berichte zu liegen.

Benedict Ugarte Chacón, Michael Förster und Thorsten Grünberg haben die Arbeit der Untersuchungsausschüsse im Berliner Abgeordnetenhaus am eigenen Leibe erfahren dürfen. Umso kritischer setzen sie sich mit dem wohl bekanntesten Instrument parlamentarischer Kontrolle auseinander.

Hierfür werfen die Autoren einen Blick hinter die Kulissen der jüngeren Berliner Skandal-Chronik – von der Planung des Flughafens BER bis zu seinem noch andauernden Bau, von Schah-Besuch bis Breitscheidplatz. Ihre Forderung: Weg vom Untersuchungsausschuss als politische Schaubühne und Sensationslieferant, hin zum echten parlamentarischen Untersuchungsgremium.

2019, 368 S., kart.,
55,– €, 978-3-8305-5005-1
eBook PDF 978-3-8305-4178-3

DIE AUTOREN

Dr. Benedict Ugarte Chacón, geb. 1978, 2012 Promotion in Politikwissenschaft an der Freien Universität Berlin, 2012 bis 2016 Referent für die Piratenfraktion im Abgeordnetenhaus von Berlin, 2016 bis 2017 für die Fraktion Die Linke im Deutschen Bundestag Referent im Untersuchungsausschuss „Cum/Ex Steuerbetrug", seit 2017 Referent in der Senatsverwaltung für Kultur und Europa.

Michael Förster, geb. 1984, Studium der European Studies und Public Policy an der Universiteit Maastricht/Hertie School of Governance, 2015 bis 2016 Referent für die Piratenfraktion im Abgeordnetenhaus von Berlin, seit 2017 für die Fraktion Die Linke im Abgeordnetenhaus von Berlin Referent im Untersuchungsausschuss „Terroranschlag Breitscheidplatz".

Thorsten Grünberg, geb. 1987, Studium der Wirtschaft und Politik an der Hochschule für Technik und Wirtschaft Berlin, 2015 bis 2016 studentischer Mitarbeiter für die Piratenfraktion im Abgeordnetenhaus von Berlin, seit 2018 für die Fraktion Die Linke im Abgeordnetenhaus von Berlin Referent im Untersuchungsausschuss „BER II".

Berliner Wissenschafts-Verlag | Behaimstr. 25 | 10585 Berlin
Tel. 030 84 17 70-0 | Fax 030 84 17 70-21
www.bwv-verlag.de | bwv@bwv-verlag.de